普通高等教育机械类“十二五”规划系列教材

U0958749

机械设计基础

段维华　钟晓勤　主编
刘元林　陆　媛　副主编
孙学强　主审

電子工業出版社
Publishing House of Electronics Industry
北京 · BEIJING

内 容 简 介

本书从培养应用型人才必需的技术基础出发，结合多年教学改革的经验，力求做到易教易学和反映本学科的新进展。全书共有 15 章，包括绪论，平面机构的结构分析，平面连杆机构，凸轮机构，间歇运动机构，机械的调速与平衡，带传动与链传动，齿轮传动，蜗杆传动，轮系，螺纹连接，轴与轴毂连接，轴承，联轴器、离合器及制动器和弹簧。同时，将免费为采用本书作为教材的教师提供配套的电子课件。

本书可作为普通高等院校机械类、近机类及非机类专业“机械设计基础”课程的教材，也可作为相关工程技术人员的参考用书。

图书在版编目（CIP）数据

机械设计基础 / 段维华，钟晓勤主编. —北京：电子工业出版社，2011.10
普通高等教育机械类“十二五”规划系列教材
ISBN 978-7-121-14674-9

I. ①机… II. ①段… ②钟… III. ①机械设计－高等学校－教材 IV. ①TH122

中国版本图书馆 CIP 数据核字（2011）第 194698 号

策划编辑：余 义
责任编辑：余 义
印 刷：北京京师印务有限公司
装 订：北京京师印务有限公司
出版发行：电子工业出版社
北京市海淀区万寿路 173 信箱 邮编 100036
开 本：787×1092 1/16 印张：20.5 字数：551 千字
版 次：2011 年 10 月第 1 版
印 次：2016 年 3 月第 4 次印刷
定 价：37.00 元

凡所购买电子工业出版社图书有缺损问题，请向购买书店调换。若书店售缺，请与本社发行部联系，联系及邮购电话：（010）88254888。

质量投诉请发邮件至 zlts@phei.com.cn，盗版侵权举报请发邮件至 dbqq@phei.com.cn。

服务热线：（010）88258888。

前　　言

本书是根据教育部机械基础课程教学指导委员会颁发的“机械设计基础教学基本要求”为依据编写的。

全书共分 15 章，包括机械原理及机械设计的基本内容，即有绪论，平面机构分析，平面连杆机构，凸轮机构，间歇运动机构，机械的调速与平衡，带传动与链传动，齿轮传动，蜗杆传动，轮系，螺纹连接，轴与轴毂连接，轴承，联轴器、离合器及制动器，弹簧等章节。

在本书的编写过程中，作者从培养应用型人才所必需的技术基础出发，结合多年来课程教学改革的经验，适当扩充了相关内容，力图反映本学科的新进展。教材中的各部分内容既相对独立，又有一定联系。编写中不过分强调理论分析的系统性和完整性，而把重点放在工程实际应用方面，力求做到易教易学、便于应用。

本书除反映机械设计的通用性外，在内容上尽量照顾到各专业的具体要求，教学时可以根据教学目标自行取舍，各章均附有一定数量的习题与思考题。

本书可供高等学校机械类、近机类和非机类专业的“机械设计”课程的教学使用，也可供相关工程技术人员参考。

参加本书编写的有昆明学院段维华（绪论、第 3 章、第 4 章、第 11 章）、陈玲（第 6 章）、俞安（第 13 章、第 14 章）、王进（第 1 章、第 2 章），上海应用技术学院钟晓勤（第 8 章、第 12 章）、高建春（第 10 章），黑龙江科技学院刘元林（第 5 章、第 9 章），南京工程学院陆媛（第 7 章）。全书由段维华、钟晓勤任主编，刘元林、陆媛任副主编。

本书由昆明学院孙学强教授主审。孙学强教授在审稿中提出了许多宝贵的意见，编者对此深表感谢。

本书编写过程中得到了电子工业出版社的热情帮助和指导，并得到各参编院校的大力支持，参考并引用了一些参考文献和书籍。编者在此表示衷心的感谢。

由于编者学识水平有限，书中错误和欠妥之处在所难免，殷切希望各位专家、老师和读者批评指正。

编　者

目　录

绪　论

在当今社会的生产和生活中，机械工业肩负着为国民经济各个部门提供技术装备的重要任务。机械工业的生产水平是一个国家现代化建设水平的主要标志之一。国家的工业、农业、国防和科学技术的现代化程度都与机械工业的发展程度相关。

人们之所以要广泛地使用机器是由于机器既能承担人力所不能或不便进行的工作，又能比人工生产改进产品的质量，大大提高劳动生产率和改善劳动条件。同时，无论是集中进行的大量生产，还是多品种、小批量生产，都只有使用机器才便于实现产品的标准化、系列化和通用化，实现产品生产的高度机械化、电气化和自动化。

机械设计是一门应用技术科学，涉及数学、物理、化学、力学、材料科学、电子技术和制造技术等多学科与多技术领域。设计出满足人们生产、生活需要，而且具有市场竞争力的产品，是机械设计的核心任务。

因此，大量设计制造和广泛使用各种各样先进的机器是促进国民经济发展，加速我国社会主义现代化建设的一个重要内容。

0.1　本课程的研究对象、地位和作用

0.1.1　本课程的研究对象

在现代社会中，人们对机器并不陌生。所谓机器，是指根据某种使用要求而设计的一种执行机械运动的装置，可用来变换或传递能量、物料和信息。例如，电动机或发电机用来变换能量，各种加工机械用来变换物料的状态，起重机用来传递物料等。

机械是机器和机构的总称，因此机械设计研究的对象就是机器和机构。

机器的种类很多，其构造、性能及用途也各异，但就机器的组成来说，它们都是由各种机构组合而成的。

机构是一种执行机械运动的装置，如连杆机构、齿轮机构、凸轮机构、带传动机构及各种间歇运动机构等。

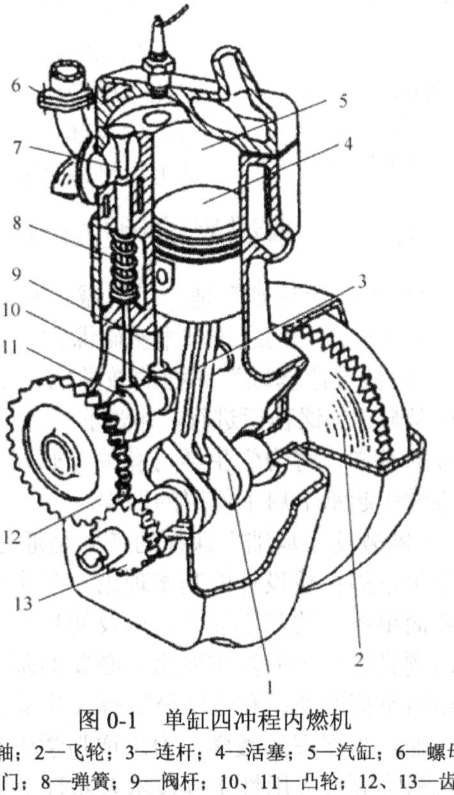

图 0-1　单缸四冲程内燃机

1—曲轴；2—飞轮；3—连杆；4—活塞；5—汽缸；6—螺母；7—气门；8—弹簧；9—阀杆；10、11—凸轮；12、13—齿轮

例如，图 0-1 所示的内燃机就包含着：由曲轴 1、连杆 3、汽缸 5 和活塞 4 组成的曲柄连杆机构；由齿轮 12、13 组成的齿轮机构；由凸轮 10、11 和阀杆 9 组成的凸轮机构等。其中曲柄连杆机

构将活塞的往复移动转换为曲轴的回转运动；齿轮机构与凸轮机构的协调动作确保内燃机的进、排气阀按工作要求有规则地启闭。

由此可见，机构是机器中执行机械运动的装置，或者说机器中执行机械运动的基本装置就是机构。因此，从运动的观点来看，机构与机器并无差别。但从研究的角度来看，尽管机器的种类很多，而机构的种类却有限。一般就将机构从机器中单列出来，着重研究它们的结构组成、运动与动力性能及尺寸设计等问题，而对机器则还涉及它们实现人们预期的运动功能、变换或传递能量、物料和信息等方面的问题，这是机构与机器之间的根本区别。

另外，从制造与装配的角度来看，机器是由机械零件（简称零件）和部件组成的。

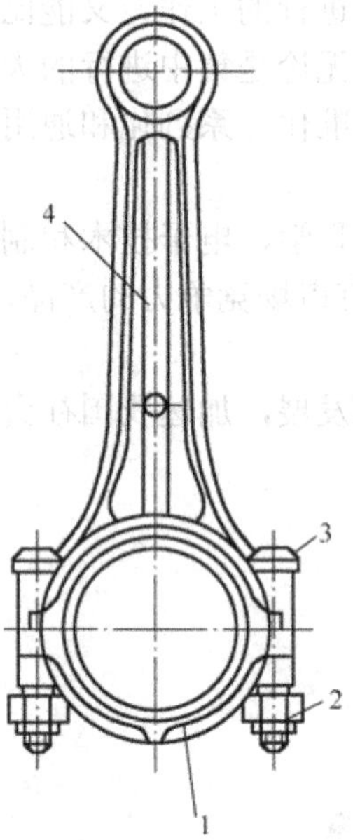

图 0-2 连杆部件
1—连杆盖；2—螺母；3—连杆螺栓；4—连杆体

零件是指机器中独立的制造单元，它是组成机器的基本元素。机械零件又可分为两大类，一类是在各种机器中都可能用到的零件，叫做通用零件，如螺母、螺栓、齿轮、凸轮、链轮等；另一类是在特定类型机器中才能用到的零件，叫做专用零件，如汽轮机叶片、内燃机气门等。

部件则是指由一组协同工作的零件所组成的独立制造和独立装配的组合体。

机构和机器中独立运动的单元称为构件。构件可以是单独的零件，也可以是几个零件通过刚性连接而成的部件。

图 0-1 所示的单缸四冲程内燃机，是由曲轴、飞轮、阀杆、凸轮、齿轮、螺母及螺栓等零件和连杆等部件组成，而活塞、连杆、曲轴部件（包括曲轴、齿轮和飞轮）、凸轮轴（包括凸轮、齿轮）及阀杆等，均为独立运动的构件。

图0-2 所示的连杆部件，则是由连杆体 4、连杆盖 1、螺母 2、连杆螺栓 3 等零件通过刚性连接而成的部件。

综上所述，从运动的观点看，机构和机器都是由构件组合而成的，因此“机械设计基础”是一门以机构和机器为对象，研究常用机构、通用零件与部件，以及一般机器的分析与设计的理论和方法的综合课程，是工科机械类和近机类专业的一门重要技术基础课程。

0.1.2 本课程的地位和作用

“机械设计基础”是一门机械类和近机类各专业必修的设计性技术课程，是介于基础课和专业课之间的一门主干技术基础课程。

“机械设计基础”课程的教学应在学生学习了“高等数学”、“物理”、“机械制图”和“计算机基础”等课程后进行，并要求“工程材料”课程和金工实习与之同时开设。“机械设计基础”课程的教学，将为学生学习有关专业课及掌握新的机械科学技术打下必要的理论基础，是一门在教学中起承上启下作用的课程。

“机械设计基础”课程的任务是通过课堂教学、习题、课程设计和课程实验等教学环节，使学生掌握机械设计的基本理论、基本知识和基本技能，具备分析和设计常用机构、通用零部件和简单机器的基本能力，以及初步具有确定机械运动方案的能力；对构件的强度、刚度等重要问题具有明确的基本概念、必要的基础知识、一定的计算能力及初步的分析能力，初步学会应用所掌握的理论和方法分析解决简单的工程实际问题。

通过本课程的教学，力求增强学生对机械技术工作的适应性，提高其开发创新能力，为培养机械类高级应用性工程技术人才打下重要的基础。

0.2 机械设计概论

0.2.1 机器的组成

1. 原动机部分

原动机是驱动整部机器完成预定功能的动力源。通常一部机器只用一个原动机，复杂的机器也可能有好几个动力源。一般而言，它们都是把其他形式的能量转换为可以利用的机械能。现代机器中使用的原动机大致是以各式各样的电动机和热力机为主。

原动机的动力输出绝大多数呈旋转运动的状态，输出一定的转矩。在少数情况下，也有用直线运动电动机以直线运动的形式输出一定的推力或拉力。

2. 执行部分

执行部分是用来完成机器预定功能的组成部分。

一部机器可以只有一个执行部分（如压路机的压辊），也可以按机器的功能分解成好几个执行部分（如桥式起重机的卷筒，其吊钩部分实现上下吊放重物的功能，其小车行走部分实现横向运送重物的功能，其大车行走部分实现纵向运送重物的功能）。

3. 传动部分

传动部分是为了解决运动形式、运动及动力参数的转变而产生的相应机构。例如，把原动机的旋转运动变为执行部分的直线运动，高转速变为低转速，小转矩变为大转矩等。

传动部分是绝大多数机器不可缺少的重要组成部分。

简单的机器一般由上述三个基本部分组成。但随着机器的功能越来越复杂，对机器的运动精确度和功能要求也就越来越高，所以机器除了以上三个部分之外，还会不同程度地增加其他部分，如控制系统和辅助系统等。

以大家所熟悉的汽车为例，原动机是汽油机、柴油机、电池或混合动力装置（油电混合、油气混合等各种新能源装置）；传动部分是离合器、变速箱、传动轴、差速器和半轴；而执行部分是车轮、悬挂系统及底盘；控制系统是转向系、制动系、油门等；辅助装置则由显示系统（油量表、速度表、里程表、润滑油温度表，以及蓄电瓶电流表、电压表）、安全装置（后视镜、车门锁、刮雨器）、信号系统（前后灯、仪表盘灯、转向信号灯、车尾红灯）等构成。

0.2.2 机器设计应满足的基本要求

1. 功能性方面

机器必须具有预定的使用功能，为此在设计时要正确选定机器的工作原理，从满足功能和提高效率两个层面来正确设计或选用原动机，合理设计或选用传动机构和执行机构，合理配置机器的辅助系统。

2. 可靠性方面

机器可靠度是指机器在规定的工作期限内和规定的工作条件下，无故障地完成规定功能的概率，一般用 R 表示。而机器在规定期限和条件下不能完成规定功能的概率则称为不可靠度（或称为破坏概率），一般用 F 表示。不难看出，机器的可靠度 R 与不可靠度 F 之间满足下式：

$$R=1-F$$

机器可靠度的提高，可以通过简化结构，减少零件数目，选用标准件及采用高可靠度零件，合理设计机器中的组件和部件，合理选用零部件的材料，选取较大安全系数等手段来实现。

3. 经济性方面

机器的经济性体现在设计、制造和使用的全过程中，包括设计制造经济性和使用经济性。设计制造经济性表现为机器的成本低，使用经济性表现为高生产率、高效率、较低的能源与材料消耗及较低的管理和维护费用等。

提高设计制造经济性的主要途径有：

（1）尽量采用先进的现代设计理论和设计方法，应用 CAD 技术和参数化设计来加快设计进度，以降低设计成本；

（2）尽量采用标准化、系列化及通用化的零部件；

（3）合理选用材料，改善零部件的结构工艺性，尽可能采用新材料、新结构、新工艺和新技术；

（4）合理、高效地组织机器的制造过程；

（5）在满足机器使用功能的前提下，注意机器设备的造型设计，以达到适用美观、用户乐于接受的使用效果。

提高机器使用经济性的主要途径有：

（1）选用高效率的传动系统和支承装置；

（2）采用适当的防护、润滑和密封装置等；

（3）提高机械化、自动化水平。

4. 劳动保护方面

（1）符合劳动保护法规的要求；

（2）注意操作者的操作安全，减轻操作时的劳动强度；

（3）改善机器的操作环境；

（4）美化机器的外形及外部色彩。

5. 其他特殊要求方面

有些机器还有一些特有的要求。例如，化工机械必须具备防腐、防蚀功能；食品机械必须保持清洁，不能污染产品；机床设备必须能长期保持精度等。

因此设计机器时，不仅要满足机器设备共同的基本要求，还应满足不同应用场合下机器设备的某些特殊要求。

0.2.3 机器设计的一般程序

本节所讨论的机器设计过程仅指狭义的机器或设备在技术上的设计过程。它是一个创造性的工作过程，同时也是一个尽可能多地利用已有的成功经验、借鉴他人成果的工作。要很好地把继承传统设计与创新设计结合起来，才能设计出高品质的机器。

作为一部完整的机器，它是一个复杂的综合系统，因此要提高设计质量，就必须制订和遵循一个科学的设计程序。根据机器设计的长期经验总结，一部机器的设计程序基本上可以分为以下几个阶段。

1. 计划阶段

通常，在根据市场需求或产品开发需要提出所要设计的新机器后，通过系统分析，进一步明确机器所应具有的功能要求，并为以后的具体设计提出由社会、环境、经济、制造及时限等各方面所确定的合理、可行的约束条件，在此基础上，明确地编写出设计任务的全面要求及设计大纲，最后形成机器的设计任务书，作为本阶段的总结。

机器的设计任务书大体上应当包括：机器的功能指标、经济性指标、环境保护指标等方面的总体要求，加工制造方面的大致估计，以及完成设计任务的预计期限等。值得指出的是，这些要求及条件一般只能给出一个合理的范围，而不是准确的数字。

2. 方案设计阶段

本阶段就是要对设计任务书提出的机器功能中必须达到的要求、最低要求及希望达到的要求进行综合分析，即这些功能能否实现，多项功能间有无矛盾，相互间能否替代等，最后确定出功能参数，作为进一步设计的依据。

较为常用的办法是先从执行部分开始讨论。

当讨论机器的执行部分时，首先是关于工作原理的选择问题。特别应当强调的是，必须不断地研究和开发新的工作原理，这是设计技术发展的重要途径。根据不同的工作原理，可以拟订多种不同的执行机构的具体方案。

原动机部分的方案选择应当从各种现有能源及新能源中加以综合考虑。一般而言，绝大多数的固定机械优先选择电动机，热力机械主要用于移动式机械中，如运输设备、工程机械或农业机械中。

传动部分的方案具有复杂多样性。对于同一传动任务，可以由多种机构及不同机构的组合来完成。传动方案设计的总的基本原则应当是结构合理、加工制造方便、质量轻，以达到高效、优质、低耗的目标。

以上仅是就组成机器的三个主要部分而讨论的。同时，还需要考虑到配置机械的辅助系统，对此，本书不再讨论。在拟订的众多方案中，技术上可行的仅有几个。对这几个可行的方案，要从技术方面和经济及环保等方面进行综合评价。评价的方法很多，现以经济性评价为例略做说明。当根据经济性进行评价时，既要考虑到设计及制造时的经济性，也要考虑到使用时的经济性。如果机器的结构方案比较复杂，则其设计制造成本就要相对地提高，可是其功能将更为齐全，生产率也较高，故使用经济性也较好。反过来，结构较为简单、功能不够齐全的机器，设计及制造费用虽低，但使用费用却会提高。

对于一台机器，往往会形成多个设计方案，因此通常要通过对多个设计进行评价，最后进行决策，来确定一个据以进行下一步技术设计的原理图或机构运动简图。

在方案设计阶段，要正确地处理好借鉴与创新的关系。同类机器成功的先例应当借鉴，原先薄弱的环节及不符合现有任务要求的部分应当加以改进或者根本改变。既要积极创新，反对保守和照搬原有设计，也要反对一味求新而把合理的原有经验弃置不用这两种错误倾向。

3. 技术设计阶段

技术设计阶段的目标是首先产生总装配草图及部件装配草图。通过草图设计，确定出各部件及其零件的外形及基本尺寸，包括各部件之间的连接，零部件的外形及基本尺寸，最后绘制零件的工作图、部件装配图和总装图。

技术设计阶段的主要工作程序如下所示。

1）机器的运动学设计

根据确定的结构方案，确定原动件的参数（功率、转速、线速度等），然后进行运动学计算，从而确定各运动构件的运动参数（转速、速度、加速度等）。

2）机器的动力学计算

结合各部分的结构及运动参数，计算各主要零件所受载荷的大小及特性。此时求出的载荷，由于零件尚未设计出来，因而只是作用于零件上的公称（或名义）载荷。

3）零件的工作能力设计

已知主要零件所受的公称载荷的大小和特性，即可进行零部件的初步设计。设计所依据的工作能力准则，必须参照零部件的一般失效情况、工作特性、环境条件等合理地拟订，一般有强度、刚度、振动稳定性、寿命等准则。通过设计计算或参考类比，即可决定零部件的基本尺寸。

4）部件装配草图及总装配草图的设计

根据已定出的主要零部件的基本尺寸，设计出部件装配草图及总装配草图。草图上需要对所有零件的外形及尺寸进行结构化设计。在此步骤中，需要很好地协调各零件的结构及尺寸，全面地考虑所设计的零部件的结构工艺性，使全部零件有最合理的构形。

5）主要零件的校核

有一些零件，在上述第 3）步中由于具体的结构未定，难于进行详细的工作能力计算，所以只能进行初步的计算及设计。在绘出部件装配草图及总装配草图以后，所有零件的结构及尺寸均为已知，相互邻接的零件之间的关系也为已知。只有在这时，才可以较精确地定出作用在零件上的载荷，决定影响零件工作能力的各个细节因素。只有在此条件下，才有可能并且必须对一些重要的或者外形及受力情况复杂的零件进行精确的校核计算。根据校核的结果，反复地修改零件的结构及尺寸，直到满意为止。

6）设计零件的工作图

草图设计完成以后，即可根据草图确定的零件基本尺寸来确定零件结构细节。设计工作图时，要充分考虑到零件的加工和装配工艺性、零件在加工过程中和加工完成后的检验要求和实施方法等。如果有些细节安排对零件的工作能力有值得考虑的影响，还必须返回去重新校核工作能力。最后，绘制出除标准件以外的全部零件的工作图。

7）绘制机器的装配图

按最后定型的零件工作图上的结构及尺寸，重新绘制部件装配图及总装配图。通过这一工作，可以检查出零件工作图中可能隐藏的尺寸和结构上的错误。

4．技术文件编制阶段

技术文件的种类较多，现分别介绍如下。

1）设计计算说明书

设计计算说明书应当包括机器方案选择及技术设计的全部结论性的内容。

2）机器使用说明书

应向用户介绍机器的性能参数范围、使用操作方法、日常保养及简单的维修方法、备用件的目录等。

3）其他技术文件

一般包括检验合格单、外购件明细表、验收条件等，视需要与否另行编制。

0.3 机械零件设计概述

0.3.1 机械零件的主要失效形式

1. 整体断裂

机械零件在受拉、受压、受弯、受剪和受扭等外载荷作用时，由于某一危险截面上的应力超过零件的强度极限而发生的断裂；或者零件在受交变应力作用时，危险截面上发生的疲劳断裂，均属于整体断裂。

2. 残余变形过大

如果作用于零件上的应力超过了材料的屈服极限，则零件将产生残余变形。当残余变形过大时，将使机器的运动精度丧失，甚至不能运动。例如，对于机床上的零件，过大的残余变形将使机床的运动精度部分丧失，由此降低了加工精度。

3. 零件的表面破坏

零件的表面破坏主要是腐蚀、磨损和接触疲劳。

腐蚀是发生在金属表面的一种电化学或化学侵蚀现象，其结果是使金属表面产生锈蚀。对于承受变应力的零件，还会引起腐蚀疲劳的现象，进而使零件表面遭到破坏。

磨损是两个接触表面在做相对运动的过程中表面物质丧失或转移的现象。所有做相对运动的零件的接触表面都有可能发生磨损。

在接触变应力条件下工作的零件表面，也有可能发生接触疲劳。

腐蚀、磨损和接触疲劳都是随工作时间的延续而逐渐发生的失效形式。

4. 破坏正常工作条件引起的失效

有些零件只有在一定的工作条件下才能正常工作。例如，液体摩擦的滑动轴承，只有在存在完整的润滑油膜时才能正常地工作；带传动和摩擦轮传动，只有在传递的有效圆周力小于临界摩擦力时才能正常工作；高速转动的零件，只有其转速与转动件系统的固有频率避开一个适当的间隔时才能正常工作等。如果破坏了这些必备的条件，则将发生不同类型的失效。

据相关文献介绍，由于腐蚀、磨损和各种疲劳破坏所引起的失效占了74%左右，而由于断裂所引起的失效只占5%左右，所以腐蚀、磨损和接触疲劳是引起零件失效的主要原因。

0.3.2 机械零件设计应满足的基本要求

1. 强度方面

强度是指零件抵抗破坏的能力。零件强度不足，将导致过大的塑性变形，甚至断裂破坏，使机器停止工作，甚至发生严重事故。采用高强度材料，增大零件截面尺寸，合理设计截面形状，采用热处理及化学处理方法，提高运动零件的制造精度，以及合理配置机器中各零件的相互位置等，均有利于提高零件的强度。

2．刚度方面

刚度是指零件抵抗弹性变形的能力。零件刚度不足，将导致过大的弹性变形，引起荷载集中，影响机器的工作性能，甚至造成事故。例如，机床的主轴、导轨等，若刚度不足导致变形过大，将严重影响所加工零件的精度。

零件的刚度分整体变形刚度和表面接触刚度两类。增大零件的截面尺寸或增大截面惯性矩，缩短支承跨距或采用多支点结构等措施，有利于提高零件的整体刚度。而增大零件接触贴合面及采用精细加工等措施，有利于提高零件的表面接触刚度。

一般情况下，满足刚度要求的零件也能满足其强度要求。

3．寿命方面

机器寿命是指零件正常工作的期限。材料的疲劳、腐蚀及相对运动零件接触表面的磨损，是影响零件寿命的主要因素。此外，还有高温下的蠕变等。提高零件抗疲劳破坏能力的主要措施有减小应力集中、保证零件有足够的尺寸及提高零件的表面质量等。

4．结构工艺性方面

机械零件结构工艺性是指在一定的生产条件下能方便、经济地生产出零件，并便于装配成机器。为此，应从零件的毛坯制造、机械加工及装配等生产环节，综合考虑零件的结构设计。

5．可靠性方面

机械零件可靠度的定义与机器可靠度的定义相同。提高零件的可靠性应从工作条件（荷载、环境温度等）和零件性能两个方面考虑，使其随机变化尽可能小。加强零件使用中的维护与监测，也可提高零件的可靠性。

6．经济性方面

零件的经济性主要取决于零件的材料和加工成本，因此提高零件的经济性主要从零件的材料选择和结构工艺性设计两个方面考虑，如采用相对廉价的材料代替贵重材料，采用轻型结构和少余量、无余量的毛坯，简化零件结构，改善零件的结构工艺性，以及尽可能采用标准化零部件等。

7．零件质量大小方面

一般情况下，绝大多数机械零件都要求尽可能地减小其质量。对于运输机械，减小零件质量就可减小机械本身的运动质量，增加其有效运载量；另外，减小零件质量可以节约原材料；对于运动的零件，还可减小其运动惯性力，从而改善机器的整体动力性能。

0.3.3 机械零件的设计方法及一般步骤

1．机械零件的设计方法

机械零件的设计方法，可从不同的角度进行不同的分类。目前，较为流行的分类方法是把过去长期采用的设计方法称为常规的（或传统的）设计方法，而把近几十年发展起来的设计方法称为现代设计方法。

机械零件的常规设计方法可概括地划分为以下几种。

1）理论设计

根据长期总结出来的设计理论和实验数据所进行的设计，称为理论设计。理论设计又可分为设计计算和校核计算两类。

设计计算是直接应用材料力学的强度理论来计算零件在一定载荷下的必需截面大小（参见本书后面各章节中的计算）。机械零件的设计计算主要用于能通过简单的力学模型进行设计的零件。

校核计算是按照其他办法在初步设计出零件的截面尺寸后，选用相应的公式进行校核计算（参见本书后面各章节中的计算）。校核计算则多用于结构复杂、应力分布复杂但又能用现有的应力分析方法进行计算的场合。

2）经验设计

根据对某类零件已有的设计与使用实践而归纳出的经验关系式，或根据设计者本人的工作经验用类比的办法所进行的设计称为经验设计。这对那些使用要求变动不大而结构形状已典型化的零件，是很有效的设计方法。例如，箱体、机架、传动零件的各结构要素等。

3）模型实验设计

对于一些尺寸巨大而结构又很复杂的重要零件，尤其是一些重型整体机械零件，为了提高设计质量，可采用模型实验设计的方法，即把初步设计的零部件或机器制成小模型或小尺寸样机，经过实验的手段对其各方面的特性进行检验，根据实验结果对设计进行逐步修改，从而达到完善，这样的设计过程称为模型实验设计。模型实验设计方法费时、昂贵，因此一般用于特别重要的设计中。

2. 机械零件设计的一般步骤

机械零件设计的一般步骤如下所示。

（1）根据零件的使用要求，选择零件的类型和结构，对各种零件的不同类型、优缺点、特性与使用范围等进行综合对比并正确选用。

（2）根据机器的工作要求，计算作用在零件上的载荷。

（3）根据零件的类型、结构和所受载荷，分析零件可能的失效形式，从而确定零件的设计准则。

（4）根据零件的工作条件及对零件的特殊要求（如在高温下或在腐蚀性介质中工作等），选择适当的材料。

（5）根据设计准则进行有关计算，确定出零件的基本尺寸。

（6）根据工艺性及标准化等原则进行零件的结构设计。

（7）零件结构细节设计完成后，必要时进行详细的校核计算，以判定结构的合理性。

（8）画出零件的工作图，并写出计算说明书。设计计算的数值除少数与几何尺寸精度要求有关者外，一般以两位或三位有效数字的计算精度为宜。

必须再度强调指出，结构设计是机械零件的重要设计内容之一，在有些情况下，它在设计工作中占有较大的工作量，必须给予足够的重视。绘制的零件工作图应符合制图标准，并满足加工的要求。写出的设计说明书要条理清晰，语言简明，数字正确，格式统一，并附有必要的结构草图和计算草图。重要的引用数据，一般要注明来源出处。同时对于重要的计算结果，要写出简短的结论。

0.4 机械零件的强度

0.4.1 机械零件的载荷种类

机械零件的载荷是指在对机械零件进行强度计算时所依据的作用于零件上的外力、弯矩、扭矩及冲击能量等。这些能量将在零件中引起拉、压、弯、扭、剪等应力，由此导致零件产生不同程度的变形。所以，应对机械零件的载荷类型进行正确的分析和判断，才能对机械零件进行相应的强度计算。下面说明机械零件的载荷类型。

1. 静载荷和变载荷

根据载荷随时间的变化关系可以将机械零件的载荷分为静载荷和动载荷两类。所谓静载荷是指零件所受载荷不随时间变化或变化很小的载荷，如零件的自重、容器所受的恒定压力等；所谓变载荷是指零件所受载荷随时间产生周期性或非周期性变化的载荷，如汽油发动机的曲轴所受的载荷为周期性动载荷，而颚式破碎机的动颚板所受物料作用力则为非周期性动载荷。静载荷和周期性动载荷一般都可以用数学关系来表达载荷的大小，而非周期性载荷一般可以用统计学规律来表征载荷的变化规律。

2. 名义载荷和计算载荷

机械零件的名义载荷是指根据机器的额定功率或机器在稳定工作状态下，采用理论力学知识进行分析所得的作用于零件上的载荷。例如，采用螺栓连接、键连接等零件的设计计算，一般都采用名义载荷进行。名义载荷可以认为是机器在平稳工作状态下作用在零件上的载荷。

机械零件的计算载荷是指考虑机器在工作中由于外加载荷随时间的变化、载荷在零件上分布不均匀等因素而加以修正的载荷。当零件的名义载荷为 F 时，若考虑载荷修正系数为 K，则此时零件的计算载荷为 $F_{nc} = K \times F$，显然一般情况下 $K \geqslant 1$。

值得指出的是，机械零件的计算载荷因计算方法的不同而具有不同的数值，而且计算载荷只是零件初步设计时依据的数值，它与作用在零件上的实际载荷之间是有所区别的。一般情况下，实际载荷与计算载荷之间的差异对强度的影响，在零件设计中是通过安全系数予以考虑的。

0.4.2 机械零件的应力

在载荷作用下，机械零件中将产生相应应力，应力类型是进行零件强度计算的先决条件。按照应力的大小和方向是否随着时间变化，将应力分为静应力和变应力。

1. 静应力

静应力是应力的大小和方向不随时间变化或变化较为缓慢的应力。例如，承压容器中的气体压力、螺栓连接拧紧力所产生的应力等，都可以看成静应力。

2. 变应力

变应力指应力的大小和方向随时间变化的应力，其中具有周期性的变应力称为循环变应力。循环变应力又分为对称循环变应力和脉动循环变应力两种。变应力的产生可以是由静载荷引起，也可以是由变载荷引起。

图0-3所示的是各种应力σ与时间t的变化关系图，其中(a)表示静应力，(b)表示对称循环变应力，(c)表示非对称循环变应力，(d)表示脉动循环变应力。从图0-3可以看出，任何一种应力循环均可以看成由一个恒定的平均应力σ_m和一个变化的应力幅σ_a组成。

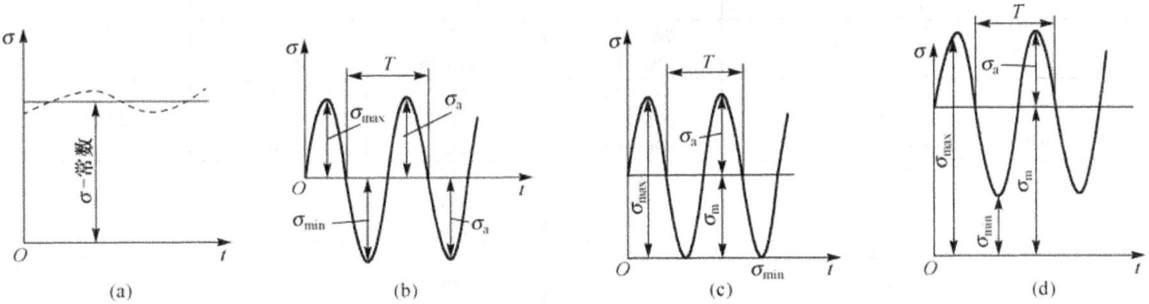

图0-3 几种典型稳定变应力

变应力的基本参数见表0-1，几种典型应力的变化规律见表0-2。

表0-1 变应力的基本参数

名称	符号	定义
最大应力	σ_{max}	循环中的最大应力
最小应力	σ_{min}	循环中的最小应力
平均应力	σ_m	相当于循环中应力不变的部分，计算式为：$\sigma_m=(\sigma_{max}+\sigma_{min})/2$
应力幅	σ_a	相当于循环中应力变动的部分，计算式为：$\sigma_a=(\sigma_{max}-\sigma_{min})/2$
循环特性	r	表征变应力的非对称程度，计算式为：$r=\sigma_{min}/\sigma_{max}$，$-1\leqslant r\leqslant 1$

表0-2 几种典型应力的变化规律

循环类型	循环特征	应力特点
静应力	$r=1$	$\sigma_m=\sigma_{max}=\sigma_{min}$, $\sigma_a=0$
对称循环	$r=-1$	$\sigma_{max}=\sigma_a=-\sigma_{min}$, $\sigma_m=0$
脉动循环	$r=0$	$\sigma_m=\sigma_a=\sigma_{max}/2$, $\sigma_{min}=0$
非对称循环	$-1<r<1$	$\sigma_{max}=\sigma_m+\sigma_a$, $\sigma_{min}=\sigma_m-\sigma_a$

0.4.3 静应力下机械零件的强度计算

静应力状态下，机械零件的材料损坏常见的表现形式是断裂或塑性变形。

对于塑性变形的材料，可以按不发生塑性变形的条件进行计算，此时零件的强度由材料的屈服极限所决定，强度计算常用其许用应力来表示，公式为

$$\sigma\leqslant[\sigma]=\frac{\sigma_s}{S} \quad (0\text{-}1)$$

式中，σ_s为材料的屈服极限，单位为MPa；S为安全系数；$[\sigma]$为材料的许用应力，单位为MPa；σ为材料的计算应力，单位为MPa。

而对于脆性材料，其强度计算公式为

$$\sigma\leqslant[\sigma]=\frac{\sigma_b}{S} \quad (0\text{-}2)$$

式中，σ_b为材料的强度极限，单位为MPa；其他变量同式(0-1)。

表 0-3 示出常用材料的力学性能，使用时可以根据需要查取。

表 0-3　常用材料的力学性能

材料		力学性能			试件尺寸/mm
类别	牌号	强度极限 σ_b /MPa	屈服极限 σ_s /MPa	延伸率 δ /(%)	
碳素结构钢	Q215 Q235 Q275	335～410 375～460 490～610	215 235 275	31 26 20	d≤16
优质碳素结构钢	20 30 45	415 530 600	245 315 355	25 20 16	d≤25
合金结构钢	35SiMn 40Cr 20CrMnTi 65Mn	883 981 1079 981	735 785 834 785	15 9 10 8	d≤25 d≤25 d≤15 d≤80
铸钢	ZG270—500 ZG310—570 ZG42SiMn	500 570 600	270 310 380	18 15 12	d≤100
灰铸铁	HT150 HT200 HT250	145 195 240	— — —	— — —	壁厚 10～20
球墨铸铁	QT400—15 QT500—7 QT600—3	400 500 600	250 320 370	15 7 3	壁厚 30～200

0.4.4　变应力下机械零件的强度计算

机械零件在变应力状态下的损坏形式是疲劳断裂。疲劳断裂的主要特征是疲劳断裂的最大应力远高于材料的屈服强度；无论材料是脆性或是塑性，其疲劳断裂的断口均表现为无明显塑性变形的脆性突然断裂；疲劳断裂是损伤的积累，从初期的零件表面形成微小裂纹，随着应力循环次数的增加而使初期裂纹不断扩大，直至余下的截面不足以承受外加载荷而产生突然断裂。由此可以得出一个重要结论，零件的疲劳断裂不同于静力引起的断裂，它最明显的特征是与应力循环次数（使用寿命或使用期限）有密切的关系。

在变应力载荷条件下，影响机械零件疲劳强度的因素很多，归结起来大致有这些因素：应力集中、零件结构尺寸、零件表面状况、工作环境、载荷施加方式及频率等。在这些因素中，应力集中、零件结构尺寸及零件表面状况的影响最大。

在变应力条件下，应当取材料的疲劳极限作为零件的极限应力，同时考虑零件的结构要素等因素对疲劳强度的影响。

一般情况下，可以采用表 0-4 所示的计算方式来近似计算零件的疲劳强度。

表 0-4　疲劳强度与静强度的近似关系

材料	变形形式	对称循环疲劳极限	脉动循环疲劳极限
结构钢	弯曲	$\sigma_{-1}=0.27(\sigma_s+\sigma_b)$	$\sigma_0=1.33\sigma_{-1}$
	拉压	$\sigma_{-1t}=0.23(\sigma_s+\sigma_b)$	$\sigma_{0t}=1.42\sigma_{-1t}$
	扭转	$\tau_{-1}=0.156(\sigma_s+\sigma_b)$	$\tau_0=1.50\sigma_{-1}$
铸铁	弯曲	$\sigma_{-1}=0.45\sigma_b$	$\sigma_0=1.33\sigma_{-1}$
	拉压	$\sigma_{-1t}=0.40\sigma_b$	$\sigma_{0t}=1.42\sigma_{-1t}$
	扭转	$\tau_{-1}=0.36\sigma_b$	$\tau_0=1.35\tau_{-1}$

0.4.5 安全系数

合理选择安全系数是机械零件强度计算中的一项重要工作。若安全系数取得过大，则零件的许用应力将变得过小，这样将导致零件过于笨重；反之，若安全系数取得过小，则使零件的许用应力过大，这样零件很可能容易损坏而不安全。因此，安全系数合理的选择原则是：在保证零件安全可靠的前提下，尽可能减小安全系数。

安全系数的选取方法有两种：一是查表法，二是部分系数法。

1．查表法

在相应的各个工业行业中，人们根据本行业的长期生产实践经验和试验研究，制定了本行业或本部门的安全系数（或许用应力），绘制成了图形或编制成了相应的表格。因此，如果无特殊要求和原因，应当首先查表选用。但在查取数据时，务必请注意这些安全数据或图形的使用条件和限制条件。

一般情况下，在无专门的表格查取安全系数时，还可以采用下列方法来确定安全系数。

（1）静应力条件下，如果塑性材料以屈服极限为极限应力，则对于塑性较好的材料，安全系数可取 $S = 1.2 \sim 1.5$；对于塑性较差的材料，安全系数可取 $S = 1.5 \sim 2.5$。

（2）静应力条件下，如果脆性材料以强度极限为极限应力，则安全系数可取 $S = 3 \sim 4$。

（3）变应力条件下，如果材料以疲劳极限为极限应力，则安全系数可取 $S = 1.3 \sim 1.7$。如果材料在毛坯制造过程中均匀性较差，计算准确度较低，则安全系数可取 $S = 1.7 \sim 2.5$。

2．部分系数法

部分系数法的实质是用一系列系数分别考虑各种因素的影响，然后取其乘积来综合表示总的安全系数。例如，当零件的重要程度系数为 S_1、零件材料的不均匀性能系数为 S_2、零件载荷计算的不准确度为 S_3、零件工况系数为 S_4 时，该零件的总的安全系数为 $[S] = S_1 \times S_2 \times S_3 \times S_4$。值得指出的是，该方法在工程实践中应用不多，原因是各种系数的测取比较困难。

0.5 机械零件的材料及选用

0.5.1 机械零件常用材料

1．金属材料

在各类工程材料中，以金属材料（尤其是钢铁）使用最广。在机械制造产品中，钢铁材料占 90%以上。由于合金钢的性能优良，常常用来制造重要零件。

除钢铁以外的金属材料均称为有色金属。在有色金属中，铝、铜及其合金的应用最多，通常可用于有减摩及耐腐蚀要求的场合。

2．高分子材料

高分子材料通常包含三大类型，即塑料、橡胶及合成纤维。高分子材料有许多优点：来源广泛，密度小，在适当的温度范围内有很好的弹性，耐腐蚀性好等。但是，高分子材料也有明显的缺点，如容易老化，不少材料阻燃性差，总体上讲耐热性不好。

3. 陶瓷材料

陶瓷材料的主要特点是：硬度极高，耐磨，耐腐蚀，熔点高，刚度大，以及密度比钢铁低等。目前，陶瓷材料已广泛应用于密封件、滚动轴承和切削刀具等结构中。但是，陶瓷材料的主要缺点是比较脆，断裂韧度低，价格昂贵，加工工艺性差等。

4. 复合材料

复合材料的主要优点是有较高的强度和弹性模量，而质量又特别小；但也有耐热性差，导热和导电性能较差的缺点。此外，复合材料的价格比较贵。所以，目前复合材料主要用于航空、航天等高科技领域。在民用产品中，复合材料的应用也越来越广泛。

0.5.2 机械零件材料的选用

由于钢铁材料在机械设计中是应用最多和最广的材料，所以下面就金属材料（主要是钢铁）的一般选用原则介绍如下。

1. 零件的工作情况

在湿热环境下工作的零件，其材料应有良好的防锈和耐腐蚀的能力，可以选用不锈钢、铜合金等。

工作温度对材料选择的影响，一方面要考虑互相配合的两个零件，其材料的线膨胀系数不能相差过大；另一方面也要考虑材料的力学性能随温度而改变的情况。

在零件工作中有可能发生磨损之处，要提高其表面硬度，以增强耐磨性。因此，应选择适于进行表面处理的淬火钢、渗碳钢、氮化钢等品种。

2. 考虑载荷、应力的大小和性质

主要从强度的角度来考虑，应在充分了解材料的力学性能的前提下进行选择。原则上，脆性材料只适合用来制造在静载荷下工作的零件。在有些冲击的情况下，应以塑性材料作为主要使用的材料。

另外，金属材料的性能一般可通过热处理加以提高和改善，因此，要充分利用热处理的手段来发挥材料的潜力。

3. 零件的尺寸及质量

材料的品种及毛坯制取方法与零件的尺寸及质量有密切的关系。当用铸造材料制造毛坯时，一般可以不受尺寸及质量大小的限制；而当用锻造材料制造毛坯时，则必须注意锻压机械及设备的生产能力。

此外，零件尺寸和质量的大小还与材料的强重比有关，应尽可能选用强重比大的材料，以便减小零件的尺寸和质量。

4. 零件结构的复杂程度及材料的可加工性

结构简单的零件可用锻造法制取毛坯，结构复杂的零件宜选用铸造毛坯。单件小批量生产时，零件可用板材经焊接而成。

铸造材料的工艺性是指材料的液态流动性、收缩率、偏析程度及产生缩孔的倾向性等；锻造材料的工艺性是指材料的延展性、热脆性及冷态和热态下塑性变形的能力等；焊接材料的工艺性是指材料的焊接性及焊缝产生裂纹的倾向性等；材料的热处理工艺性是指材料的可淬性、

淬火变形倾向性及热处理介质对其的渗透能力等；材料切削加工工艺性是指材料的硬度、易切削性、冷作硬化程度及切削后可能达到的表面粗糙度等。

在材料手册中，对上述各点均有简明的介绍，可以从手册中查取所需的数据。

5. 材料的经济性

（1）材料本身的相对价格。在满足使用要求的前提下，宜选用价格低廉的材料。

（2）考虑材料的加工费用。如制造某些箱体类零件，虽然铸铁比钢板的价格低廉，但在批量小时，选用钢板焊接反而比较有利，因其可以省掉铸模的生产费用。

（3）考虑材料的利用率。采用无切屑或少切屑毛坯（如精铸、模锻、冷拉毛坯等），可以提高材料的利用率。此外，在结构设计时也应设法提高材料的利用率。

（4）采用组合结构。如火车车轮是在一般材料的轮芯外部热套上一个硬度高而耐磨损的轮箍，这种选材的方法常称为局部品质原则。

（5）节约稀有材料。如用铝青铜代替锡青铜制轴瓦，用锰硼系合金钢代替铬镍系合金钢等。

（6）考虑材料的供应状况和采购管理的方便性。选材时还应考虑当时当地材料的供应状况，材料品种的尽量统一性，规格的集中性等。

0.6 机械零件设计中的标准化

所谓标准化是指以制定标准和贯彻标准为主要内容的一系列活动过程。就机械零件设计而言，其标准化特指零件设计中应当遵循和执行的相关标准。这些标准按照我国的标准层次分为国家标准、行业标准、地方标准和企业标准四个层级；按照标准实施的强制程度分为强制性标准（GB）和推荐性标准（GB/T）两类。强制性标准是产品设计、制造过程中必须遵守和执行的标准，而推荐性标准是鼓励企业采用的标准。

为了增强我国的机电产品在国际市场中的竞争力，国家鼓励企业积极采用国际标准，近年来所修订的许多国家标准都采用了相应的国际标准，因此设计者应当熟悉现行的相关标准，才能在设计工作中体现设计的先进性。

对于机械零件的设计工作来说，标准化的作用是很重要的。零件设计标准化的优越性体现在：①能以集中的方式加工制造零件，可以提高零件质量，降低成本；②统一了材料和零件的性能指标，提高了零件性能的可靠性；③采用了标准结构及零部件，可以简化设计工作，缩短设计周期，提高设计质量，同时简化了机器的维修工作。

下面是一些有关机械零件设计中经常用到的设计标准的简介，设计者在进行相关设计时应当遵守执行和加以运用。

0.6.1 极限与配合

所谓极限与配合指的是在大规模生产状态下，要求组成机器的零件具有互换性，以便在机器装配时不需要选择或附加加工就能达到预期的装配技术要求，实现机器应当具有的相应功能。

实现机械零件互换性的前提是必须保证一批零件的尺寸精度、几何形状、相互位置及表面粗糙度的一致性，然而任何零件生产过程中，其技术精度指标（如尺寸精度）只可能介于两个极限值之间，这两个极限值称为公差。为此，互换性要求建立起统一的、标准化的极限与配合制度，在我国颁布的极限与配合（GB/T 1800～1803—1999、GB/T 1804—2000）就是采用国际公差制的国家标准。

孔和轴的配合是机械零件设计中最为常见的配合。孔轴配合一般具有三种类型，即间隙配合（孔轴之间有相对运动，如轴颈与滑动轴承孔的配合，属于动连接）、过盈配合（孔轴之间无相对运动，如火车车轮与轴的配合，属于静连接）、过渡配合（孔轴之间可能有间隙，也可能有过盈，如齿轮与轴的配合，属于要求具有良好同轴性又便于装拆的静连接）。孔轴配合的种类如图0-4所示。

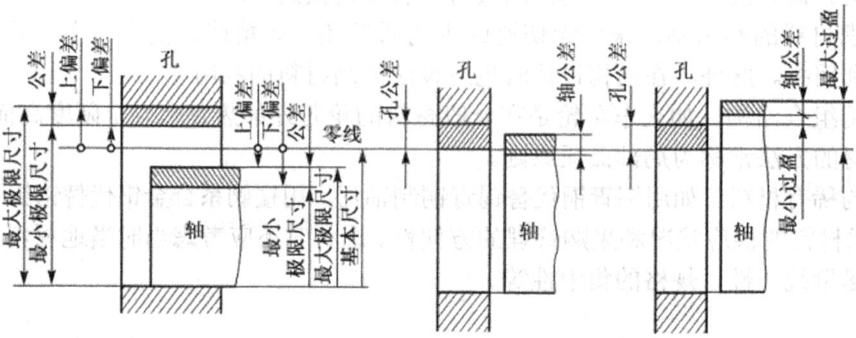

图 0-4　配合种类

设计给定的尺寸为基本尺寸（图0-4中用零线表示其位置），由代表上下偏差的两条直线所限定的区域称为公差带。国家标准规定：孔、轴公差带位置各有28个，分别用便于识别的拉丁字母的大、小写表示（读音仍为英语读音），同时规定了20个公差等级（即尺寸精度等级，用阿拉伯数字表示，用字母和数字的组合构成了孔、轴的公差等级。例如，H8表示孔的公差带为H，尺寸精度等级为8级。

机械设计及制造中最为常用的公差等级是4～11级，其中4级和5级用于特别精密的零件；6级、7级和8级用于重要的零件，在目前应用最为广泛；9级、10级用于中等精度要求或中等速度的零件；10级、11级、12级主要用于低精度零件，可以直接采用型材、精密锻件、精密铸件等。

孔轴配合的配合制度有基孔制和基轴制两种。基孔制配合中的孔是基准孔，其下偏差为零，代号为H，通过改变轴的公差带位置来实现不同的孔轴配合；基轴制的轴是基准轴，其上偏差为零，代号为h，通过改变孔的公差带位置来实现不同的孔轴配合。值得指出的是，在选择基孔制还是基轴制的问题上，工程设计中广泛采用的是基孔制，原因是基于基孔制可以减少对孔加工刀具数量的要求；另外，就是孔的加工比轴的加工困难，因此采用加工难度低的各种轴来与孔配合更加方便。

各种加工方法能够达到的公差等级、公差等级的运用、配合尺寸等级的应用如表0-5、表0-6、表0-7所示，设计时可以参考选用。

表 0-5　各种加工方法能够达到的公差等级

公差等级 / 加工方法	01	0	1	2	3	4	5	6	7	8	9	10	11	12	13	14	51	16	71	18
研磨	√	√	√	√	√	√	√													
珩磨						√	√	√	√											
外圆磨							√	√	√	√										
平面磨							√	√	√	√										

（续表）

公差等级 加工方法	01	0	1	2	3	4	5	6	7	8	9	10	11	12	13	14	15	16	17	18
金刚石车							√	√	√											
金刚石镗							√	√	√											
拉削							√	√	√	√										
铰孔								√	√	√	√	√								
精车精镗									√	√	√									
粗车												√	√	√						
粗镗												√	√	√						
铣										√	√	√	√							
刨、插												√	√							
钻削												√	√	√	√					
冲压												√	√	√	√	√				
锻造																	√	√		
砂型铸造																√	√			
金属型铸造																√	√			
气割																	√	√	√	√

表 0-6　公差等级的应用

公差等级 应用	01	0	1	2	3	4	5	6	7	8	9	10	11	12	13	14	15	16	17	18
块规	√	√	√																	
量规			√	√	√	√	√	√	√											
配合尺寸							√	√	√	√	√	√	√	√						
高精密零件				√	√	√	√													
非配合尺寸														√	√	√	√	√	√	√
原材料										√	√	√	√	√	√	√				

表 0-7　配合尺寸 5～12 级的应用

公差等级	应用
5 级	主要用于配合公差、形状公差要求很小的配合，配合性质稳定，用于在机床、发动机、仪表等的重要部位。例如，机床尾架与套筒、精密丝杆轴颈等
6 级	配合性质能够达到较高的均匀性。例如，6 级精度齿轮的基准孔，7、8 级精度齿轮的基准轴颈，机床夹具中导向件的外径尺寸等
7 级	应用条件与 7 级相似，在一般机械制造中应用最为广泛。例如，联轴器、带轮、凸轮等孔径，机床夹具中的固定钻套和可换钻套，7、8 级齿轮基准孔
8 级	属于中等精度尺寸。例如，轴承座衬套宽度方向尺寸，9 级～12 级齿轮基准孔，11 级～12 级齿轮基准轴
9 级、10 级	属于低精度尺寸。主要用于轴套外径与孔、单键与花键、空套带轮与轴
11 级、12 级	配合精度很低，装配后可能产生很大间隙，适用于基本上没有什么配合要求的场合。例如，机床上法兰盘与止口、滑块与滑移齿轮、冲压加工中的配合件

0.6.2　表面粗糙度

所谓表面粗糙度是指零件表面的微观几何形状误差，它是零件加工后在零件表面留下的细微而凹凸不平的刀具痕迹。

表面粗糙度的评定指标很多，常用的评定参数之一是轮廓算术平均值 *Ra*（单位为μm）。国家标准已经对 *Ra* 值作了相应的规定。零件表面粗糙度的经济加工方法及应用见表 0-8。

表面粗糙度参数值选用的原则是在满足零件使用功能要求的前提下，所选参数的允许值应尽量大，以便降低加工难度，降低生产成本。

表 0-8 表面粗糙度的经济加工方法及应用

Ra/μm	加工方法	应用举例
≤20	粗车、粗刨、粗铣、钻、毛锉、锯断	半成品粗加工的表面、非配合表面。例如，钻孔、齿轮和带轮的侧面、键槽底面、轴端面、倒角面
≤10	车、刨、铣、镗、钻、粗铰	轴上不安装轴承，齿轮处的非配合表面，紧固件的自由装配表面，轴和孔上的退刀槽
≤5	车、刨、铣、镗、磨、拉、粗刮、滚压	半精加工表面，箱体、支架、套筒等和其他零件结合而无配合要求的表面，需要发蓝的表面
≤2.5	车、刨、铣、镗、磨、拉、刮、挤压	接近于精加工表面。例如，箱体上安装轴承的镗孔表面、齿轮的工作面等
≤1.25	车、镗、磨、拉、刮、精铰、磨齿、滚压	圆柱销、圆锥销、与滚动轴承配合的表面、卧式车床导轨表面、内花键及外花键定心表面
≤0.63	精铰、精镗、磨削、刮研、滚压	要求配合性质稳定的表面、工作时受交变应力的重要零件、较高精度车床的导轨面
≤0.32	精磨、研磨、珩磨、超精加工	精密机床主轴锥孔、顶尖圆锥面、发动机曲轴轴颈及凸轮轴轴颈、高精度齿轮齿面
≤0.16	精磨、研磨、普通抛光	精密机床主轴轴颈、一般量规工作表面、发动机汽缸套内表面、活塞销外圆表面
≤0.08～0.04	超精磨、精抛光、镜面磨削	精密机床主轴轴颈表面、滚动的轴承滚珠、高压油泵柱塞和柱塞套的配合

0.6.3 优先数系和优先数系标准

工程设计中各种技术参数的简化、协调和统一，是标准化的重要内容之一。为使产品的参数选择能遵守统一的规律，使参数选择从开始之初就纳入标准化轨道，必须对各种技术参数的数值进行统一的规定，为此国家标准 GB/T 321—1980《优先数和优先数系》就是其中的一个重要标准，要求在设计中产品的技术参数必须最大限度地采用优先数和优先数系。

GB/T 321—1980 中规定，以十进制等比数列为优先数系，并规定了 5 个系列，分别用 R5、R10、R20、R40、R80 表示，其中前 4 个系列作为基本系列，R80 为补充系列，仅用于分级很细的特殊场合。各个系列的公比为 1.60、1.25、1.12、1.06、1.03。

例如，R10 系列的数值为 1、1.25、1.6、2、2.5、3.15、4、5、6.3、8、10，其他系列的数值可查阅相关手册。

优先数系中任何一个数值称为优先数。对于大于 10 的优先数，可将以上数值乘以 10、100 或 1000 等。按公比计算得到的优先数的理论值，除 10 的整数幂外，都是无理数，工程设计上不能直接使用，实际应用的都是经过圆整后的近似值。根据圆整的精确程度可分为计算值和常用值，一般情况下计算值取 5 位有效数值，供精确计算用，而常用值即为经常使用的优先数，取 3 位有效数值。

0.7 机械零件的摩擦、磨损和润滑

0.7.1 机械零件的摩擦

机械零件中常见的摩擦有两大类，一类叫内摩擦，是指发生在物质内部，阻碍分子间相对运动的摩擦；另一类叫外摩擦，是指相互接触的两个物体做相对运动或有相对运动趋势时，在接触表面上产生的阻碍相对运动的摩擦。在外摩擦中，仅有相对运动趋势时的摩擦称为静摩擦，

产生相对运动时的摩擦称为动摩擦。根据位移形式的不同，动摩擦又分滑动摩擦和滚动摩擦，两者的机理与规律完全不同。本节仅讨论滑动摩擦。

根据摩擦面间摩擦状态的不同（即润滑油量多少及油层厚度大小），滑动摩擦又可分为干摩擦、边界摩擦、流体摩擦和混合摩擦，如图0-5所示。

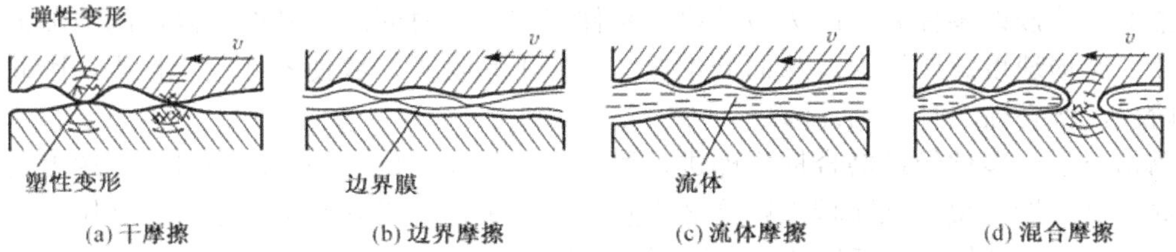

图 0-5 摩擦状态

干摩擦是指两个摩擦表面间无任何润滑剂或保护膜而直接接触的纯净表面间的摩擦。真正的干摩擦只有在真空中才能见到，工程实际中并不存在，因为任何零件表面不仅会因氧化而形成氧化膜，而且或多或少会被含有润滑剂分子的气体所湿润或受到“污染”。机械设计中，通常把未经人为润滑的摩擦状态作为干摩擦处理[如图0-5(a)所示]。干摩擦的摩擦性质取决于配对材料的性质，其摩擦阻力和摩擦功耗最大，磨损最严重，零件使用寿命最短，应尽可能避免。

摩擦表面被吸附在表面的边界膜隔开，摩擦性质取决于边界膜与表面间的吸附性能的摩擦，称为边界摩擦[如图0-5(b)所示]。

两个摩擦表面被流体层（液体或气体）隔开，摩擦性质取决于流体内部分子间的黏性阻力的摩擦，称为流体摩擦[如图0-5(c)所示]。流体摩擦的摩擦阻力最小，理论上没有磨损，零件使用寿命最长，对滑动轴承来说是一种最为理想的摩擦状态。但流体摩擦必须在载荷、速度和流体黏度等合理匹配的情况下才能实现。

摩擦状态处于边界摩擦和流体摩擦的混合状态时的摩擦称为混合摩擦[如图0-5(d)所示]。

0.7.2 机械零件的磨损

1. 典型磨损过程

摩擦导致材料的磨损，而磨损将改变零件的尺寸和形状，降低零件工作的可靠性，影响机械的效率，甚至导致机器的提前报废。因此，设计机器时应考虑如何避免或减缓磨损，以保证机器达到预期的寿命。

磨损量可用体积、质量或厚度来衡量。通常把单位时间内材料的磨损量称为磨损率，用ε表示。磨损率是研究磨损的重要参数。耐磨性是指磨损过程中材料抵抗脱落的能力，通常用磨损率的倒数$1/\varepsilon$来表示。

在一定的摩擦条件下，一个零件的磨损过程大致可分为三个阶段，即磨合阶段、稳定磨损阶段和剧烈磨损阶段，如图0-6所示。

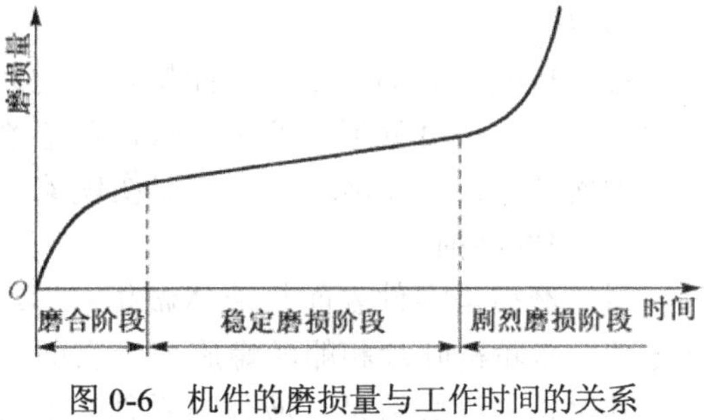

图 0-6 机件的磨损量与工作时间的关系

通常，磨合阶段又称为跑合阶段，是指机器使用前或使用初期以改善机械零件的适应性、表面形貌和摩擦相容性为特征的运行过程。磨合阶段初期，因机械加工后零件的摩擦表面上存在高低不等的轮廓峰，摩擦副实际接触面积较小，压强较大，故磨损速度快。随着磨合的进行，峰尖高度的降低，峰顶半径的增大，表面粗糙度的减小，实际接触面积的增加，磨损速度逐渐减缓。因此，磨合期应由轻至重、缓慢加载，并注意润滑油的洁净，防止杂物进入摩擦面而造成严重磨损和剧烈发热。值得指出的是，当磨合阶段结束后，应将润滑油全部更新。

稳定磨损阶段磨损曲线的斜率近似为一个常数，斜率越小，磨损率越小。在稳定磨损阶段，零件的工作时间即为零件的使用寿命，若磨损率越小，零件的使用寿命越长。

剧烈磨损阶段即零件表面的失效阶段。零件工作一定时间后，精度下降，间隙加大，润滑状态恶化，磨损速度急剧增大，从而产生振动、冲击和噪声，致使零件迅速报废。因此，一旦进入该阶段，就必须及时停机维修。

正常情况下，零件经过磨合期后即进入稳定磨损阶段，但在初始压力过大、速度过高、润滑不良时，磨合期很短并立即转入剧烈磨损阶段，这种情况必须避免。设计或使用机器时，应力求缩短磨合期，延长稳定磨损期，推迟剧烈磨损期的到来。

2. 磨损分类

目前，关于磨损分类的理论颇不一致，大体上可概括为两类：一类是根据磨损结果着重对磨损表面外观的描述，如点蚀磨损、胶合磨损、擦伤磨损等；另一类是根据磨损机理来分类，如黏着磨损、磨粒磨损、疲劳磨损、侵蚀磨损、腐蚀磨损、微动磨损等。本节仅按后一种分类进行简要的介绍。

1）黏着磨损

在切向力的作用下，摩擦副表面的吸附膜和脏污膜遭到破坏，使表面的轮廓凸峰在相互作用的各点处发生“冷焊”，在相对滑动状态时，材料便从一个表面转移到另一个表面，形成了黏着磨损。在此过程中，被迁移的材料有时也会再次附着回原表面，出现“逆转移”，或脱离所黏着的表面而成为游离颗粒。当工作载荷越大、摩擦副表面温度越高时，黏着现象也就越严重，而黏着磨损严重时甚至会造成运动副咬死。因此，黏着磨损是金属摩擦副之间最为普遍的一种磨损形式。

2）磨粒磨损

从外部进入摩擦面间的游离硬质颗粒（如尘土或磨损造成的金属微粒）或硬的轮廓峰尖，在较软材料表面犁刨出很多沟纹而引起材料脱落的现象，称为磨粒磨损。

磨粒磨损与摩擦副材料的硬度和磨粒的硬度有关。为了减小磨粒磨损的危害，通常根据摩擦副的工作载荷选用合适的材料，并对其进行有针对性的表面热处理；有时根据摩擦副零件的价值及工况，选用较便宜的材料制造且定期更换易磨损的零件，这样更符合经济性原则。

3）疲劳磨损

在变接触应力的作用下，如果该应力超过材料相应的接触疲劳极限，就会在摩擦副表面或表面以下一定深度处形成疲劳裂纹。随着裂纹的扩展与相互连接，金属微粒便会从零件工作表面上脱落，导致表面出现麻点状损伤现象，即形成疲劳磨损或称为疲劳点蚀。

4）浸蚀磨损

浸蚀磨损是零件表面与液体做相对运动所引起的表面损伤现象，又称为气蚀。常发生在水泵零件、水轮机叶片和船舶螺旋桨等表面。

其磨损过程大致是：液体与零件表面接触并做相对运动，当接触的局部压力低于液体的蒸发压力时，将形成气泡。另外，溶解在液体中的气体也会析出而形成气泡。一旦气泡流动到高压区，当液体压力超过气泡压力时，气泡便溃灭，溃灭的瞬间将产生高温和极大的冲击力。在气泡的形成和溃灭的反复作用下，零件表面产生疲劳破坏，形成麻点直至扩展为海绵状空穴，是疲劳磨损的一种派生形式。

5）腐蚀磨损

摩擦过程中，金属与周围介质（如空气中的酸、润滑油等）发生化学或电化学反应而引起的表面损伤，称为腐蚀磨损。其中氧化磨损最为常见，这是因为金属摩擦副在氧化性介质中工作时，接触表面反复生成、磨去氧化膜的磨损现象，实际上是化学氧化和机械磨损两种作用相继进行的过程。氧化磨损的大小取决于氧化膜的联结强度和氧化速度。

6）微动磨损

微动磨损是两个相互接触的零件做振幅很小的相对运动而产生的磨损现象。常发生在相对静止或近似相对静止的结合面中，如过盈连接的结合面、摩擦离合器中摩擦盘的结合面等。微动磨损的产生过程是：在载荷作用下，相互配合表面的接触峰点形成黏着结点，当接触表面受到外界微小振动时，虽然相对滑移量很小，但黏着结点仍受剪切而脱落。随后剪切面和脱落的颗粒又逐渐被氧化并发生氧化磨损。氧化颗粒残留在结合面间起磨料作用，又使其表面产生磨粒磨损。另外，微动磨损点成为应力集中源，产生疲劳裂纹，裂纹的扩展，最终导致表面完全破坏。可见，微动磨损是黏着磨损、磨粒磨损、腐蚀磨损和疲劳磨损复合作用的结果。由于它常与腐蚀结合在一起，因此又称为微动腐蚀磨损。

3. 减轻磨损的途径

针对上述各类磨损，工程实际应用中一般可以采用如下措施来减小磨损。

（1）合理选择摩擦副材料组合。合理的材料组合应满足：磨损率尽可能小；除依靠摩擦力工作的零件外，摩擦系数一般越小越好。由于相同金属比异种金属、单相金属比多相金属黏着倾向大，脆性材料比塑性材料抗黏着能力高，所以选择异种金属、多相金属、脆性材料有利于提高抗黏着磨损的能力。采用硬度高和韧性好的材料有益于抵抗磨粒磨损、疲劳磨损和摩擦化学磨损。提高表面的光洁程度，使表面尽量光滑，同样可以提高耐疲劳磨损能力。

（2）润滑是减小摩擦和磨损的最有效的方法。合理选择润滑剂及添加剂，适当选用高黏度的润滑油，在润滑油中使用极压添加剂或采用固体润滑剂，可提高耐疲劳磨损的能力。

（3）生成表面膜。利用表面膜剪切阻力低的特性，达到减小摩擦和磨损的目的。常用生成表面膜的方法有三种：一是在润滑油中掺入极压添加剂，使其与金属发生化学反应而在金属表面生成氯化物膜或硫化物膜；二是用石墨或二硫化钼等固体润滑剂涂于金属表面形成表面膜；三是用铅之类的软金属，使其在摩擦表面生成表面膜。

（4）以滚动接触代替滑动接触。用球或圆柱等滚动体置于相对运动的表面之间，改滑动为滚动，能较好地减小摩擦和磨损。

（5）建立压力油膜。在摩擦副表面间建立一层具有一定压力的润滑油膜，将两个金属摩擦表面完全隔开，使外摩擦转化为油膜内油层之间的内摩擦，理论上可完全避免磨损。

（6）进行表面处理。对摩擦表面进行热处理（表面淬火等）、化学处理（表面渗碳、氮化等）、喷涂、镀层等也可提高摩擦表面的耐磨性。

（7）注意控制摩擦副的工作条件。对于一定硬度的金属材料，其磨损量随着压强的增大而增加，因此设计时一定要控制最大许用压强。另外，表面温度过高易使油膜破坏，发生黏着，还易加速摩擦化学磨损的进程，所以应限制摩擦表面的温升。

（8）采用弹性元件。对于相对滑动行程很短的零部件，可利用弹性元件的变形实现相对运动，从而避免零部件表面的摩擦和磨损。

（9）建立电磁场。在摩擦副的固体表面之间建立静电场或磁场，将固体表面完全分开，以避免摩擦和磨损。磁悬浮列车就是一个例子。

0.7.3 机械零件的润滑

相对运动的零件之间都要采用一定的润滑方式来减小运动阻力，延长零件工作时间，减小零件表面的磨损。零件间的润滑主要采用润滑剂来承担润滑功能。常用的润滑剂可分为液体润滑剂、半固体润滑剂、固体润滑剂和气体润滑剂四种基本类型，其中以液体润滑剂应用最为广泛。任何气体都可作为气体润滑剂，其中用得最多的是空气，它主要用于高速轻载场合，如磨床高速磨头的空气轴承。

1．润滑油

液体润滑剂中应用最为广泛的是润滑油，它包括有机油、矿物油和合成油。有机油主要是动植物油，边界润滑时有很好的润滑性能，但来源有限，价格较高，稳定性差，所以使用不多，常作为添加剂使用。矿物油主要是石油产品，具有品种多，黏度大小范围宽，适用范围广，成本低，稳定性好，防腐蚀性强等特点，故应用最多。合成油是通过化学合成方法制成的新型润滑油，它能满足矿物油所不能满足的某些特殊要求，如高温、低温、高速、重载等。由于它主要针对某种特定需要而生产，适用面窄，成本又很高，故一般机器中应用较少。

2．润滑脂（半固体润滑剂）

润滑脂是在润滑油中加入稠化剂（如钙、锂、钠的金属皂）而制成的膏状混合物，俗称黄油或干油。

根据调制润滑脂所用皂基的不同，润滑脂可分为：①钙基润滑脂，它具有良好的抗水性，但耐热能力差，工作温度不宜超过 55～65℃；②钠基润滑脂，它具有较高的耐热性，工作温度可达 120℃，但抗水性差，比钙基润滑脂防锈能力强；③锂基润滑脂，它既能抗水，又耐高温（可达 145℃），是一种多用途的润滑脂；④铝基润滑脂，它具有良好的抗水性，对金属表面有很高的吸附能力，防锈能力强。

3．固体润滑剂

固体润滑剂是利用固体粉末或薄膜将摩擦表面隔开，以达到减小摩擦和磨损的目的，主要用于怕污染、不易维护和特殊工况（如载荷极大、速度极低、低温、高温、抗辐射、太空或真空等）中。

固体润滑剂的材料有无机化合物、有机化合物和软金属等。无机化合物有石墨、二硫化钼、二硫化钨、硼砂、氮化硼、硫酸银等。石墨和二硫化钼都是惰性物质，热稳定性好。有机化合物有聚合物、金属皂、动物蜡、油脂等。聚合物包括聚四氟乙烯、聚氯氟乙烯、尼龙等。软金属有铅、金、银、锡、铟等。

选用润滑剂时，既要考虑具体零部件对润滑性能的要求，又要注意具体工况对润滑剂的影响，下面分别进行简要介绍。

1）润滑油的选用

选用润滑油主要是确定油品的种类和牌号（黏度）。通常根据机械设备的工作条件、载荷和速度，先确定合适的黏度范围，再选择适当的润滑油品种。选用润滑油的基本原则是：

（1）当高温、重载、低速，或工作中有冲击、振动、运转不平稳，并经常启动、停车、反转、变载、变速，或摩擦副间隙较大、表面粗糙时，选用黏度较高的润滑油；

（2）当高速，轻载，低温，采用压力循环润滑、滴油润滑等时，选用黏度较低的润滑油。

2）润滑脂的选用

润滑脂在一般转速、温度和载荷条件下应用较为广泛，特别是滚动轴承的润滑。选用润滑脂的基本原则是：

（1）当高速重载（$p > 4.9 \times 10^3$ MPa）或有严重冲击振动时，选用锥入度较小的润滑脂；当中等载荷（$p = 2.9 \times 10^3 \sim 4.9 \times 10^3$ MPa）和轻载时，一般选用 2 号脂；

（2）当温度、速度较高时，选抗氧化性好、蒸发损失小、滴点高的润滑脂；

（3）对于滚动轴承，若 $dn > 75 \times 10^3$ mm·r/min（d 为轴径，n 为转速），则一般选用 3 号脂；若 $dn < 75 \times 10^3$ mm·r/min，则选用 1 或 2 号脂；

（4）在潮湿和有水的环境下，选用抗水性好的润滑脂。

0.8　现代机械设计方法概述

所谓现代机械设计方法通常是相对于传统的设计方法而言的。由于现代设计方法正在不断发展，人们对它的内涵看法不一，尚无明确的域界。但从它的特征和发展动向看，现代机械设计方法是运用现代应用数学、应用力学、微电子学及计算机信息科学等方面的最新成果与手段来实现机械设计的创新的。下面简要介绍一些现代机械设计的方法。

1．优化设计方法

优化设计是将最优化的数学理论应用于设计领域而形成的一种设计方法。该方法是将设计问题的物理模型转化为数学模型，选用适当的优化方法，借助计算机求解该数学模型，从而获得最佳设计方案。

2．可靠性设计方法

机械可靠性设计方法是将概率论、数理统计、失效物理和机械学相结合而成的一种设计方法。其主要特点是将传统设计方法中视为单值而实际上具有多值性的设计变量（如载荷、应力、强度、寿命等），看成服从某种分布规律的随机变量，用概率统计方法设计出符合机械产品可靠性指标要求的零部件和整机的主要参数及结构尺寸。

3．模块化设计方法

模块化设计是在对一定应用范围内具有不同的功能，或具有相同功能但性能与规格不同的机械产品进行功能分析的基础上，划分并设计出一系列功能模块，然后通过模块的选择和组合构成不同产品的一种设计方法。

4．有限元分析方法

有限元分析方法是随着电子计算机的发展而迅速发展起来的一种现代设计计算方法。它的基本思想是：把连续的介质（如零件、结构等）看成由在有限个节点处连接起来的有限个小块（称为元素）所组成，对每个元素，通过取定的插值函数将其内部每一点的位移（或应力）用元素节点的位移（或应力）来表示。再根据介质整体的协调关系，建立包括所有节点的位移（或应力）未知量的联立方程组，最后用计算机求解该联立方程组，以获得所需要的解答。当元素足够小时，可以得到十分精确的解答。有限元分析方法适用性极广，不仅可用来计算一般零件

（二维或三维）、杆系结构、板与壳等问题的静应力或热应力，还可计算它们的弹塑性、蠕变、大挠度变形等非线性问题，以及振动、稳定性等问题。

5．计算机辅助设计

计算机辅助设计（简称 CAD）是利用计算机运算快速准确、存储量大、逻辑判断功能强等特点进行设计信息处理，通过人机交互作用完成设计工作的一种设计方法。一个完备的 CAD 系统由科学计算、图形系统和数据库三方面组成。CAD 还可与计算机辅助制造（CAM）结合而形成 CAD/CAM 系统，可进一步与计算机辅助检测（CAT）、计算机管理自动化结合而形成计算机集成制造系统（CIMS），综合进行市场预测、产品设计、生产计划、制造和销售等一系列工作，实现人力、物力和时间等各种资源的有效利用，使企业总效益达到最高。

其他现代机械设计方法，可参阅相关文献。

习题与思考题

0-1 机器由哪几部分构成？各部分的功用是什么？什么叫部件？什么叫零件？它们之间有何联系？

0-2 机械零件设计应满足的基本要求有哪些？机械零件的主要失效方式有哪些？

0-3 机械零件设计时应从哪几个方面考虑其结构工艺性？

0-4 机械零件选材的一般原则是什么？

0-5 机械零件设计的一般步骤是什么？

0-6 机械零件的选材应考虑哪些基本原则？

0-7 机械零件的应力种类有哪些？零件强度计算有哪几种方式？各种方式的适用场合如何？

0-8 机械零件的磨损表现有哪几种形式？

0-9 如何根据零件的工作状态合理选用润滑剂？

0-10 减小机械零件磨损的基本手段有哪些？

0-11 何谓基孔制？何谓基轴制？为什么工程设计中要优先采用基孔制？

0-12 何谓优先数和优先数系？优先数系是如何构成的？

第1章

平面机构的结构分析

众所周知，机构是由构件组成的。机构中的各构件为完成功能要求，它们之间有确定的相对运动。因此，研究和讨论构件按照何种条件进行相应组合才具有确定的相对运动，对于分析现有机构或者重新设计新机构都是非常重要和必要的，否则机构的各个构件任意拼接或组合，重者不能产生相对运动，轻者即便能够产生运动，但其运动将不具有确定性。鉴于此，对机构的结构进行分析研究主要应包含以下几个方面。

首先，是研究机构的组成及其具有确定运动的条件。只有机构的组成合理，才能实现机构确定的相对运动，也才能实现预期的动力和运动传递。

其次，是要根据结构特点进行机构的结构分类。如此可以对同一类机构用相同的方法进行研究，从而可以建立起各类机构运动原理、动力分析及运动简图设计的一般方法。

再次，是要研究机构的组成原理，建立相应的系统结构分析方法。也就是要满足机构运动的确定性要求，在分析机构组成结构的基础上，合理设计机构结构。

最后，是研究机构运动简图的绘制方法，从而奠定机构结构分析和运动分析的基础。

综上所述，本章的学习目的是以机构运动简图为工程语言，探讨机构具有确定相对运动的条件，从机构的组成原理出发，建立起系统完整的机构结构分析方法，为机构的合理设计和创新设计打下基础。

1.1 运动副及其分类

1.1.1 运动副

1. 运动副

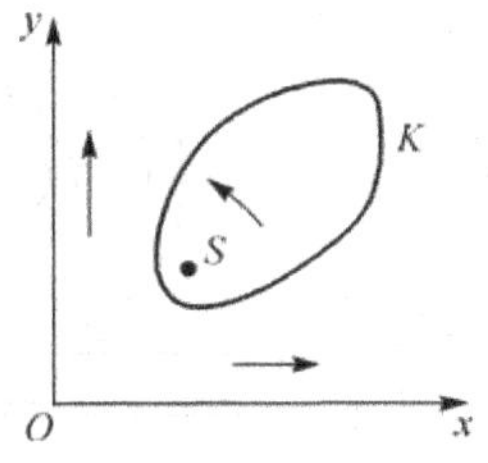

图1-1 平面运动刚体自由度

如图1-1所示，在 Oxy 坐标系中，构件 K 可以随其上一点 S 沿 x 轴方向移动、沿 y 轴方向移动和绕点 S 转动，这种可能出现的独立运动称为构件的自由度。由此可以得出一个做平面运动的自由构件具有三个自由度。

由于机构有许多构件组成，其中的每个构件都以一定的方式与其他构件相互连接，而且这种连接并不是固定的，而是能产生一定相对运动的连接。

这种使两个构件直接接触并能产生一定相对运动的连接称为运动副。显而易见，当构件组成运动副后，各构件的独立运动便受到约束，其自由度也将随之减少。从构件的结构属性看，两个构件组成的运动副，不外乎是通过点、线、面的接触形式来体现的，因此构件上参与接触的点、线、面称为运动副元素。

2. 运动副的分类

运动副按照接触性质，通常分为低副和高副两类。

1）低副

机构中两个构件通过面接触形式组成的运动副称为低副。平面机构中的低副有回转副和移动副两种。

（1）回转副 组成运动副的两个构件只能在一个平面内相对转动，此种运动副称为回转副（也称为铰链），如图1-2 所示。在图1-2(a)中，轴承 1 与轴 2 组成回转副，轴承 1 是固定的，称其为固定铰链；在图1-2(b)中，构件 1 和构件 2 虽然也组成回转副，但其两个构件均未固定，故称其为活动铰链。

（2）移动副 组成运动副的两个构件只能沿某一轴线相对移动，将此种运动副称为移动副，如图1-3 所示。

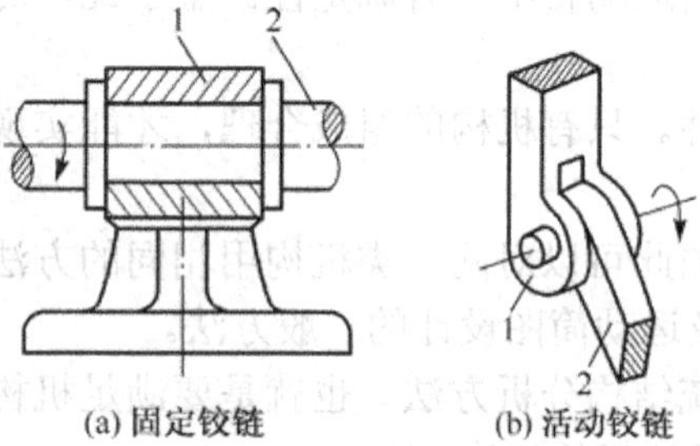

图 1-2 回转副

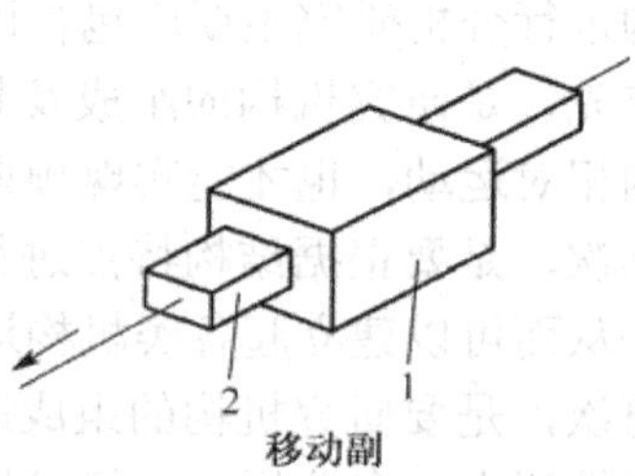

图 1-3 移动副

2）高副

两个构件通过点或线接触组成的运动副称为高副，如图1-4 所示。图1-4(a)中的火车车轮与铁轨的接触点 D，图1-4(b)中凸轮与从动件的接触点 D，图1-4(c)中齿轮 1 和齿轮 2 的接触点 D 均组成高副形式。组成平面高副的两个构件之间的相对运动均是沿其接触点 D 处的切线 $k—k$ 方向的相对移动和在平面内的相对转动。

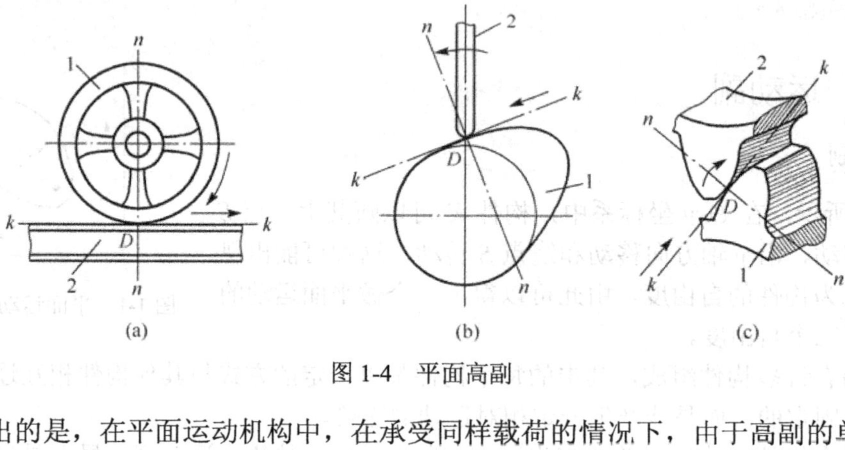

图 1-4 平面高副

值得指出的是，在平面运动机构中，在承受同样载荷的情况下，由于高副的单位接触面积上的压力远大于低副，故高副较易磨损。

在机械中除上述平面运动副外，还能经常遇到如图 1-5 所示的球面副和螺旋副。对于这些运动副，其两个构件之间的相对运动是空间运动，故属于空间运动副。空间运动副显然超出了本章的研究范围，在此不再赘述。

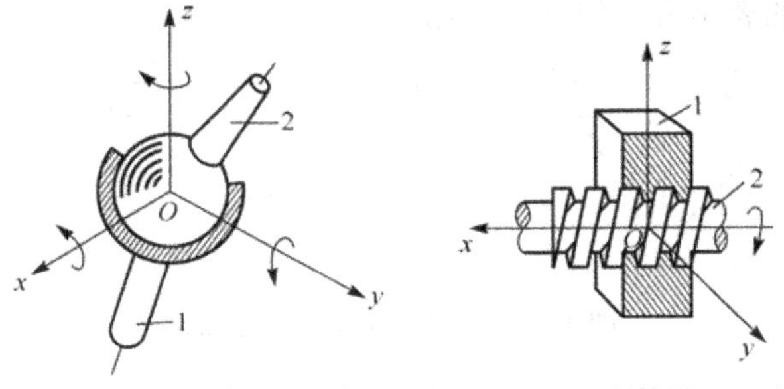

图 1-5　球面副和螺旋副

1.1.2　机构中构件的分类

两个及两个以上的构件通过运动副连接而成的系统称为运动链。

如果运动链中各构件构成首末封闭的系统，则该运动链称为闭式运动链；如果运动链中各构件未构成首末封闭的系统，则该运动链称为开式运动链。在工程应用中，闭式运动链广泛应用于各种机构中，而开式运动链则应用于少数机构中，如机械手、挖掘机等。

下面介绍机构中各构件的组成及其特点。

（1）机架（固定件）是用来支承活动构件的构件，通常是机构中用来研究各构件相对运动的参考坐标系，常在该构件上加斜线表示。

（2）原动件是机构中按给定运动规律独立运动的构件，其运动是由外界输入，又称为输入构件。

（3）从动件是机构中随着原动件的运动而运动的其余构件。在从动件中，实现输出机构预期运动的从动件称为输出构件，其余的从动件则起到传递运动的作用。

例如，在图 0-1 所示的单缸四冲程内燃机中，汽缸 5 为固定件，活塞 4 为原动件，曲轴 1 为从动件中的输出构件，而连杆 3 则为起到传递运动的从动件。

1.2　机构运动简图

1.2.1　运动副及常用构件的画法

实际构件的外形和结构往往很复杂，为便于研究机构的运动，使问题简化，可以将与运动无关的因素抛开，用简单的线条和符号来表示构件和运动副，并按一定的比例关系表示各运动副之间的相对位置关系，绘制出机构的简单图形，使之能准确表达机构运动特性，此种表达机构结构的简单图形称为机构运动简图。

机构运动简图中的运动副表示方法如下。

如图 1-6(a)～(c)所示，当两个构件组成回转副时，用圆圈表示回转副，其圆心代表相对转动的轴线。如果组成回转副的两个构件都是活动件，则用图1-6(a)表示；如果其中一个为机架，则在代表机架的构件上加上斜线，如图1-6(b)、(c)所示。

两个构件组成移动副的表示方法如图1-6 中的(d)、(e)、(f)所示。请注意，移动副的导路必须与相对移动方向一致（其中画有斜线同样为机架）。

两个构件组成高副的表示方法如图 1-6(g)所示。

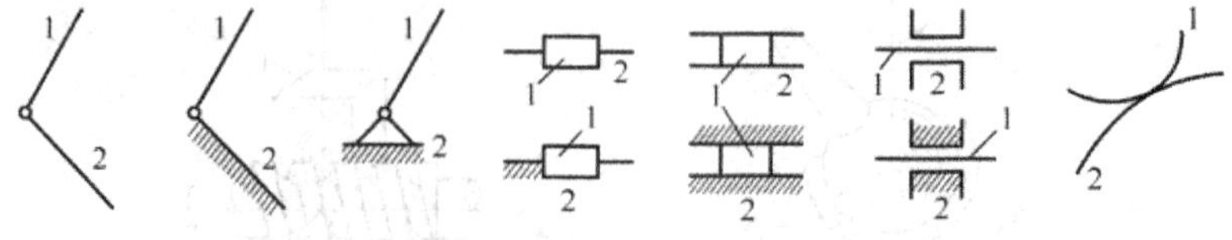

图 1-6　平面运动副的表示方法

表 1-1 中列出了常见平面机构的画法。国家标准 GB 4460—1984 对平面机构运动简图有详细明确的规定，读者需要时可查阅相关标准。

表 1-1　常见平面机构画法

齿轮	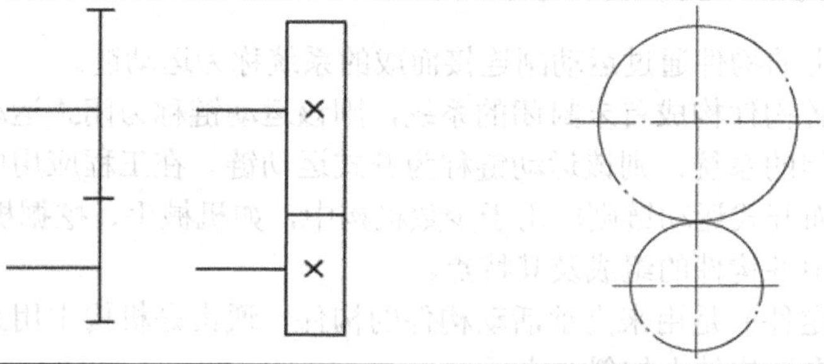		
凸轮	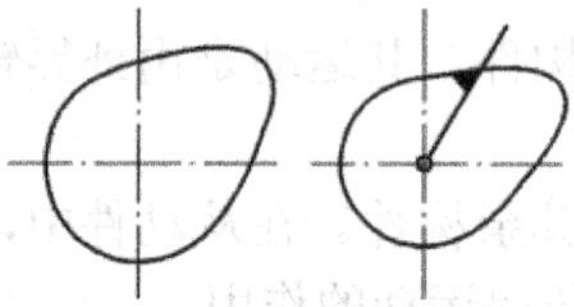	凸轮从动件符号	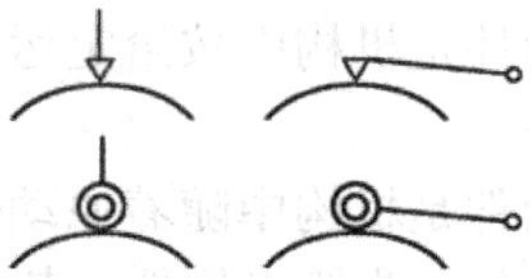
构件	双副元素构件	三副元素构件	多副元素构件
	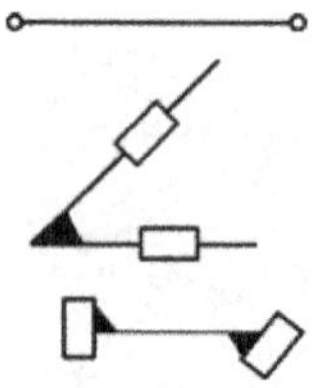	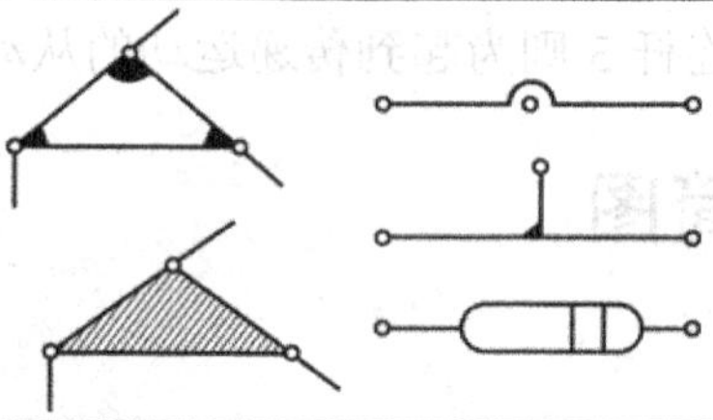	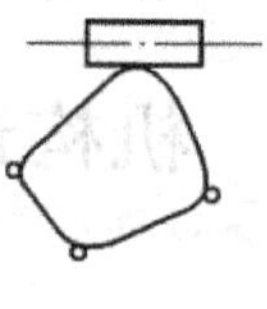

1.2.2　机构运动简图的绘制

下面举例说明机构运动简图的绘制方法和步骤。

【例 1-1】 图 1-7(a)所示的是小型压力机的结构示意图。试绘制其机构运动简图。

解：

1）分析机构运动

首先查找机构的机架、原动件和从动件中的输出构件（执行构件），然后从原动件出发，沿着运动传递路线逐个给构件编号，以确定机构所包括的构件数目。

在图1-7(a)中，本小型压力机由齿轮 1 为原动件，冲杆 10 为输出构件，齿轮 1 与偏心轮 2、齿轮 7 与凸轮 8 分别固连为一个构件。齿轮 1 和偏心轮 2 以角速度ω转动，经连杆 3 带动滑杆 4

往复移动，同时齿轮1与齿轮7啮合，使凸轮8做圆周运动，连杆5在滑杆4和凸轮8的共同作用下做平面运动，通过滑杆9使冲杆10做预定规律的往复直线运动。

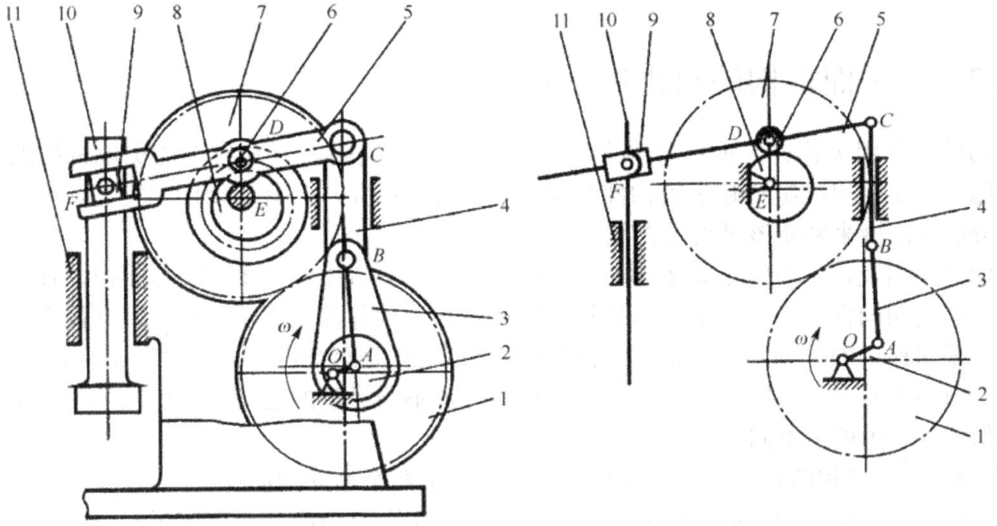

(a) 结构示意图　　(b) 机构运动简图

图1-7　小型压力机

2）确定运动副的类型

从原动件开始，沿着运动传递路线，逐个识别和确定连接相邻构件的运动副类型，并对转动副依次标注字母（如 *A*、*B*、*C*……），最后确定各类运动副的数目。

在图1-7(a)中，齿轮1和偏心轮2相对机架11做转动，故与机架11构成转动副。同样不难看出，偏心轮2与连杆3、连杆3与滑杆4、滑杆4与连杆5、连杆5与滚子6、齿轮7与机架11、凸轮8与机架11，滑块9与冲杆10也组成转动副；滑块4相对机架11移动而组成移动副，连杆5与滑块9、冲杆10与机架11也构成移动副；滚子6与凸轮8，以及齿轮1与齿轮7分别组成凸轮副和齿轮副。由此可以确定该小型压力机由7个转动副、3个移动副和2个平面高副组成。

3）选择投影平面，绘制机构草图

对于平面机构，一般选择其运动平面为投影面即可。根据选定的投影平面，先在草稿纸上按规定的符号画出机构运动副的位置图，再以简单的线条连接，然后量取有关运动副之间的真实尺寸并标注在机构草图上。

4）确定比例尺，绘制机构运动简图

根据机构真实尺寸及国标规定的图幅大小，选取合适的比例尺（构件实际长度/构件图示尺寸）。令原动件相对机架处于某一位置，按选定的比例尺绘制机构运动简图。要求简图上要给构件编号，给转动副标注字母，并用箭头表示原动件的运动方向。

该小型压力机的机构运动简图如图1-7(b)所示。

绘制机构运动简图时，一般要清楚地表示各构件之间的相互位置关系，还应恰当地选择机构运动的瞬时位置，否则会出现构件之间的相互重叠和交叉，使机构运动简图不易绘制及辨识。同时，绘制机构运动简图是一个反映机构结构特征和运动本质的过程，也是一个从具体到抽象的过程，只有结合实际机构多加练习，才能熟练掌握机构运动简图的绘制技巧和能力。

1.3 平面机构的自由度

1.3.1 平面机构的自由度计算

机构的各个组成构件之间必须具备确定的相对运动关系，否则将不能实现机构的运动功能。按照一定结构原理组合起来的构件要能产生相对运动并且具有运动的确定性，就必须通过计算和分析自由度来判断该机构是否具有确定的运动条件。

前面已经述及，一个做平面运动的自由构件具有三个自由度。由此可以得出，在平面机构中，每一个活动构件，当未采用运动副将其连接时，该构件都具有三个自由度（两个移动和一个转动)。采用移动的运动副形式将两个构件连接起来后，此两个构件的相对运动便受到了约束，相应地，自由度数量也将随之减少。值得注意的是，不同类型的运动副所引入的约束也不同，因此其保留的自由度也不同。

从图1-2、图1-3和图1-4中可以看出，回转副约束了两个移动副而保留了一个转动的自由度；移动副则约束了沿某一轴向的移动和在平面内的转动两个自由度，而保留了沿另一轴向移动的自由度；高副则只约束了沿接触处公法线方向的自由度，而保留了绕接触处的转动和沿接触处公切线方向移动的两个自由度。由此可以得出，在平面机构中，一个低副引入两个约束而使构件相应地失去了两个自由度，一个高副引入一个约束而使构件相应地失去一个自由度。

若机构具有 K 个构件，由于固定件(机架)不能运动，因此机构中的活动构件数则为 $n=K-1$。当这些构件为自由构件时，它们具有的自由度总数为 $3n$，当用运动副将它们连接组成机构后，若机构中具有的低副数为 P_L 个，高副数为 P_H 个，则该机构中引入的约束总数为 $2P_L+P_H$。因此，活动构件的自由度总数与运动副引入的约束总数之差，就构成了该机构的自由度 F。一般情况下，有

$$F=3n-2P_L-P_H \quad (1\text{-}1)$$

由式(1-1)可知，机构的自由度 F 取决于活动构件的数目 n，以及机构中运动副的性质（低副或是高副）和运动副的数目。

由机构构成属性得知，机构的自由度也就是机构所具有的独立运动的个数，而机构的从动件并不能独立运动，只有机构的原动件才具备独立运动的特性，而且每个原动件只具有一个独立运动，因此机构自由度必定等于机构原动件数。下面示出机构自由度数与机构可动性的基本关系（机构的结构件如图1-8所示）。

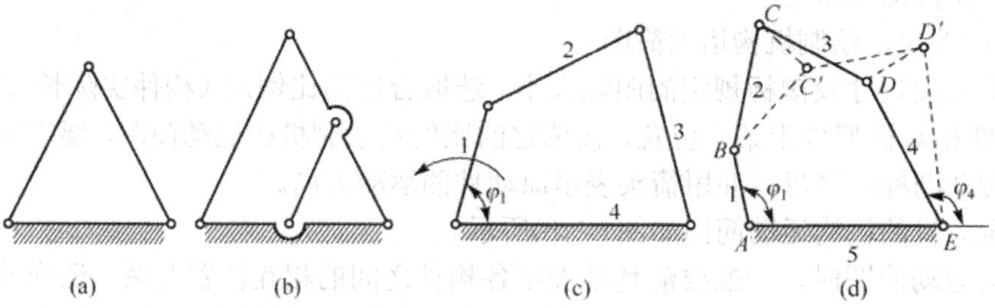

图 1-8 机构自由度数与机构可动性的基本关系

（1）当 $F=0$ 时[如图1-8(a)所示]，其机构自由度 $F=0$，说明该机构不能产生相对运动，为一个刚性桁架。

（2）当 $F<0$ 时[如图1-8(b)所示]，其机构的自由度 $F=-1$，说明该机构所受到的约束过多，使其成为超静定桁架。

（3）当 $F>0$ 时[如图1-8(c)、(d)所示]，$F>0$ 是运动链成为机构的必要条件。对于图1-8(c)所示的铰链四杆机构，其 $F=1$。若取构件 AB 为原动件，采用几何作图得知，对于 AB 的任意位置，构件 BC 和 CD 均有唯一确定的位置与之对应，表明对于自由度为 1 的机构，若任取某一个构件为原动件，并给定其运动规律，其他组成构件的运动也随之而确定。对于图 1-8(d)所示的五杆机构，其 $F=2$。若同样地把构件 AB 作为原动件，当 AB 处于图示位置时，其余构件的位置并不确定（如可以占据 BC、CD、DE，也可以占据 BC'、$C'D'$、$D'E$），这表明各构件之间无确定的相对运动。若同时取两个构件为原动件，则各构件之间将具有确定的相对运动。这也同时说明了对于自由度为 2 的机构，任取某两个活动构件为原动件，并分别给定运动规律，则该机构将具有确定的运动。

综上所述，机构具有确定运动的条件是：机构自由度数 $F>0$，且满足自由度数等于原动件数。

【例 1-2】 计算图1-9所示的颚式破碎机主体机构的自由度。

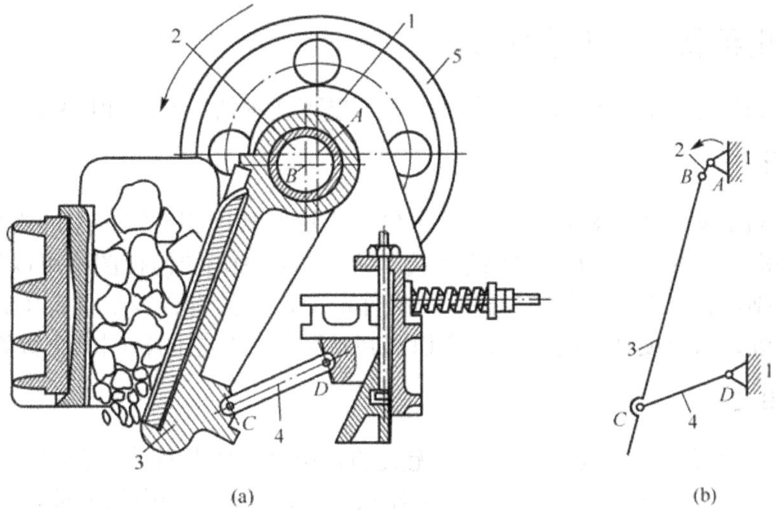

图 1-9　颚式破碎机

解：

在图1-9所示的颚式破碎机主体机构中，活动构件数 $n=3$，机构中包含 4 个回转副，无高副，$P_L=4$，$P_H=0$，故该机构的自由度 F 为

$$F=3n-2P_L-P_H=3\times3-2\times4-0=1$$

该机构具有一个原动件（即曲轴），故原动件数与机构自由度数相等，机构具有确定的运动条件。

【例 1-3】 计算图1-10所示的活塞泵的自由度。

解：

活塞泵机构具有的构件数 $n=4$，具有 4 个回转副、1 个移动副和 1 个高副，故 $P_L=5$，$P_H=1$，故该机构的自由度 F 为

$$F=3n-2P_L-P_H=3\times4-2\times5-1=1$$

该机构具有一个原动件（即曲轴），故原动件数与机构自由度数相等，机构具有确定的运动条件。

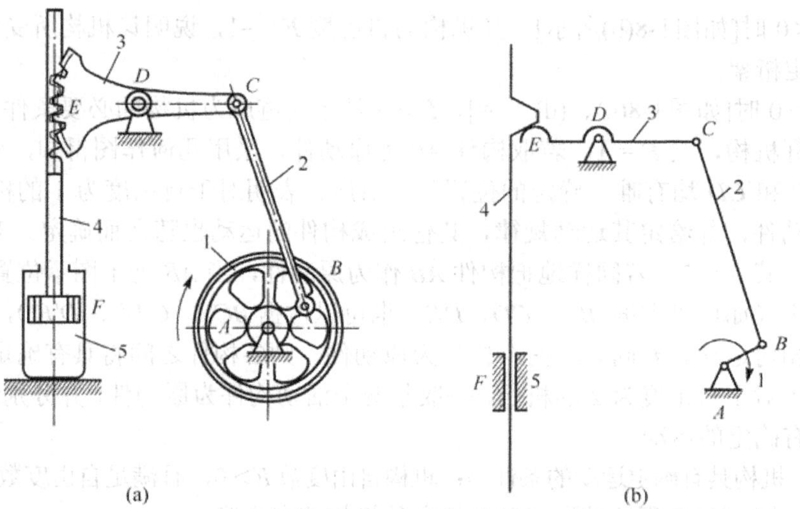

图 1-10 活塞泵

1.3.2 几种特殊结构的处理

在应用式(1-1)计算平面机构的自由度时，对于以下几种情况必须加以处理才行。

1. 复合铰链

复合铰链指的是两个以上构件同时在一个位置上用回转副相连接构成的连接。如图1-11(a)所示的三个构件汇交连接而成的复合铰链形式，从其图1-11(b)的俯视图中可以看出，该三个构件组成两个回转副。类似地，可以推导出 S 个构件汇交而成的复合铰链具有（$S-1$）个回转副。因此，在对机构进行自由度计算时应当注意识别回转副，以免把回转副的个数算错。

2. 局部自由度

机构中经常会出现一种与输出构件运动无关的自由度，将其称为局部自由度。局部自由度不影响其他构件的运动，但可以改善机构的工作状况（如减小运动中的摩擦阻力等）。局部自由度在计算机构自由度时应予以排除。在机械中常常存在着局部自由度，如滚动轴承、滚轮及滚子等。局部自由度的结构如图1-12所示。

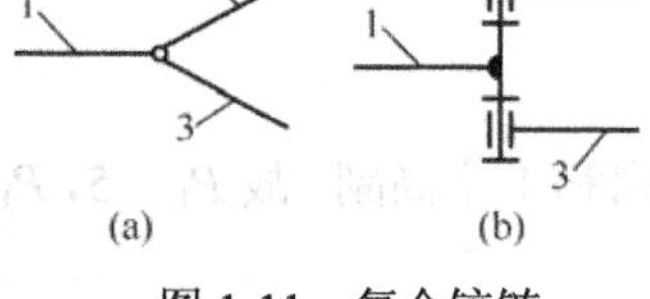

图 1-11 复合铰链

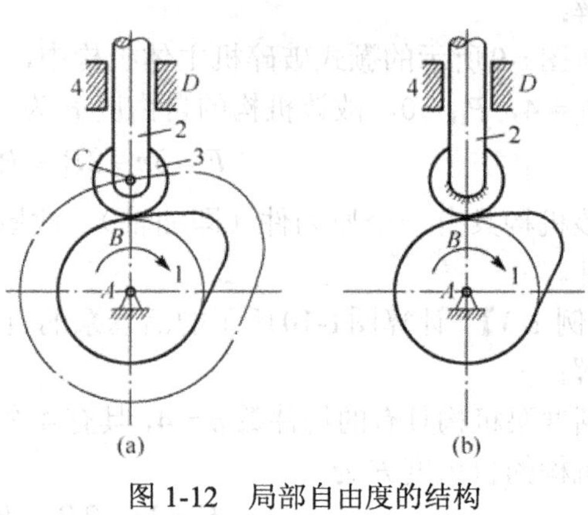

图 1-12 局部自由度的结构

3. 虚约束

在由运动副引入的约束中，有些约束对机构自由度的影响是重复的，这些对机构运动不起限制作用的重复约束称为虚约束。虚约束的出现是因为构件之间的几何尺寸为了满足某些特殊条件。平面机构的虚约束常常出现在下列几种场合。

（1）两个构件之间组成多个轴线重合的回转副时，只有一个回转副起作用，其余均为虚约束。例如，由多对轴承支承一根轴，虽有多个回转副，但只能看成一个回转副在起作用。

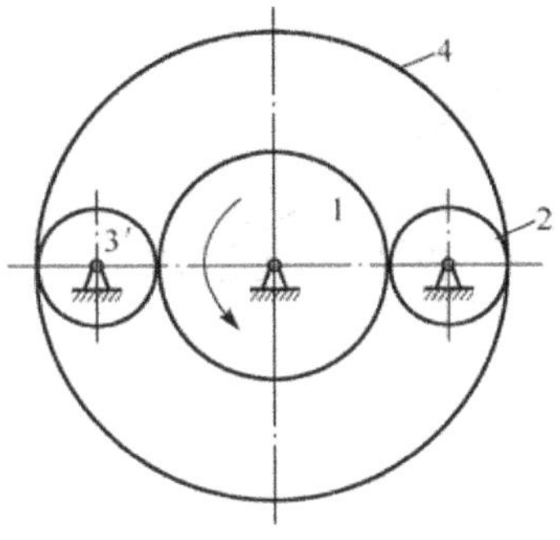

图 1-13 虚约束

（2）两个构件之间组成多个导路平行的移动副时，只有一个移动副起作用，其余均为虚约束。

（3）机构中对传递运动不起独立作用的对称结构部分。如图1-13所示，中心轮 1 经两个对称小齿轮 2 和 3′ 驱动内齿轮 4，其中有一个小齿轮对运动的传递不起独立作用，但使机构增加了一个虚约束（加入一个构件增加了三个自由度，组成了一个回转副和两个高副，引入了一个虚约束）。

从以上的分析可以看出，虚约束虽然对运动不起作用，但可以增加机构的刚性和使构件受力均衡，所以机构中的虚约束较为常见，故只有将机构运动简图中的虚约束加以排除，才能真实地计算出机构的自由度。

【例 1-4】图1-14所示的是圆盘锯主体机构示意图，计算其自由度。

解：

该圆盘锯机构中有 7 个活动构件，*A*、*B*、*C*、*D* 四处均由 3 个构件汇交成复合铰链，各有 2 个回转副，因此该机构的自由度 *F* 为

$$F = 3n - 2P_{\mathrm{L}} - P_{\mathrm{H}} = 3\times7 - 2\times10 - 0 = 1$$

其自由度数与原动件数相等。运动状态为当原动件 8 做转动时，圆盘中心 *E* 将沿直线 *EE′* 做确定的直线移动。

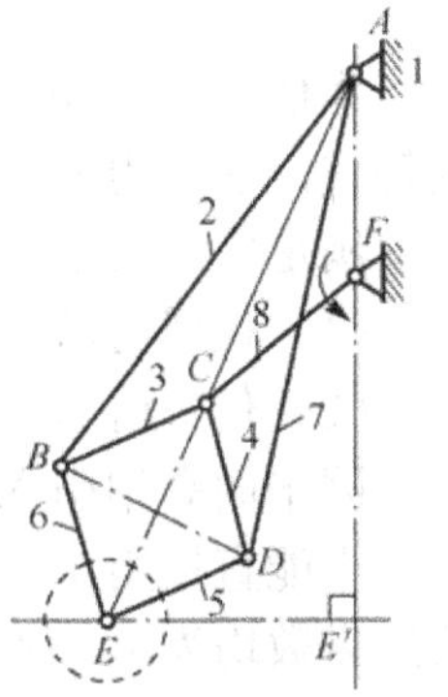

图 1-14 圆盘锯主体机构

【例 1-5】 图1-12 所示的是滚子从动件凸轮机构示意图，计算其自由度。

解：

如图1-12(a)所示，当原动件凸轮 1 做转动时，通过滚子 3 驱动从动件 2，以一定的运动规律在机架 4 中做往复移动。因此，从动件 2 为输出件。在该机构中，无论滚子 3 绕其轴线 *C* 是否转动或转动快慢，都不会影响到输出件 2 的运动规律，因此可以认为滚子 3 绕其中心轴线 *C* 的转动是一个局部自由度，为此当计算该机构的自由度数时应将其排除。由此可以将该机构演变为图1-12(b)所示的结构，在此结构中，构件数为 2，低副为 2 个，高副为 1 个，其自由度数为

$$F = 3n - 2P_{\mathrm{L}} - P_{\mathrm{H}} = 3\times2 - 2\times2 - 1 = 1$$

从以上计算结果可以看出，局部自由度虽然不影响整个机构的运动，但滚子 3 可以使高副接触处的滑动摩擦变为滚动摩擦，从而减小了磨损。所以，四级机构中常常有局部自由度出现。

【例 1-6】 图1-15所示的是大筛机构示意图，计算其自由度。

解：

该大筛机构中的滚子有 1 个局部自由度，顶杆与机架在 *E* 和 *E′* 组成两个导路平行的移动副，其中之一应该是虚约束。

现在将滚子与导杆焊接为一体，去掉移动副 *E′*，同时在点 *C* 注明回转副的个数（②），则

大筛机构的结构示意图变为如图1-16(b)所示，此时构件数为 7 个，低副为 9 个（即 7 个回转副和 2 个移动副），高副为 1 个，故其自由度数为

$$F=3n-2P_{\mathrm{L}}-P_{\mathrm{H}}=3\times7-2\times9-1=2$$

所以，该大筛机构的自由度数为 2，具有 2 个原动件（即杆 AB 和凸轮）。

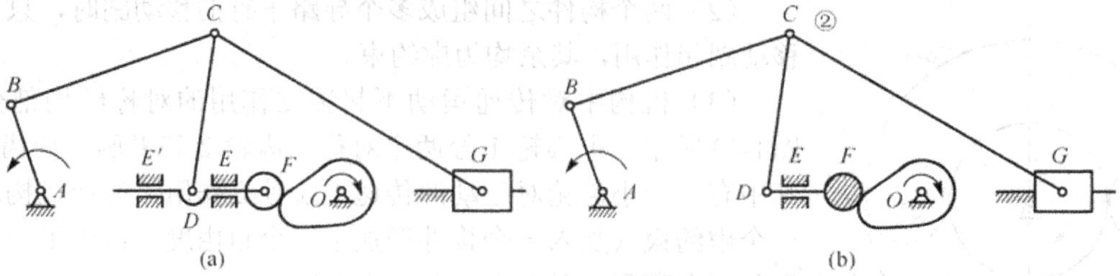

图 1-15 大筛机构

1.4 平面机构组成原理与结构分析

1.4.1 平面机构的高副低代

为便于分析和研究含有高副的平面机构，常常将机构中的高副按照一定的条件虚拟地用低副替代，这种用低副替代高副的方法称为平面机构的高副低代法。在平面机构进行高副低代时必须满足以下两个条件：

（1）代替前后，机构的自由度保持不变；

（2）代替前后，机构的瞬时速度和瞬时加速度不变。

因平面高副引入了 1 个虚约束，平面低副引入了 2 个虚约束。在替代时，为满足第 1 个条件，不能直接用 1 个低副替代 1 个高副。为此可以用有 2 个低副的构件代替 1 个高副，使二者的约束数均为 1，保证了代替前后机构的自由度不变。

例如，在图1-16所示的平面高副机构中，圆盘构件 1 和 2 在点 B 处接触构成高副。当圆盘 1 绕点 A 转动时，通过两个圆弧在点 B 的高副接触，推动圆盘 2 绕点 C 转动。当机构运动时，两个圆盘中心的间距 O_1O_2 始终保持不变，同时 AO_1 和 AO_2 也保持不变，而且两个圆心的连心线 O_1O_2 始终为两个圆弧高副接触点 B 的公法线。因此，如果去掉高副 B 而在 O_1、O_2 间加上一个构件 4（长度为 L_{O1O2}），则其两端分别在 O_1、O_2 处与圆盘 1 和 2 以转动副相连接，即用带 2 个转动副 O_1、O_2 的构件 4 代替高副 B，得到图1-16(b)所示的铰链四杆机构 AO_1O_2B。

此时，代替前后的自由度数均为 1，满足了第 1 个条件；代替后构件 1、2 的运动与原高副机构中的构件 1、2 的运动完全相同，满足了第 2 个条件。

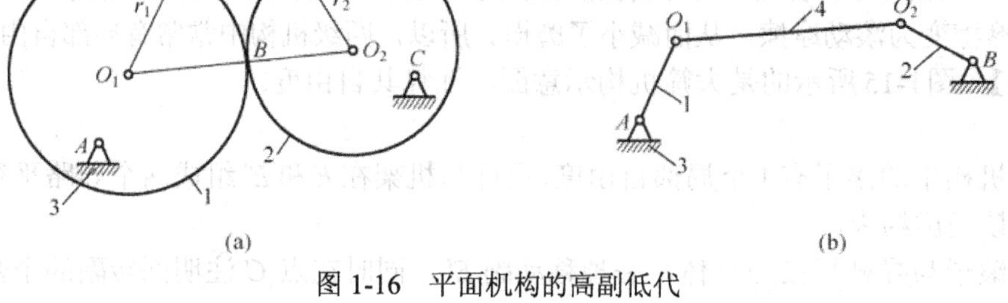

图 1-16 平面机构的高副低代

1.4.2　平面机构的组成原理

为了设计机构或进行机构的创新设计，有必要研究机构的基本组成原理。前已述及，机构由机架、原动件、从动件三大部分组成，机构的自由度等于原动件的个数，从动件的自由度数则为零。从动件部分可以分解为若干不可再拆分的自由度为零的运动链（即杆组）。

对于平面机构，由式(1-1)可知，全部为低副的基本杆组一定有下式的关系：

$$F = 3n - 2P_{\mathrm{L}} = 0$$

即

$$P_{\mathrm{L}} = \frac{3}{2}n \quad (1\text{-}2)$$

因为杆组中构件数 n 和运动副数 P_{L} 都必须为整数，因此 n 与 P_{L} 应分别为 2 与 3 的倍数，即它们之间的组合关系是 $n = 2$、4、6…, $P_{\mathrm{L}} = 3$、6、9…。所以，最简单的杆组是 $n = 2$、$P_{\mathrm{L}} = 3$ 的杆组（该杆组每一个构件形成的低副只有 2 个），称为Ⅱ级杆组，常见的Ⅱ级组有图 1-17 所示的五种形式。

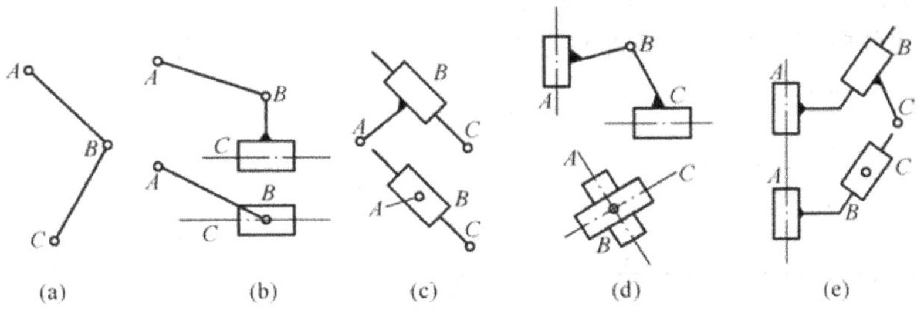

图 1-17　Ⅱ级杆组

由 $n = 3$、$P_{\mathrm{L}} = 6$ 组成的基本杆组有图1-18所示的两类。其中，在图1-18(a)所示的基本杆组中包含一个具有 3 个低副的刚性构件（称为Ⅲ级杆组），在图 1-18(b)所示的基本杆组中包含一个由 4 个构件组成的封闭四边形（称为Ⅳ级杆组）。Ⅲ级和Ⅲ级以上的杆组在工程应用上称为高级杆组，其运动分析和受力分析均较复杂。工程上Ⅱ级杆组应用最为广泛，而Ⅳ级杆组的应用则较少，Ⅲ级杆组和Ⅳ级杆组有一定的应用。

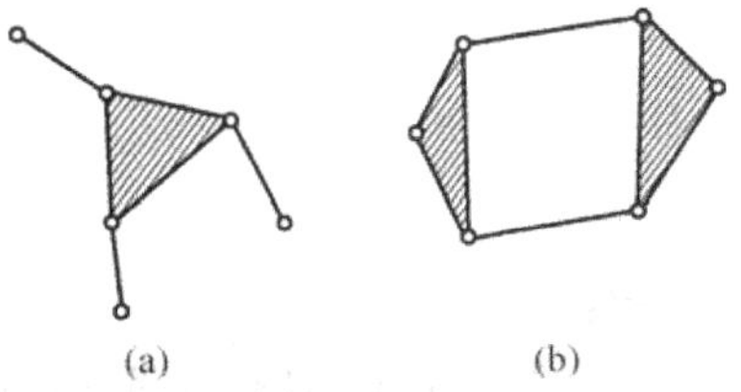

图 1-18　Ⅲ级杆组

综上所述，任何机构都可以看成由若干个基本杆组依次连接于原动件和机架所组成的，此为机构的组成原理。基本杆组是研究机构中转换运动和传递动力的部分，是研究机构组成的主要对象。

组成机构时，同一杆组的构件不能全连接于另一杆组的构件，因为这种连接将使杆组与连接构件组成桁架，达不到增添杆组的目的，如图1-19所示。

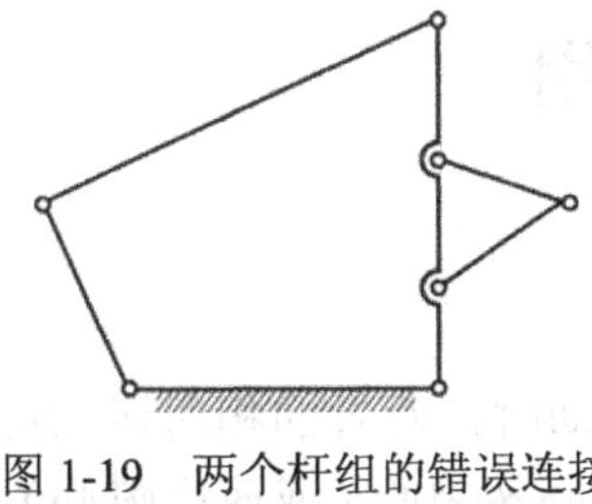

图 1-19　两个杆组的错误连接

在同一组机构中可以包含不同级别的杆组，而机构的级别则由其所包含最高级别的基本杆组来确定。仅由机架和原动件组成的机构（如斜面机构等）称为Ⅰ级机构，仅含Ⅱ级杆组的机构称为Ⅰ级机构，含Ⅰ级杆组和Ⅲ级杆组的机构称为Ⅲ级机构，以此类推。

此为机构的结构分类原则和方法。

1.4.3 平面机构的结构分析

在对已有的机构进行运动分析和动力分析之前，一般都要进行机构的结构分析。结构分析的主要内容是根据机构的组成原理将机构分解为原动件、机架和基本杆组，并确定机构的级别。机构结构分析的基本步骤是：

（1）检查并去除机构中的局部自由度和虚约束；

（2）计算机构的自由度，确定原动件；

（3）进行高副低代；

（4）分解杆组；

（5）确定机构级别。

在进行杆组的分解时，一般的分解顺序是：从远离原动件的构件开始分解，先试拆Ⅱ级杆组，在拆不出Ⅱ级杆组时，再试拆Ⅲ级杆组或Ⅳ级杆组。当拆出一个基本杆组后再拆剩余的构件系统时，仍然要从最简单的Ⅱ级杆组开始试拆，直到只剩下原动件和机架。应该注意到，每次拆出基本杆组后，剩下的构件系统仍然为机构，其自由度与原机构相同。

【例 1-7】 试分析图1-20所示的平面机构，并确定该机构的级别。

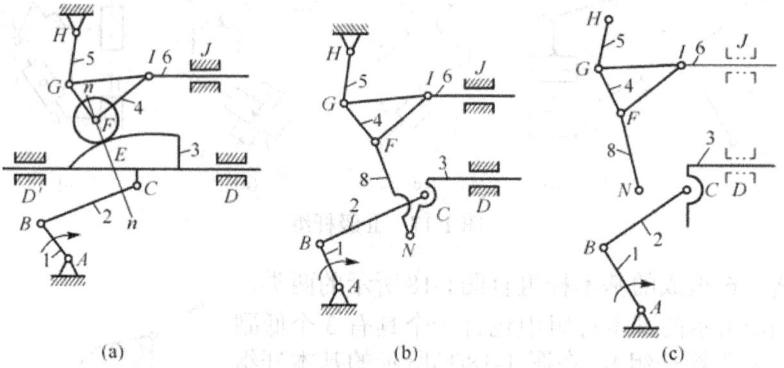

图 1-20 机构结构分析例图

解：

（1）除去该机构中的局部自由度和虚约束[如图1-20(b)所示]。

（2）计算自由度并确定原动件，则

$$F = 3n - 2P_{\mathrm{L}} - P_{\mathrm{H}} = 3\times6 - 2\times8 - 1 = 1$$

取构件 1 为原动件。

（3）进行高副低代[如图1-20(b)所示]。

（4）分解杆组[如图1-20(c)所示]机构由原动件、机架、一个Ⅱ级杆组和一个Ⅲ级杆组。

（5）确定机构的级别。由于组成该机构的基本杆组的最高级别是Ⅲ级，所以该机构是Ⅲ级机构。

1.5 速度瞬心及其在机构速度分析中的应用

1.5.1 速度瞬心及速度瞬心的求法

如图1-21所示，当任意一个刚体 P_2 相对另一个刚体 P_1 做平面运动时，两者的相对运动可以看成绕它们之间的某一个重合点 P_{12} 的转动。该重合点 P_{12} 称为瞬时回转中心（或速度瞬心）。

由此可以得出瞬心是该两个刚体上瞬时相对速度为零的重合点（即绝对速度相同的重合点）。

若两个刚体都处于运动状态，则其瞬心称为相对速度瞬心；若其中一个刚体静止而另一刚体运动，则其瞬心称为绝对速度瞬心。由于静止刚体的绝对速度为零，故绝对瞬心是运动刚体上瞬时绝对速度为零的点。

由于产生相对运动的任意两个构件具有一个瞬心，推而广之，当一个机构由 K 个构件组成时，该机构的瞬心数 N 为

$$N=\frac{K(K-1)}{2}\quad(1\text{-}3)$$

从原理上讲，如果两个刚体的相对运动为已知，其瞬心可以由瞬心的定义求得。下面以图1-22为例来讲解瞬心位置确定方法。

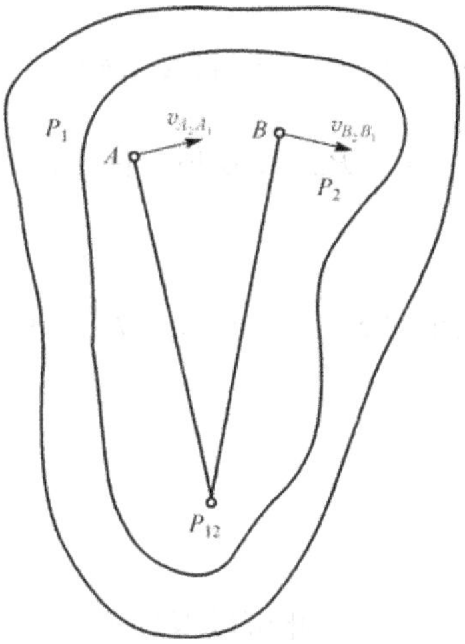

图 1-21　相对速度瞬心

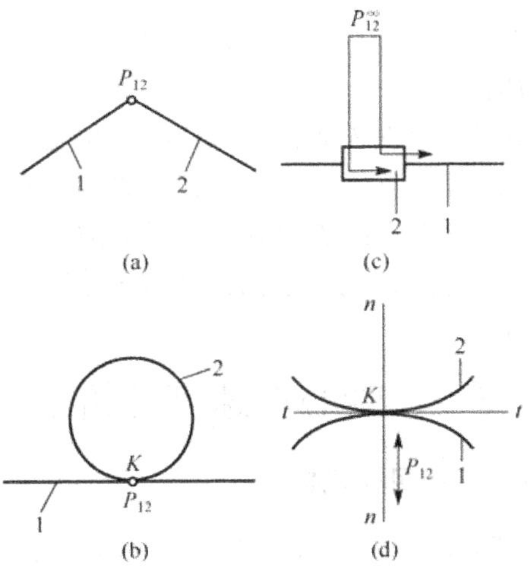

图 1-22　瞬心位置的确定

（1）对于图1-22中的(a)，由于两个构件组成回转副，不难看出回转副的回转中心 P_{12} 就是这两个构件的瞬心。

（2）对于图1-22中的(b)，当两个构件组成纯滚动高副时，其接触点处的相对速度为零，因此接触点 P_{12} 即为瞬心。

（3）对于图1-22中的(c)，当两个构件组成移动副时，由于构件上的所有重合点的相对速度方向都处于平行于移动方向的状态，所以此时的瞬心 P_{12} 位于移动导路垂线的无穷远处。

（4）对于图1-22中的(d)，当两个构件组成滑动兼滚动的高副时，因接触点的相对速度沿其切线方向，因此瞬心 P_{12} 位于过接触点的公法线 n–n 上，瞬心的具体位置尚需根据其他条件才能确定。

对于机构中不直接接触的各个构件，其瞬心可以采用三心定理来求解。三心定理是指做平面运动的三个构件共有三个瞬心，且这三个瞬心位于同一条直线上。现就图1-23对三心定理证明如下。

构件 1、2、3 彼此做平面相对运动，设构件 3 固定，不难直观地看出瞬心 P_{13}、P_{23} 的位置如图1-23所示。

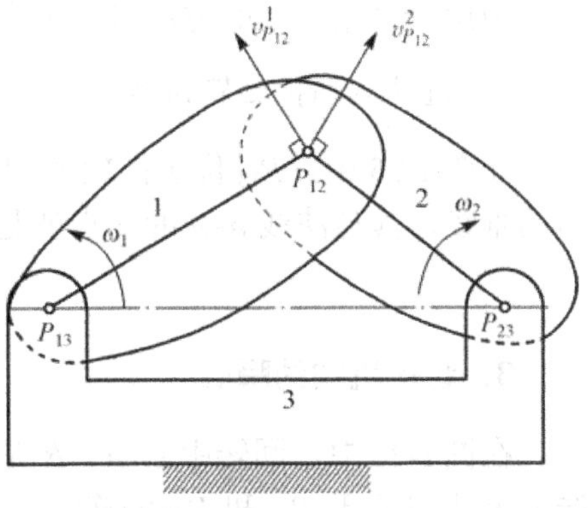

图 1-23　三心定理

现假设 P_{12} 不在直线 $P_{13}P_{23}$ 上，此时根据瞬心定义可得 $v_{P_{12}}^1 = v_{P_{12}}^2$ 。由于 $v_{P_{12}}^1 \perp P_{13}P_{12}$ ，$v_{P_{12}}^2 \perp P_{23}P_{12}$ ，$v_{P_{12}}^1$ 与 $v_{P_{12}}^2$ 的方向明显不同，所以 $v_{P_{12}}^1 \neq v_{P_{12}}^2$ ，与原假设矛盾。

因此，构件 1、2 的瞬心只能在 P_{13} 与 P_{23} 的连线上，也即三个瞬心共线。

【例 1-8】 试求图1-24所示机构的瞬心。

解：

该铰链四杆机构的瞬心数为

$$N = \frac{K(K-1)}{2} = \frac{4\times(4-1)}{2} = 6$$

各杆之间构成的回转副瞬心各为 P_{12}、P_{23}、P_{34}、P_{14}。

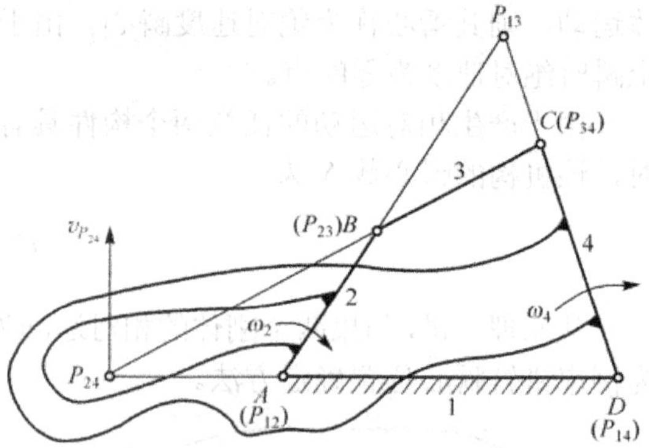

图 1-24 铰链四杆机构的瞬心

由三心定理得到：P_{13}、P_{12}、P_{23} 必定位于同一条直线上；P_{13}、P_{14}、P_{34} 必定位于同一条直线上。所以，直线 $P_{13}P_{23}$ 与直线 $P_{14}P_{34}$ 的交点就是瞬心 P_{13}。

同理，得直线 $P_{14}P_{12}$ 与直线 $P_{34}P_{23}$ 的交点就是瞬心 P_{24}。

由于此四杆机构中构件 1 是机架，因此 P_{12}、P_{13}、P_{14} 是绝对瞬心，而 P_{23}、P_{34}、P_{24} 是相对瞬心。

1.5.2 瞬心在速度分析上的应用

1．铰链四杆机构

在图1-24中，P_{24} 是构件 2 和构件 4 上绝对速度相同的重合点，因此可以得到下式：

$$v_{P_{24}} = \omega_2 l_{P_{12}P_{24}} = \omega_4 l_{P_{24}P_{14}}$$

经过化简后，得

$$\frac{\omega_2}{\omega_4} = \frac{l_{P_{24}P_{14}}}{l_{P_{12}P_{24}}} = \frac{P_{24}P_{14}}{P_{12}P_{24}} \quad (1\text{-}4)$$

式(1-4)表明：两个构件的角速度与其绝对瞬心到相对瞬心的距离成反比。结合图示可以看出，当 P_{24} 在 P_{14} 和 P_{12} 的同侧时，杆 2 和杆 4 的角速度 ω_2 和 ω_4 方向相同，当 P_{24} 在 P_{14} 和 P_{12} 的之间时，杆 2 和杆 4 的角速度 ω_2 和 ω_4 方向相反。

应用与之相类似的方法可以求出其他任意两个构件的角速度的大小和方向。

2．直动从动件凸轮机构

在图1-25中，P_{13} 位于凸轮的回转中心，P_{23} 在垂直于从动件导路的无穷远处。经 P_{13} 作导路的垂线，其与法线 n–n 的交点就是相对速度瞬心 P_{12}。由此得

$$v_{P_{12}} = v_2 = \omega_1 l_{P_{13}P_{12}} \quad (1\text{-}5)$$

3．齿轮机构的瞬心

在图1-26中，回转中心 A、B 是绝对瞬心 P_{13} 和 P_{23}，而相对瞬心 P_{12} 则在过接触点的公法线 n–n 上且位于 P_{13} 和 P_{23} 的连线上，所以直线 AB 和公法线 n–n 的交点就是瞬心 P_{12}。据此可以求得

$$v_{P_{12}} = \omega_1 l_{P_{12}P_{13}} = \omega_2 l_{P_{12}P_{23}}$$

化简后，得

$$\frac{\omega_1}{\omega_2} = \frac{l_{P_{12}P_{23}}}{l_{P_{12}P_{13}}} = \frac{P_{12}P_{23}}{P_{12}P_{13}} \quad (1\text{-}6)$$

从式(1-6)可以看出，组成高副的两个构件，其角速度与连心线被接触点公法线所分割的两条线段长度成反比。

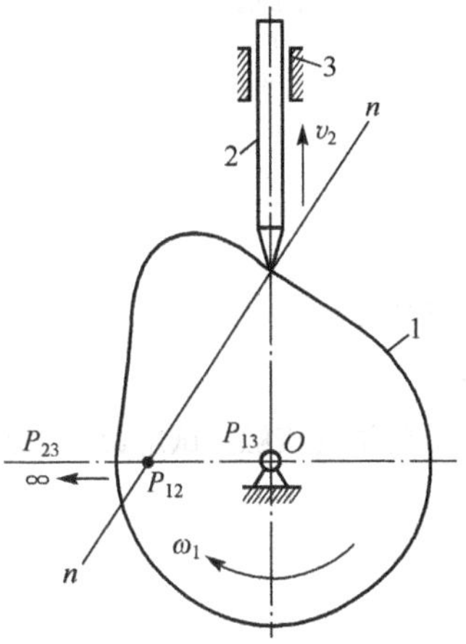

图 1-25　直动从动件凸轮的瞬心

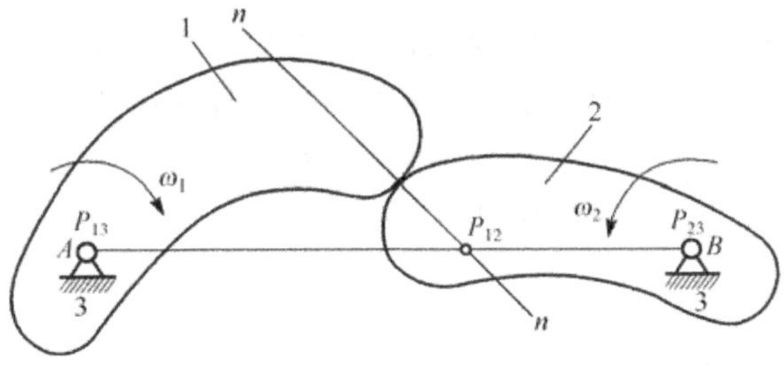

图 1-26　齿轮机构的瞬心

值得指出的是，用瞬心法求简单机构的速度是很方便和快捷的，但当构件数目较多时，由于瞬心的数目较多，因此较为费时，而且作图时常常会出现瞬心落在图纸之外的现象。

习题与思考题

1-1　绘出题图1-1所示机构的运动简图。

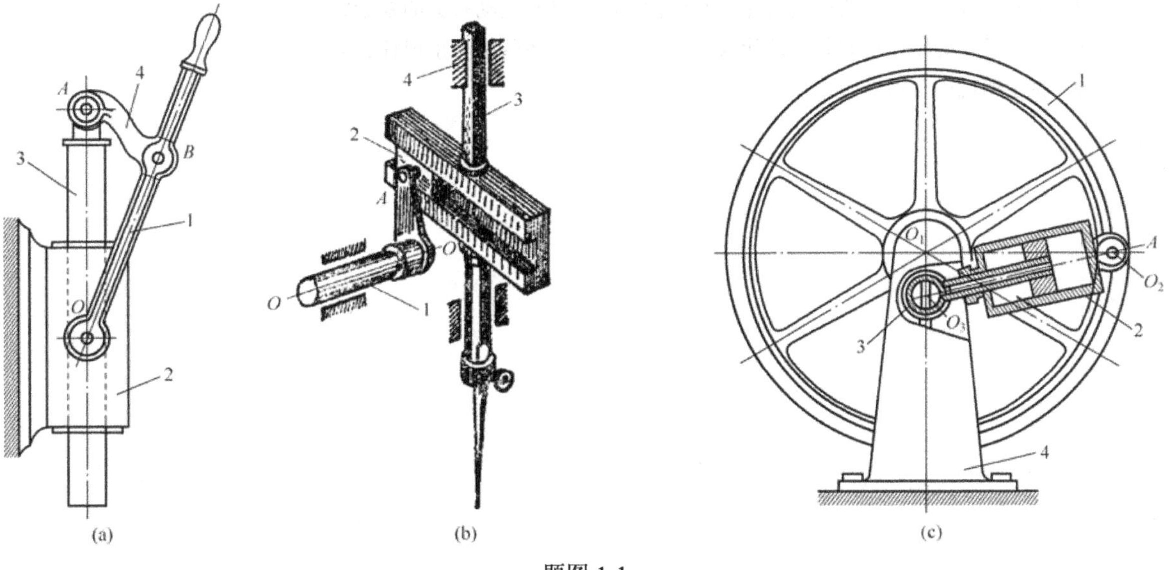

题图 1-1

1-2 计算题图1-2所示机构的自由度。若其中有局部自由度和虚约束，需要在图上指出。

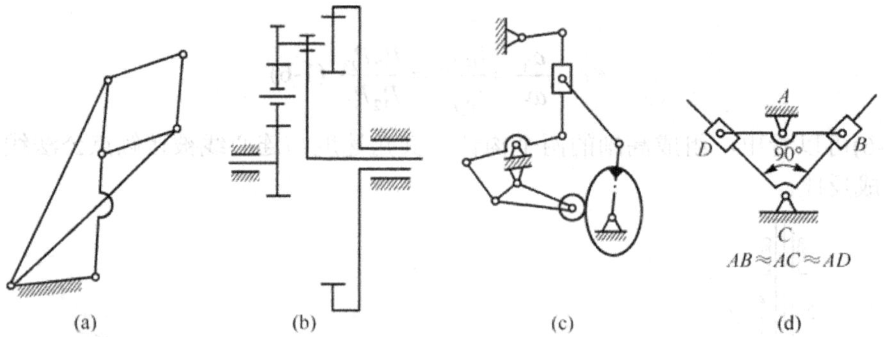

题图 1-2

1-3 求题图1-3所示正切机构的全部瞬心。设 $\omega_1 = 10\ \text{rad/s}$，求构件 3 的速度 v_3。

1-4 求题图1-4所示的导杆机构的全部瞬心和构件 1、3 的角速比 ω_1/ω_3。

1-5 题图1-5所示的是摩擦行星传动机构，设行星轮 2 与构件 1、4 保持纯滚动接触。试用瞬心法求轮 1 与轮 2 的角速比 ω_1/ω_2。

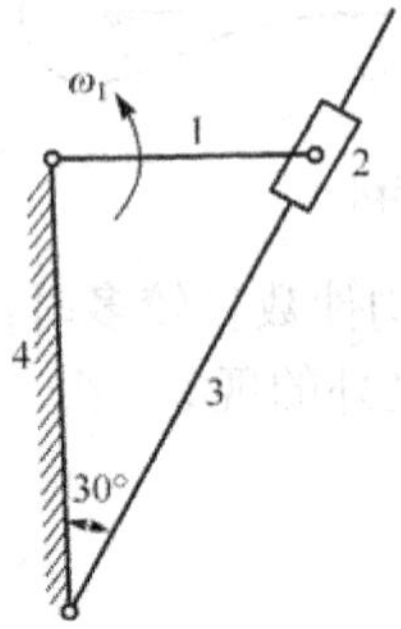

题图 1-3

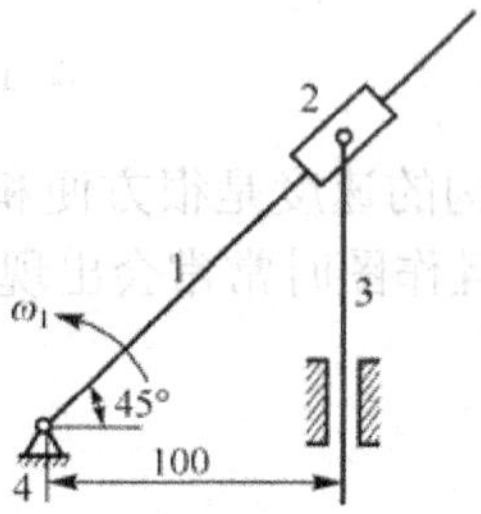

题图 1-4

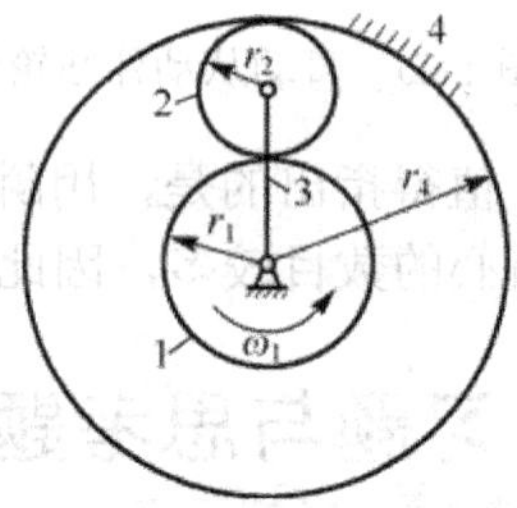

题图 1-5

1-6 什么叫运动副？几种平面运动副之间有什么区别？

1-7 绘制机构运动简图的原则是什么？机构中哪些是与运动有关的要素？

1-8 机构具有确定运动的条件是什么？若不满足这个条件将会出现什么情况？

1-9 试说明机构自由度的意义？

第 2 章

平面连杆机构

平面连杆机构是组成机构的众多构件用低副（回转副或移动副）连接而成的平面机构。

平面连杆机构在各种机械设备和仪器仪表中得到广泛的应用，就其原因是因为低副结构系面接触，耐磨性好，而且回转副和移动副的接触表面是圆柱面和平面，其制造简单方便，易于获得较高的制造精度。但平面连杆机构的缺点是低副中存在间隙，数目较多的低副会引起运动积累误差，而且它的设计比较复杂，难以精确地实现复杂的运动规律。

最简单的平面连杆机构是由四个构件组成的，简称平面四杆机构。平面四杆机构是组成多杆机构的基础，其应用非常广泛。故本章重点介绍平面四杆机构的基本类型、特性及常用的设计计算方法。

2.1　铰链四杆机构的基本形式与特性

2.1.1　铰链四杆机构的基本形式

铰链四杆机构是全部用回转副组成的平面四杆机构，如图2-1所示。机构的固定件 4 为机架，与机架 4 用回转副连接的构件 1 和构件 3 称为连架杆，未与机架 4 连接的构件 2 称为连杆。

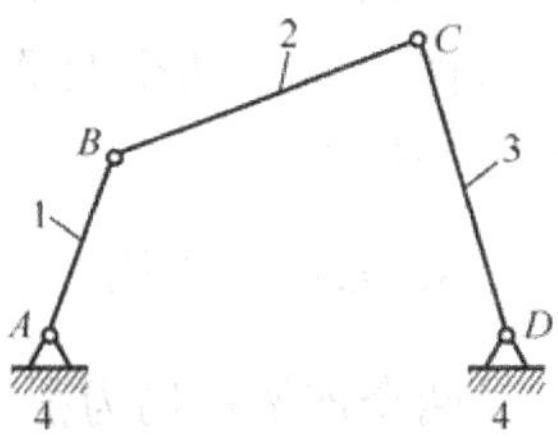

图 2-1　铰链四杆机构

连架杆 1 或连架杆 3 如果能绕机架 4 上的回转副中心 *A* 或 *D* 做整周转动，则称其为曲柄，如果仅仅能在小于 360° 的某一角度内摆动，则称其为摇杆。

就铰链四杆机构而言，机架和连杆总是客观存在的，因此一般按照连架杆是曲柄或是摇杆将铰链四杆机构分为三种基本类型，即曲柄摇杆机构、双曲柄机构和双摇杆机构。

1．曲柄摇杆机构

在铰链四杆机构中，若两个连架杆中一个为曲柄，另一个为摇杆，则此铰链四杆机构称为曲柄摇杆机构。一般情况下，曲柄 1 为原动件（通常做匀速转动），摇杆 3 为从动件（通常做变速往复摆动）。

图2-2(a)所示的是牛头刨床自动横向进给机构的示意图。图2-2(b)所示的是该曲柄摇杆机构的运动简图。其工作原理是：当齿轮 1 转动时，驱动齿轮 2（曲柄）转动，通过连杆 3 使摇杆 4 做往复摆动，此时摇杆另一端的棘爪将拨动棘轮，带动送进丝杆做单向间歇运动。

图 2-3 所示的是雷达天线俯仰角调整机构的示意图。曲柄 1 缓慢地匀速转动，通过连杆 2 带动摇杆 3 在一定的角度范围内摆动，从而实现对雷达天线俯仰角的调整。

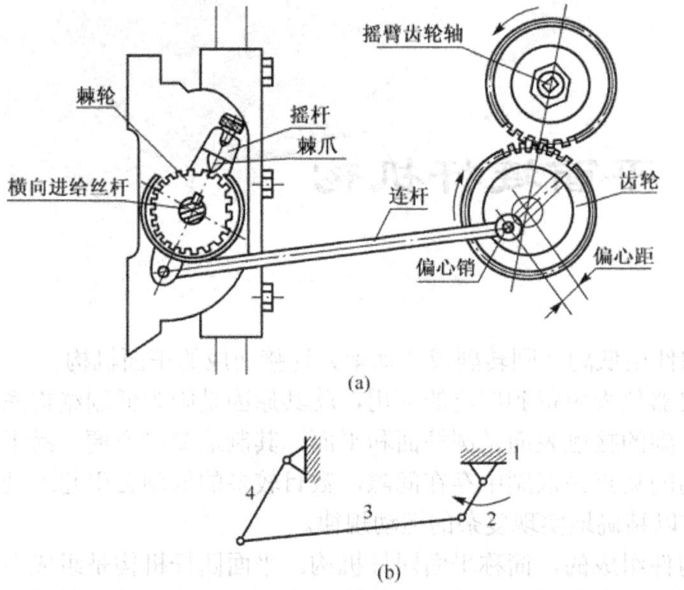

图 2-2 牛头刨床自动横向进给机构

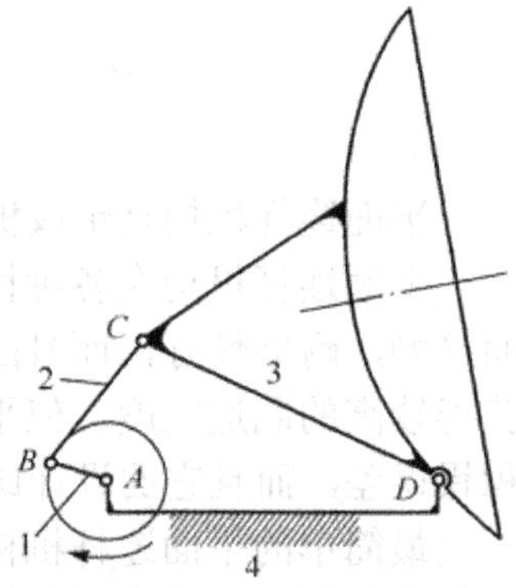

图 2-3 雷达天线俯仰角调整机构

2. 双曲柄机构

两个连架杆均为曲柄的铰链四杆机构称为双曲柄机构。在双曲柄机构中，如果两组对边的构件长度相等，则可得到图2-4(a)所示的平行双曲柄机构和图 2-4(b)所示的反向双曲柄机构。前者两个曲柄的回转方向相同且角速度相等（此种性质称为平行四杆机构的等时性），后者两个曲柄的回转方向相反且角速度不相等。

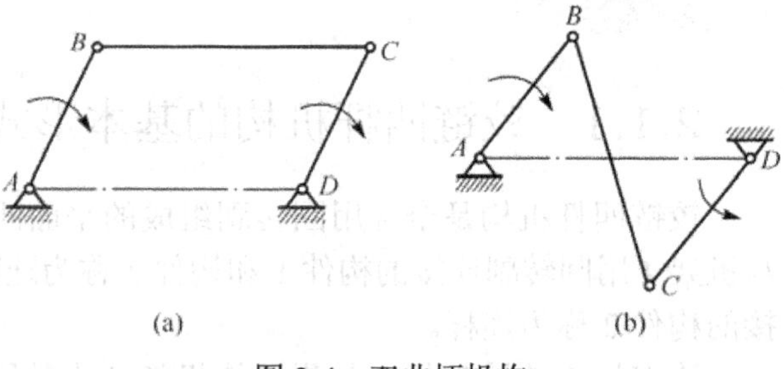

图 2-4 双曲柄机构

3. 双摇杆机构

两个连架杆均为摇杆的机构称为双摇杆机构，如图2-5所示。

图2-6所示的是飞机起落架机构简图。飞机着陆前需要将着陆轮 1 从机翼 4 中推出（实线）；起飞后为减小阻力，需要将着陆轮 1 收入机翼 4 中（虚线）。

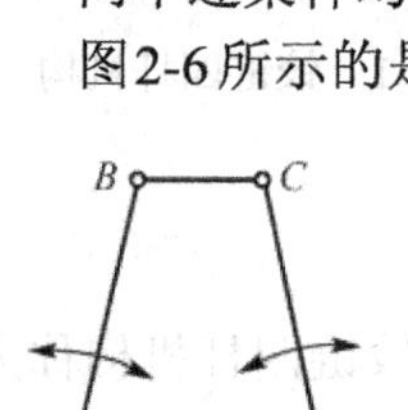

图 2-5 双摇杆机构

两个摇杆长度相等的双摇杆机构称为等腰梯形机构。图 2-7 所示的是汽车前轮转向机构简图，其就是典型的等腰梯形机构应用实例。当汽车转弯时，与前轮轴固连的两个摇杆的摆角 β 和 δ 不相等，如果在任意位置都能使两个前轮轴线的交点 O 落在后轮轴线的延长线上，则当整个车身绕点 O 转动时，四个车轮都能在地面上做纯滚动，这样便避免了轮胎产生滑动损伤。

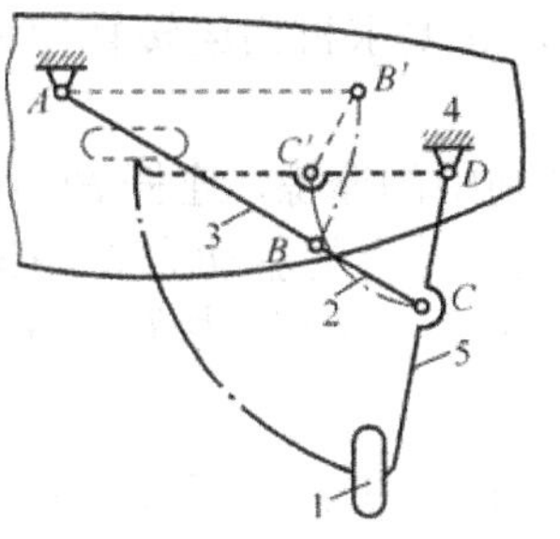

图 2-6　飞机起落架机构简图

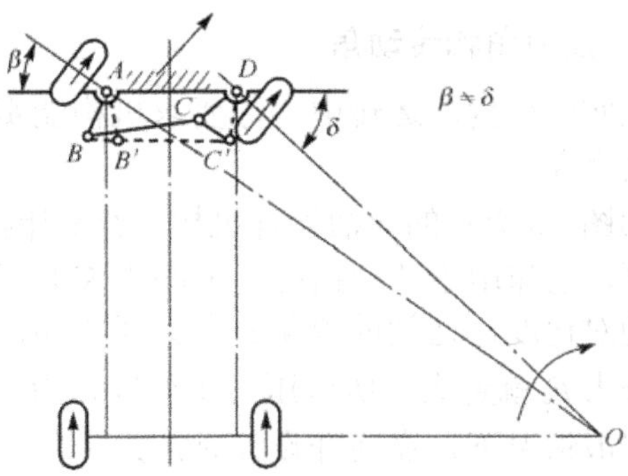

图 2-7　汽车前轮转向机构

2.1.2　铰链四杆机构的基本特性

下面以曲柄摇杆机构为例，对其主要特性进行讨论。

1. 急回运动

图2-8所示的是一个曲柄摇杆机构。该机构中，曲柄 AB 在一个周转中，有两次与连杆 BC 共线。在这两个位置上，铰链中心 A 与 C 之间的距离 AC_1 和 AC_2 分别为最短和最长，因而摇杆 CD 的位置 C_1D 和 C_2D 分别为其左右两个极限位置，此时摇杆在相隔极限位置之间的夹角 ψ 称为摇杆的摆角。

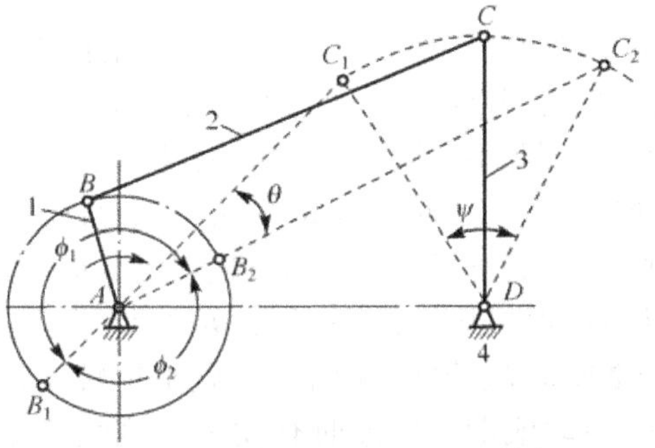

图 2-8　曲柄摇杆机构的急回特性

当曲柄由位置 AB_1 顺时针转动到 AB_2 时，曲柄转角为 $\phi_1=180°+\theta$，摇杆摆角为 ψ（从左极限位置摆动到右极限位置）；当曲柄再顺时针转过角度 $\phi_2=180°-\theta$ 时，摇杆摆角仍然为 ψ（从右极限位置摆动到左极限位置）。尽管摇杆左右摆动的角度都是 ψ，但此时曲柄的转角 ϕ 却不相等（$\phi_1>\phi_2$），对应的转动时间也不相等（$t_1>t_2$），此时表明摇杆往复摆动的快慢不同。

若令摇杆从 C_1D 到 C_2D 的摆动过程为其工作行程，则此时铰链 C 的平均速度是 $v_1=c_1c_2/t_1$ 摇杆至 C_2D 摆回到 C_1D 是其空行程，其平均速度是 $v_2=c_1c_2/t_2$，显然有 $v_1<v_2$，表明摇杆有急回特性。牛头刨床、往复运输机械等便是利用这种急回特性来缩短非生产时间，以提高生产效率的。机构的急回特性可以用行程速比系数 K 来表示，即

$$K=\frac{v_1}{v_2}=\frac{t_1}{t_2}=\frac{\phi_1}{\phi_2}=\frac{180°+\theta}{180°-\theta} \quad (2\text{-}1)$$

式(2-1)中摇杆处于两个极限位置时曲柄所夹的锐角 θ，称为极位夹角。式(2-1)表明极位夹角 θ 越大，曲柄摇杆机构的急回运动特性越大。式(2-1)可以变换为

$$\theta=180°\frac{K-1}{K+1} \quad (2\text{-}2)$$

设计新的机械时，总是根据机构的急回特性要求事先给定 K 值，然后由式(2-2)计算出极位夹角，再确定各构件的尺寸大小。

2．压力角和传动角

在实际机构的运转中，除要求机构能实现预定的运动规律外，还要求机构运转轻便灵活，运转效率高。

如图2-8所示的曲柄摇杆机构，若不计各杆件的质量和各运动副中的摩擦，连杆 BC 则成为二力杆，它作用于从动摇杆 3 上的力 K 是沿 BC 方向的，作用在从动件上的驱动力 K 与该力作用点绝对速度 v_c 之间的锐角 α 称为压力角。力 F 有效分力 $F_\tau = F\cos\alpha$，因此压力角 α 越小，则有效分力 F_τ 就越大，所以压力角可以作为判断机构传动性能好坏的标志。

一般情况下，在连杆设计时，为了度量方便，习惯上用压力角的余角 γ（称为传动角）来判断机构的传力性能，故当 α 越小即 γ 越大时，机构的传力性能越好，传动效率越高；反之，机构的传力性能越差，效率越低。

从图 2-8 中可以看出，传动角是随着机构的运转而变化的，因此为保证机构正常工作，必须规定机构的最小传动角 $\gamma_{\min}$。工程应用上，一般传动角的取值见表 2-1。

表 2-1　机械常用最小传动角 $\gamma_{\min}$

机械类型	一般机械	小功率机械及仪器仪表	大功率机械（冲床、颚式破碎机）
最小传动角 $\gamma_{\min}$	≥40°	略小于 40°	≥50°

3．死点位置

在曲柄摇杆机构中，若以摇杆 3 为原动件，以曲柄 1 为从动件，则当摇杆摆动到极限位置 C_1D 和 C_2D 时，连杆 2 与曲柄 1 共线。当不计各杆件的质量时，连杆施加给曲柄的作用力将通过铰链中心 A。由于此作用力对点 A 不产生力矩，因此不可能使曲柄转动。机构的这种位置称为机构的死点位置。

死点位置会使机构的从动件出现卡死或产生运动的不确定性。为消除死点位置的不良影响，可以对机构施加外力或使用飞轮，以及构件自身的惯性作用，从而使机构顺利通过死点位置。

图2-9(a)所示的是缝纫机的踏板机构示意图，图2-9(b)所示的是其机构运动简图。原动件（踏板 1）做往复摆动，通过连杆 2 驱动从动件（曲柄 3）做整周转动，经传动皮带带动机头主轴旋转。在操作过程中，缝纫机踏不动或倒车现象时有发生，这就是由于机构处于死点位置而引起的。在正常运转中，借助安装在缝纫机头上的飞轮的惯性作用，可以使缝纫机的曲柄冲过死点而保持正常运转，从而实现缝纫作业。

通常情况下，死点位置对传动产生不利影响，但是对某些夹紧装置却可以实现自锁防松。例如，在图2-10的铰链四杆机构中，当工件 5 被夹紧时，铰链中心 B、C、D 共线，工件加在杆 1 上的反作用力无论多大，也不能使杆 3 转动。这就保证了在去掉夹紧力 P 后，夹紧机构仍能可靠地夹紧工件而不破坏工件定位和保证加工中工件位置不变。当需要取出工件时，只需要向上搬动手柄，即能轻松地松开夹具。

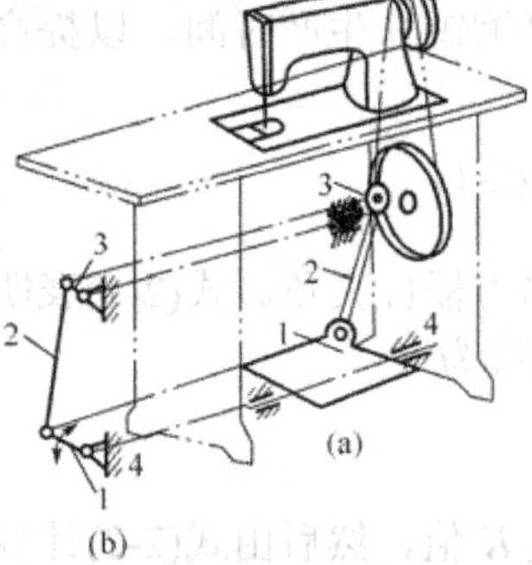

图 2-9　缝纫机踏板机构

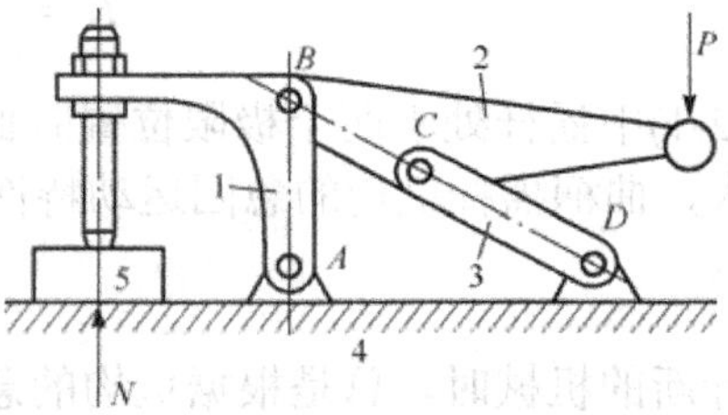

图 2-10　夹紧机构

2.2　铰链四杆机构存在曲柄的条件

2.2.1　铰链四杆机构存在一个曲柄的条件

在工程实际中，用于驱动机构运动的原动件通常都是做周转运动的，因此要求机构的主动件也能做周转运动（即希望主动件是曲柄）。下面以图2-11所示的铰链四杆机构来分析曲柄存在的条件。

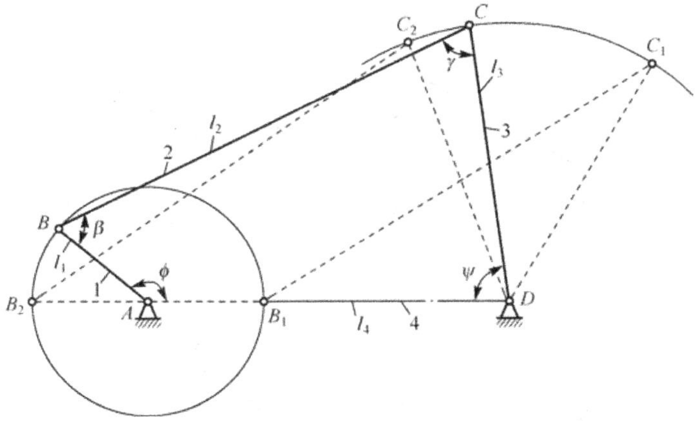

图 2-11　曲柄存在的条件分析

杆 1 为曲柄，杆 2 为连杆，杆 3 为摇杆，杆 4 为机架，各杆长度如图2-11所示。为保证曲柄 1 做周转，曲柄 1 必须能顺利通过与机架 4 共线的两个位置 AB_1 和 AB_2。

当曲柄 1 处于位置 AB_1 时，形成三角形 B_1C_1D，根据三角形任意两边长度之和大于（极限情况下等于）第三边的关系，可得

$$l_2 \leqslant (l_4 - l_1) + l_3$$

$$l_3 \leqslant (l_4 - l_1) + l_2$$

对上面两式进行变换，得

$$l_1 + l_2 \leqslant l_3 + l_4 \quad (2\text{-}3)$$

$$l_1 + l_3 \leqslant l_2 + l_4 \quad (2\text{-}4)$$

当曲柄 1 处于位置 AB_2 时，形成三角形 B_2C_2D，可得下式：

$$l_1 + l_4 \leqslant l_2 + l_3 \quad (2\text{-}5)$$

将式(2-3)、式(2-4)和式(2-5)相加，得

$$l_1 \leqslant l_2、\ l_1 \leqslant l_3、\ l_1 \leqslant l_4$$

上述关系说明：在曲柄摇杆机构中，曲柄是最短杆，而且最短杆与最长杆长度之和小于或等于其余两杆长度之和，此即为曲柄存在的必要条件。

2.2.2　铰链四杆机构存在曲柄的判别通则

在图2-11中最短杆 1 为曲柄，φ、β、γ、ψ 分别为相邻两杆之间的夹角。当曲柄 1 做周转时，曲柄与其相邻两杆之间的夹角 φ、β 的变化范围为 0°～360°，而此时摇杆与相邻两杆的

夹角γ、ψ的变化范围小于360°，连杆2和机架4相对于曲柄1也是做周转而相对于摇杆3做小于360°的摆动。基于此，当各杆长度不变（满足最短杆与最长杆长度之和小于或等于其余两杆长度之和）而取不同杆作为机架时，可以得到如下不同类型的铰链四杆机构。

（1）取最短杆相邻的构件（杆4或杆2）为机架时，最短杆1为曲柄，另一个连架杆3为摇杆，则形成图2-12(a)所示的两个曲柄摇杆机构。

（2）取最短杆为机架，连架杆2和4均为曲柄，则形成图2-12(b)所示的双曲柄机构。当$l_1=l_3$、$l_2\leqslant l_4$时，机构成为平行四边形机构，无论取任何一杆作为机架，都是双曲柄机构，这是一个特例。

（3）取最短杆的对边（杆3）为机架，连架杆2和4都不能做整周转动，则形成图2-12(c)所示的双摇杆机构。

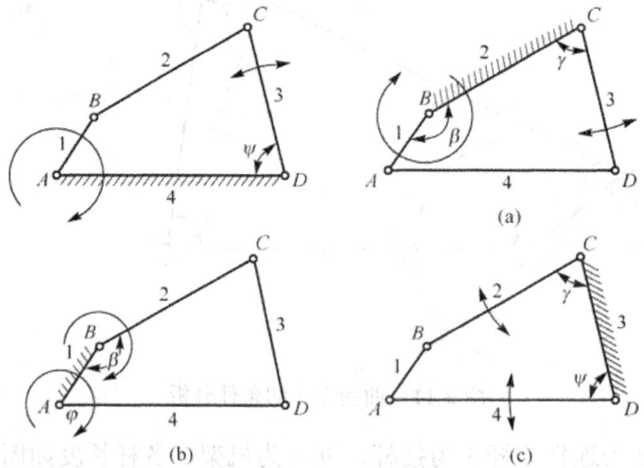

图2-12 机架变更后的机构演化图

如果铰链四杆机构中的最短杆与最长杆长度之和大于其余两杆长度之和，则该机构中不可能存在曲柄，无论取何构件作为机架，都只能得到双摇杆机构。

从以上分析可以得出，铰链四杆机构存在曲柄的必要条件是最短杆和最长杆长度之和小于或等于其余两杆长度之和。

但值得注意的是，满足这一条件的机构，其曲柄数量是一个或两个，或者有无曲柄，尚需要根据取机构中的哪个杆作为机架来进行具体判断。

2.3 铰链四杆机构的演化

在工程实际应用中，很多机构是通过用移动副取代回转副、变更机构构件的长度、改变机架、扩大回转副等途径，来得到铰链四杆机构的其他演化形式的。

2.3.1 曲柄滑块机构

在图2-13(a)所示的曲柄摇杆机构中，铰链中心O的轨迹以C为圆心和l_3为半径的圆弧n–n。如果l_3增大到无穷大，则机构演变为图2-13(b)所示，点O轨迹变为直线n–n，摇杆3演化为直线运动的滑块，回转副C演变为移动副，机构演化为图2-14(a)所示的曲柄滑块机构。

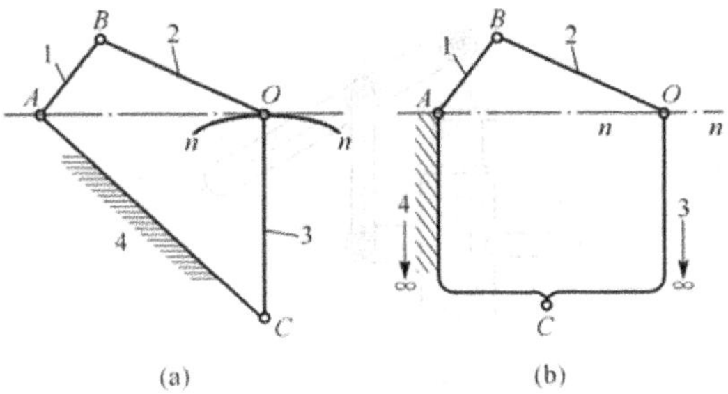

图 2-13　曲柄摇杆机构的演化

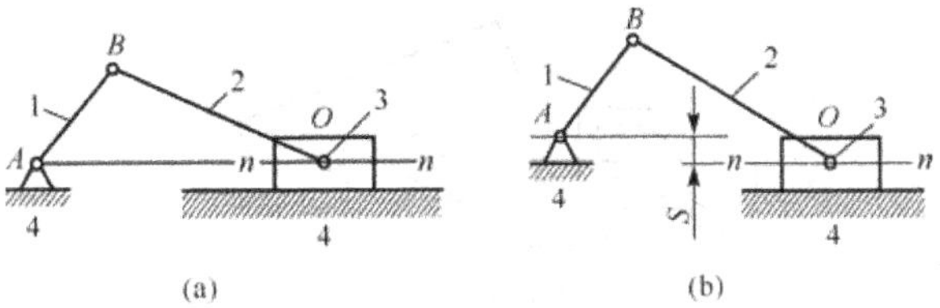

图 2-14　曲柄滑块机构

在曲柄滑块机构中，若点 *O* 的运动轨迹正对曲柄转动中心 *A*，则称为对心曲柄滑块机构[如图2-14(a)所示]，若点 *O* 运动轨迹 *n–n* 的延长线与回转中心 *A* 之间有偏心距 *s*[如图2-14(b)所示]，则称为偏置曲柄滑块机构。当曲柄做等速转动时，偏置曲柄滑块机构可以实现急回运动。

曲柄滑块机构广泛应用于冲床、空气压缩机和活塞式内燃机等机械设备中。

2.3.2　导杆机构

导杆机构可以看成通过改变曲柄滑块机构中的固定件演化而来。在图2-15(a)所示的曲柄滑块机构中，若使杆 1 为固定件，即可得到图2-15(b)所示的导杆机构。在该导杆机构中，通常取杆 2 为原动件，杆 4 为导杆，滑块 3 相对导杆 4 滑动并一起绕点 *A* 转动。

当 $l_1 < l_2$ 时，杆 2 和杆 4 均可做整周回转，故称为转动导杆机构；当 $l_1 > l_2$ 时，杆 4 只能做往复摆动，故称为摆动导杆机构（如图 2-16 所示）。由该图可见，导杆机构的传动角始终等于 90°，故其具有很好的传力能力，常用于牛头刨床、回转式油泵及插床等机械中。

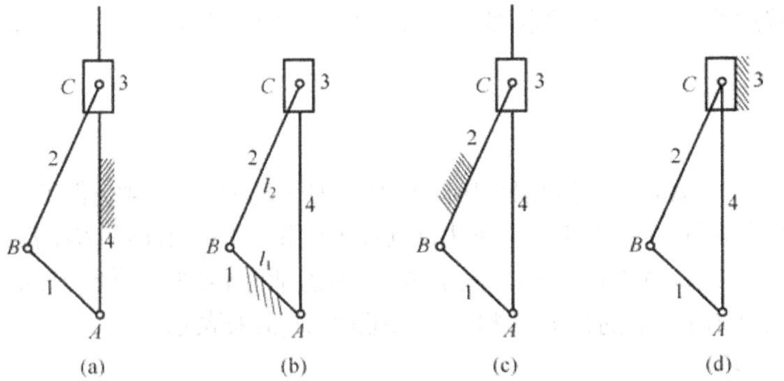

图 2-15　曲柄滑块机构的演化

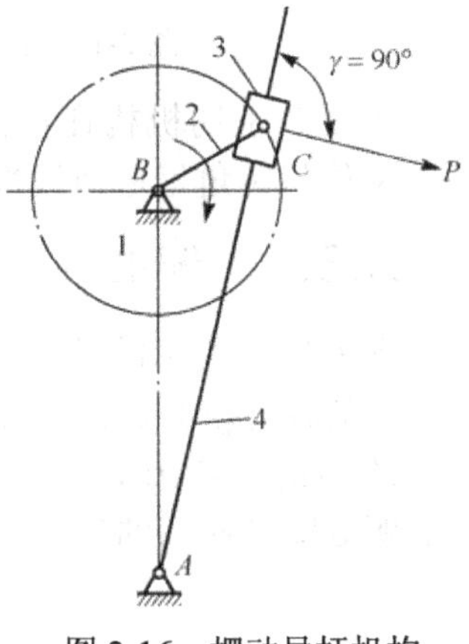

图 2-16　摆动导杆机构

2.3.3　曲柄摇块机构

在图2-15 所示的曲柄滑块机构中，若取杆 2 为固定件，即可得图2-15(c)所示的摆动滑块机构，或称为摇块机构。这种机构广泛应用于摆缸式内燃机和液压驱动装置中。

例如，在图2-17 所示的卡车车厢自动翻转卸料机构中，当油缸 3 中的压力油推动活塞杆 4 运动时，车厢 1 便绕回转副中心 *B* 倾转，当达到一定角度时，物料自动卸下。

在图2-15 所示曲柄滑块机构中，若取杆 3 为固定件，即可得图2-15(d)所示固定滑块机构，或称为定块机构。这种机构常用于抽水唧筒[如图2-18 所示]和抽油泵中。

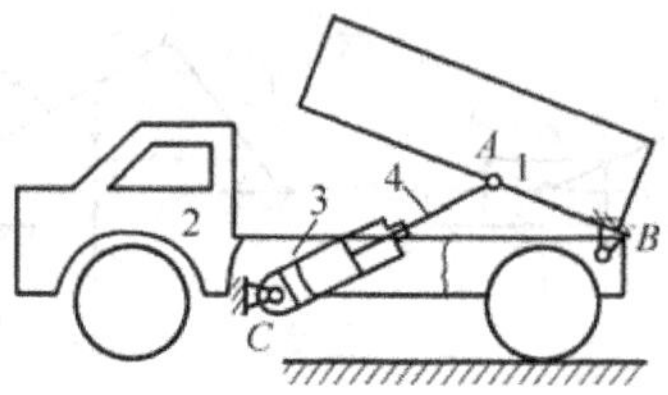

图 2-17　卡车车厢自动翻转卸料机构

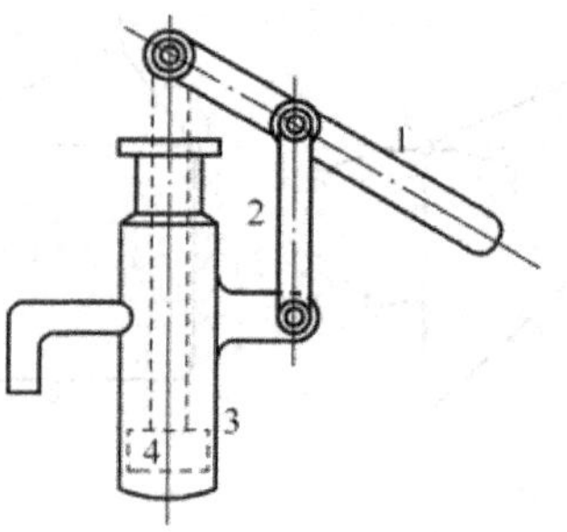

图 2-18　抽水唧筒机构

2.3.4　双滑块机构

双滑块机构是具有两个移动副的四杆机构。可以认为它是由铰链四杆机构两杆长度趋于无穷大而演化成的。

在图2-19中，从动件 3 的位移与原动件 1 转角的正切成正比，故称为正切机构。在图2-20中，从动件 3 的位移与原动件 1 转角的正弦成正比，故称为正弦机构。

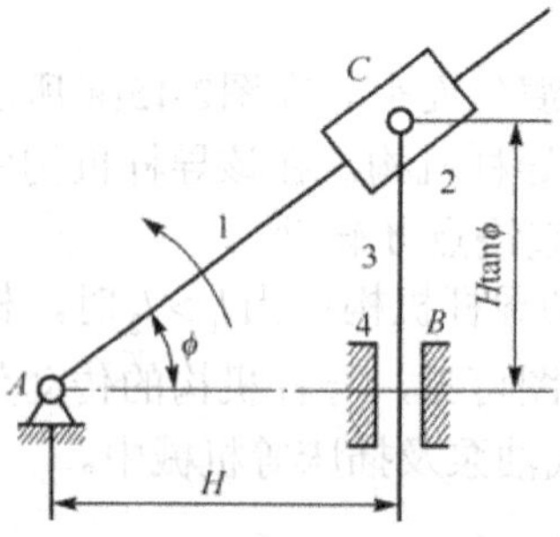

图 2-19　正切机构

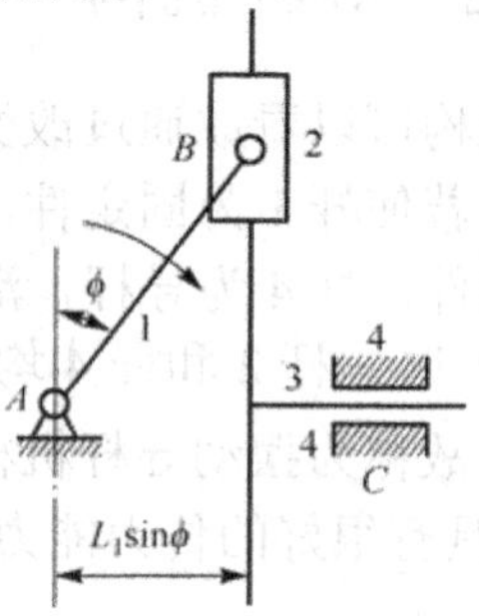

图 2-20　正弦机构

正弦和正切机构在仪器仪表中常用来将直线位移转变为角位移，它们在转角不大的情况下，位移与转角呈近似线性关系。

2.3.5　偏心轮机构

图2-21(a)所示的是偏心轮机构。杆 1 为圆盘，其几何中心为 B。因运动时该圆盘绕偏心 A 转动，故称为偏心轮。A、B 之间的距离 e 称为偏心距。按照相对运动关系，可画出该机构的运动简图，如图2-21(b)所示。由图2-21(b)可知，偏心轮是回转副 B 扩大到包括回转副 A 而形成的，偏心距 e 即是曲柄的长度。同理，图2-21(c)所示的偏心轮机构可用图2-21(d)来表示。

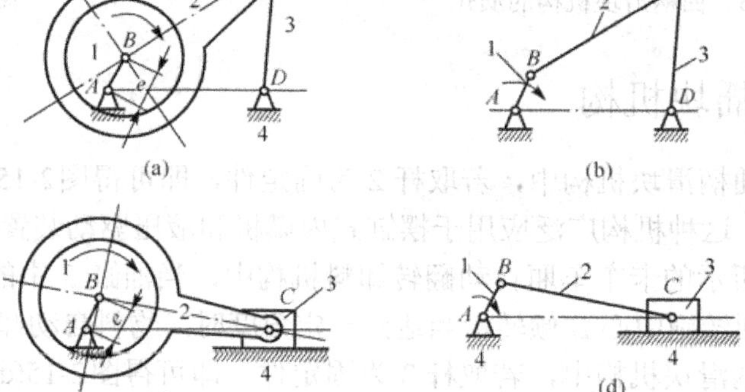

图 2-21　偏心轮机构

当曲柄长度很小时，通常把曲柄做成偏心轮，这样不仅增大了轴颈的尺寸，提高了偏心轴的强度和刚度，而且当轴颈位于中部时，还可安装整体式连杆，使结构简化。因此，偏心轮广泛应用于传力较大的剪床、冲床、颚式破碎机、内燃机等机械之中。

2.4　平面机构的设计

2.4.1　图解法设计平面四杆机构

1. 按给定连杆位置设计四杆机构

如图2-22所示，已知该四杆机构的连杆 BC 的长度为 b，连杆上的两个运动副为 B、C，给定的连杆 BC 具有三个位置 B_1C_1、B_2C_2、B_3C_3，要求设计该铰链四杆机构。

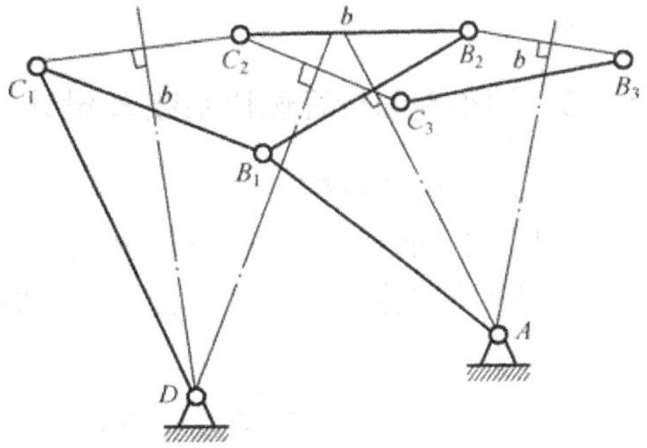

图 2-22　给定连杆位置设计四杆机构

根据图形已知条件可知，连杆 BC 上的两个铰链中心 B、C 的运动轨迹是圆弧，此两个圆弧的圆心是固定的铰链中心 A、D，两个圆弧的半径为两个连架杆的长度。其图解法的步骤如下。

（1）分别作 B_1B_2、B_2B_3 的中心垂线，两条垂线的交点即为固定铰链中心 A。

（2）同理，可作 C_1C_2、C_2C_3 的中心垂线，两条垂线的交点即为固定铰链中心 D。

（3）连接 AB_1C_1D，得该铰链四杆机构在第一位置的简图，再根据作图时所取的比例尺来确定各构件的尺寸。

（4）当给定连杆 BC 的三个位置时，机构有唯一解；而当给定连杆 BC 的两个位置 B_1B_2、C_1C_2 时，则固定点 A 和 D 可以在 B_1B_2、C_1C_2 中垂线上的任选位置，因此有无穷多个解，此时应当结合某些附加条件来确定 A 和 D 的位置（本书不进行讨论，请读者参阅相关资料）。

2. 按给定两连架杆对应位置设计四杆机构

如图2-23(a)所示，已知当连架杆 1 有三组位置 AE_1、AE_2、AE_3 时，另一个连架杆 2 的对应位置为 DF_1、DF_2、DF_3，要求设计该铰链四杆机构。

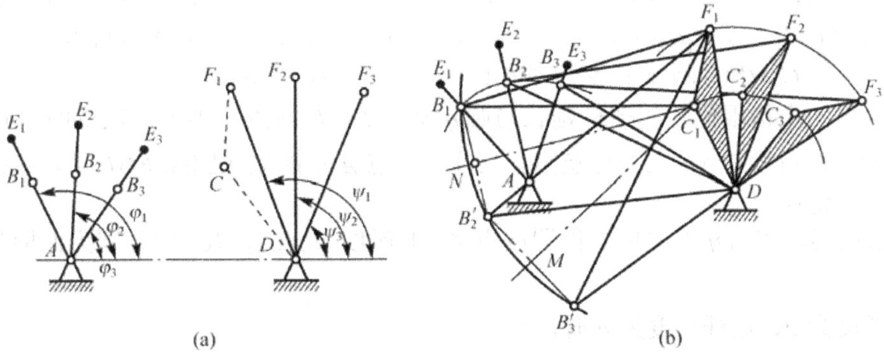

图 2-23　已知两连架杆位置设计四杆机构

适当选定机架 A、D 的距离，如图 2-23(b)所示。由于基于连架杆角位移的对应关系只与各构件的长度有关，故可以适当选定机架 AD 的长度。此时可以将图2-23(a)中的角位移移植到图2-23(b)上，然后进行求解（运用转换机架法进行设计）。其具体步骤如下。

（1）在连架杆 1 任意取动铰链 B，则以下的设计只要确定连架杆上的另一个转动副中心 C。

（2）取 DF_1 为机架，刚化四边形 AB_2F_2D 和 AB_3F_3D。移动刚化后的两个四边形，使 DF_2、DF_3 都与 DF_1 重合，则 AB_2、AB_3 分别到达 $A_2'B_2'$ 和 $A_3'B_3'$，此时原确定的点 C 位置就转化为已知 AB 相对于 DF_1 三个位置的设计问题。

（3）分别作 B_1B_2' 和 $B_2'B_3'$ 的中垂线，其交点即为铰链中心 C_1。

（4）连接 AB_1C_1D，即为满足给定运动要求的铰链四杆机构。

需要指出的是，上述移动两个四边形的过程相当于将四边形绕点 D 旋转，为降低作图的繁杂程度，可以将ΔB_2F_2D 和ΔB_2F_3D 绕点 D 旋转，让 DF_2、DF_3 与 DF_1 重合以得到点 B_2' 和 B_3'，而且机架长度 AD 和铰链中 B 的位置是任意取定的，因此上述四杆机构的设计结果可以有无穷多个解。

3．按给定的行程速比系数 K 设计四杆机构

1）曲柄摇杆机构

如图2-24所示，已知摇杆 DC 的长度 c、摆角 ψ 和行程速比系数 K，极位夹角 $\theta < 90°$。要求设计该四杆机构。其具体的设计步骤如下。

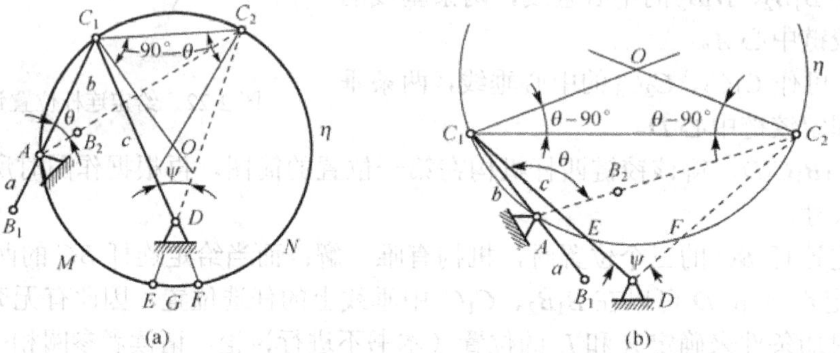

图 2-24　根据行程速比系数 K 设计四杆机构

（1）由 $\theta = 180°\ \dfrac{K-1}{K+1}$ 计算出极位夹角 θ。

（2）选定适当比例尺 μ_l，按 $CD = c/\mu_l$ 和摆角 ψ 作为摇杆 CD 的两个极限位置 C_1D 和 C_2D。

（3）连接 C_1C_2，作$\angle C_1C_2O = \angle C_2C_1O = 90° - \theta$，得交点 O。以 O 为圆心、OC_1 为半径作圆 η，此时图示的 C_1MNC_2 圆弧上各点对弦 C_1C_2 的圆周角均为 θ。

（4）将处于两个极限位置的摇杆延长与圆 η 交在 E、F 两点，则固定铰链的中心点 A 均可取在圆弧 C_1ME 和圆弧 C_2NF 上的任意点。请注意，点 A 不能取在圆弧 EGF 上，否则该机构将不能满足摇杆摆角 ψ。

（5）据前所述，在圆 η 上的适当位置取点 A，此时线段 AC_1、AC_2 则分别为曲柄与连杆的两个共线位置。

当曲柄长度为 a、连杆长度为 b 时，有

$$a = \frac{\mu_l(AC_2 - AC_1)}{2} \qquad b = \frac{\mu_l(AC_1 + AC_2)}{2}$$

2）曲柄滑块机构

如图2-25所示，已知曲柄滑块机构的行程速比系数 K、行程 H 和偏心距 e，要求设计该机构。其具体步骤如下。

（1）计算极位夹角 θ 。

（2）选取适当比例尺 μ_l ，作 $C_1C_2 = H/\mu_l$ 作 t–t // C_1C_2，取其距离为 e/μ_l 。

（3）过 C_1、C_2 作辅助圆 η ，与 t–t 交于点 A。点 A 即为曲柄的转动中心。

（4）曲柄 AB 和连杆 BC 的长度为

$$a = \frac{\mu_l(AC_2 - AC_1)}{2} \qquad b = \frac{\mu_l(AC_1 + AC_2)}{2}$$

3）导杆机构

如图2-26所示，已知曲柄摆动导杆机构的机架长度 d，行程速比系数 K，要求设计该机构。其具体步骤如下。

（1）计算极位夹角 θ 。

（2）任意取点 D，作 $\angle B_1DB_2 = \psi = \theta$ ，作 ψ 的角平分线，在该平分线上量取 $DA = d/\mu_l$ ，此时点 A 即为曲柄转动中心。

（3）过点 A 作导杆上任意极限位置的垂线 $AB_1(AB_2)$，则曲柄长度为

$$a = \mu_l(AB_1)$$

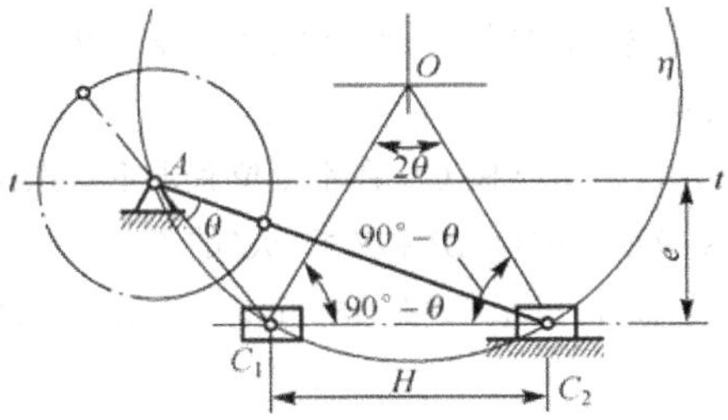

图 2-25 曲柄滑块机构

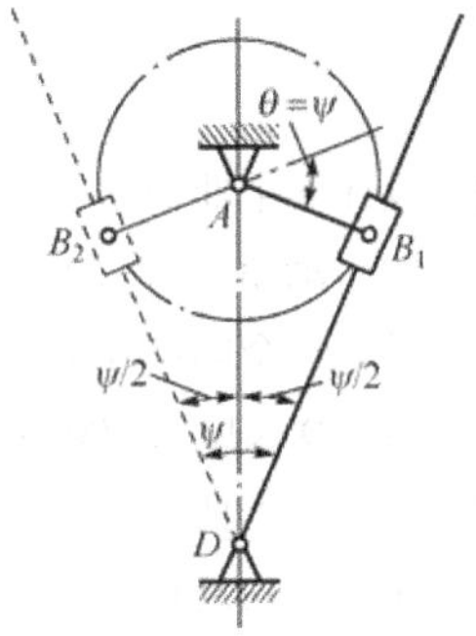

图 2-26 曲柄摆动导杆机构

2.4.2 图谱综合法设计平面四杆机构简介

平面四杆机构运动时，其连杆做平面复杂运动，此时连杆上的每一个点都描绘出一条封闭曲线，该曲线常称为连杆曲线。连杆曲线的形状随着点在连杆上的位置的不同和各杆之间的相对尺寸的不同而变化。连杆曲线形状的多样性使它有可能用于实现复杂的运动轨迹。

为了能方便地设计出实现各种给定运动轨迹的四杆机构，经常借助于已经汇编成册的连杆图谱曲线。图2-27即为描绘连杆曲线的仪器模型。

设原动曲柄 AB 为 1 个单位长，其余各构件与构件 AB 的相对长度做成可调的，其变化间隔取 0.5 单位长。

在连杆 BC 上固定一块不透明的多孔薄板，每个小

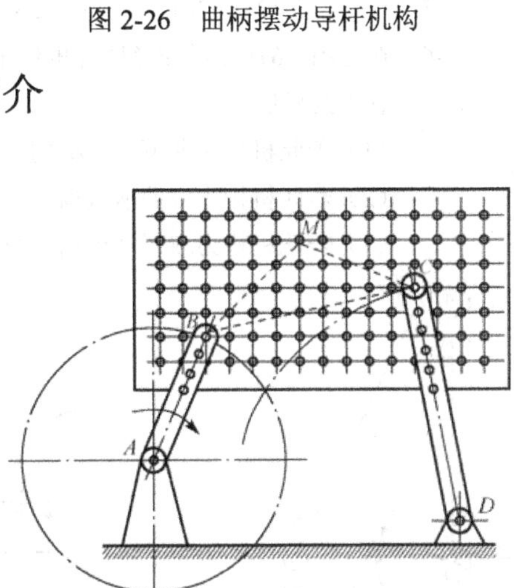

图 2-27 描绘连杆曲线的仪器模型

孔代表不同的连杆点。当机构运动时，各小孔沿不同的轨迹运动。为把这些轨迹曲线记录下来，可利用光束照射的办法把曲线印在感光纸上，从而得到一组连杆曲线。然后改变各杆的相对长度，还可以作出另外许多形状不同的连杆曲线。把这些连杆曲线顺序整理编排成册，即成为连杆曲线图谱。

当根据预期的运动轨迹设计四杆机构时，可从图谱中查出形状与所求轨迹曲线相似的连杆曲线和相应的四杆机构各杆的相对长度，再用缩放仪求出图谱中连杆曲线与所求运动轨迹间的比例关系，由此可求得所求四杆机构各杆的真实尺寸。

习题与思考题

2-1 根据题图2-1中注明的尺寸，判断下列铰链四杆机构是曲柄摇杆机构，双曲柄机构，还是双摇杆机构。

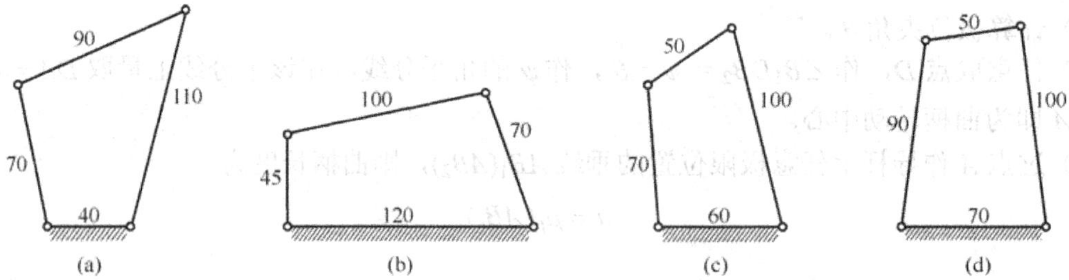

题图 2-1

2-2 设计一个曲柄摇杆机构。已知摇杆长度 100 mm，摆角 30°，摇杆的行程速比系数为 1.2，试根据最小传动角≥ 40°的条件，用图解法确定其余三杆的尺寸。

2-3 设计一个脚踏轧棉机的曲柄摇杆机构。如题图2-3所示，要求踏板 *CD* 在水平位置上下各摆动 10°，且 *CD* 长度为 500 mm，*AD* 长度为 1000 mm。试用图解法求曲柄 *AB* 和连杆 *BC* 的长度。

2-4 设计一个曲柄滑块机构。如题图2-4所示，已知滑块行程 50 mm，偏距 15 mm，行程速比系数 1.2。求曲柄与连杆的长度各为多少？

2-5 设计一个导杆机构。已知机架长度 100 mm，行程速比系数 1.4，求曲柄的长度。

2-6 在题图2-6所示的铰链四杆机构中，已知 $BC = 50$ mm，$CD = 35$ mm，$AD = 30$ mm，*AD* 为机架。解答下列问题：

（1）若此机构为曲柄摇杆机构，且 *AB* 为曲柄，求 *AB* 的最大值。

（2）若此机构为双曲柄机构，求 *AB* 的最大值。

（3）若此机构为双摇杆机构，求 *AB* 的取值范围。

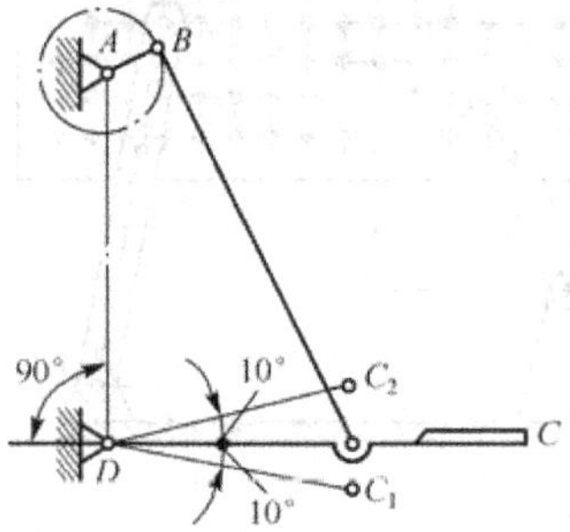

题图 2-3

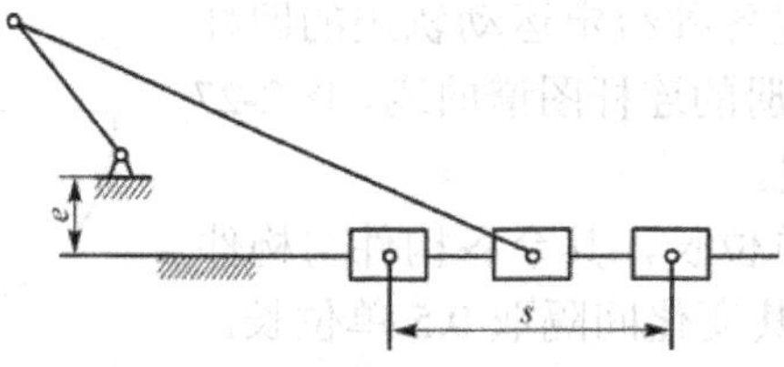

题图 2-4

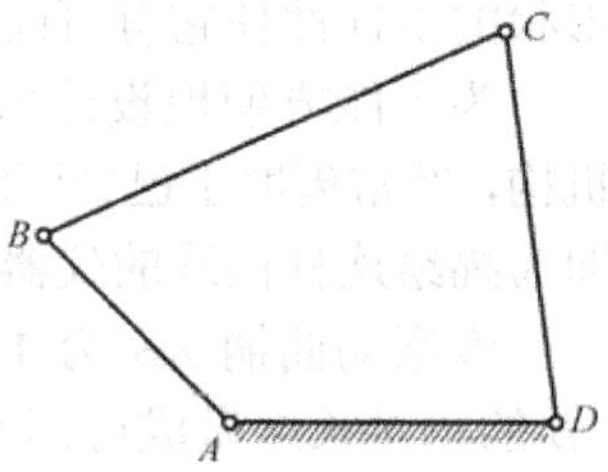

题图 2-6

2-7　题图2-7所示的是一个铰链四杆机构，已知摇杆 CD 的长度 75 mm，行程速度变化系数 K 为 1.5，机架 AD 的长度 100 mm，摇杆的一个极限位置与机架间的夹角为 45°。试用图解法确定该四杆机构的曲柄和连杆长度。

2-8　题图2-8所示的是铰链四杆机构，已知摇杆 CD 的行程速比系数 $K=1$，摇杆 CD 的长度为 150 mm，摇杆的极限位置与机架所成的角度分别为 30° 和 90°。试用图解法确定该四杆机构的曲柄和连杆长度。

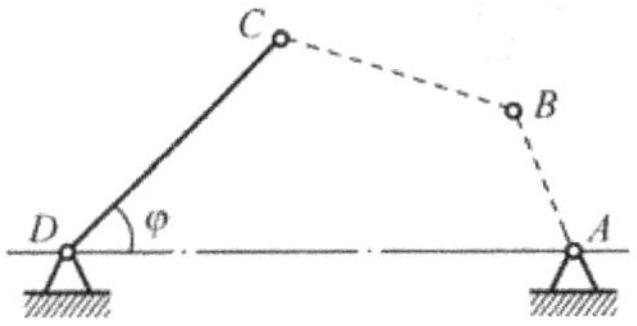

题图 2-7

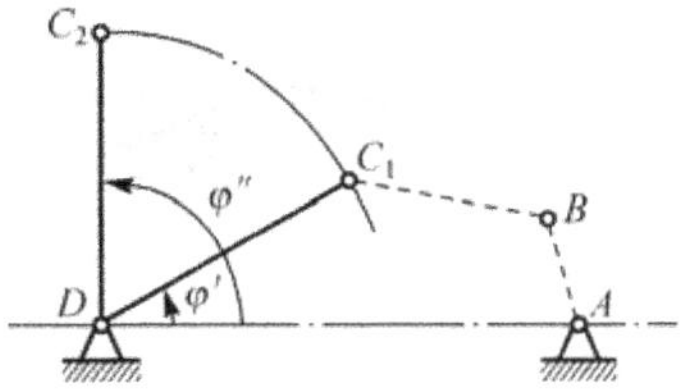

题图 2-8

2-9　平面四杆机构有哪些基本类型？其各种演化形式是通过何种途径从铰链四杆机构演化而来的？

2-10　何为摇杆或滑块的行程速比系数？极位夹角的含义是什么?其值大小说明什么问题？

2-11　曲柄摇杆机构中最小传动角发生在机构的什么位置？

第3章 凸轮机构

在各种机器设备（尤其是自动化设备）中，为实现各种复杂的运动要求，常采用凸轮机构。凸轮机构因其工作原理简单，设计比较简便（只要将凸轮的轮廓曲线按照从动件的运动规律设计出来，从动件就能较准确地实现预定的运动规律），因而应用非常广泛。本章将着重研究凸轮设计中的相关问题及盘状凸轮轮廓曲线绘制的基本方法。

3.1 凸轮机构的类型与基本参数

3.1.1 凸轮机构的类型与应用

1. 凸轮机构的类型

凸轮机构的类型很多，通常按凸轮和从动件的形状、运动形式进行如下分类。

1）按凸轮形状分类

（1）盘形凸轮　这种凸轮是凸轮的最基本形式，是一个绕固定轴转动并且具有变化半径的盘形零件。

（2）移动凸轮　当盘形凸轮的回转中心趋于无穷远时，凸轮相对机架做直线运动，这种凸轮称为移动凸轮。

在以上两种凸轮机构中，凸轮与从动件之间的相对运动均为平面运动，故又统称为平面凸轮机构。

（3）圆柱凸轮　圆柱凸轮是一个在圆柱面上开有曲线凹槽，或是在圆柱端面上做出曲线轮廓的构件。它可看成是将移动凸轮卷于圆柱体上而形成的。

（4）锥形凸轮　将盘形凸轮的某一扇形部分绕于锥体上即演化为锥形凸轮，其从动件在过轴线的平面或与轴线平行的平面内移动或摆动。

从以上介绍可以看出，盘形凸轮是凸轮的最基本形式，其他形状的凸轮都是由盘形凸轮演化而来的，故本章将以盘形凸轮为研究对象。

2）按从动件形状分类

（1）尖顶从动件　尖顶能与任意复杂的凸轮轮廓保持接触，因而能实现任意预期的运动规律。但因为尖顶磨损快，所以只宜用于受力不大的低速凸轮机构中。

（2）滚子从动件　在从动件的尖顶处安装一个滚子从动件，可以克服尖顶从动件易磨损的缺点。滚子从动件为滑动摩擦，耐磨损，可以承受较大载荷，这是最常用的一种从动件形式。

（3）平底从动件　这种从动件与凸轮轮廓表面接触的端面为一个平面，所以它不能与凹槽的凸轮轮廓相接触。这种从动件的优点是：当不考虑摩擦时，凸轮与从动件之间的作用力始终与从动件的平底相垂直，受力平稳，传动效率较高，且接触面易于形成油膜，利于润滑，故常用于高速凸轮机构。

3）按从动件运动形式分类

可分为直动从动件（对心直动从动件和偏置直动从动件）和摆动从动件两种。

4）按锁合方式的不同分类

凸轮机构中，采用重力、弹簧力使从动件端部与凸轮始终相接触的方式称为力锁合；采用特殊几何形状实现从动件端部与凸轮相接触的方式称为形锁合，如沟槽凸轮、等径及等宽凸轮、共轭凸轮等。

表 3-1 中列出了常用凸轮机构的结构特点，表 3-2 中列出了几种常见的形锁合凸轮机构。

表 3-1 常用凸轮机构

按凸轮形状分	按从动件形状分	按从动件的运动形式分	
		摆动	直动
移动凸轮	尖顶	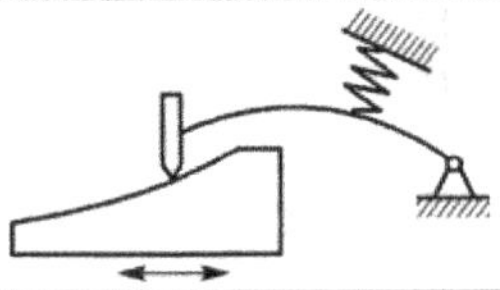	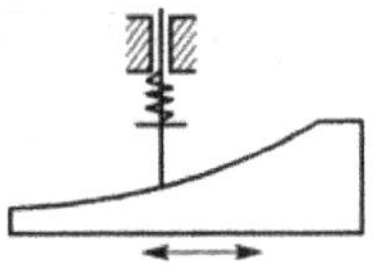
盘形凸轮	滚子	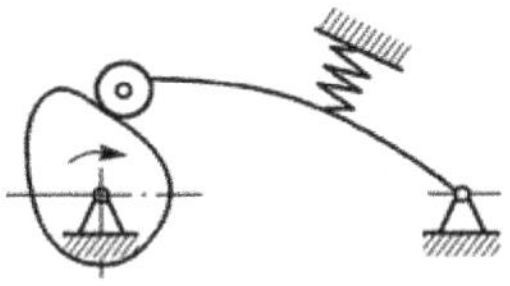	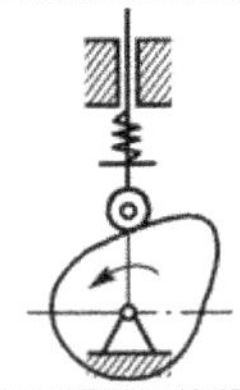
	平底	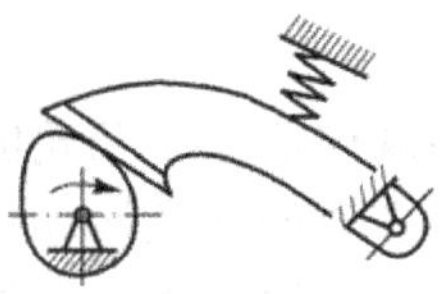	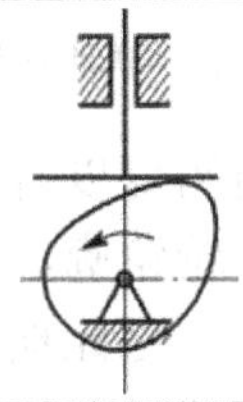
圆柱凸轮	滚子	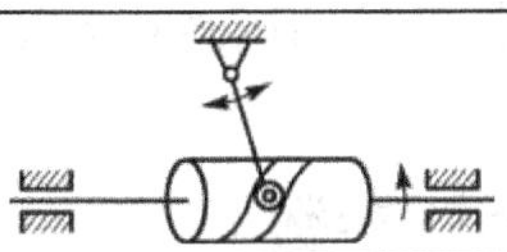	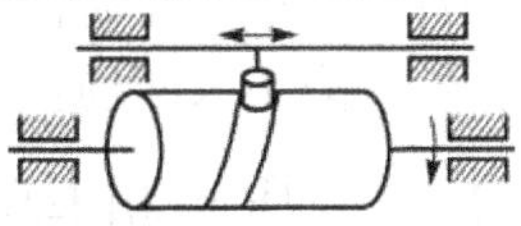
锥形凸轮	滚子		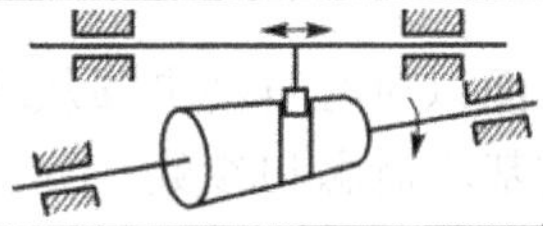

表 3-2 几种常见的形锁合凸轮机构

等宽凸轮	等径凸轮	沟槽凸轮	共轭凸轮
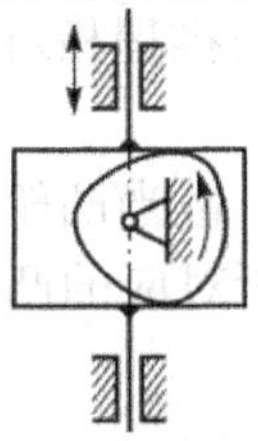	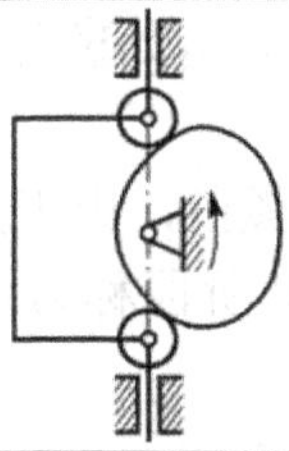	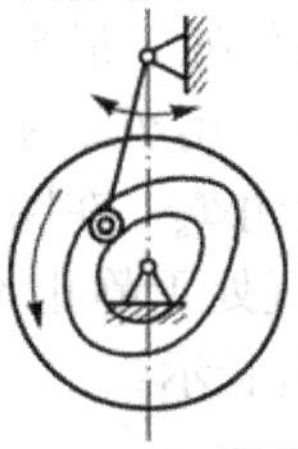	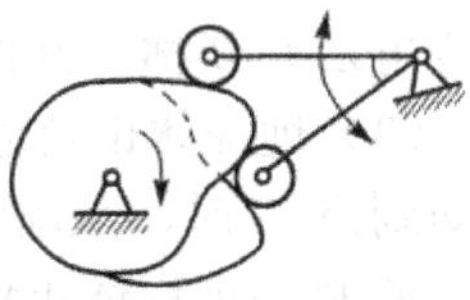

2．凸轮机构的应用

凸轮机构主要由凸轮、从动件及机架组成，其中凸轮是一个具有曲线轮廓或凹槽的构件，通常能够做连续的等速转动（也有的凸轮做摆动或移动），使从动件在凸轮轮廓的控制下按照预定的运动规律做往复移动（或往复摆动）。

如图 3-1 所示的是单轴六角车床刀架进给凸轮机构。当凸轮 2 等速回转时，驱动从动件 3（扇形齿轮推杆）按预定的运动规律绕 O_2 轴线摆动，从而推动齿条 4 带动刀架做往复移动，实现车刀的吃刀量的调节。

如图3-2所示的是内燃机配气凸轮机构，凸轮 1 做等速回转运动，推动气门 2（进气门或排气门）按照预定的运动规律做往复移动，实现对气门的开启控制（而气门的关闭则由弹簧 3 来实现），从而实现燃气准时进入汽缸燃烧或废气从汽缸排除。

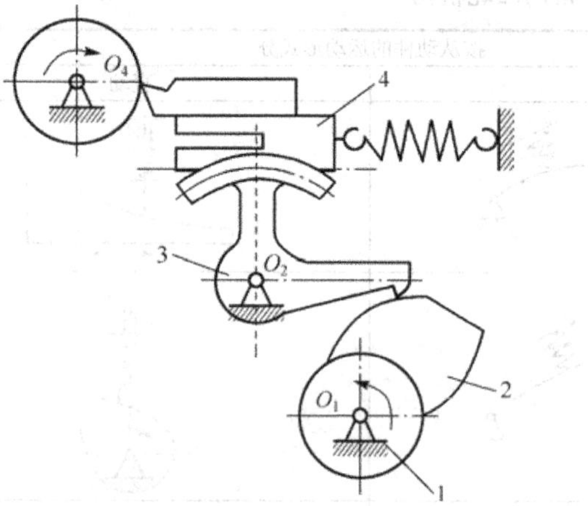

图 3-1　单轴六角车床刀架进给凸轮机构

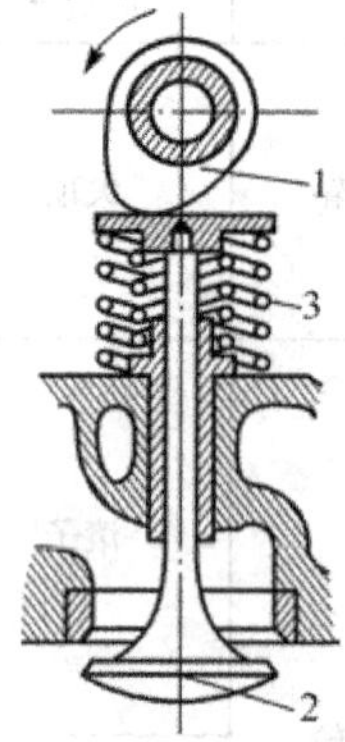

图 3-2　内燃机配气凸轮机构

由以上两例可以看出，凸轮机构的运动规律决定于凸轮的轮廓形状。一般情况下，只要设计出适宜的凸轮轮廓，就能使从动件获得所需要的任意运动规律。凸轮机构原理简单，结构紧凑，设计方便，因此被广泛应用于各种机械、仪器仪表及操控装置中。值得注意的是，凸轮轮廓与从动件的接触一般是高副接触，因此接触处的压强较大而导致易于磨损，故凸轮机构一般仅用于传递动力不大的场合。

3.1.2　凸轮机构的基本概念与参数

下面以对心直动尖顶从动件盘形凸轮机构的运动过程为例（如图3-3所示），介绍凸轮机构的相关基本概念和参数。

（1）基圆及基圆半径 r_0　以凸轮轮廓最小半径为矢径所作的圆称为基圆，其半径 r_0 称为基圆半径。

（2）推程及推程运动角 Φ　从动件在图3-3中点 A 处于最低位置，而当凸轮逆时针转动到从动件在凸轮的点 B 处时，从动件处于最高点（点 B），此运动过程称为推程。与推程相对应的凸轮转角 $\angle AOB$ 称为推程运动角，用 Φ 表示。

（3）远程休止及远程休止角 Φ_s　在图 3-3 中 BC 弧段，由于为等径弧段，故当凸轮从点 B 转动到点 C 时，从动件则一直处于静止不动阶段，此阶段称为远程休止，所对应的凸轮转角 $\angle BOC$ 称为远程休止角，以 Φ_s 表示。

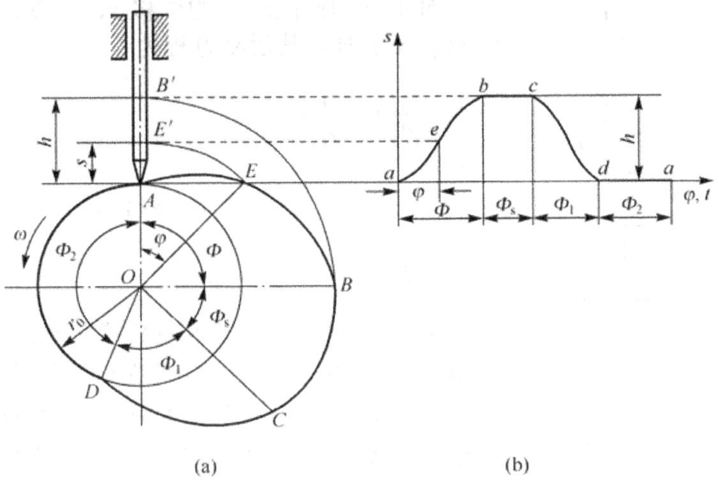

图 3-3 凸轮机构的运动过程

（4）回程及回程运动角Φ_1 在凸轮的 CD 段，由于矢径不断减小，从动件从最远位置回到距离轴心 O 最近的位置，此过程称为回程，所对应的转角$\angle COD$称为回程运动角，以Φ_1表示。

（5）近程休止及近程休止角Φ_2 当凸轮基圆上的弧段 DA 与从动件接触时，从动件在距离轴心 O 最近的位置静止不动，此运动过程称为近程休止，所对应的凸轮转角称为近程休止角，以Φ_2表示。

（6）行程 h 推程或回程中从动件的移动距离，以 h 表示。

从上述可以看出，凸轮转动一周，从动件相应地经历“升—停—降—停”四个运动循环。由于各种凸轮机构的运动要求不尽相同，因此上述运动状态也不一定完全经历。例如，有时从动件没有远程休止或近程休止，则此时相应的远程休止角Φ_s及近程休止角Φ_2也为零。

在凸轮的任意运动瞬间，从动件位移 s 与凸轮转角 φ 之间的对应关系如图 3-3(b)所示，此图称为从动件位移线图。由于多数凸轮均做等速转动，因此凸轮转角 φ 与时间 t 成正比。位移线图是设计凸轮轮廓的依据（因其客观地反映了从动件的运动变化规律）。

用凸轮转角 φ 和时间 t 表示的从动件位移、速度和加速度方程，统称为从动件运动方程。

3.2 从动件常用运动规律

3.2.1 等速运动规律

从动件的速度为常数时的运动规律称为等速运动规律。采用这种运动规律时，从动件的位移 s 与凸轮转角 φ 之间呈直线关系。

对于从动件推程时的位移 s、速度 v 及加速度 a，当用转角 φ 表示时，其运动方程为

$$\begin{cases} s=\dfrac{h}{\Phi}\varphi \\ v=\dfrac{h}{\Phi}\omega \\ a=0 \end{cases} \qquad (0\leqslant\varphi\leqslant\Phi) \quad (3\text{-}1a)$$

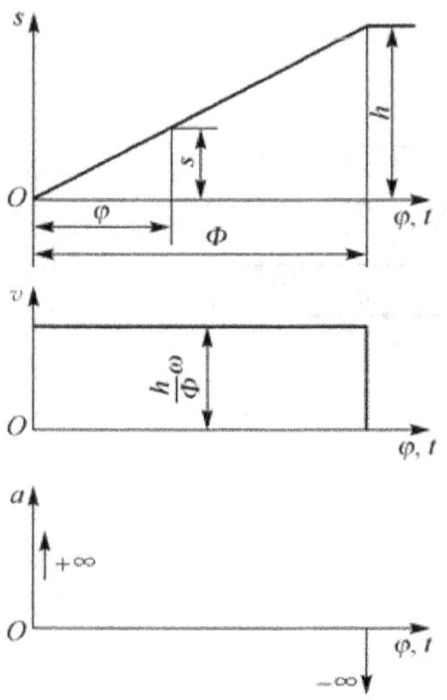

图 3-4 从动件等速运动推程运动线图

对于从动件回程时的位移 s、速度 v 及加速度 a，当用转角 φ 表示时，其运动方程为

$$\begin{cases} s = h\left(1-\dfrac{\varphi}{\Phi_1}\right) \\ v = -\dfrac{h}{\Phi_1}\omega \\ a = 0 \end{cases} \quad [(\Phi+\Phi_s) \leqslant \varphi \leqslant (2\pi-\Phi_2)] \quad (3\text{-}1b)$$

由式(3-1a)可以画出从动件推程时的运动线图（如图3-4所示）。由此图可知，从动件在运动开始和终止时的瞬时速度有突变。当在此两个位置时，由加速度产生的惯性力在理论上为无穷大，致使构件产生很大的冲击力（刚性冲击）。因此，等速运动规律只适用于低速凸轮机构，而且很少单独使用，其起始和终止段常常拼接其他运动规律，使速度线图保持连续，从而达到避免刚性冲击的状况出现。

3.2.2 等加速-等减速运动规律

从动件的等加速-等减速运动规律通常是使从动件在前半行程中做等加速运动，在后半行程中做等减速运动。通常，使加速度的绝对值相等。

从动件推程前半行程的等加速运动方程为

$$\begin{cases} s = \dfrac{2h}{\Phi^2}\varphi^2 \\ v = \dfrac{4h\omega}{\Phi^2}\varphi \\ a = \dfrac{4h\omega^2}{\Phi^2} \end{cases} \quad \left(0 \leqslant \varphi \leqslant \dfrac{\Phi}{2}\right) \quad (3\text{-}2a)$$

从动件推程后半行程的等减速运动方程为

$$\begin{cases} s = h-\dfrac{2h}{\Phi^2}(\Phi-\varphi)^2 \\ v = \dfrac{4h\omega}{\Phi^2}(\Phi-\varphi) \\ a = -\dfrac{4h\omega^2}{\Phi^2} \end{cases} \quad \left(\dfrac{\Phi}{2} \leqslant \varphi \leqslant \Phi\right) \quad (3\text{-}2b)$$

从动件回程前半行程的等加速运动方程为

$$\begin{cases} s = h-\dfrac{2h}{\Phi_1^2}[\varphi-(\Phi+\Phi_s)]^2 \\ v = -\dfrac{4h\omega}{\Phi_1^2}[\varphi-(\Phi+\Phi_s)] \\ a = -\dfrac{4h\omega^2}{\Phi_1^2} \end{cases} \quad [(\Phi+\Phi_s) \leqslant \varphi \leqslant (\Phi+\Phi_s+\Phi_1/2)] \quad (3\text{-}2c)$$

从动件回程后半行程的等减速运动方程为

$$\begin{cases} s=\dfrac{2h}{\Phi_1^2}[(\Phi+\Phi_s+\Phi_1)-\varphi]^2 \\ v=-\dfrac{4h\omega}{\Phi_1^2}[(\Phi+\Phi_s+\Phi_1)-\varphi] \\ a=\dfrac{4h\omega^2}{\Phi_1^2} \end{cases} \qquad [(\Phi+\Phi_s+\Phi_1/2)\leqslant\varphi\leqslant 2\pi-\Phi_2)] \quad \text{(3-2d)}$$

根据式(3-2a)和式(3-2b)可以画出从动件在等加速-等减速推程时的运动线图（如图3-5所示）。从此图可知，这种运动规律的速度曲线是连续的，不会产生刚性冲击，但在 A、B、C 三个位置会产生加速度突变（即表明有惯性力突变，不过是有限值的突变），这种因加速度有限值的突变而引起的冲击称为柔性冲击，它比从动件等速运动引起的刚性冲击要小得多。

因此，等加速-等减速运动规律常常用于中低速凸轮机构中。

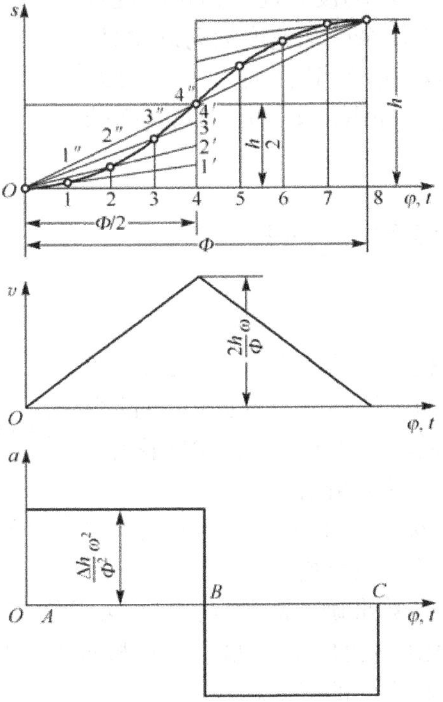

图 3-5 从动件等加速-等减速推程运动线图

3.2.3 简谐运动规律

从动件推程时按余弦加速度运动规律（简谐运动规律）运动的运动方程为

$$\begin{cases} s=\dfrac{h}{2}\left(1-\cos\dfrac{\pi}{\Phi}\varphi\right) \\ v=\dfrac{\pi h\omega}{2\Phi}\sin\dfrac{\pi}{\Phi}\varphi \\ a=\dfrac{\pi^2 h\omega^2}{2\Phi^2}\cos\dfrac{\pi}{\Phi}\varphi \end{cases} \qquad (0\leqslant\varphi\leqslant\Phi) \quad \text{(3-3a)}$$

从动件回程时按余弦加速度运动规律（简谐运动规律）运动的运动方程为

$$\begin{cases} s=\dfrac{h}{2}\left\{1+\cos\dfrac{\pi}{\Phi_2}[\varphi-(\Phi+\Phi_s)]\right\} \\ v=-\dfrac{\pi h\omega}{2\Phi_2}\sin\dfrac{\pi}{\Phi_2}[\varphi-(\Phi+\Phi_s)] \qquad [(\Phi+\Phi_s)\leqslant\varphi\leqslant(2\pi-\Phi_2)] \\ a=-\dfrac{\pi^2 h\omega^2}{2\Phi_2^2}\cos\dfrac{\pi}{\Phi_1}[\varphi-(\Phi+\Phi_s)] \end{cases} \tag{3-3b}$$

从动件推程时的简谐运动规律的运动线图如图 3-6 所示。从此图可知，间歇运动在始末两点的加速度为有限值的突变，故也会引起柔性冲击，所以一般情况下只适用于中低速凸轮机构。

需要指出的是，当从动件的运动没有远程休止和近程休止，而且在推程和回程中都采用余弦加速度运动规律时，则可以获得包括始末两点的全程光滑、连续的加速度曲线。这种情况既无刚性冲击也无柔性冲击，可以用于高速凸轮机构之中。

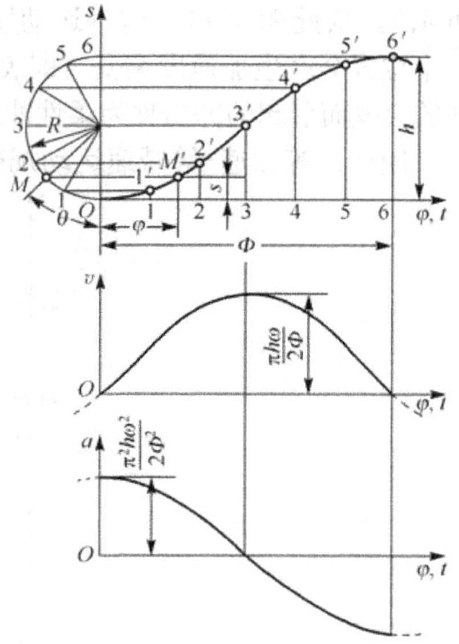

图 3-6 从动件简谐运动推程运动线图

3.3 凸轮机构轮廓的设计

当从动件的运动规律由机构的运动功能确定了之后，即可根据该运动规律和其他给定的条件（诸如机构所允许的空间大小、凸轮的基圆半径和凸轮转向等）设计凸轮的轮廓。

凸轮轮廓的设计方法有图解法和解析法两种。

图解法的主要特点是简单易行，直观明了，但设计精度较低，一般情况下适宜于低速或对从动件运动规律要求不太严格的凸轮机构。

解析法由于设计精度高，计算准确，故适宜于精度要求较高的高速凸轮、靠模凸轮等的设计中。随着高速、精密、自动化机械的不断发展和计算机技术、工程设计软件等的普及与应用，用解析法设计凸轮得到了越来越广泛的应用。

3.3.1 图解法设计凸轮轮廓

1. 图解法的设计原理

图 3-7 所示的是一个对心直动尖顶从动件盘形凸轮机构。现假设凸轮的轮廓曲线已经按照给定的从动件运动规律设计出来。

当凸轮以等角速度 ω 绕轴心 O 逆时针转动时，从动件的尖顶沿凸轮轮廓相对其导路按预定的运动规律移动。当凸轮转过运动角 φ_1、φ_2、φ_3 时，从动件的位移分别是 O_0A、O_0B、O_0C。若给整个凸轮机构加上一个与凸轮转向相反的公共角速度“$-\omega$”，显然此时凸轮不动，从动件的导路则以公共角速度“$-\omega$”绕轴心 O 转动。

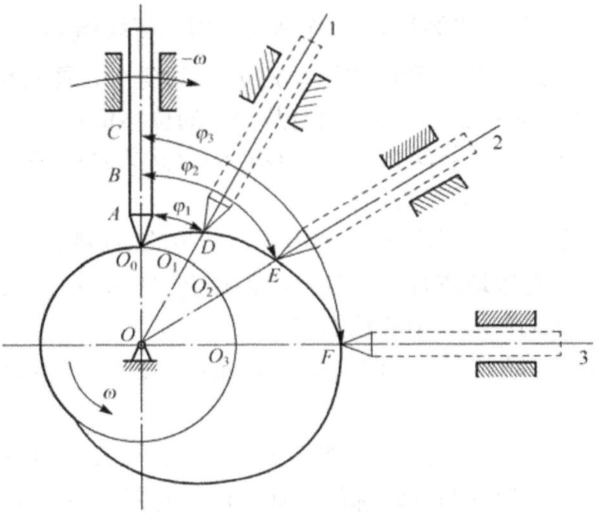

图 3-7 反转法

根据相对运动原理，凸轮与从动件之间的相对运动关系并未因加入公共角速度“$-\omega$”而改变。当从动件依次转过φ_1、φ_2、φ_3…角度，而占据位置 A、B、C…时，从动件在导路中按预定运动规律的位移分别为 O_1D、O_2E、O_3F …。由于凸轮机构运动中，从动件尖顶始终与凸轮轮廓接触，其尖顶的运动轨迹，即过点 D、E、F …的光滑曲线就是凸轮轮廓曲线。

这种以凸轮作为参考系，按照相对运动原理设计凸轮轮廓曲线的方法称为反转法。下面将要介绍的各种凸轮轮廓的图解法设计就是基于反转法原理来作图的。

2. 直动从动件盘形凸轮轮廓的设计

1）对心直动尖顶从动件盘形凸轮

从动件的运动规律如图 3-8(b)所示，凸轮以等角速度ω按照顺时针方向转动，凸轮基圆半径为r_0，要求设计对心直动尖顶从动件盘形凸轮的轮廓，设计步骤如下。

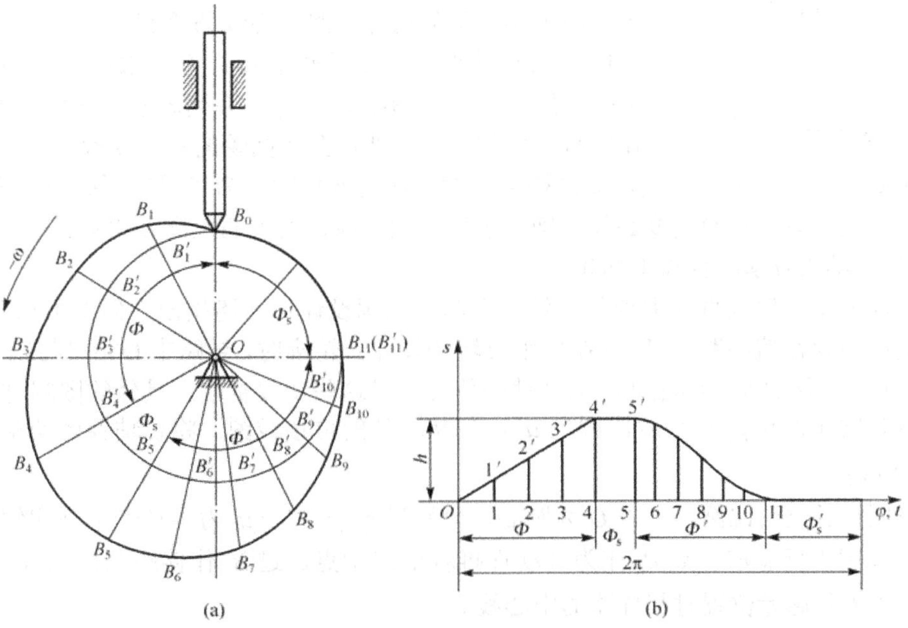

图 3-8 对心直动尖顶从动件盘形凸轮的图解法设计

（1）取长度比例尺 μ_l 和角度比例尺 μ_φ，作从动件的位移线图 $s=s(\varphi)$ [即图3-8(b)所示]。

（2）将位移线图的推程运动角 Φ 和回程运动角 Φ' 分段等分，通过各分点作纵坐标 s 轴的平行线与位移曲线相交，即得到相应凸轮各转角时从动件的位移量 $11'$ 、$22'$ …。

（3）取同样长度比例尺 μ_l，以 O 为圆心，$OB_0=r_0/\mu_l$ 为基圆半径，此基圆与从动件导路中心线的交点 B_0 即为从动件尖顶的起始位置。

（4）自 OB_0 沿 ω 的相反方向，根据位移线图中各运动角的前后顺序分别作角度 $\Phi,\Phi_s,\Phi',\Phi_s'$，并将它们分别在图 3-8(b)中对应地进行若干等分，得点 $B_1',B_2',B_3',\cdots$。连接并延长 OB_1'、OB_2'、OB_3'，它们便是反转之后从动件导路中心线的位置。

（5）在位移线图中量取各位移量，并取 $B_1'B_1=11',B_2B_2'=22'\cdots$，得反转后从动件尖顶的一系列位置 B_1、B_2、B_3…。

（6）将 B_0、B_1、B_2、B_3…各点连接成光滑曲线，即得所要求的凸轮轮廓曲线。

2）对心直动滚子从动件盘形凸轮轮廓的设计方法，与对心直动尖顶从动件盘形凸轮轮廓的设计方法基本相同。

如图3-9所示，将滚子中心视为尖顶从动件的尖顶，按前述方法求出轮廓 k，再以 k 上各点为中心，以滚子半径 r_T/μ_l 为半径画一系列滚子圆，则画出的滚子圆族的内包络线 k' 即为凸轮与滚子从动件直接接触的轮廓，该轮廓称为凸轮的实际轮廓（或凸轮的工作轮廓）。相应地，k 称为凸轮的理论轮廓。

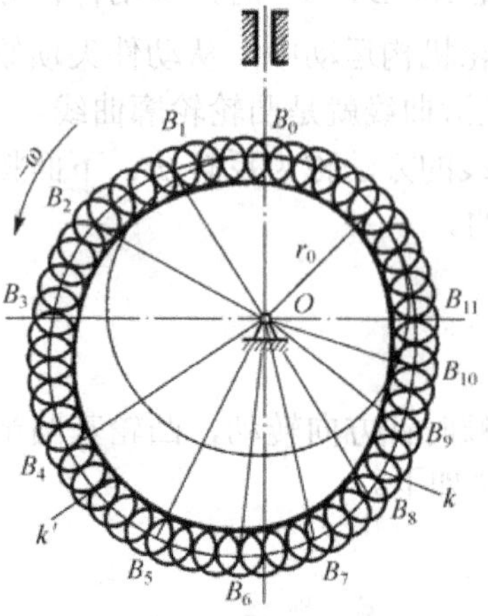

图 3-9 对心直动滚子从动件盘形凸轮轮廓设计

由以上作图过程可知，以凸轮轴心为圆心，凸轮理论轮廓的最小矢径为半径所作的圆，称为凸轮理论轮廓的基圆。所以，对于对心直动滚子从动件盘形凸轮，其轮廓作图中的 r_0 是指凸轮理论轮廓的基圆半径。

3）对心直动平底从动件盘形凸轮

对心直动平底从动件盘形凸轮的设计方法与前述类似。如图3-10所示，将从动件导路中心线与平底交点 B_0 为尖顶，首先按照尖顶从动件盘形凸轮轮廓设计方法求出各点的 B_1、B_2、B_3…，然后过 B_1、B_2、B_3…作一系列表示平底位置的直线，再作此直线族的包络线即得到该凸轮的实际轮廓。

由于平底与实际轮廓的切点是随机构位置的变化而变化的，为了保证所有位置平底都能与轮廓相切，平底左右两侧的宽度必须分别大于导路左右最远切点的距离 L 和 m。

4）偏置直动尖顶从动件盘形凸轮

如图3-11所示，偏置直动尖顶从动件盘形凸轮轮廓设计与前述相似。但由于从动件的导路与凸轮转动中心存在偏心距 e，所以在采用反转法设计其轮廓时，导路中心始终与以 O 为圆心、偏心距 e 为半径所作的偏距圆相切，从动件的位移应沿这些切线量取。具体的图解过程如下。

（1）取长度比例尺 μ_l 和角度比例尺 μ_φ，作从动件的位移线图。将 φ 轴各运动角分段等分，如图 3-8(b)所示。

（2）取同样长度的比例尺，以 O 为圆心，分别以 r_0/μ_l 和 e/μ_l 为半径作基圆和偏距圆。

（3）在基圆上任意取一点 B_0 作为从动件推程的起始点。过 B_0 作偏距圆的切线，该切线就是从动件位于推移起始位置时其导路的中心线。

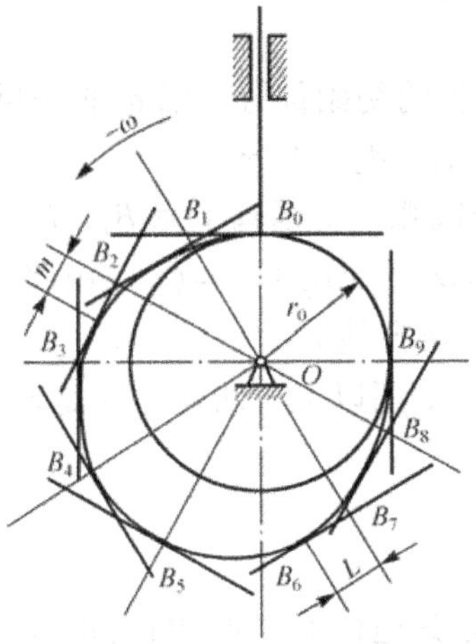

图 3-10 对心直动平底从动件盘形凸轮轮廓设计

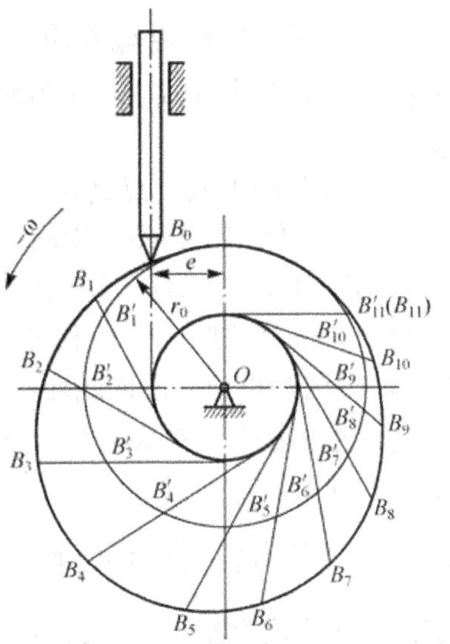

图 3-11 偏置直动尖顶从动件盘形凸轮轮廓设计

（4）由点 B_0 开始，沿与 ω 相反方向将基圆分成与位移线图相同的等份，得各等分点 B_1'、$B_2'\cdots$。过这些等分点作偏距圆的切线，这些切线即为在反转中从动件导路依次占据的位置。

（5）在各自切线上自 B_1'、$B_2'\cdots$起截取 $B_1'B_1=11', B_2'B_2=22'\cdots$，得到 B_1、B_2、$B_3\cdots$各点。

（6）将 B_1、B_2、$B_3\cdots$各点连接成光滑曲线，即为所设计的凸轮轮廓曲线。

3．摆动从动件盘形凸轮轮廓设计

摆动从动件的角位移线图如图 3-12 所示。凸轮转动中心与从动件摆动中心的距离为 $L_{OA_0}=a$，摆动从动件的长度为 $L_{AB}=l$，凸轮的基圆半径为 r_0，从动件以角速度 ω 沿顺时针方向转动。下面将介绍尖顶摆动从动件盘形凸轮的轮廓设计过程。

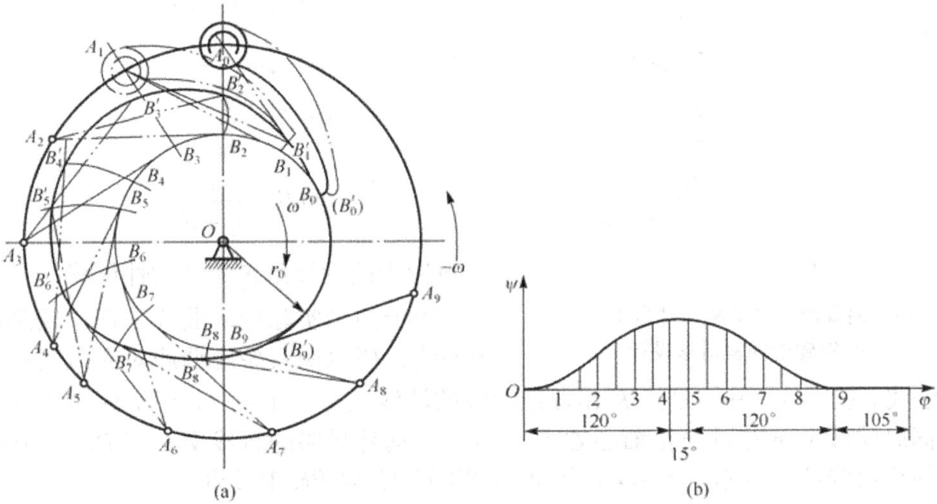

图 3-12 摆动从动件盘形凸轮轮廓设计

摆动从动件盘形凸轮的设计方法与前述方法类似，不同之处是从动件绕轴 A 做往复摆动，当采用反转法原理时，从动件的轴 A 将在以凸轮轴心 O 为圆心、$OA=a/\mu_l$ 为半径的轴心距圆上运动，同时还绕轴 A 按给定运动规律做往复摆动，如图3-12(a)所示。

（1）取角度比例尺 μ_l 和 μ_φ 作角位移图，将横坐标 φ 轴各段运动角进行相应等分。

（2）取长度比例尺 μ_l，以 O 为圆心，分别以 r_0/μ_l、a/μ_l 为半径作基圆和轴心距圆[如图 3-12(a)所示]。

（3）在轴心距圆上取一点 $A_0(l_{oa}=a)$ 作为摆动从动件转轴的初始位置，沿 ω 的相反方向将该圆分成与角位移线图中转角 φ 相同的等份，得到相应各点 A_1、A_2、A_3…。

（4）分别以 A_0、A_1、A_2、A_3…为圆心，以 l/μ_l 为半径作圆弧，交基圆于点 B_1、B_2、B_3…。

（5）根据角位移线图，分别取 $\angle B_1A_1B_1'=\psi_1$、$\angle B_2A_2B_2'=\psi_2$、$\angle B_3A_3B_3'=\psi_3$，由此得到 B_1'、B_2'、B_3'…，将这些点用光滑曲线连接起来即得到该凸轮的轮廓曲线。

在此值得指出的是，若从动件为滚子从动件或平底从动件，用以上方法作出的是理论轮廓，实际轮廓的处理方法与前述介绍一致。

3.3.2 解析法设计凸轮轮廓

图解法设计凸轮轮廓较为方便，但由于作图误差较大，所以只适合于对从动件运动规律要求不高的凸轮机构。对于精度要求高的高速凸轮、凸轮靠模等，其轮廓设计必须采用解析法精确计算。

下面以偏置滚子直动从动件盘形凸轮机构为例，介绍解析法设计凸轮轮廓的方法和步骤。

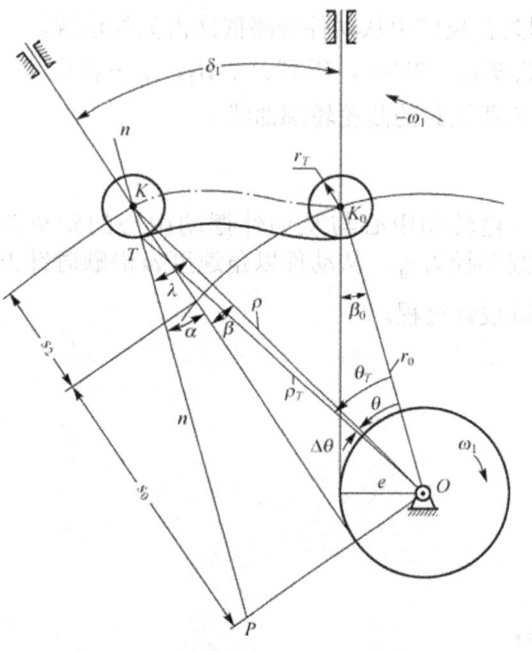

图 3-13　偏置滚子直动从动件盘形凸轮轮廓的解析法设计

如图3-13所示，设已知偏距为 e，基圆半径为 r_0，滚子半径为 r_T，从动件的运动规律 $s_2=s_2(\delta_1)$，以及凸轮以等角速度 ω_1 顺时针方向回转。根据反转法原理，可以画出相对初始位置反转 δ_1 角的机构位置，此时从动件滚子中心 K 所在的位置就是凸轮理论轮廓上的一点，其极坐标为

$$\rho=\sqrt{(s_2+s_0)^2+e^2} \tag{3-4}$$

$$\theta=\delta_1+\beta-\beta_0 \tag{3-5}$$

式中，

$$s_0=\sqrt{r_0^2-e^2} \tag{3-6}$$

$$\tan\beta_0=\frac{e}{s_0} \tag{3-7}$$

$$\tan\beta=\frac{e}{s_0+\delta_2} \tag{3-8}$$

δ_2 对应于凸轮转角 δ_1 的从动件位移。

由于凸轮实际轮廓曲线是理论轮廓曲线的等距曲线，所以两条轮廓曲线对应点具有公共的曲率中心和法线。在图3-13中，过点 K 作理论轮廓的法线交滚子于点 T，点 T 就是实际轮廓上的对应点，同时法线 n–n 与过凸轮轴心 O 且垂直于从动件导路的直线交于点 P，点 P 就是凸轮与从动件的相对瞬心，且 $l_{OP}=v_2/\omega_1$，因此从图3-13的△OPK 中可得

$$\lambda=\alpha+\beta \tag{3-9}$$

式中，

$$\tan\alpha=\frac{\dfrac{v_2}{\omega_1}-e}{s_2+s_0}=\frac{\dfrac{\mathrm{d}s_2}{\mathrm{d}\delta_1}-e}{s_2+s_0} \tag{3-10}$$

实际轮廓上对应点 T 的极坐标为

$$\rho_T=\sqrt{\rho^2+r_T^2-2\rho r_T\cos\lambda} \quad (3\text{-}11)$$

$$\theta_T=\theta+\Delta\theta \quad (3\text{-}12)$$

式中，

$$\Delta\theta=\arctan\frac{r_T\sin\lambda}{\rho-r_T\cos\lambda} \quad (3\text{-}13)$$

对于凸轮机构的不同类型（对心、偏置、直动、摆动、尖顶、滚子、平底），以及从动件的各种常用运动规律的解析法设计，请参阅其他资料。

3.4 凸轮基本尺寸的确定

在进行凸轮机构的设计时，需要合理地选择从动件的运动规律。除此以外，还要求凸轮机构具有较高的机械效率、良好的传递动力性能和较小的结构尺寸。基于此，需要对凸轮机构的压力角对其受理情况的影响程度，凸轮的基圆半径、滚子的半径等具体尺寸的确定进行必要的讨论和分析。

3.4.1 压力角的确定

广义而言，凸轮机构中从动件运动方向和接触轮廓法线方向之间所夹的锐角称为压力角。如图3-14所示，当不考虑摩擦时，凸轮给予从动件的力 R 是沿法线方向的，从动件运动方向与力 R 方向之间的夹角 α 即为压力角。

力 R 可以分解为沿从动件运动方向的有用分力 R_1 和使从动件紧压导路的有害分力 R_2，且具有 $R_2=R_1\tan\alpha$。当驱动从动件运动的有用分力 R_1 一定时，如果压力角 α 越大，则有害分力越大，故该凸轮机构的效率越低。当压力角 α 增大到一定程度时，以致有害分力 R_2 所引起的摩擦阻力大于有用分力 R_1，此时无论凸轮加给从动件的作用力有多大，从动件都不能运动，这种现象称为凸轮机构的自锁。

由以上分析可知，为保证凸轮机构正常并且具有相应的传动效率，必须对凸轮机构的压力角加以限制。凸轮轮廓上的压力角会因接触点的变化而变化，因此在设计时应使最大压力角不超过许用压力角。常见凸轮机构的许用压力角见表3-3。

表3-3 常见凸轮机构许用压力角

凸轮机构类型	直动从动件凸轮机构	摆动从动件凸轮机构
建议的许用压力角	$[\alpha]=30°$ [ ]	$\alpha=45°$

注：依靠外力维持接触的凸轮机构（如从动件在弹簧或重力作用下返回），其回程不会出现自锁，故通常只需对其推程的压力角进行校核。

在设计凸轮机构时，一般是根据结构需要初步选定基圆半径，然后用图解法或解析法设计凸轮轮廓。为保证凸轮机构的运动性能，必须对轮廓各处的压力角进行校核，以检验其是否处于许用压力角的范围之内。

如图3-15所示，当采用图解法检验时，可以在凸轮理论轮廓曲线较陡的地方取若干点（B_1、B_2…），作出所选各点的压力角（α_1、α_2…），确定这些压力角是否超过许用压力角。当用解析法设计凸轮时，应做相应的计算校核，在此不赘述，请参阅相关资料。

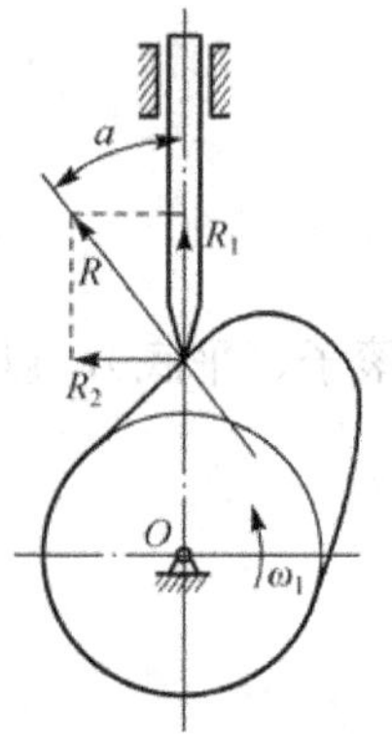

图 3-14 凸轮机构压力角

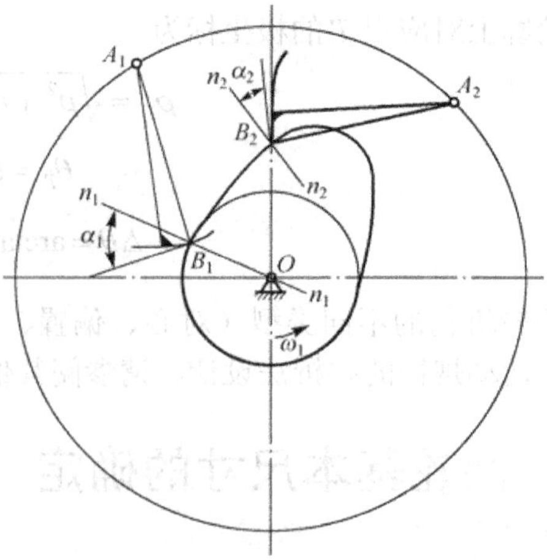

图 3-15 图解法检验压力角

3.4.2 基圆半径的确定

凸轮的基圆半径 r_0 对凸轮机构结构尺寸和压力角有着直接的影响，因此在凸轮机构的设计中，通常是在满足许用压力角及强度等条件下，确定尽可能小的凸轮基圆半径 r_0 的初始设计值，其计算方法一般有解析法、试选法和诺模图法等。

毋庸置疑，在凸轮机构的设计中，凸轮的基圆半径取得越小，所设计的凸轮机构越为紧凑，但应注意，基圆半径过小将会引起压力角过度增大，致使凸轮机构工作状况变坏。因此，在设计中通常是在保证凸轮轮廓的压力角不超过许用压力角的情况下，考虑缩小凸轮的尺寸。基圆半径的经验计算公式为

$$r_0 = 1.8r_s + (7\sim10)\text{mm} \quad (3\text{-}14)$$

式中，r_s 为凸轮轴半径。

3.4.3 滚子半径的确定

从减小凸轮与滚子之间的接触应力来看，滚子的半径越大越好，但同时也应注意到，滚子半径增大对凸轮实际轮廓曲线有很大的影响。

如图 3-16 所示，设理论轮廓外凸部分的最小曲率半径以 $r_{\min}$ 表示，滚子半径以 r_T 表示，则相应位置实际轮廓的曲率半径 $\rho' = r_{\min} - r_T$。

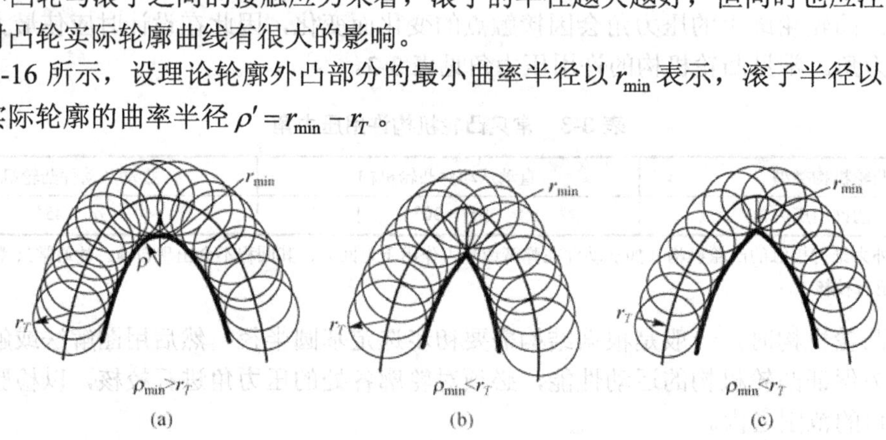

图 3-16 滚子半径的确定

当 $r_{\min} > r_T$ 时，$\rho' > 0$，实际轮廓线为一条平滑曲线，如图3-16(a)所示。

当$r_{min} < r_T$时，$\rho' < 0$，实际轮廓线发生相交，图中阴影部分的轮廓曲线在实际切削加工时将会被切去，使这一部分运动规律无法实现，如图3-16(b)所示。

当$r_{min} = r_T$时，$\rho' = 0$，在凸轮实际轮廓线上产生了尖点，此时尖点极易磨损，磨损后的凸轮轮廓曲线将会使滚子改变原定的运动规律，如图3-16(c)所示。

为了使凸轮轮廓在任何位置既不变尖也不相交，滚子半径r必须小于理论轮廓外凸部分的最小曲率半径r_{min}，即$r < r_{min}$。如果r_{min}过小，则按上述条件选择的滚子半径r_T太小而不能满足安装和强度要求，就应当把凸轮基圆半径尺寸r_0加大，重新设计凸轮轮廓曲线。

习题与思考题

3-1 题图3-1所示的是一个偏置直动从动件盘形凸轮机构。已知凸轮为一个以点A为中心的圆盘，问轮廓上点B与尖顶接触时其压力角多大？以作图方式加以表示。

3-2 题图3-2所示的是一个偏置直动从动件盘形凸轮机构。已知AB段为凸轮的推程轮廓线，试在图上标注推程运动角δ_t。

3-3 设计题图3-3所示的偏置直动滚子从动件盘形凸轮。已知凸轮以等角速度ω_1做顺时针方向回转，偏距$e = 10$ mm，凸轮基圆半径$r_0 = 40$ mm，从动件升程$h = 30$ mm，滚子半径$r_T = 10$ mm，推程运动角$\Phi = 150°$，远程休止角$\Phi_s = 30°$，回程运动角$\Phi_h = 120°$，近程休止角$\Phi_2 = 60°$。从动件在推程做简谐运动，在回程做等加速-等减速运动，试用图解法绘出凸轮的轮廓。

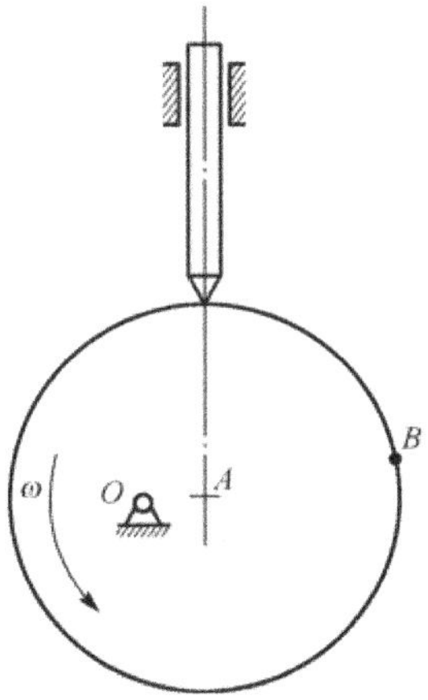

题图 3-1

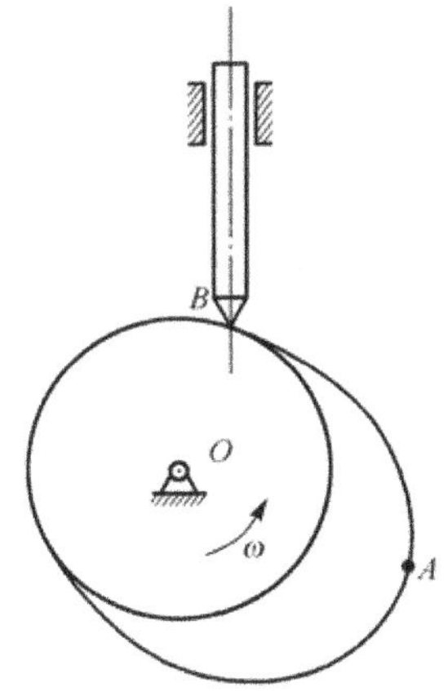

题图 3-2

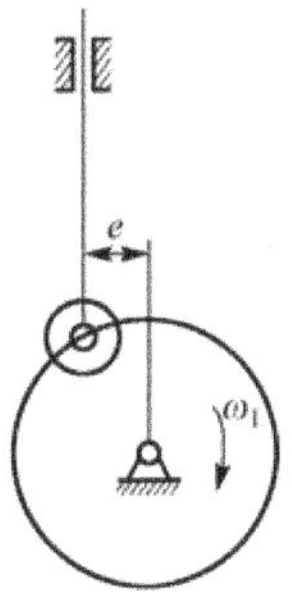

题图 3-3

3-4 题图3-4所示的是自动车床控制刀架移动的滚子摆动从动件凸轮机构。已知$l_{OB} = 60$ mm，$l_{AB} = 60$ mm，$r_0 = 35$ mm，$r_T = 8$ mm。从动件的运动规律如下：当凸轮以等角速度ω_1逆时针回转90°时，从动件以等加速等减速运动向上摆15°；当凸轮自90°转到180°时从动件停止不动；当凸轮自180°转到270°时，从动件以简谐运动摆回原处；当凸轮自270°转到360°时，从动件停止不动。试绘制凸轮的轮廓。

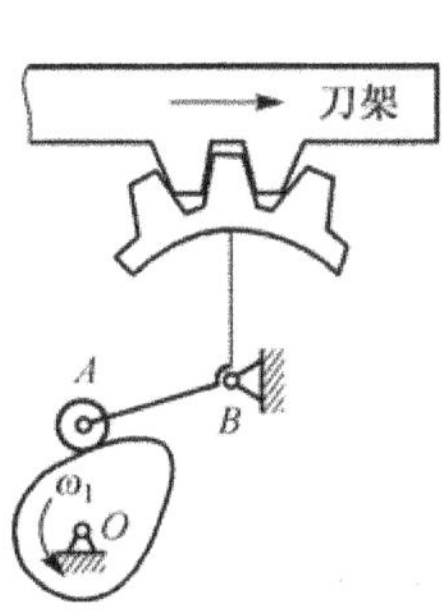

题图 3-4

3-5 题图3-5所示，四个凸轮机构的凸轮均从图示位置转过45°，试在各简图上直接标出从动件的位移s及轮廓上相应接触点的压力角α。

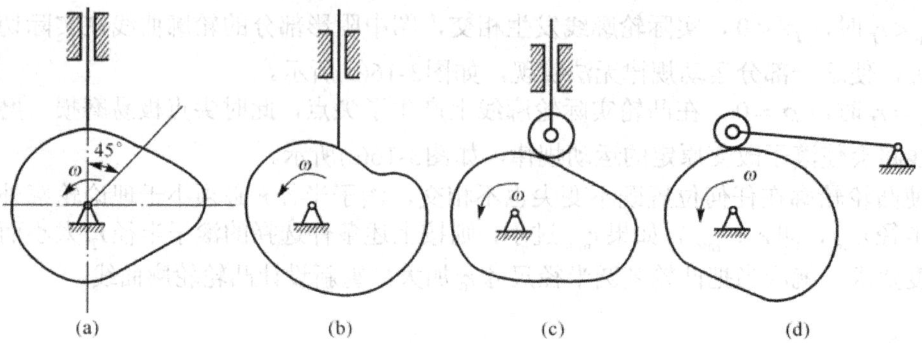

题图 3-5

3-6　为什么凸轮的基圆半径取决于许用压力角？

3-7　在滚子从动件凸轮机构中，如何确定滚子半径？

第 4 章

间歇运动机构

在有的机械设备中，设备的功能要求机构的某些构件要能产生周期性的运动和停歇，例如自动生产线上的间歇送料机构、食品灌装自动线上的液体灌装工位、机床上的分度转位机构等。这类主动件做连续运动而从动件做周期性间歇运动的机构，常称为间歇运动机构。虽然前面所述的两个机构和凸轮机构也能实现间歇运动，但它们能满足的间歇运动种类和数量有限。随着各种自动化生产线的大量运用和生产率的不断提高，需要有更多功能和结构的间歇运动机构来满足生产的需要，因此实现间歇运动机构的种类不断出现。这里仅介绍其中常用的几种。

4.1 槽轮机构

槽轮机构是在要求实现分度、转位等步进机构中应用最为广泛的一种间歇运动机构。

4.1.1 槽轮机构的工作原理

槽轮机构又称为马耳他机构，其典型的结构如图4-1所示。图4-1(a)所示的是外啮合槽轮，它由具有圆柱销的主动销轮 1、具有直槽的从动槽轮 2 和机架组成；图4-1(b)所示的是内啮合槽轮。槽轮机构的主要功用就是把主动件的连续等速转动转换为从动件的单向间歇运动。

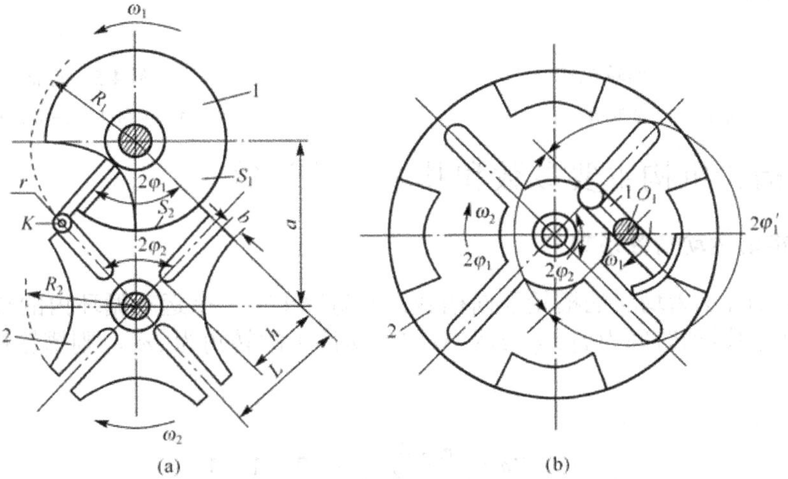

图 4-1　槽轮机构

槽轮机构的工作原理如图4-1(a)所示。在主动销轮的圆柱销 K 尚未进入从动槽轮的径向槽时，槽轮的内凹锁止弧 S_2 被主动销轮 1 的外凸圆弧 S_1 卡住，从动槽轮 2 保持不动。在图4-1(a)所示位置，圆销 K 开始进入槽轮的径向槽，此时锁止弧 S_2 被松开，销 K 驱使槽轮反向（外啮合）或同向（内啮合）转动。当圆销 K 转动到脱出槽轮的径向槽时，槽轮的另一个内凹锁止弧又被主动销轮 1 的外凸圆弧卡住，直至下一个运动循环开始。

槽轮机构在各种自动机械中应用很广泛。例如，图 4-2 所示的电影放映机中的槽轮机构，图4-3 所示的六角自动车床的刀架转位机构。

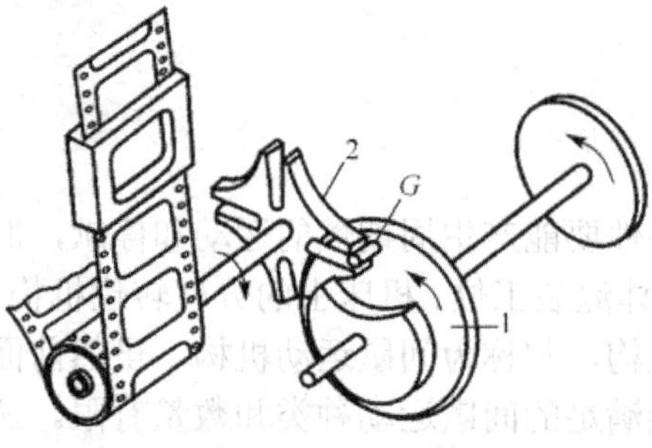

图 4-2 电影放映机中的槽轮机构

1—销轮；2—槽轮

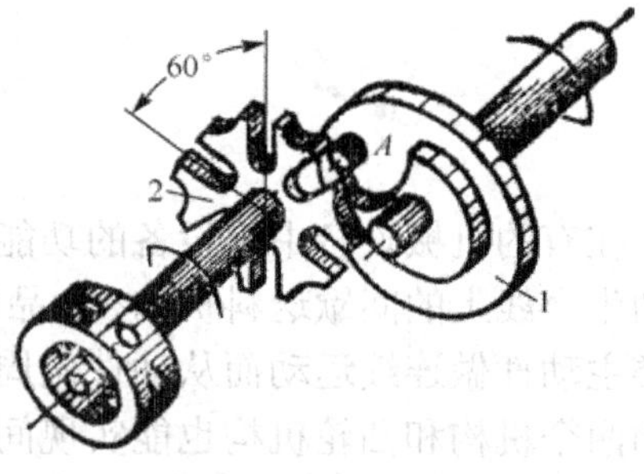

图 4-3 六角自动车床的刀架转位机构

1—销轮；2—槽轮

当槽轮的半径为无穷大时，槽轮的间歇运动转变为间歇移动而成为如图 4-4 所示的移动槽轮机构。

当需要在两个相交轴之间传递间歇运动时，可采用如图4-5所示的球面槽轮机构。

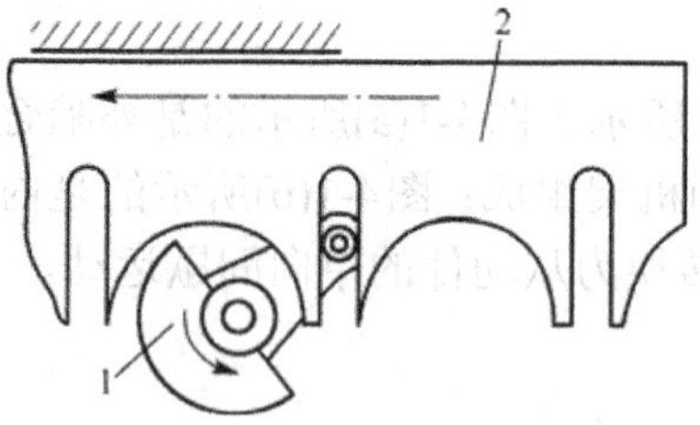

图 4-4 移动槽轮机构

1—销轮；2—移动槽轮

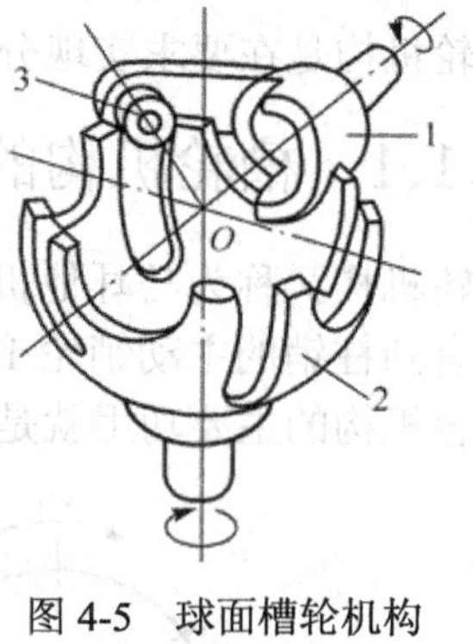

图 4-5 球面槽轮机构

1—主动件；2—从动槽轮；3—销

4.1.2 槽轮机构主要参数和基本尺寸计算

1. 槽轮机构的运动特性系数

如图4-1(a)所示，z 为均布的槽轮径向槽数，主动件 1 在一个运动循环内的转角为 2π，所用的时间为 t，槽轮的运动时间为 t_d，与 t_d 对应的主动件 1 的转角为 $2\varphi_1$，则槽轮机构的运动系数 τ 为

$$\tau = \frac{t_d}{t} = \frac{2\varphi_1}{2\pi} = \frac{\pi - \dfrac{2\pi}{z}}{2\pi} = \frac{z-2}{2\pi} = \frac{1}{2} - \frac{1}{z} \tag{4-1}$$

由于槽轮做间歇运动，因此由式(4-1)可知，$0<\tau<0.5$，$z>2$。若圆销的数目为 s，则有 $\tau = s(1/2-1/z) \leqslant 1$，故此有

$$s<\frac{2z}{z-2} \quad (4\text{-}2)$$

若要使槽轮每次停歇的时间不等，则主动件 1 上的圆销 K_1 和 K_2 应不均匀分布[如图4-6(a)中的 Φ_1 和 Φ_2]所示；若要使槽轮每次运动的时间不等，则应使各圆销具有不同的回转半径，并且槽轮的径向槽也应相应地改变[如图4-6(b)中的不同 R_1]。

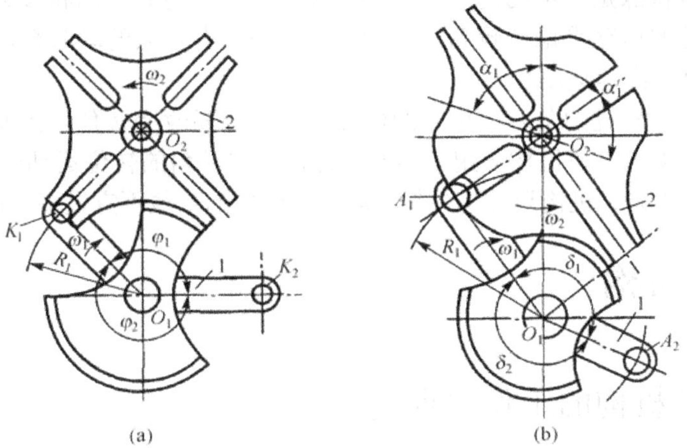

图 4-6　停歇时间与运动时间要求对槽轮机构的影响

2. 槽轮机构的几何尺寸计算

当根据具体工作要求确定了槽轮的径向槽数 z 和主动件 1 上的圆销数 S 后，再根据安装空间的大小确定中心 a 和圆销 K 的半径 r，其余尺寸[如图4-1(a)所示]有

槽轮运动角：$$2\varphi_2 = 2\pi/z \quad (4\text{-}3)$$

主动件 1 的运动角：$$2\varphi_1 = \pi-2\varphi_2 = \pi-2\pi/z \quad (4\text{-}4)$$

槽轮槽深：$$h \geqslant a\left(\sin\frac{\pi}{z}+\cos\frac{\pi}{z}-1\right)+r \quad (4\text{-}5)$$

槽轮外圆半径：$$R_2=\sqrt{(a\cos\varphi_2)^2+r^2} \quad (4\text{-}6)$$

主动件 1 上圆销 K 中心的回转半径：$R_1 = a\sin\dfrac{\pi}{z}$ (4-7)

槽轮槽口厚度 b 可以按槽轮所需刚度来选定，可参考相关设计资料。

3. 槽轮机构设计时值得注意的几个问题

（1）为保证主动件能够驱动从动件（槽轮），应当使运动特性系数 $\tau>0$，因此应保证槽轮的槽数 $z\geqslant 3$。

（2）运动特性系数 τ 将随着槽数 z 的增加而增大，即增加槽数 z 将使槽轮在一个间歇运动周期里的运动时间增长。但在有的机器设备中，槽轮运动时间正是设备工艺过程中的辅助时间，因此为了缩短工艺辅助时间，槽轮的槽数不宜过多。

（3）对于单销外槽轮机构，槽轮槽数无论多少，其 τ 值总是小于 0.5，若要求 τ 值大于 0.5，则应增加圆销数量 s。

（4）由式(4-2)可以得出：当 $z=3$ 时，$s=1\sim5$；当 $z=4$ 时，$s=1\sim3$；当 $z\geqslant6$ 时，$s=1\sim2$。

（5）对于图4-1(b)所示的内槽轮机构，其运动特性系数 τ 总是大于 0.5（此结论的推导过程略），而为了保证槽轮有停歇时间，要求 τ 必须小于 1，故此槽轮槽数 $z\geqslant3$。

（6）值得注意的是，槽轮的槽数 z 越多，其运动平稳性越好，因此槽轮的槽数不宜取得太少。所以，生产实际中常用的槽数 z 一般取为 4、6、8。

4.1.3 槽轮机构的特点

槽轮机构的基本特点是，结构简单，工作可靠，只要机构的结构和参数设计合理，圆销进入和退出啮合时槽轮的运动平稳性较高，但槽轮在运动中有较大的动载荷，槽数越少，动载荷就越大，因此不适合于高速运动场合。

而且由于槽轮每次转过的角度与槽轮的槽数有关，想要改变转角就需要改变槽轮的槽数，重新设计槽轮机构，因而槽轮机构多用于不要求经常调整转角的转位运动中。

此外，由于制造工艺、机构尺寸等条件的限制，槽轮的槽数不宜过多，故每次的转角较大。

4.2 棘轮机构

4.2.1 棘轮机构的工作原理

棘轮机构是机械中常用的、具有间歇或步进特征的一类机构。如图 4-7 所示的齿式棘轮机构，该机构由主动件 1、驱动棘爪 2、棘轮 3、制动爪 4、弹簧 5 及机架构成。其结构特点是主动件 1 空套在与棘轮固连的从动轴 O 上，而且与驱动棘爪 2 用转动副连接。其工作原理如下。

当主动件 1 如图4-7所示做逆时针方向摆动时，驱动棘爪 2 便插入棘轮 3 的齿槽中，使棘轮同步转过相应角度，此时制动爪 4 在棘轮 3 的相应齿背上进行滑动。

当主动件 1 作图4-7所示的顺时针方向转动时，制动爪 4 便阻止棘轮 3 发生沿顺势正方向的转动，但此时驱动棘爪 2 却能够在棘轮 3 的齿背上进行滑动，因而棘轮便静止不动。由此可以得出结论，当主动件 1 做连续的往复摆动时，棘轮 3 便做单向的间歇运动。主动件 1 的往复摆动可以由摆动从动件凸轮机构、曲柄摇杆机构等实现，也可以由液压传动、电磁传动等传动装置来提供。

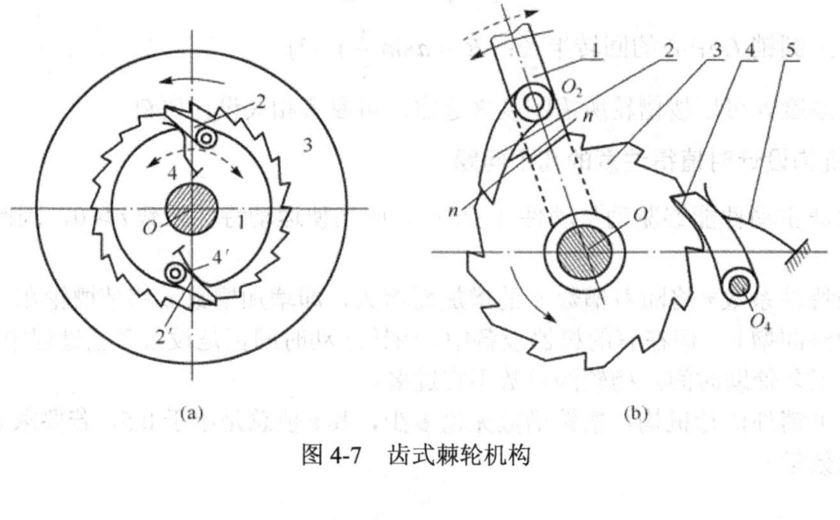

图 4-7 齿式棘轮机构

4.2.2　棘轮机构的类型与应用

按照棘轮机构的动作原理和结构特点，把常用的棘轮机构分为以下两大类。

1. 齿式棘轮机构

这类棘轮的外缘或内缘上具有刚性轮齿，依靠棘爪推动棘轮棘齿使其做单向间歇运动，称为齿式棘轮机构。图4-7(a)所示的是外棘轮机构，图4-7(b)所示的是内棘轮机构。当齿式外棘轮机构的棘轮直径为无穷大时，棘轮演变成为棘条，此时棘轮的单向间歇转动变为棘条的单向间歇移动。机械设备中常用的棘轮机构为齿式外棘轮机构。

根据棘轮机构的运动情况，齿式棘轮机构又可分为如下几种。

1）单动式棘轮机构

如图 4-7 所示，该类棘轮机构的基本特点是，当主动件向一个方向摆动时，棘轮沿相同方向转过设定的相应角度；而当主动件反向摆动时，棘轮则实现静止不动。

2）双动式棘轮机构

如图 4-8 所示，该类棘轮机构的特点是，当主动件往复摆动一次时，棘轮沿同一方向间歇转动两次。当载荷较大，且棘轮尺寸又受限制，齿数 z 较少，而使摆杆摆角小于齿距角时，需要采用双动式棘轮机构。

3）可变向的棘轮机构

如图4-9(a)所示，棘轮齿形采用对称的梯形齿，与之配用的棘爪为特殊的对称形状。这种棘轮机构的特点是，当棘爪处于实线位置时，棘轮可以实现逆时针单向间歇转动；而当棘爪翻转到图示虚线位置时，棘轮即可得到顺时针方向的单向间歇转动。

图 4-9(b)所示的是另一种可变向的棘轮机构，其棘轮齿形为矩形，棘爪齿为楔形斜面。这样，当棘爪安放在图示位置时，棘轮将沿逆时针方向做单向间歇转动；若将棘爪提起并绕自身轴线转过 180° 后放下，则棘轮可实现顺时针方向单向间歇转动；又若将棘爪提起并绕自身轴线转过 90° 搁置在壳体的平台上，使棘爪和棘轮脱开，从而棘爪随主动件往复摆动，棘轮却静止不动。这种棘轮机构常用于实现工作台做间歇送进运动，如用于牛头刨床中实现工作台横向送进运动。

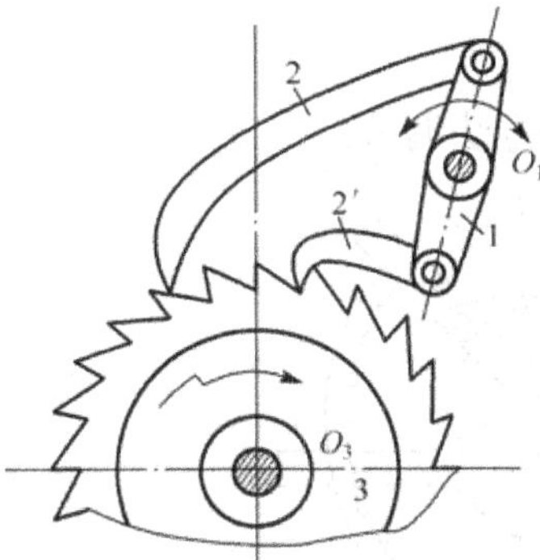

图 4-8　双动式棘轮机构

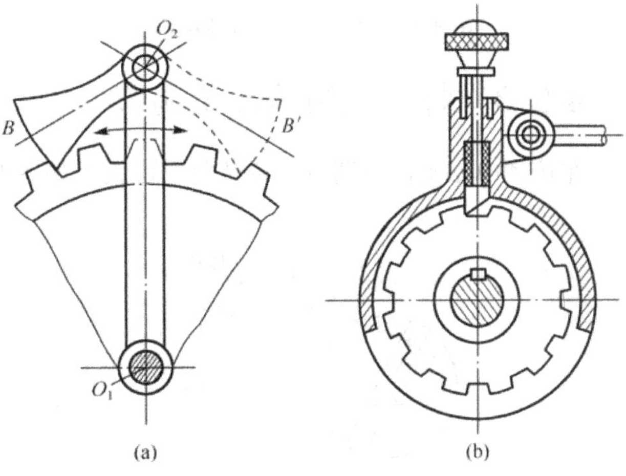

图 4-9　可变向的棘轮机构

棘轮机构在生产中除了能实现间歇送进、制动和转位分度等运动以外，还能实现超越运动，即从动件可以超越主动件而转动。

如图4-10所示，自行车后轴棘轮机构便是利用其超越作用而使后轮轴 5 在滑坡时可以超越链轮 3 而转动。

不论何种形式的齿式棘轮机构，都具有结构简单、制造方便和运行可靠等优点。其缺点是，棘爪在棘轮齿面滑行时，将引起噪声和齿尖磨损；传动平稳性差，不宜用于高速，一般都用于速度较低、传动精度要求不高的场合；棘轮转角也只能以齿距角为单位有级调整。

2. 摩擦式棘轮机构

图4-11所示的棘轮机构是摩擦式棘轮机构，其主要依靠摩擦力带动棘轮做单向间歇转动。当主动件（外套筒 1）逆时针方向转动时，因摩擦力的作用使滚子 2 楔紧在棘轮 3 的支承面和外套筒 1 的内圆柱表面之间，从而带动从动件（棘轮 3）一起转动。当主动件顺时针方向转动时，滚子松开，棘轮 3 便静止不动。

该机构依靠摩擦力传动，故棘轮的转角不如齿式棘轮机构准确；但噪声小，棘轮的转角可以无级调整。这种机构常用于扳钳和多轴机床的夹具上，还可用做超越离合器。

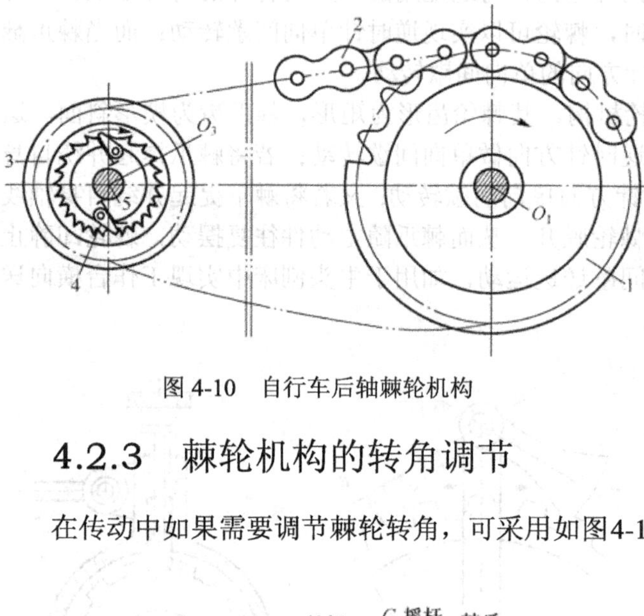

图 4-10　自行车后轴棘轮机构

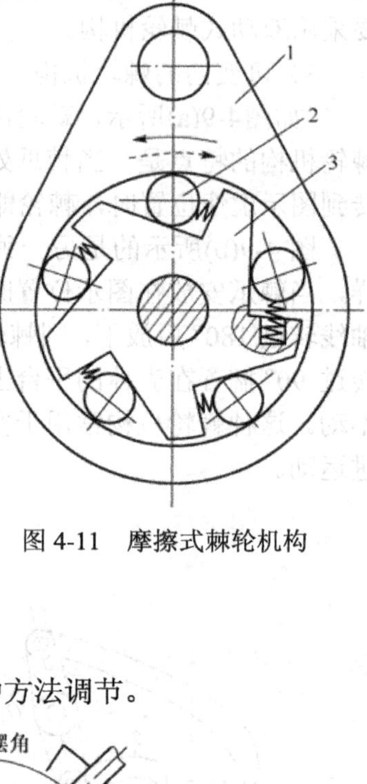

图 4-11　摩擦式棘轮机构

4.2.3　棘轮机构的转角调节

在传动中如果需要调节棘轮转角，可采用如图4-12所示的两种方法调节。

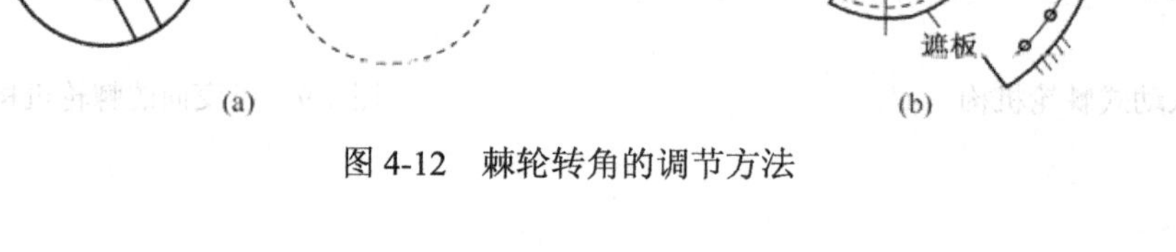

图 4-12　棘轮转角的调节方法

方法一是用调整曲柄长度来改变装有驱动棘爪的摇杆摆角（如图 4-12(a)所示）。方法二是在棘轮上装一个遮板（如图 4-12(b)所示），利用改变遮板的位置来使棘爪行程的一部分在遮板上滑过而不与棘轮的齿接触，而当棘爪插入棘轮齿槽后才推动棘轮转动，从而在不改变摇杆摆角大小的情况下，改变棘轮转角。

4.2.4　棘轮机构设计

1. 模数和齿数的确定

棘轮机构中棘轮的相关尺寸与齿轮一样，同样以模数作为棘轮设计计算的基本参数，不同之处在于棘轮的标准模数是按照棘轮的齿顶圆直径 d_{a} 来计算的。

$$m=\frac{d_{\mathrm{a}}}{z}\quad(4\text{-}8)$$

注意，棘轮齿数 z 的选取一般由棘轮机构的使用条件和运动要求来确定。对于一般进给和分度用棘轮机构，可以根据所要求的棘轮最小转角来确定棘轮齿数 z，通常 $z\leqslant 250$，常用的 z 值范围在 $z=8\sim30$，据此可以计算出棘轮的模数。

2. 棘轮齿偏斜角和驱动棘爪轴心位置的确定

在进行棘轮机构的设计时，必须考虑棘爪能够顺利地滑入棘轮的齿槽内，而且不会自行滑离棘齿。

图4-13 所示的是驱动棘爪开始与不对称梯形棘齿的尖顶 A 接触时的受力状况。

设棘轮棘齿作用于棘爪的法向反力为 N，因为棘爪有滑入棘轮齿槽的趋势，因而棘轮的齿作用于棘爪的摩擦力 F_{f} 向外，以阻止棘爪滑入。要使棘爪能顺利滑入齿槽，必须满足下列条件：

$$Nl\cos\delta > F_{\mathrm{f}} l\sin\delta$$

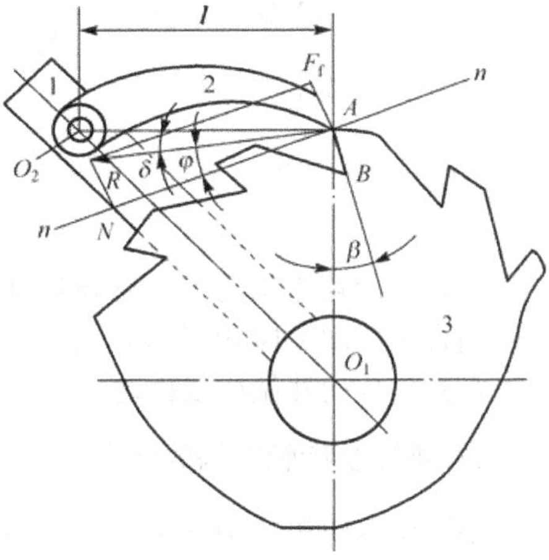

图 4-13　棘爪受力分析

化简得　$\tan\delta > F_{\mathrm{f}}/N$

因为　$F_{\mathrm{f}}/N = f = \tan\varphi$

代入得　$\delta > \varphi \quad (4\text{-}9)$

式(4-9)中，f 为滑动摩擦系数，φ 为棘爪与棘轮轮齿间的摩擦角，δ 为棘爪与棘轮轮齿接触点公法线 n–n 与 O_2A 线之间的夹角。

从式(4-9)可知，要使棘爪能够顺利滑入齿槽而且不滑离的条件是夹角 δ 必须大于摩擦角 φ。当材料的摩擦系数 $f=0.2$ 时，$\varphi\approx 11^\circ 30'$，所以一般情况下取 $\delta=20^\circ$。

因为接触点公法线 n–n 必须垂直于棘轮工作齿面，因此当轴心 O_2 在棘轮齿顶 A 的径向 O_1A 的垂线上选取时，为保证 $\delta>\varphi$，必须使棘齿工作齿面 AB 相对于径向线 O_1A 偏斜一个角度 β（β 称为棘齿工作面偏斜角）。因此，有

$$\angle BAO_2 = 90^\circ + \delta \geqslant 90^\circ + \varphi \qquad (4\text{-}10)$$

4.3 其他间歇运动机构

4.3.1 不完全齿轮机构

1. 不完全齿轮机构的工作原理、分类与应用

不完全齿轮机构如图4-14所示，是由普通渐开线齿轮机构演变而来的一种间歇运动机构。它与普通齿轮传动不同的是轮齿在整个圆周上采用间断布置，因此在主动轮 1 连续回转时，从动轮 2 便做间歇运动。

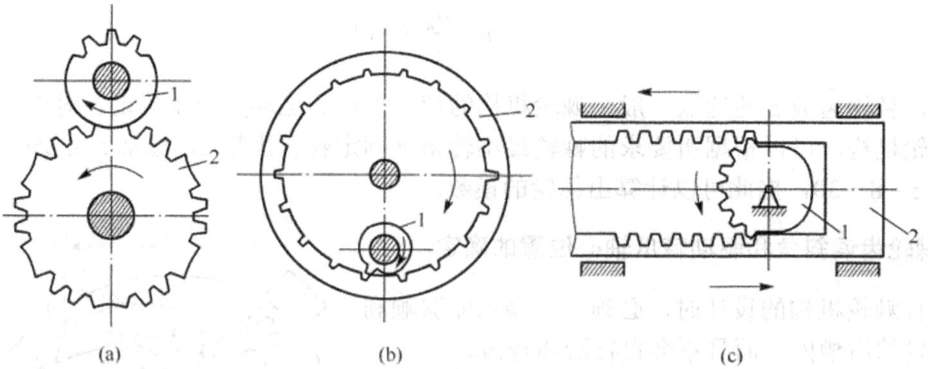

图 4-14 不完全齿轮机构

不完全齿轮机构的类型有外啮合（如图 4-14(a)所示）、内啮合（如图 4-14(b)所示）和齿轮齿条啮合（如图4-14(c)所示）三种。外啮合与内啮合均使从动件做不连续间歇运动，而齿轮齿条啮合则使从动件做往复移动。

2. 不完全齿轮机构的特点

不完全齿轮机构中的主从动轮均做回转运动，但从动轮在一个运动周期内做多次停歇，因而应用范围较为广泛。

由于从动轮的中间段与普通齿轮一样，进行定传动比传动，但其中在进入和脱离啮合时存在较大的冲击载荷，所以不完全齿轮机构一般只能用于低速轻载的场合。

从结构上可以看出，为避免从动轮在开始啮合时的位置正好与主动轮首齿齿顶相抵而产生干涉现象，一般可以采用减小主动轮上首齿齿顶高的修正方法。为保证从动轮锁止弧的正确停歇位置，就必须保证主动轮脱离啮合点与进入啮合点的对称性。

4.3.2 凸轮间歇运动机构

凸轮间歇运动机构是利用空间凸轮与转位拨销的相互作用，将原动凸轮的连续转动转换为从动件转盘的间歇运动，从而实现交错轴间的分度运动。如图4-15 所示，1 为圆柱凸轮，转盘 2 上固定有均匀分布的 z 个圆柱形拨销 3。当凸轮转过沿轴向位置变化的曲线槽所对应的角度时，曲线槽推动拨销使转盘转过两个相邻拨销所夹的中心角 $2\pi/z$。当凸轮转过沿轴向位置无变化的曲线槽所对应的角度时，转盘静止不动。这样，就实现了转盘的间歇运动。

如图4-15(a)所示，凸轮为圆柱形，其拨销轴线与转盘轴线平行，称为圆柱凸轮间歇运动机

构。如图4-15(b)所示，凸轮上有一条凸脊，凸轮好似蜗杆，转盘拨销为转盘上的齿，犹如蜗轮，故称为蜗杆凸轮间歇运动机构，这种凸轮机构可以通过调整凸轮与转盘的中心距，消除拨销与凸轮凸脊接触的间隙或补偿接触面间的磨损，以保证机构的运动精度。

凸轮间歇运动机构结构简单，运转可靠，传动平稳，适用于高速间歇转动的场合。特别是蜗杆凸轮间歇运动机构，在保证正确设计、制造的前提下，其间歇运动次数每分钟可达千次以上。凸轮式间歇运动机构在轻工机械、冲压机械和其他许多方面得到应用。

图4-16所示的是钻孔攻丝机的转位机构。1 为凸轮，转盘 2 固连着齿轮 3，齿轮 3 与齿轮 4 啮合，齿轮 4 又与工作台 5 相连，使工作台获得间歇转位。

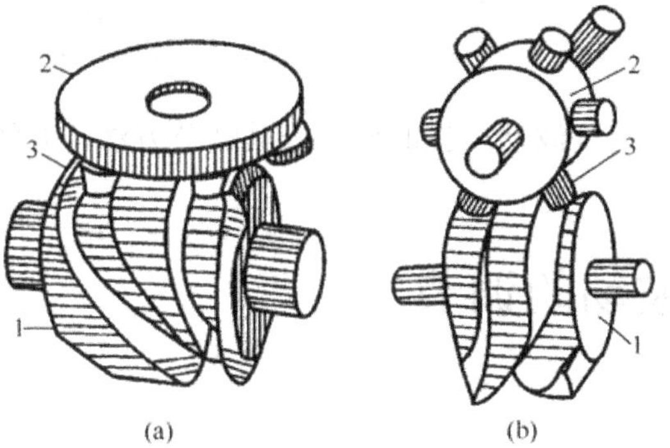

图 4-15　凸轮间歇运动机构

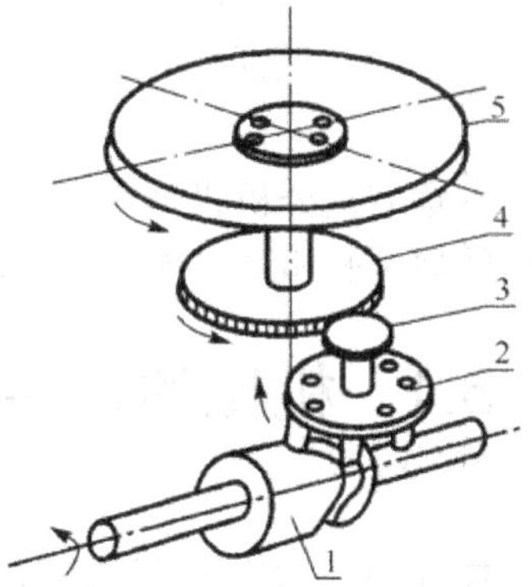

图 4-16　钻孔攻丝机转位机构

习题与思考题

4-1　六角自动车床六角头外槽轮机构中，已知槽轮的槽数为 6，一个循环中槽轮的静止时间为 5 s，静止时间是运动时间的 2 倍。试求：① 槽轮机构的运动系数 τ；② 所需的圆销数 s。

4-2　某自动机上装有一个单销六槽的外槽轮机构，已知槽轮停歇时进行工艺动作，所需工艺时间为 30 s，试确定主动轮的转速。

4-3　某自动机上有一个均布双销六槽的外槽轮机构。若主动件拨盘的转速为 24 r /min，求槽轮在一个运动循环中，每次运动和停歇的时间。

4-4　六角车床的六角头转位机构为单销六槽外槽轮机构。已知槽轮机构的中心距为 150 mm，圆梢的半径为 10 mm，试设计计算该槽轮机构的主要尺寸。

4-5　某自动机上装有一个不均布双销四槽外接槽轮机构，已知两个圆销的回转半径相同且回转半径间的夹角为 120°，试确定该槽轮机构的运动系数 τ 及两个圆销各自拨动槽轮时的运动系数 τ_1 和 τ_2。

4-6　牛头刨床工作台由棘轮带动丝杆做间歇转动，从而通过与丝杆啮合的螺母带动工作台做间歇移动。设进给丝杆（单头）的导程为 5 mm，而与丝杆固结的棘轮有 28 个齿，试问工作台每次进给的最小进给量是多少？若刨床的最小进给量为 0.125 mm，试问带动进给丝杆的棘轮齿数此时应为多少？

4-7　棘轮机构和槽轮机构，在运动平稳性、加工难易程度和制造成本等方面各有何优缺点？各适用于何种场合？

4-8　什么是槽轮机构的运动特性系数？为什么此运动特性系数必须大于 0 而小于 1？

第 5 章

机械的调速与平衡

本章着重分析机器周期性速度波动和非周期性速度波动产生的原因及其调节方法，介绍回转构件静平衡和动平衡的原理及方法。

5.1　机械的运转过程与速度波动的调节

5.1.1　机械的运转过程

机械运转过程可分为三个阶段，即启动阶段、稳定运转阶段和停车阶段，如图5-1(a)所示。

（1）启动阶段。机械中原动件的速度由零增加到正常工作速度。

（2）稳定运转阶段。此时原动件的速度为正常工作速度。

（3）停车阶段。此时原动件的速度由正常工作速度降为零。

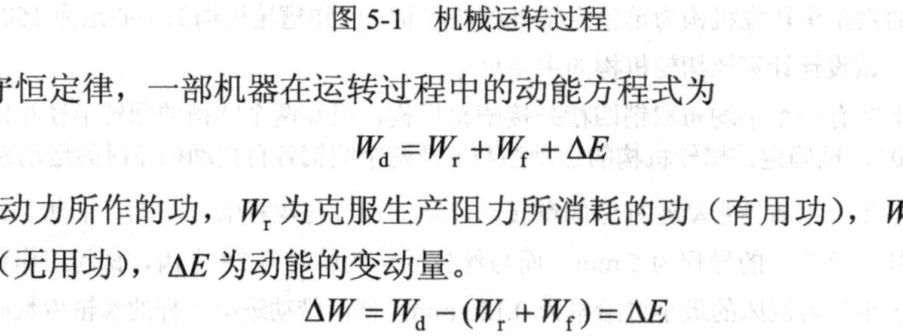

图 5-1　机械运转过程

根据能量守恒定律，一部机器在运转过程中的动能方程式为

$$W_d = W_r + W_f + \Delta E \tag{5-1}$$

式中，W_d 为驱动力所作的功，W_r 为克服生产阻力所消耗的功（有用功），W_f 为克服摩擦阻力等所消耗的功（无用功），ΔE 为动能的变动量。

设

$$\Delta W = W_d - (W_r + W_f) = \Delta E \tag{5-2}$$

因为

$$\Delta E = \Delta W = \frac{1}{2}(J\omega^2 - J_0\omega_0^2) \tag{5-3}$$

式中，$\frac{1}{2}J\omega^2$ 为机械系统的瞬时动能，$\frac{1}{2}J_0\omega_0^2$ 为机械系统的初始动能，故

$$\omega = (2\Delta E / J + J_0\omega_0^2 / J)^{\frac{1}{2}} \tag{5-4}$$

由式(5-3)及式(5-4)可知

（1）若 $\Delta W = \Delta E > 0$，即出现盈功时，机械动能增加，$\omega > \omega_0$，机械做增速运动；

（2）若 $\Delta W = \Delta E < 0$，即出现亏功时，机械动能减少，$\omega < \omega_0$，机械做减速运动；

（3）若 $\Delta W = \Delta E = 0$，称为恒功，则机械做匀速运动。

一般来说，机械工作在稳定运转阶段时，由于受多方面因素的影响，其速度总是在与正常工作速度相当的平均速度处上下波动，如图5-1(b)所示，绝对没有波动是不可能的。也就是说，机械在运转过程中，由于难免会出现盈功或亏功，从而产生速度波动。而这种速度波动会导致在运动副中产生附加动压力，并引起机械振动，降低机械的寿命，影响机械效率和工作质量。因此，对机械运转速度的波动进行调节并将其限制在允许的范围之内是十分必要的。

5.1.2 机械速度波动的类型及调节方法

机械速度波动可分为周期性速度波动和非周期性速度波动。

1. 周期性速度波动及其调节

周期性速度波动是由于机械动能增减呈周期性变化，其主轴角速度 ω 随之做周期性的波动，如图 5-2 所示。这种有规律的、连续的速度波动称为周期性速度波动。主轴角速度 ω 从某一数值变回到原值所经历的时间为一个运动周期 T，驱动力所做的功和阻抗力所消耗的功在一个周期内是相等的，即没有动能的增减，使其平均速度保持不变。但在周期中的各个时间间隔内，驱动功与消耗功并不相等，即存在盈功或亏功，使动能增加或减少，导致机器主轴的角速度做周期性波动。

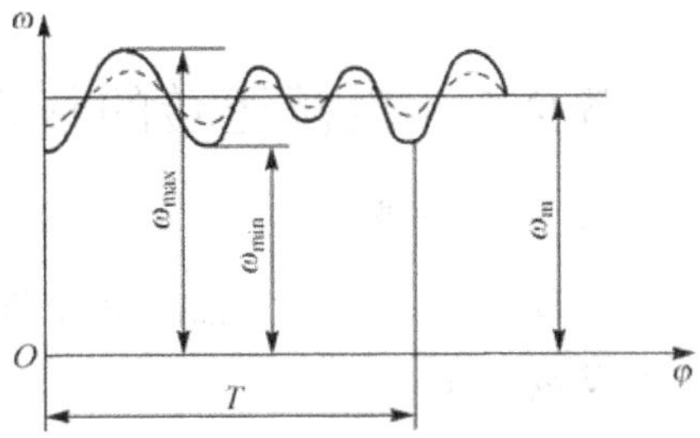

图 5-2 周期性速度波动

周期性速度波动的调节方法是在机械中加上一个转动惯量较大的回转件——飞轮。

值得提出的是，飞轮之所以能起到调速作用，关键是飞轮具有很大的转动惯量。也就是说，为了使飞轮的转速有一点变化，就需要有较大的动能。当机械出现盈功时，飞轮轴的角速度只需微小的上升，就可把多余的动能储存起来；而当机械出现亏功时，机械运动速度减慢，这时飞轮又可将其储存的能量释放出来，以弥补能量的不足，使其角速度只有小幅度的下降。因此，飞轮实质上是一个能量储存器。例如，图5-2中实线所示的是没有安装飞轮时主轴的速度波动，而虚线所示的是安装飞轮后的速度波动。

2. 非周期性速度波动及其调节

如果机械在运转过程中，机械外力（驱动力和阻力）的变化是随机的、不规则的、没有一定周期性的，这样就产生了非周期性的速度波动。

常见的非周期性速度波动的调节方法有两种：一是利用原动机的自调性；二是采用一种专门的调节装置——调速器。

如果机械的原动机是电动机，则根据电动机的机械特性，其本身就能使驱动力矩和阻抗力矩自动地协调。这是因为当机械的阻抗力矩减小而使机械和电动机转速上升时，其驱动力矩又会自动减小，从而使驱动力矩与阻力矩自动地达到新的平衡。电动机的这种性能称为“自调性”。

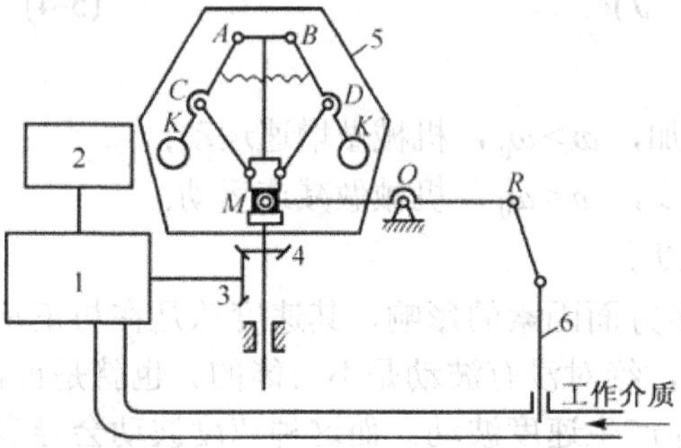

图 5-3 离心式调速器工作原理

1—原动机；2—工作机；3，4—齿轮；5—调速器本体；6—节流阀

如果原动机是蒸汽机、汽轮机或内燃机等，则由于这类原动机不具有自调性，所以这种速度波动不能依靠飞轮来进行调节，只能采用特殊的装置使输入功与输出功趋于平衡，以达到新的稳定运转，这种特殊装置称为调速器。

调速器的种类很多，现举一例来简要地说明其工作原理。离心式调速器的工作原理简图如图5-3所示。方框 1 为原动机，方框 2 为工作机，方框 5 内是由两个对称的摇杆滑块机构组成的调速器本体。当系统转速过高时，调速器本体也加速回转，由于离心惯性力的关系，两个重球 K 将张开带动滑块 M 上升，通过连杆机构关小节流阀 6，使进入原动机的工作介质减少，从而降低速度。如果转速过低，则工作过程相反。

机械式离心调速器结构简单，成本低廉，在内燃机等机械上应用得较广，近代机械多采用电子调速装置实现自动控制。

5.2 飞轮的近似设计方法

5.2.1 机械运转的基本参数

1. 平均角速度

工程上一般都以主轴的最大角速度 ω_{max} 和最小角速度 ω_{min} 的算术平均值作为机械的平均角速度 ω_m，即

$$\omega_m = (\omega_{max} + \omega_{min}) / 2 \tag{5-5}$$

2. 速度不均匀系数

机械的速度波动的程度常采用速度不均匀系数 δ 来表示，其定义为角速度的最大波动幅度 $(\omega_{max} - \omega_{min})$ 与平均角速度 ω_m 之比值，即

$$\delta = (\omega_{max} - \omega_{min}) / \omega_m \tag{5-6}$$

若 δ 和 ω_m 已知，则由式(5-5)和式(5-6)可得

$$\omega_{max} = \omega_m\left(1 + \frac{\delta}{2}\right) \tag{5-7}$$

$$\omega_{min} = \omega_m\left(1 - \frac{\delta}{2}\right) \tag{5-8}$$

由上式可知，δ 越小，主轴越接近匀速转动。各种不同机械的许用运转速度不均匀系数 δ 是根据它们的工作要求来确定的。例如，驱动发电机的活塞式内燃机，如果主轴的速度波动太大，势必影响输出电压的稳定性，所以这类机械的运转速度不均匀系数应当取小一些；反之，如冲床和破碎机等一类机械，速度波动稍大也不影响其工艺性能，这类机械的运转速度不均匀系

数便可取大一些。为了使所设计的机械系统在运转过程中速度波动在允许范围内，设计时应保证$\delta \leqslant [\delta]$。几种常用机械的运转速度不均匀系数的许用值$[\delta]$见表5-1。

表5-1 常用机械的运转速度不均匀系数的许用值[δ]

机械名称	[δ]	机械名称	[δ]
破碎机	0.10～0.20	汽车和拖拉机	0.016～0.05
冲床和剪床	0.05～0.15	金属切削机床	0.02～0.03
轧钢机	0.04～0.10	纺纱机	0.01～0.016
压缩机和水泵	0.03～0.05	直流发电机	0.005～0.01
减速器	0.015～0.020	交流发电机	0.002～0.003

5.2.2 飞轮转动惯量的计算

1. 转动惯量的计算

周期性速度波动的调节方法是在机械中加上一个转动惯量较大的回转件——飞轮。设飞轮的转动惯量为J_f，则机械系统动能的改变量为

$$\Delta E = \frac{1}{2}(J + J_f)(\omega^2 - \omega_0^2)$$

对应于一个周期中盈亏功的最大变化量ΔW_{max}，即最大盈亏功，机械动能也将有最大的变化，即

$$\Delta E_{max} = \Delta W_{max} = \frac{1}{2}(J + J_f)(\omega_{max}^2 - \omega_{min}^2) = (J + J_f)\omega_m^2 \delta \tag{5-9}$$

或

$$\delta = \frac{\Delta W_{max}}{(J + J_f)\omega_m^2} \tag{5-10}$$

上式说明，在其他条件不变的条件下，增大飞轮转动惯量J_f，速度不均匀系数δ将减小，机器运转就平稳。在一般机械中，其他构件所具有的动能与飞轮相比，其值甚小，因此，近似设计可以认为飞轮的动能就是整个机械的动能。由此得到安装在主轴上的飞轮转动惯量为

$$J_f = \frac{\Delta W_{max}}{\omega_m^2 \delta} \tag{5-11}$$

若将式(5-11)中的平均角速度ω_m用平均速度n（r/min）取代，则有

$$J_f = \frac{900 \Delta W_{max}}{\pi^2 n^2 \delta} \tag{5-12}$$

由式(5-11)和式(5-12)可知：

（1）当ΔW_{max}与n一定时，若δ很小，则略微减小δ的数值就会使飞轮转动惯量激增，因此，过分追求机构运转速度均匀将会使飞轮笨重，增加成本。

（2）当J_f与n一定时，ΔW_{max}与δ成正比，即最大盈亏功越大，机械运转速度越不均匀；反之，即机械运转越不均匀，ΔW_{max}就越大。

（3）当ΔW_{max}与δ一定时，J_f与ω_m平方成反比，即主轴的平均转速越高，所需安装在主轴上的飞轮转动惯量就越小。

飞轮也可以安装在与主轴保持固定速比的其他轴上，但必须保证该轴上安装的飞轮与主轴上安装的飞轮具有相等的功能，即

$$J' = J\left(\frac{\omega_m}{\omega'_m}\right)^2 \tag{5-13}$$

式中，ω'_m 为任选飞轮的平均角速度，J' 为安装在该轴上的飞轮转动惯量。由式(5-13)可知，欲减小飞轮转动惯量，可以选取高于主轴转速的轴安装飞轮。通常，主轴具有良好的刚性，所以多数机器的飞轮仍安装在主轴上。

由于飞轮能利用储蓄的动能克服短时过载，故在确定原动机额定功率时只需考虑它的平均功率，而不必考虑高峰负荷所需的瞬时最大功率，避免大马拉小车而引起的多余能耗，以达到降低投资的目的。由此可知，安装飞轮不仅可避免机械运转速度发生过大的波动，而且可以选择功率较小的原动机。

2．最大盈亏功ΔW_{max}的确定

当应用式(5-11)或式(5-12)求飞轮转动惯量时，n、ω_m 和 δ 为已知，因此关键在于确定最大盈亏功 ΔW_{max}。

图 5-4(a)所示的是某机械稳定运转一个周期中，作用在主轴上的驱动力矩 M_d 和阻抗力矩 M_r 随主轴转角 φ 的变化曲线。$M_d(\varphi)$ 曲线与横坐标所包围的面积表示驱动力矩所做的功，$M_r(\varphi)$ 曲线与横坐标所包围的面积表示阻抗力矩所做的功。求出两条曲线各交点处的动能变化量 ΔE（即盈亏功 ΔW），分别用 A_{ab}、A_{bc}、A_{cd}、A_{de}、$A_{ea'}$ 表示，那么，最大盈亏功可以用能量指示图法求出。如图5-4(b)所示，从点 a 出发，顺次作向量 $\boldsymbol{ab}$、$\boldsymbol{bc}$、$\boldsymbol{cd}$、$\boldsymbol{de}$、$\boldsymbol{ea'}$ 表示盈亏功 A_{ab}、A_{bc}、A_{cd}、A_{de}、$A_{ea'}$。由于机械经历一个周期回到初始状态，其动能增减为零，所以该向量图的首尾应当封闭。由图5-4(b)可知，点 c 具有最大动能，点 b 具有最小动能，c、b 两个位置动能之差 A_{bc} 即为最大盈亏功 ΔW_{max}。

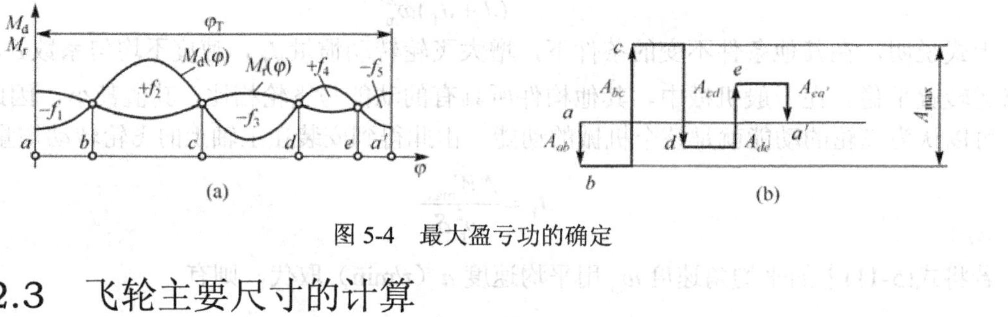

图 5-4　最大盈亏功的确定

5.2.3　飞轮主要尺寸的计算

飞轮按构造大体可分为轮形（如图5-5所示）和盘形（如图5-6所示）两种。

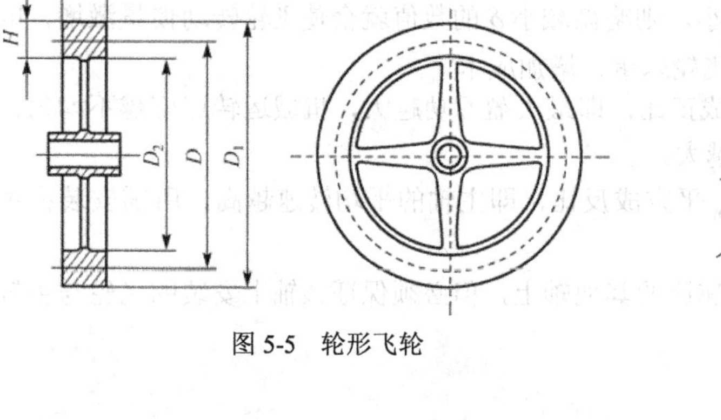

图 5-5　轮形飞轮

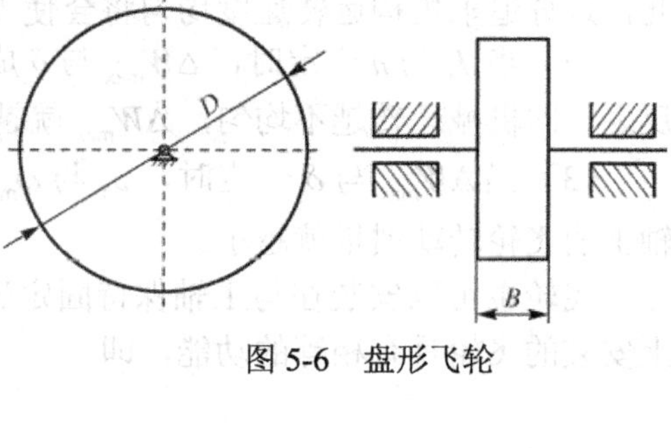

图 5-6　盘形飞轮

对于轮形飞轮，设轮缘的质量为 m ，则

$$J_f = \frac{m}{2}\left(\frac{D_1^2 + D_2^2}{4}\right) = \frac{m}{8}(D_1^2 + D_2^2) \tag{5-14}$$

当轮缘厚度 H 不大时，有

$$J_f \approx \frac{mD^2}{4} \tag{5-15}$$

式中，mD^2 称为飞轮矩，其单位为 $\mathrm{kg \cdot m^2}$ 。

选择轮缘的平均直径 D 后，即可求出飞轮的质量 m 。

又若设轮缘宽度为 B ，材料密度为 ρ（$\mathrm{kg/m^2}$），则 $m = \pi\rho DBH$ ，选择了飞轮的材料与 H/B 后，即可确定 B 和 H 的值。

对于盘形飞轮，当飞轮的转动惯量不大时采用。设其质量为 m ，则

$$J_f = \frac{m}{2}\left(\frac{D}{2}\right)^2 = \frac{mD^2}{8} \tag{5-16}$$

选定飞轮直径 D 后，即可求出飞轮的质量 m 。又因 $m = \pi\rho BD^2/4$，选定飞轮材料，即可求出飞轮宽度 B 。

应当说明，飞轮不一定是外加的专门构件。实际机械中往往用增大带轮（或齿轮）的尺寸和质量的方法，使它们兼起飞轮的作用。这种带轮（或齿轮）也就是机器中的飞轮。

5.3 刚性回转件的平衡

在机械中绕固定轴转动的构件，常称为转子。对于刚性较好，且工作转速低于一阶临界转速的转子，其所产生的弹性变形甚小，可以忽略不计，故称为刚性转子；而对于刚性较差，且工作转速高于一阶临界转速的转子，由于其弹性变形的挠度较大，不能忽略，故称为挠性转子，如航空发动机、汽轮机、发电机等大型高速转子。挠性转子的平衡问题比较复杂，必须考虑变形对平衡的影响。关于挠性转子的平衡问题，请参阅转子动力学等有关文献。

机械中的转子，由于结构上的不对称、材质的不均匀及制造和装配中的偏差，都会导致其质量中心和回转轴线的不重合，使转子在回转时产生离心惯性力。若转子以 ω 等速回转，设其偏心质量为 m，偏心距矢径为 $\boldsymbol{r}$，则该偏心质量所产生的离心惯性力为

$$\boldsymbol{F} = m\omega^2\boldsymbol{r} \tag{5-17}$$

这种离心惯性力会在运动副中产生附加的动载荷，增大运动副中的摩擦，降低机械效率及使用寿命。尤其需要指出的是，这种离心惯性力的方向是变化的，当其变化频率接近该机械系统的固有频率时，将会引起共振，甚至产生严重后果。除了某些需要利用振动来进行工作的机器（如打夯机、按摩机、振实机等）之外，一般都必须将这类离心惯性力予以平衡，以消除或减少它所引起的不良后果。

对于刚性转子的平衡，首先在设计阶段就需要根据转子的结构及质量分布的实际情况进行平衡计算，使转子在运转时其惯性力的矢量和在理论上等于零，即达到平衡。至于因材质不均匀和制造、装配偏差等原因而引起的不平衡，只能采用试验的方法加以平衡。

5.3.1 静平衡计算

对于轴向尺寸较小的盘状转子，其宽径比（宽度与直径之比）$B/D<0.2$的转子（如齿轮、带轮、飞轮、盘形凸轮及螺旋桨等），其质量可近似地看做是分布在与其轴线垂直的同一平面内。正因为如此，各个偏心质量所产生的离心惯性力是同一平面上的汇交力系，不会形成力偶矩。故这类转子只要平衡其惯性力就可以。我们把这类惯性力的平衡称为静平衡。

如果某一刚性转子具有偏心质量m_1、m_2、m_3（如图5-7所示），它们的偏心距矢径分别为$\boldsymbol{r}_1$、$\boldsymbol{r}_2$、$\boldsymbol{r}_3$，则当该转子以角速度ω等速回转时，各偏心质量所产生的离心惯性力将分别为

$$\boldsymbol{F}_1=m_1\omega^2\boldsymbol{r}_1,\ \boldsymbol{F}_2=m_2\omega^2\boldsymbol{r}_2,\ \boldsymbol{F}_3=m_3\omega^2\boldsymbol{r}_3$$

如上所述，$\boldsymbol{F}_1$、$\boldsymbol{F}_2$、$\boldsymbol{F}_3$为平面汇交力系。为了平衡这一平面汇交力系，可在该转子回转平面的适当位置，加上一个平衡质量m_b，其矢径为r_b，使其所产生的离心惯性力$\boldsymbol{F}_b$与$\boldsymbol{F}_1$、$\boldsymbol{F}_2$、$\boldsymbol{F}_3$相平衡，即

$$\boldsymbol{F}_b+\boldsymbol{F}_1+\boldsymbol{F}_2+\boldsymbol{F}_3=0$$

也即

$$m_b\omega^2\boldsymbol{r}_b+m_1\omega^2\boldsymbol{r}_1+m_2\omega^2\boldsymbol{r}_2+m_3\omega^2\boldsymbol{r}_3=0$$

故

$$m_b\boldsymbol{r}_b+m_1\boldsymbol{r}_1+m_2\boldsymbol{r}_2+m_3\boldsymbol{r}_3=0$$

式中，各项$m_i\boldsymbol{r}_i$称为质径积。上式写成一般形式为

$$m_b\boldsymbol{r}_b+\Sigma m_i\boldsymbol{r}_i=0 \tag{5-18}$$

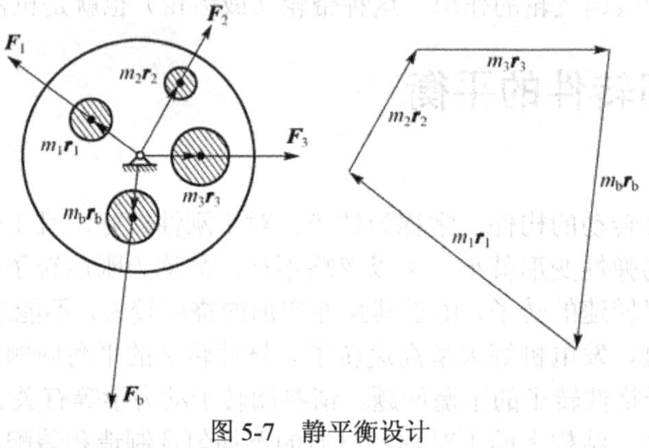

图5-7 静平衡设计

为了使转子得到平衡，也可以在平衡质径积（$m_b\boldsymbol{r}_b$）的反方向上$\boldsymbol{r}_b$处去除相应的质量m_b'，而只要保证$m_b'\boldsymbol{r}_b+m_b\boldsymbol{r}_b=0$即可。

由以上分析可知，一个静不平衡转子无论含有多少个偏心质量，均可在一个平面内的适当位置，用增加（或去除）一个平衡质量的办法予以平衡，故静平衡又可称为单面平衡。

5.3.2 静平衡试验

转子经过上述平衡计算，并在适当位置安装了所需的平衡质量后，只是从理论上解决了静平衡问题。实际上，由于材质的不均匀及制造和安装偏差等原因所产生的不平衡问题，是无法在设计阶段用计算的方法来加以估计和消除的。它只能借助于试验设备，经过静平衡试验来加以消除。即利用静平衡架（如图5.8所示）找出回转件不平衡质径积的大小和方向，并由此确定平衡质量的大小和位置，从而使其质心移到回转轴线上以达到静平衡。静平衡架有导轨式静平衡架和圆盘式静平衡架，如图5-8所示。

实验时将被平衡件架在实验架的刃口上，任其自由滚动，当构件停止滚动时，若无摩擦，则构件重心应在铅垂线上。但是由于有滚动摩擦存在，所以构件重心要偏离铅垂线。为了测定重心，可将构件向一方向稍微偏转，待其静止时通过轴心画一条铅垂线 *m*–*m*；然后再将构件向另一方向稍微转动，待其静止后再画一条铅垂线 *n*–*n*，此时构件重心 *S* 应在 *m*–*m* 与 *n*–*n* 两线夹角的角平分线上，如图 5-9 所示。此后，在重心相反方向加一个平衡重量，再按上述方法重做实验，直到构件达到在任何位置均可静止不动为止。这时，所加平衡重量和其矢径的乘积，即为平衡该构件所需的质径积。根据所测得的质径积，安装平衡质量，便可使构件平衡。

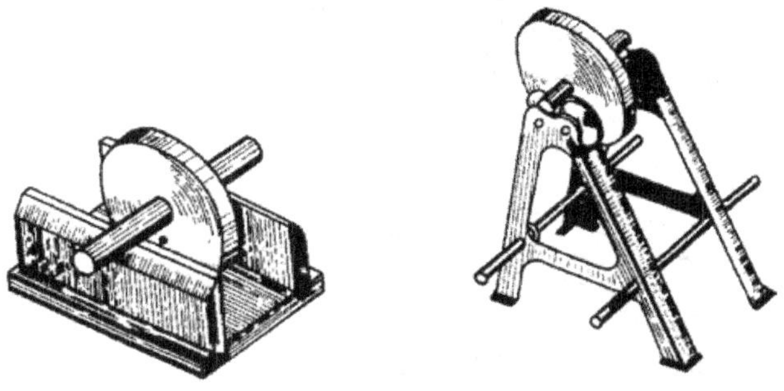

(a) 导轨式　　(b) 圆盘式

图 5-8　静平衡架

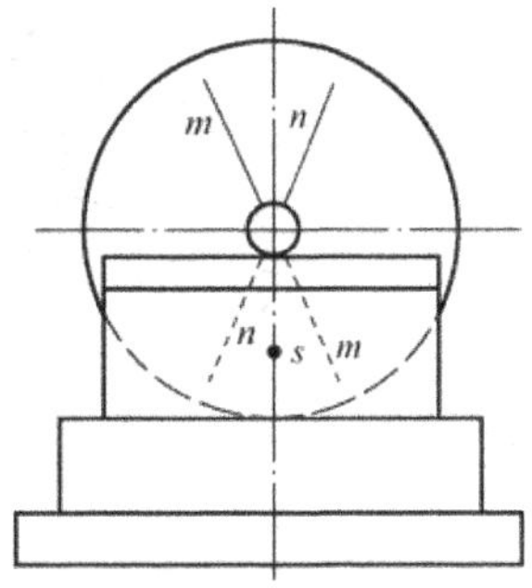

图 5-9　平衡质量方位的确定

5.3.3　动平衡计算

对于轴向尺寸较大的转子，其宽径比 $B/D>0.2$，其偏心质量很可能分布在几个不同的回转平面上。如多缸发动机的曲柄、电动机转子、机床主轴等，双凸轮轴转子即为一例，如图5-10所示。在这种情况下，即使转子的质心 *C* 位于回转轴线上，满足静平衡条件，但在转子回转时，由于各偏心质量（m_1，m_2）所产生的离心惯性力（$\boldsymbol{F}_1$, $\boldsymbol{F}_2$）在不同的回转平面内，将形成惯性力偶矩，因此仍然会在支承中引起附加的动载荷和机械振动。显然，这类转子的平衡条件是：平衡质量和各偏心质量所产生的离心惯性力的矢量和以及这些惯性力所构成的惯性力偶矩的矢量和都等于零，即

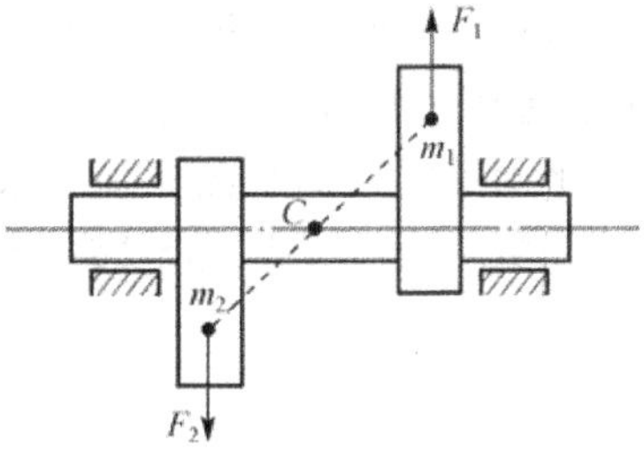

图 5-10　双凸轮轴转子的不平衡状况

$$\begin{cases}\boldsymbol{F}_\text{b}+\Sigma\boldsymbol{F}_i=0\\ \boldsymbol{M}_\text{b}+\Sigma\boldsymbol{M}_i=0\end{cases}\tag{5-19}$$

这类平衡称为动平衡。

设一个转子的偏心质量 m_1、m_2、m_3 分别位于三个平行的回转平面 1、2、3 内，它们的偏心距矢径分别为 $\boldsymbol{r}_1$、$\boldsymbol{r}_2$、$\boldsymbol{r}_3$，如图5-11(a)所示。

当此转子以角速度 ω 等速回转时，这些偏心质量所产生的离心惯性力 F_1、F_2、F_3 组成了一个空间力系。为了使该空间力系及其由各力所构成的惯性力偶矩得以平衡，可以根据转子的实际结构，选定两个平衡基面 T' 和 T''，再把上述三个偏心质量分解到这两个平衡基面上去，得到 m_1'、m_2'、m_3'（在平衡基面 T' 上）和 m_1''，m_2''，m_3''（在平衡基面 T'' 上）。

它们的大小分别为

$$m_1'=m_1\frac{l_1''}{l},\quad m_2'=m_2\frac{l_2''}{l},\quad m_3'=m_3\frac{l_3''}{l}\qquad 即\ m_i'=\frac{l_i''}{l}\cdot m_i\ （i=1，2，3）$$

$$m_1''=m_1\frac{l_1'}{l},\quad m_2''=m_2\frac{l_2'}{l},\quad m_3''=m_3\frac{l_3'}{l}\qquad 即\ m_i''=\frac{l_i'}{l}\cdot m_i\ （i=1，2，3）$$

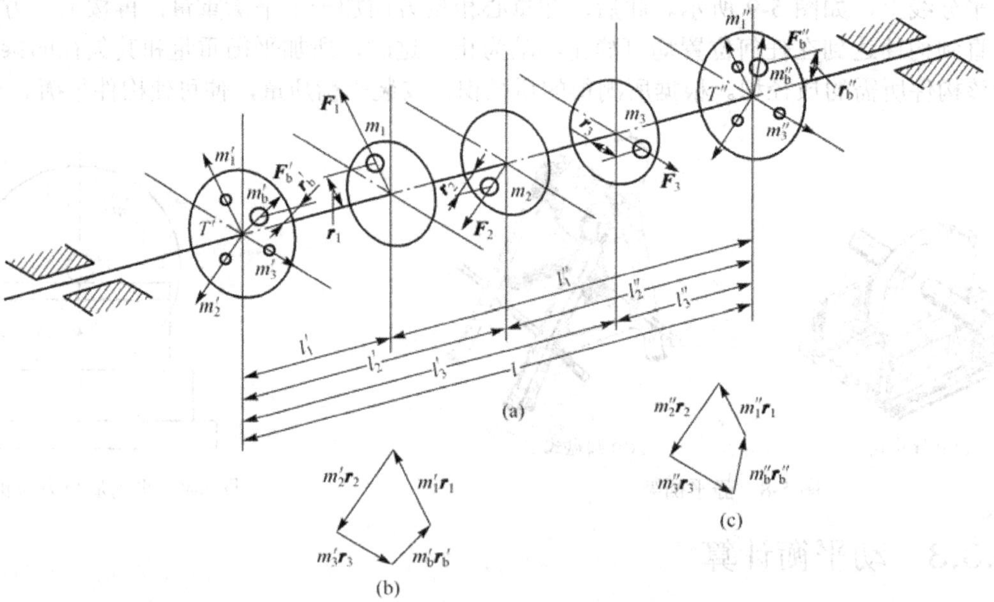

图 5-11 动平衡设计

上述各偏心质量所产生的各离心惯性力分别为 $\boldsymbol{F}_i'=m_i'\omega^2\boldsymbol{r}_i$（在平衡基面 T' 上）和 $\boldsymbol{F}_i''=m_i''\omega^2\boldsymbol{r}_i$（在平衡基面 T'' 上）。它们的方位保持不变[如图5-11(a)所示]。这样，就把一个空间力系转化为两个平衡基面上的平面汇交力系。至于两个平衡基面上诸力的平衡问题则与前述静平衡的计算方法完全相同。根据式(5-18)，就两个平衡基面 T'、T'' 而言，其平衡条件是

$$\begin{cases}m_b'\boldsymbol{r}_b'+m_1'\boldsymbol{r}_1+m_2'\boldsymbol{r}_2+m_3'\boldsymbol{r}_3=0\\ m_b''\boldsymbol{r}_b''+m_1''\boldsymbol{r}_1+m_2''\boldsymbol{r}_2+m_3''\boldsymbol{r}_3=0\end{cases}\tag{5-20}$$

作质径积矢量封闭图，如图5-11(b)和(c)所示，即可求得 $m_b'\boldsymbol{r}_b'$ 和 $m_b''\boldsymbol{r}_b''$。这样，惯性力分别在 T' 和 T'' 两个平衡面中得到平衡，同时惯性力也得到平衡。为了求得平衡质量 m_b' 的大小和质量，选定平衡质量的偏心距 $\boldsymbol{r}_b'$ 的大小，然后在平衡基面 T' 上即可确定 m_b'。同理可求得 m_b''。

由以上分析可知，不论转子在几个回转平面内，有多少个偏心质量，均可以通过在选定的两个平衡基面上，分别加上（或去除）适当的平衡质量的办法，使该转子达到平衡。故动平衡又称为双面平衡。

5.3.4 动平衡试验

与静平衡问题一样，以上是在设计阶段解决由于结构上的原因所产生的动不平衡问题。由于材质的不均匀及制造和安装偏差所引起的动不平衡问题，还必须经过动平衡试验才能得到解决。

由动平衡原理可知，轴向尺寸较大的回转件，必须分别在任意两个回转平面内各加一个适当的质量，才能使回转件达到平衡。令回转件在动平衡试验机上运转，然后在两个选定的平面内分别找出所需平衡质径积的大小和方位，从而使回转件达到动平衡的方法称为动平衡试验法。

转子的动平衡试验一般需要在专用的动平衡机上进行。动平衡机有各种不同的形式，其构造及工作原理也不尽相同，但其作用都是用来确定需要加于两个平衡基面上的平衡质量的大小及方位。

图5-2所示的是一种机械式动平衡机的工作原理图。待平衡的回转件 1 安装在摆架 2 的两个轴承 B 上。摆架的一端用水平轴线的回转副 O 与机架 3 相连接；另一端用弹簧 4 与机架 3 相连。调整弹簧使回转件的轴线处于水平位置。当摆架绕 O 轴摆动时，其振幅大小可由指针 5 读出。

如前所述，任何动不平衡的回转件，其不平衡质径积可由任选的平衡基面 T' 和 T'' 中的两个质径积 $m'\boldsymbol{r}'$ 和 $m''\boldsymbol{r}''$ 来代替。如图5-12所示，在进行动平衡时，调整回转件的轴向位置，使校正平面 T'' 通过摆动轴线 O。这样，当待平衡回转件转动时，T'' 面内 $m''\boldsymbol{r}''$ 所产生的离心力将不会影响摆架的摆动。也就是说，摆架的振动完全是由 T' 面上质径积 $m'\boldsymbol{r}'$ 所产生的离心力造成的。

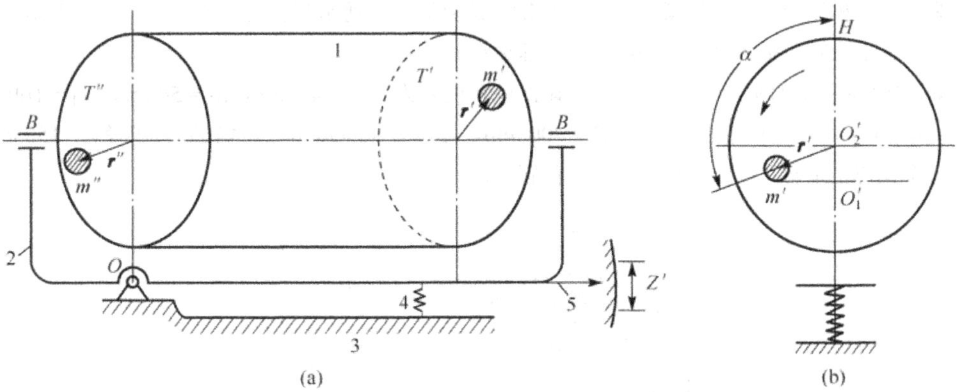

图 5-12　动平衡机原理

1—回转件；2—摆架；3—机架；4—弹簧；5—指针

根据强迫振动理论，摆架振动的振幅 Z' 与 T' 面上的不平衡质径积 $m'\boldsymbol{r}'$ 成正比，即

$$Z' = \mu m'\boldsymbol{r}' \tag{5-21}$$

式中，μ 为比例常数。

μ 的数值可用下述方法求得：取一个类似的、经过动平衡校正的标准转子，在其 T'面上加一个已知质径积 $m_0'\boldsymbol{r}_0'$，并测出其振幅 Z_0'，将已知值 $m_0'\boldsymbol{r}_0'$ 和 Z'_0 代入式(5-21)，即可求出比例常数μ。当比例常数μ 已知，读出 Z'之后，便可由式(5-21)算出 $m'\boldsymbol{r}'$ 的大小。

$m'\boldsymbol{r}'$ 的方向按图5-12(b)来确定。该图为校正面 T' 的右视图。O_1'、O_2' 分别为待平衡回转件轴心在振动时到达的最低和最高位置。当摆架摆到最高位置时，不平衡质量 m 并不在正上方，而是处在沿回转方向超前α 角的位置。

α 称为强迫振动相位差，可由图5-13所示的方法测定。先将待平衡回转件正向转动，用一根划针从正上方逐渐接近试件外缘，至针尖刚刚触及试件为止。这样一来，针尖在外缘上画出一段短弧线，弧线中点 H_1 即为最高偏离点。以同样速度将试件反转，用划针记下反转时的最高偏离点 H_2。因为两个方向的相位差α_1 和α_2 应相等，故连接 H_1 和 H_2 并作其中垂线，矢径 OA 即表示不平衡质径积 $m'\boldsymbol{r}'$ 的方位。将待平衡回转件调头安放，令 T' 面通过摆架的转动轴线 O，重复前述步骤，即可求出 T'' 面内不平衡质径积 $m''\boldsymbol{r}''$ 的大小和方位。

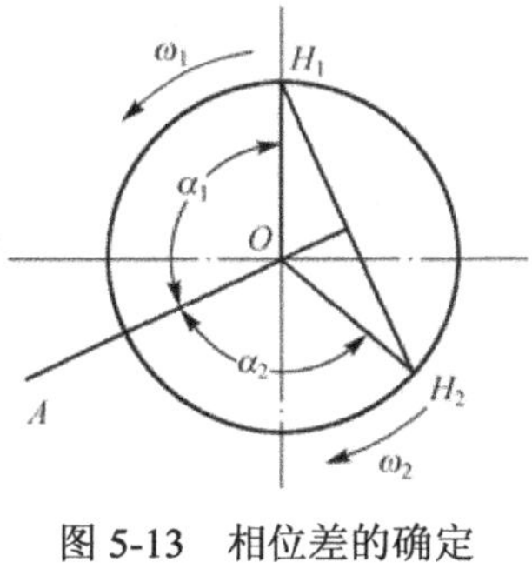

图 5-13　相位差的确定

习题与思考题

5-1 机械平衡的目的是什么？

5-2 在什么条件下需要进行转动构件的静平衡？使转动构件达到静平衡的条件是什么？

5-3 在什么条件下必须进行转动构件的动平衡？使转动构件达到动平衡的条件是什么？

5-4 在进行动平衡时，为什么要在转动构件上任选两个平衡面？这两个面是否一定平行？

5-5 机械为什么会产生速度波动？它有何危害？

5-6 什么是“周期性速度波动”和“非周期性速度波动”？各用什么方法进行调节？

5-7 为什么在机械中安装飞轮就可以调节周期性速度波动？通常都将飞轮安装在高速轴上是什么原因？机器装上飞轮后是否可以达到绝对的匀速运动？

5-8 如题图5-8所示的圆盘上有两个孔，其直径和位置为：$d_1 = 40$ mm，$d_2 = 50$ mm，$r_1 = 100$ mm，$r_2 = 140$ mm，$\alpha = 120°$；圆盘直径 $D = 400$ mm，厚度 $L = 20$ mm。今欲在回转半径 $r = 150$ mm 处再钻一个孔使之平衡，试求该孔的直径及位置角。

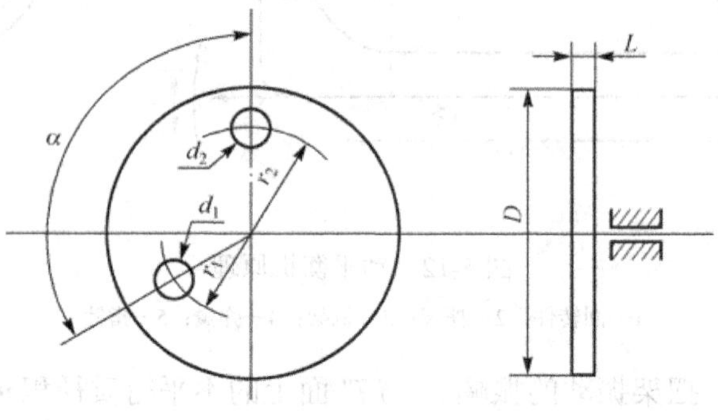

题图 5-8

5-9 如题图5-9所示的刚性转子中，各偏心质量分别为 $m_1 = 10$ kg，$m_2 = 15$ kg，$m_3 = 20$ kg，$m_4 = 10$ kg，它们的质心矢径大小分别为 $r_1 = 400$ mm，$r_3 = 200$ mm，$r_2 = r_4 = 300$ mm，各偏心质量所在的回转平面之间的距离为 $l_{12} = l_{23} = l_{34} = 200$ mm，各偏心质量的方位夹角如图所示。现要求 m_1 及 m_4 所在的回转平面 T'、T'' 作为平衡面，设配置的平衡质量分别为 m_b'、m_b''，若平衡质量的质心至回转轴线的距离 $r_b' = r_b'' = 400$ mm，试求平衡质量 m_b'，m_b'' 的大小及方位。

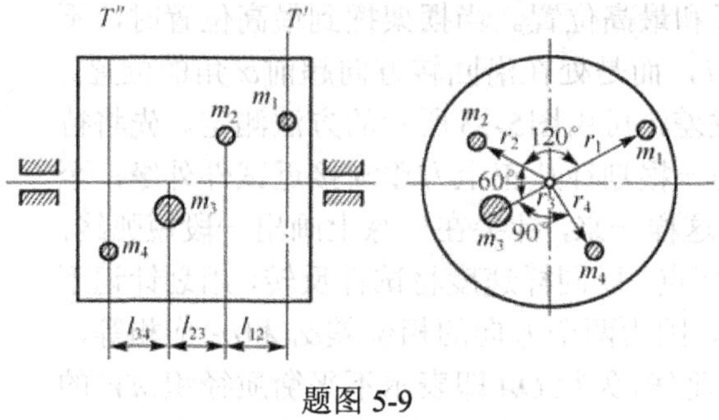

题图 5-9

第6章 带传动与链传动

带传动和链传动都是利用中间挠性件（带或链）将主动轴的运动和动力传给从动轴，它们适用于两轴中心距较大的传动，此两种传动与其他机械传动相比，可以减少零件数量，简化传动装置，降低机器成本，因而得到广泛的应用。

6.1 带传动的类型与应用

6.1.1 带传动的类型与应用

带传动是近代机械中应用广泛的一种传动形式。它具有结构简单、传动平稳、价格低廉和缓冲吸振等特点，故经常被应用于拖拉机、打谷机、缝纫机、录音机、输送机等机器中。

带传动是一种挠性传动。由主动带轮 1、从动带轮 2 和传动带 3 组成，如图6-1所示。当主动带轮转动时，利用带轮和传动带间的摩擦或啮合作用，将运动和动力通过传动带传递给从动带轮。

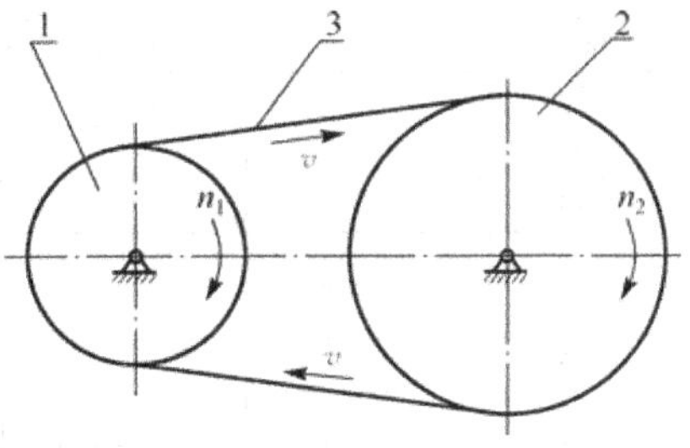

图 6-1 带传动结构图

（1）按照传动带的外形不同，可分为平带、V 带、圆带、多楔带、同步齿形带，如图 6-2 所示。

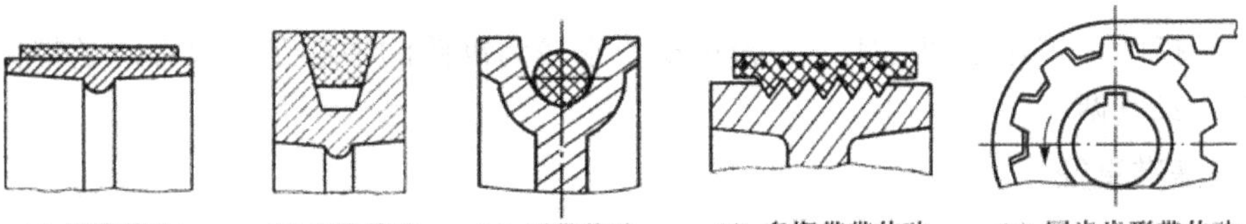
(a) 平带传动 (b) V带传动 (c) 圆带传动 (d) 多楔带带传动 (e) 同步齿形带传动

图 6-2 带传动的类型

（2）按照工作原理不同，可分为摩擦型带传动和啮合型带传动。平带传动、V 带传动、圆带传动、多楔带传动属于摩擦型带传动；同步齿形带传动属于啮合型传动。

6.1.2 带传动的几何参数

1．带的基准长度

V 带的名义长度称为基准长度。基准长度是按照一定的方式测量得到的。当 V 带垂直于其顶面弯曲时，从剖面上看，顶胶变窄，底胶变宽，而在顶胶和底胶之间的某处宽度不变，这个位置测量出的宽度成为节宽 b_p 。把 V 带套在规定尺寸的测量轮上，再施加规定的张紧力，此时沿 V 带的节宽巡行一周测得的长度即为基准长度 L_d 。

基准长度已标准化，见表 6-1。

表 6-1 V 带的基准长度系列及长度系数 K_L

基准长度 L_d /mm	带长修正系数 K_L						
	Y Z A			B C		D	E
400	0.960	0.870					
450	1.000	0.890					
500	1.020	0.910					
560		0.940					
630		0.960	0.810				
710		0.990	0.830				
800		1.000	0.850				
900		1.030 0.	870 0.	820			
1000		1.060 0.	890 0.	840			
1120		1.080 0.	910 0.	860			
1250		1.110 0.	930 0.	880			
1400		1.140 0.	960 0.	900			
1600		1.160 0.	990 0.	920 0.	830		
1800		1.180 1.	010 0.	950 0.	860		
2000			1.030 0.	980 0.	880		
2240			1.061 1.	000 0.	910		
2500			1.091 1.	030 0.	930		
2800			1.111 1.	050 0.	950 0.	830	
3150			1.131 1.	070 0.	970 0.	860	
3550			1.171 1.	090 0.	990 0.	890	
4000			1.191 1.	131 1.	020 0.	910	
4500				1.151 1.	040 0.	930 0.	900
5000				1.181 1.	070 0.	960 0.	920

2．中心距

中心距是指两个带轮之间的距离。带传动要求较为准确的中心距，中心距是带传动设计计算中的一个重要数据。

3．带轮基准直径

与 V 带节宽 b_p 相对应的带轮直径称为带轮基准直径，用 d_d 表示。基准直径已系列化，其值见表 6-2。实际设计中，应优先采用系列中有的值。

表 6-2 带轮基准直径系列

基准直径 d_d	20 22 .4 25 28 31.5 35.5 40 45 50 63 71 80（85）90 （95）100（106）112 （118）12 5（132） 140 150 160 （170）180 200 （212）224 236 25 0（265）280 315 355 （375）400 4 25 450（475） 500 （530）560 630 710 800 900 1000 1120 1250 1400 1500 1600 1800 2000 （2500）

注：括号内数值尽量少用。

4．带轮包角

带轮包角是指传动带绕在带轮上，实际接触的两个端点之间所夹的角度。大包角是可靠传动摩擦力的保证，一般应使 $\alpha_1 \geqslant 120°$。

6.2　带传动的受力分析

6.2.1　带传动的受力分析

带传动装置在其开始工作以前，就需要被施加一定的初拉力，使传动带张紧在带轮上，保证带与带轮之间存在可靠的摩擦力。此时，带的受力情况如图6-3所示。

当带传动装置开始工作时，因带和带轮间的静摩擦力作用使带一边被拉紧，一边被放松。带的受力情况如图6-4所示，以 F_1 表示紧边拉力，F_2 表示松边拉力，则有

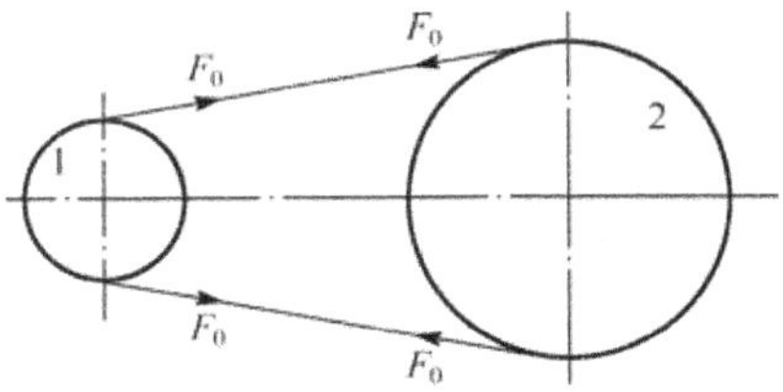

图 6-3　仅承受预紧力的受力情况

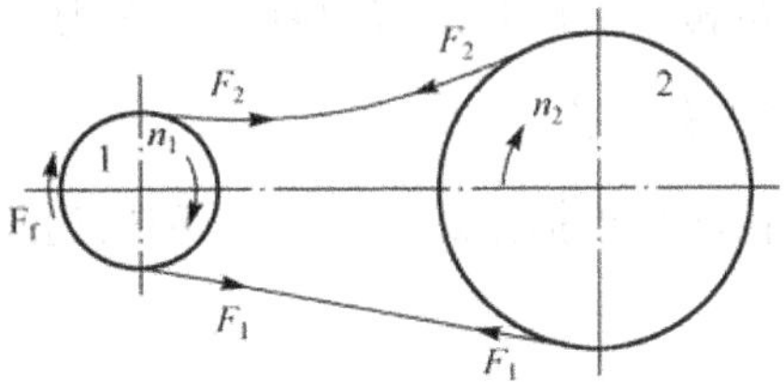

图 6-4　承受工作载荷的受力情况

$$F_1 - F_0 = F_0 - F_2 \quad (6\text{-}1)$$

即

$$F_1 + F_2 = 2F_0 \quad (6\text{-}2)$$

注意，此时可近似认为带的总长度保持不变，并且假设带为线弹性体。

如果把传动带分离来看，以带轮中心建立力矩平衡方程，则有

$$F_{\mathrm{f}} = F_1 - F_2 \quad (6\text{-}3)$$

式中，F_{f} 为传动带工作面上的总摩擦力的大小。

由于带的工作原理是靠其表面摩擦力提供的传动动力，所以带传动的有效拉力 F_{e} 等于传动带工作表面上的总摩擦力 F_{f}，即

$$F_{\mathrm{e}} = F_{\mathrm{f}} = F_1 - F_2 \quad (6\text{-}4)$$

那么，带传动所传递的功率 P 为

$$P = \frac{F_{\mathrm{e}} v}{1000} \quad (6\text{-}5)$$

式中，P 的单位为 kW；有效拉力 F_{e} 的单位为 N；传动带速度 v 的单位为 m/s。

联立式(6-2)、式(6-3)可得

$$F_1 = F_0 + \frac{F_{\mathrm{e}}}{2} \quad (6\text{-}6)$$

$$F_2 = F_0 - \frac{F_{\mathrm{e}}}{2} \quad (6\text{-}7)$$

6.2.2 欧拉公式

当传动带和带轮间有全面滑动趋势时，摩擦力达到最大值，即有效圆周力达到最大值。此时，若忽略带所受离心力，则紧边拉力和松边拉力之间的关系可用欧拉公式表示，即

$$\frac{F_1}{F_2} = e^{\mu\alpha} \quad (6\text{-}8)$$

式中，μ 为带与带轮之间的摩擦系数；α 为小带轮包角。

为避免带传动出现打滑现象，应适当地控制张紧力和维持一定大小的包角，但是若保证一定大小的包角，又会限制带传动的最小中心距和最大传动比。

6.3 传动带的应力分析及实例

带传动工作时，带中有 3 种应力。

1．拉应力

拉应力包括紧边拉应力 σ_1 和松边拉应力 σ_2，即

$$\sigma_1 = \frac{F_1}{A} \quad (6\text{-}9)$$

$$\sigma_2 = \frac{F_2}{A} \quad (6\text{-}10)$$

2．弯曲应力

带绕在带轮上，在带中会产生弯曲应力，其大小与弯曲程度成反比，故带绕在大带轮上的弯曲应力 σ_{b2} 小于带绕在小带轮上的弯曲应力 σ_{b1}。其计算公式分别为

$$\sigma_{b1} \approx E\frac{h}{d_{d1}} \quad (6\text{-}1 \quad 1)$$

$$\sigma_{b2} \approx E\frac{h}{d_{d2}} \quad (6\text{-}12)$$

3．离心拉应力

当带随着带轮做圆周运动时，必须在带中施加一定的力，以迫使带做圆周运动，这个力习惯上称为离心拉力。离心拉力存在于带的全长范围内。

因离心拉力而产生的离心拉应力 σ_c 为

$$\sigma_c = \frac{qv^2}{A} \quad (6\text{-}13)$$

式中，q 为传动带单位长度的质量，单位为 kg/m；v 为带的线速度，单位为 m/s。

表 6-3　V 带单位长度的质量

带型	YZA			B	C	DE	
q/(kg/m)	0.02 0.	06 0.	10	0.18 0.	30 0.	61 0.	92

图 6-5 表示带工作时的应力分布情况。其中，带的瞬时最大应力发生在带的紧边刚刚开始绕上小带轮处，此处的最大应力可近似的表示为

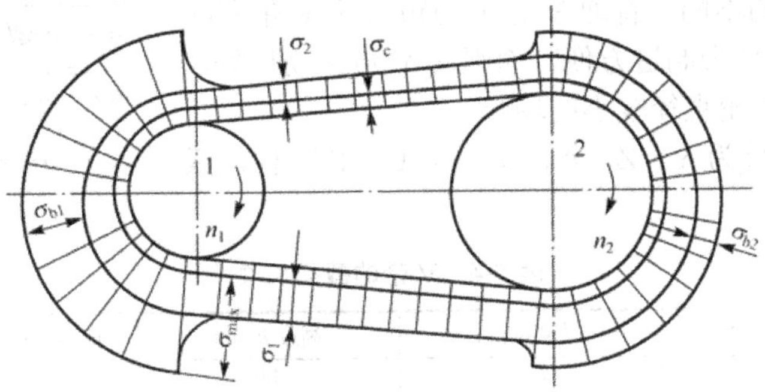

图 6-5　带工作时的应力分布情况

$$\sigma_{max} \approx \sigma_1 + \sigma_{b1} + \sigma_c \quad (6\text{-}14)$$

由图 6-5 可知，带在运动过程中，带上任意一点的应力都要发生变化。带每巡行一周，应力变化就经历了一个周期。当带工作一定的时间之后，就会因为疲劳而发生断裂或产生过大的塑性变形。

6.4　带传动的弹性滑动与传动比

传动带在受到拉力作用时会发生弹性变形。在小带轮上，带的拉力从紧边拉力 F_1 逐渐降低到松边拉力 F_2，带的弹性变形量逐渐减小，因此带相对于小带轮向后退缩，使得带的速度落后于小带轮的线速度 v_1，而在大带轮上情况则刚好相反。这种由于带的弹性变形而引起的带与带轮间的微量滑动，称为带的弹性滑动。由于带传动中总会有紧边和松边，所以弹性滑动是不可避免的，也是带传动装置中允许出现的现象。

由于弹性滑动的存在，势必造成带传动的瞬时传动比不是一个恒定的值。通常我们所说的带的传动比是指其平均传动比。

如果带传动的功率超过其承载能力，就会使带与带轮之间发生显著的相对滑动，称为打滑。带传动发生打滑是带传动失效的一种形式，是在带传动过程中应极力避免出现的现象。

但是，当带传动所传递的功率突然增大而超过设计功率时，打滑可以起到过载保护的积极作用。

6.5　普通 V 带传动的设计计算与实例分析

6.5.1　V 带的结构、型号与规格

V 带的横截面积呈等腰梯形，根据 V 带截面的宽度和高度比例不同，V 带有普通 V 带和窄 V 带。当宽度相同时，窄 V 带的高度约比普通 V 带的高度增加 1/3，看上去比普通 V 带窄，故而得名。此外还有联组 V 带、齿形 V 带、宽 V 带等多种类型。

标准普通 V 带是用多种材料制成的无接头环形带。其具体结构如图 6-6 所示，由顶胶、抗拉体、底胶和包布组成。

根据抗拉体结构的不同，普通 V 带分为帘布芯 V 带和绳芯 V 带两种。帘布芯 V 带制造方便，而绳芯 V 带柔韧性好，主要用于载荷不大和带轮直径较小的场合。

普通 V 带的带型分为 Y、Z、A、B、C、D、E 7 种，截面尺寸见表 6-4。

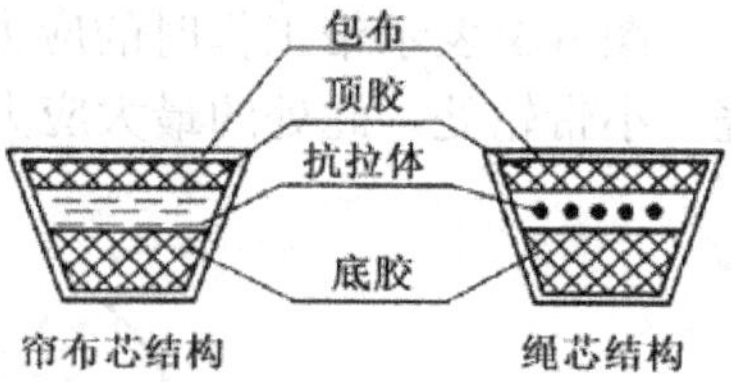

图 6-6 V 带的结构

表 6-4 V 带的截面尺寸

带型	节宽 b_p /mm	顶宽 b/mm	高度 h/mm	横截面积 A / mm^2	楔角 φ /(°)
Y 5.	3	6.0	4.0	18	
Z 8.	5	10.0	6.0	47	
A 11.	0	13.0	8.0	81	
B 14.	0	17.0	11.0	143	40
C 19.	0	22.0	14.0	237	
D 27.	0	32.0	19.0	476	
E 32.	0	38.0	25.0	722	

6.5.2 单根普通 V 带的许用功率

单根 V 带所能传递的最大功率 P_0 称为许用功率，它是通过试验得到的。试验条件为：包角 $\alpha = 180°$、特定带长、平稳的工作条件。具体数据参见表 6-5。

表 6-5 单根普通 V 带的许用功率 P_0 单位：kW

带型	小带轮的基准直径 d_{d1} /mm	小带轮转速 n_1 / (r/min)									
		400 700 800 950				1200	1450	1600	2000	2400	2800
Z	50	0.06 0.	09 0.	10 0.	12 0.	14	0.16 0.	17 0.	20 0.	22	0.26
	56	0.06 0.	11 0.	12 0.	14 0.	17	0.19 0.	20 0.	25 0.	30	0.33
	63	0.08 0.	13 0.	15 0.	18 0.	22	0.25 0.	27 0.	32 0.	37	0.41
	71	0.09 0.	17 0.	20 0.	23 0.	27	0.30 0.	33 0.	39 0.	46	0.50
	80	0.14 0.	20 0.	22 0.	26 0.	30	0.35 0.	39 0.	44 0.	50	0.56
	90	0.14 0.	22 0.	24 0.	28 0.	33	0.36 0.	40 0.	48 0.	54	0.60
A	78	0.26 0.	40 0.	45 0.	51 0.	60	0.68 0.	73 0.	84 0.	92	1.00
	90	0.39 0.	61 0.	68 0.	77 0.	93	1.07 1.	15 1.	34 1.	50	1.64
	100	0.47 0.	74 0.	83 0.	95 1.	14	1.32 1.	42 1.	66 1.	87	2.05
	112	0.56 0.	90 1.	00 1.	15 1.	39	1.61 1.	74 2.	04 2.	30	2.51
	125	0.67 1.	07 1.	19 1.	37 1.	66	1.92 2.	07 2.	44 2.	74	2.98
	140	0.78 1.	26 1.	41 1.	62 1.	96	2.28 2.	45 2.	87 3.	22	3.48
	160	0.94 1.	51 1.	69 1.	95 2.	36	2.73 2.	54 3.	42 3.	80	4.06
	180	1.09 1.	76 1.	97 2.	27 2.	74	3.16 3.	40 3.	93 4.	32	4.54
B	125	0.84 1.	30 1.	44 1.	64 1.	93	2.19 2.	33 2.	64 2.	85	2.96
	140	1.05 1.	64 1.	82 2.	08 2.	47	2.82 3.	00 3.	42 3.	70	3.85
	160	1.32 2.	09 2.	32 2.	66 3.	17	3.62 3.	86 4.	40 4.	75	4.89
	180	1.59 2.	53 2.	81 3.	22 3.	85	4.39 4.	68 5.	30 5.	67	5.76
	200	1.85 2.	96 3.	30 3.	77 4.	50	5.13 5.	46 6.	13 6.	47	6.43
	224	2.17 3.	47 3.	86 4.	42 5.	26	5.97 6.	33 7.	02 7.	25	6.95
	250	2.50 4.	00 4.	46 5.	10 6.	04	6.82 7.	20 7.	87 7.	89	7.14
	280	2.89 4.	61 5.	13 5.	85 6.	90	7.76 8.	13 8.	60 8.	22	6.80

（续表）

带型	小带轮的基准直径 d_{d1} /mm	小带轮转速 n_1 /（r/min）									
		400 700	800 950			1200	1450	1600	2000	2400	2800
C	200	2.41 3.	69 4.	07 4.	58 5.	29	5.84 6.	07 6.	34 6.	02	5.01
	224	2.99 4.	64 5.	12 5.	78 6.	71	7.45 7.	75 8.	06 7.	57	6.08
	250	3.60 5.	64 6.	23 7.	04 8.	21	9.04 9.	38 9.	62 8.	75	6.56
	280	4.32 6.	76 7.	52 8.	49 9.	81	10.72	11.06	11.04	9.50	6.13
	315	5.14	8.09	8.92	10.05 11.	53	12.46 12.	72 12.	14	9.43	4.16
	355	6.05	9.50	10.46 11.	73 13.	31	14.12 14.	19 12.	59	7.98	—
	400	7.06	11.02 12.	10 13.	48 15.	04	15.53 15.	24 11.	95	4.34	—
	450	8.20	12.63 13.	80 15.	23 16.	59	16.47 15.	57	9.64	—	—
D	355	9.24	13.70 16.	15 17.	25 16.	77	15.63	—	—	—	—
	400	11.45 17.	07 20.	06 21.	20 20.	15	18.31	—	—	—	—
	450	13.85 20.	63 24.	01 24.	84 22.	02	19.59	—	—	—	—
	500	16.20 23.	99 27.	50 26.	71 23.	59	18.88	—	—	—	—
	560	18.95 27.	73 31.	04 29.	67 22.	58	15.13	—	—	—	—
	630	22.05 31.	68 34.	19 30.	15 18.	06	6.25	—	—	—	—
	710	25.45 35.	59 36.	35 27.	88	7.99	—	—	—	—	—
	800	29.08 39.	14 36.	76 21.	32	—	—	—	—	—	—

注意，这里节选了常用数据，其他数据请查阅《机械设计手册》。

实际工作中的带的传动参数与实验条件总是存在差别，因此需要对单根 V 带的基本额定功率予以修正。修正后即得实际工作条件下单根 V 带所能传递的功率，用 $[P_0]$ 表示，则

$$[P_0]=(P_0+\Delta P_0)K_\alpha K_L \quad (6\text{-}15)$$

式中，ΔP_0 为当传动比不等于 1 时，单根 V 带额定功率的增量，具体数值请查阅相关《机械设计手册》；K_α 为包角修正系数，参见表 6-6；K_L 为带长修正系数，参见表 6-1。

表 6-6　包角修正系数

小带轮包角 α /(°)	180	175	170	165	160	155 15	0 145 14	0 135 13	0 125 120				
K_α	1.00	0.99	0.98	0.96	0.95	0.93	0.92	0.91	0.89	0.88	0.86 0.	84 0.	82

6.5.3　普通 V 带型号与根数的确定

普通 V 带的带型选择是根据计算功率和小带轮转速从图 6-7 中选取的。

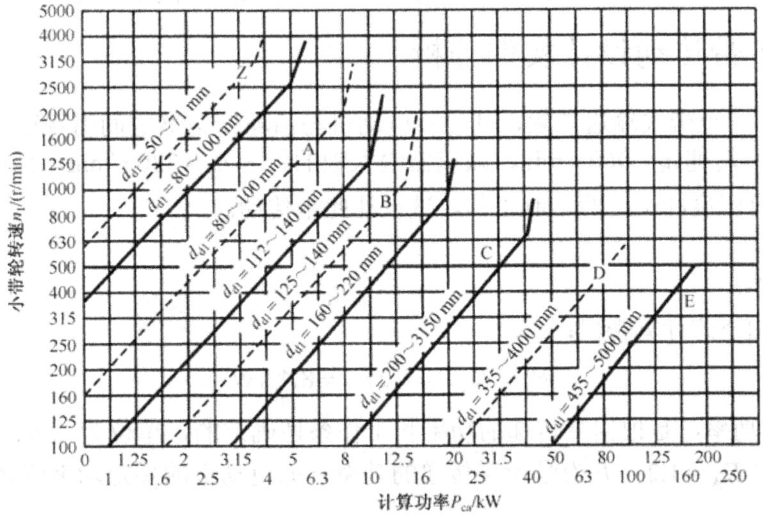

图 6-7　普通 V 带选型图

为使工作中的各根 V 带受力均匀，带的根数不宜过多，一般不得超过 10 根。当选择带的根数时，可根据下式进行。

$$z=\frac{P_{ca}}{[P_0]} \quad (6\text{-}16)$$

若计算结果超过 10 根，应考虑重新选择横截面积较大的带型。

6.5.4 V 带传动主要参数的确定

1．中心距 a

中心距大，可以增加带轮的包角，减少单位时间内带的循环次数，有利于提高带的寿命。但是中心距过大，会加剧带的波动，降低带传动的平稳性，同时增大带传动的整体尺寸。中心距过小，也会有相反的弊端。设计带传动时需要初选中心距，一般按照式(6-17)进行初选。

$$0.7(d_{d1}+d_{d2})\leqslant a_0\leqslant 2(d_{d1}+d_{d2}) \quad (6\text{-}17)$$

式中，a_0 为初选中心距，单位为 mm。

2．传动比

带传动的传动比一般为 $i\leqslant 7$，推荐值为 2～5。

3．带轮的基准直径

为了避免弯曲应力过大，小带轮的基准直径不得太小，一般情况下应保证小带轮的直径大于推荐值。V 带轮的最小基准直径推荐值见表 6-7。

表 6-7 V 带轮的最小基准直径 单位：mm

槽型	YZA			BC		DE	
$(d_d)_{min}$	20	50	75	125 200 355 500			

4．带速 v

带传动的带速不宜过高或过低，一般推荐 $v=5$～25 m/s，最高不得超过 30 m/s。

6.5.5 V 带传动设计实例分析

【例 6-1】 有一个带式输送装置，其异步电动机与齿轮减速器之间用普通 V 带传动，电动机功率 $P=7$ kW，转速 $n_1=960$ r/min，减速器输入轴的转速 $n_2=330$ r/min，允许误差为 ±5%，运输装置工作时有轻度冲击，两班制工作，试设计此带传动。

解：

（1）计算功率。

计算功率可由下式计算得出：

$$P_{ca}=K_A P=1.2\times 7=8.4\ \text{kW}$$

式中，P_{ca} 为计算功率，是根据带传递的功率和工作条件确定的，单位为 kW；K_A 为工作情况系数，由表 6-8 得 $K_A=1.2$；P 为带所需传递的功率，如电动机的额定功率或名义的负载功率，单位为 kW。

表 6-8 工作情况系数 K_A

工况		K_A					
		空载或轻载启动			重载启动		
		每天工作小时数/h					
		<10	10～16	>16 <	10	10～16	>16
载荷变动微小	液体搅拌机、通风机和鼓风机（≤7.5 kW）、离心式水泵和压缩机、轻负荷输送机	1.0 1.	1 1.	2	1.1 1.	2	1.3
载荷变动小	带式输送机（不均匀载荷）、通风机（>7.5 kW）、旋转式水泵和压缩机（非离心式）、发电机、金属切削机床、印刷机、旋转筛、锯木机和木工机械	1.1 1.	2 1.	3	1.2 1.	3	1.4
载荷变动较大	制砖机、斗式提升机、往复式水泵和压缩机、起重机、磨粉机、冲剪机床、橡胶机械、振动筛、纺织机械、重载输送机	1.2 1.	3 1.	4	1.4 1.	5	1.6
载荷变动很大	破碎机（旋转式、颚式等）、磨碎机（球磨、棒磨、管磨）	1.3 1.	4 1.	5	1.5 1.	6	1.8

注：① 空载或轻载启动——电动机（交流启动、三角启动、直流并励）、4 缸以上的内燃机、装有离心式离合器、液力联轴器的动力机；

② 重载启动——电动机（联机交流启动、直流复励或串励）、4 缸以下的内燃机；

③ 反复启动、正反转频繁、工作条件恶劣等场合，K_A 取 1.2 倍数值；

④ 在增速场合，K_A 应乘以下列倍数：

增速比 1.	25～1.74 1.	75～2.49 2.	50～3.49	>3.5
倍数	1.05 1.	11 1.	18	1.25

（2）选取 V 带型号。

根据 $P_{ca}=8.4\ \text{kW}$，$n_1=960\ \text{r/min}$，查图 6-7 确定为 B 型。

（3）确定带轮计算直径。

由表 6-5 取主动轮计算直径 $d_{d1}=180\ \text{mm}$，则从动轮直径为

$$d_{d2}=\frac{d_{d1}n_1(1-\varepsilon)}{n_2}=523.6\ \text{mm}$$

取 $d_{d2}=525\ \text{mm}$。

从动轮实际转速为

$$n_2=\frac{d_{d1}n_1(1-\varepsilon)}{d_{d2}}=324\ \text{r/min}$$

验算带的速度，则

$$v=\frac{\pi d_{d1}n_1}{60\times1000}=9.05\ \text{m/s}<25\ \text{m/s}$$

结论：带速合理。

（4）确定带的长度和中心距。

根据 $0.7(d_{d1}+d_{d2})\leqslant a_0\leqslant 2(d_{d1}+d_{d2})$，取中间值，初步确定中心距 $a_0=500\ \text{mm}$，则计算带长为

$$L'=2a_0+\frac{\pi}{2}(d_{d1}+d_{d2})+\frac{(d_{d1}-d_{d2})^2}{4a}=2262\quad \text{m}\quad \text{m}$$

由表 6-1 选 $L_d=2240\ \text{mm}$，由于选用了标准带长后，中心距也应相应调整，故实际中心距为

$$a=a_0+\frac{L'-L_d}{2}=511\ \text{mm}$$

（5）验算主动轮上的包角 α。

$$\alpha=180^\circ-\frac{d_{d1}-d_{d2}}{a}\times60^\circ=139.5^\circ>120^\circ$$

结论：主动轮上的包角合适。

（6）计算带的根数 z。

$$z=\frac{P_{\rm ca}}{(P_0+\Delta P_0)K_\alpha K_{\rm L}}=3.387$$

取 $z=4$ 根。

（7）计算初拉力 F_0。

$$F_0=500\frac{P_{\rm ca}}{vz}\left(\frac{2.5}{k_{\rm a}}-1\right)+\frac{qv^2}{g}=223\ \text{N}$$

（8）计算压轴力 Q。

$$Q=2zF_0\sin\frac{\alpha_1}{2}=1692\ \text{N}$$

（9）结构设计略。

6.6 V带带轮的结构

V 带带轮由轮缘、轮辐和轮毂组成。根据轮辐机构的不同，V 带轮可以分为实心式、腹板式、孔板式和椭圆轮辐式，如图 6-8 所示。

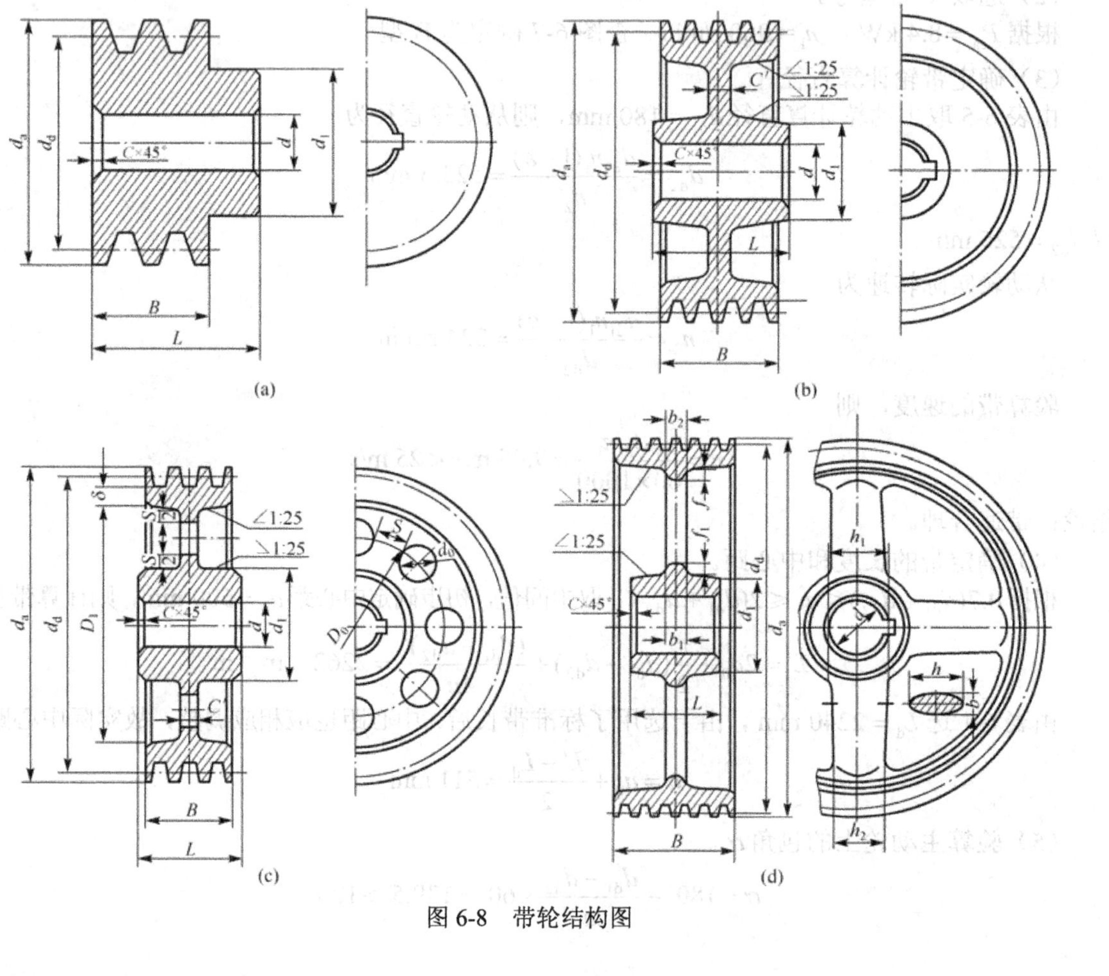

图 6-8 带轮结构图

在选择 V 带轮结构时，主要依据的是计算得出的带轮基准直径大小，参见表 6-9。

表 6-9　带轮结构的选择

带轮基准直径 d_d	$d_d \leqslant 2.5d$ （安装带轮的轴的直径）	$d_d \leqslant 300$	$d_d \leqslant 300$ 且 $D_1 - d_1 \geqslant 100$	$d_d > 300$
带轮结构	实心式	腹板式	孔板式	轮辐式

注：表中 D_1、d_1 如图 6-8(c)所示。

6.7　带传动的张紧、正确安装与维护

1．带传动的张紧

由于 V 带的主要工作原理是靠带和带轮之间的摩擦力进行传动，一定数值的正压力是可靠传动的保证，并且 V 带并非完全弹性体，工作一段时间后，会因塑性变形产生松弛，从而使初拉力 F_0 降低，所以为了保证带传动的正常工作，需要设置张紧装置。

常见的张紧方式有调整中心距方式与增加张紧轮方式两类。

2．带传动的正确安装与维护

1）带轮的安装要求

各带轮的轴线应相互平行，各轮宽的中心线，V 带轮、多楔带轮的对应轮槽中心线，平带轮面凸弧的中心线均应共面且与轴线垂直。

2）传动带的安装要求

带一般是通过调整各带轮的中心距进行安装的。当多根 V 带传动时，应保证带的配组公差在规定范围内，使其工作时各根带的载荷分布均匀。

3）带传动的维护

带传动经常通过加装防护罩来保证安全，防止腐蚀。工作时应避免传动带的温度过高。若带传动装置需要闲置一段时间，则应将传动带放松。

6.8　同步齿形带传动简介

同步齿形带结构如图 6-9 所示。带内环面呈齿形，工作时，带内环面的凸齿与带轮外缘上的齿槽相啮合进行传动。带在承载后变形小，带与带轮间没有相对滑动，从而保证了同步传动。

同步齿形带具有以下优点：

（1）传动比恒定；

（2）传动功率高，带速最大可达 40 m/s，传动比可达 10，功率可达 100 kW；

（3）传动效率高，可达 0.98～0.99；

（4）所需初拉力小。

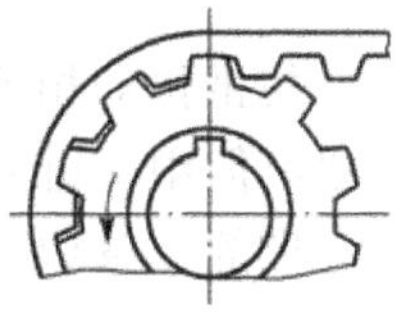

图 6-9　同步齿形带

主要缺点是制造、安装精度要求较高，故成本较高。

6.9　链传动的特点与应用

链传动是机械制造中应用广泛的挠性传动形式。它通过传动链链节与链轮轮齿之间形成的啮合来传递运动和动力。

链传动的主要优点是：

（1）传动中无打滑和弹性滑动现象，能保持较为准确的平均传动比；

（2）链传动不需要张紧力，作用在轴上的径向压力较小；

（3）对工作环境要求不高，能在高温和潮湿的环境中工作；

（4）其制造安装精度要求低，成本也低；

（5）在远距离传动中，结构轻便。

链传动的主要缺点是：

（1）只能实现平行轴间的同向传动；

（2）瞬时传动比不恒定；

（3）磨损后易发生跳齿现象；

（4）工作时噪声较大。

链传动主要用在要求工作可靠，两轴距离较远，低速重载，工作环境恶劣，以及其他不宜采用齿轮传动的场合。例如，摩托车、掘土机等机械设备中都采用了链传动结构。

6.10 链和链轮

传动链分为滚子链和齿形链等类型，其中较为常用的是滚子链。由于齿形链应用较少，本书主要介绍滚子链。

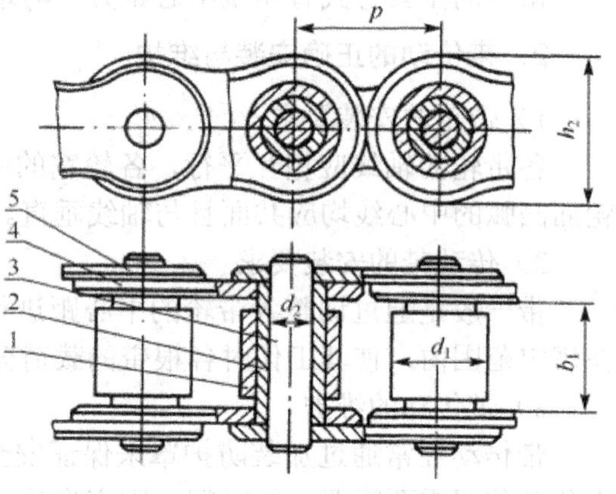

图 6-10 滚子链结构图

滚子链的结构如图6-10所示，它由滚子 1、套筒 2、销轴 3、内链板 4 和外链板 5 组成。其中，内链板与套筒、外链板与销轴之间通过过盈配合连接在一起，而套筒与销轴之间是间隙配合。工作时，活套在套筒上的滚子在链轮齿廓上滚动，可以减小齿廓的磨损，所以链的磨损主要发生在销轴与套筒的接触面上。

6.11 链传动的运动分析和受力分析

6.11.1 链传动的运动分析

与带传动相比，链传动中链条与链轮之间没有相对滑动，所以平均链速和平均传动比都是常数。但由于链是由刚性链节通过销轴铰接而成，当链绕在链轮上时，每个链节相当于一个正多边形的一条边，观察铰链链节随同链轮转动的过程，可以看出链的每一节链节是在链轮上做非平动，其传动的瞬时传动比和瞬时链速不是常数。这一现象也被称为链传动的多边形效应，如图 6-11 所示。

6.11.2 链传动的受力分析

链传动在工作过程中，链速和从动轮的转速都是变化的，因而会引起变化的惯性力及相应的动载荷。

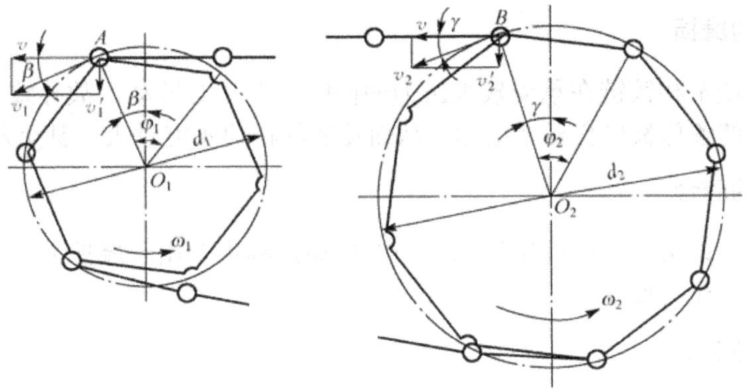

图 6-11　链传动的运动分析

链条安装时，应使链条受到一定的张紧力。这个张紧力是通过使链条保持适当的垂度而产生悬垂拉力来获得的。与带传动相比，链传动所需的张紧力要小得多。

同样，链传动在工作时，存在紧边拉力和松边拉力。如果不考虑链传动中的动载荷，其紧边拉力和松边拉力分别为

$$F_1 = F_e + F_c + F_f \quad (6\text{-}18)$$

$$F_2 = F_c + F_f \quad (6\text{-}19)$$

式中，F_e 为有效圆周力，单位为 N；F_c 为离心力引起的拉力，单位为 N；F_f 为悬垂拉力，单位为 N。

（1）有效圆周力为

$$F_e = 1000\frac{P}{v} \quad (6\text{-}20)$$

式中，P 为链传动传递的功率，单位为 kW；v 为链速，单位为 m/s。

（2）离心拉应力为

$$F_c = qv^2 \quad (6\text{-}21)$$

式中，q 为链条单位长度的质量，单位为 kg/m。

（3）悬垂拉力为

$$F_f = \max(F_f', F_f'') \quad (6\text{-}22)$$

式中，$F_f' = K_f qa \times 10^2$；$F_f'' = (K_f + \sin\alpha)qa \times 10^2$；$a$ 为链传动中心距，单位为 mm；K_f 为垂度系数，如图 6-12 所示。

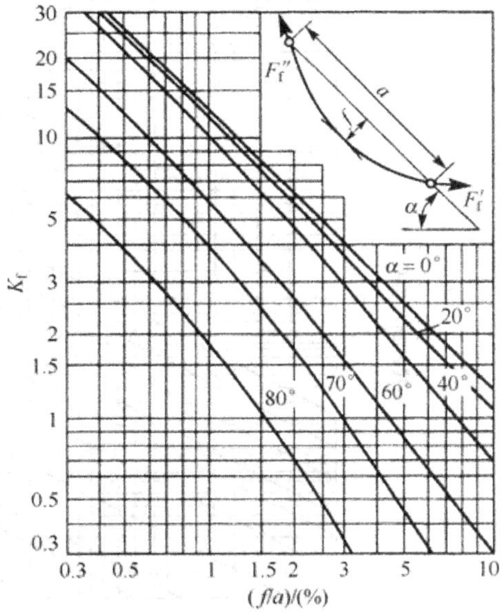

图 6-12　垂度系数

注：本图中 f 为下垂度，α 为中心线与水平面夹角。

6.12　滚子链传动的计算

6.12.1　滚子链传动的失效形式

1. 链的疲劳破坏

链在运动过程中，各元件都受到了循环变应力的作用，经过一定的循环次数后，链板将发生疲劳断裂，套筒、滚子表面将会因冲击而出现疲劳点蚀。

2．链条铰链的磨损

链工作时，其链条和铰链在承受较大压力的同时还要相对转动，故导致铰链磨损。铰链磨损将增大链节距，链条总长也会随之增加，从而使链的松边垂度过大，甚至发生跳齿等。

3．链条铰链的胶合

当链速过高时，链条铰链中的销轴和套筒在传动过程中会由于摩擦而产生高温，并且两者接触压力较大，从而导致胶合。

4．链条的塑性变形

当链速较低时，在链条所承受的负载超过其额定负载后，会产生过大的塑性变形；当情况严重时，链条可能出现负载不增加而变形持续增加的情况，这时链条被破坏。

6.12.2 单排滚子链传递的功率

为了保证链传动工作可靠，通常采用额定功率来限制链传动的实际工作能力。

典型的额定功率线图如图6-13所示。该图是在特定的实验条件下测定的，实际工作条件与实验条件总会存在差别，故设计链传动时应对其进行修正。

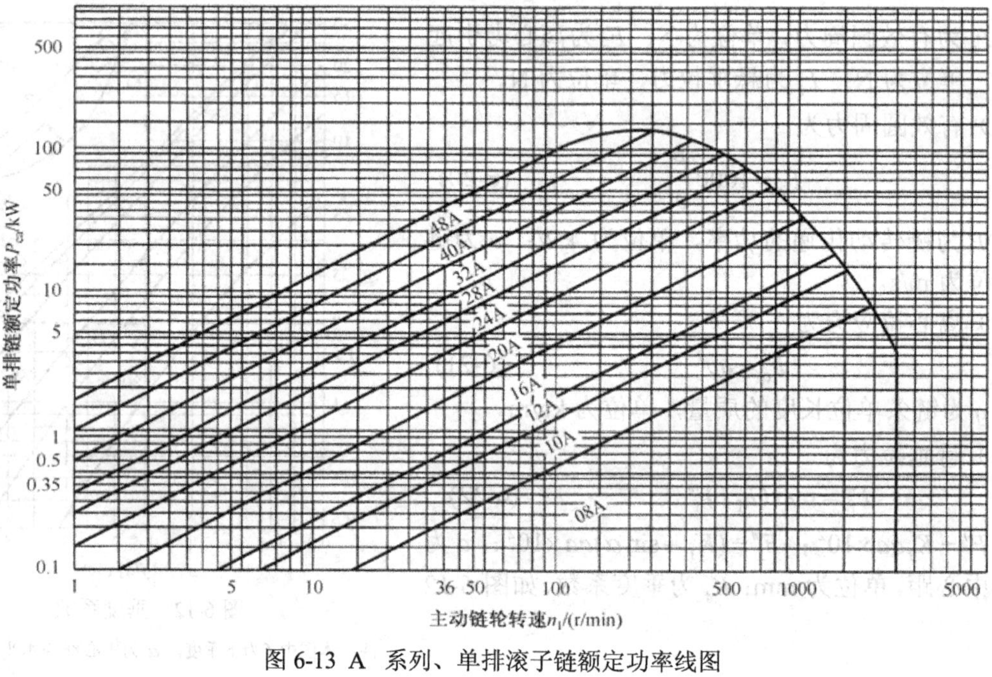

图6-13 A 系列、单排滚子链额定功率线图

6.12.3 链传动的主要参数选择

1．链轮齿数 z_1 和 z_2

在选择链轮齿数时，一般应尽量选用较少的链轮齿数。链轮齿数不应过小或过大，链轮齿数过大将增加链传动结构尺寸，并会缩短链的使用寿命。链轮齿数过少会增加传动的不均匀性和动载荷，增大功率消耗，加速链的磨损。小链轮齿数不得小于最小齿数 $z_{min}=9$。其链轮齿数的选择可参见表6-10，小链轮齿数系数 K_Z 和链长系数 K_L 见表6-11。

表 6-10 链轮最小齿数表

速度 0.	6～3 3	～8	>8
小链轮最小齿数 15	～17	21	23～25

表 6-11 小链轮齿数 K_Z 和链长系数 K_L

链工作点在图 6-13 中的位置	位于曲线顶点左侧	位于曲线顶点右侧
K_Z	$\left(\frac{z_1}{19}\right)^{1.08}$	$\left(\frac{z_1}{19}\right)^{1.5}$
K_L	$\left(\frac{L_P}{100}\right)^{0.26}$	$\left(\frac{L_P}{100}\right)^{0.5}$

而大链轮的齿数也不得超过最大齿数 $z_{max}=150$，一般 $z_2 \leqslant 114$。

为了使链条和链轮磨损均匀，常取链轮齿数为奇数，并尽可能与链节数互质。优先选用的链轮齿数系列为：17、19、21、23、25、38、57、76、95 和 114。

2. 传动比 i

链传动的传动比不宜过大，否则链条在小链轮上的包角就会过小，参与啮合的齿数减少，每个轮齿承受的载荷就会增大，从而加剧轮齿的磨损，出现跳齿或脱链现象。

一般链传动的传动比 $i \leqslant 6$，推荐取 $i=2$～3.5 之间，链条在小链轮上的包角不应小于 120°。

3. 链的节距 p 和排数

节距 p 越大，承载能力就越高，但总体尺寸增大，多边形效应显著，振动、冲击和噪声也严重。节距 p 越小，单位长度上链节数越多，制造成本就越高，并且链结构的基本尺寸也越小，承载能力就越差。选择链的节距和排数时，可遵循表 6-12。

表 6-12 链的节距和排数选择参考

工作环境		推荐选择
从工艺角度考虑	速度低、传动功率小	小节距、单排链
	速度高、传动功率大	小节距、多排链
从经济角度考虑	中心距小、传动比大	小节距、多排链
	中心距大、传动比小	大节距、单排链

4. 中心距 a

中心距同样不宜过小或过大，一般初选的中心距 $a_0=(3\,0$～$50)p$，最大取 $a_{0max}=80p$。若有张紧装置或托板，则可取更大值；若中心距不能调整，则取 $a_{0max}\approx 30p$。

6.12.4 链传动设计实例分析

【例 6-2】 试设计某装置用链传动。已知链传动传递功率为 $P=7.5$ kW，主动链轮的转速 $n_1=960$ r/min，传动比 $i=3$，工作情况系数 $K_A=1.5$，中心距 $a \leqslant 650$ mm（可以调节）。

解：

（1）确定链轮齿数 z_1 和 z_2。

假定链速 $v=3$～8 m/s，由表 6-10 取主动链轮齿数 $z_1=23$，则从动链轮齿数为

$$z_2=iz_1=3\times 23=69$$

（2）确定链节距 p。

计算功率为

$$P_{ca}=K_A P=1.5\times 7.5=11.25\ \text{kW}$$

由图 6-13 按小链轮转速估计链工作在额定功率曲线定点的左侧。根据表 6-11 中的公式，计算小链轮齿数系数 K_Z，得

$$K_Z=\left(\frac{z_1}{19}\right)^{1.08}=\left(\frac{23}{19}\right)^{1.08}=1.23$$

初选中心距 $a_0=40p$，则

$$L_p=\frac{2a}{p}+\frac{z_1+z_2}{2}+\left(\frac{z_1-z_2}{2\pi}\right)^2\frac{p}{a}=127.34$$

取 $L_p=128$，根据下式计算链长系数 K_L，得

$$K_L=\left(\frac{L_p}{100}\right)^{0.26}=1.07$$

选取单排链，由表 6-13 得 $K_P=1$，所需传递的功率为

$$P_0=\frac{P_{ca}}{K_Z K_L K_P}=8.55\ \text{kW}$$

表 6-13　多排练排数系数 K_P

链排数	1	2 3 4			5 6	
排数系数 K_P	1	1.7 2.	5 3.	3	4.0 4.	6

根据 $P_0=8.55$ kW 和 $n_1=960$ r/min，由图 6-13 选链号为 10A 的单排链。同时，也证实原对链工作在额定功率曲线左侧的估计是正确的。由表 6-14 查得链节距 $p=15.875$ mm。

表 6-14　滚子链节距表　　单位：mm

链号	08A 10A		12A	16A	20A 24A		28A 32A	40A		48A
节距 p	12.70	15.875	19.05	25.40	31.75 38.	10	44.45 50.	80 63.	50	76.20

（3）确定链长 L 及中心距 a。

$$L=\frac{L_p P}{1000}=2.03\ \text{m}$$

$$a=\frac{P}{4}\left[\left(L_p-\frac{z_1+z_2}{2}\right)+\sqrt{\left(L_p-\frac{z_1+z_2}{2}\right)^2-8\left(\frac{z_1-z_2}{2}\right)^2}\right]=645.61\ \text{m}\qquad\text{m}$$

中心距符合题目要求。

（4）验算链速。

$$v=\frac{z_1 P n_1}{60\times1000}=5.824\ \text{m/s}$$

与原假设相符。

（5）计算压轴力。

有效圆周力为

$$F_e=1000\frac{P}{v}=1283.81\ \text{N}$$

按水平传动，取压轴力系数 $K_{Fp}=1.15$，则压轴力为

$$F_p = K_{Fp}F_e = 1476.38\ \text{N}$$

6.13　链传动的合理布置和润滑

为了使链传动正常工作，应将其合理布置。

（1）为了保证正确啮合，两个链轮的回转平面应在同一垂直平面内，并保持两个轮轴相互平行。

（2）为了防止两个链轮中位置处于下方的链轮啮合不良或发生脱齿，两个链轮的中心连线与水平方向的夹角应小于 45°。

（3）为了防止咬链或两边链条碰撞，最好将链轮的紧边布置在传动的上边，松边布置在下边。

链传动要求有良好的润滑，润滑可以起到缓冲、减磨，提高使用寿命的作用。其润滑方式主要包括：人工定期润滑、滴油润滑、油浴润滑、飞溅润滑和喷油润滑。

润滑方式的选择主要依据节距和链速的大小来确定。

习题与思考题

6-1　简述带传动中紧边拉力、松边拉力、有效拉力和张紧力之间的关系。

6-2　试说明带传动的弹性滑动是如何产生的？为什么这种滑动是不可避免的？弹性滑动的后果是什么？

6-3　简述带传动中打滑产生的原因及后果。

6-4　简述带传动的主要失效形式及带传动设计的主要依据。

6-5　试说明为了避免带打滑，将带轮与带接触的表面加工得粗糙些以增大摩擦，这种做法是否合理？为什么？

6-6　在多排链传动中，排数过多有哪些不利的影响？

6-7　为什么小链轮的齿数不宜过多或过少？

6-8　链传动的中心距一般取多少？中心距过大或过小对传动有何影响？

6-9　已知一个普通 V 带传动传递的功率 $P=8$ kW，带速 $v=15$ m/s，紧边与松边拉力之比为 3∶1，求该带传动的有效拉力 F_e 和紧边拉力 F_1。

6-10　设计一个普通 V 带传动。已知所需传递功率 $P=5$ kW，电动机驱动，转速 $n_1=1440$ r/min，从动轮转速 $n_2=340$ r/min，载荷平稳，两班制工作。

6-11　设计一个滚子链传动。已知所需传递功率 $P=7$ kW，电动机驱动，主动轮转速 $n_1=1440$ r/min，从动轮转速 $n_2=340$ r/min，载荷平稳，按规定条件润滑，两个链轮轴线位于同一水平面，中心距无严格要求。

6-12　选择并验算一台带式输送机的链传动。已知所需传递功率 $P=22$ kW，主动轮转速 $n_1=750$ r/min，传动比 $i=3$，工况系数 $K_A=1.4$，中心距 $a\leqslant 800$ mm（可以调节）。

第 7 章

齿轮传动

齿轮传动是现代机械应用最广泛的一种传动形式。一般常用匀速齿轮传动，采用的齿轮外形直径可以从几毫米到几十米。在传动中，为了运动平稳、啮合正确，齿轮轮齿的轮廓曲线可以制成渐开线、摆线或圆弧，新的齿廓曲线齿轮仍在不断发展之中。目前，渐开线齿轮在制造和安装上极为成熟、方便，应用最广泛。本章主要介绍渐开线齿轮传动。

7.1 齿轮传动的特点和基本类型

齿轮机构是高副机构，它通过轮齿啮合传递空间任意两轴之间的运动和动力，并可改变速度的大小和方向。

7.1.1 齿轮传动的特点

齿轮传动和其他形式的机械传动机构相比较，具有下列优点：① 传递的功率和圆周速度范围广，所传递的功率可从小于1 W到105 kW；② 传动效率高，效率可达0.98～0.995；③ 能保证恒定的传动比；④ 工作平稳、安全可靠且使用寿命长；⑤ 结构紧凑，齿轮所需要的空间尺寸相对较小。它的缺点是：① 制造和安装精度要求高，因而成本也较高；② 不宜用于轴间距离较大的传动；③ 无过载保护。

7.1.2 齿轮传动的基本类型

齿轮传动的类型很多。按照需求，可以有多种划分。

1. 平面齿轮传动和空间齿轮传动

根据一对齿轮在传动时两轴之间的相对位置，齿轮传动可分为平面齿轮传动和空间齿轮传动。

平面齿轮机构是两个齿轮间的轴线互相平行的传动。按轮齿与轴线是否平行，平面齿轮机构可分为直齿、斜齿和人字齿；按啮合方式的不同，又可分为外啮合、内啮合和齿轮齿条传动。

空间齿轮机构用于两轴相交或交错的齿轮传动，如图 7-1 和表 7-1 所示。

(a) 直齿圆柱齿轮

(b) 斜齿圆柱齿轮

(c) 人字齿圆柱齿轮

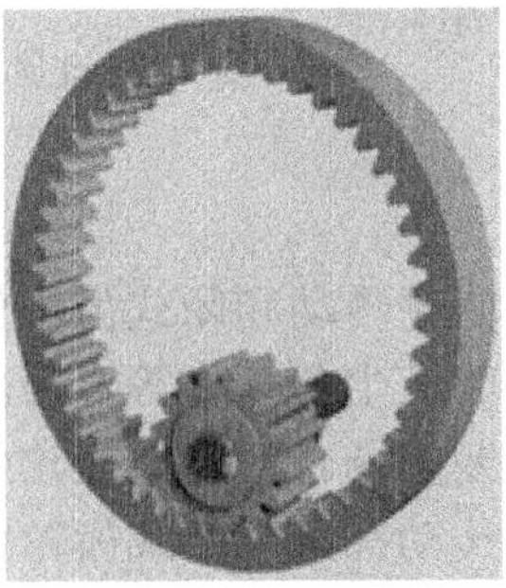

(d) 内啮合圆柱齿轮

(e) 直齿、斜齿齿轮齿条

(f) 圆锥齿轮传动

(g) 交错轴斜齿轮传动

(h) 蜗轮蜗杆传动

图 7-1　齿轮传动的类型

表 7-1　圆形齿轮传动的类型

<table>
<tr><th>相对运动形式</th><th>轴线的相对位置</th><th>齿轮传动类形</th><th>啮合方式</th><th>齿线形状</th><th>图例</th></tr>
<tr><td rowspan="5">平面齿轮传动</td><td rowspan="5">平行轴</td><td rowspan="4">圆柱齿轮传动</td><td rowspan="3">外啮合
圆柱齿轮传动</td><td>直齿</td><td>图 7-1(a)</td></tr>
<tr><td>斜齿</td><td>图 7-1(b)</td></tr>
<tr><td>人字齿</td><td>图 7-1(c)</td></tr>
<tr><td>内啮合
圆柱齿轮传动</td><td></td><td>图 7-1(d)</td></tr>
<tr><td>齿轮齿条传动</td><td></td><td></td><td>图 7-1(e)</td></tr>
<tr><td rowspan="3">空间齿轮传动</td><td>相交轴</td><td>圆锥齿轮传动</td><td></td><td></td><td>图 7-1(f)</td></tr>
<tr><td rowspan="2">交错轴</td><td>交错轴斜齿轮传动</td><td></td><td></td><td>图 7-1(g)</td></tr>
<tr><td>蜗轮蜗杆传动</td><td></td><td></td><td>图 7-1(h)</td></tr>
</table>

2. 圆形齿轮传动和非圆形齿轮传动

根据一对齿轮传动的传动比是否恒定，可将齿轮传动分为圆形齿轮传动和非圆形齿轮传动。

（1）定传动比的齿轮传动（$i_{12}=\dfrac{\omega_1}{\omega_2}$=常数），齿轮是圆形的，又称为圆形齿轮传动。定传动比的齿轮传动类型很多，是目前应用最广泛的一种，多种类型如图 7-1 和表 7-1 所示。

（2）变传动比的齿轮传动（$i_{12}=\dfrac{\omega_1}{\omega_2}\neq$常数），齿轮一般是非圆形的，又称为非圆齿轮传动，如图7-2所示的椭圆形齿轮传动。这类非圆齿轮传动在机床、印刷机、纺织机械和仪器中均有应用。本章只研究圆形齿轮传动。

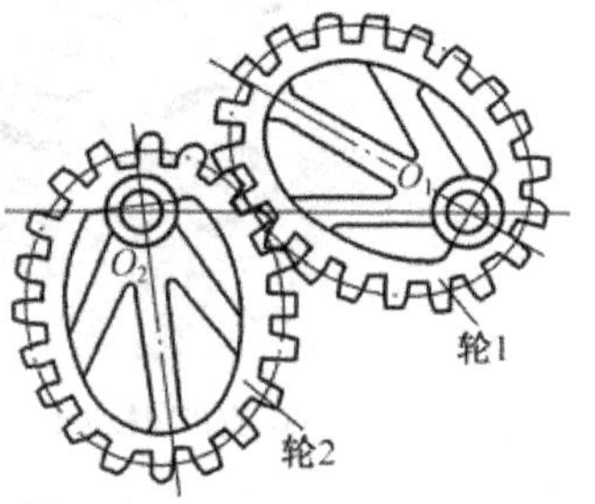

图 7-2　非圆形齿轮传动

3. 开式齿轮传动和闭式齿轮传动

根据工作条件不同，齿轮传动主要分为开式（半开式）齿轮传动和闭式齿轮传动（齿轮被封闭在刚性箱体内）。开式齿轮完全外露，工作条件差，外界的灰尘和杂物等容易落入轮齿啮合区，润滑不良易引起齿面易磨损，故多用于低速传动和不重要的场合。闭式齿轮传动润滑及防护条件好，可保证良好的润滑条件和工作要求，重要的齿轮传动都采用闭式齿轮传动。有条件时尽可能使用闭式齿轮传动。

7.2　齿廓啮合基本定律

7.2.1　齿轮传动的传动比

一对齿轮的传动是依靠主动齿轮的轮齿依次推动从动轮的轮齿来实现的。两个齿轮的瞬时角速度之比称为该对齿轮的传动比，用 i_{12} 来表示，即

$$i_{12}=\frac{\omega_1}{\omega_2}$$

通常，主动轮用“1”表示，从动轮用“2”表示。上式中，ω_1 为主动轮的角速度，ω_2 为从动轮的角速度。

齿廓曲线的形状不同，传动比的变化规律也不同。若当主动轮以等角速度 ω_1 转动时，从动轮的角速度 ω_2 为变量，则会产生角加速度进而产生惯性力矩，不仅影响机器的寿命，还会引起机器的振动，产生噪声，影响其工作精度。所以，在齿轮啮合过程中保证传动比 i_{12} 在任何瞬间都不变，是对齿廓的基本要求。齿廓啮合基本定律就是研究齿廓曲线的形状符合什么条件才能满足齿轮传动比为常数。

7.2.2　齿廓啮合基本定律

如图 7-3(a)所示，某瞬时两个齿轮的一对齿廓 C_1、C_2 在点 K 相接触，齿轮 1 和齿轮 2 在点 K 的线速度分别为

$$v_{K1}=\omega_1\cdot O_1K$$

$$v_{K2}=\omega_2\cdot O_2K$$

显然，两个齿廓在点 K 的线速度不相等。齿轮运动时，由于两个轮的齿廓是连续接触的，故它们在经过瞬时啮合点 K 的公法线 N_1N_2 上，其分速度必须相等，否则它们将出现相互嵌入或分离，从而不能传动。即

$$v_{K1}\cos\alpha_{K1}=v_{K2}\cos\alpha_{K2}$$

由此可得

$$\frac{\omega_1}{\omega_2}=\frac{O_2K\cdot\cos\alpha_{K2}}{O_1K\cdot\cos\alpha_{K1}}$$

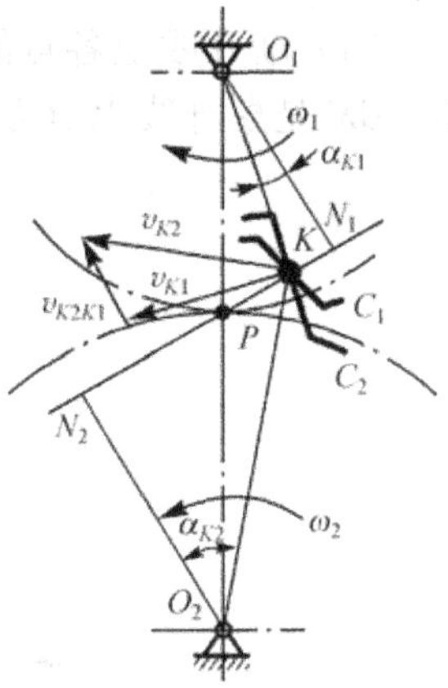

图 7-3 齿廓啮合基本定律

故这对齿轮的传动比为

$$i=\frac{\omega_1}{\omega_2}=\frac{O_2K\cdot\cos\alpha_{K2}}{O_1K\cdot\cos\alpha_{K1}}=\frac{O_2N_2}{O_1N_1}=\frac{O_2P}{O_1P}\quad(7\text{-}1)$$

式(7-1)表明互相啮合传动的一对齿廓，在任意瞬时的传动比，等于该瞬时两个齿轮连心线 O_1O_2 被其啮合齿廓接触点的公法线所分割的两条线段长度的反比。这一规律称为齿廓啮合基本定律。

由于传动时要求传动比 $\frac{\omega_1}{\omega_2}$ 为常数，因此 $\frac{O_2P}{O_1P}$ 也必须为常数。但中心距 O_1O_2 在齿轮安装好之后是不会改变的，所以，要满足上述要求，必须保持点 P 位置也不变，即无论齿廓在任何位置相接触，过接触点所作的齿廓公法线必须与连心线交于一个定点，如图7-3(b)所示。此定点 P 为节点，是两个齿廓啮合点 K 的公法线 N_1N_2 与两个齿轮连心线 O_1O_2 的交点。分别以 O_1、O_2 为圆心，过节点 P 所作的圆称为节圆，两个齿轮的节圆半径分别用 r_1'、r_2' 表示。由于两个节圆的圆周速度相等，所以当一对渐开线齿轮传动时，它的一对节圆做纯滚动。

齿廓曲线相互接触称为啮合，故接触点又称为啮合点。

凡满足齿廓啮合基本定律的一对齿轮的齿廓称为共轭齿廓。理论上，可用做共轭齿廓的曲线有无穷多，但选择时还应考虑制造、安装和强度等要求。对于定传动比的齿轮机构，常用的齿廓曲线有渐开线、摆线、圆弧曲线等。本章只讨论渐开线齿轮机构。

7.3 渐开线及其渐开线齿轮

7.3.1 渐开线的形成及其特性

如图 7-4(a)所示，当一条动直线 n-n 沿着一个固定的圆的做纯滚动时，该直线上任意一点 K 在平面上的轨迹 AK 称为这个圆的渐开线。这个圆称为渐开线的基圆，其半径用 r_b 表示，该直线称为发生线。

1. 渐开线性质

根据渐开线形成的过程，可知渐开线具有以下性质。

（1）发生线沿基圆上滚过的长度等于基圆上被滚过的弧长，即 $BK=\overset{\frown}{AB}$。

（2）渐开线上任意一点的法线必与基圆相切。因为发生线在基圆上做纯滚动，所以它与基圆的切点 N 就是渐开线上点 K 的瞬时速度中心，发生线 BK 就是渐开线在点 K 的法线，同时它也是基圆在点 B 的切线，反过来也可以说，基圆的切线同时是法线。

（3）渐开线上各点的曲率半径不相等。如图 7-4(a)所示，切点 B 是渐开线上点 K 的曲率中心，BK 是渐开线上点 K 的曲率半径。离基圆越近，曲率半径越小。

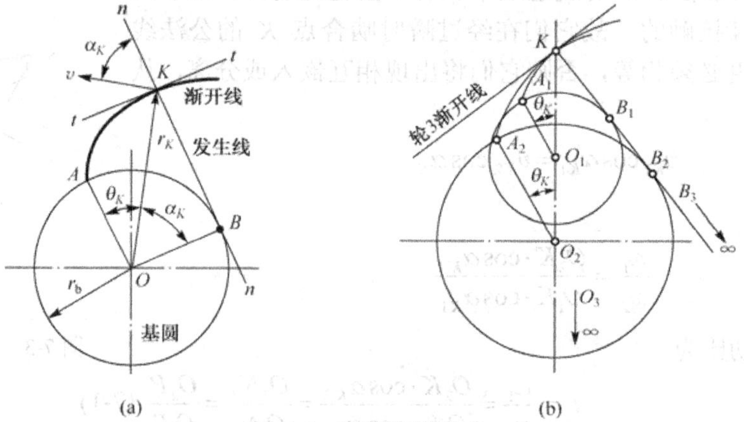

图 7-4　渐开线的形成

（4）渐开线的形状取决于基圆，如图 7-4(b)所示。当基圆大小不同，但压力角相同时，基圆越大，渐开线越平直。当基圆半径趋于无穷大时，其渐开线为直线，这就是齿条的齿廓。

（5）基圆内无渐开线。渐开线是从基圆向外展开的，所以基圆以内没有渐开线。

2. 渐开线参数

（1）展角 θ_K。渐开线上任意一点 K 的矢径与起始点 A 的矢径间的夹角 $\angle AOK$ 称为渐开线 AK 段的展角，用 θ_K 表示，单位为弧度（rad）。如图7-4(a)所示，$\theta_K = \angle AOK$。

（2）渐开线齿廓的压力角 α_K。若以此渐开线作为齿轮的齿廓，当两个齿轮的轮齿在点 K 啮合时，其正压力方向沿着点 K 的法线（BK）方向，而齿廓上点 K 的速度垂直于 OK 线。点 K 的受力方向与运动速度方向之间所夹的锐角称为渐开线上点 K 的压力角，简称压力角，用 α_K 表示，单位为度（°）。

以 r_b 表示基圆半径，r_K 表示渐开线上点 K 的矢径，由图 7-4(a)可知，$\angle BOK = \alpha_K$，且

$$\cos\alpha_K = \frac{OB}{OK} = \frac{r_b}{r_K}$$

上式表示渐开线上各点压力角不等，矢径 r_K 越大，压力角 α_K 越大。反之，当 $r_K = r_b$ 时，$\cos\alpha_b = 1$，$\alpha_b = 0$，基圆上的压力角为零。

3. 渐开线方程

根据渐开线形成的过程，需要推导出其极坐标方程，以便于工程应用。

在图 7-4(a)中，点 A 为渐开线在基圆上的起点，点 K 为渐开线上任意一点。若以基圆的圆心 O 为极点，OA 为极轴，点 K 的矢径 r_K 与极轴的夹角 θ_K 为极角建立极坐标系，则渐开线上任意一点 K 的位置可用展角 θ_K、矢径 r_K 来表示，点 K 的极坐标为（r_K, θ_K）。

在△BOK 中

$$\tan\alpha_K = \frac{BK}{OB} = \frac{AB}{OB} = \frac{r_b(\alpha_K + \theta_K)}{r_b} = \alpha_K + \theta_K$$

即

$$\theta_K = \tan\alpha_K - \alpha_K$$

在△BOK中

$$r_K = r_b / \cos\alpha_K$$

联立上面两式，可得渐开线的极坐标方程为

$$\left.\begin{aligned} r_K &= r_b / \cos\alpha_K \\ \theta_K &= \tan\alpha_K - \alpha_K \end{aligned}\right\} \quad (7\text{-}2)$$

以上表明，θ_K 随压力角 α_K 而改变，用 θ_K 作为压力角 α_K 的渐开线函数，记为 $\mathrm{inv}\alpha_K$，即

$$\theta_K = \mathrm{inv}\alpha_K = \tan\alpha_K - \theta_K$$

工程上已将不同压力角的渐开线函数值列成表格，以方便计算。常用的渐开线函数可查表 7-2。

表 7-2　渐开线函数 $\mathrm{inv}\alpha_K = \tan\alpha_K - \alpha_K$

α_K		0′	5′	10′	15′	20′	25′	30′	35′	40′	45′
10	0.00	17 941	18 397	18 860	19 332	19 812	20 299	20 795	21 299	21 810	22 330
11	0.00	23 941	24 495	25 057	25 628	26 208	26 797	27 394	28 001	28 616	29 241
12	0.00	3 771	31 832	32 504	33 185	33 875	34 575	35 285	36 005	36 735	37 474
13	0.00	39 754	40 534	41 325	42 126	42 938	43 760	44 593	45 437	46 291	47 157
14	0.00	49 819	50 729	51 650	52 582	53 526	54 482	55 448	56 427	57 417	58 420
15	0.00	61 498	62 548	63 611	64 686	65 773	66 873	67 985	6 970	70 248	71 398
16	0.0	7 493	7 613	7 735	7 857	7 982	8 107	8 234	8 362	8 492	8 623
17	0.0	9 025	9 161	9 299	9 439	9 580	9 722	9 866	10 012	10 158	10 307
18	0.0	10 760	10 915	7 071	7 228	7 387	7 547	7 709	7 873	12 038	12 205
19	0.0	12 715	12 888	13 063	13 240	13 418	13 598	13 779	13 963	14 148	14 334
20	0.0	14 904	15 098	15 293	15 490	15 689	15 890	16 092	16 296	16 502	16 710
21	0.0	17 345	17 560	17 777	17 996	18 217	18 440	18 665	18 891	19 120	19 350
22	0.0	20 054	20 292	20 533	20 775	21 019	21 266	21 514	21 765	22 018	22 272
23	0.0	23 049	23 312	23 577	23 845	2 474	24 386	24 660	24 936	25 214	25 495
24	0.0	26 350	26 639	26 931	27 225	27 521	27 820	28 121	28 424	28 729	29 037
25	0.0	29 975	30 293	30 613	30 935	31 260	31 587	31 917	32 249	32 583	32 920
26	0.0	33 947	34 294	34 644	34 997	35 352	35 709	36 069	36 432	36 798	37 166
27	0.0	38 287	38 666	39 047	39 432	39 819	40 209	40 602	40 997	41 395	41 797
28	0.0	43 017	43 430	43 845	44 264	44 685	4 570	45 537	45 967	46 400	46 837
29	0.0	48 164	48 612	49 064	49 518	49 976	50 437	50 901	51 368	51 838	52 312
30	0.0	53 751	54 238	54 728	55 221	55 717	56 217	56 720	57 226	57 736	58 249
31	0.0	59 809	60 336	60 866	61 400	61 937	62 478	63 022	63 570	64 122	64 677
32	0.0	66 364	66 934	67 507	68 084	68 665	69 250	69 838	70 430	71 026	71 626
33	0.0	73 449	74 064	74 684	75 307	75 934	76 565	77 200	77 839	78 483	79 130
34	0.0	81 097	81 760	82 428	83 100	83 777	84 457	85 142	85 832	86 525	87 223
35	0.0	39 342	90 058	90 777	91 502	92 230	92 963	93 701	94 443	95 190	95 942
36	0	9 822	9 899	9 977	10 055	10 133	10 212	10 292	10 371	10 452	10 533
37	0	10 778	10 861	10 944	7 028	7 113	7 197	7 283	7 369	7 455	7 542
38	0	7 806	7 895	7 985	12 075	12 165	12 257	12 348	12 441	12 534	12 627
39	0	1 297	13 006	13 102	13 199	13 297	13 395	13 493	13 592	13 692	13 792
40	0	14 097	14 200	14 303	14 407	1 457	14 616	14 722	14 829	14 936	15 043
41	0	15 370	15 480	15 591	15 703	15 815	15 928	16 041	16 156	16 270	16 386
42	0	16 737	16 855	16 974	17 093	17 214	17 336	17 457	17 579	17 702	17 826
43	0	18 202	18 329	18 457	18 585	18 714	18 844	18 975	19 106	19 238	19 371
44	0	19 774	19 910	20 047	20 185	20 323	20 463	20 603	20 743	20 885	21 028
45	0	21 460	21 606	21 753	21 900	22 049	22 198	22 348	22 499	22 651	22 804
46	0	23 268	23 424	23 582	23 740	23 899	24 059	24 220	24 382	24 545	24 709
47	0	25 206	25 374	25 543	25 713	25 883	26 055	26 228	26 401	26 575	26 752
48	0	27 285	27 465	27 646	27 828	28 012	28 196	28 381	28 567	28 755	28 943
49	0	29 516	29 709	29 903	30 098	30 295	30 492	30 691	30 891	31 092	31 295
50	0	31 909	32 116	32 324	32 534	32 745	32 957	33 171	33 385	33 601	33 818
51	0	34 478	34 700	34 924	35 149	35 376	35 604	35 833	36 063	36 295	36 529
52	0	37 237	37 476	37 716	37 958	38 202	38 446	38 693	38 941	39 190	39 441
53	0	40 202	40 459	40 717	40 977	41 239	41 502	41 767	42 034	42 302	42 571
54	0	43 390	43 667	43 945	44 225	44 506	44 789	45 074	45 361	45 650	45 940
55	0	46 822	47 119	47 419	47 720	48 023	48 328	48 635	48 944	49 255	49 568
56	0	50 518	50 838	5 761	51 486	51 813	52 141	52 472	52 305	53 141	53 478
57	0	54 503	54 849	55 197	55 547	55 900	56 255	56 612	56 972	57 333	57 698
58	0	58 804	59 178	59 554	59 933	60 314	60 697	61 083	61 472	61 863	62 257
59	0	63 454	63 858	64 265	64 674	65 086	65 501	65 919	66 340	66 763	67 189

7.3.2 渐开线齿廓的啮合特点

1. 满足齿廓啮合基本定律

设一对齿轮的两个渐开线齿廓 C_1、C_2 在点 K 相接触，如图7-5所示。由渐开线的性质可知，过点 K 作两个齿廓的公法线 N_1N_2 必与两个基圆相切。在齿轮传动过程中，两个基圆的大小及位置均不会变，因为基圆在同一方向的内公切线仅有一条，所以无论两个齿廓在何处接触，过接触点所作两个齿廓的公法线都要一定与 N_1N_2 重合。这也说明公法线 N_1N_2 与连心线 O_1O_2 的交点 P 是一个定点，其瞬时传动比为一个常数。即

$$i_{12}=\frac{\omega_1}{\omega_2}=\frac{O_2P}{O_1P}=\text{常数}$$

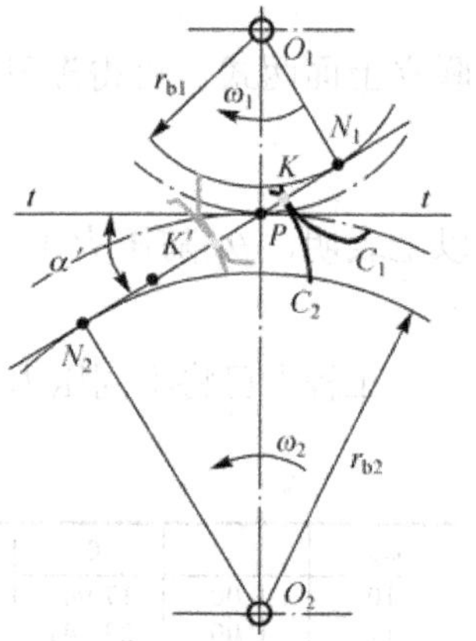

图 7-5 渐开线齿廓的啮合

2. 中心距具有可分性

由图 7-5 可知，因$\triangle O_1PN_1 \backsim \triangle O_2PN_2$，故传动比可以写为

$$i_{12}=\frac{\omega_1}{\omega_2}=\frac{O_2P}{O_1P}=\frac{r_2'}{r_1'}=\frac{r_{b2}}{r_{b1}}=\text{常数} \tag{7-3}$$

式(7-3)表明渐开线齿轮的瞬时传动恒定不变，其大小不仅与两个齿轮的节圆半径成反比，同时也与两个齿轮的基圆半径成反比。

由式(7-3)可知，渐开线齿轮的传动比是常数。当渐开线齿轮加工完成之后，其基圆的大小就已确定了，因此在安装时若中心距略有变化，因基圆不变，就不会改变其瞬时传动比的大小，渐开线齿廓的这种特性称为中心距可分性。这个特性对齿轮传动来说是十分重要的。利用这个特性，即使齿轮在制造或安装时产生误差，或者是在运转过程中轴承产生磨损等，渐开线齿轮仍能保持传动比不变，从而保证机器所需要的运动不变。

3. 啮合线与公切线、公法线、正压力线合一

如图 7-5 所示，一对渐开线齿廓在任意一点 K 啮合，过点 K 作两个齿廓的公法线 N_1N_2，根据渐开线性质，该公法线就是两个基圆的公切线。当两个齿廓转到点 K' 啮合时，过点 K' 所作公法线也是两个基圆的公切线。由于齿轮基圆的大小和位置均固定，因此公法线 N_1N_2 是唯一的。所以，不管齿轮在哪一点啮合，啮合点总在这条公法线上，该公法线与啮合线为一条线。

对渐开线齿廓的齿轮传动来说，两个齿轮啮合传动时其正压力是沿着公法线方向的，因此啮合线、基圆的公切线、过啮合点的公法线和齿廓正压力线是四线合一的。

4. 啮合角不变

啮合线 N_1N_2 与两个节圆的公切线 t-t 所夹的锐角称为啮合角，用 α' 表示，从图 7-5 可知，基圆在同一方向的内公切线仅有一条，节点 P 是一个定点，因此两个节圆的公切线 t-t 与啮合线 N_1N_2 的夹角不变，即渐开线齿轮传动中啮合角为常数。

一对相啮合的渐开线齿廓的啮合角在数值上等于渐开线在节圆上的压力角。显然，齿轮传动时啮合角不变表示齿廓间压力方向不变。若传递的扭矩不变，其压力大小和方向保持不变，因而传动较平稳，这也是渐开线齿轮传动的一大优点。

7.4 渐开线标准直齿圆柱齿轮的主要参数及几何尺寸计算

7.4.1 齿轮各部分结构及名称

图 7-6 所示的是直齿圆柱齿轮的一部分，渐开线齿轮的两侧是由相互对称的两个渐开线齿廓组成的。齿轮各部分的名称和符号如图 7-6 所示。

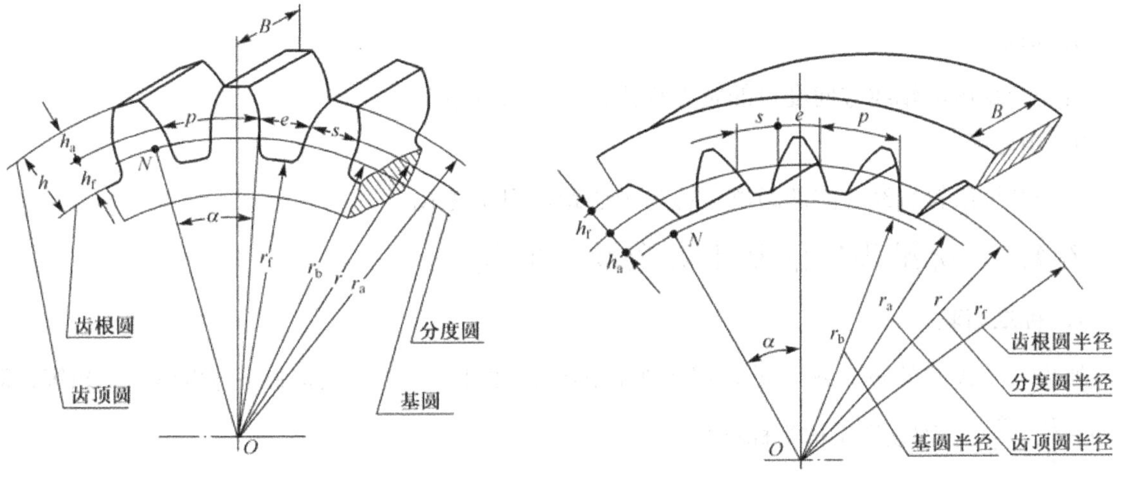

(a) 外齿轮　　(b) 内齿轮

图 7-6　齿轮各部分的名称和符号

1. 齿顶圆

经过所有轮齿顶部而确定的圆称为齿顶圆，但内齿轮的齿顶圆在齿顶底部，用直径 d_a 或半径 r_a 表示。

2. 齿根圆

由所有轮齿槽底部所确定的圆称为齿根圆，但内齿轮的齿根圆在齿槽顶部，用直径 d_f 或半径 r_f 表示。

3. 齿槽

齿轮上相邻轮齿之间的空间称为齿间或齿槽。同一个齿槽的两侧齿廓在任意圆上的弧长，称为在该圆上的齿槽宽，用 e_k 表示。

4. 齿厚

在任意半径 r_k 的圆周上，一个轮齿两侧齿廓之间的弧长，称为该圆上的齿厚，用 s_k 表示。

5. 齿距

相邻两个齿同侧齿廓间的弧长，称为该圆上的齿距，用 p_k 表示。齿距等于齿厚与齿槽宽之和，即 $p_k = s_k + e_k$。

6. 分度圆

在齿轮上人为取一个特定圆，作为计算的标准，此圆称为分度圆，其直径和半径用 d 和 r 表示。分度圆上的所有参数的符号不带下标，即不带下标的参数是分度圆上的。分度圆上的模数是标准模数，压力角也是标准值。

7. 齿顶高、齿根高和齿高

介于分度圆和齿顶圆之间部分称为齿顶，其径向距离称为齿顶高，用 h_a 表示。介于分度圆和齿根圆之间部分称为齿根，其径向距离称为齿根高，用 h_f 表示。

齿顶圆与齿根圆之间的径向距离，称为齿全高，用 h 表示。齿高是齿顶高与齿根高之和，即 $h = h_a + h_f$ 。

8. 齿宽

齿轮的轮齿沿轴线方向度量的宽度称为齿宽，用 B 表示。

9. 中心距

两个圆柱齿轮轴线之间的距离，称为中心距，用 a 表示。

7.4.2 标准齿轮的基本参数及几何尺寸

1. 标准齿轮

如果一个齿轮的 m 、α 、h_a^* 、c^* 均为标准值，并且分度圆上的齿厚 s 与齿槽宽 e 相等，即 $s = e = \dfrac{p}{2} = \dfrac{m\pi}{2}$ ，则该齿轮称为标准齿轮。

2. 标准齿轮的基本参数

标准直齿圆柱齿轮的基本参数有五个，即 z 、m 、α 、h_a^* 、c^* ，其中 h_a^* 称为齿顶高系数，c^* 为顶隙系数。

（1）齿数。在齿轮圆周上均匀分布的轮齿总数称为齿数，用 z 表示。数值由工作要求确定。

（2）模数。因为分度圆的圆周长 $\pi d = pz$ ，故分度圆的直径为

$$d = \frac{p}{\pi} z$$

式中，π 是一个无理数，对设计、制造及检验都带来不方便，因此工程上人为地规定比值 $\dfrac{p}{\pi}$ 为有理数，称之为模数，用 m 表示，单位为 mm，即

$$m = \frac{p}{\pi} \quad (7\text{-}4)$$

模数 m 已是标准化数值。我国已规定国家标准模数系列，表 7-3 为其中的一部分。

表 7-3 渐开线圆柱齿轮模数（GB/T1357—2006 并参照 ISO54:1996） 单位：mm

第一系列	1	1.25	1.5 2 2.		5	3	4	5	6
	8	10	12 16 20			25 32 40			50
第二系列	1.125	1.375	1.75 2.	25 2.	75	3.5	4.5	5.5	(6.5)
	7	9	11 14 18			22 28 36			45

注：1. 在选取时应优先采用第一系列，括号内的模数应尽可能避免；
2. 本表适用于渐开线圆柱齿轮。对于斜齿轮，是指法向模数。

模数是设计和制造齿轮的一个重要参数。模数的大小与齿轮的大小之间的关系如图 7-7 所示。模数 m 越大，分度圆齿距 p 也越大，轮齿也越厚，所以模数的大小会影响齿轮的承载能力。

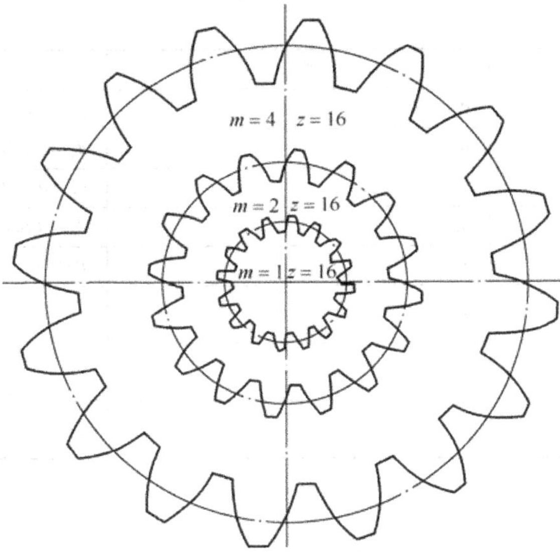

图 7-7 同齿数不同模数的各齿轮尺寸

（3）标准压力角。渐开线齿廓上各点的压力角是不同的。为了便于设计和制造，规定分度圆上的压力角为标准值，这个标准值称为标准压力角。我国标准压力角一般取 20°，压力角大，对齿轮强度有利；压力角小，对齿轮承受动载荷及降低噪声有利。

（4）齿顶高系数。引入齿顶高系数 h_a^* 是为了方便用模数的倍数计算齿顶高，h_a^* 增大，对运转平稳，减小噪声有利；h_a^* 减小，对应压力角大，对轮齿抗胶合有利。

（5）顶隙系数。顶隙可以避免齿顶和齿槽底相抵触，同时还能储存润滑油。一个齿轮的齿根圆与配对齿轮的齿顶圆之间的径向距离称为顶隙，用 c 表示。同样，为了方便用模数的倍数计算顶隙，从而引入顶隙系数。

齿顶高系数和顶隙系数已标准化，见表 7-4。

表 7-4 标准齿顶高系数和顶隙系数

齿顶高系数	正常齿	短齿	顶隙系数	正常齿	短齿
h_a^*	1 0.	8	c^* 0.	25	0.3

3. 标准齿轮几何尺寸计算

标准直齿圆柱齿轮的所有尺寸均可用上述五个参数来表示，轮齿的各部分尺寸的计算公式可查表 7-5。

表 7-5 外啮合标准直齿圆柱的几何尺寸计算 单位：mm

名称	符号	计算公式
模数	m	从表 7-3 中选取
压力角	α	一般为 20°
分度圆直径	d	$d = mz$
齿顶高	h_a	$h_a = h_a^* m$
齿根高	h_f	$h_f = (h_a^* + c^*)m$
齿全高	h	$h = h_a + h_f$

（续表）

名称	符号	计算公式
顶隙	c	$c=c^{*}m$
齿顶圆直径	d_a	$d_a=d+2h_a$
齿根圆直径	d_f	$d_f=d-2h_f$
基圆直径	d_b	$d_b=d\cos\alpha$
齿距	p	$p=m\pi$
齿厚	s	$s=\dfrac{p}{2}=\dfrac{m\pi}{2}$
齿槽宽	e	$e=\dfrac{p}{2}=\dfrac{m\pi}{2}$
标准中心距	a	$a=\dfrac{m(z_1+z_2)}{2}$

7.4.3 齿条

当渐开线齿廓变成的基圆半径趋向无穷大时，齿轮变成齿条，如图7-8所示，其特点如下。

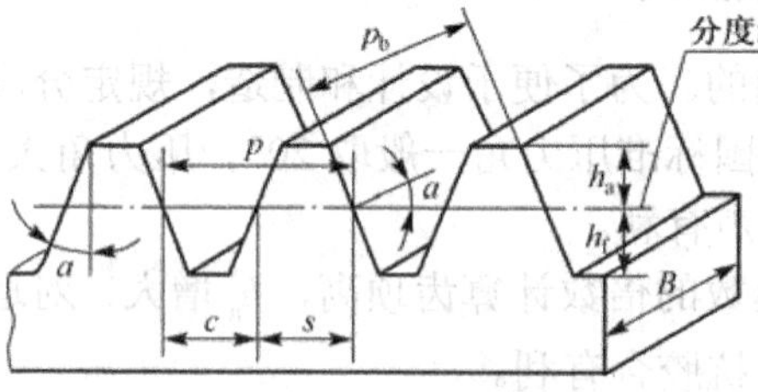

图 7-8 齿条

（1）齿条上各同侧齿廓互相平行为直线，各法线平行，齿条的运动是平动，齿条齿廓上各点的压力角相等，均为标准值。齿廓的倾斜角称为齿形角，其大小与压力角相等。

（2）齿廓上任意点的齿距都相等，但只有在分度线上齿厚与齿槽宽才相等，即$s=e=\dfrac{p}{2}=\dfrac{m\pi}{2}$。

7.4.4 径节制齿轮

国际上有一些国家不用模数制，而用径节制作为齿轮的几何尺寸计算基础。径节是齿数与分度圆直径之比。设DP为径节，单位为1/in（1/英寸），则

$$DP=\frac{z}{d}=\frac{\pi}{p} \quad (7\text{-}5)$$

式中，d为分度圆直径，1/in（1/英寸）；p为齿距，1/in（1/英寸）；z为齿数。

用式(7-4)与式(7-5)将径节换算成模数为

$$m=\frac{25.4}{DP}$$

7.5 渐开线直齿圆柱齿轮的啮合传动

圆柱齿轮能保证恒定的传动比。但任意两个直齿圆柱渐开线齿轮不一定能够连续等速比地啮合传动，它们需要满足下列的基本条件。

7.5.1 齿轮正确啮合条件

要求一对齿轮正确啮合，必须考虑齿轮齿距能否搭配。

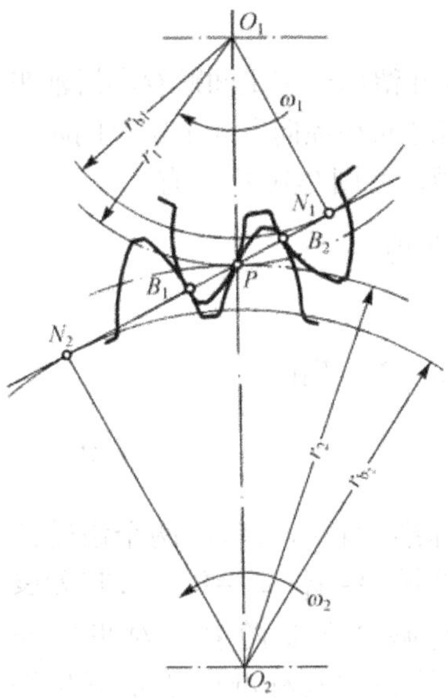

图 7-9 正确啮合的条件

1. 法向齿距

如图7-9所示，两个齿同侧齿廓的齿顶圆与啮合线 N_1N_2 的交点分别为 B_1 和 B_2，线段 B_1B_2 的长度称为齿轮的法向齿距，用 p_n 表示。由渐开线的性质可知（线与弧等长），法向齿距等于基圆上的齿距 p_b，即 $p_n = p_b$。

2. 正确啮合条件

如图 7-9 所示，一对齿轮的前一对轮齿在啮合线上点 B_1 接触时，其后一对齿已在啮合线点 B_2 接触，这样当前面一对齿分离时，后一对齿为了保证前后两对齿同时在啮合线上接触，它们的法向齿距必须相等，即

$$p_{n1} = p_{n2}$$

因为
$$p_b = \frac{\pi d_b}{z} = \frac{\pi d}{z}\cos\alpha = m\pi\cos\alpha$$

由此可得
$$m_1\pi\cos\alpha_1 = m_2\pi\cos\alpha_2 \tag{7-6}$$

渐开线齿轮的模数 m 和压力角 α 均为标准值，满足式(7-6)必须使两个齿轮的模数和压力角分别相等，并等于标准值。即

$$m_1 = m_2 = m \qquad \alpha_1 = \alpha_2 = \alpha \quad (7\text{-}7)$$

因此，渐开线齿轮的正确啮合条件是：两个齿轮的模数、压力角必须分别相等。

这样，一对渐开线圆柱齿轮的传动比又可表达为

$$i_{12} = \frac{\omega_1}{\omega_2} = \frac{r_2'}{r_1'} = \frac{r_{b2}}{r_{b1}} = \frac{r_2\cos\alpha}{r_1\cos\alpha} = \frac{r_2}{r_1} = \frac{z_2}{z_1} \quad (7\text{-}8)$$

即传动比不仅与两个齿轮的基圆、节圆、分度圆直径成反比，而且与两个齿轮的齿数成反比，由此可以，方便计算。

7.5.2 齿轮标准安装条件

一对齿轮标准安装时需要满足以下两点要求。

1. 保证啮合齿侧间隙为零

如图 7-10 所示，一个齿轮节圆上的齿厚与另一个齿轮节圆上的齿槽宽之差称为齿侧间隙，用 Δ 来表示。在齿轮传动中，为了消除反向传动空程和减小撞击，要求齿侧间隙等于零，即 $\Delta = e_1' - s_2' = 0$。但考虑到轮齿热膨胀、润滑和安装的需要，避免由于弹性变形和热膨胀而引起的卡住等问题，在齿轮传动过程中齿侧应留有适当的侧隙。此侧隙一般在制造齿轮时由齿轮的公差来保证，而在设计计算齿轮尺寸时仍按无侧隙计算。

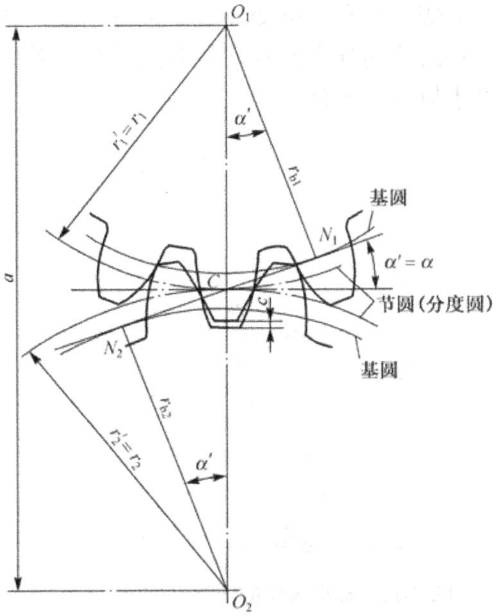

图 7-10 标准齿轮的标准安装

2．保证两个齿轮的顶隙是标准值

为了避免一个齿轮的齿顶与另一个齿轮齿槽底部发生顶死现象，并留出一定空间贮存润滑油来润滑齿廓表面，如图 7-10 所示的齿轮 1 的齿顶圆与齿轮 2 的齿根圆之间在径向方向上留有间隙，称之为顶隙，用 c 表示。两个齿轮的中心距不同，顶隙的大小也不同，在图 7-10 中，有

$$c = h_{\rm f} - h_{\rm a} = (h_{\rm a}^* + c^*)m - h_{\rm a}^* m = c^* m \quad (7\text{-}9)$$

由式(7-9)得到的是标准顶隙。由此可得两个齿轮的中心距为

$$\begin{aligned} a &= r_1' + r_2' = r_{\rm a1} + c + r_{\rm f2} = (r_1 + m h_{\rm a}^*) + c^* m + [r_2 - m(h_{\rm a}^* + c^*)] \\ &= r_1 + r_2 = \frac{m}{2}(z_1 + z_2) \end{aligned} \quad (7\text{-}10)$$

由式(7-10)得到的是标准中心距，并由此可知当一对外啮合标准齿轮啮合时，两个齿轮的节圆与分度圆重合，而分度圆上的齿厚与齿槽宽相等，满足齿侧间隙 $\varDelta = e_1' - s_2' = 0$ ，同时分度圆压力角与节圆压力角相等并等于啮合角。需要注意的是，节圆与啮合角是随着一对齿轮的啮合才出现的参数。两个节圆总是相切，当实际中心距因误差等原因与标准中心距不相等时，两个齿轮的分度圆是分离的，这样的安装称为非标准安装，如图 7-11 所示。非标准安装时啮合线位置变化，啮合角也不再等于分度圆上的压力角。此时的实际中心距为

$$a' = r_1' + r_2' = \frac{r_{\rm b1}}{\cos\alpha_1'} + \frac{r_{\rm b2}}{\cos\alpha_2'} = \frac{r_1\cos\alpha}{\cos\alpha'} + \frac{r_2\cos\alpha}{\cos\alpha'} = (r_1 + r_2)\frac{\cos\alpha}{\cos\alpha'} = a\frac{\cos\alpha}{\cos\alpha'}$$

$$a'\cos\alpha' = a\cos\alpha \quad (7\text{-}11)$$

从式(7-11)可知，当节圆半径 r' 大于分度圆半径 r 时，啮合角 α' 大于分度圆的压力角 α 。

在齿轮齿条啮合时，齿轮的节圆与齿条的节线做纯滚动。当用标准安装时（如图 7-12 所示），齿条的分度线与齿轮的分度圆相切，此时 $\alpha = \alpha'$ 。当齿条远离或靠近齿轮时（相当于齿轮中心距改变），虽然齿条的分度线与齿轮的分度圆分离，但由于齿条的齿廓是直线，所以啮合线位置不变，啮合角不变，节点位置不变，传动比不变。所以不管是否为标准安装，齿轮与齿条啮合时齿轮的分度圆永远与节圆重合，啮合角恒等于压力角。但只有在标准安装时，齿条的分度线才与节线重合。

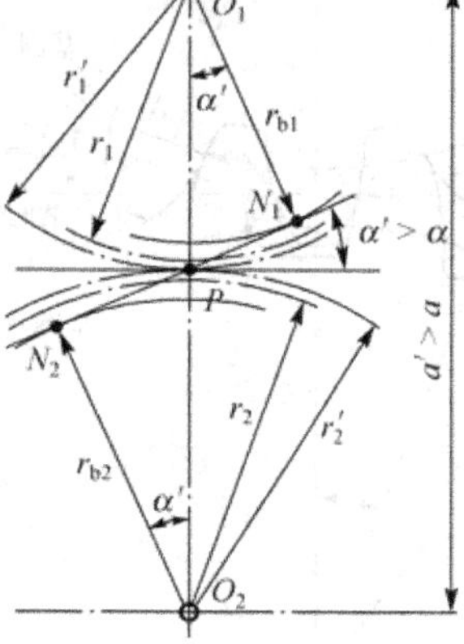

图 7-11 标准齿轮的非标准安装

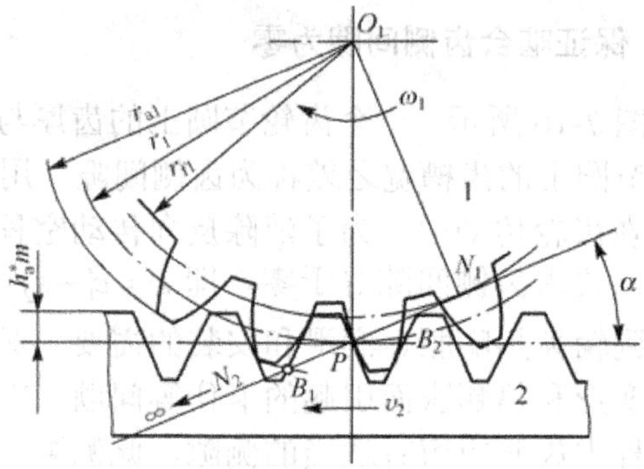

图 7-12 齿轮齿条的标准安装

7.5.3　齿轮连续传动条件

齿轮传动是依靠两个齿轮的轮齿依次啮合而实现的。为了保证一对渐开线齿轮能够连续传动，当前一对啮合轮齿在离开啮合时，后一对轮齿必须已进入或刚刚进入啮合才能保证传动的连续。

1．啮合传动的过程

当齿轮 1 是主动轮，齿轮 2 是从动轮时，如图 7-13 所示，一对齿轮的啮合过程是主动轮的齿根推动从动轮的齿顶开始逐渐过渡到主动轮的齿顶推动从动轮的齿根，直至互相脱开。具体的起始是从点 B_2 开始，到点 B_1 终止啮合。点 B_2 是从动轮齿顶圆 2 与啮合线 N_1N_2 的交点，点 B_1 是主动轮 1 的齿顶圆与啮合线 N_1N_2 的交点。可见，B_1B_2 为齿廓啮合的实际啮合线段。显然，随着齿顶圆的增大，B_1B_2 线段可以加长，但因基圆内无渐开线，所以不会超过点 N_1 和 N_2。N_1N_2 为理论上的最大啮合线段，称为理论啮合线段，B_1B_2 称为实际啮合线段。

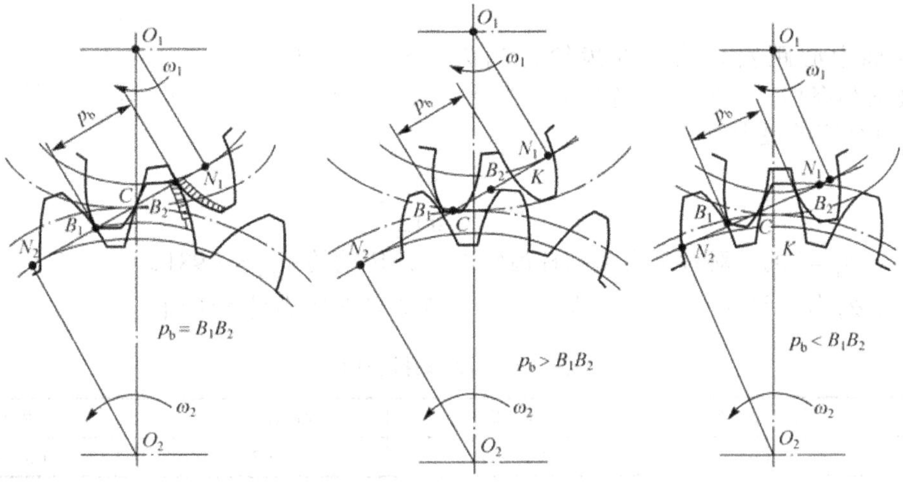

(a)　(b)　(c)

图 7-13　齿轮传动的重合度

2．齿轮连续传动的条件

如图 7-13(a)所示，当 B_1B_2 恰好等于 p_b 时，即前一对齿在点 B_1 即将脱离，后一对齿刚好在点 B_2 接触时，齿轮能保证连续传动。但若齿轮 2 的齿顶圆直径稍小，如图7-13(b)所示，它与啮合线的交点在 B_2，则 $B_1B_2 < p_b$。此时，前一对齿即将分离，后一对齿尚未进入啮合，齿轮传动就要中断。若如图 7-13(c)所示，前一对齿到达点 B_1 时，后一对齿已经啮合多时，说明传动是连续的，此时 $B_1B_2 > p_b$。由上面的分析可得，齿轮连续传动条件为

$$B_1B_2 \geqslant p_b$$

令

$$\varepsilon = \frac{B_1B_2}{p_b} \geqslant 1 \quad (7\text{-}12)$$

则 ε 称为重合度，它表示一对齿轮在啮合过程中，同时参与啮合的轮齿的对数。ε 越大表明同时参与啮合轮齿的对数越多，每对齿的负荷越小，负荷变动量也越小，传动越平稳，因此它是衡量齿轮传动的重要指标之一，其计算公式为

$$\varepsilon=\frac{1}{2\pi}[z_1(\tan\alpha_{a1}-\tan\alpha'+z_2(\tan\alpha_{a2}-\tan\alpha')] \quad (7\text{-}13)$$

式中，$\alpha_a=\arccos\frac{r_b}{r_a}$；$\alpha'=\arccos\frac{r_b}{r'}$。

从式(7-13)可知，ε 与模数无关，齿数增多，重合度加大，为齿轮设计提供有利条件。

重合度的几何关系如图7-14所示。在 $\varepsilon=1.4$ 的情况下，当前一对齿在点 D 啮合时，后一对齿在点 B_2 接触，开始两对齿同时啮合，直到前一对齿到达点 B_1，后一对齿到达点 C 为止。因此，啮合线上的 B_1D 和 CB_2 区间是双齿啮合区。从点 C 开始到点 D 只有一对齿啮合，是单齿啮合区。所以 $\varepsilon=1.4$ 表明在齿轮转过一个基圆齿距的时间内有 40%的时间是双齿啮合，60%的时间是单齿啮合。ε 越大，双齿啮合区比例越大，传动越平稳。

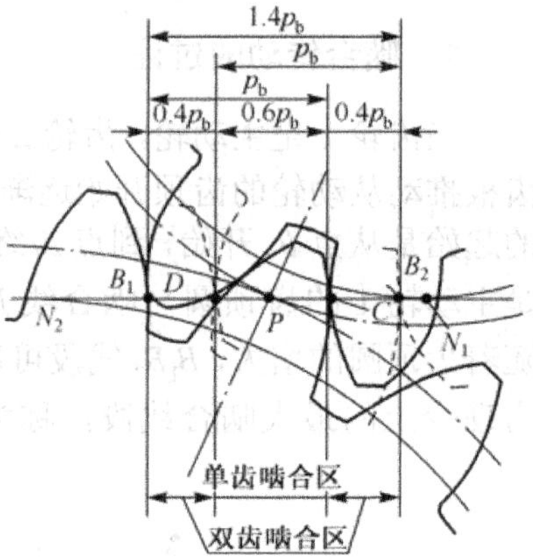

图 7-14 重合度的意义

对于标准中心距安装的标准齿轮，当齿数趋向无穷多，齿轮变成齿条时，ε 增大。当两个齿条啮合时，得到直齿圆柱齿轮重合度的最大值 ε_{max} 为

$$\varepsilon_{max}=\frac{4h_a^*}{\pi\sin2\alpha}$$

对于 $\alpha=20°$，$h_a^*=1$ 的一对标准直齿圆柱齿轮的啮合传动的 $\varepsilon_{max}=1.981$。

表 7-6 中列出了许用重合度[ε]的推荐值，在设计时应满足 ε>[ε]。

表 7-6 [ε]的推荐值

使用场合	一般机械制造业	汽车、拖拉机制造业	机床制造业	纺织机器造业
[ε]	1.4	1.1～1.2	1.3	1.3～1.4

7.6 渐开线齿廓切削加工的原理

齿形加工是齿轮加工的核心和关键，可采用铸造法、轧制法、冲压法、切削法、锻造法等。最常用的是切削加工法。按加工原理的不同，切削加工可以分为成形法和范成法。

7.6.1 成形法

成形法是用与被切轮齿形状相符的渐开线齿形的成形铣刀，在普通铣床上直接将被加工齿轮的齿槽部分铣掉，从而切制出齿形的一种加工方法。成形法切制齿轮有盘状铣刀和指状铣刀两种，如图 7-15 所示。加工时，铣刀绕自身的轴线旋转，同时轮坯沿齿轮轴线方向做直线移动。在铣出一个齿槽后，将轮坯转过360°/z，再铣下一个齿槽。依次类推，直到加工出全部的轮齿。

渐开线齿形由基圆决定，基圆直径 $d_b=mz\cos\alpha$，当模数 m、分度圆压力角 α 为标准值时，不同齿数都应配对应的刀具，这样铣刀量会很大。为此，常将模数相同、齿数相近的合用。成形法的优点是加工方法简单，不需要专用的机床；而缺点是精度和生产效率低，因此只适用于修配、单件生产及加工精度要求不高的齿轮。

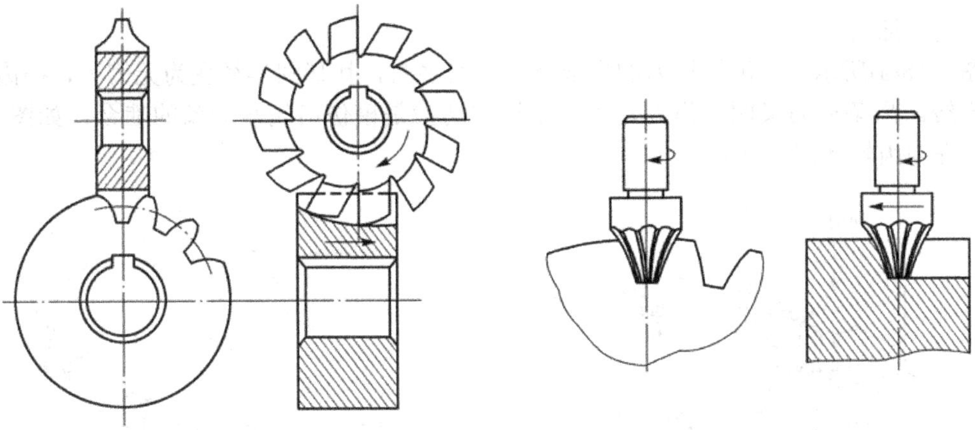

图 7-15 成形法切制齿轮

7.6.2 范成法

利用一对齿轮啮合时两个齿轮齿廓互为包络线的原理来加工齿形的方法就是范成法。加工时，刀具与齿坯的运动就像一对互相啮合的齿轮，刀具的模数、压力角与被加工齿轮相同，但刀具的齿顶比标准齿轮高出一部分。例如，图 7-16 中 $c=c^{*}m$，这是为了切出径向间隙部分。刀具的直线段将切出齿坯渐开线齿廓，其他部分切出非渐开线齿廓。常用的刀具主要有插齿刀和滚刀。由于范成法的加工精度较高，是目前轮齿切削加工的主要加工方法，在大批量生产中得到了广泛的应用。

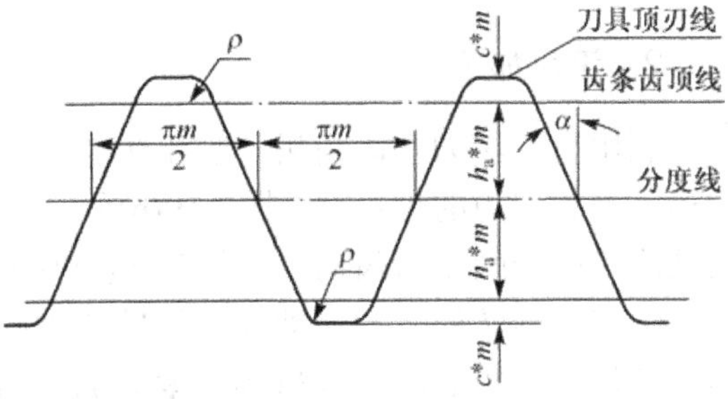

图 7-16 渐开线齿条插刀

范成法加工齿轮的具体方法有很多，应用最多的有插齿加工和滚齿加工。

1. 插齿加工

插齿加工中应用一对齿轮的啮合关系来切制齿廓，因此加工出来的齿形准确，但由于是间断地切削，所以生产率较低。插齿加工是利用插刀在插齿机上加工齿轮的，一般采用的插齿刀有两种。

（1）齿轮插刀

齿轮插刀的形状与齿轮相似，但具有切削加工的刀刃。刀具顶部比正常齿高出 $c^{*}m$。插齿时，插刀沿轮坯轴线方向做往复切削运动，同时强迫插刀与轮坯模仿一对齿轮传动那样以一定的角速比转动，如图7-17(a)所示，直至全部齿槽切削完毕。

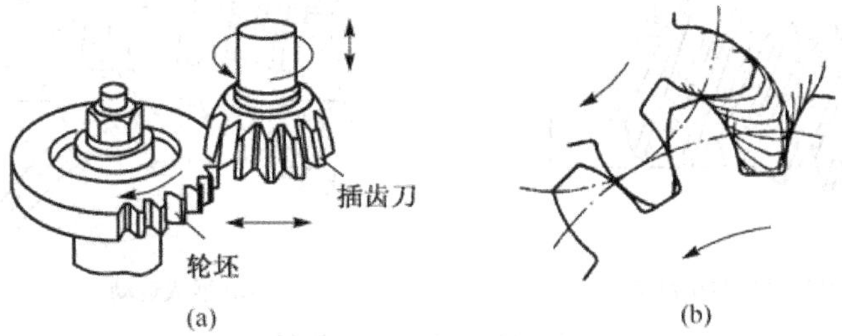

图 7-17 齿轮插刀插齿

（2）齿条插刀

如图 7-18(a)所示，当齿轮插刀的齿数增至无穷多时，其基圆半径变为无穷大，插齿刀的齿廓成为直线。齿条插刀又叫梳齿刀，用齿条插刀切齿是模仿齿轮与齿条的啮合，如图 7-18(b)所示，原理与齿轮插刀一样。

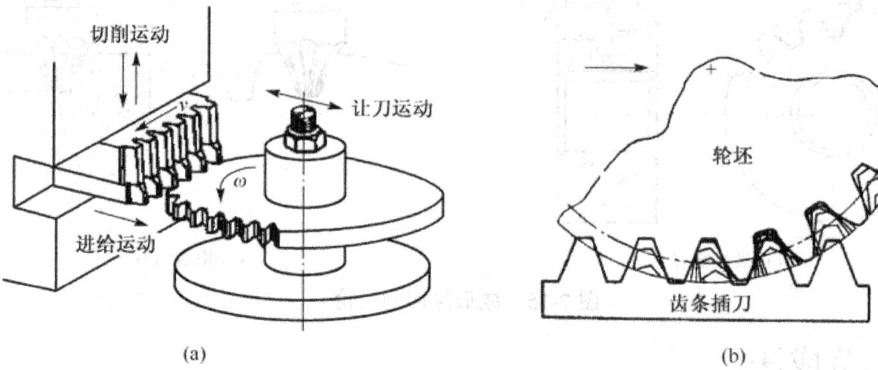

图 7-18　齿条插刀插齿

2．滚齿加工

利用齿轮滚刀在滚齿机上加工齿轮如图7-19(a)所示。齿轮滚刀的外形类似于一个开了纵向沟槽而形成刀刃的螺杆，如图7-19(b)所示，滚刀的轴线与轮坯端面偏斜导程角γ，这样可保证刀具螺旋线的切削正对齿向，如图7-19(c)所示。滚刀转动时，相当于齿条在移动，如图7-19(d)所示。滚刀除旋转外，还沿被加工齿轮的轴向逐渐移动，以便切出整个齿宽。这样就按展成原理切出被加工齿轮的渐开线齿廓。滚齿加工的特点是用滚刀连续切削，因此生产率较高，但需要专用机床。

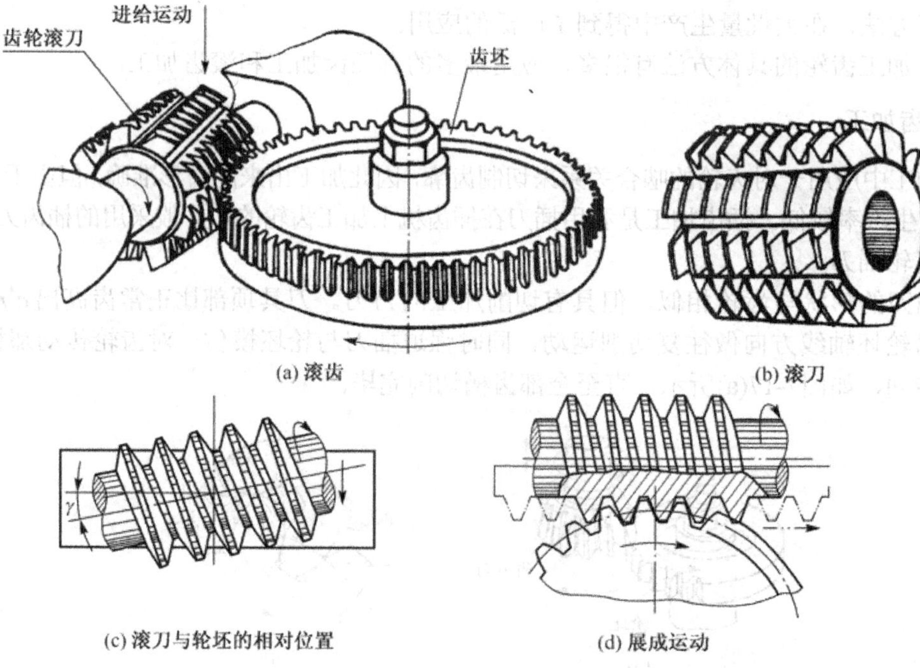

图 7-19　滚刀加工齿轮

用范成法加工齿轮，只要刀具与被加工齿轮的模数和压力角相同，不管被加工齿轮的齿数是多少，都可以用同一把刀具来加工，这给生产带来了很大的方便，因此范成法得到了广泛的应用。

7.7 渐开线齿廓的根切现象与标准外齿轮的最少齿数

7.7.1 根切现象

用范成法加工齿轮时，若齿数过少，刀具的齿顶线（或齿顶圆）与啮合线的交点就会超过理论啮合线极限点 N_1，这样会产生根切，即被加工齿轮齿根附近的渐开线齿廓将被刀具的齿顶切去一部分，如图 7-20 所示。

在图7-21 中，当刀具从位置 1 到位置 2 时，刀刃已移过实际啮合线 B_1B_2，此时轮坯的渐开线齿廓已完全切出。当刀具继续从 B_2 移动到 N_1 时，由插刀顶高 c^*m 的圆弧刀刃切出齿廓，这段的齿廓不是渐开线，称为过渡曲线。当刀具再从 N_1 位置移动到 K 位置时，可以证明轮坯转过 φ 角，刀具移动到位置 4。从图7-21 中可以看出刀具与齿根发生干涉，实际上就是根切。

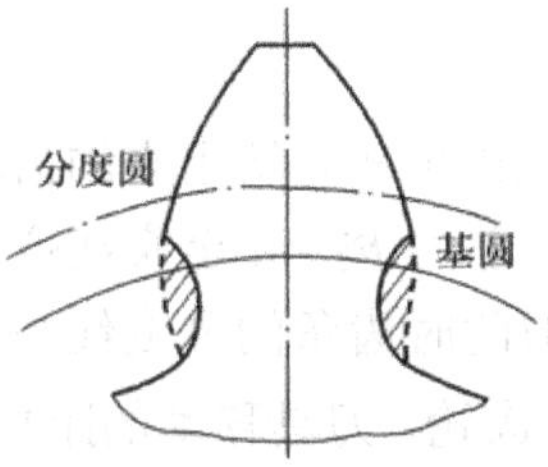

图 7-20 轮齿的根切

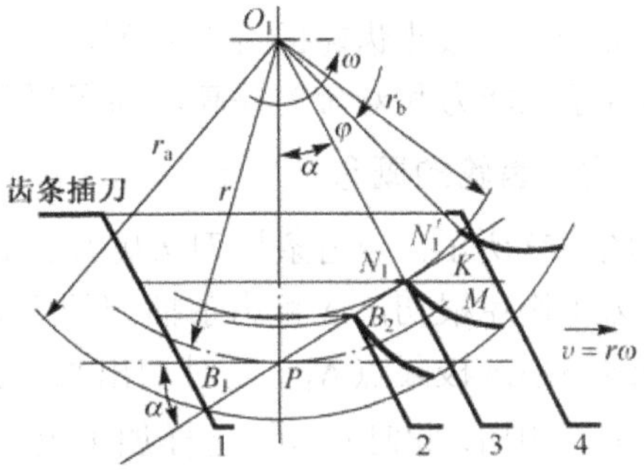

图 7-21 根切的原因

轮齿的根切大大削弱了轮齿的弯曲强度，降低了齿轮传动的平稳性和重合度，对传动产生不利影响，因此应设法避免。

7.7.2 标准外齿轮的最少齿数

1. 不发生根切的条件

图 7-22 所示的是用齿条插刀加工标准外齿轮的情况，齿条插刀的分度线与齿轮的分度圆相切。要使被加工齿轮不产生根切，刀具的齿顶线不得超过点 N_1，即

$$PN_1 \geq PB$$

由△ PN_1O_1，得

$$PN_1 = r\sin\alpha = mz\sin\alpha$$

由△ PBB'，得

$$PB = \frac{h_a^* m}{\sin\alpha}$$

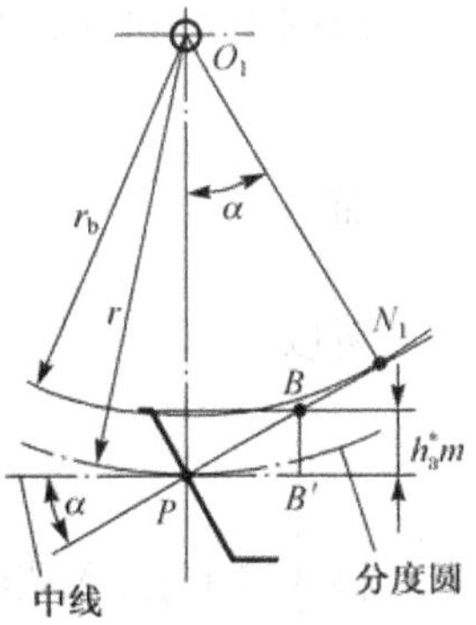

图 7-22 避免根切的条件

即
$$z \geqslant \frac{2h_a^*}{\sin^2\alpha} \quad (7\text{-}14)$$

2．最少齿数

标准齿轮是否发生根切取决于其齿数的多少。当用插刀或滚刀加工标准直齿外齿轮时，不产生根切现象的极限齿数称为最少齿数，用 $z_{\min}$ 表示。

由式(7-14)知，标准直齿圆柱齿轮不产生根切的最少齿数为

$$z_{\min} = \frac{2h_a^*}{\sin^2\alpha} \quad (7\text{-}15)$$

对于标准直齿圆柱齿轮，当 $\alpha = 20°$，$h_a^* = 1$ 时，$z_{\min} = 17$。

7.7.3 变位齿轮

渐开线标准齿轮传动具有设计计算简单、互换性好等优点。但仍存在着一些局限性：① 受根切限制使得齿数不得少于最小齿数 $z_{\min}$，传动结构不够紧凑；② 不适用于非标准中心距 a' 的场合，当 $a > a'$ 时无法安装，当 $a < a'$ 时，虽然可以安装并保证定传动比，但会产生过大的侧隙，从而引起冲击振动，影响传动的平稳性；③ 当一对标准齿轮传动时，小齿轮的齿根厚度小而啮合次数又较多，故小齿轮的强度较低，齿根部分磨损也较严重，因此小齿轮容易损坏，限制了齿轮机构承载能力和寿命的提高。为了尽可能满足实际工程的要求，出现了变位齿轮。

1．变位齿轮的概念

如图7-23所示，当齿条插刀按虚线位置安装时，齿顶线超过极限点 N_1，切出来的齿轮产生根切。为了避免根切，应将齿条插刀的安装位置远离轮坯中心 O_1 一段距离 xm 至实线位置，使其齿顶线不超过极限点 N_1，这时切出来的齿轮就不会发生根切，但此时齿条的分度线与齿轮的分度圆不再相切，此时 $s \neq e$，这样加工出来的非标准齿轮称为变位齿轮。刀具移动的距离 xm 称为变位量，x 称为变位系数。刀具远离轮坯中心的变位称为正变位，此时 $x > 0$ 称为正变位系数；而刀具靠近轮坯中心的变位称为负变位，此时 $x < 0$ 称为负变位系数。标准齿轮就是变位系数 $x = 0$ 的齿轮。

2．避免根切的最小变位系数

当用范成法加工齿数少于最少齿数的齿轮时，为了避免根切，刀具必须用正变位。当齿顶线通过点 N_1 时，刀具的移动量为最小，此时的变位系数称为最小变位系数，用 $x_{\min}$ 表示。

由图 7-24 可知，为了使刀具齿顶线不超过啮合极限点 N_1，应使

$$h_a^* m - xm \leqslant N_1Q$$

而
$$N_1Q = PN_1\sin\alpha = r\sin^2\alpha = \frac{mz}{2}\sin^2\alpha$$

所以
$$h_a^* m - xm \leqslant \frac{mz}{2}\sin^2\alpha$$

$$x \geqslant h_a^* - \frac{z}{2}\sin^2\alpha \quad (7\text{-}16)$$

将式(7-15)代入式(7-16)，整理后可得

$$x \geqslant h_a^* \frac{z_{\min} - z}{z_{\min}}$$

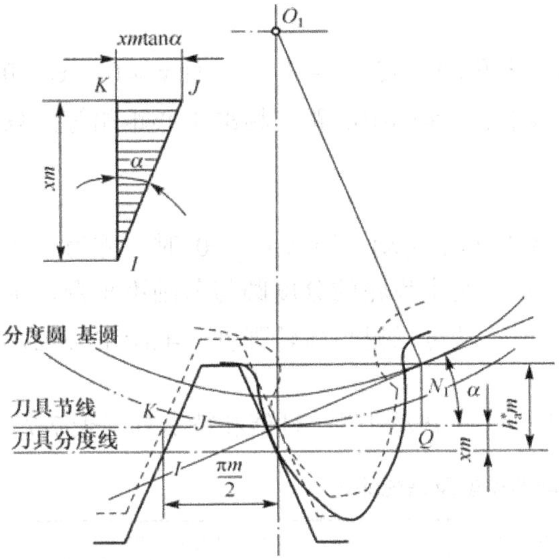

图 7-23 避免根切的变位齿轮

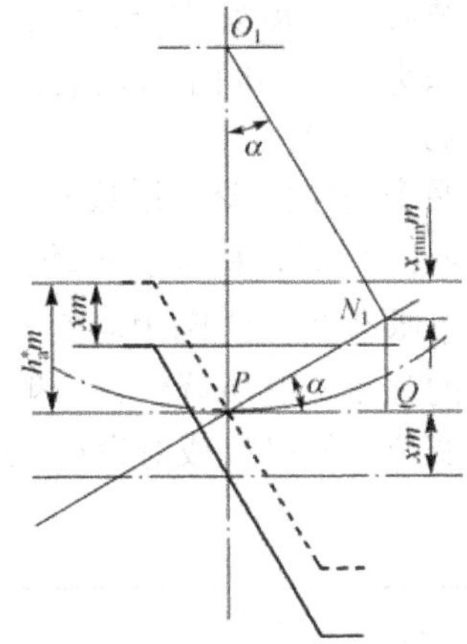

图 7-24 变位齿轮的径向变位

由此，可得最小变位系数为

$$x_{\min} \geqslant h_a^* \frac{z_{\min} - z}{z_{\min}} \quad (7\text{-}17)$$

当 $\alpha = 20°$，$h_a^* = 1$ 时，有

$$x_{\min} = \frac{17 - z}{17} \quad (7\text{-}18)$$

当 $z < z_{\min}$，$x_{\min} > 0$ 时，必须采用正变位方可避免根切，其变位系数 $x \geqslant x_{\min}$；当 $z > z_{\min}$ 时，$x_{\min} < 0$ 说明只要 $x > x_{\min}$，齿轮采用负变位也不会产生根切。

3. 变位齿轮的特点

用变位齿轮传动，可以改变不发生根切的最少齿数，提高齿轮传动的性能和承载能力，满足采用标准齿轮无法达到的某些中心距的要求。当变位齿轮和标准齿轮的齿数 z、模数 m、压力角 α、齿顶高系数 h_a^*、顶隙系数 c^* 相同时，变位齿轮和标准齿轮的齿廓曲线是同一条渐开线，但应用的区段不同，其分度圆、基圆尺寸均相同，如图 7-25 所示。

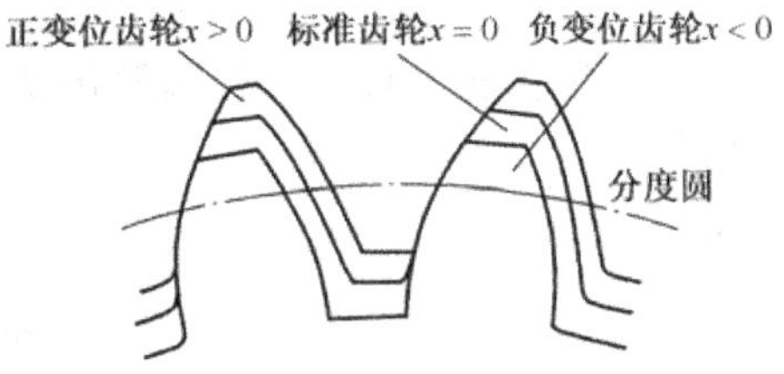

图 7-25 变位齿轮外形对比

采用变位齿轮，不仅可以加工齿数少于 $z_{\min}$ 但无根切的齿轮，而且当实际中心距 a' 与标准中心距 a 不等时可配凑中心距，修复被磨损的旧齿轮。要注意的是，正变位时，若变位系数过大，会导致齿顶变尖 $s_a = 0$ 或齿顶厚度过薄，从而使齿顶强度不足，故当设计正变位齿轮时，应校核齿顶厚度。一般应使 $s_a > 0.2\,m$。通常取 $s_a = (0.25 \sim 0.40)m$。

4. 变位齿轮的传动类型

根据变位系数之和的不同值，变位直齿轮传动可分为以下三种类型。

1）标准齿轮传动

标准齿轮传动可以看成是变位齿轮传动的一种特殊情况，即传动齿轮的变位系数 $x_1 = x_2 = 0$。为了避免发生根切，用标准齿轮传动的两个轮的齿数都大于不产生根切的最少齿数。

2）高度变位齿轮传动

当两个齿轮的变位系数 $x_1+x_2=0$ 时，又称为零传动。其 $x_1=-x_2$，并且 $x_1\neq0$，$x_2\neq0$。特点是节圆与分度圆重合，啮合角与分度圆压力角相等，实际中心距与标准中心距相等，只是齿顶高和齿根高不同于标准直齿轮。

3）角度变位齿轮

两个齿轮的变位系数 $x_1+x_2\neq0$ 的传动，也称为非零传动。当 $x_1+x_2>0$ 时，称为正传动；当 $x_1+x_2<0$ 时，称为负传动。角变位传动的特点是：两个齿轮的分度圆与节圆不重合，压力角不等于啮合角，实际中心距不等于标准中心距，正传动可以提高齿轮强度，配凑中心距，而负传动的强度会有所降低，一般不宜采用。

变位齿轮必须成对设计、制造和使用。各类变位齿轮传动类型、性能和特点列于表 7-7 之中。

表 7-7　变位齿轮传动的类型及性能比较

传动类型		齿数条件	传动特点	主要特点和应用
标准齿轮传动	$x_1=x_2=0$	$z_1>z_{\min}$ $z_2>z_{\min}$	$a'=a$ $\alpha'=\alpha$ $y=0$ $\Delta y=0$	设计计算简单，互换性好，重合度较大，应用广泛。但小齿轮的齿数受到 $z_{\min}$ 限制，使传动结构不够紧凑。而且小齿轮的强度较低，容易损坏
高变位齿轮传动	$x_1+x_2=0$ $x_1=-x_2\neq0$	$z_1+z_2\geqslant2z_{\min}$		小齿轮采用正变位，大齿轮采用负变位，可均衡大小齿轮的强度。当取 $z_1\leqslant z_{\min}$ 时可无根切，使结构更紧凑，但必须成对互换，互换性差，重合度减小，小齿轮齿顶易变尖
角变位传动 $x_1+x_2\neq0$	正传动 $x_1+x_2>0$	$z_1+z_2<2z_{\min}$	$a'>a$ $\alpha'>\alpha$ $y>0$ $\Delta y>0$	结构更加紧凑，提高齿轮的强度并使大小齿轮磨损均衡，可以配凑给定的中心距。但互换性差，重合度减小，小齿轮齿顶易变尖
	负传动 $x_1+x_2<0$	$z_1+z_2>2z_{\min}$	$a'<a$ $\alpha'<\alpha$ $y<0$ $\Delta y<0$	重合度略有提高，但齿轮的弯曲和接触强度下降，磨损加剧。一般仅用于配凑中心距

注：y 为中心距变动系数，Δy 为齿高变动系数，请参阅表 7-8。

5．变位齿轮的几何尺寸

与标准齿轮一样，变位齿轮传动同样要求满足两个齿轮的齿侧隙为零，顶隙为标准值的两个条件。

可得

$$\mathrm{inv}\alpha'=\frac{2(x_1+x_2)\tan\alpha}{z_1+z_2}+\mathrm{inv}\alpha \quad (7\text{-}19)$$

对于变位齿轮，其分度圆与节圆不一定重合。设变位齿轮传动的中心距 a' 与标准齿轮传动的中心距 a 之差值为中心距变动量，用 ym 表示，y 称为中心距变动系数，其值为

$$ym=a'-a=\frac{(r_1+r_2)\cos\alpha}{\cos\alpha'}-(r_1+r_2)=\frac{m(z_1+z_2)}{2}\left(\frac{\cos\alpha}{\cos\alpha'}-1\right)$$

$$y=\frac{a'-a}{m}=\frac{z_1+z_2}{2}\left(\frac{\cos\alpha}{\cos\alpha'}-1\right) \quad (7\text{-}20)$$

当 $y>0$ 时，两个分度圆分离；当 $y<0$ 时，两个分度圆相交。为了保证无侧隙啮合，则其中心距 a' 应为

$$a' = a + ym = \frac{m(z_1 + z_2)}{2} + ym \quad (7\text{-}21)$$

但用 a' 安装无法保证标准顶隙，为了保证有标准顶隙，应将齿顶高减短一些，设齿顶高变动量（减短量）为 Δym ，Δy 称为齿顶高变动系数，则

$$\Delta y = x_1 + x_2 - y \geqslant 0 \quad (7\text{-}22)$$

尺寸具体计算公式列于表 7-8 中。

表 7-8 外啮合变位直齿圆柱的几何尺寸计算

名称	符号	计算公式
分度圆直径	d	$d = mz$
齿顶高	h_a	$h_a = (h_a^* + x - \sigma)m$
齿根高	h_f	$h_f = (h_a^* + c^* - x)m$
齿全高	h	$h = (2h_a^* + c^* - \sigma)m$
齿顶圆直径	d_a	$d_a = d + 2h_a = mz + 2(h_a^* + x - \sigma)m$
齿根圆直径	d_f	$d_f = d - 2h_f = mz - 2(h_a^* + c^* - x)m$
基圆直径	d_b	$d_b = d\cos\alpha$
中心距	a'	$a' = \frac{d_1' + d_2'}{2}$
中心距变动系数	y	$y = \frac{a' - a}{m}$
齿顶高变动系数	Δy	$\Delta y = x_1 + x_2 - y$
啮合角	α'	$\mathrm{inv}\alpha' = \mathrm{inv}\alpha + \frac{2(x_1 + x_2)}{z_1 + z_2}\tan\alpha$ 或 $\cos\alpha' = \frac{a}{a'}\cos\alpha$
齿距	p	$p = m\pi$
齿厚	s	$s = \frac{m\pi}{2} + 2\tan\alpha$
齿槽宽	e	$e = \frac{m\pi}{2} - 2\tan\alpha$

6．变位齿轮传动的设计步骤

设计变位齿轮时，根据不同的已知条件，可采用不同的设计步骤。

1）已知 z_1、z_2、m、α、a'、h_a^*、c^*，其设计步骤如下。

（1）由式(7-11)计算啮合角 α'，则

$$\cos\alpha' = \frac{a}{a'}\cos\alpha$$

（2）由式(7-17)选择两个齿轮的变位系数，则

$$x_1 + x_2 = \frac{(z_1 + z_2)(\mathrm{inv}\alpha' - \mathrm{inv}\alpha)}{2\tan\alpha}$$

$$x_1 \geqslant h_a^* \frac{z_{\min} - z}{z_{\min}} \qquad x_2 \geqslant h_a^* \frac{z_{\min} - z}{z_{\min}}$$

（3）由表 7-8 确定中心距变动系数，有

$$y = \frac{a' - a}{m}$$

（4）由式(7-22)确定齿顶高变动系数为

$$\Delta y = x_1 + x_2 - y \geqslant 0$$

（5）分配变位系数 x_1、x_2。

（6）由表 7-8 计算两个齿轮的几何尺寸。

（7）验算重合度及正变位齿轮的齿顶厚。

2）已知 m、α、h_a^*、c^*、z_1、z_2 时，其设计步骤如下。

（1）由表 7-7 选择传动类型，若 $z_1 + z_2 < 2z_{\min}$，则必须采用正传动，否则可考虑其他传动类型。

（2）选择两个齿轮的变位系数 x_1、x_2。

（3）由表 7-8 计算两个齿轮的几何尺寸。

（4）验算重合度及正变位齿轮的齿顶厚。

3）已知 m、a、α、h_a^*、c^*、i 时，其设计步骤如下。

（1）确定两个齿轮的齿数

$$a' = a\frac{\cos\alpha}{\cos\alpha'} = \frac{m(z_1 + z_2)\cos\alpha}{2\cos\alpha'} = \frac{mz_1\cos\alpha(1+i)}{2\cos\alpha'}$$

若 $a \approx a'$，则

$$z_1 \approx \frac{2a'}{(1+i)m} \quad 取整数$$

$$z_2 = iz_1 \quad 取整数$$

（2）其余步骤同 1)。

7.8 齿轮传动的失效形式及计算准则

7.8.1 齿轮传动的失效形式

在实际应用中，对齿轮的要求是多方面的，不仅要求齿轮传动比恒定，保证传动平稳，而且要求齿轮传动具有足够的承载能力。即在满足齿轮速度的情况下，尽可能使结构紧凑，同时还具有足够的强度，良好的耐磨性，在预期的寿命内不失效。这就要求我们找出齿轮常会出现的各种不同的失效形式，建立齿轮设计的准则，提出防止和减轻失效的措施。

齿轮传动是靠轮齿的啮合来传递运动和动力的，齿轮的轮齿是传动的关键部位，也是齿轮的薄弱环节，因此齿轮常见失效主要是轮齿的失效，齿轮的齿圈、轮辐和轮毂等部分通常按经验设计，结构尺寸的安全系数较大，一般很少遭受破坏。轮齿的失效形式主要有轮齿折断、点蚀、胶合、磨损和塑性变形等（如图7-26所示）。不过，轮齿每一种失效形式的出现并不是孤立的，齿面一旦出现了点蚀或胶合，就会加剧齿面的磨损；齿面的严重磨损又将导致轮齿的折断等。

1. 轮齿折断

轮齿折断是指齿轮的一个或多个齿的整体或其局部的折断，轮齿折断通常有两种。

一种是疲劳折断。在载荷作的用下，轮齿相当于一个悬臂梁，齿根处的弯曲应力最大，而且齿根过渡部分有应力集中。轮齿根部在载荷的多次重复作用下，弯曲应力超过弯曲疲劳极限，齿根部分产生疲劳裂纹，随着裂纹的逐渐扩展，最终引起轮齿的疲劳断裂。这种现象称为疲劳折断，如图7-26所示。实践表明，疲劳裂纹首先发生在齿根受拉的一侧。当单侧工作（不逆转）时，齿根部弯曲应力一侧为拉伸，一侧为压缩，当脱离啮合时，应力为零，因此弯曲应力按脉动循环变化。当轮齿双侧受载时，其弯曲应力按对称循环变化。

另一种是过载折断。当轮齿突然过载，或经严重磨损后齿厚过薄时，也会发生轮齿突然折断，这种现象称为过载折断。例如，当汽车换挡时，受到过大冲击载荷，就易发生过载折断。

直齿圆柱齿轮往往产生整体折断。在斜齿圆柱齿轮传动中，轮齿工作面上的接触线为一条斜线，轮齿受载后若有载荷集中，就会发生局部折断。若轴的弯曲变形过大而引起轮齿局部受载过大，也会发生局部折断。

轮齿折断是齿轮传动最严重的失效形式，必须避免。提高轮齿抗折断能力的措施很多，可增大齿根圆角半径，消除该处的加工刀痕以降低齿根的应力集中；增大轴及支承物的刚度，以减轻齿面局部过载的程度；对轮齿进行喷丸、辗压等冷作硬化处理，以提高齿面硬度和保持芯部的韧性等。

2. 齿面点蚀

点蚀是齿面疲劳损伤的现象之一。在润滑良好的闭式齿轮传动中，齿面产生较大的接触应力，若此应力超过了材料的接触疲劳极限，在载荷多次重复作用下，齿面表层就会产生细微的疲劳裂纹。润滑油被挤进裂纹，产生巨大油压，加速裂纹扩展，从而使金属微粒剥落下来。随着这些裂纹扩展、连接，最终造成齿面金属材料的脱落，形成初期点蚀（如图7-27所示），并可能持续发展为扩展性点蚀、片蚀或剥落。点蚀损伤对齿轮的使用寿命有较大的影响，严重时使齿轮厚度大大减小，甚至出现断齿。

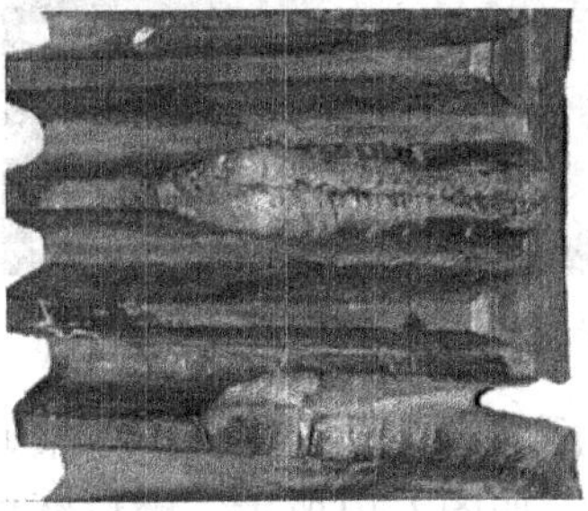
图7-26　局部折断

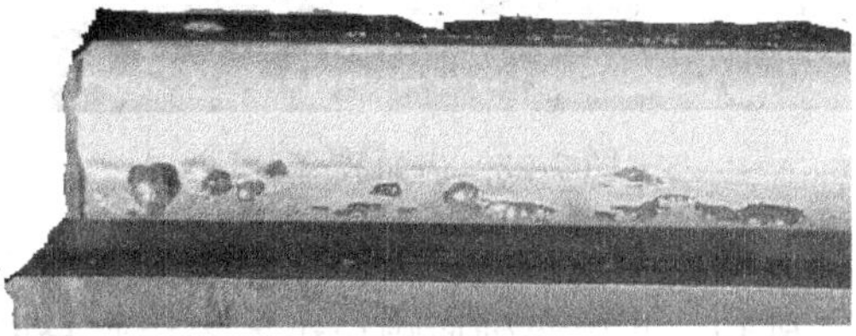
图7-27　齿面初期点蚀

齿面接触应力是近似于脉动变化的应力。

实践表明，齿面间的滑动有利于起保护作用的润滑油膜的形成，速度越高越好，但当轮齿在节线附近啮合时，同时啮合的齿对数少，且轮齿间相对滑动速度小，润滑油膜不易形成，所以点蚀首先出现在靠近节线的齿根表面上，然后再向其他部位扩展。从相对意义上说，也就是靠近节线处的齿根面抵抗点蚀的能力最差（即接触疲劳强度最低），如图7-27所示。

一般闭式传动中的软齿面较易发生点蚀失效，设计时应保证齿面有足够的接触强度。为了防止过早出现点蚀，在齿轮副投入使用的初期，使用专用的磨合润滑剂，使齿轮快速经历磨合过程，在消除已产生裂纹的同时，提高齿轮的接触比例，防止新的疲劳裂纹产生。在许可范围内采用大的变位系数和（$x = x_1 + x_2$）也是避免点蚀失效的方法。

当开式传动中，由于齿面磨损较快，点蚀来不及出现或扩展就被磨损掉了，所以一般在开式齿轮传动中看不到点蚀现象。

3．齿面胶合

在高速重载的齿轮传动中，由于齿面间的压力较大，相对滑动速度较高，因而发热量大，使啮合区温度升高、油膜破裂而引起润滑失效，相啮合两个齿面的局部金属直接接触，并在瞬间互相粘连。当两个齿面相对转动时，较软齿面上的金属从表面上被撕落下来，而在齿面上沿滑动方向出现条状伤痕，这种现象称为齿面胶合，如图 7-28 所示。

在低速重载的传动中，由于齿面间压力大，因而不易形成油膜，也会出现胶合。此时，齿面的瞬时温度并无明显增高，故称为冷胶合。

在实际中，采用提高齿面硬度、降低齿面粗糙度、限制油温、增加润滑油的黏度、选用加有抗胶合添加剂的合成润滑油等方法，可以防止胶合的产生。

4．齿面磨损

齿面磨损是齿轮在啮合传动过程中，轮齿接触表面上的材料摩擦损耗的现象。齿轮的磨损有两种形式。

一种是跑合磨损，如图7-29所示。对于新的齿轮传动装置来说，在开始运转期间由于齿面间的相互摩擦使得两个接触齿面的凹凸不平逐渐被磨去，机加工痕迹逐渐消失，齿面粗糙度大为降低，因此产生光滑的齿面，这种磨损通常称为跑合。“跑合”对改善齿轮的运转状态有积极的促进作用，但跑合后应及时更换齿轮箱内的润滑油，以免发生磨粒磨损。

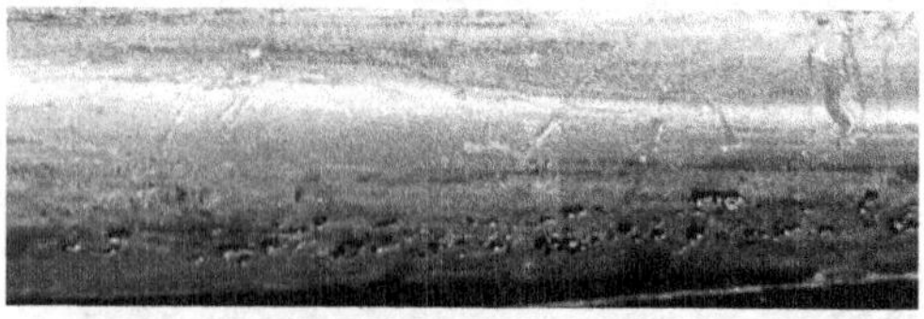

图 7-28　齿面胶合

图 7-29　齿面跑合磨损

另一种是磨粒磨损。轮齿在啮合过程中存在相对滑动，使齿面间产生摩擦磨损。如果有金属屑、砂粒、灰尘等硬质颗粒进入轮齿啮合面，将引起磨粒磨损，如图7-30所示。磨粒磨损是开式齿轮传动的主要失效形式。

齿面磨损后一方面导致齿廓的渐开线齿廓形状被破坏，并使侧隙增大，从而引起冲击和振动；另一方面使轮齿变薄，严重时甚至因齿厚过度变薄而间接导致轮齿折断。

采用闭式传动、提高齿面硬度、降低齿面粗糙度及采用清洁的润滑油等，均可以减轻齿面的磨粒磨损。

5．塑性变形

当轮齿材料较软而载荷较大时，轮齿材料产生塑性流动，如齿面碾击塑变、鳞皱、起脊等，即使卸去施加的载荷，不能使变形恢复，导致主动轮齿面节线附近出现凹沟，从动轮齿面节线附近出现凸棱，如图 7-31 所示，齿面的正常齿形被破坏，影响齿轮的正常啮合，这种现象称为齿面塑性变形。这些现象多发生在硬度低的齿轮上，低速、过载严重和启动频繁的齿轮传动中也会出现，严重时会破坏正常齿廓，使之失去工作能力。

为了防止齿面的塑性变形，可采用适当提高齿面硬度、选用黏度较高的润滑油等方法。

图 7-30 齿面磨粒磨损

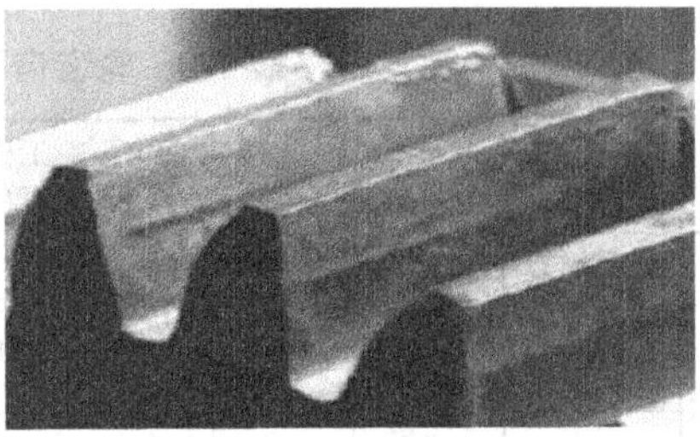

图 7-31 塑性变形

7.8.2 齿轮传动的计算准则

针对上述各种工作情况及失效形式，设计齿轮传动时应根据齿轮传动的工作条件，具体分析失效情况，确定合理的设计准则，保证齿轮传动有足够的承载能力。

齿轮传动中，常将齿轮分为软齿面和硬齿面。轮齿工作面的硬度大于 350HBS 或 38HRC 的齿轮称为硬齿面齿轮；轮齿工作面的硬度小于或等于 350HBS 或 38HRC 的齿轮称为软齿面齿轮。

1. 闭式齿轮传动

对于闭式软齿面齿轮传动，齿面点蚀是主要的失效形式，因此应先按齿面接触疲劳强度进行设计计算，确定齿轮的主要参数和尺寸，然后再按弯曲疲劳强度校核齿根的弯曲强度。

在闭式硬齿面齿轮传动中，常因齿根折断而失效，故通常先按齿根弯曲疲劳强度进行设汁计算，确定齿轮的模数和其他尺寸，然后再按接触疲劳强度校核齿面的接触强度。

对于功率较大的传动（例如，输入功率超过 75 kW 的闭式齿轮传动），其发热量大，容易产生润滑不良及轮齿胶合损伤等情况，因此为了控制温升，还应进行散热能力计算（计算准则及办法参看第 8 章）。

2. 开式齿轮传动

对于开式（半开式）齿轮传动中的齿轮，齿面磨损为其主要失效形式。但由于目前磨损尚无可靠的计算方法，所以通常按照齿根弯曲疲劳强度进行设计计算，确定齿轮的模数，考虑磨损因素，再将模数增大 10%～20%。通常，不进行接触强度验算。

目前，对于齿面塑性变形失效没有可被普遍接受的设计计算方法，只是在设计中通过适当的措施设法控制。对于高速、大功率的齿轮传动，通常还需要进行抗胶合能力的计算，但本章不再介绍。

7.9 齿轮的常用材料及热处理

7.9.1 对齿轮材料的基本要求

对齿轮材料的基本要求是：齿面要硬，齿芯要韧。

设计齿轮时，材料选取应满足：① 齿面具有足够的硬度和耐磨性，防止齿面磨损、点蚀、胶合和塑性变形等；② 轮齿芯部具有足够的韧性，防止在变载荷和冲击载荷作用下齿根折断；③ 具备经过各种加工及热处理后，轮齿能达到所需的精度，即好的工艺性；④ 良好的经济性。

一对齿轮传动时，大小齿轮的啮合齿数不同，且小齿轮的抗弯曲能力较差，故应使小齿轮的材料比大齿轮的好，齿面硬度也要高一些。两者组合材料有：软对软、软对硬、硬对硬。软是指软齿面齿轮（≤350HBS），硬是指硬齿面齿轮（>350HBS）。表 7-9 中材料选用的组合可供参考。

表 7-9 轮齿齿面硬度及组合应用举例

<table>
<tr><th rowspan="2">齿面类型</th><th rowspan="2">齿轮种类</th><th colspan="2">热处理</th><th rowspan="2">两个齿轮工作齿面硬度差</th><th colspan="2">工作齿面硬度组合举例</th><th rowspan="2">备注</th></tr>
<tr><th>小齿</th><th>大齿</th><th>小齿轮</th><th>大齿轮</th></tr>
<tr><td rowspan="2">软齿面
H_{d1}≤350HBS
H_{d2}≤350HBS</td><td>直齿</td><td>调质</td><td>正火
调质</td><td>$0<H_{d1\min}-H_{d2\max}$
≤20～25HBS</td><td>240～270HBS
260～290HBS
280～310HBS
300～330HBS</td><td>180～210HBS
220～250HBS
240～260HBS
260～280HBS</td><td rowspan="2">用于重载中低速固定式传动装置</td></tr>
<tr><td>斜齿
人字齿</td><td>调质</td><td>正火
正火
调质</td><td>$H_{d1\min}-H_{d2\max}\geqslant$
40～50HBS</td><td>240～270HBS
260～290HBS
270～300HBS
300～330HBS</td><td>22～190HBS
180～210HBS
220～250HBS
230～260HBS</td></tr>
<tr><td>软硬组合齿面
H_{d1}>350HBS
H_{d2}≤350HBS</td><td>斜齿
人字齿</td><td>表面淬火
渗碳</td><td>调质</td><td>齿面硬度差很大</td><td>45～50HRC
56～62HRC</td><td>200～230HBS
230～260HBS
270～300HBS
300～330HBS</td><td>用于负载冲击及过载都不大的重载中低速固定式传动装置</td></tr>
<tr><td>硬齿面
H_{d1}>350HBS
H_{d2}>350HBS</td><td>直齿
斜齿
人字齿</td><td>表面淬火
渗碳</td><td>表面淬火
渗碳</td><td>齿面硬度大致相同</td><td colspan="2">45～50HRC
56～62HRC</td><td>用于传动尺寸受结构条件限制的情景和运输机器上的传动装置</td></tr>
</table>

注：1．表中日 H_{d1}、H_{d2} 分别表示大小齿轮的齿面硬度；2．为了提高抗胶合性能，建议小齿轮和大齿轮采用不同牌号的钢来制造；3．通常渗碳后的齿轮要进行磨齿；4．重要齿轮的表面淬火，应采用高频或中频感应淬火。

7.9.2 齿轮的常用材料及其热处理

制造齿轮常用的材料是锻钢，其次是铸钢、铸铁，此外还有非金属材料等。

1．钢

钢因具有韧性好、耐冲击、便于热处理等优点，是使用最广泛的齿轮制造材料。钢有锻钢和铸钢两大类。

1）锻钢

锻钢的力学性能比铸钢强，除复杂形状和尺寸过大只宜铸造外，一般用锻钢制造齿轮。锻钢制造的齿轮又可分为两大类。

（1）软齿面齿轮。对于强度、速度及精度要求不高的工作条件，可用软齿面齿轮。齿面硬度≤350HBS，常用的材料为中碳钢和中碳合金钢，如 45 号钢、40Cr、35SiMn 等材料，轮坯经过正火或调质的热处理后进行插齿或滚齿加工，生产便利、成本较低。齿轮精度一般是 8 级，精密切齿可达 7 级，适合于对精度、强度和速度要求不高的齿轮传动，如在一般用途的减速器中常用这类齿轮。

一对软齿面齿轮，因为小齿轮受载荷次数比大齿轮多，且小齿轮齿根较薄，因此小齿轮的轮齿弯曲强度较弱。为了使两个齿轮的轮齿接近等强度，小齿轮的齿面硬度比大齿轮的齿面硬度高 30～50HBS。

（2）硬齿面齿轮。即齿面硬度>350HBS 的齿轮，这类齿轮的轮坯经过正火或调质以后切齿，再进行表面硬化热处理，热处理后需要磨齿，精度可达 5 级或 4 级，但价格较高。常用的材料为中碳钢或中碳合金钢经表面淬火处理，硬度可达 40～55HRC。若采用低碳钢或低碳合金钢，如 20 号钢、20Cr、20CrMnTi 等，需要渗碳淬火，其硬度可达 56～62HRC。内齿轮不便于磨削，可采用渗氮处理（采用这种方法时，齿的变形较小，热处理后即可使用），适用于高速、重载、精密机器及要求尺寸紧凑和有冲击载荷的齿轮传动，如精密机床、航空发动机等。

2）铸钢

对于直径尺寸较大（大于 400～600 mm）或结构复杂不易锻制的齿轮，可用铸造方法制成铸钢齿坯，再进行正火处理，以细化晶粒，消除铸造应力。铸钢的耐磨性及强度均较好，强度稍低。

2. 铸铁

铸铁材料抗点蚀、抗胶合性能均较好，但强度低，耐磨性能、抗冲击性能差，宜用于低速、轻载、无冲击的场合。铸铁成本低廉，易于加工，常用做尺寸大、结构复杂且不宜锻造的齿轮。灰铸铁中的石墨具有润滑作用，尤其适用于制作在润滑条件较差环境下的齿轮。球墨铸铁的力学性能和抗冲击能力比灰铸铁高，可代替铸钢铸造大直径齿轮。

3. 非金属材料

对于高速、轻载及精度要求不高的齿轮，通常可采用传递扭矩小的非金属材料，如玩具、仪器等。为了降低噪声也常采用非金属材料，如用夹布塑料、尼龙等制作小齿轮，仍用钢或铸铁制作大齿轮。

在选择齿轮材料时，首先要考虑齿轮的工作条件，如齿轮所承受载荷的性质和大小、速度的高低、工作环境等。其次，从结构上要满足传动的要求，还要考虑经济性、重量等要求。表 7-10 中给出的常用材料及其机械性能可供参考。

表 7-10　齿轮常用材料及其机械性能

材料牌号	热处理方法	硬度 HBW（HRC）	截面尺寸/mm		强度极限 σ_b /MPa	屈服极限 σ_s /MPa
			直径 d	壁厚 s		
45	正火	169～217	≤100	≤50 588		294
		162～217	101～300 51	～150	569 284	
			301～500 151	～250	549 275	
		156～127 500	～800 251	～400	530 265	
	调质	229～286	≤100	≤50 647		373
		217～255 101	～300 51	～150	628 343	
		197～255 301	～500 151	～250	608 314	
	表面淬火 40	～50				
40CrNiMo	正火	芯部>255 表面 293～330	25		980	833
40Cr	调质表面淬火	241～286	≤100	≤50 735		539
		48～55HRS 101	～300 51	～150	686 490	
		229～269 301	～500 151	～250	637 441	
		217～225 500	～800 251	～400	588 343	
42SiMn	调质	229～286	≤100	≤50 785		510
		217～269 101	～200 51	～100	735 461	
		217～255 201	～300 101	～150	686 441	
		197～255 300	～500 151	～250	637 373	
	表面淬火 45	～55				
20Cr	渗碳、淬火、回火 56	～62HRS	≤60		637	392
20CrMnTi	渗碳、淬火、回火 56	～62HRS	15		1079	834
	氮化 57	～63HRS				
ZG310～570	正火 163	～197			570	310
ZG340～640	正火 170	～230			650	350
QT600—3		190～270			600	370
QT700—2		225～305			700	420
HT250		175～263	>	4.010	270	
		167～247		>10～20	240	
		157～236		>20～30	220	
		150～225		>30～50	220	

7.9.3 齿轮材料的许用应力

在齿轮的强度计算中，许用应力是一个起着对比和控制的数值，由国家标准中给出的常用齿轮材料的弯曲和接触的极限应力组成。可分为

齿面接触疲劳许用应力为

$$[\sigma_H]=\frac{Z_N\cdot\sigma_{H\lim}}{S_H} \quad (7\text{-}23)$$

齿根弯曲疲劳许用应力为

$$[\sigma_b]=\frac{Y_N\cdot\sigma_{F\lim}}{S_F} \quad (7\text{-}24)$$

式中，$\sigma_{\lim}$为疲劳极限，采用专用齿轮副试件，按失效概率 1%，经持久疲劳试验后确定。因为材料的成分、性能、热处理的结果和质量都不能均一，故该值不是一个定值，有很大的离散区。ML 表示的是齿轮材料达到最低要求时的疲劳极限取值，MQ 表示的是齿轮材料达到一般要求时的疲劳极限取值，在一般情况下，可取框图中 MQ 线。ME 表示的是齿轮材料达到最高要求时的疲劳极限取值。接触疲劳极限$\sigma_{H\lim}$可查图 7-33。弯曲疲劳极限$\sigma_{F\lim}$可查图 7-35，其值已计入应力集中的影响。S_H、S_F分别为齿面接触疲劳强度安全系数和齿根弯曲疲劳强度安全系数，可查表 7-11。

表 7-11 安全系数 S_H 和 S_F

安全系数	软齿面（≤350HBS）	硬齿面（>350HBS）	重要的传动、渗碳淬火齿轮或铸造齿轮
S_H	1.0～1.1 1.	1～1.2	1.3
S_F	1.3～1.4 1.	4～1.6 1.	6～2.2

Y_N、Z_N分别为弯曲疲劳寿命系数和接触疲劳寿命系数，是考虑应力循环次数影响的数值。接触疲劳寿命系数Z_N可查图 7-32，弯曲疲劳寿命系数Y_N可查图 7-34。两图中的横坐标为应力循环次数 N，其计算方法为

$$N=60njL_h \quad (7\text{-}25)$$

式中，n为齿轮的转速，单位为 r/min；j为齿轮每转一圈，同一侧齿面啮合的次数；L_h为齿轮的工作寿命，单位为 h。

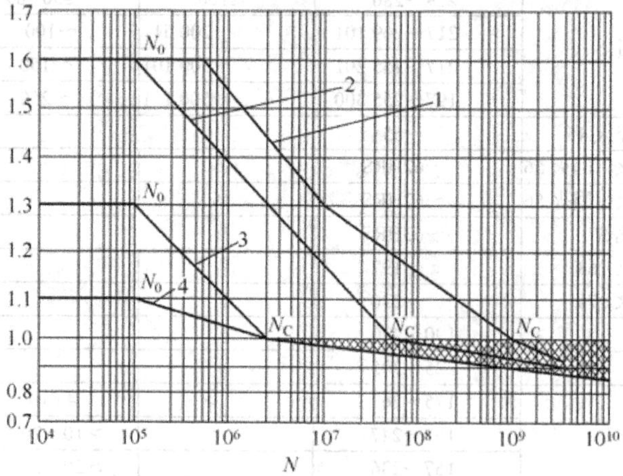

图 7-32 接触疲劳寿命系数

1—调质钢，球墨铸铁（珠光体、贝氏体），珠光体可锻铸铁；2—渗碳淬火的渗碳钢，全齿廓火焰或感应淬火的钢、球墨铸铁；3—渗氮的渗氮钢，球墨铸铁（铁素体），灰铸铁，结构钢；4—氮碳共渗的调质钢、渗碳钢

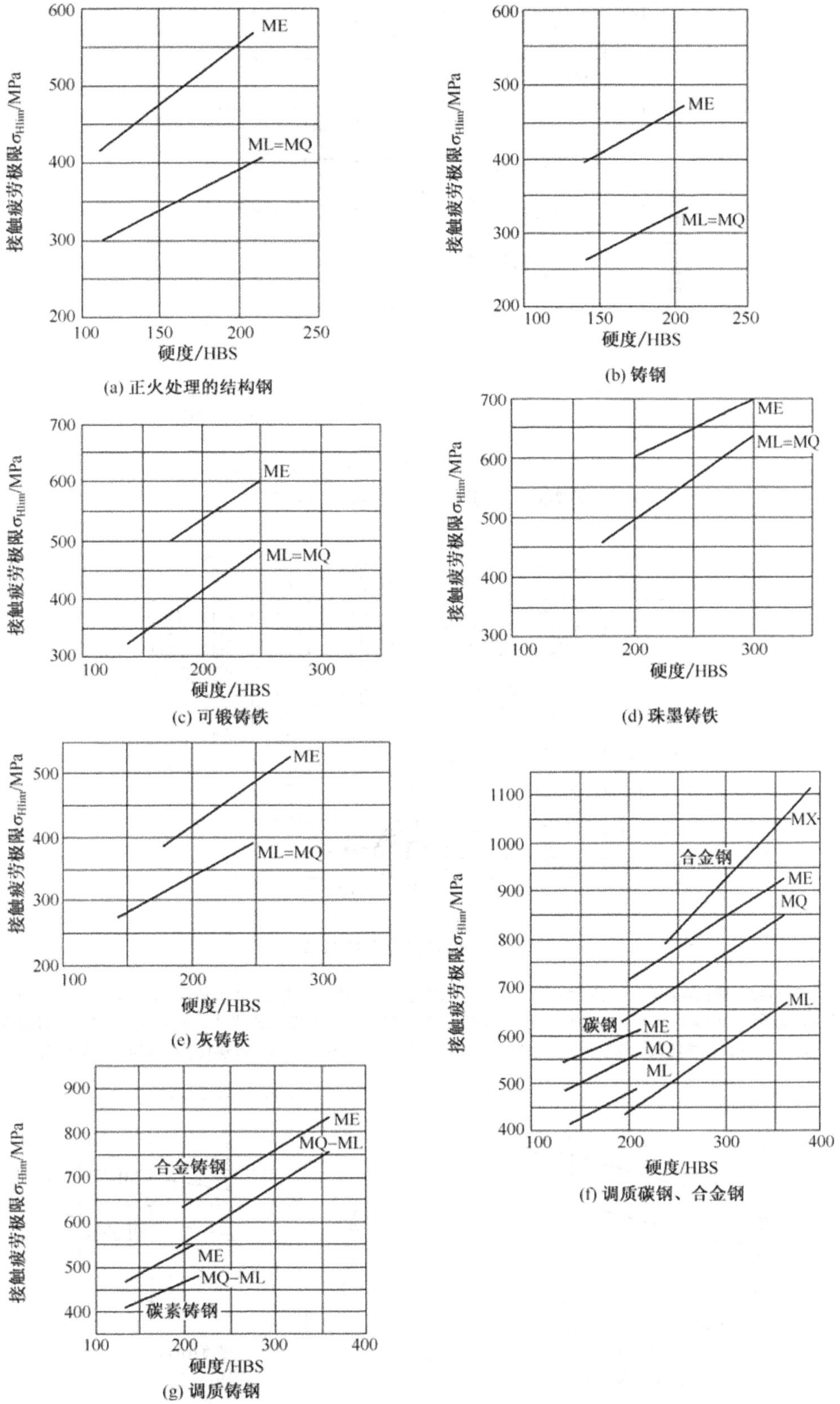

(a) 正火处理的结构钢

(b) 铸钢

(c) 可锻铸铁

(d) 珠墨铸铁

(e) 灰铸铁

(f) 调质碳钢、合金钢

(g) 调质铸钢

图 7-33 接触疲劳极限 σ_{Hlim}

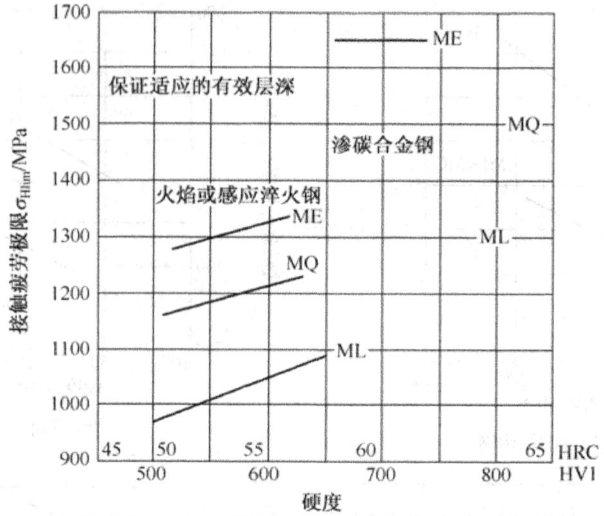

(h) 渗碳淬火钢和表面硬化（火焰或感应淬火）钢的σ_{Hlim}

图 7-33 接触疲劳极限σ_{Hlim}（续）

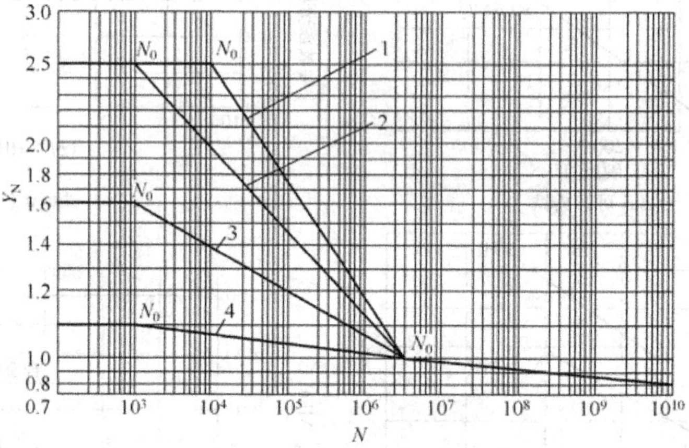

图 7-34 弯曲疲劳寿命系数

1—允许一定点蚀时的结构钢，调质钢，球墨铸铁（珠光体、贝氏体），珠光体可锻铸铁，渗碳淬火的渗碳钢；
2—结构钢，调质钢，渗碳淬火钢，火焰或感应淬火的钢，球墨铸铁，球墨铸铁（珠光体、贝氏体），珠光体可锻铸铁；
3—灰铸铁，球墨铸铁（铁素体），渗氮的渗氮钢，调质钢，渗碳钢；4—氮碳共渗的调质钢、渗碳钢

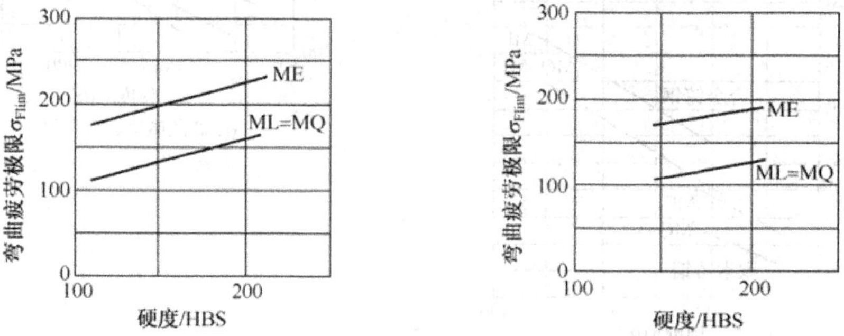

(a) 正火处理的结构钢　　(b) 铸钢

图 7-35 弯曲疲劳极限σ_{Flim}

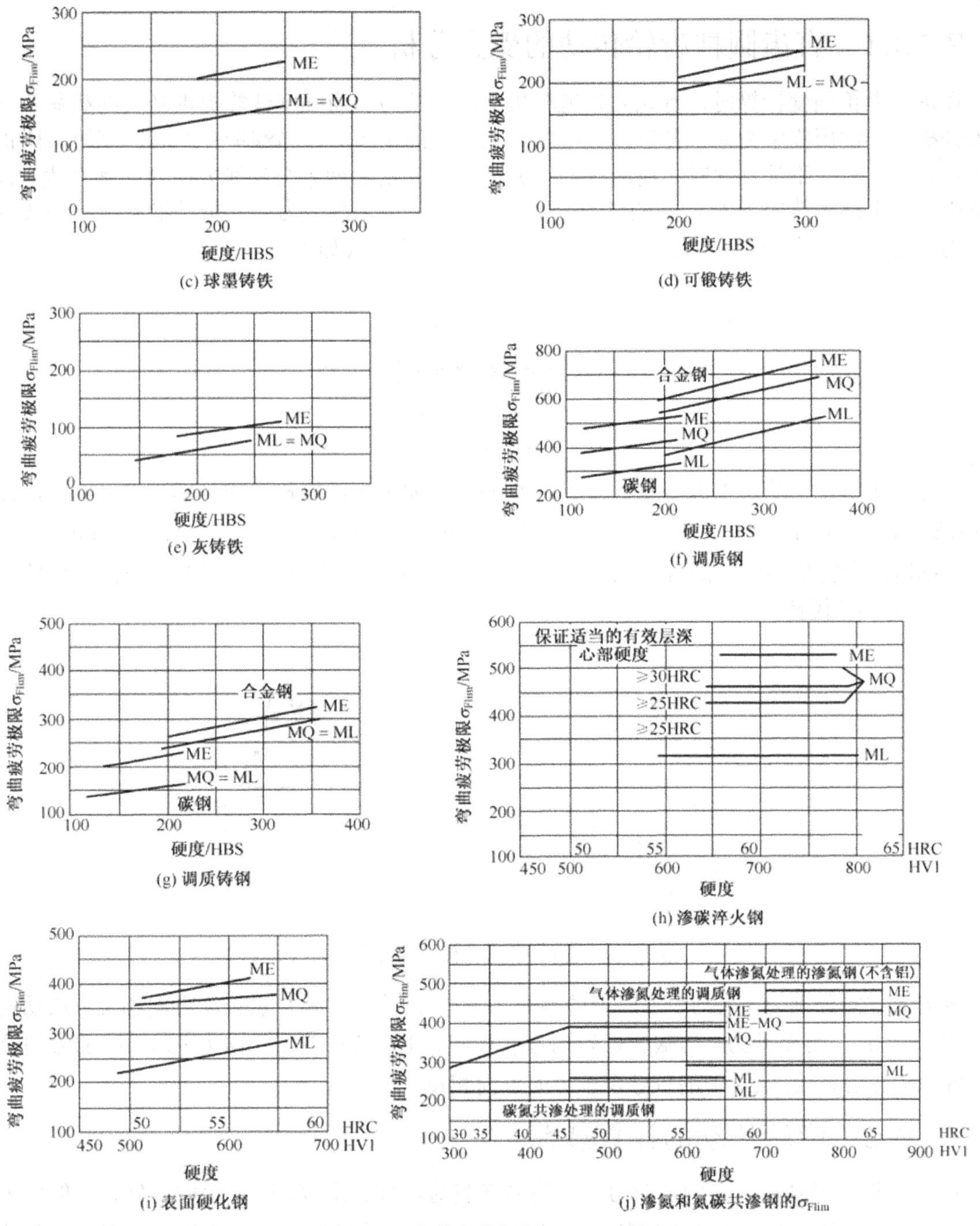

图 7-35　弯曲疲劳极限 σ_{Flim}（续）

7.10　直齿圆柱齿轮传动的强度计算

齿轮传动的强度计算是根据轮齿可能出现的失效形式和设计准则来进行的。根据齿轮的计算准则，轮齿的主要失效形式是齿面疲劳点蚀失效和轮齿疲劳折断，因此本章只讨论齿面接触疲劳强度和齿根弯曲疲劳强度的计算。

7.10.1 直齿圆柱齿轮传动的受力分析

在进行齿轮强度计算时，首先要知道轮齿上所受的力，为强度计算提供必要的载荷数据。受力分析时，常用集中力来代替沿齿宽接触线上分布的正压力，当润滑良好时，摩擦力比正压力小得多，可略去不计。此时，齿廓接触点 P 的受力是沿着两条公法线方向（即啮合线方向）的正压力，也称为法向力 F_n，如图 7-36 所示。F_n 可分解为两个力：一个是沿着节圆切线方向的圆周力 F_t，另一个是指向齿轮中心的径向力 F_{r1}。计算公式如下：

$$\begin{cases} F_{t1}=\dfrac{2T_1}{d_1}=-F_{t2} \\ F_{r1}=F_{t1}\tan\alpha=-F_{r2} \quad (7\text{-}26) \\ F_{n1}=\dfrac{F_{t1}}{\cos\alpha}=-F_{n2} \end{cases}$$

式中，T_1 为作用在主动轮上的转矩，单位为 $\text{N}\cdot\text{mm}$。如果小齿轮传递的功率为 P_1（kW），转速为 n_1 (r/min)，则小齿轮上的转矩为 $T_1=9.55\times10^6 P_1/n_1$。$d_1$ 为分度圆直径，单位为 mm；非标准齿轮传动时，齿轮传动用节圆直径代替。α 为分度圆上的压力角（$\alpha=20°$）；非标准齿轮传动时，用啮合角 α' 代替。

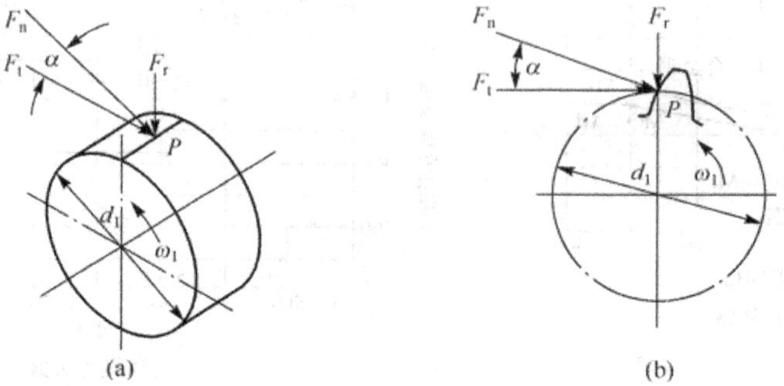

图 7-36 直齿圆柱齿轮传动的受力分析

各力的方向分别为：主动轮上所受的圆周力 F_{t1} 是阻力，与啮合点转动方向相反；从动轮上所受的圆周力 F_{t2} 是驱动力，与啮合点转动方向相同。主、从动轮上径向力 F_{r1}、F_{r2} 的方向分别指向各自的轮心。式(7-26)中的负号表示力的方向相反。

7.10.2 齿轮传动的计算载荷

F_n 是根据名义功率求得的法向力，称为名义载荷，理论上 F_n 沿齿宽均匀分布，但由于轴和轴承的变形，传动装置的制造安装误差等原因，载荷沿齿宽的分布并不均匀，即出现载荷集中现象。此外，由于各种原动机和工作机的特性不同，齿轮制造误差及轮齿变形等原因，还会引起附加动载荷。精度越低，圆周速度越高，附加载荷就越大。因此，在计算强度时，通常以计算载荷 F_c 代替名义载荷 F_n，两者关系如下：

$$F_c=KF_n \quad (7\text{-}27)$$

式中，K 称为载荷系数，而且

$$K=K_A\,K_V\,K_\beta\,K_\alpha \quad (7\text{-}28)$$

即载荷系数K由工作情况系数K_A、动载荷系数K_V、齿向载荷分布系数K_β、齿间载荷分配系数K_α组成。

1. 工作情况系数K_A

用工作情况系数K_A考虑外部因素引起的附加动载荷对齿轮传动的影响，它与原动机和工作机的载荷大小、工作频率、类型与特性等有关，见表7-12。

表7-12 载荷系数

原动机	工作机械的载荷特性			
	均匀平稳	轻微冲击	中等冲击	严重冲击
电动机	1.00 1.	25 1.	50	1.75
电动机（频繁启动）	1.10 1.	35 1.	60	1.85
多缸内燃机	1.25 1.	50 1.	75	2.00
单缸内燃机	1.50 1.	75 2.	00	≥2.25

2. 动载荷系数K_V

用动载荷系数K_V是为了考虑齿轮制造误差和装配误差等内部因素引起的附加动载荷的影响。齿轮由于制造和装配误差引起弹性变形，使得$P_{b1} \neq P_{b2}$，过接触点作齿廓的公法线与连心线交点P'与节点P不重合，这样使实际的$\frac{\omega_1'}{\omega_2'} = \frac{O_2P'}{O_1P'} \neq \frac{O_2P}{O_1P} \neq$常数，从而产生角加速度，引起附加动载荷。通过分析可知，这种动载荷与齿轮的制造精度、线速度有关，具体数值由图7-37查取。

提高齿轮制造精度和降低圆周速度均可减小动载荷。

3. 齿向载荷分布系数K_β

用齿向载荷分布系数K_β考虑因轴的弯曲、扭转变形而引起的沿齿宽方向载荷分布不均匀的影响。如图7-38所示，当轴承相对齿轮采用非对称布置时，由于轴产生弹性变形，造成齿轮偏斜，齿面上的载荷沿接触线分布不均。此外，轴的扭转变形，轴承、支座弹性变形，以及制造和装配误差都会引起沿齿宽方向载荷分布不均匀，故引进载荷分布系数加以修正，如图7-40所示。

可采取一些措施减小这一影响，如提高制造安装精度，提高支承刚度，尽量避免悬臂布置，把齿轮制作成如图7-39所示的鼓形齿。

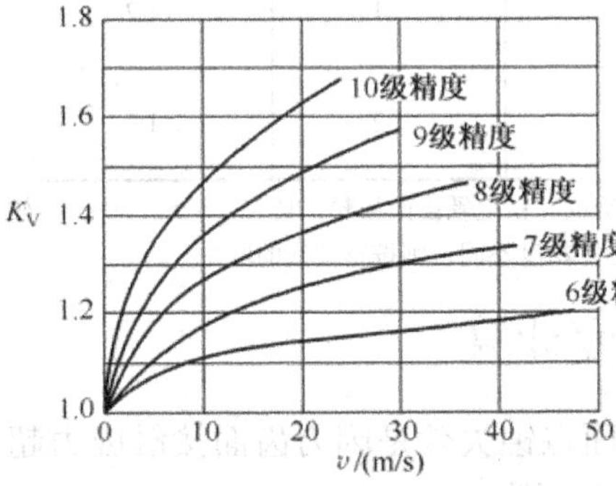

图7-37 动载荷系数

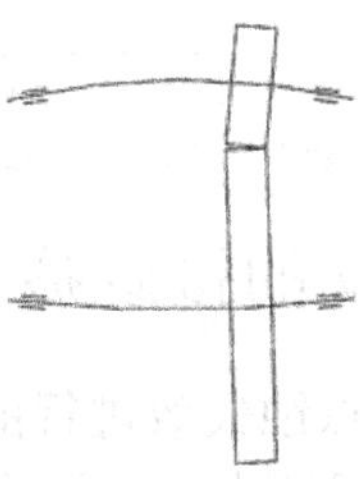

图7-38 齿轮不对称布置

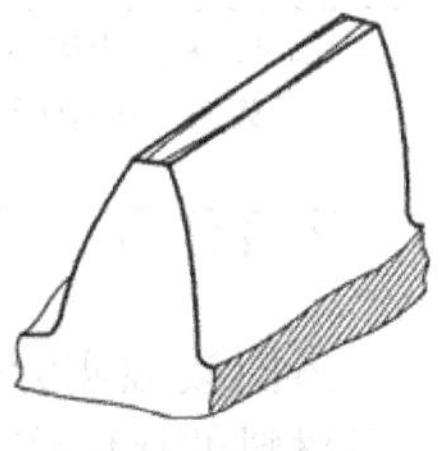

图7-39 鼓形齿

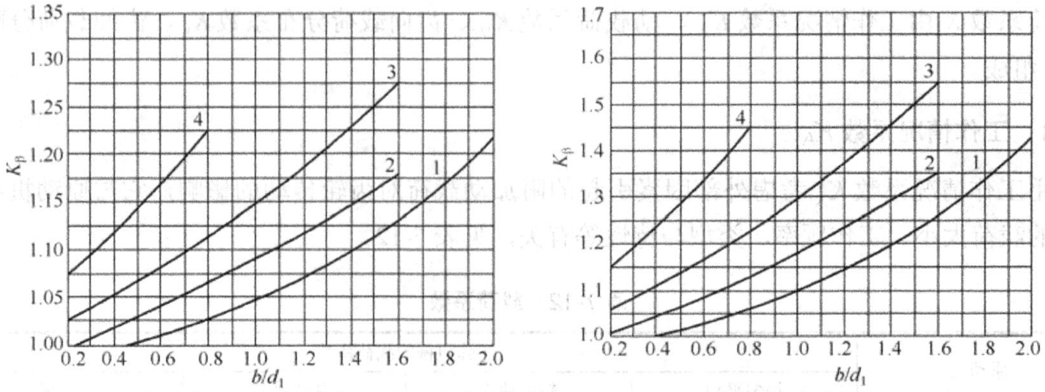

(a) 两个齿轮都是软齿面(<350HBW)或其中之一是软齿面　　(b) 两个齿轮都是硬齿面(<350HBW)

图 7-40　齿向载荷分布系数

1—齿轮在两个轴承中间对称布置；2—齿轮在两个轴承中间非对称布置，轴的刚度较大；
3—齿轮在两个轴承中间非对称布置，轴的刚度较小；4—齿轮悬臂布置

4．齿间载荷分布系数 K_α

用齿间载荷分布系数 K_α 考虑同时有多对齿啮合时各对轮齿间载荷分布不均匀的影响。齿轮传动的重合度一般大于 1，在部分时间（或全部时间）内是多个齿同时承载，总接触线长度是各承载齿的接触线长度之和。在理想状态下，各承载齿均匀承载，但是由于制造误差和轮齿受力变形，使得总载荷在各齿间不均匀分布，受力较大的齿所受力大于平均受力。为了考虑这种由于总载荷在各齿间不均匀分布造成的个别齿受力增大对齿轮强度的影响，引入齿间载荷分布系数加以修正。

一般不需要精确计算的 K_α 的值可从表 7-13 中选取。

表 7-13　齿间载荷分布系数

<table>
<tr><td colspan="2">K_AF_t/b</td><td colspan="4">≥100 N/mm</td><td><100 N/mm</td></tr>
<tr><td colspan="2">精度等级（Ⅱ组）</td><td>5 6 7</td><td></td><td></td><td>8</td><td>5～9</td></tr>
<tr><td rowspan="2">硬齿面直齿轮</td><td>$K_{H\alpha}$</td><td rowspan="2" colspan="2">1.0 1.</td><td rowspan="2">1</td><td rowspan="2">1.2</td><td rowspan="2">≥1.2</td></tr>
<tr><td>$K_{F\alpha}$</td></tr>
<tr><td rowspan="2">硬齿面斜齿轮</td><td>$K_{H\alpha}$</td><td rowspan="2">1.0 1.</td><td rowspan="2">1 1.</td><td rowspan="2">2</td><td rowspan="2">1.4</td><td rowspan="2">≥1.4</td></tr>
<tr><td>$K_{F\alpha}$</td></tr>
<tr><td rowspan="2">非硬齿面直齿轮</td><td>$K_{H\alpha}$</td><td rowspan="2" colspan="3">1.0 1.</td><td rowspan="2">1</td><td rowspan="2">≥1.2</td></tr>
<tr><td>$K_{F\alpha}$</td></tr>
<tr><td rowspan="2">非硬齿面斜齿轮</td><td>$K_{H\alpha}$</td><td rowspan="2" colspan="2">1.0 1.</td><td rowspan="2">1</td><td rowspan="2">1.2</td><td rowspan="2">≥1.4</td></tr>
<tr><td>$K_{F\alpha}$</td></tr>
</table>

注：1．$K_{H\alpha}$ 为接触疲劳强度系数，$K_{F\alpha}$ 为弯曲疲劳强度系数；2．对修形的 6 级或高精度硬齿面齿轮，取 $K_{H\alpha}=K_{F\alpha}=1$；3．硬齿面、软齿面组成的齿轮副，齿间载荷分布系数取平均值；4．如果大小齿轮精度不同，则按精度低的取。

7.10.3　直齿圆柱齿轮传动的接触疲劳强度计算

齿面接触疲劳强度计算是针对齿面点蚀失效进行的。齿面点蚀失效是因为齿面接触应力超过了材料的接触疲劳极限而引起的。要保证齿面接触疲劳强度，则

$$\sigma_H \leqslant [\sigma_H]$$

齿轮啮合可看做分别以接触点的曲率半径 ρ_1、ρ_2 为半径的两个圆柱体的接触，法向力为 F_n，其最大接触应力可由赫兹应力公式计算，可得 σ_H 的计算公式为

$$\sigma_H = Z_E\sqrt{\frac{F_n}{L}\left(\frac{1}{\rho_1}\pm\frac{1}{\rho_2}\right)} \quad (7\text{-}29)$$

式中，F_n 为法向力，$F_n = F_t/\cos\alpha$；L 为实际接触线长度；Z_E 为材料的弹性系数，其值可查表 7-14；“+”用于外啮合，“−”用于内啮合。

表 7-14 弹性系数 Z_E 单位：$\sqrt{N/mm^2}$

小齿轮材料	大齿轮材料						
	钢	铸钢	球墨铸铁	灰铸铁	锡青铜	铸锡青铜	尼龙
钢	189.8	188.9	181.4 162.	0	159.8 155.	0	56.4
铸钢		188.0 161.		4			
球墨铸铁				156.6			
灰铸铁				143.7			

由7.8.1节可知，两个齿轮啮合时，疲劳点蚀一般出现在节线附近，因此一般以节点处的接触应力来计算齿面的接触疲劳强度。

图7-41所示的是一对标准直齿轮，接触点为点 P，根据渐开线的特性可得出齿廓在点 P 处的曲率半径为

$$\rho_1 = N_1P = \frac{d_1}{2}\sin\alpha$$

$$\rho_2 = N_2P = \frac{d_2}{2}\sin\alpha$$

式中，d_1、d_2 分别为两个齿轮分度圆的直径，单位为 mm；α 为分度圆上的压力角，$\alpha = 20°$；u 为齿数比，$u = \dfrac{z_2}{z_1} = \dfrac{d_2}{d_1}$，则

$$\frac{1}{\rho_1}\pm\frac{1}{\rho_2} = \frac{\rho_2\pm\rho_1}{\rho_1\rho_2} = \frac{2(d_2\pm d_1)}{d_1d_2\sin\alpha} = \frac{2}{d_1\cdot\sin\alpha}\cdot\frac{u\pm1}{u}$$

$$\sigma_H = Z_E\sqrt{\frac{F_t}{L\cdot\cos\alpha}}\sqrt{\frac{2\cdot(u\pm1)}{d_1\sin\alpha\cdot u}}$$

$$= Z_E\sqrt{\frac{F_t(u\pm1)}{L\cdot d_1\cdot u}}\sqrt{\frac{2}{\sin\alpha\cdot\cos\alpha}}$$

令 $Z_H = \sqrt{\dfrac{2}{\sin\alpha\cos\alpha}} = \sqrt{\dfrac{4}{\sin2\alpha}}$，$Z_H$ 称为节点区域系数。对于标准直齿轮，$\alpha = 20°$，$Z_H = 2.5$。

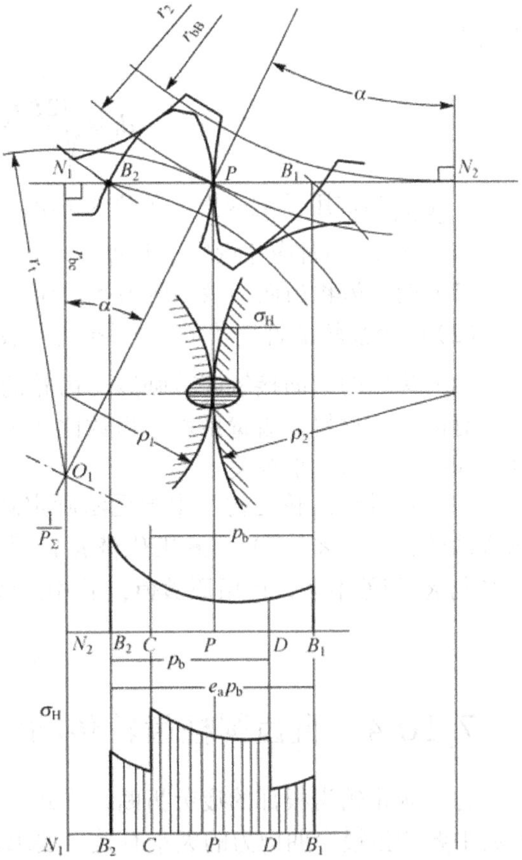

图 7-41 齿轮接触强度计算简图

实际啮合时，并不总是单齿对啮合，所以实际接触线长度为

$$L = b / Z_\varepsilon^2$$

式中，b 为齿宽，单位为 mm；Z_ε 为重合度系数，可用 $Z_\varepsilon = \sqrt{\frac{4-\varepsilon_\alpha}{3}}$ 计算，其中 ε_α 是端面重合度。对于标准齿轮，可用近似计算，即

$$\varepsilon_\alpha = \left[1.88 - 3.2\left(\frac{1}{z_1} \pm \frac{1}{z_2}\right)\right]\cos\beta \text{（直齿圆柱齿轮 } \beta = 0°\text{）} \quad (7\text{-}30)$$

因此，接触疲劳强度的校核公式（引入载荷系数 K）为

$$\sigma_H = Z_E \cdot Z_\varepsilon \cdot Z_H \sqrt{\frac{KF_t}{bd_1} \cdot \frac{u \pm 1}{u}} \leqslant [\sigma_H] \quad (7\text{-}31)$$

以转矩 T_1 表示载荷，$F_t = 2T_1 / d_1$，则根据强度条件可得齿面的接触疲劳强度的校核公式为

$$\sigma_H = Z_E \cdot Z_\varepsilon \cdot Z_H \sqrt{\frac{2KT_1}{bd_1^2} \cdot \frac{u \pm 1}{u}} \leqslant [\sigma_H] \quad (7\text{-}32)$$

为了便于计算，引入齿宽系数 $\phi_d = \frac{b}{d_1}$ 并代入式(7-32)中，得到齿面的接触疲劳强度的设计公式为

$$d_1 \geqslant \sqrt[3]{\frac{2KT_1(u \pm 1)}{\phi_d u} \times \left(\frac{Z_E Z_\varepsilon Z_H}{[\sigma_H]}\right)^2} \quad (7\text{-}33)$$

式中，$[\sigma_H]$ 为许用接触应力，单位为 MPa。

应用式(7-33)时应注意以下几点。

（1）两个齿轮齿面的接触应力 $\sigma_{H1} = \sigma_{H2}$。

（2）两个齿轮的许用接触应力 $[\sigma_H]_1$ 与 $[\sigma_H]_2$ 一般是不同的，进行强度计算时应选用较小值。

（3）齿轮的齿面接触疲劳强度与齿轮的直径或中心距的大小有关，而与模数的大小无关。当一对齿轮的材料、齿宽系数、齿数比一定时，由齿面接触强度所决定的承载能力仅与齿轮的直径或中心距的大小有关。

（4）在设计齿轮之初，由于无法确定圆周速度，所以动载荷系数 K_V 无法确定，此时可用载荷系数试选值 K_t=1.2～1.6 来代替 K，用式(7-33)得出试算值 d_{1t}，然后计算 v 并查取计算 K，若 K 与 K_t 相差不大，可用原数值；若相差较大，可用下式修正 d_1，即

$$d_{1\min} = d_{1t}\sqrt[3]{K / K_t} \quad (7\text{-}34)$$

7.10.4 直齿圆柱齿轮传动的齿根弯曲疲劳强度计算

为了防止轮齿根部的疲劳折断，在进行齿轮设汁时要计算齿根弯曲疲劳强度。轮齿的疲劳折断主要和齿根弯曲应力的大小有关。要求齿根危险截面的弯曲应力与许用应力的关系为

$$\sigma_b \leqslant [\sigma_b]$$

为了简化计算，假定全部载荷由一对齿承受，且载荷作用于齿顶时齿根部分产生的弯曲应

力最大。计算时，可以将轮齿看做宽度为 b 的悬臂梁。危险截面用 30°切线法来确定，即作与轮齿对称中心线成 30°角并与齿根过渡曲线相切的两条直线，连接两个切点的截面即为齿根的危险截面，如图 7-42 所示。

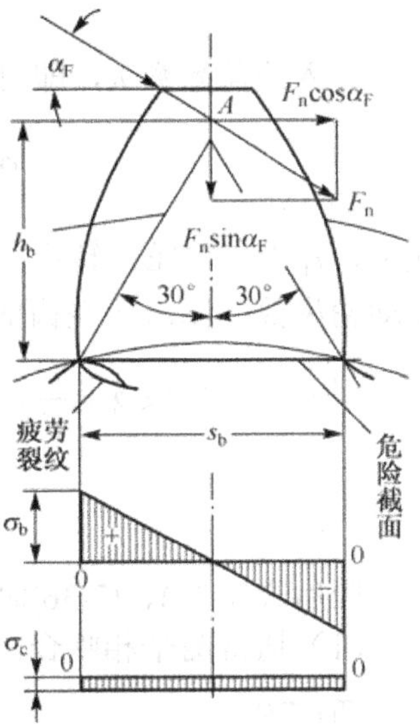

图 7-42 轮齿弯曲及危险截面

沿啮合线作用在齿顶的正压力 F_n 可分解为互相垂直的两个分力 $F_n\cos\alpha_F$ 和 $F_n\sin\alpha_F$，前者对齿根产生弯曲应力，后者产生压缩应力。由于压缩应力远小于弯曲应力，对抗弯强度计算影响较小，故可忽略不计。

齿根危险截面的弯曲应力为

$$\sigma_b = \frac{M}{W}$$

式中，M 为齿根的最大弯矩，单位为 N · mm，其计算公式为

$$M = F_n \cdot \cos\alpha_F \cdot h_b = \frac{F_t}{\cos\alpha} \cdot \cos\alpha_F \cdot h_b$$

W 为危险截面的弯曲截面系数，单位为 mm^3，其计算公式为

$$W = \frac{b \cdot s_b^2}{6}$$

其中，b 为齿宽，单位为 mm。将上面两式代入 $\sigma_b = \frac{M}{W}$ 中，可得

$$\sigma_b = \frac{M}{W} = \frac{F_n \cdot \cos\alpha_F \cdot h_b}{\frac{1}{6} b \cdot s_b^2} = \frac{F_t}{b} \cdot \frac{6h_b \cdot \cos\alpha_F}{s_b^2 \cdot \cos\alpha}$$

将分子、分母同除以 m^2 得

$$\sigma_b = \frac{F_t}{b \cdot m} \cdot \frac{6(h_b/m) \cdot \cos\alpha_F}{(s_b/m)^2 \cdot \cos\alpha} = \frac{F_t}{b \cdot m} \cdot Y_F$$

式中，$Y_F = \frac{6(h_b/m) \cdot \cos\alpha_F}{(s_b/m)^2 \cdot \cos\alpha}$ 称为齿形系数，它是考虑齿形对齿根弯曲应力影响的系数。Y_F 只与齿形有关，而与模数无关，是一个无因次的系数。齿形系数取决于齿数与变位系数，对于标准齿轮则仅取决于齿数。标准外齿轮的齿形系数 Y_F 值可查表 7-15。Y_F 与齿数 z 成反比。

表 7-15 标准外齿轮的齿形系数 Y_F 及应力修正系数 Y_S

$z(z_v)$	12 14		16 17	18		19	20 21	22		23	24 25	26	
Y_F	3.47 3.	22	3.03 2.	97 2.	91	2.85	2.81 2.	76 2.	75	2.69	2.65 2.	65 2.	60
Y_S	1.44 1.	47	1.51 1.	52 1.	53	1.54	1.55 1.	56 1.	57	1.575	1.58 1.	59	1.595
$z(z_v)$	27 28		29 30	35		40	45 50	60		70	80 90		100
Y_F	2.57 2.	55	2.53 2.	52 2.	45	2.40	2.35 2.	32 2.	28	2.24	2.22 2.	20 2.	18
Y_S	1.60	1.61 1.	62	1.625	1.65 1.	67 1.	68	1.70	1.73 1.	75 1.	77	1.78	1.79

引入应力修正系数 Y_S，反映的是齿根圆角处的应力集中及齿根危险截面上压应力等对强度的影响，其值可查表 7-15。

引入重合度系数 Y_ε，可把全部载荷由齿顶转换到单对齿啮合区外界点。

$$Y_{\varepsilon}=0.25+\frac{0.75}{\varepsilon_{\alpha}}$$ （ε_{α} 可按式(7-30)计算）

计入载荷系数 K，即可得出轮齿齿根弯曲疲劳强度的校核公式为

$$\sigma_{b}=\frac{2KT_{1}}{b\cdot m\cdot d_{1}}\cdot Y_{F}\cdot Y_{S}\cdot Y_{\varepsilon}=\frac{2KT_{1}}{bm^{2}z_{1}}\cdot Y_{F}\cdot Y_{S}\cdot Y_{\varepsilon}\leqslant[\sigma_{b}] \quad (7\text{-}35)$$

式中，T_1 为主动轮的转矩，单位为 N · mm；b 为轮齿的接触宽度，单位为 mm；m 为模数；z_1 为主动轮齿数；$[\sigma_b]$ 为轮齿的许用弯曲应力，单位为 MPa。

引入齿宽系数 $\phi_{d}=\dfrac{b}{d}$，并将其代入式(7-35)，可得出齿根弯曲疲劳强度的设计公式为

$$m\geqslant\sqrt[3]{\frac{2KT_{1}}{\phi_{d}z_{1}^{2}}\cdot\frac{Y_{F}Y_{S}Y_{\varepsilon}}{[\sigma_{b}]}} \quad (7\text{-}36)$$

应用式(7-35)、(7-36)时应注意以下几点：

（1）通常两个相啮合齿轮的齿数是不相同的，故齿形系数 Y_F 和应力修正系数 Y_S 都不相等，所以 $\sigma_{b1}\neq\sigma_{b2}$。

（2）由于材料、热处理方法的不同，两个齿轮的许用接触应力 $[\sigma_{b1}]$ 与 $[\sigma_{b2}]$ 一般是不同的。

（3）在设计计算时，应将两个齿轮的 $\dfrac{Y_F\cdot Y_S}{[\sigma_b]}$ 值进行比较，取其中较大者代入式(7-35)中计算；在齿根弯曲疲劳强度校核时，应满足 $\sigma_{b1}\leqslant[\sigma_{b1}]$，$\sigma_{b2}\leqslant[\sigma_{b2}]$。

（4）由式(7-36)所得的模数应按表 7-3 圆整成标准值。动力齿轮的模数 $m\geqslant 1.5\sim 2$ mm，若 $m<1.5$，则磨齿较难。

（5）在设计齿轮之初，由于无法确定圆周速度，所以动载荷系数 K_V 无法确定，此时可用载荷系数试选值 $K_t=1.2\sim1.6$ 代替 K，用式(7-36)得出试算值 m_{nt}，然后计算 v 并查取计算 K，若 K 与 K_t 相差不大，可用原数值；若相差较大，用下式修正 m_n，即

$$m_{n\min}=m_{nt}\sqrt[3]{K/K_{t}} \quad (7\text{-}37)$$

7.10.5 直齿圆柱齿轮传动的设计计算实例

1. 参数选择

重要的参数对齿轮结构和工作特性有影响，需要根据功能在合理的范围内选择。

1）压力角

国家标准规定，对一般用途的齿轮标准压力角为 20°。若增大压力角，则齿面曲率半径和齿厚会增大，提高了齿轮接触疲劳强度、弯曲疲劳强度，但减小压力角对提高齿轮承受动载荷的能力和降低噪声有利。

2）小轮齿数

对于标准齿轮，为保证不发生根切，一般小齿轮齿数 $z>z_{\min}$。齿数多，则重合度大，传动平稳，且能改善传动质量，减小磨损。若分度圆直径不变，可通过增加齿数使模数减小，从而减小切齿的加工量。但模数减小会导致轮齿的齿厚变薄，降低弯曲强度。具体设计时，在保证弯曲强度的前提下，应取较多的齿数为宜。

闭式软齿面齿轮一般以点蚀为主要失效形式，决定其承载能力的主要参数是节圆直径。为了减小冲击，提高传动平稳性，小齿轮数可取多些，一般取 $z_1=20\sim40$。

开式（半开式）硬齿面齿轮，通常以磨损为主要失效形式，由于决定其承载能力的主要参数是模数（齿厚），为提高齿根弯曲疲劳强度，同时不增大体积，一般选择较少的小轮齿数，z_1=17～20。

对于周期性变化的载荷，为避免最大载荷总是作用在某一对或某几对轮齿上而使磨损过于集中，z_1、z_2应互为质数。这样，实际传动比可能与要求的传动比有出入，但工程中允许传动比误差在±5%内。

3）齿宽系数

轮齿越宽，齿轮的承载能力越高。但若结构的刚性不够，安装不准确，齿宽过大则易发生载荷集中现象，使轮齿折断。所以，齿宽系数应合理选用，荐用值见表7-16。

表7-16 齿宽系数ϕ_d

齿轮相对轴承的位置	齿面硬度	
	软齿面（≤350HBS）	硬齿面（>350HBS）
对称布置0.	8～1.4 0.	4～0.9
非对称布置0.	6～1.2 0.	3～0.6
悬臂布置0.	4～0.4 0.	2～0.25

考虑到大小齿轮可能会因装配误差而产生轴向偏移，所以为了保证实际啮合齿宽，可取大小齿轮宽度$b_1=b_2+5(5\sim10)$mm，如图7-43所示。

4）齿数比μ与传动比i

齿数比$\mu=\dfrac{z_2}{z_1}=\dfrac{n_1}{n_2}$，传动比$i=\dfrac{n_1}{n_2}$。对于减速传动，$\mu=i$；对于增速传动，$\mu=\dfrac{1}{i}$。

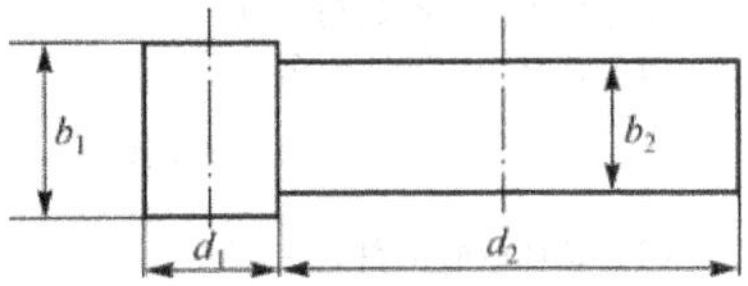

图7-43 大小齿轮宽度对比

传动比是表示齿轮传动的运动特性的参数之一。一般而言，取每对直齿圆柱齿轮的传动比i<5。如果传动比过大，将导致结构庞大，重量增加，制造成本加大，所以在这种情况下要采用多级传动。

2. 齿轮传动精度

齿轮的精度包括：① 传动运动的准确性；② 传动的平稳性；③ 载荷分布的均匀性；④ 传动的侧隙。这些对齿轮的工作性能、工作噪声，都有很大的影响。提高精度将使齿轮传动更平稳，承载能力更大，传动噪声减小，特别是对高速传动，加速传动是非常重要的。缺点是齿轮成本提高。

渐开线圆柱齿轮精度等级的国标GB/T 100 95.1—2001规定，渐开线圆柱齿轮有13个精度等级，其中0～2级为将来发展级，3～5级为高精度，6～8级为中等精度，9～12级的精度最低。常用的精度等级为6～9级。齿轮副中的一对齿轮的精度可以相同，也可以不同。在设计齿轮传动时，应根据齿轮的用途、使用条件、传递的圆周速度和功率大小等，选择齿轮精度等级。表7-17中列出了常见机械中齿轮的精度等级。

表7-17 常见机械中齿轮的精度等级

机械名称	精度等级	机械名称	精度等级
测量齿轮	2～5	拖拉机	6～9
金属切削机床	3～8	通用减速器	6～9
轻型汽车	5～8	起重机械	7～10
载重汽车	6～9	矿用绞车	6～10
航空发动机	4～8	农业机械	8～11

3. 直齿圆柱齿轮传动的设计计算实例

【例 7-1】 设计一对单级直齿圆柱齿轮减速器中的齿轮。电动机驱动，转向不变。已知传动功率 $P = 10$ kW，小齿轮的转速 $n_1 = 960$ r/min。传动比 $i = 3.7$，齿轮为对称布置，载荷平稳，设双班制工作，每班 8 小时，使用寿命 10 年，每年 250 工作日。

设计与说明	主要结果
1）选择齿轮材料、热处理方式、精度等级 因为是普通减速器，速度不高，由表 7-17 选 8 级精度。 由于该齿轮传动无特殊要求，为了制造方便，所以选软齿面齿轮。 查表 7-9，选择小齿轮硬度范围为 240～270HB，大齿轮硬度范围为 180～210HB。 查表 7-10，大小齿轮均用 45 号钢：小齿轮选用 45 号钢调质，硬度为 229～286HB；大齿轮选用 45 号钢正火，硬度为 162～217HB。 取小齿轮的齿数 z_1 为 27，则大齿轮齿数 $z_2 = z_1 i = 27\times3.7 = 99.9$，圆整，取 z_2 =100。	8 级精度 小齿轮：45 号钢调质 大齿轮：45 号钢正火 HB1 = 250 HB2 = 210 硬度差为 40 $z_1 = 27$ $z_2 = 100$
验算实际传动比 $i' = \dfrac{z_2}{z_1} = \dfrac{100}{27} = 3.703$。 实际传动比与设计要求相差无几，无须验算；否则，应按下式演算，例如：传动比的误差为 $\dfrac{\lvert i-i'\rvert}{i}\times100\% = \dfrac{\lvert 3.7-3.703\rvert}{3.7}\times100\% = 0.3\% < \pm5\%$，在误差允许范围内，合适。	$i = 3.7$
因为是闭式软齿面，主要失效形式为疲劳点蚀，故按齿面接触疲劳强度设计，再按齿根弯曲疲劳强度校核。 2）用齿面接触疲劳强度初步设计 确定如下有关参数与系数。 （1）计算小齿轮转矩 T_1，即 $$T_1 = 9.55\times10^6\frac{P}{n_1} = 9.55\times10^6\frac{10}{960} = 99\ 479\ \text{N}\cdot\text{mm}$$	$T_1 = 99\ 479\ \text{N}\cdot\text{mm}$
（2）试选载荷系数 K_t=1.5。	$K_t = 1.5$
（3）查表 7-16，选取齿宽系数 ϕ_d =1。 （4）查表 7-14，查得材料的弹性影响系数 z_E =189.8 MPa。 （5）计算重合度 $\varepsilon_\alpha = \left[1.88-3.2\left(\dfrac{1}{z_1}+\dfrac{1}{z_2}\right)\right]$=1.73，得重合度系数 $Z_\varepsilon = \sqrt{\dfrac{4-\varepsilon_\alpha}{3}} = 0.87$。 （6）因为是标准齿轮，节点区域系数 $Z_H = 2.5$。 （7）由图 7-33 查得疲劳极限 $\sigma_{H\lim1} = 600$ MPa， $\sigma_{H\lim1} = 400$ MPa。 （8）查表 7-11，查得安全系数 $S_H = 1$。 （9）由式(7-25)计算应力循环系数为 $N_1 = 60njL_h = 60\times960\times1\times(10\times250\times16) = 2.3\times10^9$， $N_2 = N_1 / i = 2.3\times10^9 / 3.68 = 6.26\times10^8$ （10）由图 7-32 查得寿命系数 $Z_{N1} = 0.91$, $Z_{N2} = 0.94$ 。 （11）由式 7-23 计算许用应力为 $$[\sigma_H]_1 = \frac{Z_{N1}\cdot\sigma_{H\lim1}}{S_H} = \frac{0.91\times600}{1} = 546\ \text{MPa}$$ $$[\sigma_H]_2 = \frac{Z_{N2}\cdot\sigma_{H\lim2}}{S_H} = \frac{0.94\times400}{1} = 376\ \text{MPa}$$	$[\sigma_H] = 376$ MPa
（12）由式(7-33)试算分度圆直径，$[\sigma_H]$ 代入较小值，则 $$d_{1t} \geqslant \sqrt[3]{\frac{2KT_1(u\pm1)}{\phi_d u}\times\left(\frac{Z_E Z_\varepsilon Z_H}{[\sigma_H]}\right)^2}$$ $$= \sqrt[3]{\frac{2\times1.5\times99\ 479\times(3.7+1)}{1\times3.7}\times\left(\frac{189.8\times0.87\times2.5}{376}\right)^2} = 77\ \text{mm}$$ 取 $d_{1t} = 77$ mm。	$d_{1t} = 77$ mm
3）确定主要参数 （1）计算圆周速度，即 $$v = \frac{\pi d_1 n}{60\times1000} = \frac{\pi\times77\times960}{60\times1000} = 3.87\ \text{m/s}$$ （2）计算齿宽，即	

（续表）

设计与说明	主要结果
$b=\phi_d \times d_{1t}=1\times 77=77$ m	
（3）计算载荷系数。查表 7-12，得 $K_A=1$；查图 7-37，得 $K_V=1.19$，则	
$K_A F_t/b=2K_A T_1/bd_{1t}=2\times 1\times 99\,479/77\times 77=33.56$	
查表 7-13，得 $K_\alpha=1.2$；查图 7-40，得 $K_\beta=1.05$，则	
$K=K_A K_V K_\beta K_\alpha=1\times 1.19\times 1.2\times 1.05=1.49$	
因为载荷系数 K 与 K_t 值几乎相等，故无须修正。	
$m=\dfrac{d_{1t}}{z_1}=\dfrac{77}{27}=2.85$ mm	
由表 7-3 取标准模数 $m=3$。	$m=3$
4）计算主要尺寸	
$d_1=mz_1=3\times 27=81$ m	$d_1=81$ mm
$d_2=mz_2=3\times 100=300$ mm	$d_2=300$ mm
$a=\dfrac{1}{2}m(z_1+z_2)=\dfrac{1}{2}\times 3(27+100)=190.5$ mm	$a=190.5$ mm
$b=\phi_d d_{1t}=1\times 77=77$ m	
取 $b_1=b_2+5=77+5=82$ m	$b_1=82$
$b_2=b=77$	$b_2=77$
5）按齿根弯曲疲劳强度校核	
（1）确定齿形系数 Y_F 与应力修正系数 Y_S。	
查表 7-15，得 $Y_{F1}=2.56$，$Y_{F2}=2.18$；$Y_{S1}=1.60$，$Y_{S2}=1.79$。	
（2）确定重合度系数 Y_ε。因为 $\varepsilon_\alpha=1.73$，所以	
$Y_\varepsilon=0.25+\dfrac{0.75}{\varepsilon_\alpha}=0.25+\dfrac{0.75}{1.73}=0.68$	
（3）确定许用弯曲应力 $[\sigma_b]$。由图 7.35 查得 $\sigma_{Flim1}=420$ MPa, $\sigma_{Flim2}=160$ MPa；由表 7-11 查得 $S_F=1.3$；由图 7-34 查得 $Y_{N1}=0.86$，$Y_{N2}=0.85$。	
由式(7-24)可得	
$[\sigma_b]_1=\dfrac{Y_{N1}\sigma_{Flim1}}{S_F}=\dfrac{0.86\times 420}{1.3}=277.8$ MPa	$[\sigma_b]_1=277.8$ MPa
$[\sigma_b]_2=\dfrac{Y_{N2}\sigma_{Flim2}}{S_F}=\dfrac{0.85\times 160}{1.3}=104.6$ MPa	$[\sigma_b]_2=104.6$ MPa
（4）由式(7-35)计算弯曲应力，即	
$\sigma_{b1}=\dfrac{2KT_1}{bm^2 z_1}Y_F Y_S Y_\varepsilon=\dfrac{2\times 1.49\times 99\,479}{77\times 3^2\times 25}\times 2.56\times 1.60\times 0.68$	
$=47.66$ MPa	$\sigma_{b1}=47.66$ MPa
$\sigma_{b2}=\dfrac{2\times K\times T_1}{bm^2 z_1}Y_{b1}Y_{S2}Y_\phi=\sigma_{b1}\dfrac{Y_{b2}Y_{S2}}{Y_{b1}Y_{S1}}=47.66\times\dfrac{2.18\times 1.79}{2.56\times 1.60}$	
$=45.4$ MPa	$\sigma_{b2}=45.4$ MPa
（5）强度校核，即	
$\sigma_{b1}<[\sigma_b]_1$，$\sigma_{b2}<[\sigma_b]_2$	
齿根弯曲强度合格。	齿根弯曲强度合格
6）绘制齿轮零件工作图（略）	

7.11 平行轴斜齿圆柱齿轮传动

在同等条件下，斜齿圆柱齿轮比直齿圆柱齿轮传动工作更平稳，承载能力更强，结构更紧凑，适用于高速、大功率传动。

7.11.1 斜齿轮齿廓的形成

从空间结构看，圆柱齿轮齿廓渐开线曲面的形成如图7-44所示。当平面 S 沿基圆柱做纯滚动时，S 平面上的直线 KK 在空间所走过的轨迹即为渐开线曲面。平面称为发生面，形成的曲面即为齿轮的齿廓曲面。

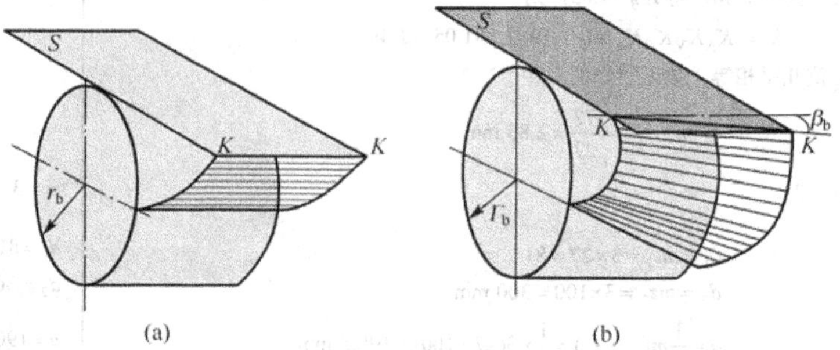

图 7-44 齿廓的形成

当发生面沿基圆柱做纯滚动时，它上面的一条与基圆轴线平行的直线 KK 所展成的渐开线曲面，就是直齿圆柱齿轮的齿廓曲面，简称渐开面，如图 7-44(a)所示。

斜齿圆柱齿轮齿面的形成原理与直齿圆柱齿轮相似，所不同的是，发生面上展成渐开面的直线 KK 不再平行，而是偏斜一个角度，如图 7-44(b)所示。当发生面 S 绕基圆柱做纯滚动时，斜直线 KK 上的轨迹是一个渐开线螺旋面，该螺旋面即为斜齿圆柱齿轮的齿廓曲面，β_b 称为基圆柱上的螺旋角。若 β_b 越大，则轮齿越偏斜，当 $\beta_b = 0$ 时，即为直齿圆柱齿轮，因此可以认为直齿轮是斜齿轮的一个特例。

7.11.2 斜齿圆柱基本参数及几何尺寸计算

斜齿轮的轮齿为螺旋面，在垂直于齿轮轴线的端面上和垂直于齿廓螺旋面的法面上齿形不同，所以参数也不同。法面上的参数用下标 n 表示，如 m_n 、α_n ；端面上的参数用下标 t 表示，如 m_t 、α_t 。在计算斜齿轮的几何尺寸时，要按端面的参数进行计算。由于斜齿轮的加工刀具从法面进行，因此法面参数为标准值。应当注意斜齿轮端面与法向平面参数的转换关系。

1．螺旋角

斜齿轮分度圆柱面与轮齿齿面相贯可得到螺旋线。把分度圆柱展开，该螺旋线在平面内为一条直线，它与轴线的夹角称为分度圆螺旋角，用 β 表示，如图 7-45 所示。螺旋角是反映斜齿轮特征的一个重要参数。

斜齿轮按其齿廓渐开螺旋面的旋向，可分为右旋和左旋两种，如图 7-46 所示。当斜齿轮的轴线垂直放置时，斜齿轮可见部分的螺旋线右高左低即为右旋，反之为左旋。

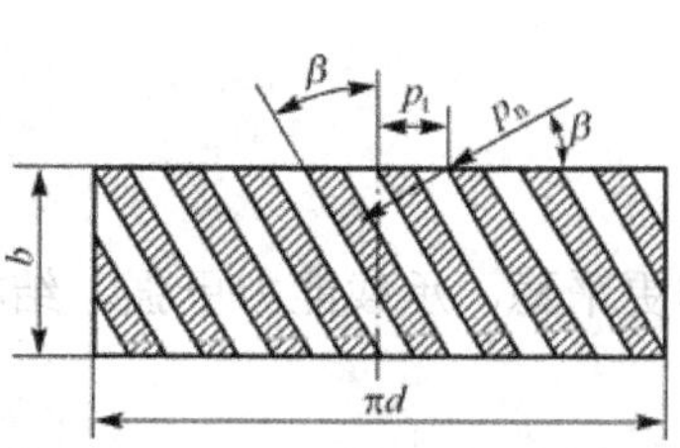

图 7-45 斜齿轮的展开

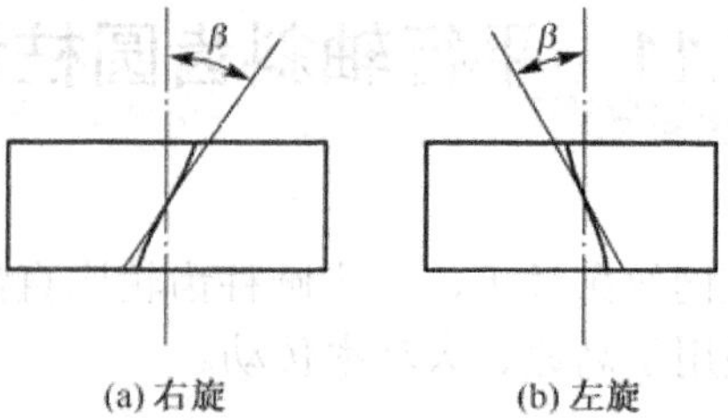

图 7-46 斜齿轮轮齿的旋向

2．法面模数与端面模数

由图 7-45 可知

$$p_n = p_t \cdot \cos\beta$$

式中，p_t 为端面齿距；p_n 为法面齿距；β 为螺旋角。

由于 $p = \pi m$，所以 $\pi m_n = \pi m_t \cdot \cos\beta$，故斜齿轮法面模数与端面模数的关系为

$$m_n = m_t \cdot \cos\beta \quad (7\text{-}38)$$

3．压力角

在图7-47所示的斜齿条中，$\triangle abc$ 在端面上，$\triangle a'b'c$ 在法面上，$\angle aa'c = 90°$，在直角三角形$\triangle abc$ 中可得

$$\tan\alpha_t = \frac{ac}{ab}，\quad \tan\alpha_n = \frac{a'c}{a'b'}$$

而 $a'c = ac \cdot \cos\beta$，又因 $ab = a'b'$，故

$$\tan\alpha_n = \frac{a'c}{a'b'} = \frac{ac \cdot \cos\beta}{ab}$$

所以 $$\tan\alpha_n = \tan\alpha_t \cdot \cos\beta \quad (7\text{-}39)$$

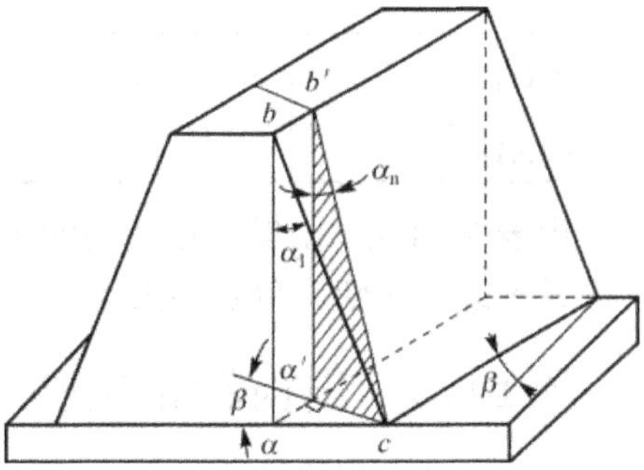

图 7-47　斜齿条的压力角

4．齿顶高系数及顶隙系数

对于斜齿轮的齿顶高和齿根高，无论从端面上看还是从法面上看，都是相等的，即

$$h_{an}^* \cdot m_n = h_{at}^* \cdot m_t$$

及

$$c_n^* \cdot m_n = c_t^* \cdot m_t$$

将式(7-39)代入以上两式，即得

$$\begin{cases} h_{at}^* = h_{an}^* \cdot \cos\beta \\ c_{at}^* = c_{an}^* \cdot \cos\beta \end{cases} \quad (7\text{-}40)$$

5．斜齿轮的几何尺寸计算

斜齿轮的啮合在端面上相当于一对直齿轮的啮合，因此将斜齿轮的端面参数代入直齿轮的计算公式，就可得到斜齿轮的相应尺寸，具体可查表 7-18。

表 7-18　外啮合标准斜齿圆柱的几何尺寸计算

名称	符号	计算公式
螺旋角	β	一般 8～20°
基圆柱螺旋角	β_b	$\tan\beta_b = \tan\beta\cos\alpha_t$
法面模数	m_n	按表取标准值
端面模数	m_t	$m_n = m_t\cos\beta$
法面压力角	α_n	按表取标准值
端面压力角	α_t	$\tan\alpha_t = \tan\alpha_n / \cos\beta$
分度圆直径	d	$d = m_t z = \dfrac{m_n}{\cos\beta} z$

（续表）

名称	符号	计算公式
基圆直径	d_b	$d_b = d\cos\alpha$
法面齿顶高系数	h_{an}^*	$h_{an}^* = 1$
法面顶隙系数	c_n^*	$c_n^* = 0.25$
齿顶高	h_a	$h_a = m_n$
齿根高	h_f	$h_f = 1.25m_n$
齿全高	h	$h = h_a + h_f$
齿顶圆直径	d_a	$d_a = d + 2h_a$
齿根圆直径	d_f	$d_f = d - 2h_f$
标准中心距	a	$a = \frac{1}{2}(d_1 + d_2) = \frac{1}{2}m_t(z_1 + z_2) = \frac{m_n}{2\cos\beta}(z_1 + z_2)$
当量齿轮	z_v	$z_v = \frac{z}{\cos^3\beta}$
最少齿数	z_{min}	$z_{min} = z_{v\,min}\cos^3\beta$

由表 7-18 可知，斜齿轮传动的中心距与螺旋角 β 有关。当一对斜齿轮的模数、齿数一定时，可以通过改变其螺旋角 β 的大小来圆整中心距。

7.11.3 斜齿轮正确啮合条件

一对外啮合斜齿轮传动的正确啮合条件为：

（1）两个斜齿轮的法面模数相等，法面压力角相等，即

$$m_{n1} = m_{n2} = m_n$$

$$\alpha_{n1} = \alpha_{n2} = \alpha_n$$

（2）两个斜齿轮的螺旋角大小相等，方向相反，即

$$\beta_1 = -\beta_2$$

7.11.4 斜齿轮传动的重合度

斜齿轮传动的重合度要比直齿轮大。图7-48所示的是斜齿轮与斜齿条在前端面的啮合情况，齿廓在点 A 进入啮合，在点 E 终止啮合。但是从俯视图上分析，当前端面开始脱离啮合时，后端面仍处在啮合区内，只有当后端面脱离啮合时，这对齿才终止啮合。当后端面脱离啮合时，前端面已到达点 H，所以，从前端面进入啮合到后端面脱离啮合，前端面走过 FH 段，故斜齿轮传动的重合度 ε_γ 为

$$\varepsilon_\gamma = \frac{FH}{p_t} = \frac{FG + GH}{p_t} = \varepsilon_\alpha + \frac{b\tan\beta}{p_t}$$

$$\varepsilon_\gamma = \varepsilon_\alpha + \varepsilon_\beta \qquad (7\text{-}41)$$

式中，ε_α 为端面重合度，$\varepsilon_\alpha = \frac{1}{2\pi}[z_1(\tan\alpha_{t1} - \tan\alpha_t') + z_2(\tan\alpha_{at2} - \tan\alpha_t')]$ ε_β 为轴面重合度，$\varepsilon_\beta - b\tan\beta / p_t$；$\beta$ 为螺旋角。

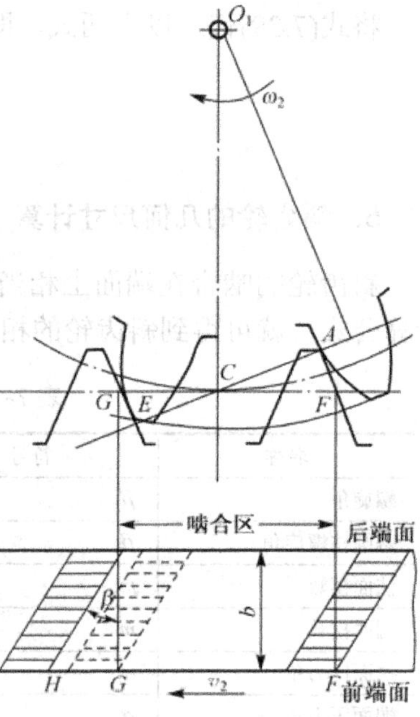

图 7-48 斜齿轮传动的重合度

随着齿宽 b 和螺旋角 β 的增大，重合度也会增大，所以斜齿轮传动比较平稳。

7.11.5 当量齿数

1. 当量齿数

斜齿轮的法面齿形与选择加工斜齿轮的刀具有关，其主要参数是标准值。在进行强度计算时也用法面齿形，但是精确地求出法面齿形是比较困难的，通常采用一个近似的方法，即借助于当量齿轮来分析斜齿轮的法面齿形。

过斜齿轮分度圆柱上齿廓的任意一点 C 作轮齿的法面，并剖开该法面分度圆柱，如图7-49所示，断面为一个椭圆。椭圆的长半轴为 $a=\dfrac{d}{2\cos\beta}$，短半轴为 $b=\dfrac{d}{2}$，在点 C 的曲率半径为

$$\rho=\frac{a^2}{b}=\frac{d}{2\cos^2\beta}$$

以 ρ 为分度圆半径，以斜齿轮法面模数 m_n 为模数，取压力角 α_n 为标准压力角作一个虚拟直齿圆柱齿轮，其齿形近似于斜齿轮的法面齿形。该虚拟直齿轮称为斜齿圆柱齿轮的当量齿轮，其齿数称为斜齿圆柱齿轮的当量齿数，用 z_v 表示，计算公式为

$$z_v=\frac{2\rho}{m_n}=\frac{d}{m_n\cos^2\beta}=\frac{m_n z}{m_n\cos^3\beta}=\frac{z}{\cos^3\beta} \tag{7-42}$$

当量齿数是假想的直齿轮，计算出来的齿数一般不是整数，不必进行圆整。

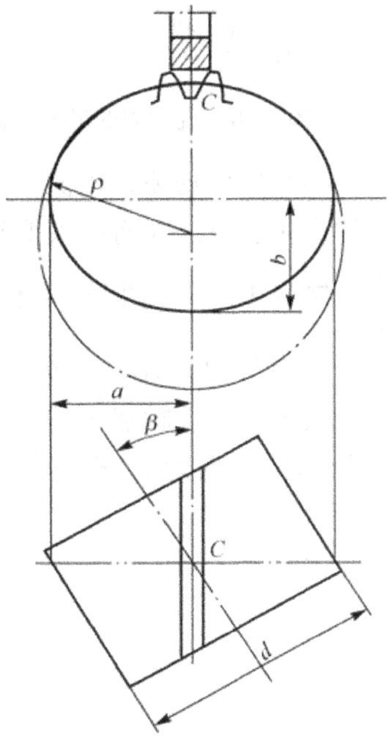

图 7-49 斜齿轮的当量齿轮

2. 最少齿数

标准斜齿轮不发生根切的最少齿数可由其当量直齿轮的最少齿数 z_{min} 计算出来。斜齿轮最少齿数 z_{min} 为

$$z_{min}=z_{v\min}\cos^3\beta=17\cdot\cos^3\beta \quad (7\text{-}43)$$

由式7-43可看出，斜齿圆柱齿轮的最少齿数比直圆柱齿齿轮的要少，因而斜齿轮机构更加紧凑。

7.11.6 斜齿轮传动的特点

斜齿圆柱齿轮传动啮合性好，重合度大，工作更平稳，承载能力更强，结构更紧凑。

直齿轮齿是沿整个齿宽同时进入啮合、同时脱离啮合的，如图7-50(a)所示。直齿接触线是平行于齿轮轴的直线，如图7-50(b)所示。轮齿沿齿宽所承受的载荷突然加上、突然卸下，所以直齿圆柱齿轮传动的平稳性较差，容易产生冲击和噪声，不适用于高速和重载。

斜齿轮齿是沿整个齿宽逐渐进入和脱离啮合的，如图7-51(a)所示。沿齿宽方向的啮合接触线的长度由零逐渐增加，又缩短为零，如图7-51(b)所示，因此比同等条件的直齿轮有更多的优势。

（1）啮合性能好。斜齿圆柱齿轮的轮齿之间是一种逐渐啮合过程，轮齿上的受力也是逐渐由小到大，再由大到小，因此斜齿轮啮合较为平稳，冲击和噪声小，适用于高速、大功率传动。

（2）重合度大。在同等条件下，斜齿轮的啮合过程比直齿轮长，即重合度较大，这就降低了每对齿轮的载荷，从而提高了齿轮的承载能力，延长了齿轮的使用寿命，并使传动平稳。

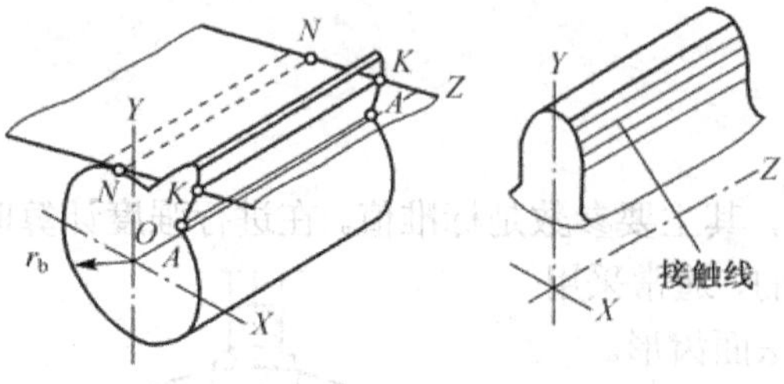

图 7-50　直齿面的形成与齿廓啮合接触线

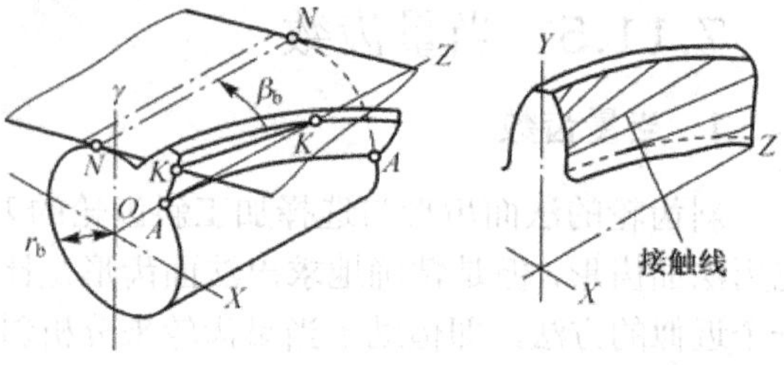

图 7-51　斜齿面的形成与齿廓啮合接触线

（3）结构紧凑。用齿条形刀具切制斜齿圆柱齿轮时，其无根切标准齿轮的最小齿数比直齿圆柱齿轮的少，因而可以得到更加紧凑的结构。

7.11.7　斜齿轮传动的受力分析

如图 7-52 所示，当斜齿轮啮合时，齿面接触线倾斜。在图 7-53 中，主动轮上的受力 F_{n1} 就在法面内指向接触点 C 的方向。忽略摩擦力的影响，F_{n1} 可分解成三个互相垂直的分力，即圆周力 F_{t1}、径向力 F_{r1} 和轴向力 F_{a1}，其值分别为

$$\begin{cases} F_{t1}=\dfrac{2T_1}{d_1}=-F_{t2} \\ F_{r1}=F_{t1}\cdot\dfrac{\tan\alpha_n}{\cos\beta}=-F_{r2} \\ F_{a1}=F_{t1}\cdot\tan\beta=-F_{a2} \\ F_{n1}=\dfrac{F_{t1}}{\cos\alpha_n\cos\beta}=\dfrac{F_{t1}}{\cos\alpha_t\cos\beta_b}=-F_{n2} \end{cases} \tag{7-44}$$

式中，T_1 为主动轮传递的转矩，单位为 N · mm；d_1 为主动轮分度圆直径，单位为 mm；β 为分度圆上的螺旋角，一般取 8°～20°；α_n 为法面压力角，即标准压力角，$\alpha_n=20°$，其余与直齿相同。

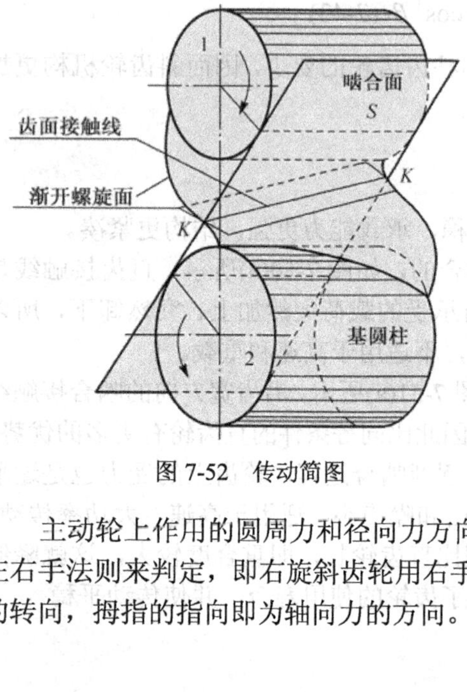

图 7-52　传动简图

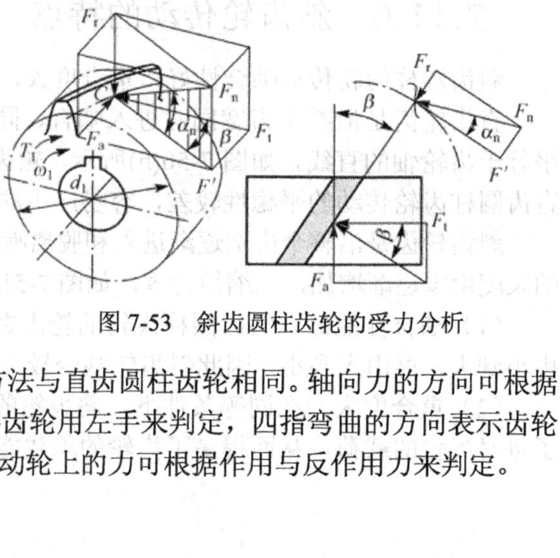

图 7-53　斜齿圆柱齿轮的受力分析

主动轮上作用的圆周力和径向力方向的判定方法与直齿圆柱齿轮相同。轴向力的方向可根据左右手法则来判定，即右旋斜齿轮用右手、左旋斜齿轮用左手来判定，四指弯曲的方向表示齿轮的转向，拇指的指向即为轴向力的方向。作用于从动轮上的力可根据作用与反作用力来判定。

由式(7-44)可以看出，螺旋角越大，斜齿轮的轴向力就越大。因此，为了减小轴向力，螺旋角不宜过大。但是，如果螺旋角太小，就不能充分显示斜齿轮传动的优点，通常取$\beta=8°\sim20°$。

7.11.8　斜齿轮传动的强度计算

斜齿圆柱齿轮传动的强度计算借助于当量齿轮，原理与直齿圆柱齿轮相似。由于斜齿轮啮合时齿面接触线的倾斜，轮齿往往是局部折断，故计算以法向参数为依据。另外，斜齿圆柱齿轮接触线较长，重合度增大，使斜齿轮的接触应力和弯曲应力降低。引入重合度系数。

1. 齿面接触疲劳强度计算

斜齿圆柱齿轮的齿面接触疲劳强度计算是以轮齿法面的当量直齿圆柱齿轮为计算基础的，其模数为法面模数m_n，其齿数为当量齿数z_V。校核公式为

$$\sigma_H=Z_EZ_HZ_\varepsilon Z_\beta\sqrt{\frac{2KT_1(u\pm1)}{bd_1^2u}}\leqslant[\sigma_H] \quad (7\text{-}45)$$

式中，Z_H为节点区域系数，$Z_H=\sqrt{\dfrac{2\cos\beta_b}{\sin\alpha_t\cos\alpha_t}}$，可查图7-54；

Z_ε为重合度系数，$Z_\varepsilon=\sqrt{\dfrac{4-\varepsilon_\alpha}{3}(1-\varepsilon_\beta)+\dfrac{\varepsilon_\beta}{\varepsilon_\alpha}}$；$Z_\beta$为螺旋角系数，

$$Z_\beta=\sqrt{\cos\beta} \quad (7\text{-}46)$$

ε_α为端面重合度，由式(7-13)计算。ε_β为轴面重合度，$\varepsilon_\beta=b\sin\beta/(\pi m_n)=0.318\phi_d z_1\tan\beta$，如$\varepsilon_\beta\geqslant1$，取$\varepsilon_\beta=1$。

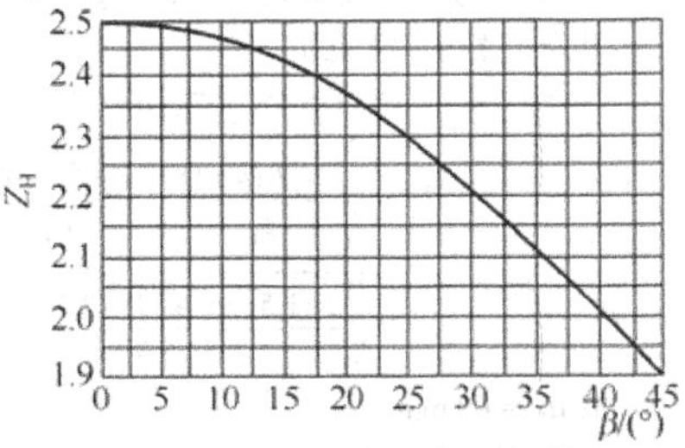

图7-54　法向压力角$\alpha_n=20°$时的Z_H

设计公式为

$$d_1\geqslant\sqrt[3]{\frac{2KT_1(u\pm1)}{\phi_d u}\left(\frac{Z_EZ_HZ_\varepsilon Z_\beta}{[\sigma_H]}\right)^2} \quad (7\text{-}47)$$

2. 齿根弯曲疲劳强度计算

校核公式为

$$\sigma_b=\frac{2KT_1}{bd_1m_n}Y_FY_SY_\varepsilon Y_\beta\leqslant[\sigma]_b \quad (7\text{-}48)$$

设计公式为

$$m_n\geqslant\sqrt[3]{\frac{2KT_1Y_\varepsilon Y_\beta\cos^2\beta}{\phi_d\cdot z_1^2}\cdot\frac{Y_FY_S}{[\sigma]_F}}\leqslant[\sigma_b] \quad (7\text{-}49)$$

式中，Y_ε为重合度系数，$Y_\varepsilon=0.25+0.75/\varepsilon_\alpha$，$\varepsilon_\alpha$为端面重合度，由式(7-13)计算；$Y_F$为斜齿轮齿形系数，按当量齿数$z_V$查表7-15；$Y_S$为斜齿轮应力修正系数，按当量齿数$z_V$查表7-15，其余参照直齿圆柱齿轮；$Y_\beta$为螺旋角系数，$Y_\beta=0.85\sim0.92$，$\beta$角大时取小值，反之取大值。

7.11.9　斜齿圆柱齿轮传动的设计计算实例

【例7-2】　设计一对单级斜齿圆柱齿轮减速器中的齿轮，其余与【例7-1】相同。

设计与说明	主要结果
1）选择齿轮材料、热处理方式、精度等级 与【例 7-1】相同。	8 级精度 小齿轮：45 号钢调质
2）试用齿面接触疲劳强度设计 确定有关参数与系数：	大齿轮：45 号钢正火 HB1 = 250
（1）计算小齿轮转矩 T_1，即 $T_1 = 9.55\times10^6 \dfrac{P}{n_1} = 9.55\times10^6 \dfrac{10}{960} = 99\ 479\ \text{N}\cdot\text{mm}$	HB2 = 210 硬度差为 40 $z_1 = 27$ $z_2 = 100$
（2）试选载荷系数 K_t=1.5，试选螺旋角 β' =15°。	$i = 3.7$ $T_1 = 99\ 479\ \text{N}\cdot\text{mm}$
（3）由表 7-17 选取齿宽系数 $\phi_d = 1$。	$K_t = 1.5$
（4）由表 7-14 查得材料的弹性影响系数 $Z_E = 189.8\sqrt{\text{MPa}}$ 。	$\phi_d = 1$
（5）计算端面重合度 $\varepsilon_\alpha = \left[1.88 - 3.2\left(\dfrac{1}{z_1} \pm \dfrac{1}{z_2}\right)\right] = 1.73$。	$Z_E = 189.8\sqrt{\text{MPa}}$
（6）计算轴面重合度 $\varepsilon_\beta = 0.318\phi_d z_1 \tan\beta = 2.3 > 1$，取 $\varepsilon_\beta = 1$，得重合度系数 $Z_\varepsilon = \sqrt{\dfrac{4-\varepsilon_\alpha}{3}(1-\varepsilon_\beta) + \dfrac{\varepsilon_\beta}{\varepsilon_\alpha}} = 0.76$	$Z_\varepsilon = 0.76$
（7）因为是斜齿轮，节点区域系数查图 7-54，得 $Z_H = 2.42$。	$Z_H = 2.42$
（8）计算螺旋角系数 $Z_\beta = \sqrt{\cos\beta} = 0.98$。	$Z_\beta = 0.98$
其余与【例 7.1】相同。	
（9）试算分度圆直径，$[\sigma_H]$ 代入较小值，则 $d_{1t} \geqslant \sqrt[3]{\dfrac{2KT_1(u\pm1)}{\phi_d u} \times \left(\dfrac{Z_E Z_\varepsilon Z_H Z_\beta}{[\sigma_H]}\right)^2}$ $\geqslant \sqrt[3]{\dfrac{2\times1.5\times99\ 479\times(3.7+1)}{1\times3.7} \times \left(\dfrac{189.8\times0.76\times2.42\times0.98}{376}\right)^2} = 67.9\ \text{mm}$	$[\sigma_H] = 376\ \text{MPa}$
取 $d_{1t} = 68$ mm。	$d_{1t} = 68$ mm
3）计算主要参数 （1）计算圆周速度：　$v = \dfrac{\pi d_{1t} n}{60\times1000} = \dfrac{\pi\times68\times960}{60\times1000} = 3.42$ m/s （2）计算齿宽：　$b = \phi_d \times d_{1t} = 1\times68 = 68$ mm （3）计算载荷系数： 查表 7-12，得 $K_A = 1$； 查图 7-36，得 K_V =1.18； 计算 $K_A F_t / b = 2K_A T_1 / bd_{1t} = 2\times1\times99\ 479/68\times68 = 43.02$； 查表 7-13，得 K_α =1.2； 查图 7-40，得 K_β =1.05； 计算 $K = K_A K_V K_\beta K_\alpha = 1\times1.18\times1.2\times1.05 = 1.48$。 用式(7-34)计算 $d_{1\min}$，则 $d_{1\min} = d_{1t}\sqrt[3]{K/K_t} = 68\sqrt[3]{1.48/1.5} \approx 68$ （4）法面模数为 $m_n = \dfrac{d_{1t}\cos\beta}{z_1} = \dfrac{68\cos15^\circ}{27} = 2.43$ mm 由表 7-3，取标准模数 $m_n = 2.5$ 。	$m_n = 2.5$
4）主要尺寸计算 （1）分度圆直径： $d_1 = m_{t1} z_1 = m_n \cdot z_1 / \cos\beta' = 2.5\times27/\cos15^\circ = 70.16$ mm	$d_1 = 70.16$ mm
$d_2 = m_{t2} z_2 = m_n \cdot z_2 / \cos\beta' = 2.5\times100/\cos15^\circ = 259.84$ mm	$d_2 = 259.84$ mm
（2）齿宽：$b_1 = b_2 + 5 = 70 + 5 = 75$　m	$b_1 = 75$
$b_2 = b = 70$	$b_2 = 70$
（3）中心距为 $a_0 = \dfrac{1}{2} m_n (z_1 + z_2)/\cos\beta' = \dfrac{1}{2}\times2.5\times(27+100)/\cos15^\circ = 164.35$ mm	
利用螺旋角将中心距调整为整数，故实际中心距为 a =165mm。	$a = 165$ mm

（续表）

设计与说明	主要结果
（4）螺旋角为 $$\cos\beta=\frac{m_n(z_1+z_2)}{2a}=\frac{2.5\times(27+100)}{2\times165}=0.962\ 12$$ $$\beta=15.82°=15°49'2''$$	$\beta=15°49'2''$
因 β 值与试选螺旋角 $\beta'=15°$ 相差不大，故其他参数无须调整，否则需要重新选 β' 或调整齿数。 5）按齿根弯曲疲劳强度校核 （1）确定齿形系数 Y_F 与应力修正系数 Y_S。 由当量齿数 $z_v=\frac{z}{\cos^3\beta}$，可计算 $$z_{v1}=27/0.962\ 12^3=30.37$$ $$z_{v2}=100/0.962\ 12^3=112.5$$ 查表 7-15，得 $$Y_{F1}=2.52,\quad Y_{F2}=2.17$$ $$Y_{S1}=1.625,\quad Y_{S2}=1.80$$ （2）确定螺旋角系数 $Y_\beta=0.88$。 其余与【例 7-1】相同。	$Y_{F1}=2.52$ $Y_{F2}=2.17$ $Y_{S1}=1.625$ $Y_{S2}=1.80$ $Y_\beta=0.88$ $Y_\varepsilon=0.68$
（3）计算弯曲应力 $$\sigma_{b1}=\frac{2KT_1}{bm^2z_1}Y_FY_SY_\varepsilon Y_\beta=\frac{2\times1.48\times99\ 749}{70\times2.5^2\times27}\times2.52\times1.625\times0.68\times0.88=61.08\ \text{MPa}$$ $$\sigma_{b2}=\frac{2\times K\times T_1}{bm^2z_1}Y_{f1}Y_{S2}Y_\varphi=\sigma_{b1}\frac{Y_{F2}Y_{S2}}{Y_{F1}Y_{S1}}=66.6\times\frac{2.17\times1.80}{2.52\times1.625}=58.3\ \text{MPa}$$	$\sigma_{b1}=61.08$ MPa $\sigma_{b2}=58.3$ MPa
（4）校核弯曲应力 $$\sigma_{b1}<[\sigma_b]_1;\quad \sigma_{b2}<[\sigma_b]_2。$$ 6）绘制齿轮零件工作图（略）	$[\sigma_b]_1=277.8$ MPa $[\sigma_b]_2=104.6$ MPa 齿根弯曲强度合格

7.12　直齿圆锥齿轮传动

圆锥齿轮传动是用来传递两个相交轴之间的运动和动力的，两个轴之间的夹角多采用 90° 的传动。圆锥齿轮有直齿、斜齿和曲齿三种类型，如图 7-55 所示。直齿圆锥齿轮易于制造，适用于低速、轻载传动的场合，而曲齿圆锥齿轮传动平稳，承载能力强，常用于高速、重载传动的场合，但其设计和制造较为复杂。斜齿圆锥齿则应用较少。本节只讨论直齿两轴相交成 90° 的圆锥齿轮传动。

(a) 直齿　　(b) 斜齿　　(c) 曲齿

图 7-55　圆锥齿轮的类型

1. 基本参数的标准值

为了便于设计和制造，直齿圆锥齿轮的几何尺寸计算一般以大端参数为标准值，这是因为大端尺寸计算和测量的相对误差较小。国家标准规定圆锥齿轮大端分度圆上的模数为标准值，列于表 7-19 中。大端分度圆上的压力角的标准值为 $\alpha = 20°$，齿顶高系数 $h_a^* = 1$，顶隙系数 $c^* = 0.2$。

表 7-19　圆锥齿轮模数系列（GB 12368—1990）

0.9	1	1.125	1.25	1.375	1.5 1.	75	2	2.25 2.	5
2.75 3 3.		25	3.5	3.75 4		4.5	5	5.5	6
6.5	7	8	9	10	7	12 14 16 18			
20 22		25 28 30 32				36 40 45 50			

2．几何尺寸计算

圆锥齿轮几何计算以大端为标准，一对标准直齿圆锥齿轮，其节圆锥与分度圆锥重合，轴交角 $\Sigma = 90°$，图 7-56 所示的是一对正确安装的标准圆锥齿轮。

两个齿轮的分度圆直径分别为

$$d_1 = 2R\sin\delta_1 \qquad d_2 = 2R\sin\delta_2$$

式中，δ_1、δ_2 为两个齿轮各自的分度圆锥角，简称分锥角；d_1、d_2 为两齿轮大端各自的分度圆直径，单位为 mm；z_1、z_2 为齿数；R 为锥距；

圆锥齿轮传动无中心距，只有轴交角 $\Sigma = \delta_1 + \delta_2$。

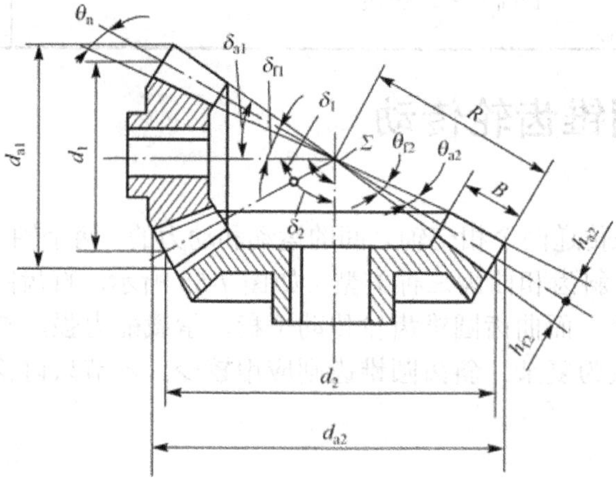

图 7-56　圆锥齿轮的几何尺寸

传动比为

$$i = \frac{\omega_1}{\omega_2} = \frac{n_1}{n_2} = \frac{z_2}{z_1} = \frac{d_2}{d_1} = \frac{r_2}{r_1} = \frac{R\sin\delta_2}{R\sin\delta_1} \tag{7-50}$$

当 $\Sigma = \delta_1 + \delta_2 = 90°$ 时，

$$i = \tan\delta_2 = \cot\delta_1 \ (7\text{-}51)$$

由此可见，当传动比 i 一定时，两个齿轮的分度圆锥角一定。

圆锥齿轮各部分名称及几何尺寸计算公式可查表 7-20。

表 7-20 标准直齿圆锥齿轮传动（$\Sigma=90°$）的几何尺寸计算

名称	符号	计算公式
分度圆锥角	δ	$\delta_1=\operatorname{arccot}\frac{z_2}{z_1}$　　$\delta_2=90°-\delta_1$
齿顶高	h_a	$h_a=h_a^*m$
齿根高	h_f	$h_f=(h_a^*+c^*)m$
分度圆直径	d	$d=mz$
齿顶圆直径	d_a	$d_a=d+2h_a\cos\delta$
齿根圆直径	d_f	$d_f=d-2h_f\cos\delta$
锥距	R	$R=\frac{1}{2}\sqrt{d_1^2+d_2^2}$
齿顶角	θ_a	不等齿隙收缩齿：$\theta_{a1}=\theta_{a2}=\arctan\frac{h_a}{R}$
		等齿隙收缩齿：$\theta_{a1}=\theta_{f2}$，$\theta_{a2}=\theta_{f1}$
齿根角	θ_f	$\theta_f=\arctan\frac{h_f}{R}$
齿顶圆锥角	δ_a	$\delta_a=\delta+\theta_a$
齿根圆锥角	δ_f	$\delta_f=\delta-\theta_f$
当量齿数	z_v	$z_v=\frac{z}{\cos\delta}$
齿宽	b	$b\leqslant\frac{1}{3}R$

7.12.1 直齿圆锥齿轮的正确啮合条件

1. 圆锥齿轮的齿廓曲线

直齿圆锥齿轮齿廓曲面的形成如图 7-57(a)所示。以球截面的圆平面 S 为发生面，S 与基圆锥相切于 OP。OP 既是圆平面 S 的半径 R，又是基圆锥的锥距 R，圆平面 S 的圆心 O（球心）又是基圆锥的锥顶。当发生面 S 绕基圆锥做纯滚动时，该平面上任意一点 B 的轨迹 BA 则是在球面上的渐开线。但是球面不能展开为平面，这给圆锥齿轮的设计和制造带来很大困难，所以常采用近似的方法来解决圆锥齿轮的齿廓曲线。

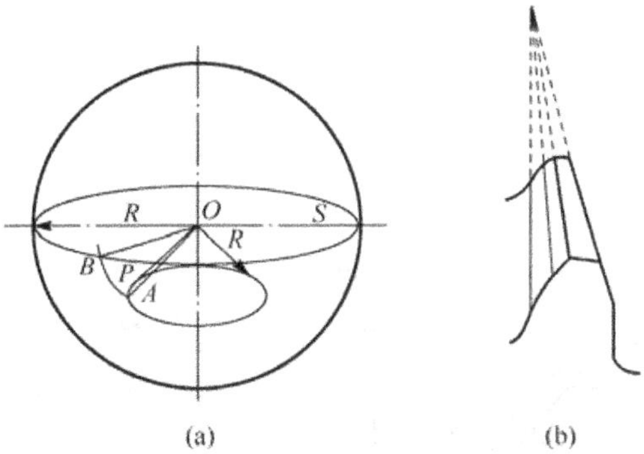

图 7-57 球面渐开线的形成

2. 圆锥齿轮的轮齿

圆锥齿轮的轮齿分布在圆锥体上，轮齿一端大一端小，齿厚由大端逐渐变到小端，模数和分度圆也随之变化，如图 7-57(b)所示。一对圆锥齿轮的运动可以看成是两个锥顶共点的圆锥体互做纯滚动，这两个锥顶共点的圆锥体就是节圆锥。对于正确安装的标准圆锥齿轮传动，其节圆锥与分圆锥应该重合。

3. 正确啮合条件

直齿圆锥齿轮的正确啮合条件可从当量圆柱齿轮的正确啮合条件中得到，即两个齿轮的大端模数必须相等，压力角也必须相等，即

$$m_1=m_2=m\text{，}\quad \alpha_1=\alpha_2=\alpha \quad (7\text{-}52)$$

7.12.2 直齿圆锥齿轮的背锥与当量齿数

1. 圆锥齿轮的背锥

如图 7-58 所示，与圆柱齿轮相似，圆锥齿轮还有基圆锥、分度圆锥 OAB、齿顶圆锥 Obb、齿根圆锥 Oaa。过分度圆锥上的点 A 作球面的切线，与分度圆锥的轴线交于点 O_1。以 OO_1 为轴线，O_1A 为母线作一个圆锥体，它的轴截面为 AO_1B，此圆锥称为背锥。背锥与球面相切于圆锥齿轮大端的分度圆上。

将球面上的轮齿向背锥上投影，点 a、b 的投影为点 a'、b'，由图可知 $ab \approx a'b'$，即背锥上的齿高部分近似等于球面上的齿高部分，故可用背锥上的齿廓代替球面上的齿廓。

2. 当量齿数

如图7-59所示，将两个锥齿轮的背锥展开成平面，则成为两个扇形齿轮，其分度圆半径即为背锥的锥距，分别以 r_{v1} 和 r_{v2} 表示。将两个扇形齿轮补足为完整的圆柱齿轮，这两个圆柱齿轮称为圆锥齿轮的当量齿轮。当量齿轮的齿型和圆锥齿轮大端齿型接近，故当量齿轮的模数和压力角与圆锥齿轮大端的模数和压力角是一致的。圆锥齿轮传动的重合度可以近似地按其当量齿轮传动的重合度来计算。

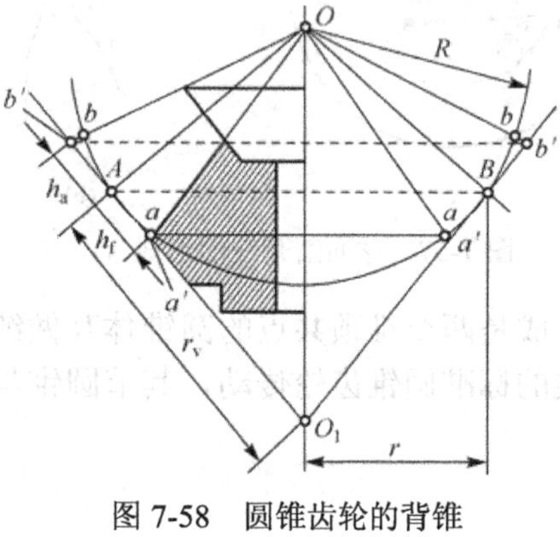

图 7-58　圆锥齿轮的背锥

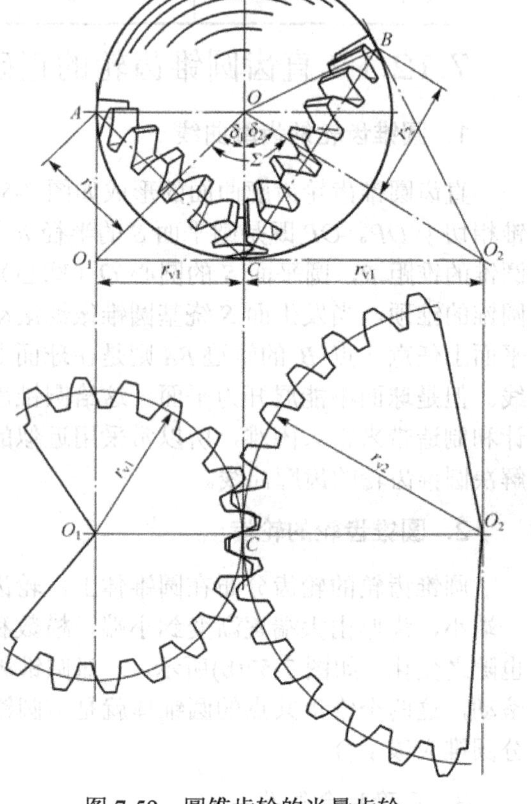

图 7-59　圆锥齿轮的当量齿轮

当量齿数用 z_v 表示。由图 7-56 可得

$$r_v = \frac{r}{\cos\delta} = \frac{mz}{2\cos\delta} = \frac{mz_v}{2}$$

所以

$$z_{v1}=\frac{z_1}{\cos\delta_1} \quad (7\text{-}53)$$

$$z_{v2}=\frac{z_2}{\cos\delta_2}$$

当量齿数一般不是整数但无须圆整，总是大于圆锥齿轮的实际齿数。

3. 最少齿数

标准圆锥齿轮不发生根切的最少齿数可由其当量直齿轮的最少齿数 z_{min} 计算出来，圆锥齿轮最少齿数 z_{min} 为

$$z_{min}=z_{v\,min}\cos\delta \quad (7\text{-}54)$$

当 $\alpha=20°$，$h_a^*=1$ 时，$z_{min}=17\cos\delta$，故直齿圆锥齿轮的最少齿数 $z_{min}<17$。

7.12.3 直齿圆锥齿轮传动的受力分析

圆锥齿轮的几何计算是按照大端参数为标准的，但强度计算是考虑把载荷作用于中点，按齿宽中点背锥展开的当量直齿圆柱齿轮进行。

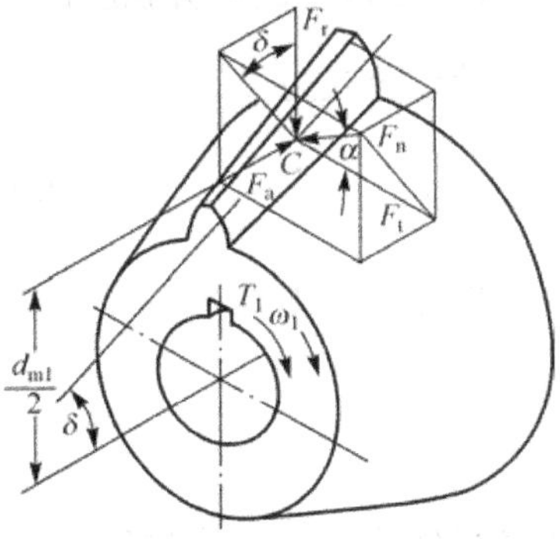

图 7-60 圆锥齿轮的受力分析

图 7-60 所示的是圆锥齿轮传动主动轮上的受力情况。将沿轮齿接触线上分布载荷的合力 F_{n1} 作用在齿宽中点位置的节点 C 上，其分度圆锥的平均直径为 d_{m1}。过齿宽中点作分度圆锥的法向截面，则正压力 F_n 就位于该平面内，并沿着轮齿接触点的公法线方向。若忽略接触面上摩擦力的影响，正压力 F_n 可分解成三个互相垂直的分力，即圆周力 F_{t1}、径向力 F_{r1} 及轴向力 F_{a1}，计算公式分别为

$$\begin{cases} F_t=2T_1/d_{m1} \\ F_{r1}=F_{t1}\tan\alpha\cdot\cos\delta=-F_{a2} \\ F_{a1}=F_{t1}\tan\alpha\cdot\sin\delta=-F_{r2} \\ F_n=F_t/\cos\alpha \end{cases} \quad (7\text{-}55)$$

式中，d_{m1} 为齿宽中点平均分度圆直径，单位为 mm，即

$$d_{m1}=(1-0.5\phi_R)d_1 \quad (7\text{-}56)$$

圆锥齿轮轮齿各力的方向：

两个齿轮的圆周力和径向力方向与直齿轮相同，圆锥齿轮的轴向力都是沿着各自的轴线方向并指向轮齿的大端的。但主动轮上的轴向力与从动轮上的径向力是作用力与反作用力，即

$$F_{r1}=-F_{a2},\quad F_{a1}=-F_{t2},\quad F_{t1}=-F_{t2}$$

负号表示二力的方向相反。

7.12.4 直齿圆锥齿轮传动的强度计算

1. 齿面接触疲劳强度计算

当两个轴交角 $\Sigma=90°$ 时，齿面接触疲劳度强度的校核公式为

$$\sigma_H=Z_EZ_H\sqrt{\frac{4KT_1}{\phi_R(1-0.5\phi_R)^2d_1^3u}} \quad (7\text{-}57)$$

设计公式为

对于标准齿轮 $\alpha=20°$，节点区域系数 $Z_H=\sqrt{\dfrac{2}{\sin\alpha\cos\alpha}}=2.5$ 代入上式，得

校核公式为 $$\sigma_H=5Z_E\sqrt{\frac{KT_1}{\phi_R(1-0.5\phi_R)^2d_1^3u}}\leqslant[\sigma]_H \quad (7\text{-}58)$$

设计公式为 $$d_1\geqslant2.92\sqrt[3]{\left(\frac{Z_E}{[\sigma]_H}\right)^2\frac{KT_1}{\phi_R(1-0.5\phi_R)^2u}} \quad (7\text{-}59)$$

式中，ϕ_R 为齿宽系数，$\phi_R=b/R$，一般 $\phi_R=0.25\sim0.3$。最常用的值为 $\phi_R=1/3$。

其余各项符号的意义与直齿轮相同。但动载荷系数 K_v 按齿宽中点圆周速度查图。

2. 齿根弯曲疲劳强度计算

校核公式为

$$\sigma_b=\frac{4KT_1Y_FY_S}{\phi_R(1-0.5\psi_R)^2z_1^{\ 2}m^3\sqrt{u^2+1}}\leqslant[\sigma_F] \quad (7\text{-}60)$$

设计公式为

$$m\geqslant\sqrt[3]{\frac{4KT_1Y_FY_S}{\phi_R(1-0.5\psi_R)^2z_1^2[\sigma_b]\sqrt{u^2+1}}} \quad (7\text{-}61)$$

计算得到的模数 m 应进行圆整，按表 7-15 取标准值。

齿宽 b 不宜太大，其最佳范围是 $b=(0.25\sim0.3)R$。因小端齿很小，可提高强度，b 过大反而引起加工困难。

7.13 齿轮结构设计

齿轮传动的强度计算，只能确定齿轮轮齿各部分的主要参数，如模数、齿数、压力角、螺旋角等，以及齿轮的主要几何尺寸，如分度圆直径、齿顶圆直径、齿宽等。而齿轮的轮缘、轮辐、轮毂等其余部分的结构形式和尺寸，则需要通过结构设计来确定。

1. 齿轮结构的类型

齿轮的结构形式很多，主要与齿轮的毛坯材料、尺寸大小、制造方法、生产批量及使用要求等因素有关。常用的齿轮结构有以下几种，根据圆柱齿轮的齿根圆至键槽底部的距离 δ（δ 值参看图 7-62 中的尺寸）的大小、齿顶圆直径的大小来选择。

1）齿轮轴

对于直径很小的齿轮，当圆柱齿轮的齿根圆至键槽底部的距离 $\delta\leqslant(2\sim2.5)m$（$m$ 为齿轮模数），或当圆锥齿轮小端的齿根圆至键槽底部的距离 $\delta\leqslant(1.6\sim2)m$ 时，如果把轴和齿轮分开制造，则当齿轮受载时，在该处常因强度不够而首先被破坏。为此，应将齿轮与轴制成一体，称为齿轮轴，如图 7-61 所示。

齿轮轴的刚度较好，但由于齿轮轴的工艺性差，选材时又难以兼顾齿轮和轴的不同要求，

且齿轮损坏时轴与整个齿轮将同时报废，造成浪费。因此对于直径较大的齿轮，当δ大于上述值时，为了便于制造和装配，应将齿轮与轴分开制造，然后再用键、销等进行连接。

2）实体式齿轮

为了简化结构，当齿轮的齿顶圆直径$d_a \leqslant 200$ mm时，可采用实心结构，如图7-62所示。实心齿轮结构应保证最小壁厚处具有足够的强度，$\delta > (2 \sim 2.5)m$；对于锥齿轮，$\delta > (1.6 \sim 2)m$如图7-61(b)所示。这种结构形式的齿轮常用锻钢制造。单件或小批量生产且直径$d_a \leqslant 100$ mm的齿轮，其毛坯也可以直接采用轧制圆钢。为了简化制造工艺，减小齿轮传动的噪声，对于中等尺寸，甚至较大尺寸的齿轮也可采用锻造毛坯，实心式结构，但采用这种结构需要有吨位较大的锻造设备。

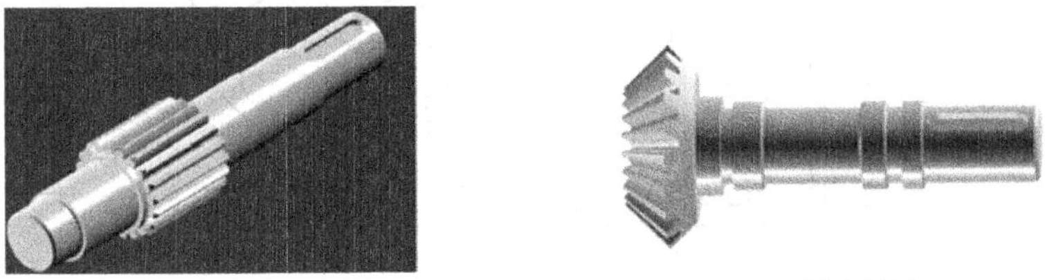

(a) 圆柱齿轮轴　　(b) 圆锥齿轮轴

图7-61　齿轮轴

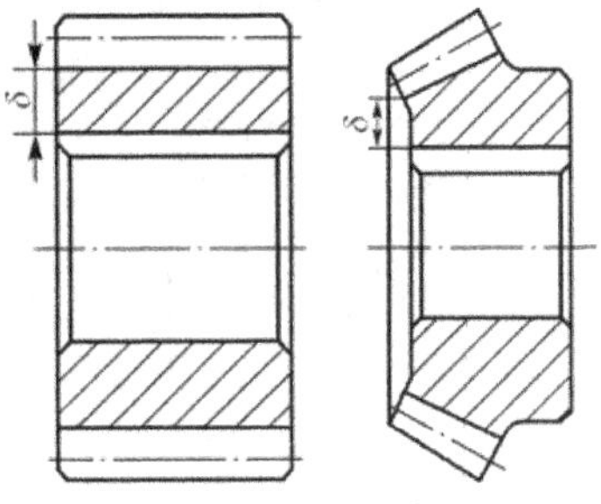

(a)　　(b)

图7-62　实体式齿轮

3）腹板式齿轮

当齿轮的齿顶圆直径$d_a = 200 \sim 500$ mm时，可采用腹板式结构，如图7-63所示。这种结构的齿轮一般多用锻钢制造，为了减轻重量、节省材料和便于搬运，在腹板上常制造出圆孔，圆孔的数量按结构尺寸的大小及需要而定。齿轮各部分尺寸由相关经验公式确定。

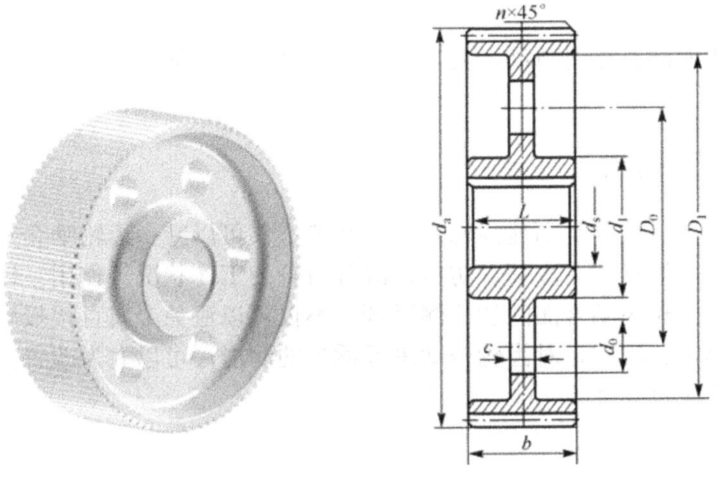

$d_1 = 1.6d_s$（d_s为轴径）

$D_0 = 0.5(D_1 + d_1)$

$D_1 = d_a - (10 \sim 12)m_n$

$d_0 = 0.25(D_1 - d_1)$

$c = 0.3b$

$L = (1.2 \sim 1.3)d_s \geqslant b$

$n = 0.5m$

图7-63　腹板式圆柱齿轮

4）轮腹式齿轮

当齿轮的齿顶圆直径$d_a > 500$ mm时，受锻造设备的限制，通常采用铸造结构，铸造齿轮常做成轮辐式结构。单件或小批生产大型齿轮可采用焊接结构，可采用轮腹式结构，如图7-64所示。这种结构的齿轮常采用铸钢或铸铁制造，齿轮各部分尺寸按相关经验公式确定。

2．结构设计的内容

结构设计主要包括选择合理适用的结构形式。除考虑强度和刚度问题外，还要考虑工艺和经济方面的因素。依据经验公式或经验数据，确定齿轮各部分的尺寸及绘制齿轮的零件工作图等，如图 7-64 所示。具体结构尺寸可自行确定，也可根据有关经验公式或采用类比的方法来确定。

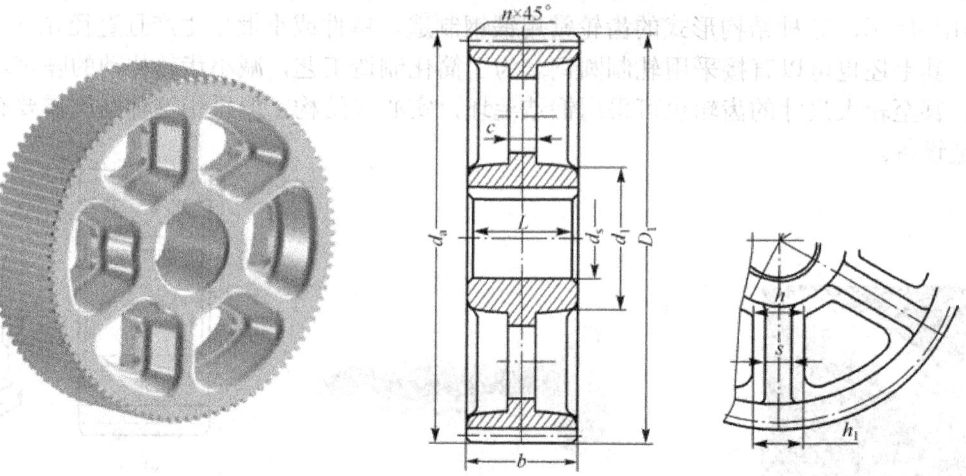

图 7-64　铸造轮腹式圆柱齿轮

$d_1 = 1.6d_s$ （铸钢）　　$h = 0.8d_s$　　$s = \frac{h}{6}$（不小于 10 mm）

$d_1 = 1.8d_s$ （铸铁）　　$h_1 = 0.8h$　　$l = (1.2\sim1.5)\ d_s$

$D_1 = d_a - (10\sim12)\ m_n$　　$c = 0.2h$　　$n = 0.5m_n$

7.14　齿轮传动的润滑与传动效率

齿轮传动时，相啮合的齿面间有相对滑动，会发生摩擦和磨损，增加动力消耗，降低传动效率。

7.14.1　齿轮传动的润滑

润滑对于齿轮传动十分重要，尤其是高速齿轮传动。润滑不仅可以减少齿轮啮合处的摩擦发热，减小磨损，还可以起到降低噪声、冷却、防锈、改善齿轮的工作状况等作用，以延缓轮齿失效，延长齿轮的使用寿命。轮齿啮合面间加注润滑剂，不仅可以避免金属直接接触，减小摩擦损失，还可以散热及防锈蚀。因此，对齿轮传动进行适当的润滑，可以大为改善齿轮的工作状况，且保持运转正常及预期的寿命。

1．润滑剂的选择

对于开式或半开式齿轮传动，由于其传动速度较低，通常采用人工定期加油润滑的方式。润滑剂可采用润滑油或润滑脂。闭式齿轮传动的润滑方式一般用润滑油润滑，选择润滑油时，先根据齿轮的工作条件、材料、圆周速度及工作温度等确定润滑油的黏度，参照表 7-21 选择，再根据选定的黏度确定润滑油的牌号，可参照表 7-22。

表 7-21 齿轮传动润滑油黏度推荐值

齿轮材料	强度极限 σ_b /MPa	圆周速度 v /(m/s)						
		<0.5	0.5～1 1	～2.5 2.	5～5 5	～12.5 12.	5～25	>25
		运动黏度 ν /cSt（50℃）						
塑料、青铜、铸铁	—	180	120	85 60		45 34		—
钢	450～1000	270 180	120		85	60	45	34
	1000～1250	270 270	180		120	85	60	45
渗碳或表面淬火钢 1	250 ～1580	450 270	270		180 120		85	60

表 7-22 齿轮传动润滑油的牌号

名称	黏度等级或牌号	倾点≤℃	闪点（开口）≥ ℃	主要用途
普通工业齿轮油（SH/T 0357—1992）	50 170	–2		适用于齿面接触应力小于 500 MPa 的中轻载荷的闭式直齿轮、斜齿轮和直齿锥齿轮
	70 170			
	90 190			
	120 190			
	150 200			
	200 200			
	250		220	
	300 220	3		
	350		220	
中载荷工业齿轮油（GB 5903—1995）	68	–8	180	适用于齿面接触应力小于 1.1×10^9 Pa 的齿轮润滑，如冶金、矿山、化纤、化肥等工业的闭式齿轮装置
	100			
	150	200		
	220			
	320			
	460			
	680	–5	220	
普通开式齿轮油（SH 0363—1992）	68	—	200	主要用于润滑开式工业用齿轮箱、半封闭式齿轮箱和低速重载荷齿轮箱等齿轮传动装置
	100			
	150			
	220		210	
	320			
蜗轮蜗杆油（SH/T 0094—1991）	220	–6	90	适用于滑动速度大，铜、钢蜗轮传动装置
	320			
	460			
	680			
	1000			
	32			

2．润滑方式

开式或半开式齿轮传动，或速度很低的闭式齿轮传动，由于其传动速度较低，常采用人工定期加油润滑的方式。可采用润滑油或润滑脂。通常闭式齿轮传动的润滑方式采用润滑油润滑，一般根据齿轮的圆周速度确定采用哪一种方式。

当齿轮的圆周速度$v<12$ m/s 时，通常采用浸油润滑。如图 7-65(a)所示，将大齿轮浸入油池中，浸入油中的深度为 1～2 个齿高，但至少为 10 mm。转速低时可浸深一些，但最大浸油深度不超过最大齿轮齿轮半径的 1/3，因为浸入过深则会增大运动阻力并使油温升高。在多级齿轮传动中，对于未浸入油池内的齿轮，可采用带油轮将油带到未浸入油池内的齿轮齿面上，如图 7-65(b)所示。齿轮运转时，浸油齿轮可将油带入啮合齿面上进行润滑，同时可将油甩到齿轮箱壁上，有利于散热。

当齿轮的圆周速度$v>12$ m/s 时，由于圆周速度大，齿轮搅油剧烈，且黏附在齿廓面上的油易被甩掉，因此不宜采用浸油润滑，而应采用喷油润滑。如图 7-65(c)所示，用油泵将具有一定压力的润滑油经喷嘴喷到啮合的齿面上进行润滑并散热。对于压力喷油润滑系统还需检查油压状况，油压过低会造成供油不足，油压过高则可能因油路不畅通所致，需要及时调整油压。

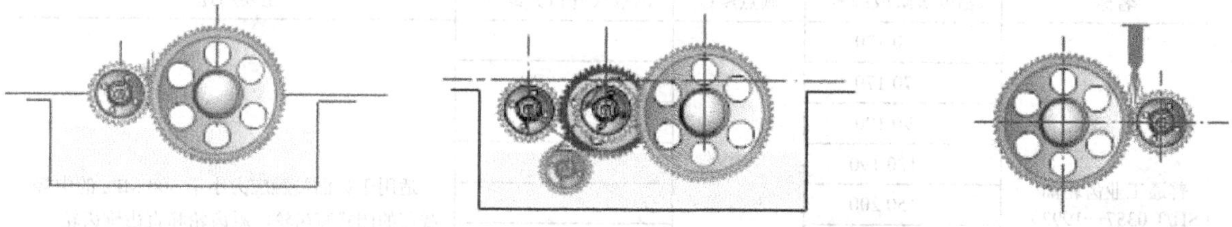

(a) (b) (c)

图 7-65 齿轮油润滑方式

7.14.2 齿轮传动的效率

效率是表示齿轮传动的动力特性的参数之一。齿轮传动中的功率损失，主要包括啮合中的摩擦损失、轴承中的摩擦损失、搅动润滑油的功率损失。

当进行有关齿轮的计算时，通常使用的是齿轮传动的平均效率。当齿轮轴上装有滚动轴承，并在满载状态下运转时，传动的平均总效率η列于表 7-23 中，可供设计传动系统时参考。

表 7-23 装有滚动轴承的齿轮传动的平均效率

传动装置	圆柱齿轮传动	圆锥齿轮传动
6 级或 7 级精度的闭式传动	0.98 0.	97
8 级精度的闭式传动	0.97 0.	96
开式传动	0.95 0.	94

习题与思考题

7-1 为了让齿轮能用定传动比传动，齿廓应具备什么条件？渐开线齿轮为何能实现定传动比传动？

7-2 渐开线齿廓上任意点的压力角是否相同？齿条上任意点的压力角是否相同？何处是标准压力角？

7-3 一对相啮合的渐开线齿轮，为什么基圆公切线既是齿廓上的公法线，也是相互作用力的方向线，还是形成齿形的发生线？

7-4 分度圆和节圆在什么条件下会重合？单个齿轮的节圆和分度圆是否存在？

7-5 一对渐开线齿轮啮合时，啮合点和节点处的压力角是否一定相等？

7-6 啮合角与压力角有何区别？在什么情况下两者相等？

7-7 满足正确啮合条件的一对直齿圆柱齿轮一定能保证连续传动条件吗？

7-8　一对齿轮啮合时，侧隙和顶隙各有什么不同？有何作用？

7-9　齿轮的根切现象产生的原因是什么？如何避免？

7-10　标准齿轮不根切的最小齿数是否都是17？为什么？

7-11　齿轮为什么要变位？用同一把插齿刀切制同齿数的变位齿轮与标准齿轮，这两者在主要尺寸上有何相同与不同之处？

7-12　满足标准中心距的一对传动齿轮，是否一定是标准齿轮？

7-13　两对直齿圆柱齿轮传动，其中一对齿轮的 $m=4$ mm，$z_1=19$，$z_2=38$，$b=70$ mm。另一对齿轮的 $m=2$ mm，$z_1=38$，$z_2=76$，$b=70$ mm。当载荷及其他条件相同时，两对齿轮的齿面接触疲劳强度及齿根弯曲疲劳强度是否相同？

7-14　一个齿轮的 $d_1=60$ mm，$m=2$ mm，若其他条件不变，加大模数使得 $m=4$ mm，则是否提高齿轮的齿面接触疲劳强度及齿根弯曲疲劳强度？

7-15　计算齿轮强度时，为何要引入载荷系数？

7-16　圆柱齿轮传动设计中，为何小齿轮的齿宽 b_1 比大齿轮齿宽 b_2 要大？强度计算时齿宽是按 b_1 还是 b_2，为什么？

7-17　能否利用斜齿圆柱齿轮螺旋角任意调节斜齿轮传动的中心距？

7-18　一对同条件、同尺寸的渐开线斜齿圆柱齿轮和直齿圆柱齿轮在啮合过程中，其齿廓上的接触线长度是否相同？对各自的传动有何影响？

7-19　斜齿轮的法面和端面参数是否相同？各有何作用？标准模数和压力角为什么是在法面上？

7-20　什么是斜齿轮的当量齿轮？有何作用？

7-21　斜齿圆柱齿轮和直齿圆锥齿轮的当量齿数是否一定要圆整成整数？

7-22　圆锥齿轮的几何尺寸计算和强度计算是否利用同一个端面参数？为什么？

7-23　当齿廓的渐开线基圆半径 $r_b=35$ mm，求半径 $r_k=40$ mm 处的压力角 α_k 及展角 θ_k；求 $\alpha=20°$ 时的曲率半径 ρ 及其所在的矢径 r。

7-24　正常齿制的标准直齿圆柱齿轮压力角 $\alpha=20°$，试求基圆与齿根圆重合时的齿数 z 为多少？

7-25　已知一对外啮合标准直齿圆柱齿轮传动，采用标准安装，其 $h_a^*=1$，$c^*=0.25$，传动比 $i=3$，模数 $m=2$ mm，小齿轮的齿数 $z_1=25$，压力角 $\alpha=20°$ 试求：

（1）大齿轮的分度圆直径 d、齿顶圆直径 d_{a2}、齿根圆直径 d_{f2}、基圆直径 d_{b2}；

（2）两轮的中心距 a；

（3）若两轮的安装中心距 a' 比标准中心距 a 大1 mm，试求这对齿轮的节圆半径 r_1'、r_2' 及啮合角 α'。

7-26　某齿轮传动的小齿轮已丢失。与之相配的大齿轮为标准齿轮，其齿数 $z=88$，齿顶圆直径 $d_a=135$ mm，标准安装中心距 $a=82.5$ mm，试求丢失的小齿轮的齿数、模数、分度圆直径、齿顶圆直径、齿根圆直径。

7-27　已知一对直齿圆柱齿轮的中心距 $a=140$ mm。两轮的基圆直径 $d_{b1}=84.57$ mm，$d_{b2}=169.15$ mm，试求两轮的节圆半径 r_1' 和 r_2'、啮合角 α'、两个齿廓在节点 p 的展角 θ_p 及两个齿廓在节点 p 处的曲率半径 ρ_{p1}、ρ_{p2}。

7-28　已知一对标准外啮合直齿圆柱齿轮传动，$z_1=24$，$d_{a1}=91$ mm，$i=2$，$\alpha=20°$，$h_a^*=1$，$c^*=0.25$，试计算其重合度 ε。

7-29　设一对斜齿圆柱齿轮的参数为 $m_n=3$ mm，$z_1=21$，$z_2=38$，试求当其螺旋角为多少时才能满足标准中心距 $a=90$ mm。

7-30　已知一对渐开线标准斜齿圆柱齿轮 $h_a=1$，$c=0.25$，$a=250$ mm，$z_1=23$，$z_2=98$，$m_n=4$ mm，试计算：

（1）螺旋角；

（2）端面模数和端面压力角；

（3）当量齿数；

（4）分度圆直径；

（5）齿顶圆直径和齿根圆直径。

7-31 单级闭式直齿圆柱齿轮传动中，大小齿轮的材料均为 45 号钢调质处理，小齿轮的硬度为 250HBS，大齿轮的硬度为 210HBS，8 级精度。$n_1 = 1420$ r/min，$m = 3$ mm，$z_1 = 25$，$z_2 = 73$，$b_1 = 84$ mm，$b_2 = 78$ mm，单向转动，载荷有中等冲击，用电动机驱动，试求此传动能传递的最大功率。

7-32 设计用于带式输送机的减速器中的一对闭式直齿圆柱齿轮传动，主动小齿轮采用电动机驱动，传递功率 $P = 7.5$ kW，转速 $n_1 = 980$ r/min，传动比 $i = 4$，齿数 $z_1 = 27$，单向转动，受中等冲击，小齿轮采用非对称布置。

7-33 将题 7-32 的设计改为斜齿圆柱齿轮，其他条件和要求均相同。

7-34 设斜齿圆柱齿轮传动的转动方向及螺旋线方向如题图 7-34 所示，分别画出以齿轮 1 为主动时和以齿轮 2 为主动时，作用在齿轮上的圆周力和径向力的作用线和方向。

7-35 已知在某两级斜齿圆柱齿轮减器中，高速轴 I 的转向和齿轮 1 的螺旋线方向如题图 7-35 所示，且 $\beta_1 = 20°$，2、3 两轮的齿效分别为 $z_2 = 51$，$z_3 = 17$，试问：

（1）低速级斜齿轮的螺旋线方向应如何选择才能使中间轴Ⅱ上的两个齿轮的轴向力方向相反；

（2）低速级螺旋角应取多大数值才能使中间轴Ⅱ上的两个轴向力互相抵消。（提示：$F_{t3} = \dfrac{d_2}{d_3} F_{t2}$。）

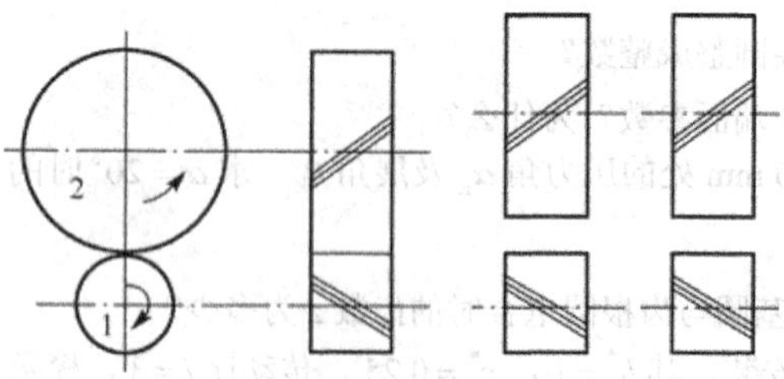

题图 7-34

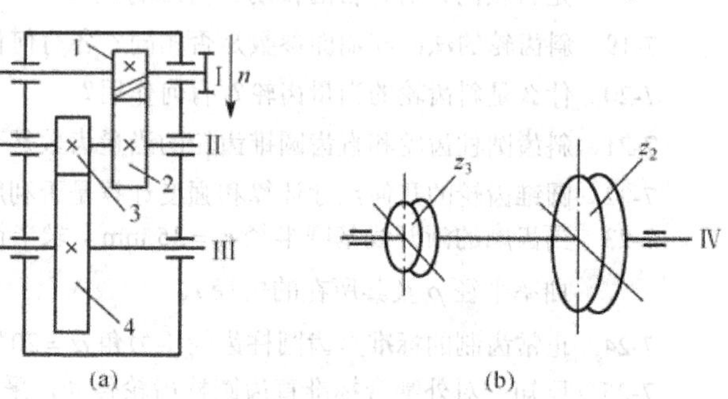

题图 7-35

7-36 已知单级斜齿圆柱齿轮传动的 $p = 15$ kW，$n_1 = 980$ r/min，双向转动，电动机驱动，载荷平稳，$z_1 = 21$，$z_2 = 107$，$m_n = 3$ mm，$\beta = 16°15'$，$b_1 = 75$ mm，$b_2 = 70$ mm，小齿轮材料为 40Cr 调质，大齿轮材料为 45SiMn 调质。试校核此闭式传动的强度。

7-37 直齿圆锥-斜齿圆柱齿轮减速器如题图 7-37 所示。已知：锥齿轮 $m = 5$ mm，齿宽 $b = 45$ mm，$z_1 = 27$，$z_2 = 40$；斜齿轮 $m_n = 6$ mm，$z_3 = 21$，$z_4 = 84$。试求：

（1）作用在齿轮各啮合点处的圆周力、径向力、轴向力的方向；

（2）欲使轴Ⅱ上的轴承所受的轴向力完全抵消，求斜齿轮 3 的螺旋角 β_3 的大小和旋向。

7-38 一对等顶隙收缩齿渐开线标准直齿锥齿轮传动，已知 $z_1 = 16$，$z_2 = 54$，$m = 10$ mm，$\alpha = 20°$，$h_a = 1$，两轴夹角 $\Sigma = 90°$，求：

（1）齿轮的分度圆锥角 δ；

（2）分度圆直径 d_1、d_2；

（3）齿顶圆直径 d_{a1}、d_{a2}；

（4）锥距 R；

（5）当量齿数 z_{v1}、z_{v2}；

（6）判断小齿轮是否会发生根切。

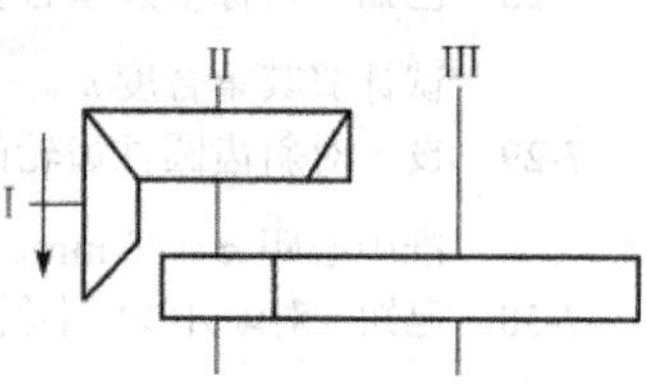

题图 7-37

第 8 章

蜗杆传动

本章主要介绍蜗杆传动的类型和应用特点、普通圆柱蜗杆传动主要参数及选择、几何尺寸计算、失效形式、设计准则、受力分析、强度计算方法，以及蜗杆传动的相对滑动速度、传动效率、润滑与热平衡原理等。

8.1　蜗杆传动的特点与类型

8.1.1　蜗杆传动的特点

蜗杆传动由蜗杆和蜗轮组成，如图 8-1 所示，用于传递空间两个交错轴之间的运动和动力，通常两个轴之间的交错角为 90°。蜗杆传动中，一般蜗杆是主动件，蜗轮是从动件，用做减速传动，广泛用于分度机构、起重机械等各种机器和仪表中。

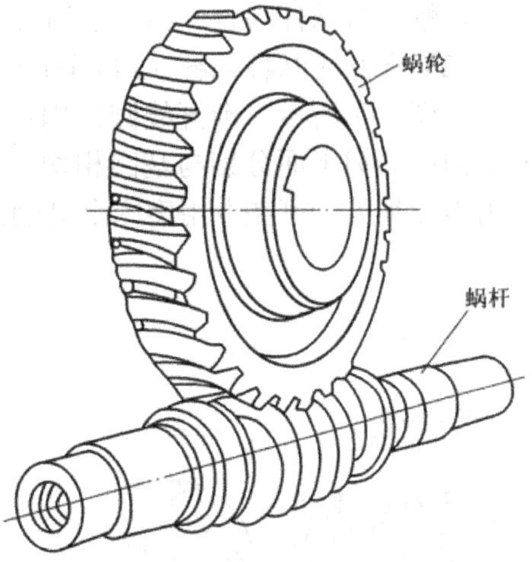

图 8-1　蜗杆传动

蜗杆传动具有以下特点。

（1）结构紧凑，传动比大。在动力传动中，一般单级传动比 $i=8\sim80$；在分度机构中，传动比可达 1000。由于零件少，传动比大，所以结构紧凑。

（2）传动平稳，噪声低。由于蜗杆齿为连续的螺旋齿，与蜗轮连续啮合，同时参与啮合的齿数多，因此，在蜗杆传动中，传动平稳，冲击载荷小，噪声低。

（3）可具有自锁性。当蜗杆的螺旋角小于啮合面的当量摩擦角时，蜗杆传动具有自锁性，可用于起重、运输等机械中。

（4）传动效率低。由于蜗杆蜗轮啮合面上相对滑动速度较大，会产生较大摩擦磨损，发热量大，故其传动效率较低。一般效率为 $\eta=0.7\sim0.8$；尤其当传动具有自锁性时，效率低于 0.5。

（5）制造成本高。蜗轮齿圈常使用青铜等有色金属材料制造，以减小轮齿摩擦磨损，因此制造成本较高。

8.1.2　蜗杆传动的类型

按蜗杆形状的不同，蜗杆传动可分为圆柱蜗杆传动、环面蜗杆传动和锥蜗杆传动三类，如图 8-2 所示。

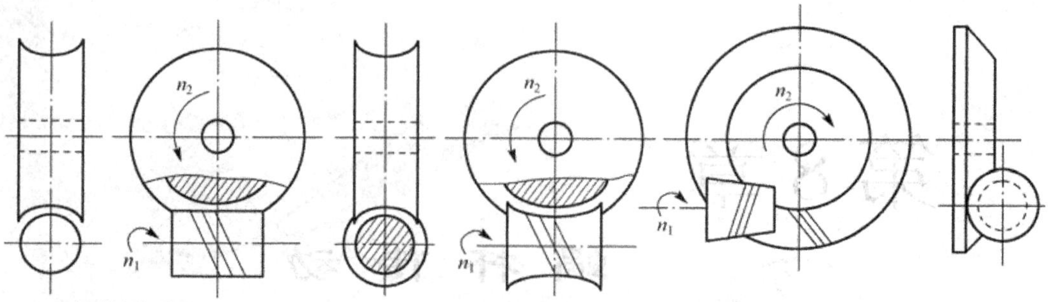

图 8-2 蜗杆传动的类型

1. 圆柱蜗杆传动

圆柱蜗杆传动包括普通圆柱蜗杆传动和圆弧圆柱蜗杆传动。

1）普通圆柱蜗杆传动

普通圆柱蜗杆传动的蜗杆按所加工出来的蜗杆螺旋面形状的不同可分为：阿基米德圆柱蜗杆、渐开线圆柱蜗杆、法向直廓圆柱蜗杆等。

（1）阿基米德圆柱蜗杆（ZA 蜗杆）

如图 8-3 所示，阿基米德圆柱蜗杆是用直线刀刃车刀车削的。从端面看，其齿廓为阿基米德螺旋线，轴向截面 I—I 齿廓为直线。加工时，刀具切削刃顶面通过蜗杆轴线，这种蜗杆车制简单，但用砂轮磨削较困难，精度较低。

在中间平面（通过蜗杆轴线并垂直于蜗轮轴线的平面）上，蜗轮齿型为渐开线，故在此平面上，蜗轮与蜗杆啮合，相当于渐开线齿轮与齿条啮合。

（2）渐开线圆柱蜗杆（ZI 蜗杆）

如图 8-4 所示，渐开线圆柱蜗杆可用两把直线刀刃的车刀在车床上车削加工。加工时将两把车刀的刀刃平面分别与基圆相切，切出左、右螺旋面，端面齿廓为渐开线。这种蜗杆轮齿可以用滚刀加工，可在专用磨床上磨削，加工精度较高，适用于成批生产。

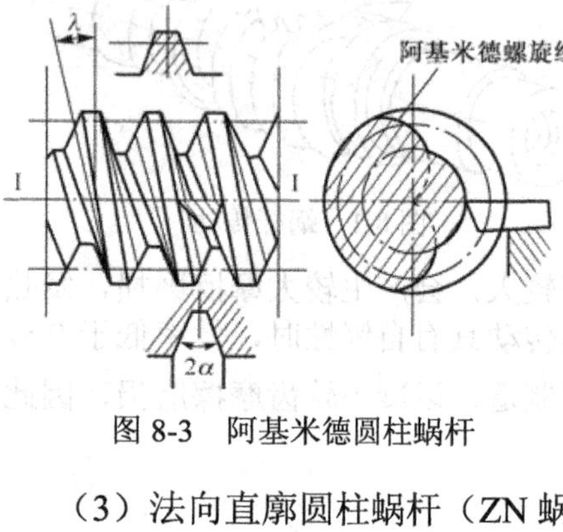

图 8-3 阿基米德圆柱蜗杆

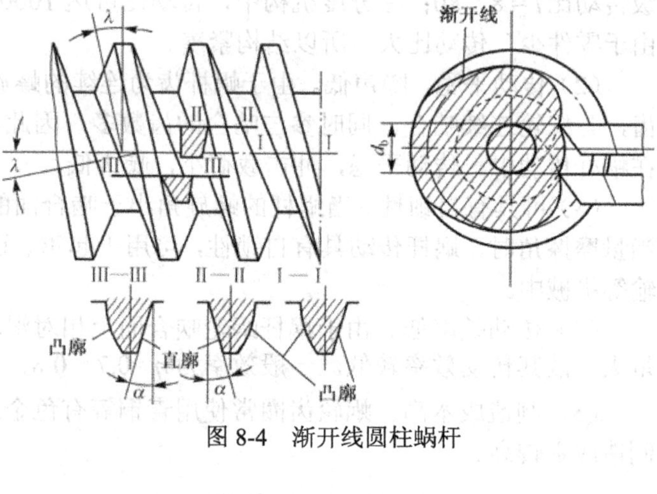

图 8-4 渐开线圆柱蜗杆

（3）法向直廓圆柱蜗杆（ZN 蜗杆）

如图 8-5 所示，法向直廓圆柱蜗杆（又称为延伸渐开线蜗杆）用刀刃顶面垂直于齿槽中点螺旋线车制，蜗杆在法向剖面 $N—N$ 上有直线齿廓，端面齿廓为延伸渐开线。这种蜗杆可用直母线砂轮在磨床上磨齿，加工较简单。

2）圆弧圆柱蜗杆传动（ZC 型）

如图 8-6 所示，圆弧圆柱蜗杆其齿廓形状与普通圆柱蜗杆不同，蜗杆的螺旋面用刃边为凸圆弧形的刀具切制，蜗轮用范成法制成，传动与普通圆柱蜗杆传动相似。在中间平面上，蜗杆的齿廓为凹弧形，与之相匹配的蜗轮齿廓为凸弧形。这种蜗杆传动的主要特点是承载能力高，传动效率高，可达 95%以上，重量轻，结构紧凑等，广泛应用于冶金、矿山、建筑、化工等机械中。

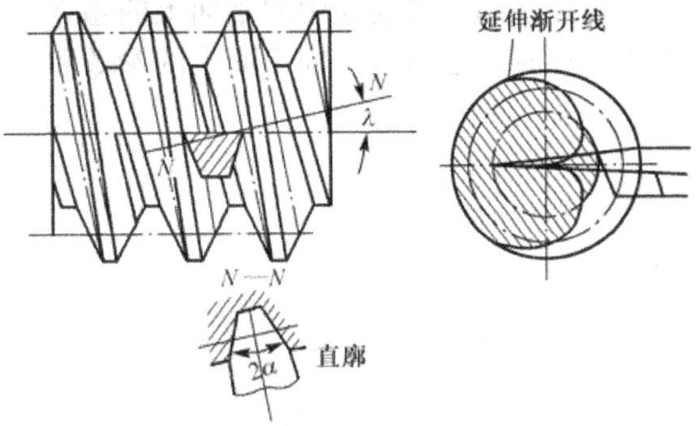

图 8-5　法向直廓圆柱蜗杆

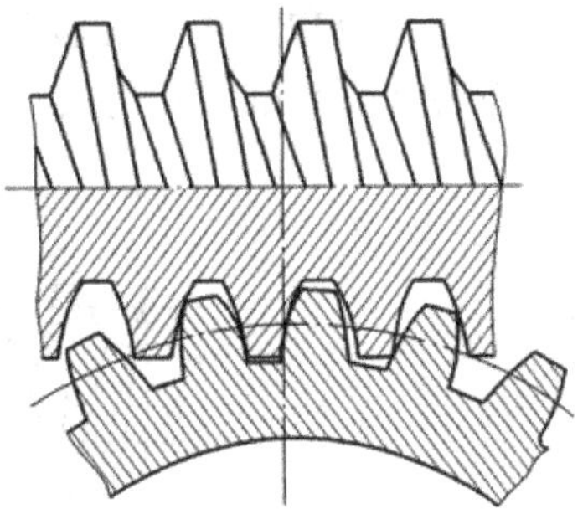

图 8-6　圆弧圆柱蜗杆传动

2．环面蜗杆传动

蜗杆分度曲面是由凹圆弧曲线绕蜗杆轴线回转而生成的圆环面，这种环面蜗杆与相应的蜗轮组成的传动称为环面蜗杆传动，如图 8-2(b)所示。该传动同时参与啮合的齿数多，而且轮齿的接触线与蜗杆齿的运动方向近似垂直，大大改善了轮齿的受力状况，易形成润滑油膜，其承载能力是阿基米德蜗杆传动的 2～4 倍，效率可达 0.85～0.9，但制造和安装精度要求较高。在中间平面上，蜗杆和蜗轮都是直线齿廓。这种传动在冶金、矿山、起重等机械设备中应用较广。

3．锥蜗杆传动

锥蜗杆传动是一种用于空间交错轴之间的传动，通常两轴交错角为 90°，如图 8-2(c)所示。其蜗杆由在节锥上分布的等导程的螺旋形成，故称为锥蜗杆；蜗轮由与锥蜗杆相似的锥滚刀在普通滚齿机上加工而成，外形像曲线齿锥齿轮，称为锥蜗轮。锥蜗杆传动的主要特点是：啮合齿数多，重合度大，故传动平稳，承载能力高；传动比范围大，可达 10～360，传动效率较高；制造安装简便，工艺性好，蜗轮能用淬火钢制造等。但是传动具有不对称性，当转向不同时，它们的受力、承载能力及效率也不同。

在蜗杆传动中，蜗杆按其齿形的旋向，可分为左旋蜗杆和右旋蜗杆，常用的是右旋蜗杆（如图8-3 所示）。GB/T 10089—1988 对蜗杆、蜗轮和蜗杆传动规定了 12 个精度等级（1～12 级），1 级为最高级，依次降低，其公差分成三个公差组。蜗杆传动可根据其用途、工作条件、加工制造等不同，选择不同的精度等级来设计制造，如对于动力传动，通常选取 7～9 级精度。具体参数可查阅相关手册。

普通圆柱蜗杆传动易于加工制造，应用广泛，故本章着重介绍普通圆柱蜗杆传动（以阿基米德蜗杆为例）。

8.2 圆柱蜗杆传动的主要参数及几何尺寸

8.2.1 圆柱蜗杆传动的主要参数

普通圆柱蜗杆传动的主要参数有模数 m、压力角 α、蜗杆分度圆直径 d_1、蜗杆导程角 λ 等。图 8-7 所示的是为普通圆柱蜗杆传动的主要参数。阿基米德蜗杆传动在中间平面上的啮合相当于渐开线齿轮和直线齿条啮合，因此，蜗杆传动设计计算时，通常以中间平面上的参数和几何尺寸作为计算基准。几何尺寸计算沿用齿轮传动计算关系。

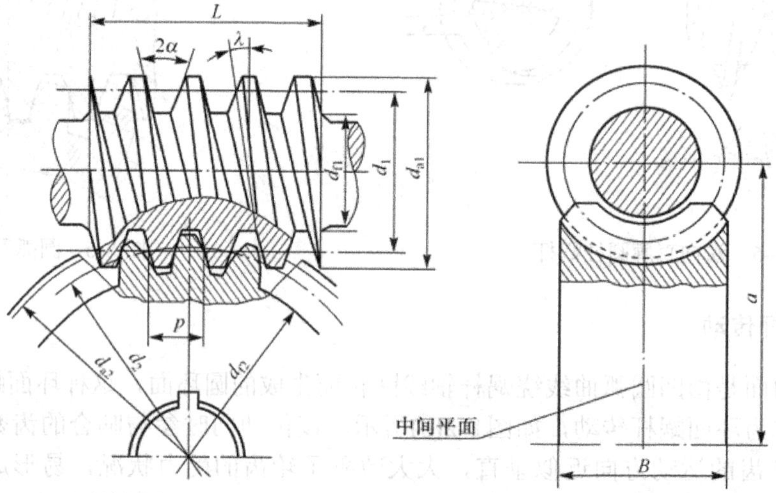

图 8-7 普通圆柱蜗杆传动

1. 模数 m 和压力角 α

蜗杆传动中为保证蜗杆蜗轮的正确啮合，在中间平面内，蜗杆的轴向齿距 p_{a1} 等于蜗轮的端面齿距 p_{t2}；因此蜗杆传动的正确啮合条件为：中间平面的模数和压力角分别相等且为标准值，即

$$m_{a1}=m_{t2}\text{，}\quad \alpha_{a1}=\alpha_{t2}$$

且

$$\lambda=\beta$$

式中，m、α 为标准值。

模数 m 的标准值见表 8-1，标准压力角 $\alpha=20^\circ$。

2. 蜗杆分度圆直径 d_1 和直径系数 q

蜗杆上齿厚和齿槽宽相等的圆柱称为蜗杆分度圆柱（或称为中圆柱）。蜗杆分度圆直径用 d_1 表示，蜗轮分度圆直径用 d_2 表示。加工蜗轮时，采用与蜗杆具有同样齿型参数的蜗轮滚刀切齿，这样，对于每一种尺寸的蜗杆，就要配备相应的蜗轮滚刀。为了减少刀具数量并利于刀具标准化，将蜗杆分度圆直径 d_1 规定为标准系列，每一个标准模数只与一定数量的蜗杆分度圆直径 d_1 的标准值相对应，见表 8-1。

蜗杆分度圆直径 d_1 与模数 m 的比值，称为蜗杆直径系数 q，即

$$q = \frac{d_1}{m} \quad (8\text{-}1)$$

当模数 m 一定时，若 q 值增大，则蜗杆分度圆直径 d_1 增大，蜗杆的刚度提高。所以，对于小模数蜗杆，为了保证蜗杆具有足够的刚度，规定了较大的 q 值。

表 8-1 普通圆柱蜗杆的基本参数（摘自 GB 10085—1988）

模数 m /mm	分度圆直径 d_1 /mm	蜗杆头数 z_1	直径系数 q	m^2d_1 /mm^3	模数 m /mm	分度圆直径 d_1 /mm	蜗杆头数 z_1	直径系数 q	m^2d_1 /mm^3
1 18 1			18.00	18	6.3	(80)	1,2,4	12.698	3 175
1.25	20 1		16.00	31.25		112 1		17.778	4 445
	22.4 1		17.92	35	8	(63)	1,2,4	7.875	4 032
1.6	20 1,	2,4	12.50	51.2		80	1,2,4,6	10.00	5 120
	28 1		17.50	71.68		(100)	1,2,4	12.50	6 400
2	(18) 1,	2,4	9.00	72		140 1		17.50	8 960
	22.4	1,2,4,6	11.20 89.	6	10	(71)	1,2,4	7.10 7	100
	(28) 1,	2,4	14.00	112		90	1,2,4,6	9.00	9 000
	35.5 1		17.75	142		(112)	1,2,4	11.20	11 200
2.5	(22.4) 1,	2,4	8.96	140		160 1		16.00	16 000
	28 1,	2,4,6	11.20 175		12.5	(90)	1,2,4	7.20	14 062
	(35.5)	1,2,4	14.20 221	9		112	1,2,4	8.96 17	500
	45 1		18.00	281		(140)	1,2,4	11.20	21 875
3.15	(28) 1,	2,4	8.889	278		200 1		16.00	31 250
	35.5 1,	2,4,6	11.27	352	16	(112)	1,2,4	7.00 28	672
	(45) 1,	2,4	14.286	447.5		140	1,2,4	8.75	35 840
	56 1		17.778	556		(180)	1,2,4	11.25	46 080
4	(31.5) 1,	2,4	7.875	504		250 1		15.625	64 000
	40 1,	2,4,6	10.00 640		20	(140)	1,2,4	7.00	56 000
	(50) 1,	2,4	12.50	800		160	1,2,4	8.00	64 000
	71	1	17.75	1 136		(224)	1,2,4	11.20	89 600
5	(40) 1,	2,4	8.00	1 000		315 1		15.75	126 000
	50	1,2,4,6 10.	00	1 250	25	(180)	1,2,4	7.20 112	500
	(63)	1,2,4	12.60	1 575		200	1,2,4	8.00	125 000
	90	1	18.00	2 250		(280)	1,2,4	11.20	175 000
6.3	(50) 1,	2,4	7.936	1 985		400 1		16.00	250 000
	63 1,	2,4,6	10.00	2 500					

注：括号中的数字尽量不用。

3. 蜗杆导程角 λ 和蜗轮螺旋角 β

如图 8-8 所示，将蜗杆分度圆柱展开，设 λ 为蜗杆分度圆柱上的螺旋线升角，p_a 为轴向齿距，z_1 为蜗杆头数，则

$$\tan\lambda = \frac{z_1 p_{a1}}{d_1\pi} = \frac{z_1 \pi m}{d_1\pi} = \frac{z_1}{q} \quad (8\text{-}2)$$

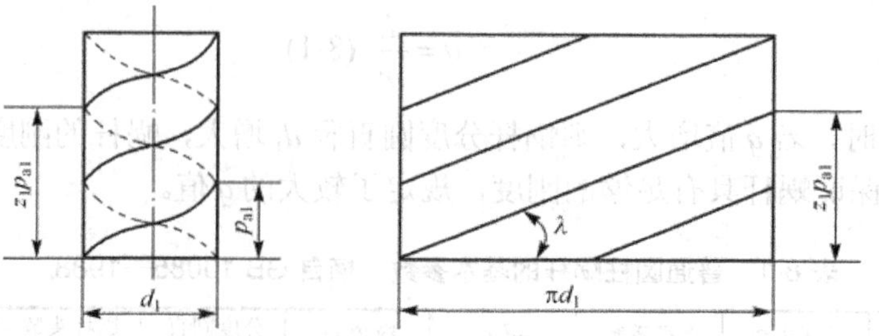

图 8-8　蜗杆分度圆柱展开图

在两个轴交错角为 90°的蜗杆传动中，为了保证正确啮合，蜗杆导程角 λ 应等于蜗轮分度圆柱上的螺旋角 β，且蜗杆蜗轮旋向相同，即

$$\lambda=\beta$$

通常 $\lambda=3.5°\sim27°$。由上可知，蜗杆分度圆直径 d_1 越小，导程角 λ 越大，传动效率越高；反之，传动效率越低，但可实现自锁。导程角 $\lambda\leqslant 3°30'$ 的蜗杆传动具有自锁性。

4．传动比 i、蜗杆头数 z_1 和蜗轮齿数 z_2

通常，蜗杆传动是以蜗杆为主动件的减速传动，则传动比 i 为

$$i=\frac{n_1}{n_2}=\frac{z_2}{z_1} \quad (8-3)$$

式中，n_1、n_2 分别为蜗杆和蜗轮的转速，单位为 $r/\min$。

按轮齿螺旋线条数不同，蜗杆可分为单头蜗杆（$z_1=1$）、双头蜗杆（$z_1=2$）和多头蜗杆（$z_1=$ 4、6 等），常用 z_1=1～4。对于传动比大或要求自锁的蜗杆传动，常选单头蜗杆，但传动效率较低；当要求传递功率较大或提高传动效率时，可选用多头蜗杆，但头数越多，加工越困难。

为了保证传动平稳性，一般取蜗轮齿数 z_2 不少于 28；但 z_2 过多，蜗轮直径增大，相应蜗杆的跨距变长，蜗杆刚度降低，影响啮合精度；或因为 z_2 过大导致模数过小而削弱轮齿齿根强度。通常，蜗轮齿数 z_2 在 28～80 范围内选取。z_1、z_2 荐用值见表 8-2。

表 8-2　蜗杆头数 z_1、蜗轮齿数 z_2 的荐用值

传动比 i	7～13 14	～27 28	～40	>40
蜗杆头数 z_1	4 2		2、1	1
蜗轮齿数 z_2	28～52 28	～54 28	～80	>40

5．蜗杆中心距 a

蜗杆传动的标准中心距为

$$a=0.5(d_1+d_2)=0.5m(q+z_2) \quad (8-4)$$

8.2.2　圆柱蜗杆传动的几何尺寸计算

设计标准蜗杆传动时，一般先根据给定的传动比 i 选择蜗杆头数 z_1 和蜗轮齿数 z_2，然后按强度条件来确定模数 m 和蜗杆分度圆直径 d_1（或蜗杆直径系数 q），再按表 8-3 计算蜗杆和蜗轮的基本尺寸。

表 8-3　标准阿基米德蜗杆传动的基本尺寸计算

名称	符号	公式	
		蜗杆	蜗轮
分度圆直径	d_1	$d_1 = mq$	$d_2 = mz_2$
齿顶圆直径	d_a	$d_{a1} = (q+2)m$	$d_{a2} = (z_2+2)m$
齿根圆直径	d_f	$d_{f1} = (q-2.4)m$	$d_{f2} = (z_2-2.4)m$
齿顶高	h_a	$h_a = h_a^* m = m$	
齿根高	h_f	$h_f = (h_a^* + c^*)m = 1.2m$	
蜗杆导程角	λ	$\lambda = \arctan\dfrac{z_1}{q}$	
蜗轮螺旋角	β		$\beta = \lambda$
蜗杆轴向齿距、蜗轮端面齿距	p_{a1}、p_{t2}	$p_{a1} = p_{t2} = \pi m$	
径向间隙	c	$c = 0.2m$	
中心距	a	$a = \dfrac{1}{2}(d_1+d_2) = \dfrac{1}{2}(q+z_2)m$	

注：蜗杆传动中心距标准系列为：40、50、63、80、100、125、160、（180）200、（225）250、（280）、315、（355）、400、（450）、500。

8.3　蜗杆传动的相对滑动速度和效率

8.3.1　蜗杆传动的相对滑动速度

在蜗杆传动中，蜗杆和蜗轮之间有较大的相对滑动速度。由图 8-9 可知，在啮合节点 c 处，相对滑动速度 v_s 沿蜗杆螺旋线方向。设蜗杆圆周速度为 v_1，蜗轮圆周速度为 v_2，则

$$v_s = \sqrt{v_1^2 + v_2^2} = \frac{v_1}{\cos\lambda} = \frac{\pi d_1 n_1}{60\times 1000\cos\lambda} \qquad (8\text{-}5)$$

式中，λ 为蜗杆导程角，单位为°；v_1 为蜗杆分度圆圆周速度，单位为 m/s；d_1 为蜗杆分度圆直径，单位为 mm；n_1 为蜗杆转速，单位为 r/min。

相对滑动速度 v_s 的大小，对蜗杆传动有较大影响。当齿面间的相对滑动速度较大时，易引起磨损和发热，润滑条件变差，导致传动效率降低。

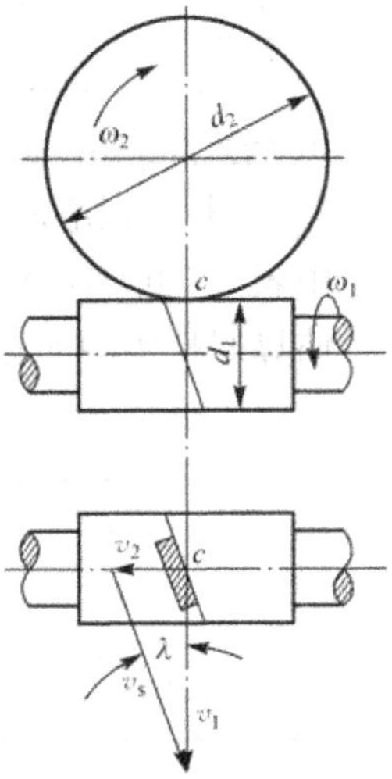

图 8-9　相对滑动速度

8.3.2　蜗杆传动的效率

闭式蜗杆传动的效率包括三部分：轮齿啮合摩擦损失效率、轴承摩擦损失效率和箱体内零件搅动润滑油的搅油损失效率。因此，蜗杆传动的总效率为

$$\eta = \eta_1\eta_2\eta_3 \qquad (8\text{-}6)$$

式中，η_1、η_2、η_3 分别为蜗杆传动的啮合摩擦损失效率、轴承效摩擦损失率和搅油损失效率。

在上述三项效率中，影响传动效率最主要的因素是啮合摩擦损失效率 η_1。蜗杆传动相当于梯形螺纹传动，η_1 可根据螺旋传动的效率公式求得，一般取 $\eta_2\eta_3 = 0.95\sim0.97$。所以，蜗杆传动的总效率为

$$\eta = (0.95\sim0.97)\frac{\tan\lambda}{\tan(\lambda+\varphi_v)} \qquad (8\text{-}7)$$

式中，λ 为蜗杆导程角，单位为°；φ_v 为当量摩擦角。

$\varphi_v = \arctan f_v$， f_v为当量摩擦系数。当量摩擦角φ_v由表 8-4 查取。

表 8-4　当量摩擦系数 f_v 和当量摩擦角 φ_v

蜗轮材料	锡青铜				无锡青铜		灰铸铁			
蜗杆齿面硬度	≥45HRC		其他		≥45HRC		≥45HRC		其他	
滑动速度 v_s/(m/s)	f_v	φ_v	f_v	φ_v	f_v	φ_v	f_v	φ_v	f_v	φ_v
0.01 0.	110	6°17′	0.120	6°51′	0.180	10°12′	0.180	10°12′	0.190	10°45′
0.05 0.	090	5°09′	0.100	5°43′	0.140	7°58′	0.140	7°58′	0.160	9°05′
0.10 0.	080	4°34′	0.090	5°09′	0.130	7°24′	0.130	7°24′	0.140	7°58′
0.25 0.	065	3°43′	0.075	4°17′	0.100	5°43′	0.100	5°43′	0.120	6°51′
0.50 0.	055	3°09′	0.065	3°43′	0.090	5°09′	0.090	5°09′	0.100	5°43′
1.0 0.	045	2°35′	0.055	3°09′	0.070	4°00′	0.070	4°00′	0.090	5°09′
1.5 0.	040	2°17′	0.050	2°52′	0.065	3°43′	0.065	3°43′	0.080	4°34′
2.0 0.	035	2°00′	0.045	2°35′	0.055	3°09′	0.055	3°09′	0.070	4°00′
2.5 0.	030	1°43′	0.040	2°17′	0.050	2°52′	—	—	—	—
3.0 0.	028	1°36′	0.035	2°00′	0.045	2°35′	—	—	—	—
4 0.	024	1°22′	0.031	1°47′	0.040	2°17′	—	—	—	—
5 0.	022	1°16′	0.029	1°40′	0.035	2°00′	—	—	—	—
8 0.	018	1°02′	0.026	1°29′	0.030	1°43′	—	—	—	—
10 0.	016	0°55′	0.024	1°22′	—	—	—	—	—	—
15 0.	014	0°48′	0.020	1°09′	—	—	—	—	—	—
24 0.	013	0°45′	—	—	—	—	—	—	—	—

由式(8-7)可知，增大导程角λ可提高效率，常采用多头蜗杆提高效率；但λ过大会导致蜗杆加工困难。蜗杆导程角λ一般小于 28°。当$\lambda \leqslant \varphi_v$时，蜗杆传动具有自锁性，但效率很低，$\eta < 50\%$。

由表 8-4 可知，滑动速度v_s越大，当量摩擦系数f_v越小，将有利于啮合齿面间油膜的形成。

估算蜗杆传动的总效率一般根据蜗杆头数z_1按表 8-5 选取。

表 8-5　蜗杆传动总效率 η

传动形式	蜗杆头数 z_1	总效率 η
开式	1～2 0.	6～0.7
闭式	1	0.7～0.75
	2	0.75～0.82
	4	0.87～0.92

8.4　蜗杆传动的失效形式、材料和结构

8.4.1　蜗杆传动的失效形式

蜗杆传动的主要失效形式是齿面胶合、点蚀和磨损等。由于蜗杆传动齿面间有较大的相对滑动，发热量大，润滑油温升增高，润滑条件变差，而使齿面间产生胶合的可能性增大。

蜗杆传动中，由于蜗杆材料强度通常高于蜗轮，且为连续的螺旋齿，所以失效常发生在蜗轮轮齿上，因此，一般只对蜗轮轮齿进行承载能力计算。目前，由于对胶合和磨损的计算尚缺乏可靠的方法和数据，因此通常是参照圆柱齿轮进行齿面接触疲劳强度和齿根弯曲疲劳强度的条件进行计算，而在选取许用应力时，适当考虑胶合和磨损的因素。在闭式传动中一般只需进行蜗轮齿面接触疲劳强度计算；同时，由于传动产生的热量较大，还应进行热平衡计算。

8.4.2 蜗杆传动的常用材料

由蜗杆传动特点可知，蜗杆副的组合材料不仅应具有足够的强度，更重要的是要具有良好的减摩、耐磨、易于跑合性和抗胶合能力。因此，常采用淬硬磨削的钢制蜗杆与青铜蜗轮相配。

蜗杆材料一般选用碳钢或合金钢。通常要求螺旋齿面光洁并具有较高硬度。对于高速重载的蜗杆，常用 20Cr、20CrMnTi 等合金钢，渗碳淬火，齿面硬度达 56～62HRC；或 40Cr、45 号钢等表面淬火，齿面硬度达 45～55HRC；淬硬蜗杆表面应磨削。一般低速中载蜗杆可选用 40 号或 45 号等碳钢调质处理，硬度为 220～255HBS。

蜗轮材料常用铸锡青铜（ZCuSn10P1、ZCuSn5PbZn5）、铸铝铁青铜（ZCuAl10Fe3）和灰铸铁（HT150、HT200）等。锡青铜抗胶合性和耐磨性能好，允许的滑动速度 v_s 可达 25 m/s，且易于切削加工，但价格高，一般用于较重要的高速蜗杆传动中。铝铁青铜强度较高，耐冲击，价廉，但切削性能差，耐磨性等不如锡青铜，一般用于 $v_s \leqslant 4$ m/s 的传动。球墨铸铁和灰铸铁一般用于滑动速度较低（$v_s < 2$ m/s）的场合。为了防止变形，蜗轮应进行时效处理。

8.4.3 蜗杆传动的结构

蜗杆通常与轴制成一体，称为蜗杆轴。蜗杆的典型结构如图8-10所示，其中图8-10(a)所示的是铣制蜗杆，在轴上直接铣出螺旋部分，不需要退刀槽，刚性较好；图8-10(b)所示的是车制蜗杆，为了便于车削螺旋部分，轴上应有退刀槽，故应使轴径 d 小于蜗杆齿根圆 d_{f1}。

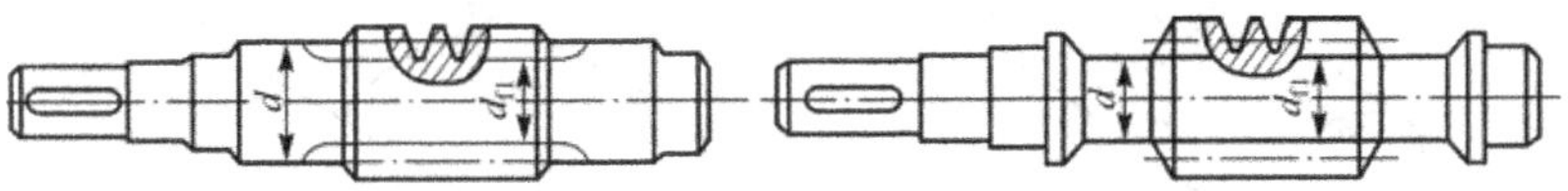

(a) 铣制蜗杆　　(b) 车制蜗杆

图 8-10　蜗杆轴

蜗轮可以制成整体式的，如图 8-11(a)所示，主要用于直径小于 100 的青铜蜗轮或铸铁蜗轮。为了节省贵重的有色金属，对于直径较大的青铜蜗轮，通常采用组合式结构，即齿圈为青铜而轮芯用钢或铸铁组合而成。为了防止齿圈和轮芯因发热而松动，它们采用过盈连接并加台阶和沿接合面周围加装 4～8 个螺钉，以增加连接的可靠性，如图 8-11(b)所示。图 8-11(c)所示的是青铜齿圈与铸铁轮芯间采用过渡或间隙配合，用普通螺栓连接或铰制孔螺栓连接，螺栓强度必须经校核计算。这种结构装拆方便，常用于尺寸较大或磨损后经常需要更换齿圈的蜗轮。对于成批制造的蜗轮，常在铸铁轮芯上直接浇铸出青铜齿圈，然后切齿，如图 8-11(d)所示。轮芯上预制出榫槽，以防滑动。

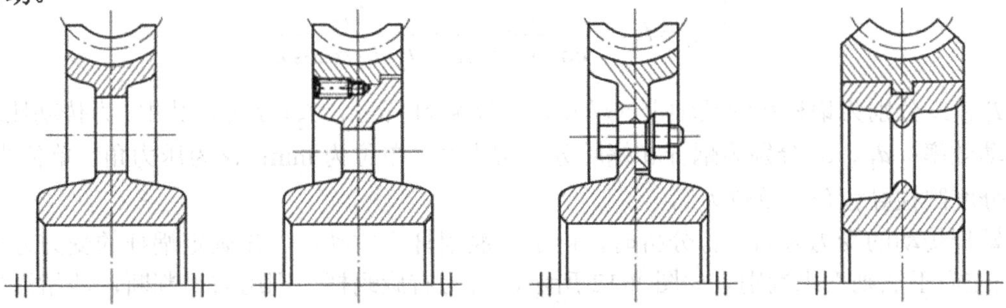

(a) 整体式　　(b) 齿圈式　　(c) 螺栓连接式　　(d) 镶铸式

图 8-11　蜗轮结构

蜗杆蜗轮的结构尺寸可按要求查阅相关手册来设计确定。

8.5 蜗杆传动的强度计算

8.5.1 蜗杆传动的受力分析

蜗杆传动的受力分析和斜齿圆柱齿轮相似。为了简化计算，通常不考虑啮合齿面间摩擦力的影响。如图 8-12 所示，作用于啮合节点 C 处的法向力 F_n 可以分解为三个相互垂直的分力，即圆周力 F_t、轴向力 F_a 和径向力 F_r。由于蜗杆与蜗轮轴在空间交错成 90°，根据力的作用与反作用原理，蜗杆圆周力 F_{t1}，蜗轮轴向力 F_{a2}、蜗杆轴向力 F_{a1}，与蜗轮圆周力 F_{t2}、蜗杆径向力 F_{r1}、蜗轮径向力 F_{r2} 分别大小相等，方向相反。

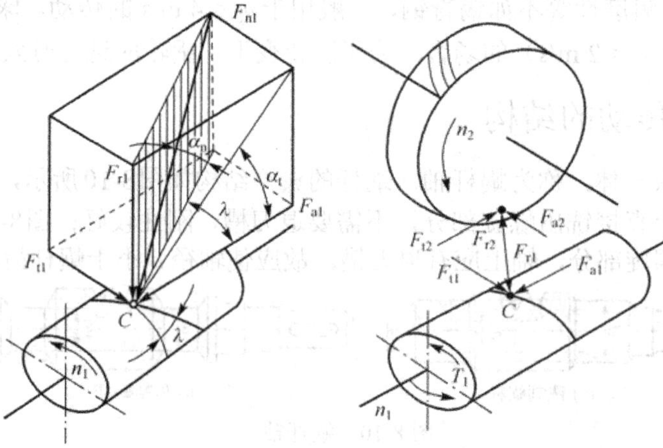

图 8-12 蜗杆传动的受力分析

各力的大小可按式(8-8)计算。

$$
\begin{cases}
F_{t1}=F_{a2}=\dfrac{2T_1}{d_1} \\
F_{a1}=F_{t2}=\dfrac{2T_2}{d_2} \\
F_{r1}=F_{r2}=F_{a1}\tan\alpha \\
F_{n1}=F_{n2}=\dfrac{F_{a1}}{\cos\alpha_n\cos\lambda}\approx\dfrac{2T_2}{d_2\cos\alpha\cos\lambda}
\end{cases}
\tag{8-8}
$$

式中，T_1、T_2 分别为蜗杆和蜗轮轴上的转矩，单位为 N · mm，$T_2=T_1 i\eta$，其中 i 为传动比，η 为蜗杆传动效率；d_1、d_2 分别为蜗杆和蜗轮分度圆直径，单位为 mm；α 为压力角，单位为°；λ 为蜗杆分度圆柱导程角，单位为°。

对蜗杆传动的受力方向进行分析时，由于一般蜗杆为主动件，先确定蜗杆的受力方向，用“主动轮左右手法则”来判别。如图 8-12 所示，若为右旋蜗杆，则用右手判断，四指沿蜗杆转动方向弯曲，拇指所指方向即为蜗杆轴向力 F_{a1} 的方向；径向力方向沿半径指向轴心；蜗杆圆周力方向与其力作用点的速度方向相反。

8.5.2　蜗轮齿面接触疲劳强度计算

圆柱蜗杆传动可近似看做齿条与斜齿轮传动。蜗轮齿面接触疲劳强度计算以赫兹公式为基础，将节点啮合处的相应参数等引入进行推导整理，得蜗轮齿面接触疲劳强度的校核公式为

$$\sigma_H = \frac{500}{z_2}\sqrt{\frac{KT_2}{m^2 d_1}} \leqslant [\sigma_H] \quad (8\text{-}9)$$

设计公式为

$$m^2 d_1 \geqslant \left(\frac{500}{z_2[\sigma_H]}\right)^2 KT_2 \quad (8\text{-}10)$$

式中，K 为载荷系数，$K = 1.1 \sim 1.4$，当载荷平稳、滑动速度 $v_s \leqslant 3$ m/s、制造安装精度较高时取小值，否则取大值；T_2 为蜗轮轴转矩，单位为 N · mm；m 为模数，单位为 mm；d_1 为蜗杆分度圆直径，单位为 mm；z_2 为蜗轮齿数；$[\sigma_H]$ 为蜗轮许用接触应力，单位为 MPa；常用材料的 $[\sigma_H]$ 值见表 8-6 和表 8-7。

表 8-6　锡青铜蜗轮许用接触应力　　单位：MPa

蜗轮材料	铸造方法	适用的滑动速度 v_s / (m/s)	蜗杆齿面硬度	
			≤45HRC >	45HRC
铸锡磷青铜 ZCuSn10P1	砂　模	≤12 150		200
	金属模	≤25 220		220
铸锡锌铅青铜 ZCuSn5Pb5Zn5	砂　模	≤10 113		125
	金属模	≤12 128		150

表 8-7　铝铁青铜及铸铁蜗轮许用接触应力　　单位：MPa

蜗轮材料	蜗杆材料	滑动速度 v_s /(m/s)						
		0.5	1 2 3 4	6				8
铸铝铁青铜 ZCuAl10Fe3	淬火钢	250	230 210	180 160 120				90
HT150 HT200	渗碳钢	130 115		90	—	——		—
HT150	调质钢	110 90		70	—	—		—

注：当蜗杆未经淬火时，需要将表中 $[\sigma_H]$ 值降低 20%。

锡青铜制造的蜗轮一般以疲劳点蚀失效为主要失效形式，铝铁青铜或铸铁制造的青铜一般以胶合失效为主要失效形式，在选择许用接触应力时需要考虑滑动速度的影响因素。其他蜗轮材料的许用接触应力值见相关手册。

在进行蜗轮接触疲劳强度设计计算时，根据式(8-10)计算 $m^2 d_1$ 后，可按表 8-1 确定相应的模数 m 和蜗杆分度圆直径 d_1 的标准值，然后按照相关公式计算蜗杆、蜗轮的主要尺寸和中心距等。

8.5.3　蜗轮齿根弯曲疲劳强度计算

在开式传动时，蜗轮轮齿会因弯曲疲劳强度不足导致失效。在闭式传动中，一般因蜗轮轮齿弯曲疲劳强度不够而引起失效的情况较少，只有在受强烈冲击或蜗轮采用脆性材料等少数情况下才发生，此时进行弯曲强度计算是有意义的。在蜗杆传动承受重载情况下，为了保证蜗轮轮齿的弯曲变形不影响蜗杆副的传动平稳性精度，可进行轮齿弯曲疲劳强度计算。

由于蜗轮轮齿的形状复杂，难以精确计算蜗轮的齿根弯曲应力，通常将蜗轮近似作为斜齿圆柱齿轮来进行计算。仿照斜齿轮，蜗轮齿根弯曲疲劳强度的校核公式为

$$\sigma_b = \frac{2.2KT_2Y_F}{m^2 d_1 z_2 \cos\lambda} \leqslant [\sigma_b] \quad (8\text{-}1 \quad 1)$$

设计公式为

$$m^2 d_1 \geqslant \frac{2.2KT_2Y_F}{z_2 \cos\lambda [\sigma_b]} \quad (8\text{-}12)$$

式中，$[\sigma_b]$ 为蜗轮许用弯曲应力，单位为 MPa，见表 8-8；λ 为蜗杆分度圆柱导程角，单位为°；Y_F 为蜗轮齿形系数，见表 8-9。

表 8-8　蜗轮的许用弯曲应力　　单位：MPa

蜗轮材料	铸造方法	单侧工作	双侧工作
铸锡磷青铜 ZCuSn10P1	砂模	51 32	
	金属模	70 40	
铸锡锌铅青铜 ZCuSn5Pb5Zn5	砂模	33 24	
	金属模	40 29	
铸铝铁青铜 ZCuAl10Fe3	砂模	82 64	
	金属模	90 80	
灰铸铁 HT150	砂模	40 25	
灰铸铁 HT200	砂模	48 30	

表 8-9　蜗轮的齿形系数

蜗轮齿数 z_2	齿形系数 Y_F	蜗轮齿数 z_2	齿形系数 Y_F
26 2.	51 50 2.		24
28 2.	48 60 2.		20
30 2.	44 70 2.		17
32 2.	41 80 2.		14
35 2.	36 90 2.		12
37 2.	34	100	2.10
40 2.	32	150	2.07
45 2.	27	200	2.04

8.6　蜗杆传动的润滑与热平衡计算

8.6.1　蜗杆传动的润滑

润滑对于蜗杆传动而言特别重要。在蜗杆传动中，由于相对滑动速度大，摩擦产生的热量大，要求工作时有良好的润滑条件。当润滑不良时，会使传动效率明显降低，并有严重的磨损及产生胶合。

闭式蜗杆传动的润滑油黏度和给油方法，一般可根据相对滑动速度、载荷类型等参数由表 8-10 选择。选用黏度较大的润滑油，有利于形成润滑油膜。对于开式蜗杆传动，可采用黏度较高的润滑油或润滑脂定期润滑。对于青铜蜗轮，不允许采用抗胶合能力强的活性润滑油，以免青铜齿面被腐蚀。

表 8-10　蜗杆传动润滑油黏度及润滑方法

相对滑动速度 v_s / (m/s)	0～1 0	～2.5 0	～5 5	～10 10	～15 15	～25	>25
载荷类型	重载	重载	中载	—	—	—	—
运动黏度 ν_{40} /(mm^2/s)	900 500		350	220	150	100	80
润滑方法	油池润滑			油池或喷油润滑	喷油润滑，油压 p/MPa		
					0.7 0.	2	0.3

如果采用油池润滑，为了有利于形成油膜和散热，油池中应有适当的油量。对于蜗杆下置或侧置式传动，浸油深度应为蜗杆的一个齿高；对于蜗杆上置式的传动，浸油深度应为蜗轮外径的 1/3。

8.6.2　蜗杆传动的热平衡计算

由于蜗杆传动效率低，发热量大，在闭式蜗杆传动中，如果散热不良，将使箱体内油的温度升高，润滑油黏度下降，润滑失效，从而使轮齿磨损加剧，甚至出现胶合。因此，对于连续工作的闭式蜗杆传动应进行热平衡计算，以控制油温处于规定的范围内。

单位时间内由摩擦损耗的功率而产生的热量为

$$Q_1 = 1000P(1-\eta) \quad (8\text{-}13)$$

式中，P 为蜗杆传动输入功率，单位为 kW；η 为蜗杆传动总效率。

采用自然冷却方式，单位时间内由箱体壁散发到空气中的热量为

$$Q_2 = K_s A(t - t_0) \quad (8\text{-}14)$$

式中，K_s 为箱体表面散热系数，由箱体周围通风条件而定，一般取 $K_s = 8.7 \sim 17.5$ W/(m^2 · ℃)，当周围的空气流动良好时取大值，反之取小值；A 为箱体散热面积，单位为 m^2，指的是箱体外壁与空气接触而内壁被油飞溅到的箱壳面积，对于箱体上的散热片，其散热面积按 50%计算；t_0 为周围空气温度，通常取 $t_0 = 20$℃；t 为油的工作温度，单位为℃。

根据平衡条件，$Q_1 = Q_2$，则达到热平衡时箱体内的油温 t 为

$$t = t_0 + \frac{1000(1-\eta)P}{K_s A} \leqslant [t] \quad (8\text{-}15)$$

式中，$[t]$ 为箱体内润滑油的许用温度，单位为℃，一般取 $[t]$=75～90℃。

当油温过高或散热面积不足时，可采取措施以提高散热能力。常采用以下措施：

（1）合理设计箱体结构，在箱体外壁增加散热片，以加大散热面积；

（2）在蜗杆轴上安装风扇，以提高表面散热系数，如图 8-13(a)所示；

（3）在箱体油池内设置蛇形冷却水管，用循环水冷却，如图 8-13(b)所示；

（4）采用压力喷油循环冷却，如图 8-13(c)所示。

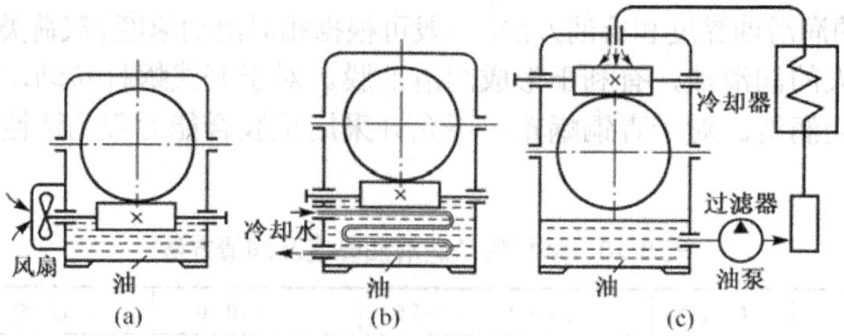

图 8-13 蜗杆传动的散热方法

8.7 蜗杆传动的设计计算实例

【例 8-1】 设计一个闭式单级蜗杆传动。已知蜗杆输入功率 $P_1 = 5.5$ kW，蜗杆转速 $n_1 =$ 960 r/min，传动比 $i = 25$，载荷平稳，连续单向运转。

解：

（1）选择蜗杆材料、蜗轮材料，并确定许用应力。

选择阿基米德蜗杆，蜗杆材料选用 45 号钢，表面淬火，齿面硬度 45～55HRC。

蜗轮齿圈材料选用 ZCuAl10Fe3，砂模铸造。

由表 8-7，得蜗轮许用接触应力$[\sigma_{\rm H}]$=160 MPa（预计 $v_{\rm s}$=4 m/s）。

由表 8-8，得蜗轮许用弯曲应力$[\sigma_{\rm b}]$=82 MPa。

（2）选择蜗杆头数 z_1，确定蜗轮齿数 z_2。

由表 8-2 和 $i = 25$，选择蜗杆头数 $z_1 = 2$，则蜗轮齿数 $z_2 = i z_1 = 25\times2 = 50$。

（3）确定蜗轮转矩 T_2。

由表 8-5，取 $\eta = 0.79$，则蜗轮传递转矩为

$$T_2 = T_1 i\eta = 9.55\times10^6\frac{P_1}{n_1}i\eta = 9.55\times10^6\frac{5.5}{960}\times25\times0.79 = 1\,080\,592.45\ \text{N}\cdot\text{mm}$$

（4）按齿面接触疲劳强度设计，确定模数 m 和蜗杆分度圆直径 d_1。

因载荷平稳，取载荷系数 $K = 1.1$，由式(8-10)得

$$m^2 d_1 \geqslant \left(\frac{500}{z_2[\sigma_{\rm H}]}\right)^2 KT_2 = \left(\frac{500}{50\times160}\right)^2\times1.1\times1\,080\,592.45 = 4643\ \text{mm}^3$$

由表 8-1，得模数 $m = 8$，直径系数 $q = 10$，蜗杆分度圆直径 $d_1 = 80$ mm。

（5）计算主要尺寸参数。

蜗轮分度圆直径为

$$d_2 = mz_2 = 8\times50 = 400\quad \text{m}$$

传动中心矩为

$$a = \frac{m}{2}(q+z_2) = \frac{8}{2}\times(10+50) = 240\quad \text{m m}$$

蜗杆导程角为

$$\lambda = \arctan\frac{z_1}{q} = \arctan\left(\frac{2}{10}\right) = 11.31^\circ$$

（6）验算相对滑动速度 v_s 和传动总效率 η 。

相对滑动速度为

$$v_s = \frac{\pi d_1 n_1}{60\times1000\times\cos\lambda} = \frac{3.14\times80\times960}{60\times1000\times\cos11.31^\circ} = 4.1\ \text{m/s}$$

与原预计值相近。

由 $v_s = 4.1$ m/s，查表 8-4，得 $f_v = 0.04$，$\varphi_v = 2.29^\circ$。

由式(8-7)，蜗杆总效率为

$$\eta = (0.95-0.97)\frac{\tan\lambda}{\tan(\lambda+\varphi_v)} = (0.95-0.97)\frac{\tan11.31^\circ}{\tan(11.31^\circ+2.29^\circ)} = 0.785-0.802$$

与预计值相符。

（7）校核蜗轮齿根弯曲疲劳强度。

由表 8-9，得蜗轮齿形系数 $Y_F = 2.24$ 。

由式(8-11)，蜗轮齿根弯曲疲劳强度为

$$\sigma_b = \frac{2.2KT_2Y_F}{m^2 d_1 z_2\cos\lambda} = \frac{2.2\times1.1\times1\,080\,592.45\times2.24}{8^2\times80\times50\times\cos11.31^\circ} = 23.33\ \text{MPa}$$

$$\sigma_b \ll [\sigma_b] = 82\ \text{MPa}$$

所以，一般只有当蜗轮齿数很多（$z_2 > 80$）或开式传动时，需要校核齿根弯曲疲劳强度。

（8）热平衡计算。

若已知箱体散热面积 A =1.4 m^2，取室温 t_0=20℃，通风散热条件较好，取散热系数 K_s= 16.5 W/（m^2·℃），则由式(8-15)得油温为

$$t = t_0 + \frac{1000(1-\eta)P}{K_s A} = 20 + \frac{1000\times(1-0.79)\times5.5}{16.5\times1.4} = 70\ ℃$$

$t<[t]$，符合要求。

（9）结构设计（略）。

习题与思考题

8-1 蜗杆传动的特点是什么？蜗杆传动可分为几种类型？

8-2 蜗杆传动的正确啮合条件是什么？传动比能否用分度圆直径之比表示？

8-3 何谓蜗杆传动的中间平面？

8-4 蜗杆传动中为什么要引入蜗杆直径系数 q ？

8-5 蜗杆传动的相对滑动速度 v_s和蜗杆导程角 λ 分别对传动效率有何影响？

8-6 蜗杆传动的主要失效形式有哪些？设计准则是什么？

8-7 常用的蜗杆、蜗轮材料有哪些？蜗轮结构有哪几种形式，各有什么特点？

8-8 蜗杆的转向如何判别？

8-9 蜗杆传动中，轮齿承载能力计算主要是针对蜗杆还是针对蜗轮进行的？

8-10 为什么要对蜗杆传动进行热平衡计算？当油温过高或散热面积不足时，可采取哪些措施来提高散热能力？

8-11 已知一个圆柱蜗杆传动的模数 $m=5$ mm，蜗杆分度圆直径 $d_1=50$ mm，蜗杆头数 $z_1=2$，传动比 $i=28$。试计算蜗杆导程角 λ、直径系数 q、齿顶圆直径 d_{a1}、轴向齿矩 p_{a1}、蜗轮分度圆直径 d_2、齿根圆直径 d_{f2}、传动中心矩 a。

8-12 一对阿基米德标准蜗杆机构，蜗杆头数 $z_1=2$，蜗轮齿数 $z_2=40$，轴向齿矩 $p_{a1}=39.27$ mm，蜗杆齿根圆直径 $d_{f1}=82$ mm。试求传动比 i、模数 m、蜗杆直径系数 q、蜗杆与蜗轮分度圆直径 d_1 与 d_2、蜗轮螺旋角 β、传动中心矩 a。

8-13 题图 8-13 所示的是一个蜗杆传动，已知右旋双头蜗杆转矩 $T_1=38\,600$ N·mm，转向如图所示，$z_2=60$，啮合效率 $\eta=0.8$，$d_1=63$ mm，$m=6.3$ mm，试求：

（1）蜗轮转向与旋向；

（2）蜗杆蜗轮啮合点的受力图及各分力的大小。

8-14 题图 8-14 所示的传动机构中，1、2 为蜗杆蜗轮，3、4 为斜齿圆柱齿轮，轮 4 的转动方向如图所示。右旋蜗杆 1 为主动。为了使中间轴上的轴向力能相互抵消一部分，试确定蜗杆 1 的转动方向和斜齿轮 3、4 的螺旋线方向。

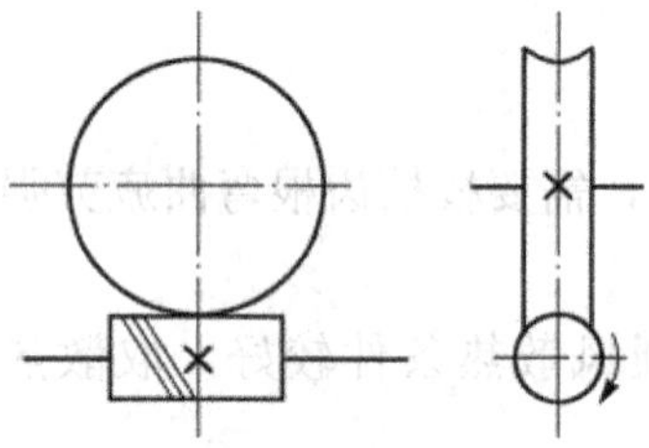

题图 8-13

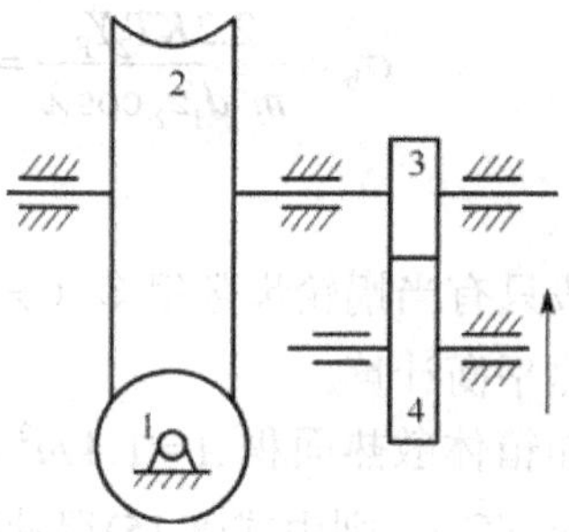

题图 8-14

8-15 一个受动起重装置采用蜗杆传动，如题图 8-15 所示。已知 $m=10$ mm，$q=9$，$z_1=1$，$z_2=42$，卷筒直径 $D=220$ mm，试求：

（1）若当量摩擦系数 $f_v=0.19$，该机构是否自锁？

（2）欲使重物 Q 上升 1.5 m，手柄应转多少圈？并在图上标出重物上升时手柄的转向。

（3）该重物 $Q=6000$ N，手摇时最大推力 $F=200$ N 时，手柄长度 L 最小值是多少？

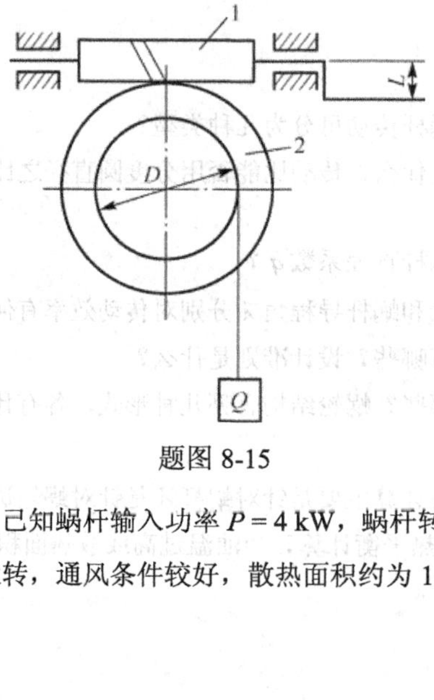

题图 8-15

8-16 试设计某单级蜗杆传动。已知蜗杆输入功率 $P=4$ kW，蜗杆转速 $n_1=720$ r/min，传动比 $i=20$，工作载荷平稳，连续单向运转，通风条件较好，散热面积约为 1.2 m^2。

第 9 章 轮 系

由一系列齿轮组成的传动系统称为轮系。本章介绍了轮系的分类，定轴轮系、周转轮系及复合轮系传动比的计算，轮系的运用及其他类型行星轮系；重点为定轴轮系传动比大小的计算、定轴轮系中齿轮之间转向关系的确定及用转化轮系法求周转轮系的传动比。

9.1 轮系的分类

由两个齿轮相啮合组成的齿轮机构是齿轮传动的最简单形式。但在机械中，如果用普通的一对齿轮传动实现大的传动比，则不仅会使机构外廓尺寸庞大，而且还会由于大小齿轮直径相差悬殊致使小齿轮易磨损及大齿轮的工作能力得不到充分发挥等缺陷。另外，为了将原动机的运动和动力按照多方面工作的需要传递给工作机械，仅仅使用一对齿轮往往达不到要求。基于以上理由，工程上就需要采用轮系。

按轮系运转时各齿轮轴线相对于机架的位置情况，可将轮系分为以下三大类。

9.1.1 定轴轮系

在轮系运转过程中，其各个齿轮几何轴线的位置相对于机架都是固定不动的，这种轮系称为定轴轮系，如图 9-1 所示。

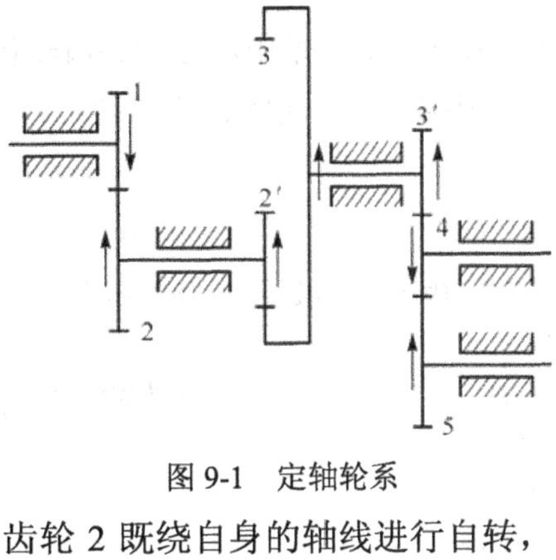

图 9-1 定轴轮系

9.1.2 周转轮系

轮系在运转过程中，若其中至少有一个齿轮的几何轴线位置相对于机架不固定，而是绕着其他齿轮的固定轴线回转，则称这样的轮系为周转轮系，如图 9-2 所示。图 9-2 中，齿轮 2 的几何轴线 O_2 绕着齿轮 1 的固定轴线 O_1 转动。齿轮 2 既绕自身的轴线进行自转，又绕 O_1 轴线进行公转，就像行星绕日运行一样，故称齿轮 2 为行星轮；带动行星轮 2 进行公转的构件 H 则称为行星架（又称为系杆或转臂）；而行星架所绕之进行公转的定轴齿轮 1 和 3 则称为中心轮。通常，以中心轮和系杆 H 作为运动的输入和输出构件，所以称中心轮和系杆为周转轮系的基本构件。

周转轮系还可根据其自由度的数目不同，分为差动轮系和行星轮系两种。自由度 $F=2$ 的周转轮系称为差动轮系，如图 9-2(a)所示；自由度 $F=1$ 的周转轮系称为行星轮系，如图 9-2(b)所示。

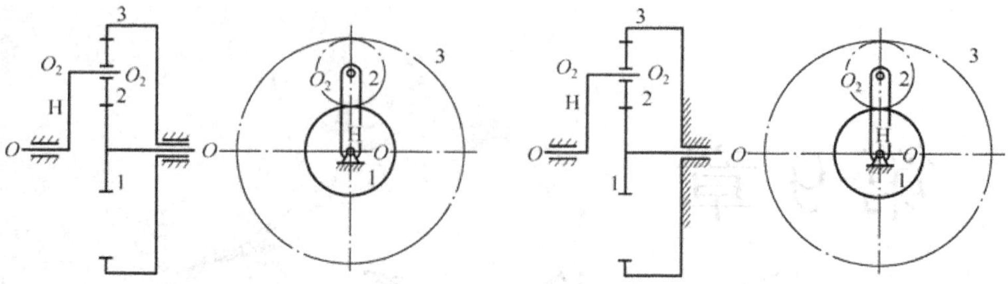

(a) 差动轮系 (b) 行星轮

图 9-2 周转轮系

9.1.3 复合轮系

在实际机械中所使用的轮系，往往既包含定轴轮系部分，又包含周转轮系部分，或者是由几部分周转轮系组成的，这种轮系称为复合轮系，如图 9-3 所示。图 9-3 中1′、5、4、4′、3′ 组成定轴轮系，1、2、3、H 组成周转轮系。

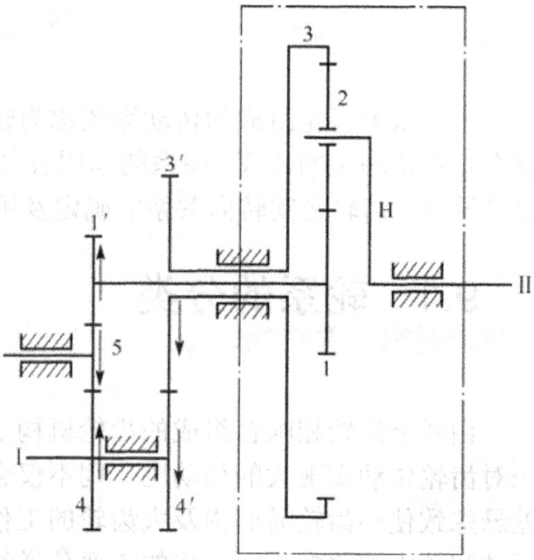

图 9-3 复合轮系

9.2 定轴轮系传动比计算

轮系的传动比是指轮系中首末两个构件的角速度（或转速）之比。计算轮系传动比，既要确定传动比的大小，又要确定首末两个构件的转向关系。

9.2.1 定轴轮系传动比大小的计算

在图 9-1 轮系中，已知各齿轮齿数，求传动比 i_{15}。

根据一对齿轮啮合的传动比公式，可写出该轮系中相互啮合的各对齿轮传动比如下：

$$i_{12}=\omega_1/\omega_2=z_2/z_1 \quad i_{2'3}=\omega_{2'}/\omega_3=z_3/z_{2'}$$
$$i_{3'4}=\omega_{3'}/\omega_4=z_4/z_{3'} \quad i_{45}=\omega_4/\omega_5=z_5/z_4$$

式中，齿轮 2 与2′、3 与3′ 各为同一构件，所以 $\omega_2=\omega_{2'}$， $\omega_3=\omega_{3'}$。将以上各式两边连乘，得

$$i_{12}i_{2'3}i_{3'4}i_{45}=\frac{\omega_1}{\omega_2}\cdot\frac{\omega_{2'}}{\omega_3}\cdot\frac{\omega_{3'}}{\omega_4}\cdot\frac{\omega_4}{\omega_5}=\frac{\omega_1}{\omega_5}=\frac{z_2}{z_1}\cdot\frac{z_3}{z_{2'}}\cdot\frac{z_4}{z_{3'}}\cdot\frac{z_5}{z_4}$$

即

$$i_{15}=\frac{\omega_1}{\omega_5}=i_{12}i_{2'3}i_{3'4}i_{45}=\frac{z_2z_3z_4z_5}{z_1z_{2'}z_{3'}z_4} \quad (9\text{-}1)$$

式(9-1)说明，定轴轮系传动比的大小等于组成该轮系中的各对啮合齿轮传动比的连乘积；也等于各对啮合齿轮中从动轮齿数的连乘积与主动轮齿数的连乘积之比，即

$$\text{定轴轮系的传动比}=\frac{\text{轮系中所有从动轮齿数的连乘积}}{\text{轮系中所有主动轮齿数的连乘积}} \quad (9\text{-}2)$$

9.2.2　定轴轮系中齿轮之间转向关系的确定

轮系中，首末两个轮的转向关系可以用正负号方法表示或用画箭头的方法表示。

1．用正负号表示

在两个轴平行的齿轮传动中，当两个轮转向相同时，传动比取正号；当转向相反时，传动比取负号。

对于一对外啮合齿轮传动，如图 9-4(a)所示，两个轮转向相反，故其传动比为负，用“–”表示，即

$$i_{12}=\frac{n_1}{n_2}=\frac{\omega_1}{\omega_2}=-\frac{z_2}{z_1}$$

对于一对内啮合圆柱齿轮传动，如图 9-4(b)所示，两个轮转向相同，故其传动为正，用“+”表示，即

$$i_{12}=\frac{n_1}{n_2}=\frac{\omega_1}{\omega_2}=+\frac{z_2}{z_1}$$

2．用画箭头方法表示

当两个轮转向相反时，画反向箭头，如图 9-4(a)所示；当两个轮转向相同时，画同向箭头，如图 9-4(b)所示。当轮系中含有两个轮轴线不平行的齿轮传动时，如含有圆锥齿轮或蜗杆传动（如图 9-5 所示），则只能用画箭头的方法表示各轮的转向。表示圆锥齿轮传动转向的箭头方向应同时指向或背离啮合点；表示蜗杆传动转向的箭头方向由左右手定则判定。

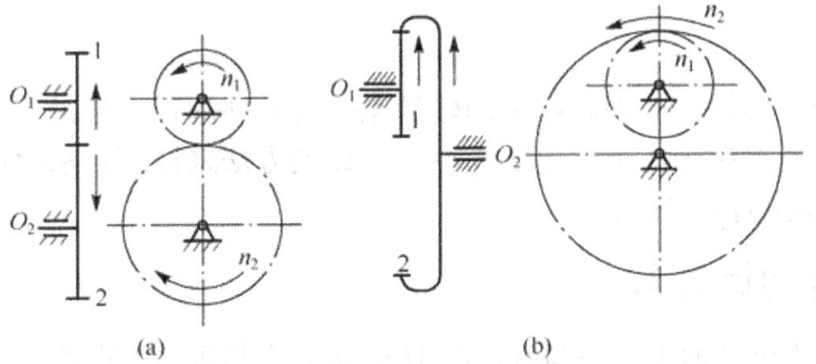

图 9-4　一对齿轮传动的转向关系图

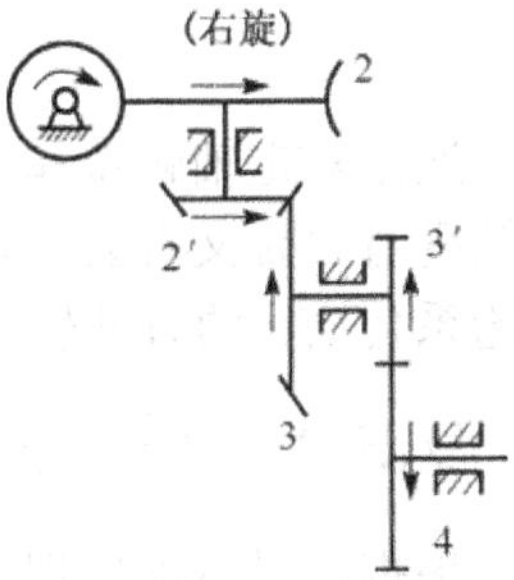

图 9-5　轮系中各轮转向关系

在图 9-1 所示的轮系中，末轮 5 的转向可用箭头表示（图示中与首轮 1 反向），也可以将传动比取负号“–”来表示，即

$$i_{15}=-\frac{z_2z_3z_4z_5}{z_1z_{2'}z_{3'}z_4}$$

在图 9-1 所示的轮系中，齿轮 4 同时与齿轮 3′ 及齿轮 5 相啮合，它既是前者的从动轮，又是后者的主动轮，z_4 在分子、分母中同时出现而被约去，即其齿数不影响轮系传动比的大小，但它可以改变从动轮的转向或增大中心距。这种齿轮称为惰轮（或过轮、中介轮）。

综上所述，定轴轮系中首轮 A 与末轮 B 间的传动比大小为

$$i_{AB}=\frac{\omega_A}{\omega_B}=\frac{\text{轮系中从齿轮A到齿轮B之间所有从动轮齿数的连乘积}}{\text{轮系中从齿轮A到齿轮B之间所有主动轮齿数的连乘积}}\quad(9\text{-}3)$$

末轮 B 的转向可用画箭头方法在图中表示。当首轮 A 与末轮 B 的轴线平行时，也可在其传动比数值前冠以正、负号，以表示末轮转向与首轮转向相同或相反。

9.2.3 定轴轮系各齿轮轴的转速、功率及转矩确定

在定轴轮系中若已知输入轴的转速和输入功率，用上面介绍的定轴轮系传动比的计算方法，则可以很容易求出输入轴与各齿轮轴的传动比，进而可以求出各齿轮轴的运动和动力参数（包括转速、功率和转矩）。

如图 9-6 所示的二级圆柱齿轮减速器，若已知齿轮轴 I 的输入功率 P_{I}、转速 n_{I}，可求传动比大小 $i_{\text{I II}}=z_2/z_1$，$i_{\text{I III}}=z_2z_4/z_1z_3$，则

（1）各轴的转速为

$$n_{\text{II}}=\frac{n_{\text{I}}}{i_{\text{I II}}}\ \text{r/min},\quad n_{\text{III}}=\frac{n_{\text{I}}}{i_{\text{I III}}}\ \text{r/min}$$

（2）各轴的功率为

$$P_{\text{II}}=P_{\text{I}}\eta_{\text{g}}\eta_{\text{c}}\ \text{kW},\quad P_{\text{III}}=P_{\text{II}}\eta_{\text{g}}\eta_{\text{c}}=P_{\text{I}}\eta_{\text{g}}^2\eta_{\text{c}}^2\ \text{kW}$$

（3）各轴的转矩为

$$T_{\text{I}}=9550\frac{P_{\text{I}}}{n_{\text{I}}}\ \text{N·m},\quad T_{\text{II}}=9550\frac{P_{\text{II}}}{n_{\text{II}}}\ \text{N·m},\quad T_{\text{III}}=9550\frac{P_{\text{III}}}{n_{\text{III}}}\ \text{N·m}$$

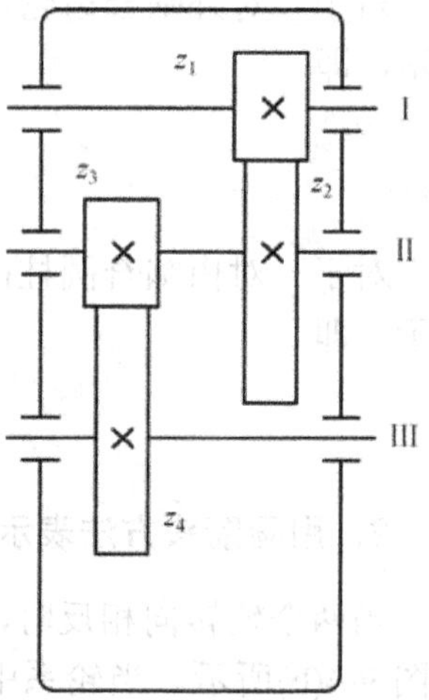

图 9-6 二级圆柱齿轮减速器简图

9.3 周转轮系传动比计算

通过对定轴轮系和周转轮系的比较，其根本差别就在于周转轮系中有转动的行星架，使行星轮既有自转又有公转，故其传动比不能直接采用求解定轴轮系传动比的方法来计算。求解周转轮系传动比的方法较多，本章介绍常用的转化轮系法。

9.3.1 平行轴周转轮系传动比计算

根据相对运动原理，假定给整个周转轮系加上一个与行星架 H 转速大小相等而方向相反的公共角速度 $(-\omega_{\text{H}})$ 绕 OO 轴线回转（如图 9-7 所示），轮系中各构件之间的相对运动关系保持不变，但行星架的角速度变成 $\omega_{\text{H}}-\omega_{\text{H}}=0$，因而行星架“静止不动”了（如图 9-8 所示）。

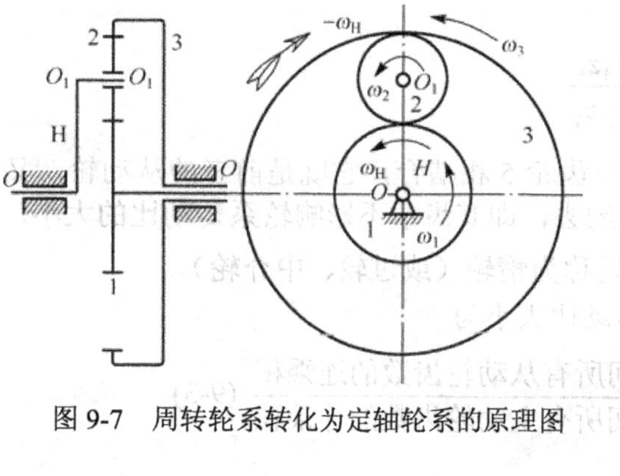

图 9-7 周转轮系转化为定轴轮系的原理图

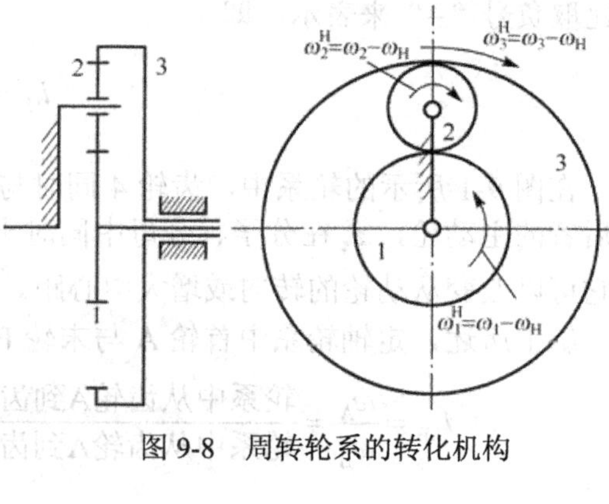

图 9-8 周转轮系的转化机构

这样，周转轮系就转化为假想的“定轴轮系”，并称其为原周转轮系的转化轮系（或称为转化机构）。

转化前后各构件的角速度见表9-1。

表9-1 周转轮系转化前后各构件的角速度

构件	原有的角速度	转化轮系中的角速度
中心轮1	ω_1	$\omega_1^H=\omega_1-\omega_H$
行星轮2	ω_2	$\omega_2^H=\omega_2-\omega_H$
中心轮3	ω_3	$\omega_3^H=\omega_3-\omega_H$
机架4	0	$\omega_4^H=\omega_4-\omega_H=-\omega_H$
行星架H	ω_H	$\omega_H^H=\omega_H-\omega_H=0$

注：表中原来的角速度是指周转轮系中各构件相对于机架的绝对角速度，而转化轮系中各构件的角速度（在转速的右上角有角标H）则是指各构件相对于行星架H的相对角速度。

1. 周转轮系传动比的计算

既然周转轮系的转化轮系是“定轴轮系”，则转化轮系中轴线平行的任意两个轮间的传动比（是相对运动的传动比）就都可用定轴轮系传动比的方法来计算。故在图9-8中，当已知各轮齿数z_1、z_2、z_3时，则

$$i_{13}^H=\frac{\omega_1^H}{\omega_3^H}=\frac{\omega_1-\omega_H}{\omega_3-\omega_H}=-\frac{z_2z_3}{z_1z_2}=-\frac{z_3}{z_1} \quad (9\text{-}4)$$

式中，右端的“−”号表示轮1与轮3在转化轮系中的角速度ω_1^H与ω_3^H的转向相反，而不是指轮1与轮3在原周转轮系中的角速度ω_1与ω_3的转向关系。

式(9-4)中，只要已知ω_1、ω_3、ω_H其中的任意两个角速度（含大小和转向）就可以确定第三个角速度（大小和转向），从而可间接地求出周转轮系中各构件之间的传动比。

推而广之，在任意一个周转轮系中，当任意中心轮A、B及行星架H回转轴线平行时，则其转化轮系传动比的一般计算公式为

$$\begin{aligned}i_{AB}^H&=\frac{\omega_A^H}{\omega_B^H}=\frac{\omega_A-\omega_H}{\omega_B-\omega_H}\\&=\pm\frac{\text{转化轮系中从齿轮A到齿轮B之间所有从动轮齿数的连乘积}}{\text{转化轮系中从齿轮A到齿轮B之间所有主动轮齿数的连乘积}}\end{aligned} \quad (9\text{-}5a)$$

2. 计算周转轮系传动比时的注意事项

（1）式(9-5a)只适用于中心轮A、B和行星架H的轴线平行的场合。

（2）齿数比前的“±”号表示在转化轮系中，齿轮A、B之间相对于行星架H的转向关系。它可由画箭头的方法确定（如图9-7所示）。

（3）ω_A、ω_B、ω_H均为代数值，在计算中必须同时代入正、负号，如已知两个构件转向相反，则一个取正值，另一个取负值。求得的结果也为代数值，即同时求得了构件角速度的大小和转向。

（4）i_{AB}^H和i_{AB}是完全不同的两个概念。$i_{AB}^H=\omega_A^H/\omega_B^H=(\omega_A-\omega_H)/(\omega_B-\omega_H)$是转化轮系中A、B两轮相对于行星架H的相对转速之间的传动比；而i_{AB}是周转轮系中A、B两轮绝对转速之间的传动比。

如果所研究的轮系为具有固定中心轮的行星轮系，设固定轮为B，即 $\omega_B=0$，则式(9-5a)可改写为

$$i_{AB}^{H}=\frac{\omega_A^H}{\omega_B^H}=\frac{\omega_A-\omega_H}{0-\omega_H}=-i_{AH}+1$$

即

$$i_{AH}=1-i_{AB}^{H} \quad (9\text{-}5b)$$

【例 9-1】 在如图9-9所示的周转轮系中，已知各轮齿数 $z_1=100$，$z_2=101$，$z_{2'}=100$，$z_3=99$，试求传动比 i_{H1}。

解：

在此轮系中，由于齿轮 3 为固定轮（即 $\omega_3=0$），故该轮系为一个行星轮系。由式(9-5b)可求得

$$\begin{aligned}i_{1H}&=1-i_{13}^{H}=1-z_2z_3/(z_1z_{2'})\\&=1-101\times 99/(100\times 100)\\&=1/1000\end{aligned}$$

所以

$$i_{H1}=1/i_{1H}=10\ 000$$

传动比 i_{H1} 为正，表示行星架 H 与齿轮 1 转向相同。

该例说明行星轮系可以用少数几个齿轮获得很大的传动比。但要注意，这种类型的行星轮系传动，减速比越大，其机械效率越低，一般不宜用来传递大功率。若将其用做增速传动（即齿轮 1 低速输入，行星架 H 高速输出），则可能发生自锁。

若将图9-9所示轮系中齿轮 2′ 的齿数改为 $z_{2'}=99$，则 $i_{H1}=-100$。这说明同一结构形式的行星轮系，仅将其中一个齿轮的齿数进行微小变动，结果不但传动比 i_{H1} 的大小变动很大，而且可以改变输出构件的转向，这是行星轮系与定轴轮系的显著不同之处。

【例 9-2】 在一个如图 9-10 所示的差动轮系中，已知各轮齿数如图所示，两个轮的角速度分别为 $\omega_1=50$ rad/s，$\omega_3=20$ rad/s。试求当 ω_1、ω_3 转向相同和转向相反两种情况下，行星架角速度 ω_H 的大小和方向。

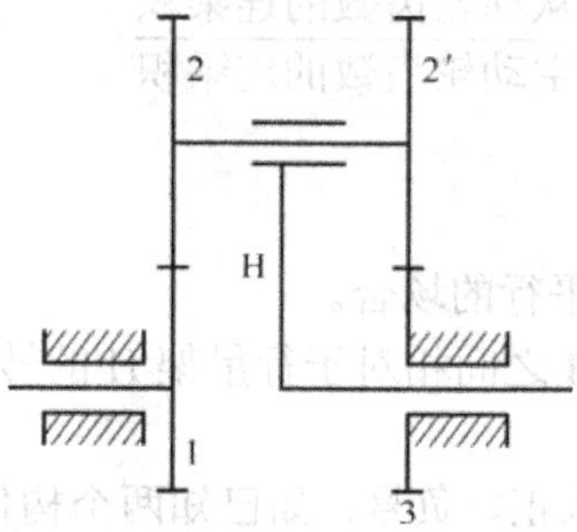

图 9-9 行星轮系

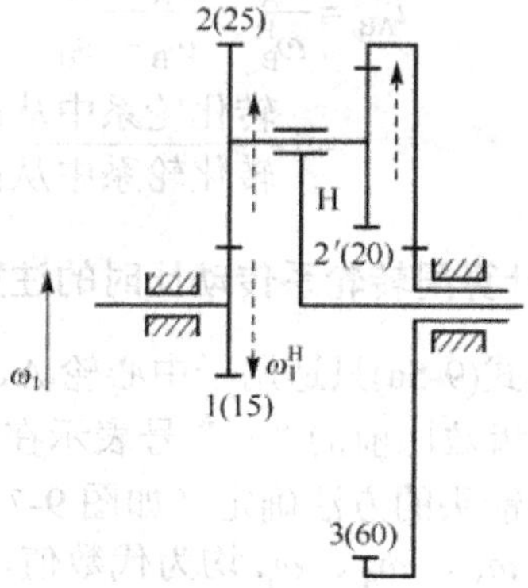

图 9-10 差动轮系

解：

由式(9-5)有

$$i_{13}^{H}=\frac{\omega_1^H}{\omega_3^H}=\frac{\omega_1-\omega_H}{\omega_3-\omega_H}=-\frac{z_2z_3}{z_1z_{2'}}=-\frac{25\times 60}{15\times 20}=-5$$

即

$$\omega_H=(\omega_1+5\omega_3)/6$$

（1）当ω_1、ω_3转向相同时，即把$\omega_1=50\ \text{rad/s}$，$\omega_3=20\ \text{rad/s}$代入上式有

$$\omega_H=(50+5\times20)/6=25\ \text{rad/s}$$

（2）当ω_1、ω_3转向相反时，若令$\omega_1=50\ \text{rad/s}$，则$\omega_3=-20\ \text{rad/s}$，代入上式有

$$\omega_H=(50-5\times20)/6=-6.67\ \text{rad/s}$$

ω_H数值前的“−”号表示ω_H与ω_1转向相反，而与ω_3转向相同。

9.3.2　非平行轴周转轮系传动比计算

以上介绍的周转轮系各齿轮的轴线是互相平行的。对于非平行轴周转轮系，如锥齿轮组成的周转轮系（如图9-11所示），需要强调的是：因为只有当两个轴平行时，两个轴的转速才可以代数相加减，所以上述转化轮系传动比计算方法只适用于该轮系中的基本构件（1、3、H），而不适用于行星轮2。

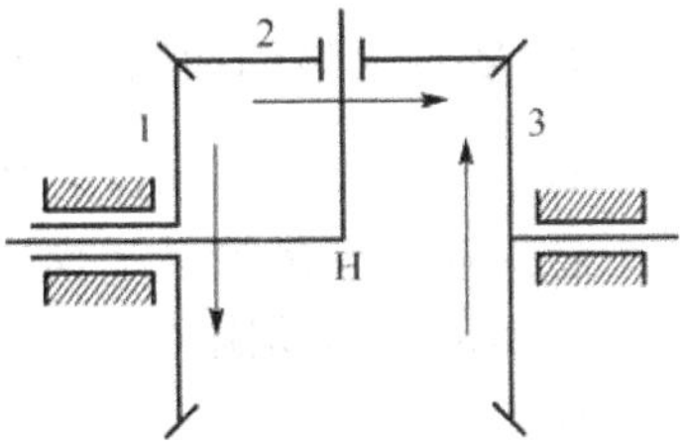

图9-11　锥齿轮组成的差动轮系

9.4　复合轮系传动比计算

前面已阐述，在复合轮系中，或者既包含定轴轮系部分，又包含周转轮系部分，或者包含几个周转轮系部分。在计算复合轮系的传动比时，既不能将其视为定轴轮系的方法处理，也不能将其视为周转轮系来处理，正确的方法是：

（1）正确划分轮系各组成部分（关键是要把其中的周转轮系部分找出来）；

（2）分别列出计算定轴轮系和周转轮系传动比的方程式；

（3）找出各基本轮系之间的联系；

（4）联立求解以上各方程式，就可求得复合轮系的传动比。

周转轮系的特点是具有行星轮和行星架，所以先要找到轮系中的行星轮，然后找出行星架（行星架往往是由轮系中具有其他功用的构件所兼任）。每一个行星架，连同行星架上的行星轮和与行星轮相啮合的太阳轮就组成一个基本周转轮系。在一个复合轮系中，可能包含几个基本周转轮系，若能一一找出，剩下的就是定轴轮系部分。

【例9-3】　在如图9-12所示的轮系中，各轮齿数$z_1=z_2'=20$，$z_2=40$，$z_3=32$，$z_4=80$，$n_1=1400\ \text{r/m in}$。试求传动比i_{1H}。

解：

该轮系既不是一个定轴轮系，也不是一个单一的周转轮系。它是由齿轮1、2所组成的定轴轮系和由齿轮2′、3、4与行星架H所组成的行星轮系而共同构成的一个复合轮系。

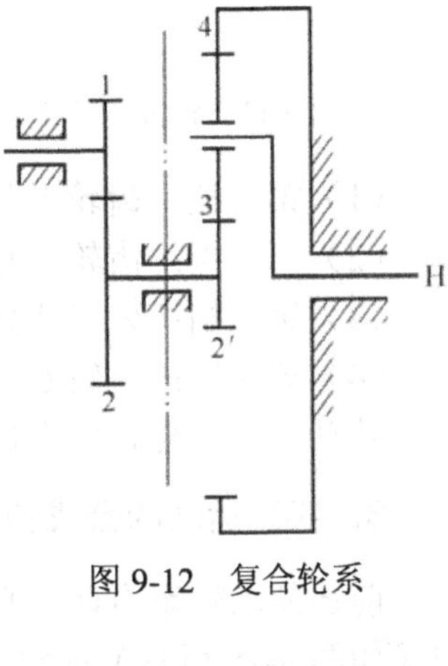

图9-12　复合轮系

其定轴轮系部分有

$$i_{12}=n_1/n_2=-z_2/z_1=-40/20=-2$$

其周转轮系部分有

$$i_{2'H}=1-i_{2'4}^{H}=1-\left(-\frac{z_4}{z_{2'}}\right)=1+\frac{z_4}{z_{2'}}=1+\frac{80}{20}=5$$

故

$$i_{1H} = \frac{n_1}{n_H} = i_{12} i_{2'H} = -2 \times 5 = -10$$

“–”号表示 n_1 与 n_H 转向相反。

9.5 轮系的运用

轮系广泛地应用于各种机械和仪表中，它的主要功用有以下几个方面。

1．实现大传动比的传动

对于一对齿轮传动，若传动比过大，势必造成结构尺寸太大，并且会由于大小齿轮的齿数过于悬殊而使小齿轮易于损坏和发生齿根干涉，而大齿轮的工作能力得不到发挥，所以若用定轴轮系实现大传动比，可使传动的外廓尺寸比采用一对齿轮传动时小，并可节约材料和减轻重量，如图 9-13 所示。

2．实现变速、变向传动

在主动轴转速和转向不变的情况下，利用轮系可使从动轴获得不同转速和转向。例如，汽车变速箱可以使行驶的汽车方便地实现变速和倒车（即变向)。在汽车变速箱的传动简图（即图 9-14）中，牙嵌离合器的一半 A 和齿轮 1 固连在输入轴Ⅰ上，其另一半则与滑移双联齿轮 4、6 用花键与输出轴Ⅳ相连。齿轮 2、3、5、7 固连在轴Ⅱ上，齿轮 8 固连在轴Ⅲ上，这样可在输出轴Ⅳ上获得以下 4 种不同转速及换向传动。

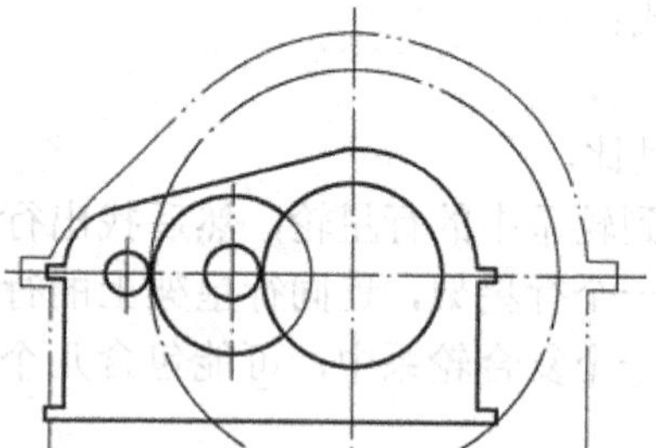

图 9-13　较大传动比的齿轮传动

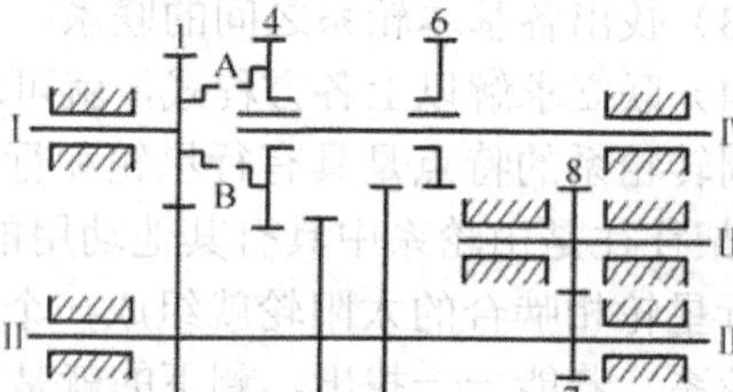

图 9-14　汽车变速箱的传动简图

（1）第一挡：齿轮 5 与 6 啮合，其余脱开（低速挡）;

（2）第二挡：齿轮 3 与 4 啮合，其余脱开（中速挡）;

（3）第三挡：牙嵌式离合器 A、B 嵌合，其余脱开（高速挡）;

（4）第四挡：齿轮 6 与 8 啮合，A、B 脱开（倒挡）。

差动轮系和复合轮系也可以实现变速、变向传动，这里不再举例。

3．实现运动的合成和分解

前述差动轮系有两个自由度，故可利用差动轮系把两个运动合成一个运动，即所谓加法机构（如图 9-15 所示）或将一个输入运动分解为两个输出运动。

在如图 9-15 所示的轮系中，若 $z_1 = z_3$，则

$$i_{13}^{\mathrm{H}} = n_1^{\mathrm{H}} / n_3^{\mathrm{H}} = (n_1 - n_{\mathrm{H}}) / (n_3 - n_{\mathrm{H}}) = -z_3 / z_1 = -1$$

解得

$$2n_{\mathrm{H}} = n_1 + n_3$$

该轮系是应用得较广的差动轮系中的一种，它可以把两个输入运动合成一个运动输出，即实现运动的合成。这种合成作用在机床、计算机构和补偿装置等中都得到应用。

汽车后桥上的差速器是实现运动分解的典型例子，左右两个后轮分别和圆锥齿轮 1、3 连接，如图 9-16 所示。圆锥齿轮 4 空套在左轮轴上，两个行星轮 2 和 2′ 固连于轮 4 侧面的行星架 H 上，1、2、3、H 组成差动轮系。

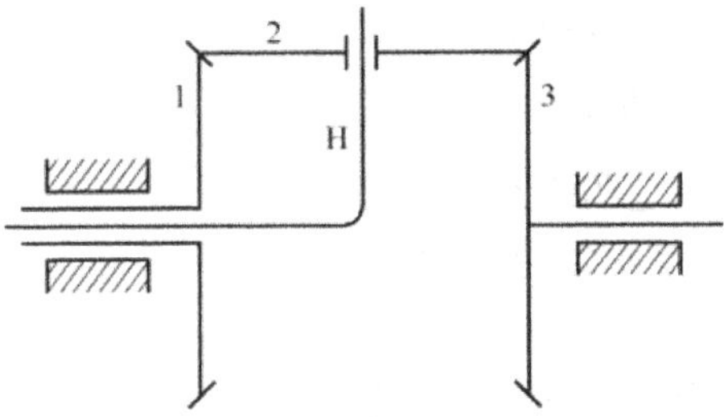

图 9-15 加法机构

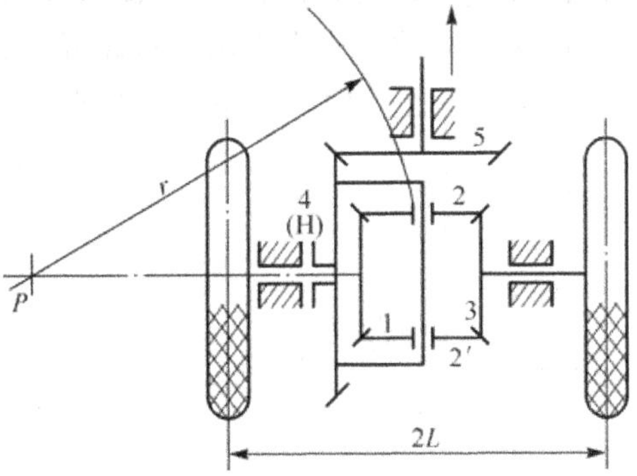

图 9-16 汽车后桥的差速器

在汽车后桥上装上差动轮系是为了减小轮胎与路面之间的磨损，因为汽车在不同的行驶状态下（直行、左转弯、右转弯），两个后轮以不同的转速回转。该差动轮系就起到了根据轮胎与路面不打滑的条件自行分配两个后轮转速的作用。

4. 实现多分路传动

利用定轴轮系可实现几个从动轴分路输出传动。滚齿机工作台的传动简图就是一例，如图 9-17 所示。

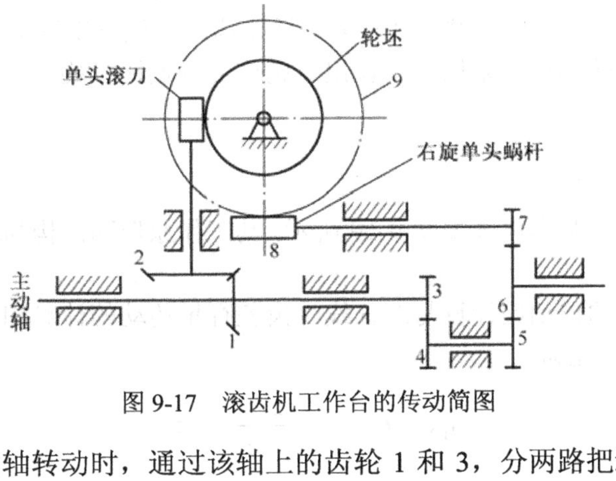

图 9-17 滚齿机工作台的传动简图

当电动机带动主动轴转动时，通过该轴上的齿轮 1 和 3，分两路把运动传给滚刀和轮坯，从而使刀具和轮坯之间实现确定的相对滚动关系。

5. 其他

轮系还可以用于其他许多方面，如实现执行构件的复杂运动。利用行星轮系还可在较小外廓尺寸下实现大功率传动，这里不再详述。

9.6 其他类型行星轮系简介

1．渐开线少齿差行星传动

渐开线少齿差行星传动的基本原理如图 9-18 所示。它由固定的内齿轮 1、行星轮 2、行星架 H、等角速比机构 3 及输出轴 V 所组成。由于它的基本构件是中心轮 K（即内齿轮 1）、行星架 H 及输出轴 V，所以称为 K-H-V 型周转轮系。又因齿轮 1 与齿轮 2 的齿数相差很少（一般为 1～4），故又称为少齿差行星轮系。

它与前述各种行星轮系的不同在于，当用于减速时，它输出的运动是行星轮的绝对转动，而不是中心轮或系杆的绝对转动。

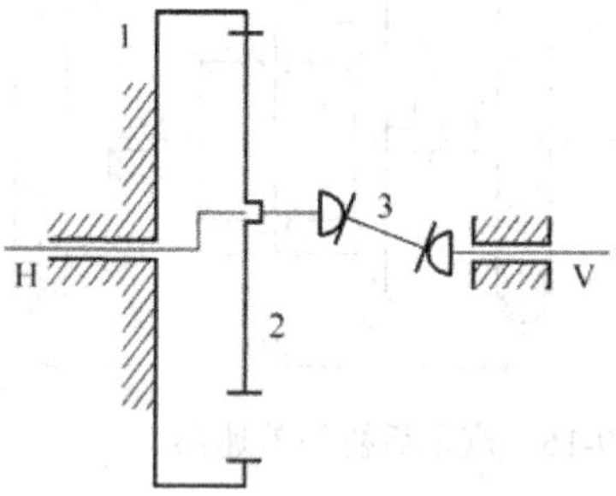

图 9-18 渐开线少齿差行星传动的基本原理

该轮系的转化轮系传动比

$$i_{21}^{\mathrm{H}}=\frac{n_2-n_{\mathrm{H}}}{n_1-n_{\mathrm{H}}}=\frac{n_2-n_{\mathrm{H}}}{0-n_{\mathrm{H}}}=\frac{z_1}{z_2}=1-i_{2\mathrm{H}}$$

可得

$$i_{2\mathrm{H}}=\frac{n_2}{n_{\mathrm{H}}}=1-\frac{z_1}{z_2}=-\frac{z_1-z_2}{z_2}$$

所以当系杆主动、行星轮 2 从动时的传动比为

$$i_{\mathrm{H2}}=i_{\mathrm{HV}}=\frac{n_{\mathrm{H}}}{n_2}=-\frac{z_2}{z_1-z_2}$$

由上式可知：中心轮 1 和行星轮 2 的齿数差越少，传动比越大。当齿数差 $z_1-z_2=1$ 时，即一齿差行星传动，这时传动比出现最大值，其值为 $i_{\mathrm{H2}}=i_{\mathrm{HV}}=-z_2$。

渐开线少齿差行星传动的特点如下：

（1）渐开线少齿差行星传动输入轴和输出轴的转向相反；

（2）为了避免非啮合区齿廓重叠干涉现象，两个齿轮必须采用变位。

渐开线少齿差行星传动通常采用销孔输出机构作为等速比机构。关于该机构的结构和工作原理可参阅有关书籍。

2．摆线针轮行星传动

摆线针轮行星传动的基本原理如图 9-19 所示，其工作原理和结构与渐开线少齿差行星传动基本相同。

摆线针轮行星传动的传动比计算与渐开线少齿差行星传动的计算相同。因为这种传动的齿数差等于 1，所以其传动比为

$$i_{\mathrm{HV}}=i_{\mathrm{H2}}=-\frac{z_2}{z_1-z_2}=-z_2$$

摆线针轮行星传动与渐开线少齿差行星传动的不同之处在于齿廓曲线，其中心轮上的内齿是带套筒的圆柱形针齿，而摆线齿轮的行星轮齿廓曲线则是短幅外摆线的等距曲线。

3．谐波齿轮传动

图 9-20 所示是谐波齿轮传动的示意图。它由三个基本构件组成，即具有内齿的刚轮 1、具

有外齿的柔轮 2 和波发生器 H。与行星传动一样，在这三个构件中必须有一个是固定的，而其余两个，一个为主动件，另一个为从动件。通常将波发生器作为主动件，而刚轮和柔轮之一为从动件，另一个为固定件。

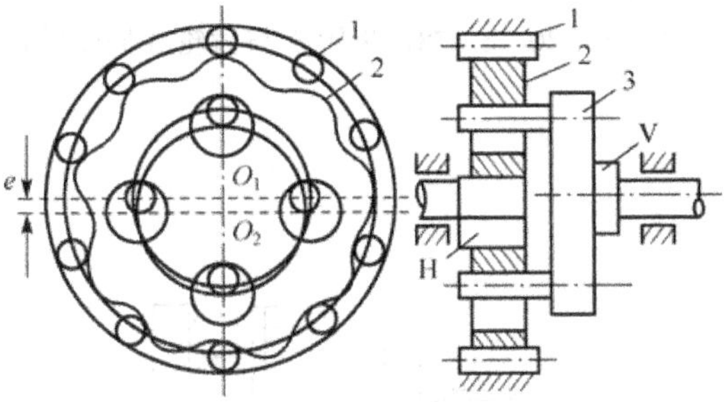

图 9-19 摆线针轮行星传动的基本原理

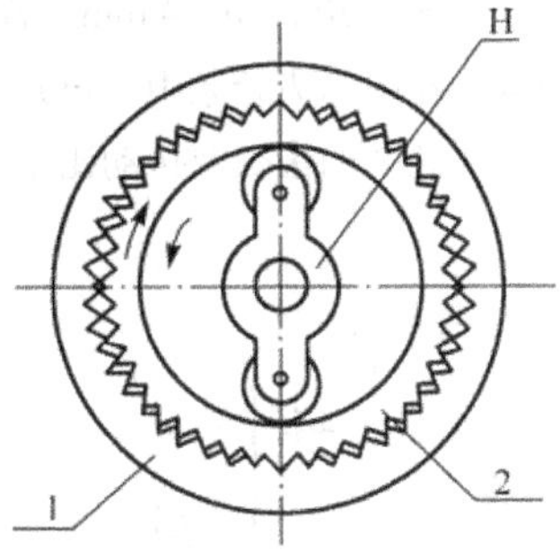

图 9-20 谐波齿轮传动的示意图

谐波齿轮传动的工作原理是：由于波发生器的长度比未变形的柔轮内圆直径大，当波发生器装入柔轮内圆时，迫使柔轮产生弹性变形而呈椭圆状，于是椭圆形柔轮的长轴端附近的齿与刚轮齿完全啮合，短轴端附近的齿与刚轮齿完全脱开，在柔轮其余各处，有的齿处于啮合状态，有的齿处于啮出状态；当波发生器连续转动时，柔轮长短轴的位置不断变化，使柔轮的齿依次进入啮合，然后再依次退出啮合，从而实现啮合传动。在传动过程中，柔轮产生的弹性变形波近似于谐波，故称为谐波齿轮传动。

谐波齿轮传动的啮合过程和行星齿轮传动类似，其传动比的计算按照周转轮系的计算方法得到。

当刚轮 1 固定、波发生器 H 主动、柔轮 2 从动时，其传动比可计算如下：

$$i_{21}^{\mathrm{H}}=\frac{n_2-n_{\mathrm{H}}}{n_1-n_{\mathrm{H}}}=\frac{n_2-n_{\mathrm{H}}}{-n_{\mathrm{H}}}=1-\frac{n_2}{n_{\mathrm{H}}}=\frac{z_1}{z_2}$$

故

$$i_{\mathrm{H}2}=\frac{n_{\mathrm{H}}}{n_2}=-\frac{z_2}{z_1-z_2}$$

该式与渐开线少齿差行星传动的传动比计算式完全相同，主、从动件转向相反。

当柔轮 2 固定、波发生器 H 主动、刚轮从动时，其传动比为

$$i_{\mathrm{H}1}=\frac{n_{\mathrm{H}}}{n_1}=\frac{z_1}{z_1-z_2}$$

此时，主从动件转向相同。

按照波发生器上装的滚轮数不同，可有双波传动、三波传动等，而最常用的是双波传动。谐波传动的齿数差应等于波数或波数的整数倍。

习题与思考题

9-1 定轴轮系与周转轮系的主要区别是什么？行星轮系和差动轮系有何区别？

9-2 定轴轮系中传动比大小应如何计算？怎样确定轮系输出轴的转向？

9-3 什么是惰轮？它有何用途？

9-4 什么是转化轮系？如何通过转化轮系计算周转轮系的传动比？

9-5 如何区别转化轮系的转向和周转轮系的实际转向？

9-6 怎样求复合轮系的传动比？分解复合轮系的关键是什么？

9-7 在图示的轮系中，已知 $z_1=15$，$z_2=23$，$z_2'=15$，$z_3=31$，$z_3'=15$，$z_4=33$，$z_4'=2$（右旋），$z_5=60$，$z_5'=20$，$m=4$ mm，若 $n_1=500$ r/min，求齿条 6 线速度 v 的大小和方向。

9-8 在图示齿轮系中，已知 $z_1=z_2=19$，$z_{3'}$=26，z_4=30，$z_{4'}$=20，z_5=78，齿轮 1 与齿轮 3 同轴线，求齿轮 3 的齿数及传动比 i_{15}。

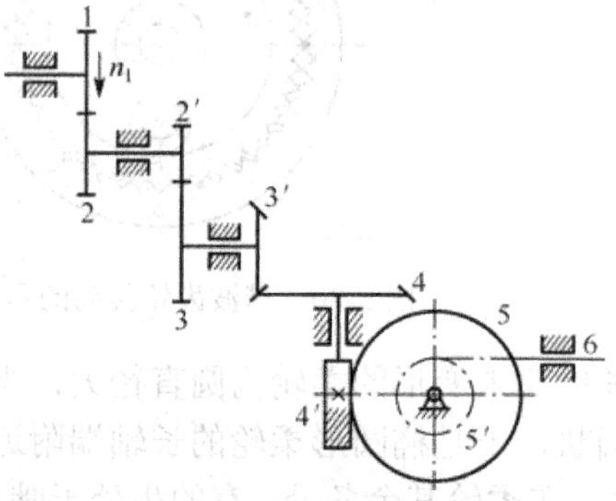

题图 9-7

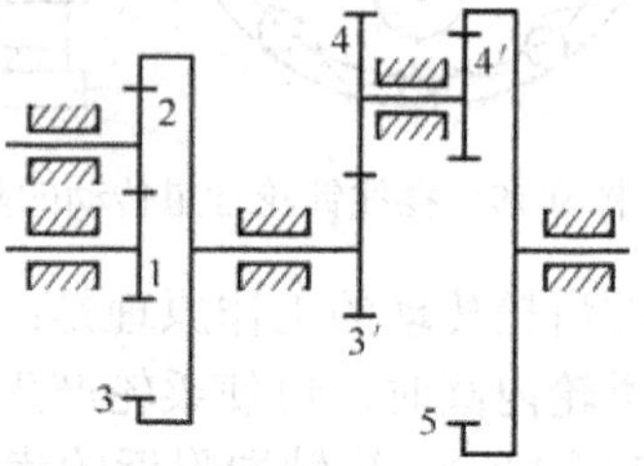

题图 9-8

9-9 在图示的钟表传动示意图中，E 为擒纵轮，N 为发条盘，S、M 及 H 分别为秒针、分针和时针。设 $z_1=72$，$z_2=12$，$z_3=64$，$z_4=8$，$z_5=60$，$z_6=8$，$z_7=60$，$z_8=6$，$z_9=8$，$z_{10}=24$，$z_{11}=6$，$z_{12}=24$，求秒针与分针的传动比 i_{SM}，以及分针与时针的传动比 i_{MH}。

9-10 在图示的差动齿轮系中，已知各轮齿数 $z_1=15$，$z_2=25$，$z_{2'}=20$，$z_3=60$。若 $n_1=200$ r/min，$n_3=50$ r/min，且转向相同，试求行星架 H 的转速 n_H。

9-11 在图示复合轮系中，已知各轮的齿数，$z_1=z_{2'}=z_5=20$，$z_2=40$，$z_3=25$，$z_4=z_6=z_7=30$，$z_{6'}=18$，试计算其传动比 $i_{1Ⅱ}$。

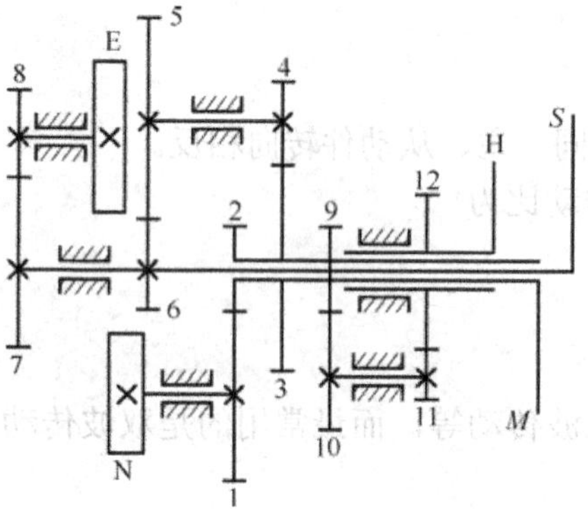

题图 9-9

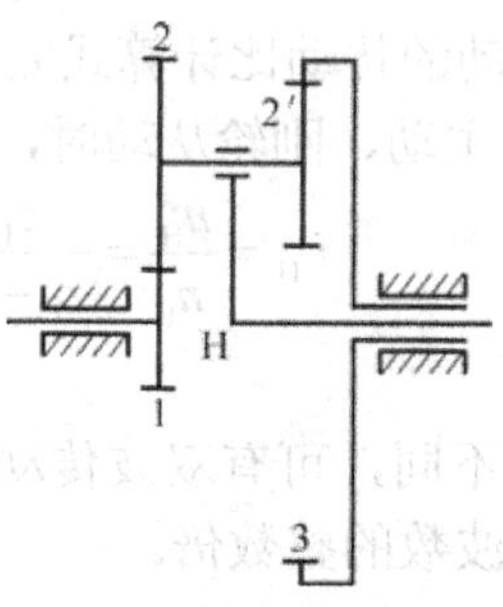

题图 9-10

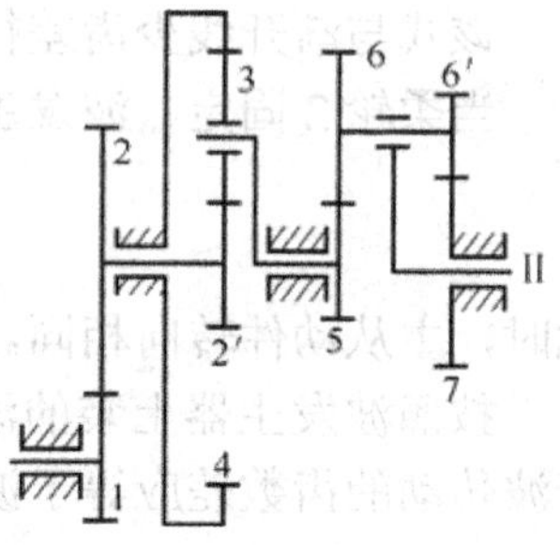

题图 9-11

第 10 章

螺纹连接

连接可分为可拆连接和不可拆连接两类。不损坏连接中的任意一个零件就可将被连接件拆开的连接称为可拆连接。不可拆连接是指至少必须损坏连接中的某一部分才能拆开的连接。螺纹连接是利用具有螺纹的零件构成的连接。它结构简单，装拆方便，工作可靠，并且大多数连接零件已标准化，所以在机器和设备的各零部件间得到广泛应用。

本章主要讨论螺栓连接的结构、设计和计算。重点内容为单个螺栓连接的强度计算、螺栓组的受力分析，以及提高螺栓连接强度的措施，并且对螺旋传动进行简单介绍。

10.1　螺纹连接的基本知识

10.1.1　螺纹的类型与基本参数

根据螺纹体母线的形状，螺纹可分为圆柱螺纹和圆锥螺纹。根据牙型，可分为三角形螺纹、管螺纹、梯形螺纹、锯齿形螺纹和矩形螺纹，如图10-1所示。三角形螺纹主要用于连接，其余则多用于传动。根据旋向，可分为左旋和右旋，如图10-2所示，机械中常用右旋螺纹。根据螺旋线的数目，可分为单线螺纹和多线螺纹，连接螺纹常用单线螺纹。螺纹还有米制和英制之分，我国除管螺纹外都采用米制螺纹。

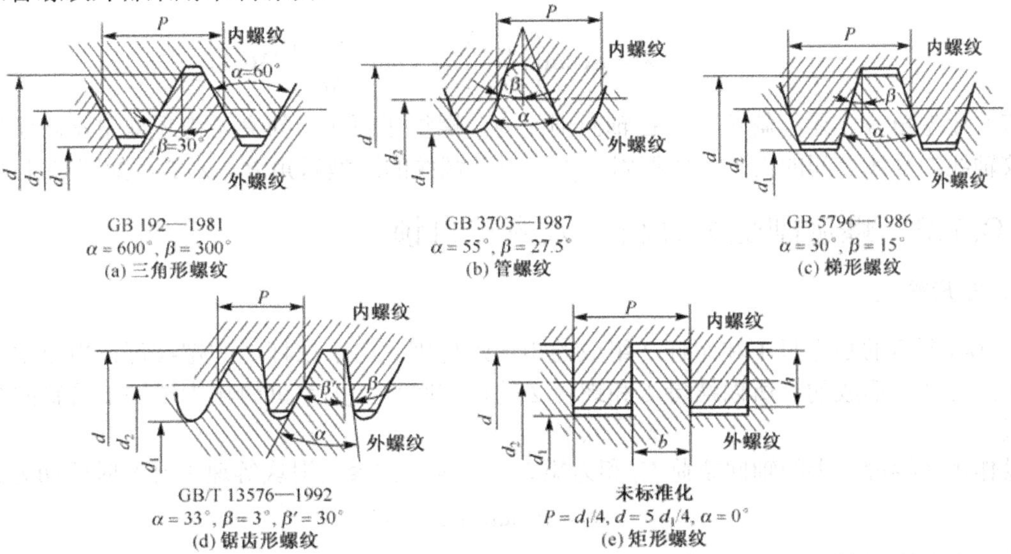

图 10-1　螺纹类型

现以图 10-3 所示的普通螺纹为例，介绍螺纹的主要参数。

（1）大径 d、D　分别表示外、内螺纹的最大直径，在螺纹标准中作为公称直径。

（2）小径 d_1、D_1　分别表示外、内螺纹的最小直径。在强度计算中常作为危险剖面的计算直径。

（3）中径 d_2、D_2　分别表示外、内螺纹牙厚与牙槽宽度相等处的假想圆柱体的直径。

（4）螺距 P　相邻两个螺纹牙在中径线上同侧齿廓之间的轴向距离。

（5）导程 S　同一条螺旋线上相邻两个螺纹牙在中径线上对应两点间的轴向距离。设螺纹线数为 n，则对于单线螺纹有 $S=P$；对于多线螺纹有 $S=nP$，如图 10-2 所示。

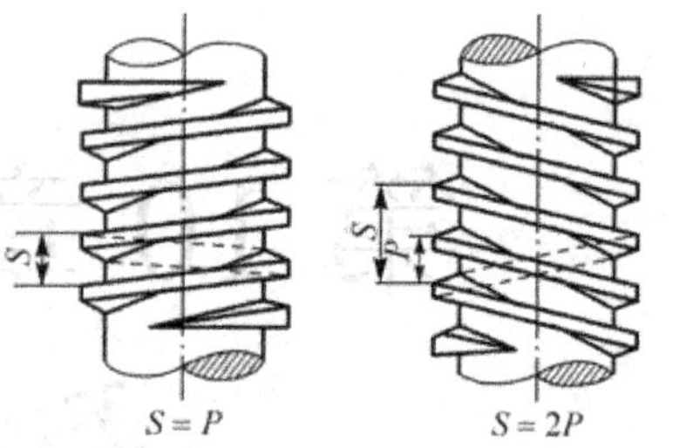

(a) 右旋螺纹（单线）　(b) 左旋螺纹（双线）

图 10-2　螺纹的旋向和线数

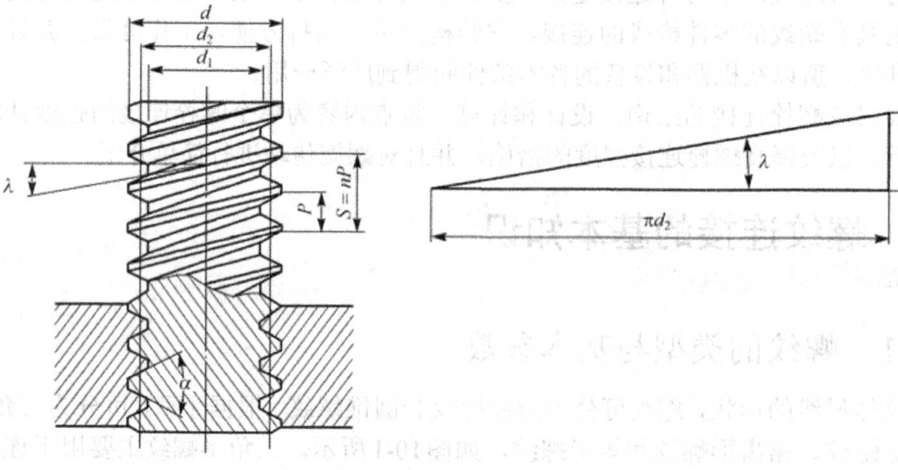

图 10-3　螺纹的主要几何参数

（6）升角 λ　螺纹中径圆柱面上螺旋线的切线与垂直于螺纹轴线的平面间的夹角。由图 10-3 可得

$$\lambda=\arctan\left(\frac{S}{\pi d_2}\right)=\arctan\left(\frac{nP}{\pi d_2}\right) \quad (10\text{-}1)$$

（7）牙型角 α、牙型斜角 β　在轴向剖面内，螺纹牙两侧边的夹角为牙型角 α。牙型侧边与螺纹轴线的垂线之间的夹角为牙型斜角 β。对称螺纹的牙型斜角 $\beta=\alpha/2$，如图10-1所示。

10.1.2　螺旋副受力分析、效率与自锁

1．矩形螺纹

图10-4所示的是螺母 1 和螺杆 2 组成的矩形螺旋副。由于螺杆 2 的螺纹可设想为由一个斜面绕在圆柱体上形成的，所以螺母 1 和螺杆 2 的螺纹间相互关系可简化为滑块 1 沿斜面 2 的滑动关系。

设作用在螺母 1 上的轴向载荷 F_Q 和力矩 T，当螺纹拧紧（滑块等速上升）时驱动力 F 为

$$F=F_Q\tan(\lambda+\rho) \quad (10\text{-}2)$$

则拧紧螺母时所需的力矩为

$$T = F_Q d_2 \tan(\lambda + \rho) / 2 \quad (10\text{-}3)$$

转动螺母一圈的输入功为$W_1 = 2\pi T$，螺母上升一个导程的有效功为$W_2 = F_Q S$，则螺旋副效率为

$$\eta = \frac{W_2}{W_1} = \frac{F_Q S}{2\pi T} = \frac{\tan\lambda}{\tan(\lambda + \rho)} \quad (10\text{-}4)$$

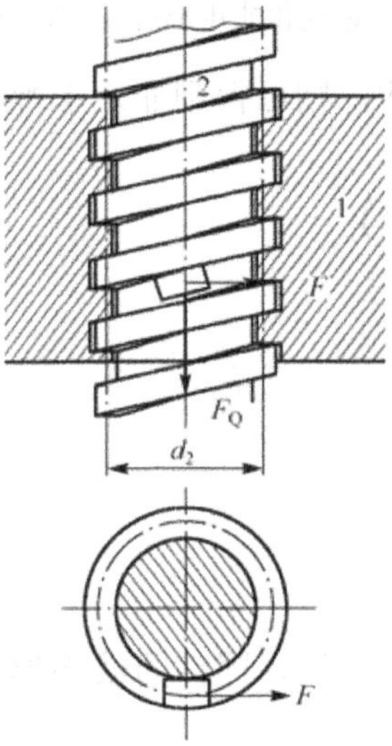

图 10-4 矩形螺旋副

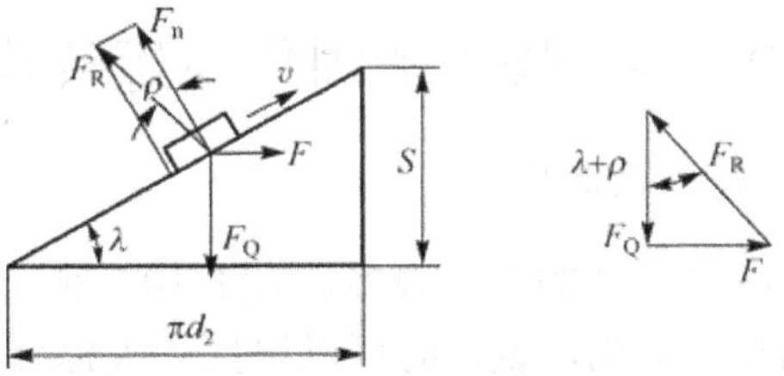

图 10-5 滑块等速上升力分析

当螺母顺着力F_Q的方向等速向下运动时（对于螺纹连接来说，相当于拧松螺母），相当于滑块沿着斜面等速下滑，则必须在螺旋的中径处施加一个阻力F'，如图10-6所示，阻力F'为

$$F' = F_Q \tan(\lambda - \rho) \quad (10\text{-}5)$$

当螺母转动一周的输入功为$W_1 = F_Q S$，输出功为$W_2 = F' \pi d_2$时，螺旋副的效率为

$$\eta' = \frac{W_2}{W_1} = \frac{F' \pi d_2}{F_Q S} = \frac{\tan(\lambda - \rho)}{\tan\lambda} \quad (10\text{-}6)$$

由式(10.6)可知，若$\lambda \leqslant \rho$，则$\eta \leqslant 0$，说明此时无论轴向载荷F_Q有多大，滑块（即螺母）都不能沿斜面运动，这种现象称为自锁。$\eta' = 0$是临界的自锁状态。当$\eta' < 0$时，其值越小，自锁性越强，这时需要有一个与图示反向的F'力来驱动，才能使螺旋副产生相对运动。所以，螺旋副的自锁条件是

$$\lambda \leqslant \rho \quad (10\text{-}7)$$

2. 其他螺纹

其他螺纹是指牙型斜角$\beta \neq 0°$的螺纹。在相同的轴向载荷F_Q的作用下，矩形螺纹的法向反力$F_N = F_Q$，而非矩形螺纹的法向反力$F'_N = F_Q / \cos\beta$，如图 10-7 所示，所以非矩形螺纹的螺旋副中产生的摩擦力要比矩形螺纹的大$1/\cos\beta$，其摩擦力为

$$F'_f = fF'_N = fF_Q / \cos\beta = f_v F_Q$$

式中，f_v为当量摩擦系数，$f_v = f / \cos\beta = \tan\rho_v$，$\rho_v$为当量摩擦角，$\rho_v = \arctan f_v$。

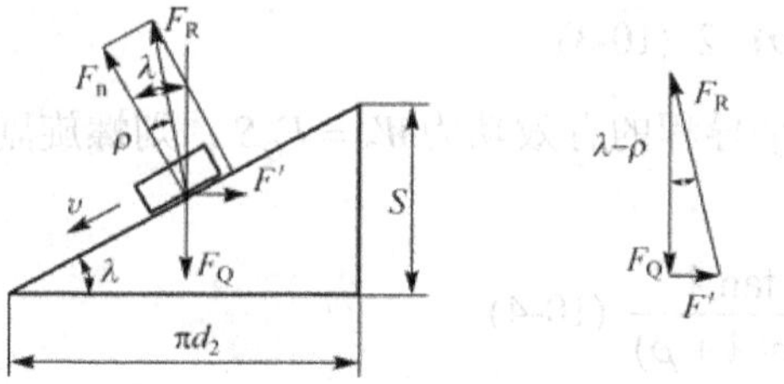

图 10-6 滑块等速下降力分析

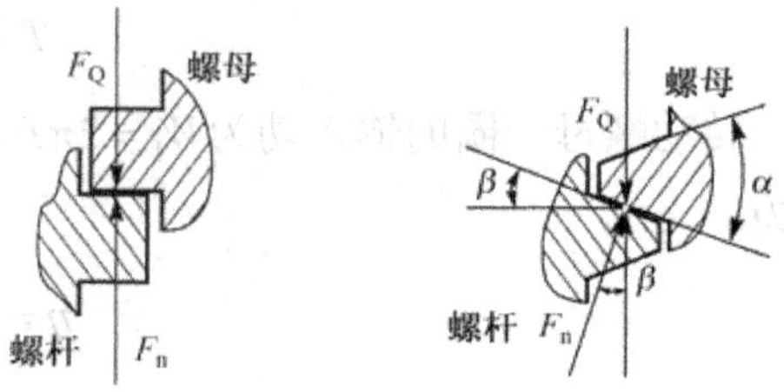

图 10-7 矩形螺纹和非矩形螺纹的法向力

把式(10-3)、式(10-4)和式(10-7)中的 f 、 ρ 分别用 f_v 、 ρ_v 替代，则可得到非矩形螺纹副中各力的关系、效率及自锁条件。

螺纹力矩： $T = F_Q d_2 \tan(\lambda + \rho_v)/2$ (10-8)

螺旋副效率： $\eta = \dfrac{\tan\lambda}{\tan(\lambda + \rho_v)}$ (10-9)

螺旋副自锁条件： $\lambda \leqslant \rho_v$ (10-10)

10.1.3 螺纹紧固件与螺纹连接基本类型

1. 螺纹紧固件

螺纹紧固件的类型很多，如图 10-8 所示，在机械制造中常见的螺纹紧固件的结构形式和尺寸都已经标准化，设计时可以根据有关标准选用。

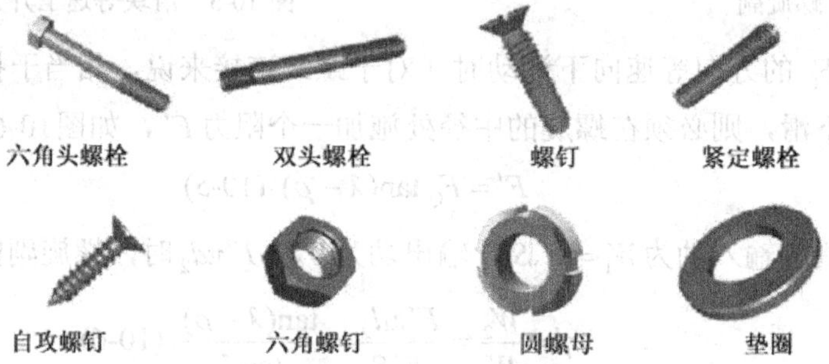

图 10-8 螺纹紧固件

1）六角头螺栓

普通六角头螺栓的种类很多，应用最广。精度分为 A、B、C 三级，通用机械中多用 C 级。螺杆部分可制出一段螺纹或全螺纹，螺纹有粗牙和细牙之分。

2）双头螺柱

螺柱两端都制有螺纹。两端螺纹可相同或不同。螺柱可带退刀槽或制成腰杆，也可制成全螺纹的螺柱。

3）螺钉

螺钉头部形状有圆头、盘头、六角头、圆柱头和沉头等。头部起子槽有一字槽、十字槽和内六角槽等形式。

4）紧定螺钉

紧定螺钉的末端形状有锥端、平端和圆柱端等。锥端适用于被紧定零件的表面硬度较低；平端接触面积大，常用于顶紧硬度较大的平面场合；圆柱端压入轴上的凹坑中，适用于紧定空心轴上的零件位置。

5）自攻螺钉

螺钉的头部形状有平头、盘头、半沉头、沉头等。头部起子槽有一字槽、十字槽等形状。末端形状有锥端和平端两种，多用于连接金属薄板、轻合金或塑料零件。螺钉材料一般用渗碳钢，热处理后表面硬度不低于 45HRC。

6）六角螺母

根据螺母厚度的不同，螺母分为标准螺母和薄型螺母两种。薄型螺母常用于受剪力的螺栓上或空间尺寸受限制的场合。螺母的制造精度与螺栓相同，分为 A、B、C 三级，分别与相同级别的螺栓配用。

7）圆螺母

圆螺母常与止动垫圈配用。装配时将垫圈的内舌插入轴上的槽内，而将垫圈的外舌嵌入圆螺母的槽内，螺母即被锁紧。圆螺母常作为滚动轴承的轴向固定用。

8）垫圈

垫圈常放置在螺母和被连接件之间，起保护支承表面等作用。平垫圈按加工精度不同，分为 A 级和 C 级两种。用于同一螺纹直径的垫圈又分为特大、大、普通和小四种规格。斜垫圈只用于倾斜的支承面上。

2．螺纹连接基本类型

螺纹连接有四种基本类型：螺栓连接、双头螺柱连接、螺钉连接和紧定螺钉连接。

1）螺栓连接

螺栓连接常用于被连接件不太厚和便于加工通孔的场合。有普通螺栓连接和铰制孔螺栓连接两种。

如图 10-9(a)所示为普通螺栓连接，这种连接的特点是螺栓杆与被连接件普通螺纹连接上的通孔之间留有间隙，故通孔加工精度低，结构简单，装拆方便，应用极广。图 10-9(b)所示的是铰制孔螺栓连接，螺栓杆与孔之间采用基孔制过渡配合（H7/m6、H7/n6）。这种连接能精确固定被连接件的相对位置，并能承受横向载荷，但对孔加工精度要求较高，包括尺寸精度和位置精度。

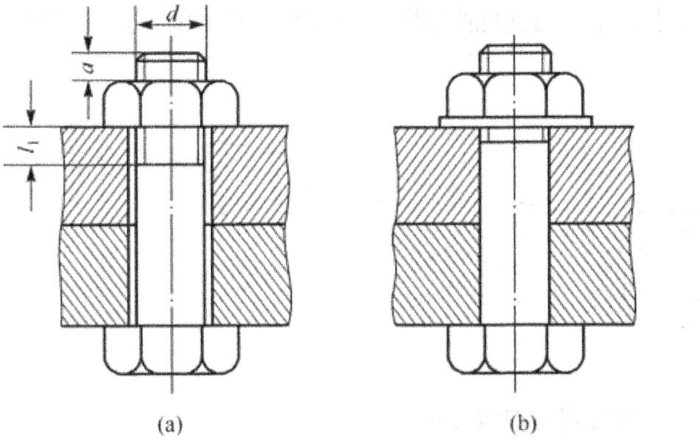

对于螺纹余留长度 l_1，

静载荷时，$l_1 \geqslant (0.3 \sim 0.5)d$；

变载荷时，$l_1 \geqslant 0.75d$；

冲击载荷或弯曲载荷时，$l_1 \geqslant d$。

螺纹伸出长度 $a = (0.2 \sim 0.3)d$。

螺栓轴线到边缘的距离 $e = d + (3 \sim 6)\text{mm}$。

对于铰制孔螺栓连接，$l_1 \leqslant a$。

图 10-9 螺栓连接

2）双头螺柱连接

图 10-10(a)所示的是双头螺柱连接。这种连接用于被连接件之一较厚而不宜制成通孔，且需要拆卸的场合。拆卸时，只需拧下螺母而不必从螺纹孔中拧出螺柱即可将被连接件分开。

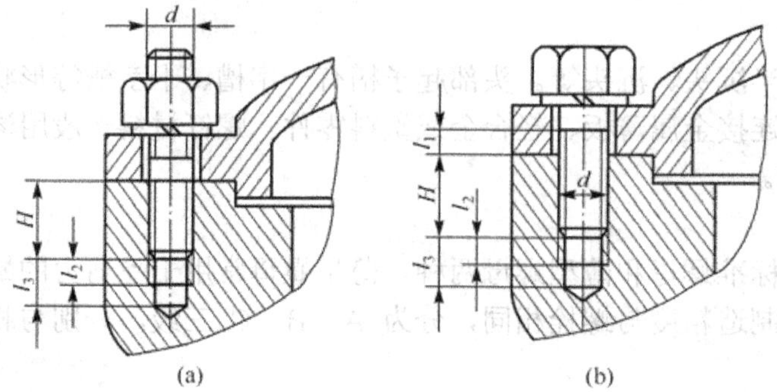

对于座端拧入深度 H，当螺栓材料为：

钢或青铜时，$H \approx d$；

铸铁时，$H = (1.25\sim2.5)d$；

铝合金时，$H = (1.5\sim2)d$。

螺孔深度 $H_1 = h + (2\sim2.5)P$。

钻孔深度 $H_2 = H_1 + (0.5\sim1)d$。

l_1、a、e 值同图 10-9。

图 10-10　双头螺柱连接和螺钉连接

3）螺钉连接

图 10-10(b)所示的是螺钉连接。这种连接不需用螺母，适用于一个被连接件较厚，不便钻成通孔，且受力不大，不需经常拆卸的场合。

4）紧定螺钉连接

紧定螺钉连接是利用拧入零件螺纹孔中的螺钉末端顶住另一个零件的表面[如图10-11(a)所示]，或者顶入相应的凹坑中[如图 10-11(b)所示]，将零件固定，可以传递不大的载荷。

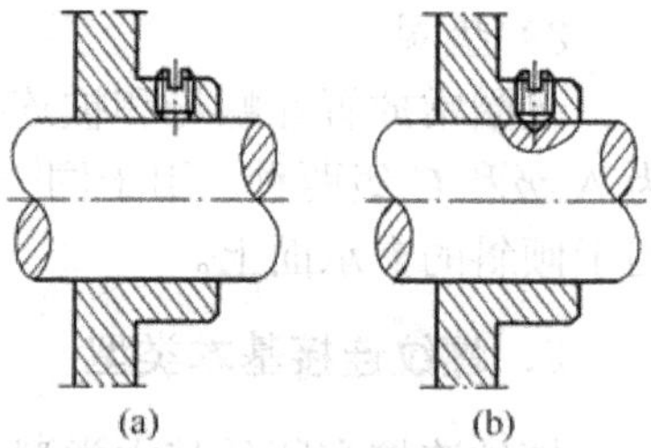

图 10-11　紧定螺钉连接

10.2　螺纹连接的预紧与防松

10.2.1　螺纹连接的预紧

绝大多数螺纹连接在安装时必须拧紧（或称为预紧），从而使螺栓和被连接件在承受工作载荷之前就受到力的作用，此力称为预紧力 F_0，其目的在于增加连接的可靠性、紧密性和防松能力。施加的预紧力要适当，若过小，则连接不可靠；若过大，则有可能拧断螺栓。

预紧时，施加在扳手上的力矩为 T，用于克服螺纹副的摩擦阻力矩 T_1 和螺母与被连接件支承面间的摩擦阻力矩 T_2，如图 10-12 所示。

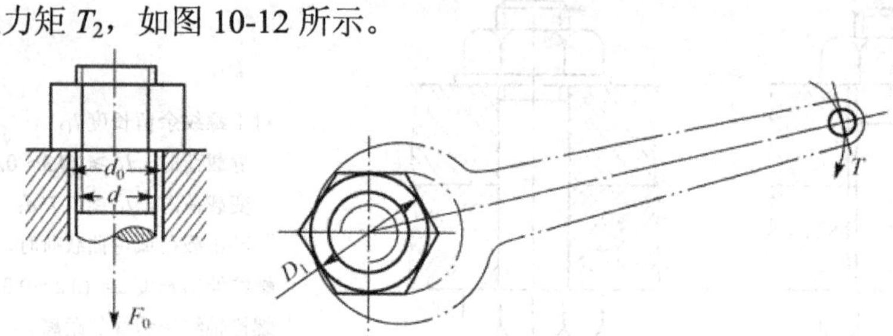

图 10-12　螺旋副的拧紧力矩

拧紧时扳手力矩 T 为

$$T = T_1 + T_2 = \frac{F_0 d_2}{2}\tan(\lambda + \varphi_v) + f_c F_0\left(\frac{D_1 + d_0}{4}\right) \tag{10-11}$$

式中，F_0 为预紧力，单位为 N；d_2 为螺纹中径，单位为 mm；λ 为螺纹升角；φ_v 为当量摩擦角；f_c 为螺母与被连接件支承面间的摩擦系数。

对于 M10～M68 的钢制普通粗牙螺纹，无润滑时，取 $f_v=\tan\varphi_v=0.15$，则式(10-11)可简化为

$$T\approx 0.2F_0d \quad (10\text{-}12)$$

式中，F_0 为预紧力，单位为 N；d 为螺纹大径，单位为 mm。

拧紧力矩 T 根据要求决定。一般规定拧紧后不超过纹连接件材料屈服极限 σ_s 的 80%。

对于一般的螺纹连接，预紧力的大小可用普通扳手凭经验控制；对于重要的螺纹连接，可用测力矩扳手（如图10-13 所示）或定力矩扳手（如图10-14 所示）来控制。如果无控制拧紧力矩的措施，不宜采用小于 M12 的螺栓。

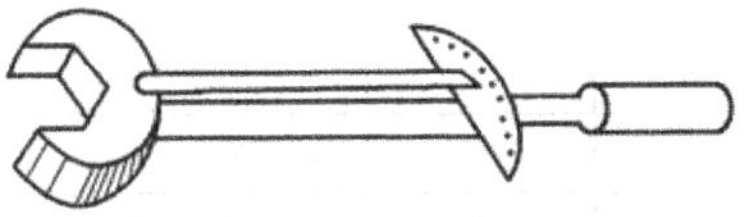

图 10-13　测力矩扳手

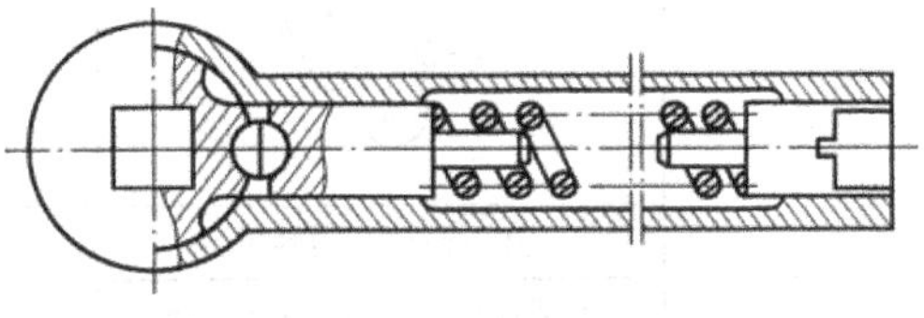

图 10-14　定力矩扳手

采用测力矩扳手或定力矩扳手控制预紧力的方法，操作简便，但准确性较差（因拧紧力矩受摩擦系数波动的影响较大）。所以，可采用测定螺栓长度的伸长量的方法来控制预紧力，如图 10-15 所示。所需伸长量可根据预紧力规定值计算。

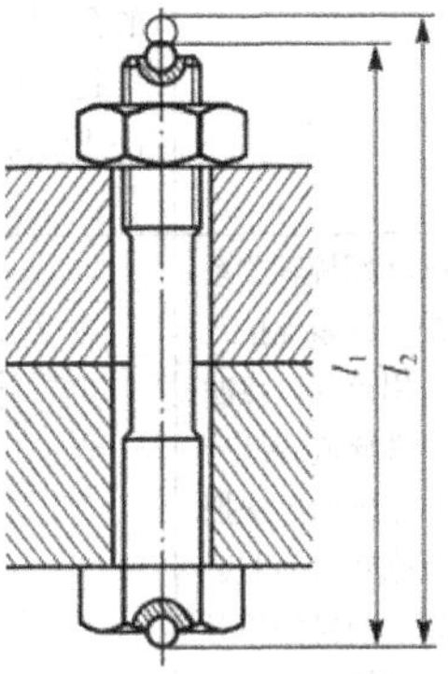

图 10-15　螺纹伸长量的测量

10.2.2　螺纹连接的防松

连接用的三角形螺纹都满足自锁条件。在静载荷和工作温度变化不大时不会自动松脱，但是在冲击、振动和变载荷的作用下，或当温度变化较大时，仍有可能出现松脱的现象。因此，设计时必须考虑防松问题。

螺纹连接防松的根本问题在于防止螺纹副的相对转动。防松的方法很多，现将几种常用的方法列于表 10-1 中。

表 10-1　常用的防松方法

防松原理	防松方法及特点		
利用摩擦防松：采用各种结构措施使螺旋副中的摩擦力不随连接的外载荷波动而变化，保持较大的防松摩擦力矩	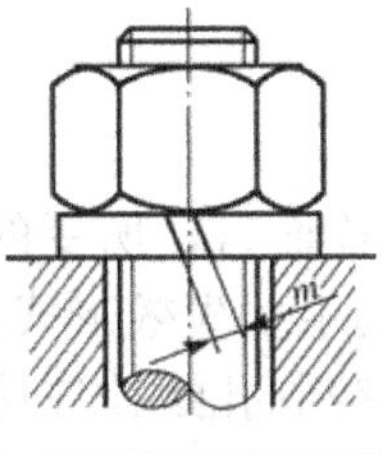	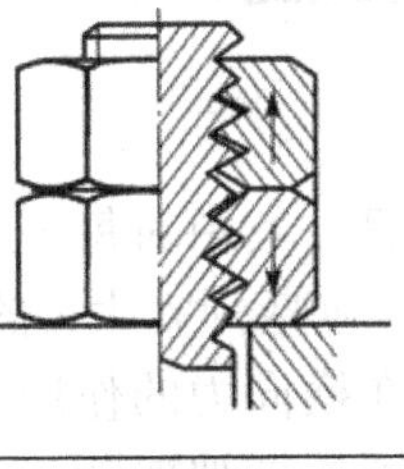	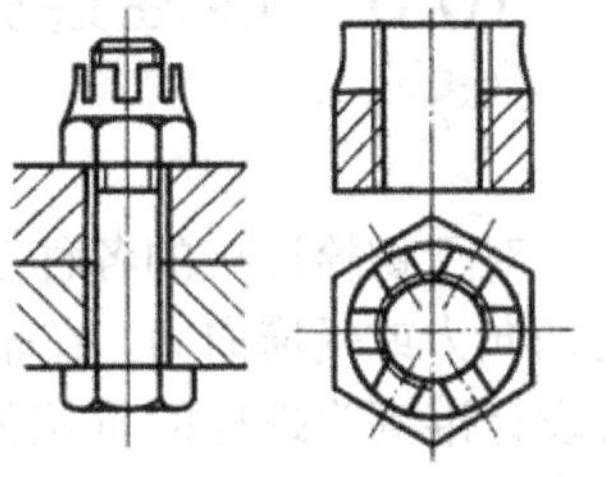
	弹簧垫圈	对顶螺母	弹性锁紧螺母
	弹簧垫圈的材料为高强度锰钢，装配后弹簧垫圈被压平，其反弹力使螺纹间保持压紧力和摩擦力，且垫圈切口处尖角也能阻止螺母转动松脱。结构简单，使用方便但垫圈弹力不均，不够可靠，多用于不甚重要的连接	利用两个螺母对顶拧紧，螺栓旋合段承受拉力而螺母受压，从而使螺纹间始终保持相当大的正压力和摩擦力。结构简单，可用于低速重载场合。但螺栓和螺纹部分均需要加长，不够经济，且增加了外廓尺寸和重量	在螺母的上部做成有槽的弹性结构，装配前这一部分的内螺纹尺寸略小于螺栓的外螺纹。装配时利用弹性，使螺母稍有扩张，螺纹之间得到紧密的配合，保持经常的表面摩擦力。结构简单，防松可靠，可多次装拆而不降低防松性能

（续表）

防松原理	防松方法及特点		
机械方法防松：利用便于更换的金属元件约束螺旋副，使之不能相对转动	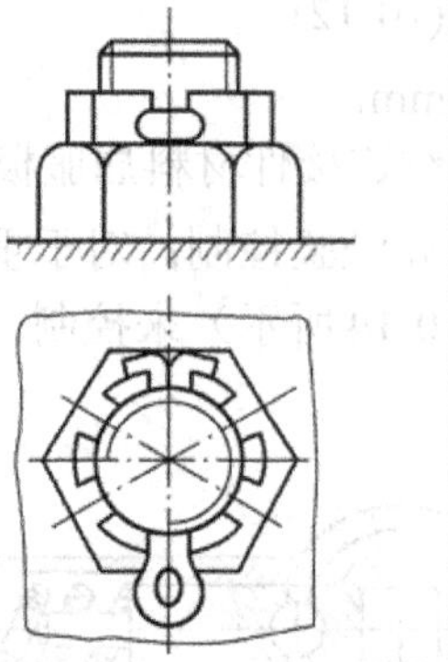	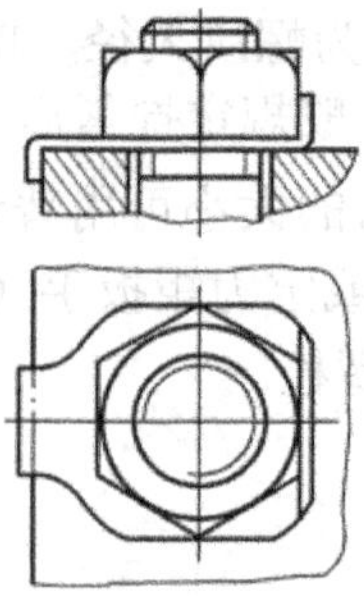	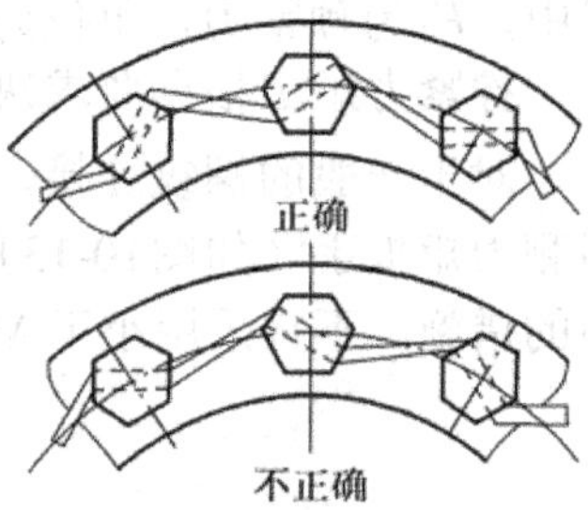
	开口销与开槽螺母	止动垫圈	串联钢丝
	开槽螺母旋紧后，将开口销穿过螺母上的径向槽和螺栓末端的孔，从而把螺母与螺栓固连在一起。防松可靠，可用于承受冲击或载荷变化较大的连接	止动垫圈的形式很多，如上图所示是将止动垫圈的一边向上弯并紧贴在螺母的侧面上，另一边向下弯并贴在被连接件的侧壁上，从而避免螺母转动而松脱。防松可靠，但只能用于连接部分可容纳弯耳的场合	将钢丝依次穿过相邻螺栓钉头的横孔，两端拉紧打结。由于钢丝的穿连方向使得螺栓的松脱与钢丝拉紧方向相一致，致使连接不能松动。防松效果较好，但安装较费工时，可用于螺钉数目不多且排列较密的连接
破坏螺旋副关系防松：拧紧连接之后，用点焊、点冲或在螺栓旋合部分涂黏结剂的办法把螺旋副转变为非运动副，而排除相对转动可能	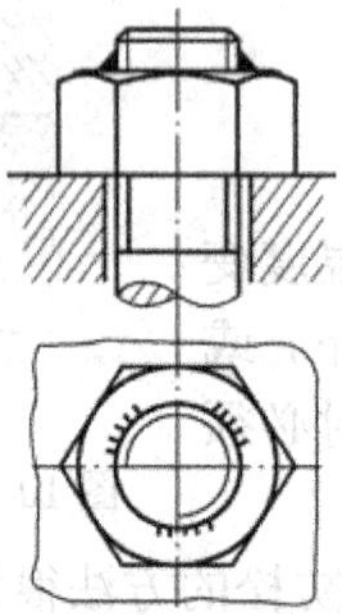	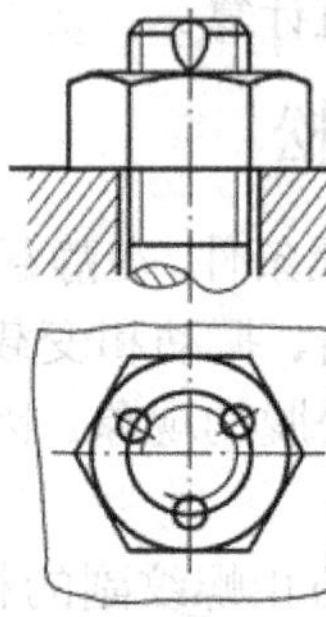	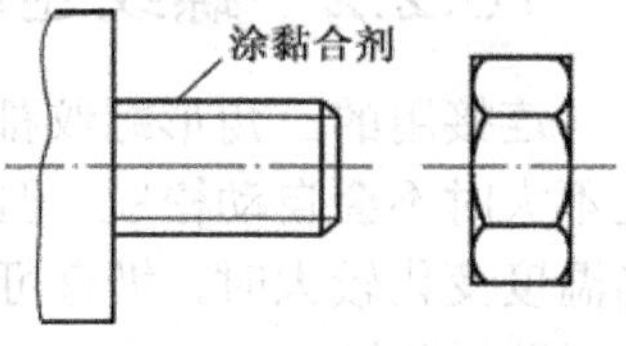
	侧面焊死	端面冲点	黏合法
	防松效果良好，但属于不可拆的防松方法		

10.3 螺栓连接的强度计算

对于螺栓连接的各种工作情况，其中对每一个具体的螺栓而言，所受的载荷形式不外乎是受轴向力或受横向力。在轴向力（包括预紧力）的作用下，其主要失效形式为螺栓杆发生拉断，其设计准则为螺栓的抗拉强度；在横向力的作用下，当采用铰制孔螺栓连接时，其主要失效形式为螺栓杆和孔壁间发生压溃或螺栓杆被剪断，其设计准则为连接的挤压强度或螺栓的剪切强度。螺栓的其他各部分（螺纹牙、螺栓头、光杆）尺寸和螺母、垫圈的结构尺寸是根据等强度原则及使用经验规定的。采用标准件时，这些部分都不需要进行强度计算。所以，螺栓连接的强度计算主要是确定螺纹的小径 d_1，然后按照标准选定螺纹公称直径（大径）d 等。

本节关于螺栓连接的强度计算方法，对双头螺柱连接及螺钉连接也同样适用。

10.3.1　松螺栓连接

这种连接在承受工作载荷以前螺栓不旋紧，如图 10-16 所示的起重吊钩尾部的松螺栓连接。螺栓工作时受轴向力 F 作用，其强度条件为

$$\sigma=\frac{F}{A}=\frac{F}{\pi d_1^2/4}\leqslant[\sigma] \tag{10-13}$$

式中，d_1 为螺栓危险截面的直径（即螺纹的小径），单位为 mm；$[\sigma]$ 为松连接螺栓的许用拉应力，单位为 MPa，可查表 10-3。

由上式可得设计公式为

$$d_1\geqslant\sqrt{\frac{4F}{\pi[\sigma]}} \tag{10-14}$$

计算得出 d_1 值后，再从有关设计手册中查得螺纹的公称直径 d。

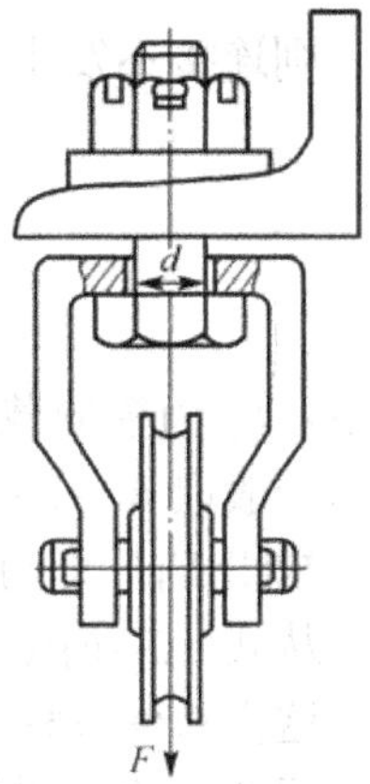

图 10-16　松螺栓连接

10.3.2　紧螺栓连接

装配时将螺母预先拧紧，各连接件在未受工作载荷之前就承受预紧力，这种连接称为紧螺栓连接。

1．只受预紧力的紧螺栓连接

螺栓拧紧后，其螺纹部分不仅受因预紧力 F_0 的作用而产生的拉伸应力，还受因螺纹摩擦力矩 T_1 的作用而产生的扭转剪应力 τ，使螺栓螺纹部分处于拉伸与扭转的复合应力状态。

螺栓危险截面上的拉伸应力为

$$\sigma=\frac{F_0}{\pi d_1^2/4}$$

螺栓危险截面上的扭转剪应力为

$$\tau=\frac{T_1}{W_T}=\frac{F_0\tan(\lambda+\varphi_v)d_2/2}{\pi d_1^3/16}$$

对于常用的单线普通螺栓（一般为 M10～M68），取 $f_v=\tan\varphi_v=0.15$，经简化处理得 $\tau=0.5\sigma$。根据第四强度理论，可求出当量应力为

$$\sigma_e=\sqrt{\sigma^2+3\tau^2}=\sqrt{\sigma^2+3(0.5\sigma)^2}=1.3\sigma$$

由上可见，紧螺栓连接的强度也可按纯拉伸强度计算，但考虑螺纹摩擦力矩 T_1 的影响，需要将预紧力 F_0 增大 30%。

因此，螺栓螺纹部分的强度条件为

$$\frac{1.3F_0}{\pi d_1^2/4}\leqslant[\sigma] \tag{10-15}$$

式中，$[\sigma]$ 为紧螺栓连接螺栓的许用应力，单位为 MPa，可查表 10-3。

2．承受横向外载荷的紧螺栓连接

图 10-17 所示的是普通螺栓连接，被连接件承受垂直于螺栓轴线的横向载荷 F_R。由于处于拧紧状态，螺栓受预紧力的作用，被连接件受到压力，在接合面之间就产生摩擦力 F_0f（f 为接合面间的摩擦系数）。若满足不滑动条件

$$F_0 f \geqslant F_R$$

则连接不发生滑移。考虑连接的可靠性及结合面的数目，则上式可改成

$$F_0 fm \geqslant K_f F_R$$

$$F_0 \geqslant \frac{K_f F_R}{fm} \quad (10\text{-}16)$$

式中，F_R 为横向载荷，单位为 N；f 为结合面的摩擦系数；m 为结合面的数目；K_f 为可靠性系数，一般取 K_f=1.1～1.3。

求出 F_0 后即可按式(10-15)进行强度计算。

从式(10-16)可知，当 $f = 0.15$，$K_f = 1.2$，$m = 1$ 时，$F_0 \geqslant 8F_R$，即预紧力应为横向载荷的 8 倍，这样将使螺栓的结构尺寸增大，而且仅靠摩擦力承载也不可靠。

因此，除可采用铰制孔用螺栓承受横向载荷外，还可在普通螺栓连接结构中加装销、套筒或键等减载装置来承担横向工作载荷，如图 10-18 所示。由于此时螺栓只起连接作用，因此，预紧力不必很大。

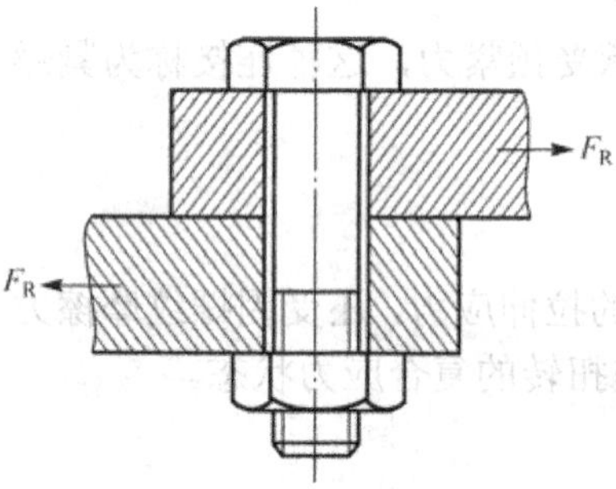

图 10-17 受横向外载荷的普通螺栓连接

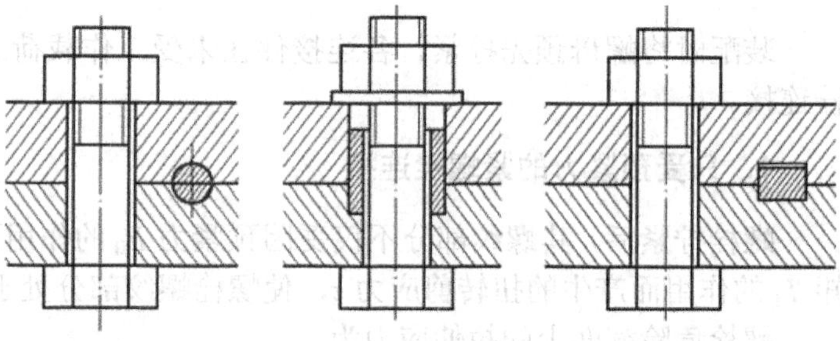

(a) 用减载销　　(b) 用减载套筒　　(c) 用减载键

图 10-18 减载装置

3．承受轴向静载荷的紧螺栓连接

这种形式的螺栓连接应用最广。例如，图 10-19 所示的气缸盖与缸体的螺栓连接，设缸内气压为 p，螺栓数为 Z，则每个螺栓承受的平均轴向工作载荷为 $F = p\pi D^2/(4Z)$。在缸体内具有工作介质之前，每个螺栓都已按规定的预紧力 F_0 拧紧。

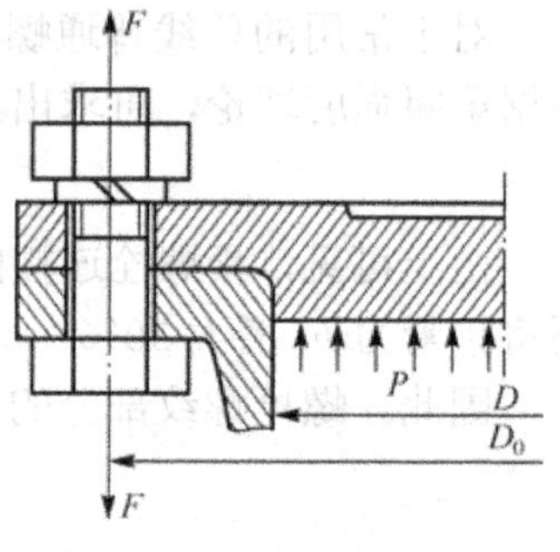

图 10-19 气缸盖螺栓连接

下面就以图 10-19 所示的螺栓连接为例，取其中一个螺栓连接来进行分析其受力与变形情况。首先，假定所有零件在受力时都服从胡克定律，零件中应力没有超过比例极限。图10-20(a)所示的是螺母未拧紧、螺栓与被连接件均未受力的情况。图 10-20(b)所示的是螺栓拧紧后，在受预紧力 F_0 作用下，螺栓伸长了 δ_1，被连接件压缩变形了 δ_2，且 $\delta_1 \neq \delta_2$。图10-20(c)所示的是连接承受轴向工作载荷 F 时，螺栓继续受拉伸，其发生的变形增量为 $\Delta\delta_1$，总伸长量为 $\delta_1 + \Delta\delta_1$，相应的拉力就是螺栓的总拉伸载荷 F_Σ；同时，被连接件则随螺栓的伸长而弹回，其压缩变形量减小了 $\Delta\delta_2$，总压缩变形量为 $\delta_2 - \Delta\delta_2$，相应的压力就是残余预紧力 F_0'。按罗双变形协调条件可得 $\Delta\delta_1 = \Delta\delta_2 = \Delta\delta$。显然，这时螺栓承受的总拉力 F_Σ 应为残余预紧力 F_0' 与工作载荷 F 之和，即

$$F_\Sigma = F_0' + F \quad (10\text{-}17)$$

上述受力和变形关系可用图 10-21 所示的线图表示，若零件的变形在弹性范围内，则图 10-21(a)和图 10-21(b)分别表示螺栓和被连接件的受力与变形的关系，图10-21(c)表示螺栓连接在受到轴向载荷后，螺栓和被连接件的受力与变形的关系。图 10-21 中，螺栓的刚度 $k_1=F_0/\delta_1=\tan\alpha_1$，被连接件的刚度 $k_2=F_0/\delta_2=\tan\alpha_2$。

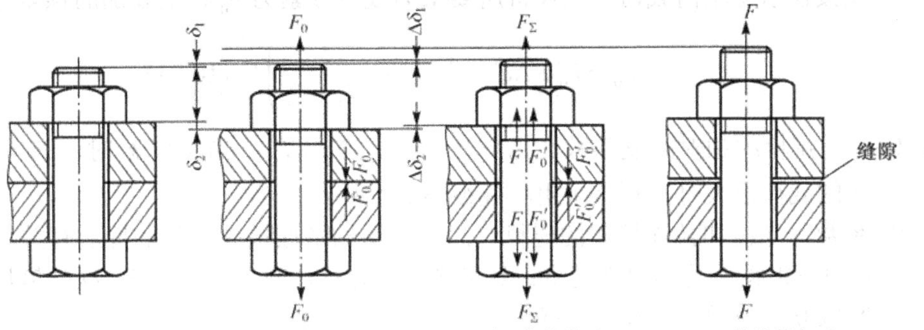

图 10-20　螺栓和连接件的受力和变形

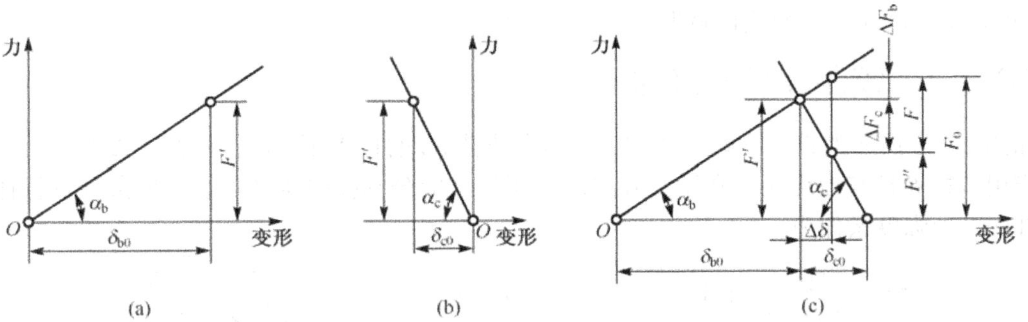

图 10-21　载荷-变形线图

紧螺栓连接在轴向工作载荷作用下应能保证被连接件的接合面不出现缝隙，即残余预紧力 F_0' 应大于零。当工作载荷 F 稳定时，取 $F_0'=(0.2\sim0.6)F$；当工作载荷 F 不稳定时，取 $F_0'=(0.6\sim1.0)F$；对于有紧密性要求的连接（如压力容器的螺栓连接），取 $F_0'=(1.5\sim1.8)F$。

一般可先根据连接的工作要求选定残余预紧力 F_0'，然后根据式(10-17)求出螺栓受的总拉伸载荷 F_Σ，同时考虑到可能需要补充拧紧（最好不要）及扭转剪应力的作用，以及应力集中。为了安全起见，可按式(10-15)的强度条件进行计算，则

$$\sigma=\frac{1.3F_\Sigma}{\pi d_1^2/4} \quad (10\text{-}18)$$

设计公式为

$$d_1\geqslant\sqrt{\frac{4\times1.3F_\Sigma}{\pi[\sigma]}} \quad (10\text{-}19)$$

式中，各符号的含义如前所述。

由图 10-21 可知

$$\frac{\Delta F_1}{\Delta F_2}=\frac{\Delta F_1}{F-\Delta F_1}=\frac{k_1\Delta\delta}{k_2\Delta\delta}=\frac{k_1}{k_2}$$

$$\Delta F_1=\frac{k_1}{k_1+k_2}F$$

螺栓总的拉伸载荷 F_Σ 也可表示为

$$F_\Sigma = F_0 + \Delta F_1 = F_0 + \frac{k_1}{k_1+k_2}F \quad (10\text{-}20)$$

为了保证连接在承受轴向载荷后仍保持所要求的残余预紧力 F_0'，需要加的预紧力 F_0 为

$$F_0 = F_0' + \Delta F_2 = F_0' + \left(1-\frac{k_1}{k_1+k_2}\right)F \quad (10\text{-}21)$$

$k_1/(k_1+k_2)$称为螺栓的相对刚度系数。当 k_2□ k_1 时，$F_\Sigma \approx F_0$；当 k_2□ k_1 时，$F_\Sigma \approx F_0+F$。由此可见，当连接的载荷很大时，不宜采用刚性很小的垫片。

相对刚度系数与螺栓和被连接件的材料、尺寸、结构及连接中垫片的性质有关。当被连接件为钢铁时，其值可根据垫片的材料选取：金属垫片或无垫片时取 0.2～0.3；皮革垫片时取 0.7；铜皮石棉垫片时取 0.8；橡胶垫片时取 0.9。

若螺栓轴向工作载荷在 0～F 之间周期性变化，则螺栓所受的总拉伸载荷应在 F_0～F_Σ 之间周期性变化。其粗略计算时的强度条件仍为式(10-18)、式(10-19)，所不同的是许用应力应按表 10-3 和表 10-4 中的变载荷查取。

10.3.3 铰制孔螺栓连接

如图 10-22 所示的铰制孔螺栓连接，在横向载荷 F_R 的作用下，螺栓杆在连接的结合面处受剪切作用，螺栓杆与被连接件孔壁相互挤压，所以，应分别按挤压及剪切强度条件进行计算。螺栓杆的剪切强度条件为

$$\tau = \frac{F_R}{m\pi d_s^2/4} \leqslant [\tau] \quad (10\text{-}22)$$

螺栓杆与孔壁间的挤压强度条件为

$$\sigma_p = \frac{F_R}{d_s\delta} \leqslant [\sigma_p] \quad (10\text{-}23)$$

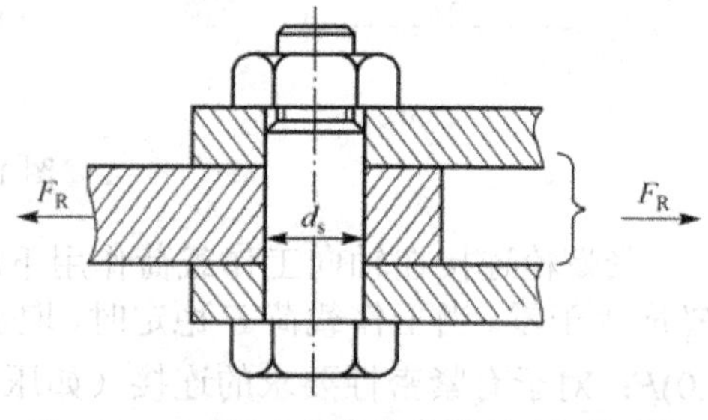

图 10-22 受横向外载荷的铰制孔螺栓连接

式中，F_R 为横向载荷，单位为 N；d_s 为螺栓杆直径，单位为 mm；m 为螺栓受剪面的数目；δ 为螺栓杆与孔壁接触面的最小长度，单位为 mm；$[\tau]$ 为螺栓材料的许用剪切应力；$[\sigma_p]$ 为螺栓与孔壁中较弱材料的许用挤压应力。$[\tau]$、$[\sigma_p]$ 可查表 10-3。

10.3.4 螺纹连接件的材料与许用应力

1. 螺纹连接件的材料

一般条件下工作的螺纹连接件的常用材料为低碳钢和中碳钢，如 Q215、Q235、15 号钢、35 号钢和 45 号钢等；受振动和变载荷作用的螺纹连接件可采用合金钢，如 15Cr、40Cr、30CrMnSi 和 15CrVB 等；对于有防腐、防磁、导电和耐高温等特殊用途的螺纹连接件，可采用 1Cr13、2Cr13、CrNi2、1Cr18Ni9Ti 和黄铜 H62、$H62_{防磁}$、HPb62、$HPb62_{防磁}$及铝合金 2B11（原 LY8）、2A10（原 LY10）等。

国家标准规定螺纹连接件按材料的机械性能分出等级，螺栓有 3.6、4.6、4.8、5.6、5.8、

6.8、8.8、9.8、10.9、12.9 级等，在小数点之前的数，是材料公称抗拉强度极限 σ_b 的 1/100；在小数点之后的数，是材料公称屈服极限 σ_s 或 $\sigma_{0.2}$ 与公称抗拉强度极限 σ_b 的比值（称为屈强比）的 10 倍。

螺母材料的性能等级有 4、5、6、8、9、10、12 级等。标准又规定螺母材料的强度不得低于与之相配的螺栓材料强度，即选择螺母材料性能等级，必须大于或等于螺栓材料性能等级中在“·”之前的数，这样，才能保证连接的承载能力可达到螺栓或螺钉的最低屈服极限，而不致发生螺母脱扣。

普通垫圈的材料，推荐采用 Q235、15 号钢、35 号钢；弹簧垫圈用 65Mn 制造，并经热处理和表面处理。螺栓常用材料的力学性能可查表 10-2。

表 10-2 螺栓的材料及其力学性能

钢号	抗拉强度 σ_b	屈服点 σ_s
10	340～420	210
Q215A	335～410	215
Q235A	375～460	235
35	540	320
45	650	360
40Cr	750～1000	650～900

2. 螺纹连接件的许用应力

螺纹连接件的许用应力与载荷性质（静、变载荷）、装配情况（松连接或紧连接），以及螺纹连接件的材料、结构尺寸等因素有关。

螺纹连接件的许用拉应力和安全系数可查表 10-3 和表 10-4。

表 10-3 螺栓连接的许用应力

连接类型及载荷性质		许用应力
受拉螺栓连接	松螺栓连接	$[\sigma]=\dfrac{\sigma_s}{1.2\sim1.7}$
	紧螺栓连接	$[\sigma]=\dfrac{\sigma_s}{S}$ 控制预紧力时，$S=1.2\sim1.5$ 不控制预紧力时，S 查表 7.5
受剪螺栓连接	静载荷	$[\tau]=\dfrac{\sigma_s}{2.5}$ 被连接件为钢时；$[\sigma_P]=\dfrac{\sigma_s}{1.25}$ 被连接件为铸铁时；$[\sigma_P]=\dfrac{\sigma_b}{2\sim2.5}$
	变载荷	$[\tau]=\dfrac{\sigma_s}{3.5\sim5}$ $[\sigma_P]$ 为按静载荷时的 $[\sigma_P]$ 值降低 20%～30%

表 10-4 紧螺栓连接的安全系数 S（不控制预紧力时）

材料	静载荷			变载荷	
	M6～M16 M	16～M30 M	30～M60 M	6～M16 M	16～M30
碳素钢	4～3	3～2	2～1.3	10～6.5	6.5
合金钢	5～4	4～2.5	2.5	7.5～5	5

10.3.5 螺栓组连接的设计计算实例

【例 10-1】 如图10-23所示的凸缘联轴器用8个普通螺栓连接成一体。已知螺栓分布圆直径$D=200$ mm，联轴器传递的转矩$T=1.2$ kN·m，接合面的摩擦系数$f=0.15$，螺栓材料为35号钢，试确定螺栓直径。

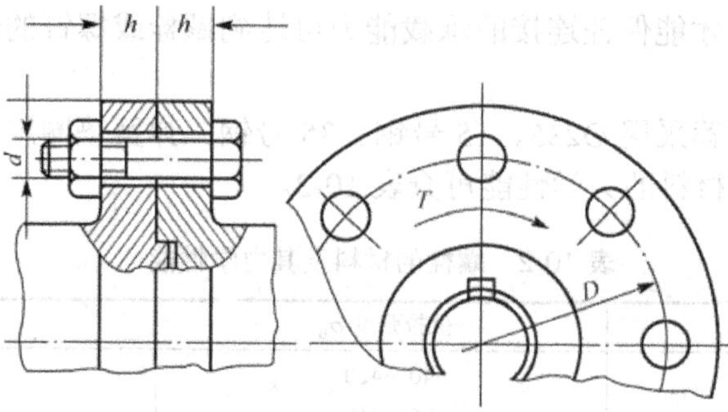

图 10-23 凸缘联轴器中的螺栓连接

解：

作用于联轴器上的转矩T通过螺栓连接传递，因此连接受到与螺栓轴线垂直并且与直径D相切的圆周力，总的圆周力$F_t=2T/D$，由于各螺栓受力情况相同，故每个螺栓在连接处受到的横向载荷为$F_R=F_t/8$。

（1）每个螺栓在连接处受到的横向载荷F_R为

$$F_R=\frac{F_t}{8}=\frac{T}{4D}=\frac{1.2}{4\times0.2}=1.5\ \text{kN}$$

（2）每个螺栓受到的预紧力F_0为

螺栓接合面数$m=1$，可靠性系数K_f取1.2，即

$$F_0\geqslant\frac{K_f F_R}{fm}=\frac{1.2\times1.5}{0.15\times1}=12\ \text{kN}$$

（3）确定螺栓材料的许用应力$[\sigma]$。

螺栓材料为35号钢，查表10-2，其$\sigma_s=320$ MPa，若不控制预紧力，则螺栓的许用应力与直径有关。假定螺栓直径为16 mm，查表10-4，安全系数$S=3$，许用应力$[\sigma]=\sigma_s/S=320/3=106.7$ MPa。

（4）确定螺栓直径。

由式(10-15)得

$$d_1\geqslant\sqrt{\frac{4\times1.3F_0}{\pi[\sigma]}}=\sqrt{\frac{4\times1.3\times12\times10^3}{106.7\pi}}\approx13.64\ \text{mm}$$

查螺纹标准GB 196—1981，$d=16$ mm的粗牙普通螺纹，其小径$d_1=13.835$ mm，大于计算值，与原假定相符，故选用M16的螺栓。

【例 10-2】 如图10-19所示的气缸，缸体内气体压强$p=0.8$ MPa，气缸内径$D=280$ mm，气缸盖用12只5.6级的螺栓连接，要求紧密连接，气体不得泄漏，试确定螺栓直径。

解：

由题意可知，这是一个普通螺栓连接。由于缸体内压力的合力作用于螺栓组的对称中心上，故属于受轴向载荷的螺栓组连接。

（1）确定每个螺栓的轴向工作载荷 F 。

根据题意，螺栓为同时承受预紧力 F_0 和工作拉力 F 的紧螺栓连接，合力 F_Σ 通过螺栓组形心，则每个螺栓所受的轴向工作载荷为

$$F=\frac{F_Q}{z}=\frac{\pi D^2 p}{4z}=\frac{\pi\times 280^2\times 0.8}{4\times 12}=4105\ \text{N}$$

（2）确定每个螺栓的总载荷 F_Σ 。

因气缸有密封要求，取残余预紧力为 $F_0'=1.8F=1.8\times 4105=7389\ \text{N}$ ，由式(10-17)得

$$F_\Sigma=F+F_0'=4105+7389=11\,494\ \text{N}$$

（3）确定螺栓材料的许用应力 $[\sigma]$ 。

因螺栓材料的性能等级为 5.6 级，所以屈服极限 $\sigma_s=500\times 0.6=300\ \text{MPa}$ ，若不控制预紧力，则螺栓的许用应力与直径有关。假设螺栓的直径为 M16，查表 10-4，取安全系数 3，则 $[\sigma]=\sigma_s/S=300/3=100\ \text{MPa}$ 。

（4）确定螺栓直径。

由式(10-19)得

$$d_1\geqslant\sqrt{\frac{4\times 1.3F_\Sigma}{\pi[\sigma]}}=\sqrt{\frac{4\times 1.3\times 11494}{\pi\times 100}}=13.793\ \text{mm}$$

查螺纹标准 GB 196—1981， $d=16\ \text{mm}$ 的粗牙普通螺纹，其小径 $d_1=13.835\ \text{mm}$ ，大于计算值，故取 M16 螺栓，与试选参数相符合，合适。

10.4　提高螺栓连接强度的措施

螺栓连接的强度主要取决于螺栓的强度。影响螺栓强度的因素很多，主要有螺纹牙间的载荷分配、应力变化幅度、应力集中和附加应力等。下面来分析这些因素，并以受拉螺栓连接为例提出改进措施。

1．改善螺纹牙间的载荷分配

由于普通螺栓和螺母的刚度及变形性质不一样，因此各牙受力也不一样，螺母支承面上第 1 圈所受的力约为总载荷的 1/3，以后各圈递减。实验证明：到第 8～10 圈以后，螺纹几乎不受载荷。为了改善各牙受力分布不均的情况，可采用下述方法。

（1）悬置螺母　图 10-24(a)所示，使螺母的旋合部分与螺栓均受拉，从而减小两者的螺距变化差，使螺牙上的载荷分布趋于均匀，可提高螺栓疲劳强度达 40%。

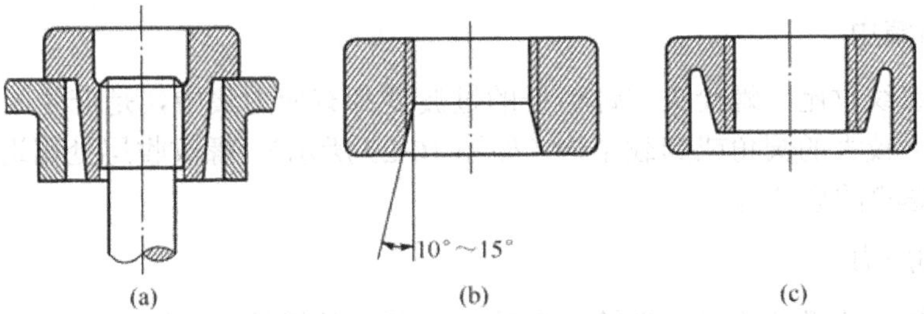

图 10-24　均载螺母结构

（2）内斜螺母　如图 10-24(b)所示，螺母内斜 10°～15°，可减小原受力大的螺纹牙的刚度，从而把力分流到原受力小的螺纹牙上，使其螺纹牙间的载荷分配趋于均匀。

（3）环槽螺母　如图 10-24(c)所示，其作用与悬置螺母类似。

以上特殊构造的螺母制造工艺复杂，成本较高，仅限于重要连接时使用。

2．减小螺栓的应力变化幅度

对于受轴向变载荷的紧螺栓连接，应力变化幅度是影响其疲劳强度的重要因素。应力变化幅度越小，疲劳强度越高。减小螺栓的刚度 k_1（如图 10-25 所示）或增大被连接件的刚度 k_2，均能使应力变化幅度减小。

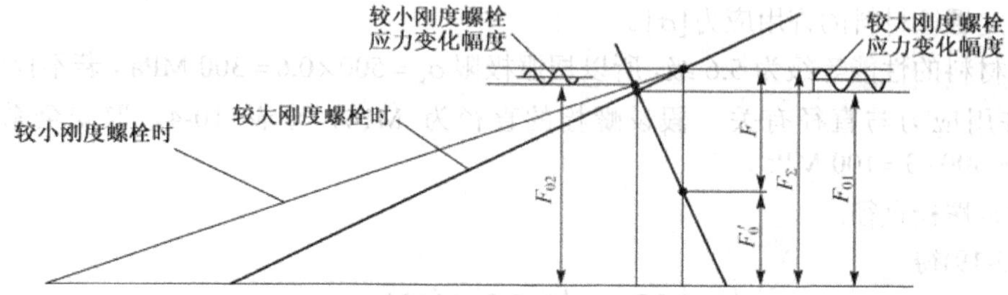

图 10-25　减小螺栓刚度

减小螺栓刚度的办法有：适当增大螺栓长度，减小螺栓光杆直径，如图 10-26 所示。也可在螺母下装弹性元件，以减小螺栓刚度，如图 10-27 所示。

要增大被连接件的刚度，除了从被连接件的结构和尺寸考虑外，还可以采用刚度较大的金属垫片或不设垫片。对于有紧密性要求的气缸螺栓连接，从提高疲劳强度考虑，采用图 10-28(b)所示的 O 形密封圈比采用图 10-28(a)所示的软垫片好。

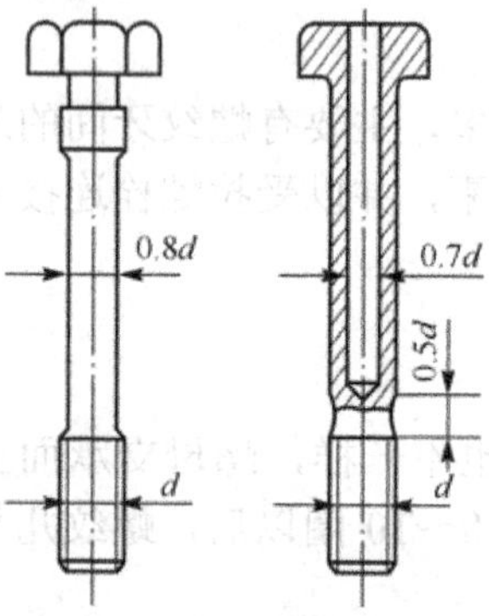

图 10-26　减小螺栓刚度的措施

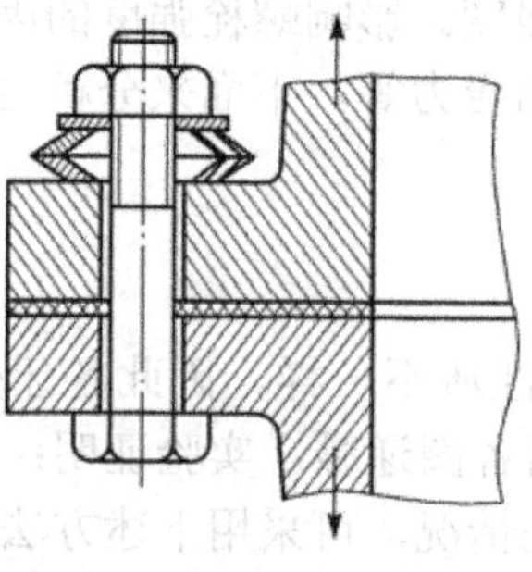

图 10-27　螺母下安装弹性元件

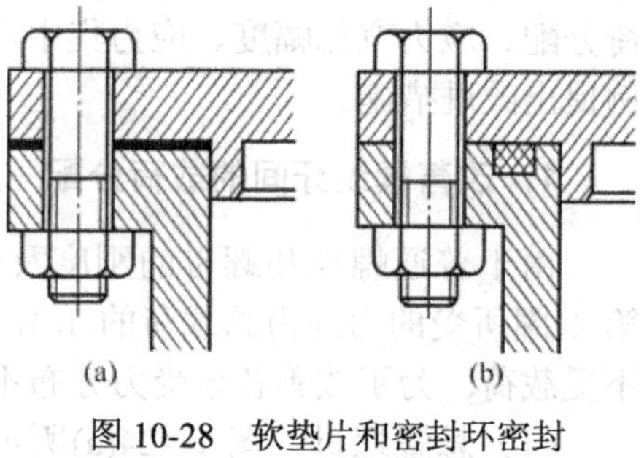

图 10-28　软垫片和密封环密封

如果同时采用上述两种方法，则减小应力变化幅度的效果会更好。

3．减小应力集中

螺纹牙根、螺纹收尾、螺栓头与螺栓杆的过渡处都有应力集中，是产生断裂的危险部位。在截面过渡处采用较大的圆角或卸载结构（如图 10-29 所示），螺纹收尾处用退刀槽等，可减小应力集中，提高螺栓的疲劳强度。

4．避免附加应力

由于制造和装配或设计不当，螺栓承受偏心载荷，使螺栓受到附加的弯曲应力，避免的具体措施如图 10-30、图 10-31 所示。

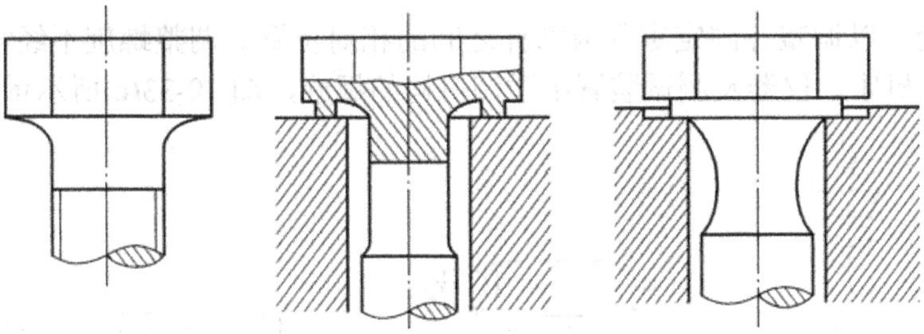

图 10-29 减小螺栓应力集中的方法

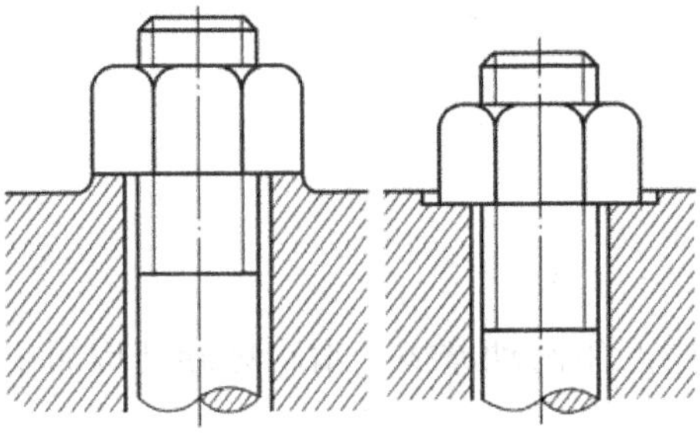

(a) 凸台 (b) 沉头座

图 10-30 凸台和沉头座的应用

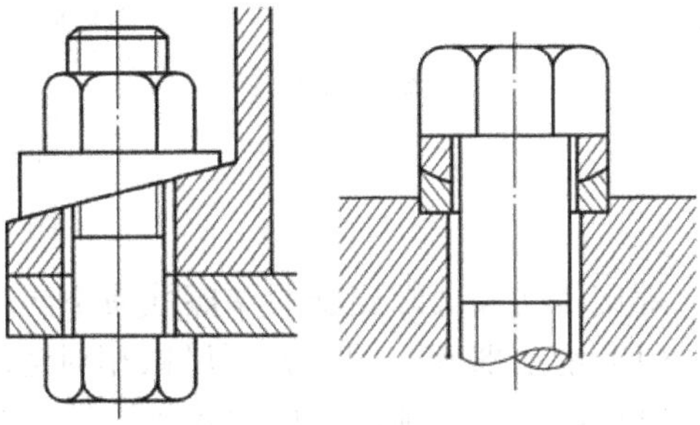

(a) 斜面垫圈 (b) 球面垫圈

图 10-31 斜面垫圈和球面垫圈的应用

10.5 螺旋传动简介

螺旋传动是利用螺杆和螺母组成螺旋副来实现传动要求的。它主要用于将回转运动转变为直线运动，同时传递运动和动力。

根据螺杆和螺母的相对运动关系，螺旋运动的常用运动形式主要有以下两种：如图10-32(a)所示，螺杆转动、螺母移动，多用于机床的进给机构中；如图 10-32(b)所示，螺母固定、螺杆转动并移动，多用于螺旋起重器或螺旋压力机中。

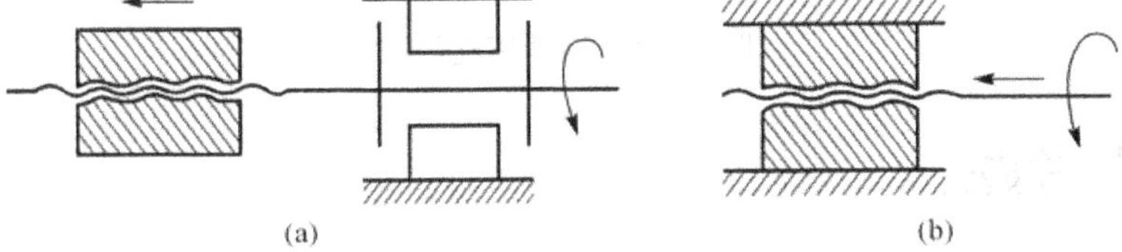

(a) (b)

图 10-32 螺旋传动的运动形式

螺旋传动按其用途可分为以下三种类型。

（1）传力螺旋　以传递动力为主，要求以较小的转矩产生较大的轴向力。这种螺旋传动一般为间歇性工作，工作速度不高，并且要求具有自锁性，广泛应用于各种起重或加压装置中，如图 10-33(a)所示的螺旋千斤顶。

（2）传动螺旋　以传递运动为主，要求具有较高的传动精度，有时也承受较大的轴向力。一般需要在较长时间内连续工作，且工作速度较高，如机床刀架进给机构中的螺旋，如图 10-33(b)所示。

（3）调整螺旋　以调整并固定零件或部件之间的相对位置。调整螺旋不经常转动，一般在空载下进行调整，如机床、仪器及测试装置中微调机构的螺旋，图 10-33(c)所示量具的测量螺旋。

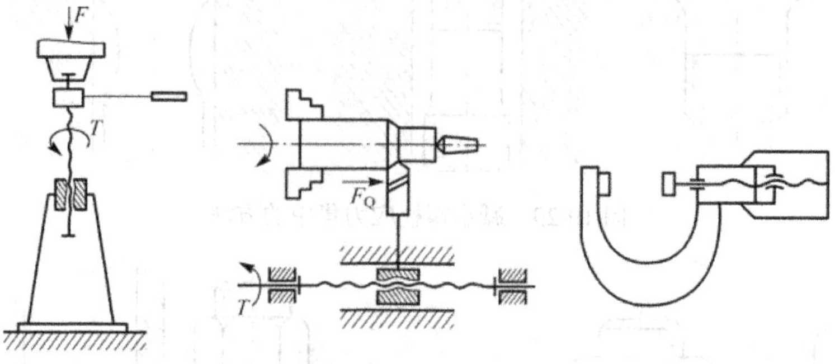

(a) 螺旋千斤顶　(b) 机床刀架进给机构　(c) 量具的测量螺旋

图 10-33　螺旋机构

螺旋传动按其螺旋副的摩擦性质不同，又可分为以下三大类。

（1）滑动螺旋　螺杆和螺母做相对运动时，螺旋副中产生滑动摩擦。滑动螺旋结构简单，便于制造，易于自锁，但传动效率较低，磨损快。

（2）滚动螺旋　其结构特点是在螺杆和螺母之间设有封闭循环滚道，滚道间充以钢球，当螺杆回转时，钢球沿螺旋滚道滚动并带动螺母做直线运动，如图 10-34 所示。

（3）静压螺旋　向螺旋副注入压力油，使螺纹工作面被油膜分开。这种螺旋摩擦损失小，传动效率高，可达 99%，工作寿命长，抗振性能好，但结构复杂，需要一套供油装置，仅用于高效率或特殊要求的场合。

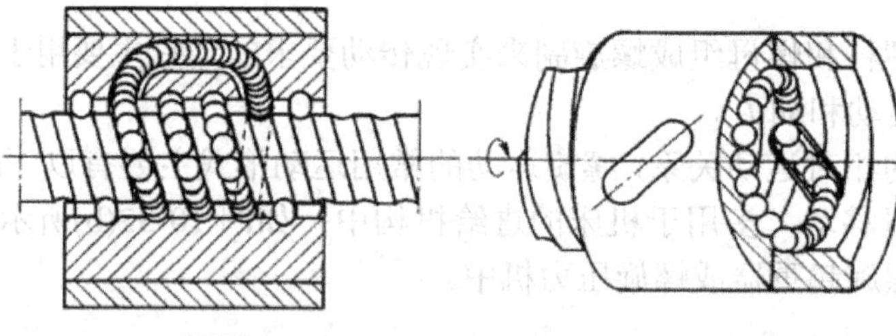

(a) 外循环　(b) 内循环

图 10-34　滚动螺旋传动

习题与思考题

10-1　常用螺纹有哪几种？各用于什么场合？对连接螺纹和传动螺纹的要求有何不同？

10-2　螺纹的主要参数有哪些？螺距和导程有何不同？

10-3　连接螺纹都具有自锁性，为什么有时还需要防松装置？试各举出两个机械防松和摩擦防松的例子。

10-4　普通螺栓连接和铰制孔螺栓连接的主要失效形式是什么？计算准则是什么？

10-5　计算普通螺栓连接时，为什么只考虑螺栓危险截面的拉伸强度，而不考虑螺栓头、螺母和螺纹牙的强度？

10-6　松螺栓连接与紧螺栓连接的区别何在？它们的强度计算有何区别？

10-7　在进行紧螺栓连接的强度计算时，为什么要将螺栓拉力增加 30%？

10-8　螺栓的性能等级为 8.8 级，与它相配的螺母的性能等级应为多少？性能等级数字代号的含义是什么？

10-9　起重滑轮松螺栓连接如图 10-16 所示。已知作用在螺栓上的工作载荷 $F = 50$ kN，螺栓材料为 Q235，试确定螺栓的直径。

10-10　题图 10-10 所示的是一个受横向载荷的螺栓连接，其 $F_{R\Sigma} = 60$ kN，螺栓性能等级为 6.8 级，结合面的摩擦系数 $f = 0.15$，试确定螺栓直径。

10-11　有一个压力容器，已知容器内径 $D = 200$ mm，气体压力 $p = 1.5$ MPa 容器盖用 12 只普通螺栓连接，螺栓材料为 35 号钢，要求紧密连接，不得泄漏。试确定螺栓直径和螺栓分布圆直径（参考图 10-19）。

10-12　题图 10-12 所示的凸缘联轴器（GB/T 5843—1986）的型号为 YLD10，允许传递的最大转矩 $T = 630$ N·m，两个半联轴器采用 4 个 M12 的铰制孔螺栓连接，螺栓规格为 M12×60（GB/T 27 —1988），螺栓性能等级为 8.8 级，螺栓杆与联轴器孔壁接触的最小距离 $l_{min} = 15$ mm，联轴器材料为 HT200，试校核其强度。

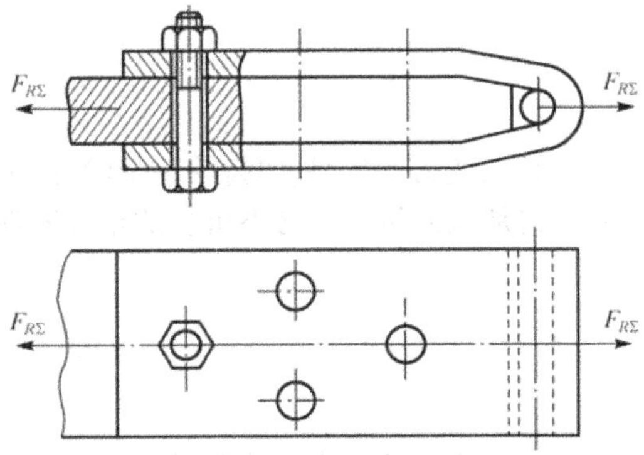

题图 10-10

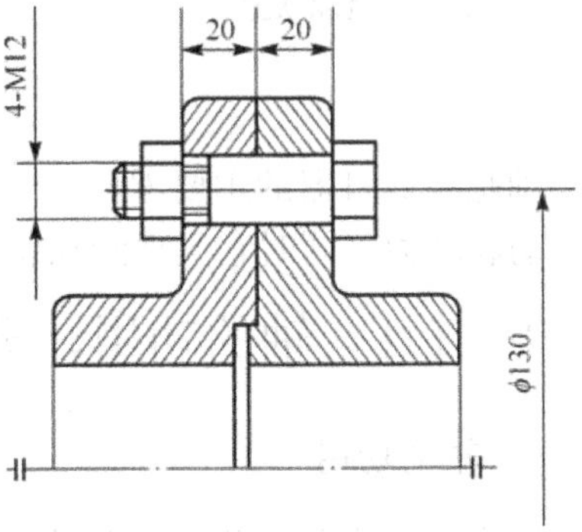

题图 10-12

第 11 章

轴与轴毂连接

11.1 概述

轴是组成机器的主要零件之一，主要功用是用于支承转动的带毂零件(如齿轮、带轮等)并传递运动和动力，同时它又被滑动轴承或滚动轴承所支承。它是机械传动中必不可少的重要零件。

11.1.1 轴的功用、分类及组成

1. 轴的功用

轴在机器中的功用可概括为两个方面：① 支承轴上零件并使其具有确定的位置；② 传递运动和动力。例如，表 11-1 中所示的转轴，其上支承着齿轮、套筒、联轴器（安装于轴伸处，图中未示出）等零件，轴本身又靠一对轴承支承，各零件间有确定的相对位置。运动和动力由齿轮输入，经联轴器传递给下一级装置（一般为工作机）的输入轴。

2. 轴的分类

根据轴线形状的不同，轴可分为直轴（如图 11-1 所示）、曲轴（如图 11-2 所示）和挠性钢丝软轴（简称挠性轴，如图 11-3 所示）。

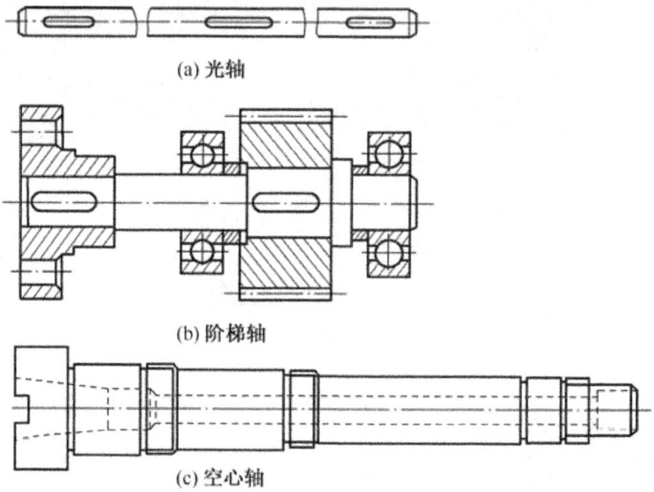

(a) 光轴

(b) 阶梯轴

(c) 空心轴

图 11-1 直轴

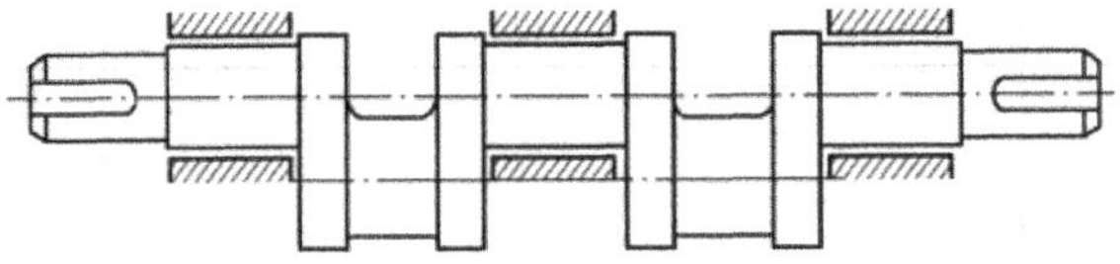
图 11-2　曲轴

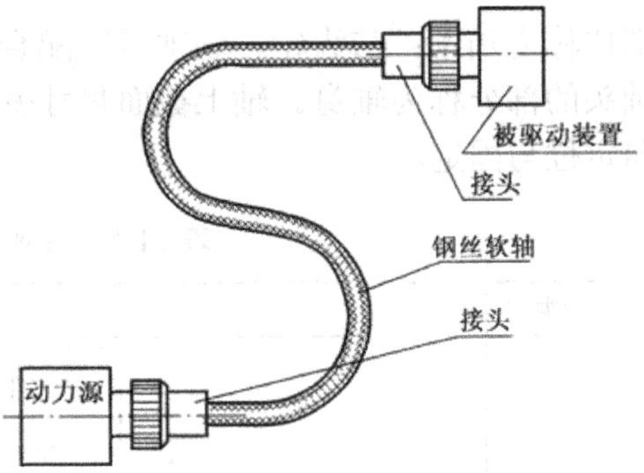

图 11-3　挠性钢丝软轴

曲轴主要用于做往复运动的机械中，如内燃机、空压机等使用的曲轴。

挠性钢丝软轴由几层紧贴在一起的钢丝层构成，可以把转矩和旋转运动灵活地传到任何位置，常用于振捣器等设备中。

直轴应用最为广泛，根据外形又可分为直径无变化的光轴[如图 11-1(a)所示]和直径有变化的阶梯轴[如图 11-1(b)所示]。光轴形状简单，加工方便，应力集中源少，但轴上零件不易定位和装配；阶梯轴与光轴正好相反。直轴通常都制成实心的，但有时由于结构上的需要或为了减小轴的质量，将其制成空心的[如图 11-1(c)所示]。

根据承载情况的不同，轴可分为转轴（如图 11-4 所示）、心轴（如图 11-5 所示）和传动轴（如图11-6 所示）三类。转轴既传递转矩又承受弯矩，在各类机器中最为常见；传动轴只传递转矩而不承受弯矩或承受很小的弯矩，如汽车的传动轴；心轴则只承受弯矩而不传递转矩。心轴又可分为固定心轴（如自行车的前轴）和转动心轴（如火车车厢轮轴）。

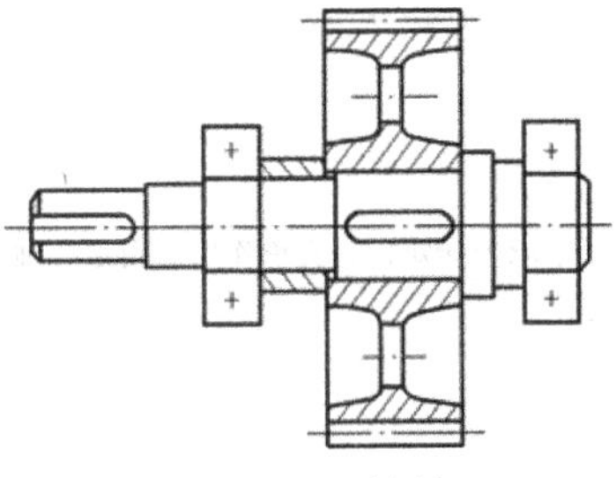
图 11-4　转轴

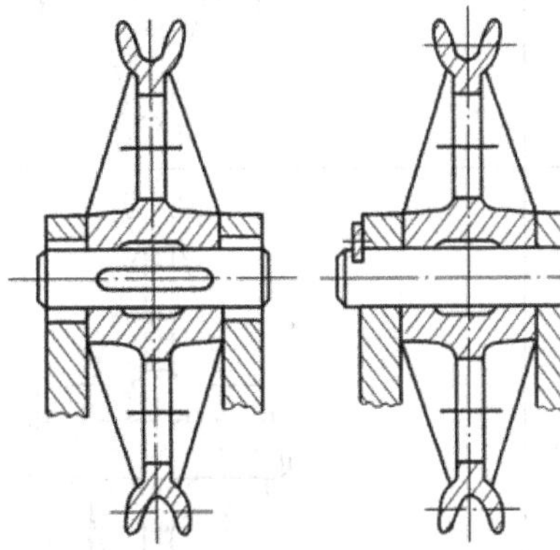
(a) 转动心轴　(b) 固定心轴

图 11-5　心轴

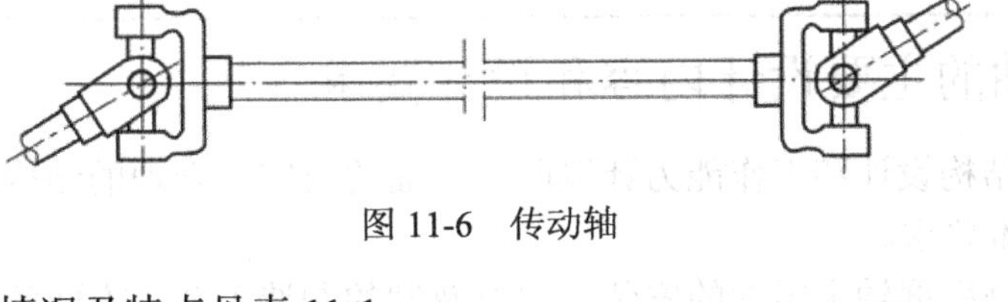
图 11-6　传动轴

此三类轴的承载情况及特点见表 11-1。

3. 轴的组成

轴主要由轴颈、轴头、轴身三部分组成（如表 11-1 中转轴的示意图所示）。轴上被支承的部位称为轴颈；与齿轮、联轴器等配合的部位称为轴头，外伸的轴头又称为轴伸；连接轴颈和轴头的部分称为轴身。轴上截面尺寸变化的部位称为轴肩或轴环，通常用于轴上相关零件的轴向定位与固定。

表 11-1　转轴、传动轴和心轴的承载情况及特点

种类	举例	特点
转轴	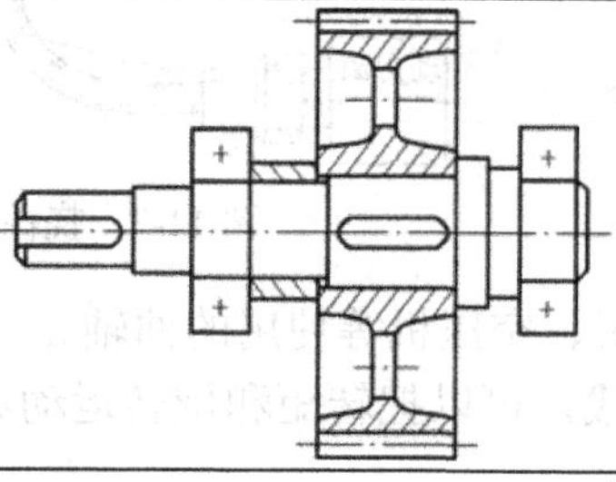	既承受弯矩又承受转矩，是机器中最常用的一种轴。剖面上受弯曲应力和扭转切应力的复合作用
传动轴	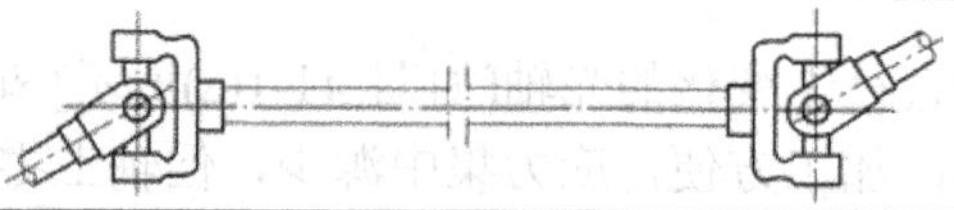	主要承受转矩，不承受弯矩或承受很小的弯矩，仅起传递动力的作用
转动心轴	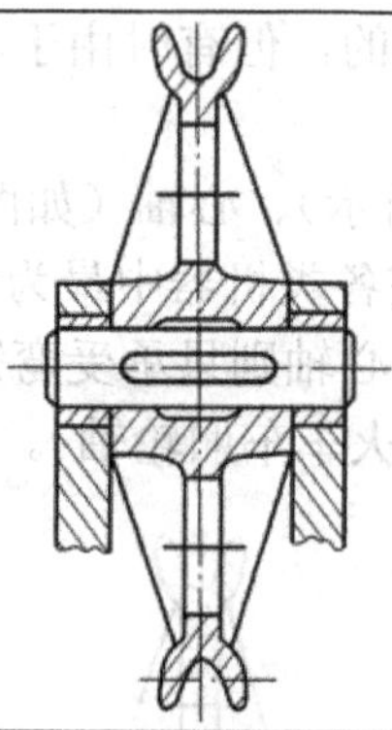	只承受弯矩，不承受转矩，起支承作用。转动心轴的剖面上受变应力作用
固定心轴	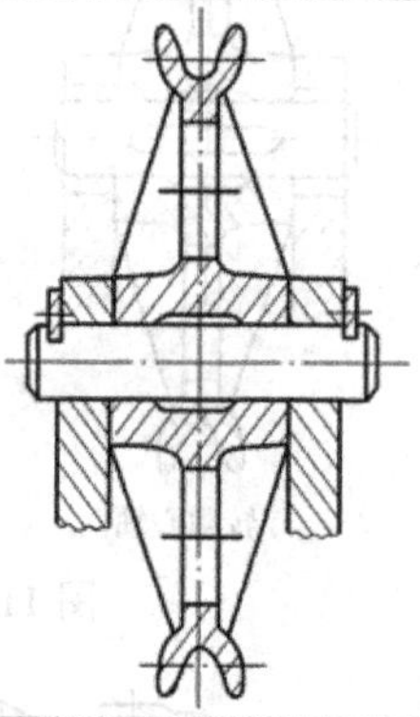	只承受弯矩，不承受转矩，起支承作用。固定心轴的剖面上受静应力作用

11.1.2　轴的主要设计内容和设计要求

轴的设计包括结构设计和工作能力计算两个方面的内容。合理的结构和足够的强度是轴的设计必须满足的基本要求。

轴的结构设计是根据轴上零件的安装、定位及轴的制造工艺等方面的要求，合理地确定轴的结构形式和尺寸。如果轴的结构设计不合理，则会影响轴的加工和装配工艺，增加制造成本，甚至影响轴的强度和刚度。因此，轴的结构设计是轴的设计中的重要内容。

轴的工作能力计算包括轴的强度、刚度和振动稳定性等方面的计算。足够的强度是轴的承载能力的基本保证，若轴的强度不足，则会发生塑性变形或断裂失效，使其不能正常工作。对某些旋转精度要求较高的轴或受力较大的细长轴，如机床主轴、电机轴等，还需要保证足够的刚度，以防止工作时产生过大的弹性变形；对一些高速旋转的轴，如高速磨床主轴、汽轮机主轴等，则要考虑振动稳定性问题，以防止共振的发生。

11.1.3　轴的设计步骤

通常，轴的设计步骤包括：

（1）按工作要求合理选择轴的材料和热处理方法；

（2）轴的结构设计；

（3）轴的强度的校核计算；

（4）必要时进行轴的刚度或振动稳定性等的校核计算；

（5）绘制轴的零件工作图。

轴的设计过程中，还应注意轴的设计与轴上有关零件设计间的联系和影响，往往必须结合进行。

11.2　轴的材料及选择

轴的常用材料是碳素钢、合金钢及球墨铸铁。

钢轴毛坯多数用轧制圆钢或锻件，也有的直接用圆钢。

碳钢比合金钢价廉，对应力集中的敏感性低，经热处理或化学处理可得到较高的综合力学性能（尤其在耐磨性和抗疲劳强度两个方面），应用最多。常用的碳钢有 35、40、45 和 50 等优质中碳钢，其中 45 号钢应用最广，通常进行正火或调质处理，一般作为比较重要或承载较大的轴。对于不重要或承载较小的轴，也可采用 Q235、Q275 等普通碳素钢。

合金钢比碳素钢具有更高的力学性能和更好的热处理性能，常用于承载很大而重量、尺寸受限或有较高耐磨性、防腐性要求的重要的轴，以及处于高温或低温条件下工作的轴。例如，采用滑动轴承支承的高速轴，常用 20Cr、20CrMnTi 等低碳合金钢，经渗碳淬火后可提高轴颈耐磨性；汽轮发电机转子轴在高温、高速和重载条件下工作，必须具有良好的高温力学性能，常采用 38CrMoAlA、27Cr2Mo1V 等合金结构钢。

球墨铸铁适用于制造成形轴（如曲轴、凸轮轴等），具有价廉，强度较高，耐磨性、吸振性和易切性良好，以及对应力集中的敏感性较低等优点。但球墨铸铁的品质不易控制，可靠性差。表 11-2 中列出了轴的常用材料及其主要力学性能。

表 11-2　轴的常用材料及其主要力学性能

材料及热处理	毛坯直径	硬度	抗拉强度极限 σ_b	屈服极限 σ_s	弯曲疲劳极限 σ_{-1}	剪切疲劳极限 τ_{-1}	许用弯曲应力 $[\sigma_{-1}]$	备注
	/mm /HB	S	/MPa					
Q235—A 热轧或锻后空冷	≤100		400～420	225	170 105		40	用于不重要及受力不大的轴
	>100～250		375～390	215				
35 正火	≤100	149～187	520 270		250	125	45	有好的塑性和适当强度，用于一般轴

（续表）

材料及热处理	毛坯直径	硬度	抗拉强度极限 σ_b	屈服极限 σ_s	弯曲疲劳极限 σ_{-1}	剪切疲劳极限 τ_{-1}	许用弯曲应力 $[\sigma_{-1}]$	备注
	/mm /HB	S			/MPa			
45 正火、回火	≤100	170～217	590 295		255	140	55	用于较重要的轴，应用最为广泛
	>100～300 162	～217	570 285		245	135		
45 调质	≤200	217～255	640 355		275	155	60	
40Cr 调质	≤100 735	241～286		540	355	200	70	用于载荷较大且无很大冲击的重要轴
	>100～300		685 490		335	185		
40CrNi 调质	≤100	270～300	900 735		430	260	75	用于重要的轴，且低温性能好
	>100～300 240	～270	785 570		370	210		
40MnB 调质	25 207		785	540	365	210	70	性能近于 40Cr，用于重要的轴
	≤200	241～286	735 490		330	190		
35CrMo 调质	≤100 735	207～269		540	345	195	70	性能近于 40CrNi，用于重载荷或齿轮轴
	>100～300		685 490		315	180		
20Cr 渗碳淬火、回火	15 850	渗碳表面 56～62 HRC		550	375	220	75	用于强度、韧性及耐磨性均较高的轴
	≤60 640			390	305	160	60	
20CrMnTi 渗碳淬火、回火	15		1100 850		525	300	90	
38CrMoAlA 调质	≤60	293～321	930 785		440	280	75	用于高耐磨性、高强度且热处理（氮化）变形很小的轴
	> 60～100 277	～302	835 685		410	270		
	> 100～160 241	～277	785 590		375	220		
QT600—3		190～270	600 370		215	185	40	用于制造外形复杂的轴
QT800—2		245～335	800 480		290	250	50	

注：表中所列疲劳强度极限 σ_{-1} 值按下列经验公式计算。碳钢：$\sigma_{-1} \approx 0.43\sigma_b$；合金钢：$\sigma_{-1} \approx 0.2(\sigma_b+\sigma_s)+100$ MPa；不锈钢：$\sigma_{-1} \approx 0.27(\sigma_b+\sigma_s)$，$\tau_{-1} \approx 0.156(\sigma_b+\sigma_s)$；球墨铸铁：$\sigma_{-1} \approx 0.36\sigma_b$，$\tau_{-1} \approx 0.31\sigma_b$。

选择轴的材料和热处理方法，主要根据轴的受力、转速、重要性等对轴的强度和耐磨性提出要求。研究表明，钢材的种类和热处理措施对其弹性模量影响甚小，因此如欲采用合金钢代替碳素钢或通过热处理来提高轴的刚度，其收效甚微，轴的刚度主要取决于轴的剖面尺寸，可用适当增加轴的截面面积来提高轴的刚度。此外，合金钢对应力集中敏感性较高，价格也较高。选材时这些也应考虑到。

11.3 轴的结构设计

轴的结构设计就是要确定轴的合理的外形和结构，以及包括各轴段长度、直径及其他细小部分尺寸在内的全部结构尺寸。

轴的结构主要取决于以下因素：轴在机器中的安装位置及形式；轴的毛坯种类；轴上作用力的大小和分布情况；轴上零件的布置及固定方式；轴承类型及位置；轴的加工工艺及其他一些要求。由于影响因素很多，且具结构形式又因具体情况的不同而异，所以轴没有标准的结构形式，设计上具有较大的灵活性和多样性。但是，无论具体情况如何，轴的结构设计一般应满足以下几个方面的要求：① 轴和轴上零件要有准确的工作位置；② 轴上零件应便于装拆和调整；③ 轴应具有良好的制造工艺性；④ 轴的受力合理，有利于提高强度和刚度；⑤ 节省材料，减轻重量；⑥ 形状及尺寸有利于减小应力集中。

轴的结构设计时，一般已知装配简图、轴的转速、传递的功率及传动零件的类型和尺寸等。下面以单级减速器高速轴为例，说明在轴的结构设计中要解决的几个主要问题。

11.3.1　轴上零件的布置和装配

1. 轴上零件的布置

轴上零件布置得合理与否，直接关系到轴的外形、结构、尺寸及受力状况，影响其强度的高低，甚至材料的选择，必须引起足够重视，详见 11.3.7 节。

2. 轴上零件的装配

拟订轴上零件的装配方案是进行轴的结构设计的前提。装配方案是指轴上零件的装配方向、顺序和相互关系。轴上零件可从轴的左端、右端或从轴的两端依次装配。由于受轴上零件的布置、定位、固定方式和装配工艺等多种因素的影响，装配方案不止一种，应通过对比分析，择优选取。

图 11-7 所示的是单级减速器高速轴的结构。由于减速器为剖分式箱体，为了便于轴上零件的装拆，将此高速轴制成阶梯轴形式，其直径自中间轴环向两端逐渐减小。具体装配顺序是：从轴的右端依次装入平键 1→齿轮→套筒→右轴承→右油封→右端盖；从轴的左端依次装入左轴承→左油封→左端盖；最后从轴的右端装入平键 2→半联轴器→轴端挡圈。

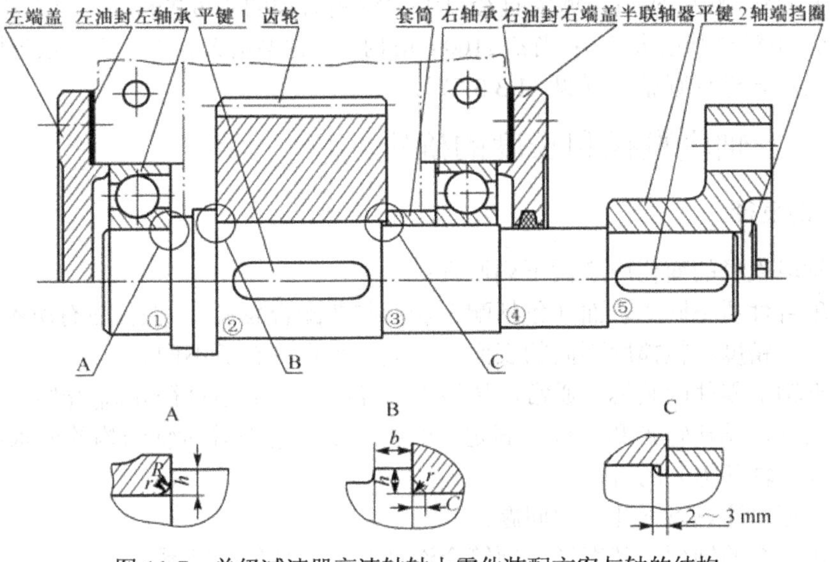

图 11-7　单级减速器高速轴轴上零件装配方案与轴的结构

11.3.2　轴的最小直径估算

由于转轴在工作中承受弯扭组合载荷的作用，因此在轴的结构设计前，其长度、跨距、支反力及其作用点的位置等因素都无法确定，也无法确定轴上弯矩的大小和分布情况，从而无法按弯扭组合强度来确定转轴上各轴段的直径。

为此，应先按扭转强度条件估算转轴上仅受转矩作用的轴段的直径——轴的最小直径 $d_{0\min}$，然后通过具体结构设计（如轴上装配的零件结构、轴的安装空间等）来确定各轴段的直径。由材料力学可知，轴的扭转强度条件为

$$\tau_{\mathrm{T}}=\frac{T}{W_{\mathrm{T}}}\approx\frac{9.55\times10^{6}\dfrac{P}{n}}{0.2d^{3}}\leqslant[\tau_{\mathrm{T}}]$$ (1 1-1)

式中，τ_{T} 为轴的扭转切应力，单位为 MPa；T 为轴传递的转矩，单位为 N · mm；P 为轴传递的功率，单位为 kW；n 为轴的转速，单位为 r/min；W_{T} 为轴的抗扭截面系数，单位为 mm³；$[\tau_{\mathrm{T}}]$ 为许用扭转切应力，单位为 MPa。

对于实心圆轴，$W_{\mathrm{T}}=\pi d^{3}/16\approx0.2d^{3}$，由此可推算得实心圆轴的最小直径 $d_{0\min}$（单位为 mm）为

$$d_{0\min}\geqslant\sqrt[3]{\frac{9.55\times10^{6}P}{0.2[\tau_{\mathrm{T}}]n}}=C\sqrt[3]{\frac{P}{n}}$$ (1 1-2)

式中，$C=\sqrt[3]{9.55\times10^{6}/(0.2[\tau_{\mathrm{T}}])}$ 为计算常数，取决于轴的材料和受载情况，可查表 11-3 选取。

表 11-3 轴常用材料的$[\tau_{\mathrm{T}}]$及 C 值

轴的材料 Q	235—A，20 Q	275，35	45	40Cr，35SiMn，38SiMnMo
$[\tau_{\mathrm{T}}]$/MPa	15～25 20	～35 25	～45 35	～55
C	149～126 135	～112 126	～103 112	～97

注：当轴所受弯矩较小或只受转矩、载荷较平稳、无轴向载荷或只有较小的轴向载荷、减速器的低速轴只做单向旋转时，$[\tau_{\mathrm{T}}]$ 取较大值，C 取较小值；反之，$[\tau_{\mathrm{T}}]$ 取较小值，C 取较大值。

当轴段上开有键槽时，应适当增大直径以考虑键槽对轴的强度的削弱。即当 d >100 mm 时，单键槽增大 3%，双键槽则增大 7%；当 d ≤100 mm 时，单键槽增大 5%～7%，双键槽增大 10%～15%。最后，应对 d 进行圆整（详见 11.3.3 节）。

11.3.3 各轴段直径和长度的确定

1. 各轴段的直径

阶梯轴各轴段直径的变化应遵循下列原则：

（1）对于配合性质不同的表面（包括配合表面与非配合表面），直径应有所不同。

（2）对于加工精度、粗糙度不同的表面，一般直径也应有所不同。

（3）应便于轴上零件的装拆。通常，从初步估算的轴端最小直径 $d_{0\min}$ 开始，考虑轴上配合零部件的标准尺寸、结构特点和定位、固定、装拆、受力情况等对轴结构的要求，依次确定各轴段（包括轴肩、轴环等）的直径。

具体设计时还应注意以下几方面问题：

（1）与轴承配合的轴颈，其直径必须符合滚动轴承内径的标准系列。

（2）轴上螺纹部分必须符合螺纹标准。

（3）轴肩（或轴环）定位是轴上零部件最方便可靠的定位方法。轴肩分定位轴肩（如图 11-7 中的轴肩①、②、⑤）和非定位轴肩（轴肩③、④）两类。定位轴肩通常用于轴向力较大的场合，其高度 h 可由表 11-6 确定，并应满足 $h\geqslant h_{\min}$，$h_{\min}$ 可查表 11-4。滚动轴承定位轴肩（图 11-7 中轴肩①）的高度必须低于轴承内圈端面的高度，以便拆卸轴承，具体尺寸可查轴承标准或手册。非定位轴肩是为加工和装配方便而设置的，其高度没有严格的规定，一般取 1～2mm。

（4）与轴上传动零件配合的轴头直径，应尽可能圆整成标准直径尺寸系列（可查表 11-5）或以 0、2、5、8 结尾的尺寸。

（5）非配合的轴身直径，可不取标准值，但一般应取成整数。

表 11-4　定位轴肩或轴环的最小高度 h_{min}、圆角半径 r、零件孔端圆角半径 R 和倒角 c　单位：mm

直径 d>1	0～18＞	18～30＞	30～50＞	50～80＞	80～100
h_{min}	2	2.5 3.	5 4.	5 5.	5
R	0.8 1.	0 1.	6 2.	0 2.	5
R 或 c	1.6 2.	0 3.	0 4.	0 5.	0

表 11-5　标准直径尺寸系列　单位：mm

10 12	14 16	18 20	22 24	25 26	28
30 32	34 36	38 40	42 45	48 50	53
56 60	63 67	71 75	80 85	90 95	100

2. 各轴段的长度

各轴段的长度决定于轴上零件的宽度和零件固定的可靠性，设计时应注意以下几点：

（1）轴颈的长度通常与轴承的宽度相同，滚动轴承的宽度可查相关手册。

（2）轴头的长度取决于与其相配合的传动零件轮毂的宽度，若该零件需轴向固定，则应使轴头长度比零件轮毂宽度小 2～3 mm，以便将零件沿轴向夹紧，保证其固定的可靠性。

（3）轴的轴向长度的确定，应考虑轴上各零件之间的相互位置关系和装拆工艺要求，各零件间的推荐间距可查《机械设计手册》，或由具体情况确定。

（4）轴环宽度一般取 $b=(0.1\sim0.15)d$ 或 $b\approx1.4h$，并圆整为整数。

11.3.4　轴上零件的轴向定位与固定

为了保证轴和轴上零件具有准确而可靠的工作位置，防止轴上零件受力时发生沿轴向或周向的相对运动，轴上零件和轴本身都必须做到定位准确，固定可靠。

轴上零件的定位和固定是两个概念。定位是针对安装而言，以保证零件准确的安装位置；固定是针对工作而言，目的是使零件在运转过程中保持定位不变。但两者又有联系，作为结构措施，往往既起固定又起定位作用。

常用的轴向定位与固定方法有两类：一是利用轴本身的组成部分，如轴肩、轴环、圆锥面等；另一类是采用附件，如套筒、锁紧挡圈、圆螺母和止动垫圈、轴端挡圈及挡板、弹性挡圈、紧定螺钉等。其结构、特点、应用及设计注意要点见表 11-6。

表 11-6　轴上零件的轴向定位与固定方法

轴向定位和固定方法		特点与应用	设计要点
轴肩	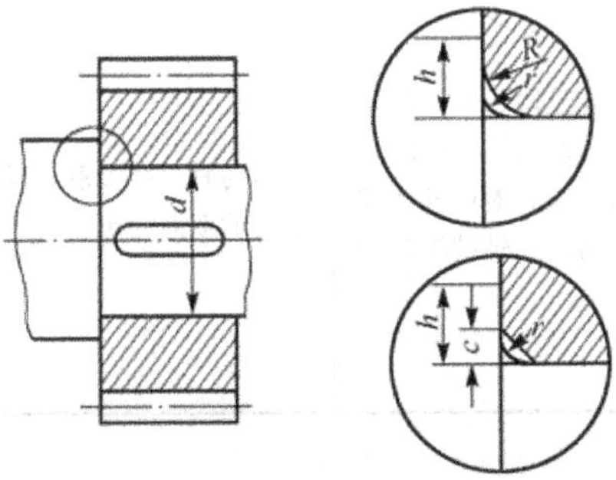 	结构简单，定位可靠，能承受较大轴向力。广泛应用于各种轴上零件的定位 该方法会使轴径增大，阶梯处形成应力集中，且阶梯过多不利于加工	为了保证零件与定位面靠紧，轴上过渡圆角半径 r 应小于零件圆角半径 R 或倒角 c，即 $r<c<h$、$r<R<h$；一般取定位高度 $h=(0.07\sim0.1)d$ 或 $h=(2\sim3)c$，轴环宽度 $b=1.4h$

（续表）

轴向定位和固定方法		特点与应用	设计要点
轴环	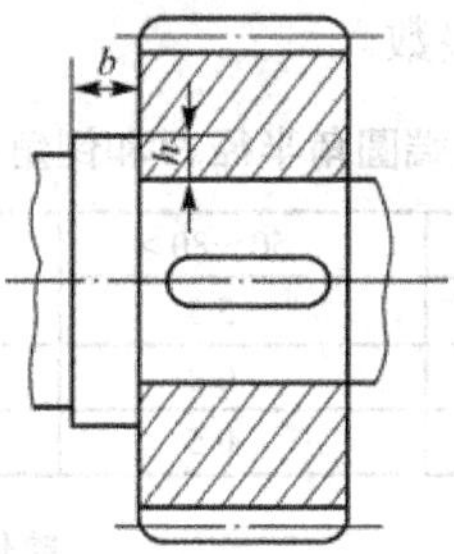	结构简单，定位可靠，能承受较大轴向力。广泛应用于各种轴上零件的定位 该方法会使轴径增大，阶梯处形成应力集中，且阶梯过多不利于加工	轴环的特点和尺寸参数与轴肩相同，一般取轴环宽度 $b=1.4h$
锁紧挡圈	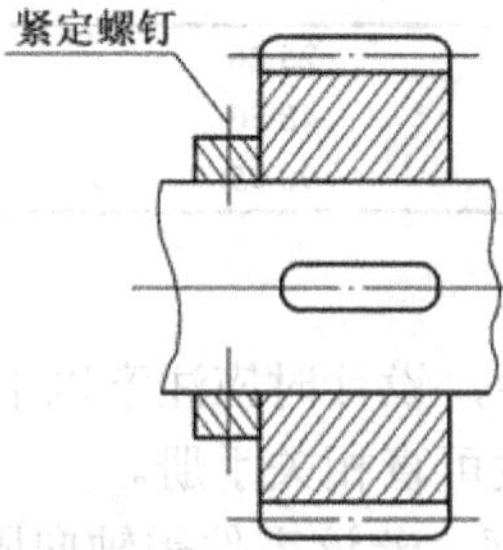	结构简单，装拆方便，但不能承受大的轴向力。不适合于高速场合	锁紧挡圈的结构尺寸见 GB 884—1986
圆螺母	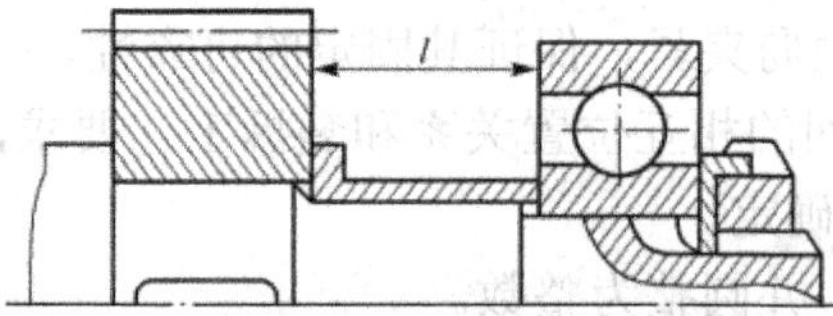	固定可靠，装拆方便，可承受较大轴向力，能实现轴上零件间隙调整 常用于轴上两零件间距较大处及轴端零件	为了减小对轴的强度的削弱及提高锁紧效果，采用细牙螺纹 为了防松，必须加止动垫圈或使用双螺母
弹性挡圈	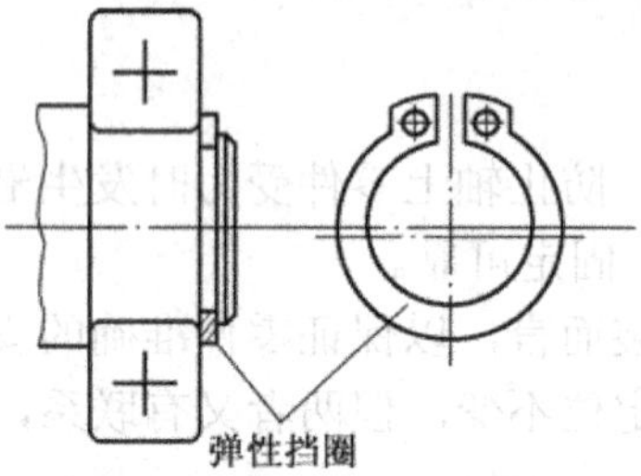	结构紧凑、简单，装拆方便，但承载能力较小，而且轴上切槽将引起应力集中 常用于轴承的固定	轴上切槽尺寸见 GB 894 .1—1986
轴端挡圈	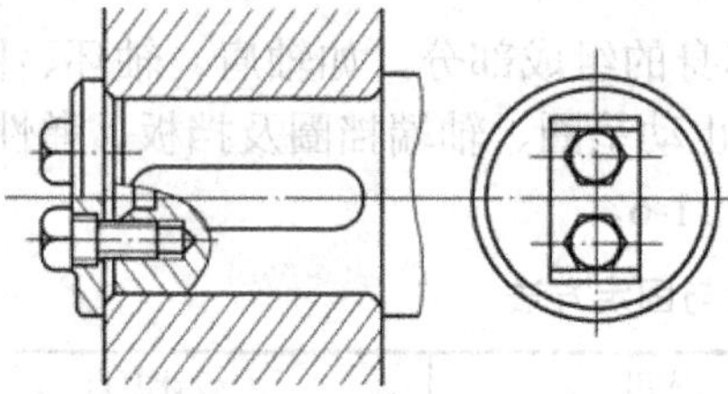	工作可靠，结构简单，能承受较大轴向力，应用广泛，一般只用于固定轴端零件	应采用止动垫片、防转螺钉等防松措施
圆锥面	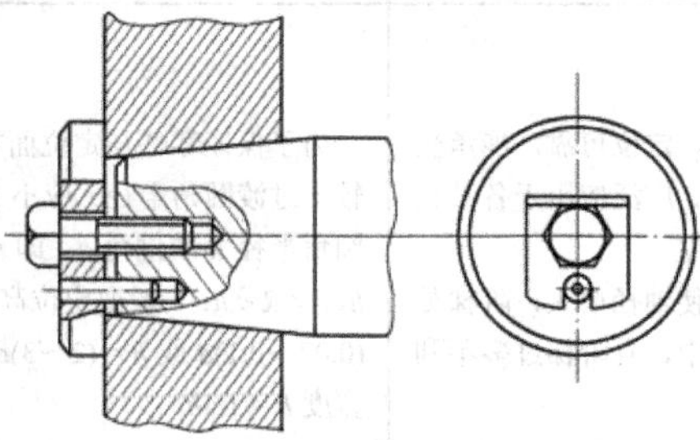	装拆方便，能消除轴与轮毂间的径向间隙，可兼为周向固定 适用于冲击载荷和对中性要求较高的场合，常用于轴端零件的固定	常与轴端挡圈联合使用，实现零件的双向固定

（续表）

轴向定位和固定方法		特点与应用	设计要点
紧定螺钉	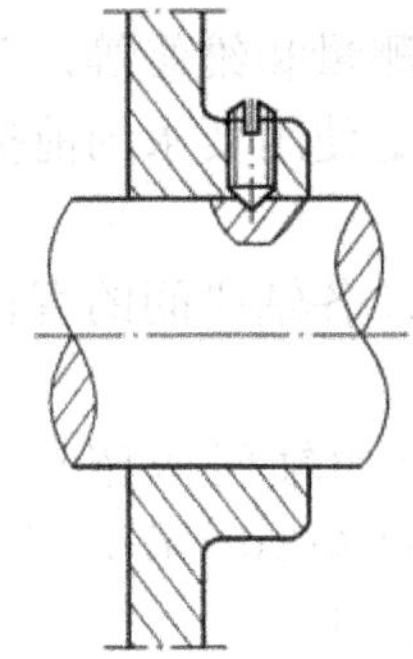	结构简单，可兼为周向固定，并可用钢丝圈防松，用于受力小的零件，不适合于高速场合	紧定螺钉用孔的结构尺寸见 GB 71—1985
套筒	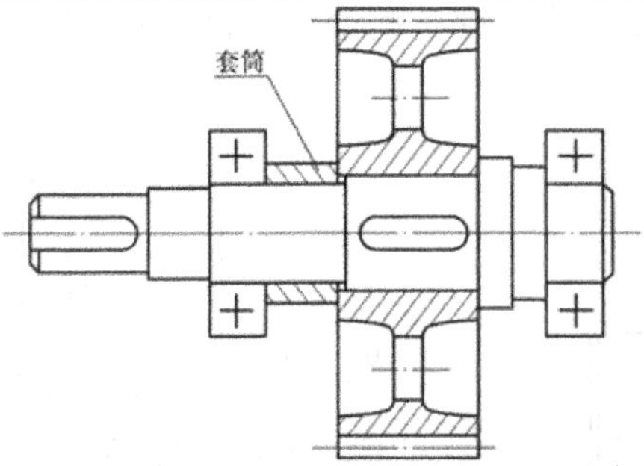	结构简单，定位可靠，简化了轴的结构且不削弱轴的强度 常用于轴上两个近距离零件间的相对固定，但不宜用于高速轴	套筒内径与轴的配合较松，套筒结构、尺寸可视需要灵活设计

11.3.5 轴上零件的周向固定

为了传递运动和转矩，轴上零件与轴必须有可靠的周向固定。在图 11-7 中，轴上齿轮用平键 1 作为周向固定；联轴器用平键 2 作为周向固定；滚动轴承内圈靠它与轴之间的过盈配合来实现周向固定。如图 11-8 中轴上零件周向固定方法所示，常用的周向固定方法有键连接、花键连接、过盈连接、紧定螺钉连接、销连接、型面连接、弹性环连接等。但应注意紧定螺钉用于周向固定时，只能用在传力不大的结构上。

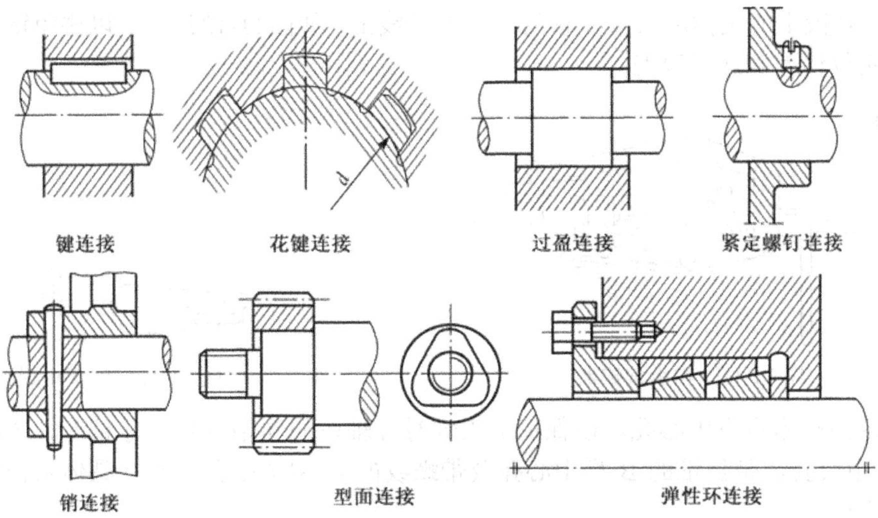

图 11-8　轴上零件周向固定方法

11.3.6 轴的结构工艺性

轴的结构工艺性是指轴的结构应便于加工、装配、拆卸、测量和维修等，并且生产率高，成本低。一般地说，轴的结构越简单，工艺性越好，所以在满足使用要求的前提下，轴的结构应尽可能简化。设计时应注意以下几方面问题。

（1）轴的直径变化应尽可能少，应尽量限制轴的最大直径及各轴段间的直径差，这样既能简化结构，节省材料，又可减小切削量。

（2）各轴段的轴端一般制成 45° 的倒角；需要切制螺纹的轴段应留有螺纹退刀槽[如图 11-9(a)所示]；需要磨削加工的轴段应留有砂轮越程槽[如图11-9(b)所示]，结构中的倒角 c、螺纹退刀槽和砂轮越程槽宽度 b 的具体尺寸可查阅相关标准和手册。

（3）与传动零件过盈配合的轴段，可设置 10°～20°的导锥，配合件端部设置 60°～90°的锥面，如图 11-10 所示。

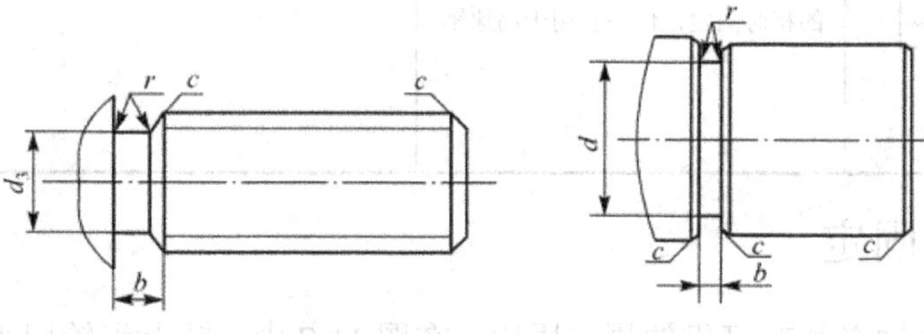

(a) 螺纹退刀槽　　(b) 砂轮越程槽

图 11-9　螺纹退刀槽与砂轮越程槽

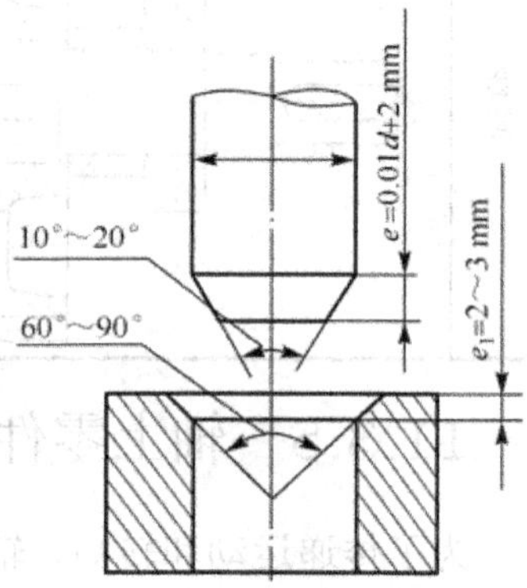

图 11-10　过盈配合导锥结构

（4）为了便于拆卸轴承，其定位轴肩应低于轴承内圈高度，如图 11-7(a)所示。如果轴肩高度无法降低，则应在轴上开槽，以便于顶拔器的钩头能够钩住轴承内圈，使轴承得以拆卸。图11-11 所示的是轴承顶拔器结构图。

（5）不同轴段上的键槽应布置在轴的同一条母线上，如图11-12 所示，以避免键槽加工时多次装夹带来定位误差和加工误差。

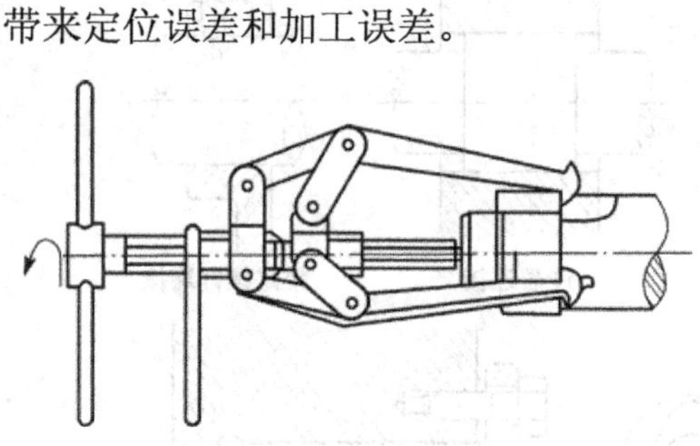
图 11-11　轴承顶拔器

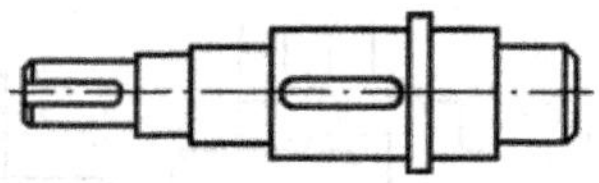
图 11-12　键槽布置图

（6）轴的两端常设有中心孔，以保证加工轴时各轴段的同轴度和尺寸精度。中心孔分不带护锥的 A 型中心孔、带护锥的 B 型中心孔及带螺纹的 C 型中心孔三类，具体结构尺寸可查阅相关标准和手册。

（7）为了减小应力集中，常在轴的截面尺寸变化处采用过渡圆角（半径 r），但要注意与轴上零件孔端圆角（半径 R）或倒角（c）间的协调（见表 11-6 中轴肩与轴环），r、R、c 的具体尺寸可查表 11-4。此外，为了减少加工刀具的种类和提高生产率，轴上直径相近之处的圆角、倒角、键槽宽度、砂轮越程槽和螺纹退刀槽宽度等，应尽可能采用相同的尺寸。

11.3.7　提高轴的强度和刚度的措施

提高轴的强度和刚度，其目的主要是提高轴抵抗塑性变形、弹性变形及破坏断裂的能力。工程上常用的办法是：① 改用高强度钢；② 提高轴的强度；③ 增大轴的直径；④ 提高轴的强度和刚度。但增大轴的直径将使零件尺寸增大及质量增加，从而导致整个设备质量增加，因此重点应在轴和轴上零件的结构设计、工艺措施及轴上零件的安装布置等方面综合加以考虑，采取相应的技术措施，以提高轴的整体承载能力，减小轴的尺寸和质量，降低制造成本。一般的做法有如下几种。

1. 合理设计和布置轴上零件，减小最大载荷

合理设计和布置轴上零件，能减小轴上最大载荷。例如，图11-13(a)中卷筒的轮毂很长，轴上最大弯矩较大。若把轮毂设计成两段[如图11-13(b)所示]，不仅可以减小轴的最大弯矩，而且还能得到良好的轴孔配合。又如图11-14(a)中的输入轮 1 设置在轴的一端，则轴上最大扭矩为 T_1。若将输入轮 1 设置在轮 3 与轮 2 之间[如图 11-14(b)所示]，则轴所受的最大扭矩就减小了 T_2。此外，轴上受力大的零件应尽可能安装在靠近支承处，并尽量避免采用悬臂支承结构。

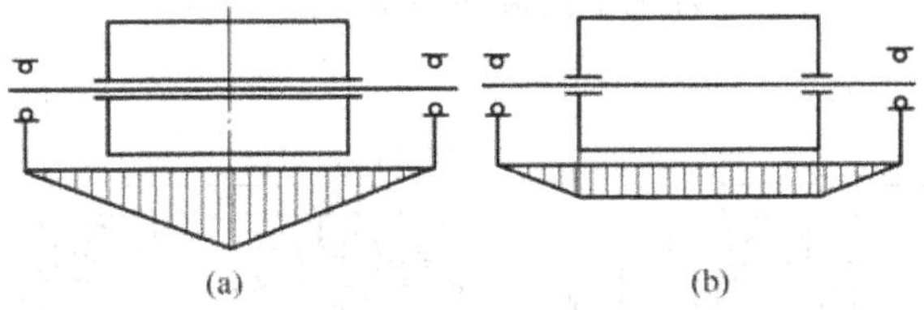

图 11-13　卷筒结构改进以减小轴的载荷

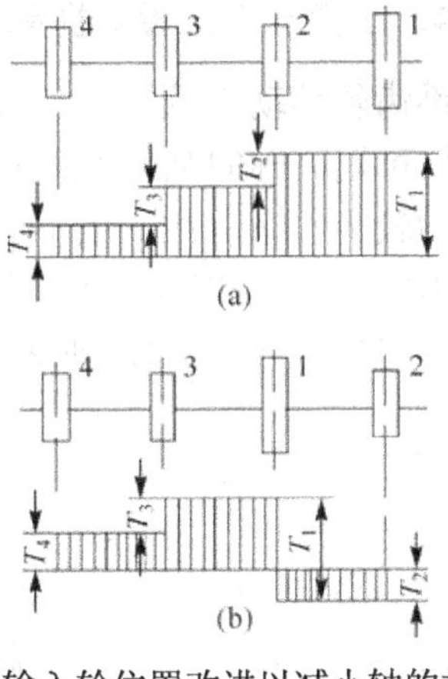

图 11-14　输入轮位置改进以减小轴的扭矩

2. 改进轴的结构，减小应力集中

轴上截面尺寸、形状的突变处会产生应力集中。当轴受变应力作用时，该截面处易发生疲劳破坏。为了提高轴的疲劳强度，应尽量减少应力集中源和减小应力集中的程度，为此，可采用如下措施。

（1）采用较大的过渡圆角，尽量避免截面尺寸和形状的突变。对于定位轴肩，必须保证轴上零件定位的可靠性，这使得过渡圆角半径受到限制，此时可采用内凹圆角[如图 11-15(a)所示]或加装隔离环[如图 11-15(b)所示]。

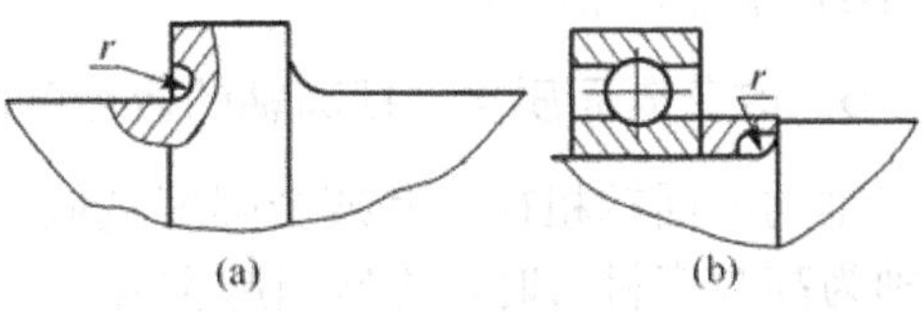

图 11-15　过渡圆角半径 r 受限时的结构处理

（2）过盈配合的轴段，可采用图 11-16 所示的措施。图 11-16(a)所示的是过盈配合处产生较

大的应力集中，图 11-16(b)所示的是在轮毂上开减载槽，可使应力集中系数 k_σ 大约减小 15%～25%；图 11-16(c)所示的是在轴上开减载槽，可使 k_σ 大约减小 40%，图 11-16(d)所示的是增大配合处直径，可使 k_σ 大约减小 30%～40%。值得注意的是，配合的过盈量越大，引起的应力集中就越严重，因此，设计中应合理地选择轮毂与轴的配合。

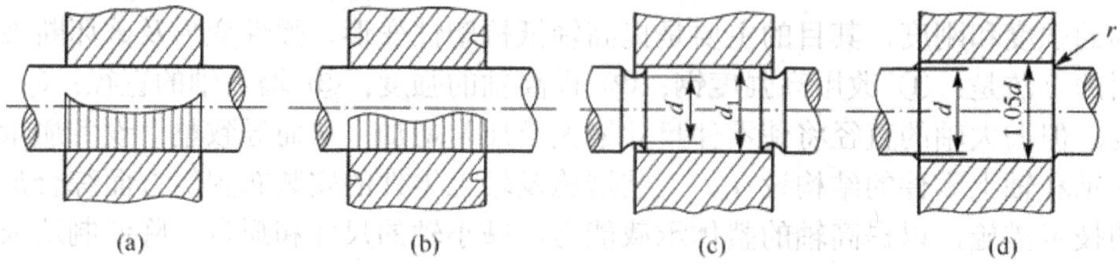

图 11-16　过盈配合轴端减小应力集中的措施

（3）轴上尽量少开小孔、切口或凹槽，应尽可能避免在轴上受力较大的区段切制螺纹。

3．采用力平衡或局部相互抵消的办法，减小轴的载荷

例如，同一根轴上的两个斜齿轮或蜗杆、蜗轮，只要正确设计轮齿的螺旋方向，可使轴向力相互抵消一部分（参见斜齿轮传动和蜗杆涡轮传动的受力分析部分）。

对于单独一对斜齿轮传动，必要时可采用人字齿轮传动，使轴向力内部抵消。又如行星轮减速器，可对称布置行星轮，使太阳轮轴只受转矩不受弯矩。

4．改变支点位置，提高轴的强度和刚度

锥齿轮传动中，通常小齿轮悬臂布置[如图11-17(a)所示]。若改为简支结构[如图11-17(b)所示]，则不仅可提高轴的强度和刚度，还可以改善锥齿轮的啮合状况[但从结构设计来讲，图11-17(b)中的结构较为复杂，故一般不被采用]。此外，对于一对角接触向心轴承支承的轴，零件悬臂布置时采用轴承“反装”结构可缩短悬臂长度；零件简支布置时采用轴承“正装”结构，可缩短支承跨度，图11-18所示的是轴承的正安装与反安装。这些都有利于提高轴的强度和刚度。

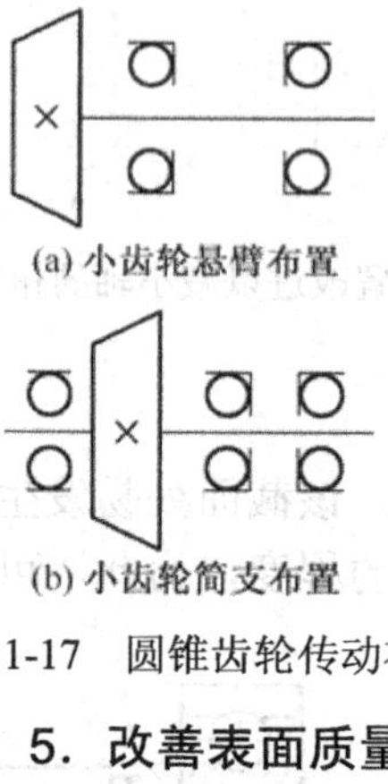

图 11-17　圆锥齿轮传动布置

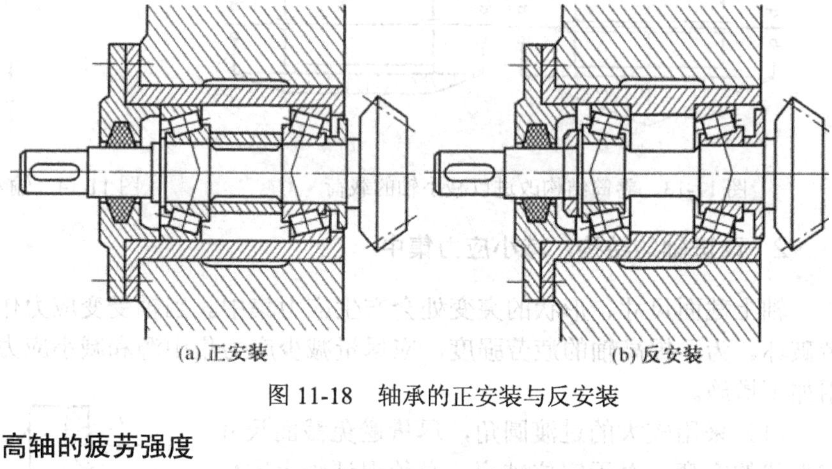

图 11-18　轴承的正安装与反安装

5．改善表面质量，提高轴的疲劳强度

轴的表面越粗糙，其疲劳强度越低，因此应合理减小轴的表面及圆角处的加工粗糙度值。当轴为高强度材料时，更应引起重视。

对配合轴段进行表面强化处理，可有效提高轴的抗疲劳能力。表面强化处理的方法有表面高频淬火，表面渗碳、氮化、氰化及碾压、喷丸处理等。如通过碾压、喷丸处理，可使轴的表层产生预压应力，从而提高轴的抗疲劳能力。

6．采用空心轴，提高轴的刚度

采用空心轴对提高轴的刚度、减小轴的质量具有显著的作用。由计算可知，内外径之比为 0.6 的空心轴与质量相同的实心轴相比，截面系数可增大 70%。

以上讨论说明，轴上零件的装配方法对轴的结构形式起着决定性的作用，因此一般情况下，在轴的结构设计上应当初步拟订多种结构方案后进行相应的对比，以确定合理的装配方案，这是轴的设计中必须进行的一步。为此，现以图 11-19 圆锥-圆柱齿轮减速器中的输出轴的两种装配方案为例（如图 11-20 所示）进行比较。图 11-20(b)中的轴向定位套筒长度较长，因而质量显然较大，这在轴的结构上是明显不足的；而相比之下，图 11-20(a)所示的装配结构则较为合理可行。

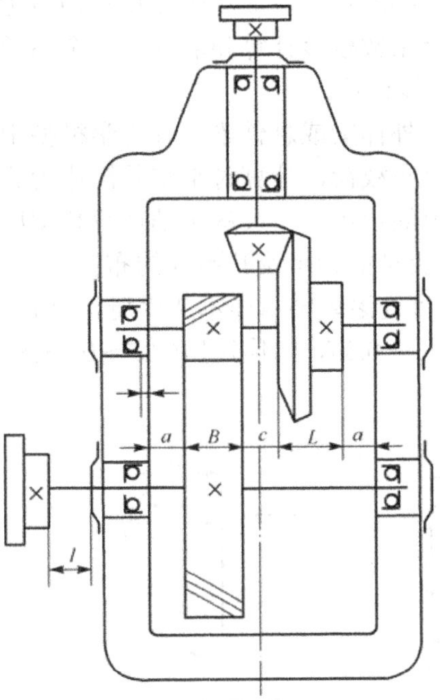

图 11-19　圆锥-圆柱齿轮减速器

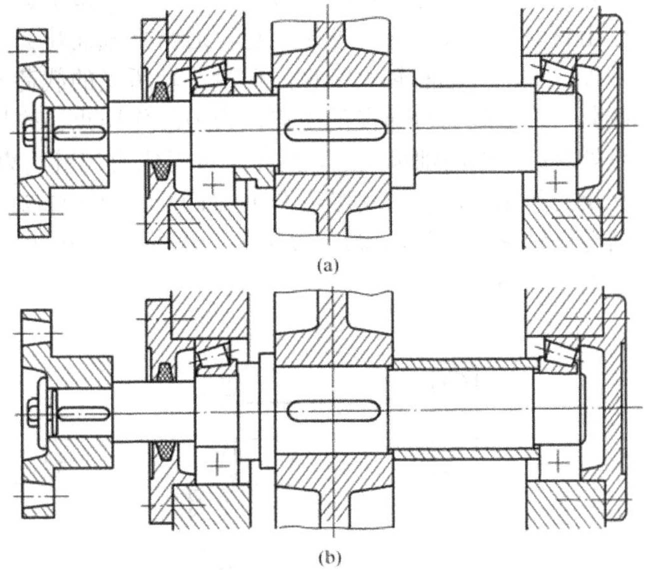

图 11-20　输出轴的两种结构方案比较

11.4　轴的强度计算

轴的强度计算主要有三种方法：许用切应力计算、许用弯曲应力计算和安全系数校核计算。

11.4.1　按扭转强度计算

许用切应力计算即扭转强度计算，主要用于传动轴的强度计算和初步估算轴的最小直径，计算公式如下所示。

对于只传递转矩的圆截面轴，其强度条件为

$$\tau_{\mathrm{T}}=\frac{T}{W_{\mathrm{T}}}\approx\frac{9.55\times10^{6}\dfrac{P}{n}}{0.2d^{3}}\leqslant[\tau_{\mathrm{T}}]$$

上式中各参数的含义及单位见 11.3.2 节中的解释。

对于既传递转矩又承受弯矩的转轴，可用上式初步估算轴径，但必须把轴的许用扭切应力$[\tau_T]$适当降低后，按下式计算轴径：

$$d_{0\min} \geqslant \sqrt[3]{\frac{9.55\times10^6 P}{0.2[\tau_T]n}} = C\sqrt[3]{\frac{P}{n}}$$

上式中各参数的含义及单位见 11.3.2 节中的解释。

11.4.2 按弯扭合成强度计算

许用弯曲应力计算包括弯曲强度计算和弯扭合成强度计算，前者适用于只受弯矩的心轴的强度计算，后者适用于既受弯矩又受扭矩的转轴的强度计算。心轴也可看成转轴在扭转切应力为零时的一种特例。安全系数校核计算包括轴的疲劳强度安全系数校核计算和静强度安全系数校核计算。以下仅介绍转轴的弯扭合成强度计算和安全系数校核计算。

由材料力学知，为了便于计算，通常把轴简化为简支梁、外伸梁或悬臂梁三种力学模型中的一种，且不计轴和轴上零件的质量。轴所受的载荷一般是分布载荷，计算时常将其简化为集中载荷，并取载荷分布段的中点作为力的作用点。作用在轴上的扭矩，一般从传动件轮毂宽度中点处算起。轴由轴承支承，其支点可简化为铰链约束。不同类型的轴承及其不同的布置方式，其支反力作用点的位置可参考图 11-21 确定。图 11-21 中 a 值可查滚动轴承样本或手册，e 值可根据滑动轴承的宽径比确定：$B/d \leqslant 1$ 时，$e = 0.5B$；$B/d > 1$ 时，$e = 0.5d$，但不小于$(0.25\sim0.35)B$；调心轴承 $e = 0.5B$。

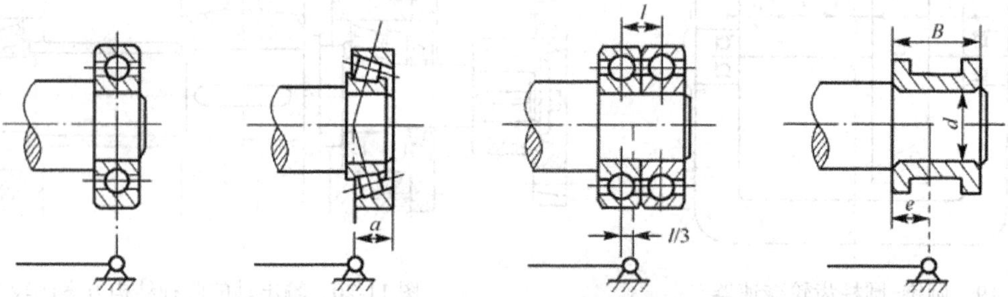

图 11-21 轴承的支点简化及支反力作用点

下面以图 11-22 为例，进一步说明轴按弯扭合成强度计算的具体设计方法。

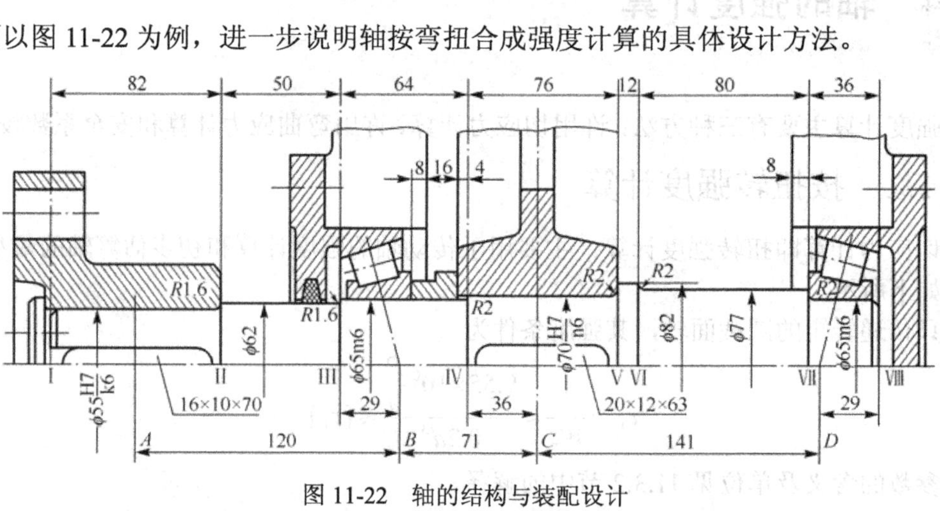

图 11-22 轴的结构与装配设计

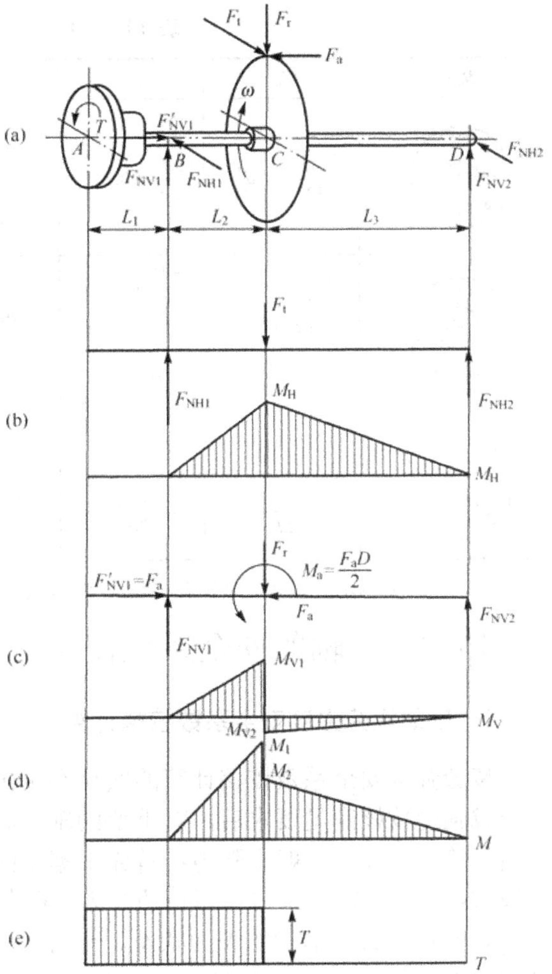

图 11-23　轴的载荷分析用图

1．求轴上零件的载荷和支反力

绘制计算简图前，首先要根据轴上受载零件具体的类型和特点，按照相应的理论求出作用在轴上的力的大小和方向（若为空间力系，应分解为圆周力、径向力和轴向力），然后求出各支承处的水平支反力 F_{NH} 和垂直支反力 F_{NV}，画出受力图，如图 11-23(a)所示。（轴向反力可以表示在适当的面上，本例将轴向反力表示在垂直面上，如图 11-23(b)所示，用 F'_{NV1} 表示。）

2．作弯矩图

分别按水平面和垂直面计算各力产生的弯矩，并绘制水平面弯矩 M_H 图[如图 11-23(b)所示]和垂直面弯矩 M_V 图[如图 11-23(c)所示]，则合成弯矩为

$$M=\sqrt{M_H^2+M_V^2} \tag{11-3}$$

合成弯矩 M 图如图 11-23(d)所示。

3．作扭矩图[如图 11-23(e)所示]

4．求计算弯矩 M_{ca}

根据第三强度理论，可推得圆轴弯扭合成强度的计算弯矩（又称当量弯矩）M_{ca} 为

$$M_{ca}=\sqrt{M^2+(\alpha T)^2} \tag{11-4}$$

式中，α 为折算系数，用以考虑扭转切应力 τ 与弯曲正应力 σ 循环特性不同的影响。

根据轴的工作特点，一般弯曲正应力 σ 是对称循环变应力，当扭转切应力 τ 也是对称循环变应力时（如频繁正反转的轴），取 $\alpha=1$；当 τ 为脉动循环变应力时，可取 $\alpha\approx0.6$；当 τ 为静应力时，此时本应取 $\alpha\approx0.3$，但考虑启动、停机等的影响，τ 仍可被视为脉动循环变应力，故取 $\alpha\approx0.6$。

5．轴的强度计算

结合轴的结构分析、弯矩图和扭矩图，确定 1～2 个危险截面（弯矩和扭矩均较大或截面尺寸相对较小的强度可能不足的截面）进行弯扭合成强度校核计算，其公式为

$$\sigma_{ca}=M_{ca}/W=\sqrt{M^2+(\alpha T)^2}\Big/W\leqslant[\sigma_{-1}] \tag{11-5}$$

式中，σ_{ca} 为轴的弯扭合成计算应力，单位为 MPa；W 为危险截面的抗弯截面系数，单位为 mm^3，计算公式见表 11-7；$[\sigma_{-1}]$ 为当弯曲正应力 σ 是对称循环变应力时轴的许用弯曲应力，其值可查表 11-2。

令 $T=0$，式(11-4)即可应用于心轴的强度较核。但对于固定心轴，应取 $[\sigma_0]\approx1.7[\sigma_{-1}]$。对于实心圆轴，将 $W\approx0.1d^3$ 代入式(11-5)，可求得心轴直径 d 的设计公式为

$$d\geqslant\sqrt[3]{\frac{M_{ca}}{0.1[\sigma_{-1}]}} \tag{11-6}$$

表 11-7 抗弯、抗扭截面系数计算公式

截面	W_M	W_T	截面	W_M	W_T
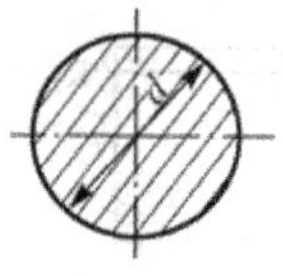	$\frac{\pi d^3}{32}\approx 0.1d^3$	$\frac{\pi d^3}{16}\approx 0.2d^3$	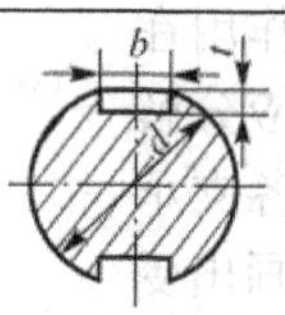	$\frac{\pi d^3}{32}-\frac{bt(d-t)^2}{d}$	$\frac{\pi d^3}{16}-\frac{bt(d-t)^2}{d}$
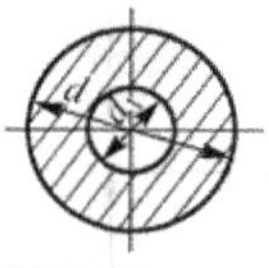	$\frac{\pi d^3}{32}(1-\beta^4)$ $\approx 0.1d^3(1-\beta^4)$ $\beta=\frac{d_1}{d}$	$\frac{\pi d^3}{16}(1-\beta^4)$ $\approx 0.2^3(1-\beta^4)$ $\beta=\frac{d_1}{d}$	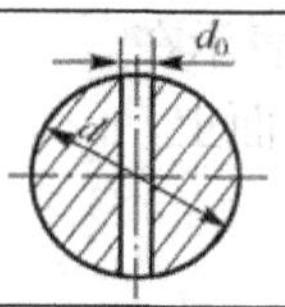	$\frac{\pi d^3}{32}\left(1-1.54\frac{d_0}{d}\right)$	$\frac{\pi d^3}{16}\left(1-\frac{d_0}{d}\right)$
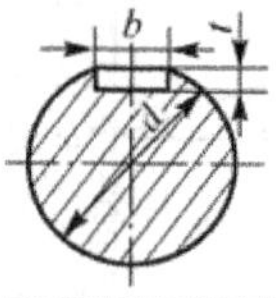	$\frac{\pi d^3}{32}-\frac{bt(d-t)^2}{2d}$	$\frac{\pi d^3}{16}-\frac{bt(d-t)^2}{2d}$	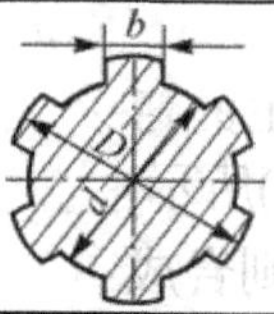	$\frac{\pi D^4+(D-d)(D+d)^2 zb}{32D}$ z 为花键齿数	$\frac{\pi D^4+(D-d)(D+d)^2 zb}{16D}$ z 为花键齿数

说明：进行近似计算时，单、双键槽一般可以忽略差别，花键轴截面可以视为直径等于平均直径的圆截面。

11.4.3 轴的安全系数校核计算

1. 轴的疲劳强度安全系数校核计算

疲劳强度安全系数校核计算的实质在于确定变应力情况下轴的安全程度。通常，在轴的弯扭合成强度校核满足要求后，对重要的轴，确定一个或几个危险截面，进行疲劳强度安全系数校核计算，计算的一般步骤为：首先根据轴的结构、尺寸及载荷特征，分别求得各危险截面处的最大、最小弯曲正应力和扭转切应力，以及这两种循环应力的平均应力 σ_m 及 τ_m 和应力幅 σ_a 及 τ_a，然后综合考虑轴的表面状态、应力集中、绝对尺寸等的影响，分别计算仅有弯曲正应力时的安全系数 S_σ 和仅有扭转切应力时的安全系数 S_τ，最后校核弯扭联合作用下轴的疲劳强度安全系数 S_{ca}，有公式为

$$\begin{cases} S_\sigma=\dfrac{\sigma_{-1}}{K_\sigma\sigma_a+\psi_\sigma\sigma_m}\geqslant S \\ S_\tau=\dfrac{\tau_{-1}}{K_\tau\tau_a+\psi_\tau\tau_m}\geqslant S \end{cases} \tag{11-7}$$

$$S_{ca}=\frac{S_\sigma S_\tau}{\sqrt{S_\sigma^2+S_\tau^2}}\geqslant S \tag{11-8}$$

式中，S_{ca} 为计算安全系数；S 为设计安全系数，可按下述情况选取：① 材料均匀，载荷与应力计算精确时，$S=1.3\sim1.5$；② 材料不够均匀，计算精度较低时，$S=1.5\sim1.8$；③ 材料均匀性及计算精度都很低，或轴的直径 $d>200$ mm 时，$S=1.8\sim2.5$；对于破坏后会引起重大事故乃至人身伤亡的重要的轴，应适当增大 S 值；σ_{-1}、τ_{-1} 分别为材料在对称循环弯变应力下的弯曲和扭转疲劳强度，单位为 MPa；ψ_σ、ψ_τ 分别为试件受循环弯曲应力和切应力时的材料系数，取值见相关手册；K_σ、K_τ 分别为弯曲和扭转疲劳极限的综合影响系数。

K_σ、K_τ 由下式计算：

$$\begin{cases}K_\sigma=(k_\sigma/\varepsilon_\sigma+1/\beta_\sigma)/\beta_q\\ K_\tau=(k_\tau/\varepsilon_\tau+1/\beta_\tau)/\beta_q\end{cases}\quad (1\qquad 1\text{-}9)$$

式中，k_σ、k_τ 为零件的有效应力集中系数，取值见相关手册；ε_σ、ε_τ 为钢材的尺寸系数，取值见相关手册；β_σ、β_τ 为零件的表面状态系数，取值见相关手册；β_q 为强化系数，钢材经不同强化处理后的 β_q 见相关手册。

2. 轴的静强度安全系数校核计算

静强度校核计算是为了保证轴具有足够的抵抗塑性变形的能力。当轴上瞬时过载严重或应力循环的不对称性较为严重时，轴在瞬时峰尖载荷作用下易产生过度塑性变形，影响轴的正常工作。这种情况下，应根据轴上作用的最大瞬时峰尖载荷进行轴的静强度校核，公式为

$$S_{Sca}=\frac{S_{S\sigma}S_{S\tau}}{\sqrt{S_{S\sigma}^2+S_{S\tau}^2}}\geqslant S_S\quad (1\qquad 1\text{-}10)$$

式中，S_{Sca} 为危险截面静强度的计算安全系数；S_S 为以屈服极限作为极限应力时的设计安全系数，见表 11-8；$S_{S\sigma}$ 为仅考虑弯矩和轴向力时的计算安全系数，由式(11-11)确定；$S_{S\tau}$ 为仅考虑扭矩时的计算安全系数，由式(11-12)确定。

$$S_{S\sigma}=\frac{\sigma_S}{(M_{max}/W)+(F_{a\,max}/A)}\quad (1\qquad 1\text{-}11)$$

$$S_{S\tau}=\frac{\tau_S}{T_{max}/W_T}\quad (1\qquad 1\text{-}12)$$

以上两式中，σ_S 和 τ_S 分别为该轴材料的抗弯和抗扭屈服极限，单位为 MPa，$\tau_S=(0.55\sim 0.62)\sigma_S$；$M_{max}$ 和 T_{max} 分别为轴的危险截面上所受的最大弯矩和最大扭矩，单位为 N·mm；$F_{a\,max}$ 为轴的危险截面上所受的最大轴向力，单位为 N。

表 11-8　屈服强度的设计安全系数

σ_S/σ_b	0.45～0.55 0.	55～0.70 0.	70～0.90	铸造轴
S_S	1.2～1.5 1.	4～1.8 1.	7～2.2 1.	6～2.5

【例 11-1】　某化工设备中的输送装置，运转平稳，工作转矩变化很小，以圆锥-圆柱齿轮减速器作为减速装置，其简图如图 11-19 所示，试对该减速器的输出轴进行结构设计。已知输入轴与电动机、输出轴与工作机均通过弹性柱销联轴器连接；输出轴旋转方向从左向右看为顺时针，单向旋转；电动机型号为 Y160M—6；两级齿轮传动均为 8 级精度，其参数如下表所示：

级别	z_1	z_2	m_n/mm	m_t/mm	β	α	h_a^*	齿宽
高速级	20 75			3.5		20°	1	大锥齿轮轮毂长 $L=40$ mm
低速级	23 95		4		8°6′34″			$B_1=85$ mm，$B_2=80$ mm

解：

综合该轴的工作负荷、运转状况和工作环境条件，其材料选用 45 号钢，进行调质处理。为了便于清晰地表示出整个轴的设计步骤和计算引用的数据、资料，在此将整个设计过程用列表的方式来表示。

设计项目	设计依据及时内容	设计结果
1）确定输出轴运动和动力参数		
（1）确定电动机额定功率 P 和满载转速 n_1	由 Y160M—6，查标准 JB 3074—1982	$P = 7.5$ kW $n_1 = 970$ r/min
（2）确定相关零件传动效率		
弹性柱销联轴器效率 η_1		$\eta_1 = 0.995$
锥齿轮啮合效率 η_2	8 级精度	$\eta_2 = 0.96$
圆柱齿轮啮合效率 η_3	8 级精度	$\eta_3 = 0.97$
一对滚动轴承副的效率 η_4	3 根轴均同时承受径向力和轴向力，转速不高，可以全部采用圆锥滚子轴承	$\eta_4 = 0.98$
电动机—输出轴总效率 η	$\eta = \eta_1 \cdot \eta_2 \cdot \eta_3 \cdot \eta_4^2 = 0.995 \times 0.96 \times 0.97 \times 0.98^2$	$\eta = 0.89$
（3）输出轴的输入功率 P_3	$P_3 = P \cdot \eta = 7.5 \times 0.89$ kW	$P_3 = 6.68$ kW
（4）输出轴的转速 n_3	$n_3 = n/i = 970 \times 20 \times 23/(70 \times 95)$ r/min	$n_3 = 67.10$ r/min
（5）输出轴Ⅰ—Ⅲ轴段上转矩 T_3，如图 11-20(a) 所示	$T_3 = 9.55 \times 10^6 P_3 \eta_4 / n_3 = 9.55 \times 10^6 \times 6.68 \times 0.98 / 67.10$ N·mm	$T_3 = 932\,000$ N·mm
2）轴的结构设计		
（1）确定轴上零件的装配方案	根据前述输出轴结构分析，选择图 11-20(a) 为装配结构图。为了方便表述，记轴的左端面为Ⅰ，并从左向右每个截面变化处依次标记为Ⅱ、Ⅲ、…，对应每轴段的直径和长度则分别记为 d_{12}、d_{23}…和 L_{12}、L_{23}…	选择图 11-20(a)所示的方案
（2）确定轴的最小直径 d_{min}	Ⅰ—Ⅱ轴段仅受转矩作用，故直径最小	
① 估算轴的最小直径 d_{0min}	45 号钢调质处理，查表 11-3 确定轴的 C 值 $d_{0min} = C\sqrt[3]{\frac{P}{n}} = 112 \times \sqrt[3]{\frac{6.68 \times 0.98}{67.10}} = 51.56$ mm， 单键槽轴径应增大 5%～7%，即增大至 54.14～55.17 mm	取 $C = 112$ 圆整后取 $d_{0min} = 55$ mm
② 选择输出轴联轴器型号		
联轴器的计算转矩 T_{ca}	查表 13-1，确定工作情况系数 K_A $T_{ca} = K_A T_3 = 1.3 \times 932\,000$ N·mm	取 $K_A = 1.3$ $T_{ca} = 1\,212\,000$ N·mm
输出轴所用联轴器型号选择	$T_{ca} \leqslant [T] = 1\,250\,000$ N·mm、$n_{ca} \leqslant [n] = 4000$ r/min，查标准 GB/T 5014—1985	选用 HL4 型弹性柱销联轴器
半联轴器长度 L		取 $L = 112$ mm
与轴配合的毂孔长度 L_1		取 $L_1 = 84$ mm
半联轴器的孔径 d_2		取 $d_2 = 55$ mm
③ 确定轴的最小直径 d_{min}	应满足 $d_{min} = d_{12} = d_2 \geqslant d_{0min}$	取 $d_{min} = 55$ mm
（3）确定各轴段的尺寸		
Ⅰ—Ⅱ段轴头的长度 L_{12}	为了保证半联轴器轴向定位的可靠性，L_{12} 应略小于 L_1	取 $L_{12} = 82$ mm
Ⅱ—Ⅲ段轴身的直径 d_{23}	Ⅱ处轴肩高 $h = (0.07～0.1)d = 3.85～5.5$ mm，但由于该轴肩几乎不承受轴向力，故取 $h = 3.5$ mm，则 $d_{23} = d_{12} + 2h = (55 + 2 \times 3.5)$ mm	取 $d_{23} = 62$ mm
确定 d_{34}、d_{78}，选择滚动轴承型号	取 $d_{34} = d_{78} = 65$ mm $> d_{23}$，查轴承样本，选用型号为 30313 的单列圆锥滚子轴承，其内径 $d = 65$ mm，外径 $D = 140$ mm，宽度 $B = 36$ mm	取 $d_{34} = d_{78} = 65$ mm 选 30313 单列圆锥滚子轴承
Ⅳ—Ⅴ段轴头的直径 d_{45}	为了方便安装，d_{45} 应略大于 d_{34}	取 $d_{45} = 70$ mm
Ⅳ—Ⅴ段轴头的长度 L_{45}	为了使套筒端面可靠地压紧齿轮，L_{45} 应略小于齿轮轮毂的宽度 $B_2 = 80$ mm	取 $L_{45} = 76$ mm

（续表）

设计项目	设计依据及时内容	设计结果
V—VI段轴环的直径 d_{56}	齿轮的定位轴肩高度 $h=(0.07\sim0.1)d=4.9\sim7$ mm，取 $h=6$ mm	$d_{56}=82$ mm
V—VI段轴环的宽度 L_{56}	参见表 11-6，轴环宽度 $b\geqslant 1.4h=8.4$ mm	取 $L_{56}=12$ mm
VI—VII段轴身的直径 d_{67}	查轴承样本，轴承定位轴肩的高度 $h=6$ mm	取 $d_{67}=77$ mm
VII—VIII段轴颈长度 L_{78}	$L_{78}=B=36$ mm	取 $L_{78}=36$ mm
II—III段轴身的长度 L_{23}	参见图 11-19 及图 11-20(a)，轴承端盖的总厚度（由结构设计确定）为 20 mm。为了便于轴承端盖的拆卸及对轴承添加润滑剂，取端盖外端面与半联轴器右端面间的距离 $l=30$ mm，$L_{23}=l+20$ mm	取 $L_{23}=50$ mm
III—IV轴段的长度 L_{34}	参见图 11-19，$a=16$ mm，$s=8$ mm，则有 $L_{34}=B+s+a+(B_2-l_{45})=[36+8+16+(80-76)]$ mm	取 $L_{34}=64$ mm
VI—VII轴段的长度 L_{67}	参见图 11-22，$c=20$ mm，则 $L_{67}=L+c+a+s-L_{56})=(50+20+16+8-12)$ mm	取 $L_{67}=82$ mm
（4）轴上零件的周向固定	齿轮、半联轴器与轴的周向固定均采用平键连接；轴承与轴的周向固定均采用过渡配合	
齿轮处的平键选择	选 A 型普通平键，由 d_{45} 查设计手册，平键截面尺寸 $b\times h=20$ mm × 12 mm，键长 63 mm	键 20×63 GB/T 1095—1979
齿轮轮毂与轴的配合	为了保证对中良好，采用较紧的过渡配合	配合为 H7/n6
半联轴器处的平键选择	选 A 型普通平键	键 16×70 GB/T 1095—1979
半联轴器与轴的配合	采用过渡配合	配合为 H7/k6
滚动轴承与轴颈的配合	采用较紧的过盈配合	轴颈尺寸公差取 m6
（5）确定倒角和圆角的尺寸		
轴两端的倒角	根据轴径查手册	取倒角为 2×45°
各轴肩处圆角半径	考虑应力集中的影响，由轴段直径查手册	如图 11-22 所示
（6）绘制轴的结构装配草图		如图 11-22 所示

【例 11-2】　根据【例 11-1】中设计出的轴的结构与装配草图（如图 11-20 所示），试对该轴进行强度校核，并绘制其零件工作图。

解：

同样考虑明晰起见，仍然以表格形式表示出该轴的强度校核过程，见下表。

设计项目	设计依据及内容	设计结果
1）求轴上载荷		
（1）计算齿轮受力	参见【例 11-1】中齿轮参数表及图 11-23	
齿轮的分度圆直径	$d_2=mz_2/\cos\beta=3.5\times95/\cos8°6'34''$ mm	$d_2=383.84$ mm
圆周力	$F_t=2T_3/d_2=2\times950\,730/383.84$ N	$F_t=4954$ N
径向力	$F_r=F_t\tan\alpha_n/\cos\beta=4954\times\tan20°/\cos8°6'34''$ N	$F_t=1821$ N
轴向力	$F_a=F_t\tan\beta=4954\times\tan8°6'34''$ N	$F_a=706$ N
F_a对轴心产生的弯矩	$M_a=F_ad_2/2=706\times383.84/2$ N·mm	$M_a=135\,496$ N·mm
（2）求支反力	参见图 11-23	
轴承的支点位置	参见图 11-21，由 30313 圆锥滚子轴承查手册	$a=29$ mm
齿宽中点距左支点距离	$L_2=(76/2+64)-29$ mm	$L_2=71$ mm

（续表）

设计项目	设计依据及内容	设计结果
齿宽中点距右支点距离	$L_3=(76/2+12+82+36)-29$ mm	$L_3=141$ mm
左支点水平面的支反力	$\Sigma M_D=0, F_{NH1}=L_3F_t/(L_2+L_3)=(141\times4954)/(71+141)$ m m	$F_{NH1}=3\ 294$ N
右支点水平面的支反力	$\Sigma M_B=0, F_{NH2}=L_2F_t/(L_2+L_3)=(71\times4954)/(71+141)$ m m	$F_{NH2}=1\ 658$ N
左支点垂直面的支反力	$F_{NV1}=(L_3F_r+M_a)/(L_2+L_3)=(141\times1821+135496)/212$ N	$F_{NV1}=1\ 850$ N
右支点垂直面的支反力	$F_{NV2}=(L_2F_r-M_a)/(L_2+L_3)=(71\times1821-135496)/212$ N	$F_{NV2}=-29$ N
左支点的轴向支反力	$F'_{NV1}=F_a$	$F'_{NV1}=706$ N
2）绘制弯矩图和扭矩图	参见图 11-23	
截面 C 处水平面弯矩	$M_H=F_{NH1}L_2=3294\times71$ N·mm	$M_H=233\ \ 874$ N·mm
截面 C 处垂直面弯矩	$M_{V1}=F_{NV1}L_2=1869\times71$ N·mm $M_{V2}=F_{NV2}L_3=-29\times141$ N·mm	$M_{V1}=132\ 699$ N·mm $M_{V2}=-4\ 089$ N·mm
截面 C 处合成弯矩	$M_1=\sqrt{M_H^2+M_{V1}^2}=\sqrt{233\ 874^2+131\ 350^2}$ N·mm $M_2=\sqrt{M_H^2+M_{V2}^2}=\sqrt{233\ 874^2+4\ 089^2}$ N·mm	$M_1=268\ 235$ N·mm $M_2=233\ 910$ N·mm
3）弯扭合成强度校核	通常，只校核轴上受最大弯矩和扭矩的截面的强度	危险截面 C
截面 C 处计算弯矩	考虑启动、停机影响，扭矩为脉动循环弯应力，$\alpha=0.6$ $M_{ca}=\sqrt{M_1^2+(\alpha T_3)^2}=\sqrt{268\ 235^2+(0.6\times950\ 730)^2}$ N·mm	$M_{ca}=630\ \ 357$ N·mm
截面 C 处计算应力	$\sigma_{ca}=M_{ca}/W=630\ \ 357/(0.1\times70^3)$ MP a	$\sigma_{ca}=18.4$ MPa
强度校核	45 号钢调质处理，由表 11-2 查得 $[\sigma_{-1}]=60$ MPa、 $\sigma_{ca}<[\sigma_{-1}]$	弯扭合成强度合格
4）疲劳强度安全系数校核	不计轴向力 F'_{NV1} 产生的压应力 σ_{va} 的影响	
（1）确定危险截面	由于 d_{min} 在估算时放大了 5%，以考虑键槽的影响，而且截面 A、Ⅱ、Ⅲ、B 只承受转矩，故不必校核 截面 C 上应力最大，但由于过盈配合及键槽引起的应力集中均在该轴段两端，故也不必校核 截面Ⅳ、Ⅴ处应力接近最大，应力集中相近，且最严重，但截面Ⅴ不受转矩作用，故不必校核 截面Ⅳ为危险截面，左右两侧均需校核	截面Ⅳ为危险截面
（2）截面Ⅳ左侧强度校核		
抗弯截面系数	$W=0.1d^3=0.1\times65^3$ mm^3	$W=27\ 463$ mm^3
抗扭截面系数	$W_T=0.2d^3=0.2\times65^3$ mm^3	$W_T=54\ 925$ mm^3
截面Ⅳ左侧的弯矩	$M=268\ 235\times(71-36)/71$ N·mm	$M=132\ 229$ N·mm
截面上的弯曲应力	$\sigma_b=M/W=132\ 229/27\ 463$ MPa	$\sigma_b=4.82$ MPa
截面上的扭转切应力	$\tau_T=T_3/W_T=950\ 730/54\ 925$ MPa	$\tau_T=17.31$ MPa
平均应力	弯曲正应力为对称循环变应力，$\sigma_m=(\sigma_{max}+\sigma_{min})/2$，扭转切应力为脉动循环变应力，$\tau_m=(\tau_{max}+\tau_{min})/2=17.48/2$ MP a	$\sigma_m=0$ MPa $\tau_m=8.66$ MPa
应力幅	$\sigma_a=(\sigma_{max}-\sigma_{min})/2=\sigma_b$ $\tau_a=(\tau_{max}-\tau_{min})/2=\tau_m$	$\sigma_a=4.82$ MPa $\tau_a=8.66$ MPa
材料的力学性能 45	号钢调质，查表 11-2	$\sigma_b=640$ MPa $\sigma_{-1}=275$ MPa $\tau_{-1}=155$ MPa
轴肩理论应力集中系数	$r/d=2.0/65=0.031$, $D/d=70/65=1.08$，查机械设计手册并经插值	$\alpha_\sigma=2.0$ MPa $\alpha_\tau=1.31$ MPa
材料的敏性系数	由 r =2.0 mm, $\sigma_b=640$ MP a	$q_\sigma=0.82$ $q_\tau=0.85$

（续表）

设计项目	设计依据及内容	设计结果
尺寸及截面形状系数	由 $h=6$ mm、$d_{34}=65$ mm	$\varepsilon_\sigma=0.67$
扭转剪切尺寸系数	由 $D=d_{34}=65$ mm	$\varepsilon_\tau=0.82$
表面质量系数	轴按磨削加工，由 $\sigma_b=640$ MPa	$\beta_\sigma=\beta_\tau=0.92$
表面强化系数	轴未经表面强化处理	$\beta_q=1$
疲劳强度综合影响系数	$K_\sigma=k_\sigma/\varepsilon_\sigma+1/\beta_\sigma-1=1.82/0.67+1/0.92-1$ $K_\tau=k_\tau/\varepsilon_\tau+1/\beta_\tau-1=1.26/0.82+1/0.92-1$	$K_\sigma=2.80$ $K_\tau=1.62$
材料特性系数	45 号钢：$\psi_\sigma=0.1\sim0.2$ $\psi_\tau=0.05\sim0.1$	取 $\psi_\sigma=0.1$ 取 $\psi_\tau=0.05$
仅有弯曲正应力时的计算安全系数	$S_\sigma=\dfrac{\sigma_{-1}}{K_\sigma\sigma_a+\psi_\sigma\sigma_m}=\dfrac{275}{2.8\times4.82+0.1\times0}$	$S_\sigma=20.38$
仅有扭转切应力时的计算安全系数	$S_\tau=\dfrac{\tau_{-1}}{K_\tau\tau_a+\psi_\tau\tau_m}=\dfrac{155}{1.62\times8.66+0.05\times8.66}$	$S_\tau=10.72$
弯扭联合作用下的计算安全系数	$S_{ca}=\dfrac{S_\sigma S_\tau}{\sqrt{S_\sigma^2+S_\tau^2}}=\dfrac{20.38\times10.72}{\sqrt{20.38^2+10.72^2}}$	$S_{ca}=9.5$
设计安全系数	材料均匀，载荷与应力计算精确时：$S=1.3\sim1.5$	取 $S=1.5$
疲劳强度安全系数校核	S_{ca} □ S	左侧疲劳强度合格
（3）截面Ⅳ右侧强度校核		
抗弯截面系数	$W=0.1d^3=0.1\times70^3$	$W=34\ 300\ \text{mm}^3$
抗扭截面系数	$W_T=0.2d^3=0.2\times70^3$	$W_T=68\ 600\ \text{mm}^3$
截面Ⅳ左侧的弯矩	$M=268\ 235\times(71-36)/71$	$M=132\ 229$ N·mm
截面上的弯曲应力	$\sigma_b=M/W=132\ 229/34\ 300$	$\sigma_b=3.86$ MPa
截面上的扭转切应力	$\tau_T=T_3/W_T=950\ 730/68\ 600$	$\tau_T=13.86$ MPa
平均应力	弯曲正应力为对称循环，$\sigma_m=(\sigma_{max}+\sigma_{min})/2$ 扭转切应力为脉动循环，$\tau_m=(\tau_{max}+\tau_{min})/2=13.86/2$	$\sigma_m=0$ MPa $\tau_m=6.93$ MPa
应力幅	弯曲正应力为对称循环，$\sigma_a=(\sigma_{max}-\sigma_{min})/2=\sigma_b$ 扭转切应力为脉动循环，$\tau_a=(\tau_{max}-\tau_{min})/2=\tau_m$	$\sigma_a=3.86$ MPa $\tau_a=6.93$ MPa
过盈配合处的 $k_\sigma/\varepsilon_\sigma$ 值	$d=70$ mm, $\sigma_b=640$ MPa，配合为 H7/n6	$k_\sigma/\varepsilon_\sigma=3.16$
过盈配合处的 k_τ/ε_τ 值	$k_\tau/\varepsilon_\tau=(0.7\sim0.85)\,k_\sigma/\varepsilon_\sigma$，取 $k_\tau/\varepsilon_\tau=0.8\,k_\sigma/\varepsilon_\sigma$	$k_\tau/\varepsilon_\tau=2.53$
疲劳强度综合影响系数	$K_\sigma=k_\sigma/\varepsilon_\sigma+1/\beta_\sigma-1=3.16+1/0.92-1$ $K_\tau=k_\tau/\varepsilon_\tau+1/\beta_\tau-1=2.53+1/0.92-1$	$K_\sigma=3.25$ $K_\tau=2.62$
仅有弯曲正应力时的安全系数	$S_\sigma=\dfrac{\sigma_{-1}}{K_\sigma\sigma_a+\psi_\sigma\sigma_m}=\dfrac{275}{3.25\times3.86+0.1\times0}$	$S_\sigma=21.92$
仅有扭转切应力时的安全系数	$S_\tau=\dfrac{\tau_{-1}}{K_\tau\tau_a+\psi_\tau\tau_m}=\dfrac{155}{2.62\times6.93+0.05\times6.93}$	$S_\tau=8.38$
弯扭联合作用时的计算安全系数	$S_{ca}=\dfrac{S_\sigma S_\tau}{\sqrt{S_\sigma^2+S_\tau^2}}=\dfrac{21.92\times8.38}{\sqrt{21.92^2+8.38^2}}$	$S_{ca}=7.83$
强度校核	S_{ca} □ $S=1.5$	右侧疲劳强度合格
5）静强度校核	该设备无大的瞬时过载和严重的应力循环不对称	无须进行静强度校核
6）绘制轴的零件工作图		图11-24所示的是轴的工作图

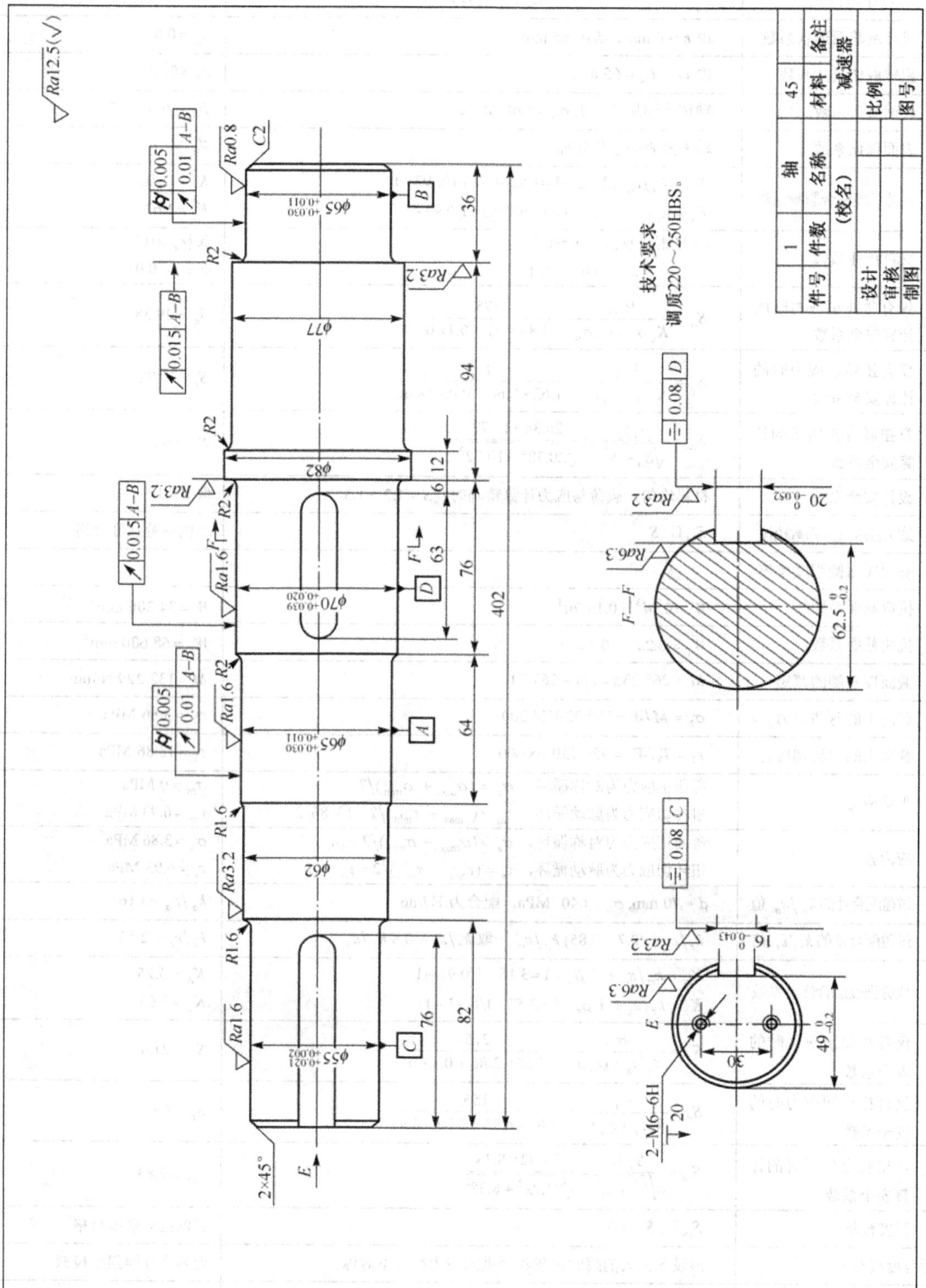
技术要求
调质220～250HBS。
件号
1
件数
轴
名称
45
材料
备注
(校名)
减速器
设计
审核
制图
比例
图号
F—F
402
2–M6–6H
2×45°

图 11-24 轴的工作图

11.5　轴的刚度计算和振动稳定性概念

对于工程实际中旋转精度要求较高的轴、受载荷较大的细长轴及高速旋转的轴，在结构设计上除了满足强度条件外，还应满足轴的刚度要求，同时还应考虑振动稳定性等问题。

11.5.1　轴的刚度计算

轴的刚度是指轴抵抗弹性变形的能力。轴在其工作载荷的作用下会产生弹性变形，若轴的刚度不足和变形过大，将影响轴或轴上零件（乃至整个机器）的正常工作，产生运转噪声、振动、运动精度失准，甚至完全失效的后果。例如，对于装有齿轮的轴，若轴的刚度不足，将导致齿面上载荷分布严重不均，影响齿轮的正确啮合；若机床主轴的刚度不足，将导致机床的加工精度降低等。因此，对于有刚度要求的轴，必须对其进行刚度校核。

轴的刚度有弯曲刚度和扭转刚度两种指标。其中，弯曲刚度用轴的挠度 y 或偏转角 θ 来度量；扭转刚度用轴的扭转角 φ 来度量。y、θ、φ 的计算方法见材料力学或相关设计手册，它们的许用值见表 11-9。

轴的弯曲刚度校核计算公式为

$$y \leqslant [y] \tag{11-13}$$

$$\theta \leqslant [\theta] \tag{11-14}$$

轴的扭转刚度校核计算公式为

$$\varphi \leqslant [\varphi] \tag{11-15}$$

表 11-9　常见轴的许用变形量

变形种类		应用场合	许用变形量
弯曲变形	许用挠度 $[y]$	一般用途的轴	$(0.003 \sim 0.005)l$
		高刚度的轴	$\leqslant 0.002l$
		安装齿轮的轴	$(0.01 \sim 0.03)m_n$
		感应电机的轴	$\leqslant 0.01\delta$
	许用偏转角 $[\theta]$	滑动轴承	0.001rad
		深沟球轴承	0.005rad
		调心球轴承	0.05rad
		圆柱滚子轴承	0.0025rad
		圆锥滚子轴承	0.0016rad
扭转变形	许用扭转角 $[\varphi]$	一般传动	(0.5～1) °/m
		较精密传动	(0.25～0.5) °/m
		重要传动	0.25 °/m

l 为支承间距；m_n：齿轮法向模数；δ 为定子与转子的间隙

11.5.2　轴的振动稳定性概念

振动是机械运转中普遍存在的现象。对于处于高速旋转和有高运转精度要求的轴，振动稳定性显得更加重要。

轴的振动可分为弯曲振动、扭转振动和纵向振动三种基本形式。由于轴是一个弹性体，在其旋转时，由于轴和轴上零件的材料不均匀性、制造误差或对中不良、载荷分配不均等，造成质心偏移，产生以离心力为特征的周期性的干扰力，从而引起轴的横向振动（弯曲振动）；当轴由于传递的功率或运转的周期性变化而产生周期性的扭转变形时，将引起扭转振动；当轴受到周期性的轴向干扰力时，将产生纵向振动。

一般机器中，轴的弯曲振动现象较为常见，故本节仅对此进行简要介绍。

周期性的干扰力将使轴产生强迫振动。理论上，当强迫振动频率与轴的固有频率重合时，轴将会产生共振，严重时会导致轴和机器的损坏。

实际上，在强迫振动频率逐渐接近轴的固有频率的过程中，振动将逐步加剧。共振时轴的转速称为轴的临界转速，可以有很多个，其中最低的一个称为一阶临界转速 n_{c1}，其余的依次称为二阶临界转速 n_{c2}，三阶临界转速 n_{c3}…。工程上有实际意义的也就是前几阶临界转速，其中以一阶临界转速 n_{c1} 引起的振动最为剧烈，也最危险。一般的机器设备，只要轴的工作转速避开一阶临界转速 n_{c1} 即可消除共振现象。

因而，轴的振动计算也就是检查轴的临界转速与轴的工作转速之间的差值。若差值较大，不仅能避免共振，且振动较小；若差值太小，虽然不一定发生共振，但振动将较为剧烈地表现出来。为了避免剧烈的振动影响轴的工作，此时应通过改变轴的结构、尺寸、支承跨度等参数来改变轴的刚度，从而达到改变轴的临界转速，增大临界转速与工作转速之间的差值，以避免剧烈振动的出现。

工作转速 n 低于一阶临界转速 n_{c1} 的轴，称为刚性轴。增加其刚性以提高 n_{c1}，对减小轴的振动有利；工作转速高于一阶临界转速 n_{c1} 的轴称为挠性轴，如高速旋转的汽轮机、航空喷气发动机的轴，这样的轴若采用刚性轴结构，则其横截面尺寸将会过大。为了避免共振和减小轴的振动，对于刚性轴，通常应使 $n \leqslant (0.75 \sim 0.8)\,n_{c1}$；而对于挠性轴，一般使 $1.4\,n_{c1} \leqslant n \leqslant 0.7\,n_{c2}$。

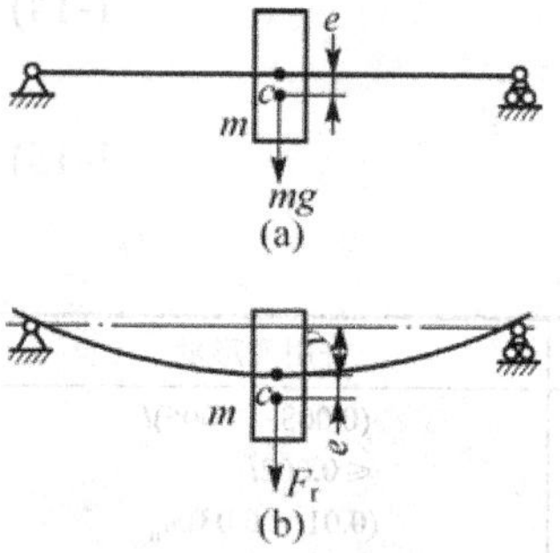

图 11-25 转子

图11-25所示的是一个转子（又称为单圆盘双铰支轴），设轴上圆盘部分的质量 m 很大，而轴的质量相对很小，可忽略不计，则该转子可视为无质量的弹性杆与刚性圆盘的结合体。设圆盘质心 C 与其运动中心 O（即轴的几何中心）的偏心距为 e；转子转动前，由于重力的作用，产生的静挠度为 y_0，如图 11.25(a)所示。当转子以等角速度 ω 旋转时，受离心力 F_r 的作用，轴的动挠度为 y，如图 11-25(b)所示。

根据力平衡条件：轴的弯曲弹性反力应等于圆盘的离心惯性力，经推导整理后可得

$$y = \frac{e}{\dfrac{k}{m\omega^2} - 1} = \frac{em\omega^2}{k - m\omega^2} \qquad (11\text{-}16)$$

式中，k 为轴的弯曲刚度。

由式(11-16)可知，当轴的角速度由零逐渐增大时，y 值随之增大。在没有阻尼的情况下，当 $\omega = k/m$ 时，挠度 y 趋近于无穷大，轴将产生共振，此时所对应的角速度称为轴的一阶临界角速度，以 ω_{c1} 表示。显然，轴的临界角速度只与轴的刚度 k 和圆盘质量 m 有关。从理论力学的知识可知，轴的弯曲刚度 $k = mg/y_0$，故轴的一阶临界角速度又可写为

$$\omega_{c1} = k/m = g/y_0 \qquad (11\text{-}17)$$

式中，y_0 的单位为 mm；g 为重力加速度，取 $g = 9\,810\ \text{mm/s}^2$。

由此可求得单圆盘双铰支轴在不计轴的质量时，其一阶临界转速

$$n_{c1} = 60\omega_{c1}/(2\pi) = 30g/y_0/\pi = 9461/y_0\ \text{r/min} \qquad (11\text{-}18)$$

其他支承形式及多圆盘轴的临界转速的计算，请参看其他有关书籍。

11.6　键连接与花键连接

11.6.1　键连接类型与结构形式

键是一种标准零件，通常用来实现轴与轮毂之间的周向固定，以传递转矩，有的还能实现轴上零件的轴向固定或轴向滑动的导向。

键连接的主要类型有：平键连接、半圆键连接、楔键连接和切向键连接。

1. 平键连接

图11-26所示的是普通平键连接的结构形式。键的两个侧面是工作面，工作时，靠键同键槽侧面的挤压来传递转矩。键的上表面和轮毂的键槽底面间留有间隙。

根据用途的不同，平键分为普通平键、薄型平键、导向平键和滑键四种。

普通平键按构造分，有圆头（A 型）、平头（B 型）及单圆头（C 型）三种，如图11-27所示。薄型平键与普通平键的主要区别是键的高度约为普通平键的60%～70%。

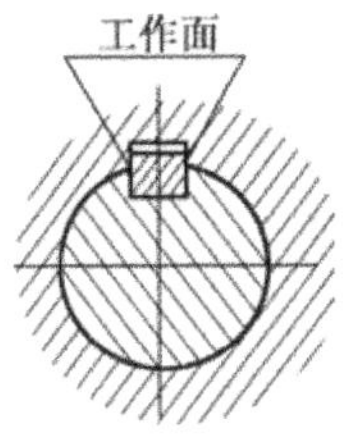

图 11-26　普通平键连接

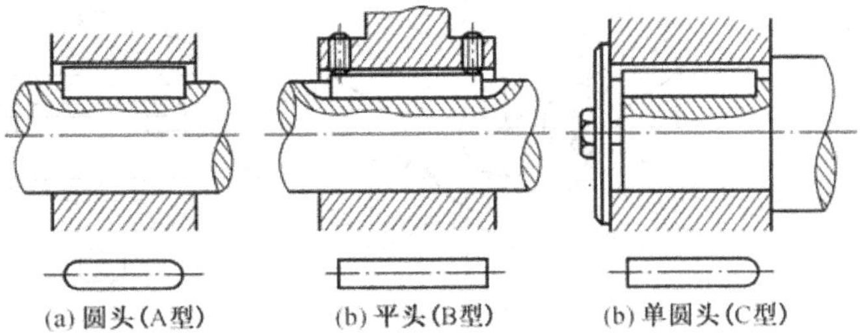

图 11-27　普通平键的类型

导向平键主要用于毂类零件在轴上移动时的导向，其结构件如图11-28所示。

滑键用于轴上零件移动距离较长时，其结构件如图11-29所示

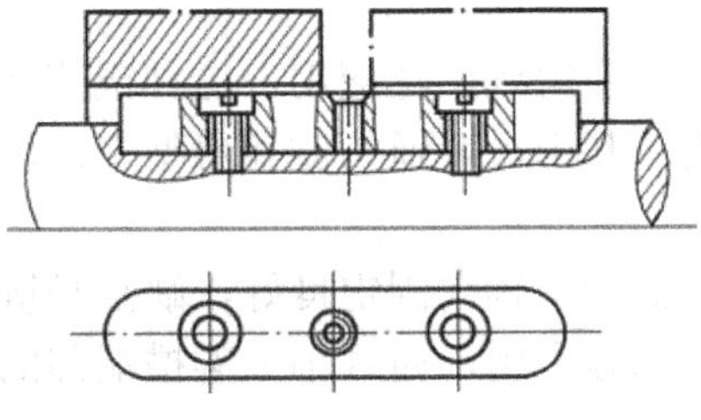

图 11-28　导向平键

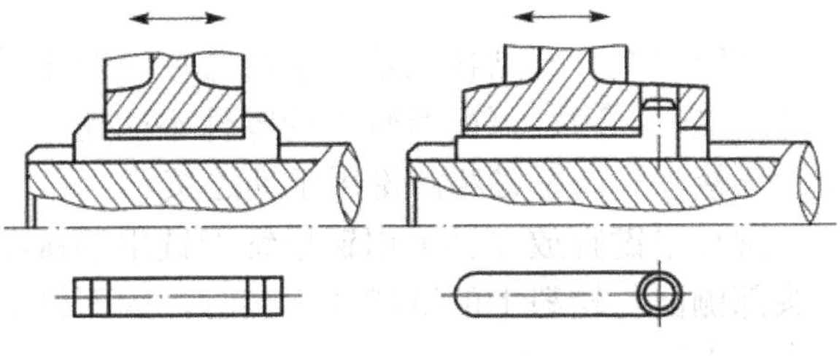

图 11-29　滑键

2. 半圆键连接

半圆键连接如图11-30所示，轴上键槽用尺寸与半圆键相同的半圆键槽铣刀铣出，因而键在槽中能绕其几何中心摆动，以适应轮毂中键槽的斜度。半圆键工作时，靠其侧面来传递转矩。

3. 楔键连接

楔键连接如图11-31所示。楔键分为普通楔键和钩头楔键两种，普通楔键有圆头、平头和单圆头三种形式。键的上下两面是工作面，键的上表面和与它相配合的轮毂键槽底面均具 1:100

的斜度。装配后，键即楔紧在轴和轮毂的键槽里。工作时，靠键的楔紧作用来传递转矩，同时还可以承受单向的轴向载荷，对轮毂起到单向的轴向固定作用。楔键的侧面与键槽侧面间有很小的间隙，当转矩过载而导致轴与轮毂发生相对转动时，键的侧面能像平键那样参加工作。

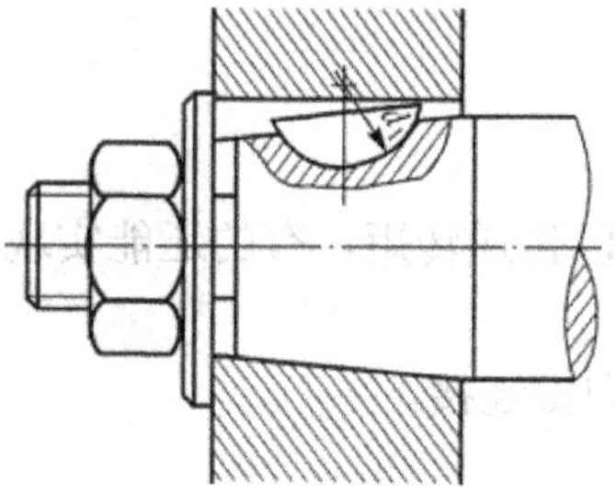

图 11-30 半圆键连接

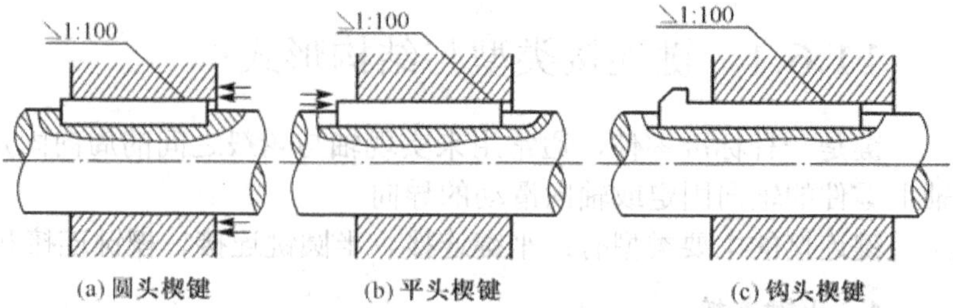

图 11-31 楔键连接

4．切向键连接

切向键连接如图11-32所示。切向键是由一对斜度为 1:100 的楔键组成，工作时靠工作面上的挤压力和轴与轮毂间的摩擦力来传递转矩。

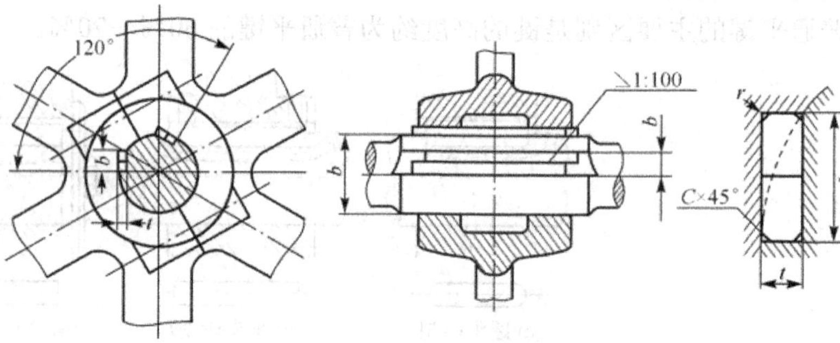

图 11-32 切向键连接

11.6.2 键连接的应用

1．平键

平键连接具有结构简单、装拆方便、对中性较好等优点，因而得到广泛应用。这种键连接不能承受轴向力，因而对轴上的零件不能起到轴向固定的作用。其中，普通平键和薄型平键用于静连接，导向平键和滑键用于动连接。

圆头平键宜放在轴上用键槽铣刀铣出的键槽中，键在轴上键槽中轴向固定良好，缺点是键的头部侧面与轮毂上的键槽并不接触，因而键的圆头部分不能充分利用，而且轴上键槽端部的应力集中较大。

平头平键是放在用盘铣刀铣出的键槽中，因而避免了上述缺点，但对于尺寸大的键，宜用紧定螺钉固定在轴上键槽中，以防松动。

单圆头平键常用于轴端与毂类零件的连接，也分圆头、平头和单圆头三种形式，但传递转矩的能力较低，常用于薄壁结构、空心轴及一些径向尺寸受限制的场合。

当被连接的毂类零件在工作过程中必须在轴上做轴向移动时（如变速箱中的滑移齿轮），则需要采用导向平键或滑键。

导向平键是一种较长的平键，用螺钉固定在轴上的键槽中。为了便于拆卸，键上制有起键螺孔，以便拧入螺钉使键退出键槽。轴上的传动零件则可沿键做轴向滑移。

当零件需要滑移的距离较大时，因所需导向平键的长度过大，制造困难，故宜采用滑键。滑键固定在轮毂上，轮毂带动滑键在轴上的键槽中做轴向滑移，这样，只需在轴上铣出较长的键槽，而键可做得较短。

2. 半圆键

半圆键连接的优点是工艺性较好，装配方便，尤其适用于锥形轴端与轮毂的连接。缺点是轴上键槽较深，对轴的强度削弱较大，故一般只用于轻载静连接中。

3. 楔键连接

楔键连接在传递有冲击和振动的较大转矩时，仍能保证连接的可靠性，其缺点是键楔紧后，轴和轮毂的配合产生偏心和偏斜，因此主要用于毂类零件的定心精度要求不高且低转速的场合。

4. 切向键连接

当用一个切向键时，只能传递单向转矩；当要传递双向转矩时，必须用两个切向键，两者间的夹角为 120°～130°。由于切向键的键槽对轴的削弱较大，因此常用于直径大于 100 mm 的轴上。例如，用于大型带轮、大型飞轮、矿山用大型绞车的卷筒及齿轮等与轴的连接。

11.6.3　平键连接的选择与强度计算

1. 键的选择

键的选择包括键的类型选择和尺寸选择两个方面。键的类型应根据键连接的结构特点、使用要求和工作条件来选择；键的尺寸则按标准规格和强度要求来取定。

键的主要尺寸为其截面尺寸（一般以键宽 b×键高 h 表示）与长度 L。键的截面尺寸 $b \times h$ 按轴的直径 d 从标准中选定。键的长度 L 一般可按轮毂的长度而定，即键长等于或略短于轮毂的长度；而导向平键则按轮毂的长度及其滑动距离而定。一般而言，轮毂的长度可取为$(1.5～2)d$（d 为轴的直径）。所选定的键长 L 应符合国家标准规定的长度系列。重要的键连接在选出键的类型和尺寸后，还应进行强度校核计算。普通平键和普通楔键的主要尺寸见表 11-10。

表 11-10　普通平键和普通楔键的主要尺寸　　单位：mm

d	6～8 >	8～10 >	10～12 >	12～17 >	17～22 >	22～30 >	30～38 >	38～44
$b \times h$	2×2	2×3 4×	4 5×	5	6×6 8×	7	10×8	12×8
d	>44～50 >	50～58 >	58～65 >	65～75 >	75～85 >	85～95 >	95～110 >	110～130
$b \times h$	14×9	16×10 18×	11 20×	12	22×14 25×	14 28×	16	32×18
L	6、8、10、12、14、16、18、20、22、25、28、32、36、40、45、50、56、63、70、80、90、100、110、125、140、180、200、220、250…							

2. 键连接的强度计算

平键是应用最为广泛的一种，本节仅以平键的连接强度计算为例来介绍键连接的强度计算，其他键的连接强度计算与平键强度计算较为相似，可以参阅相关文献和手册。

当平键连接传递转矩时，连接中各零件的受力情况如图11-33所示。

对于采用常见的材料组合和按标准选取尺寸的普通平键连接（静连接），其主要失效形式是工作面被压溃，键连接中除非有严重过载，一般不会出现键的剪断（沿 a—a 面剪断）。因此，通常情况下只按工作面上的挤压应力进行强度校核计算。对于导向平键连接和滑键连接（动连

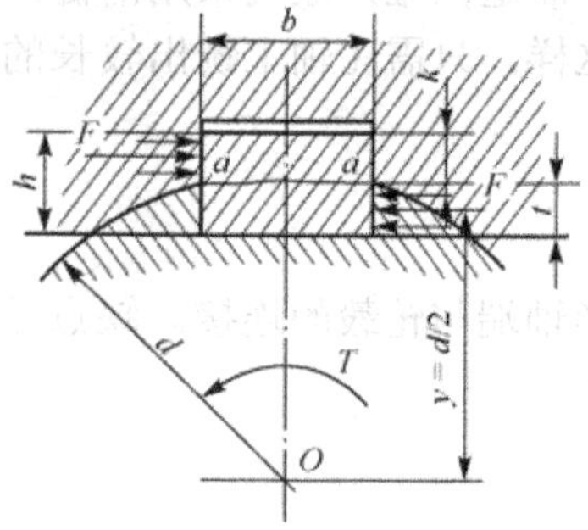

图 11-33 平键连接的受力情况

接），其主要失效形式是工作面的过度磨损，因此通常按工作面上的压力进行条件性的强度校核计算。

设载荷在键的工作面上均匀分布，由此得平键连接的强度条件为

$$\sigma_p = \frac{2T \times 10^3}{kld} \leqslant [\sigma_p] \qquad (11\text{-}19)$$

导向平键和滑键的连接强度条件为

$$p = \frac{2T \times 10^3}{kld} \leqslant [p] \qquad (11\text{-}20)$$

上述两式中，T 为键连接所传递的转矩，单位为 N·m；k 为键与键槽的接触高度，$k = 0.5h$（h 为键的高度），单位为 mm；l 为键的工作长度，单位为 mm，此处圆头平键的 $l = L - b$，平头平键的 $l = L$；d 为轴的直径，单位为 mm；$[\sigma_p]$ 为键、轴、毂三者中强度最弱材料的许用挤压应力，单位为 MPa；$[p]$ 为键、轴、毂三者中强度最弱材料的许用压力，单位为 MPa，见表 11-11。

表 11-11 键连接的许用压力、许用挤压应力 单位：MPa

许用压力 许用挤压应力	连接方式	键、轴、毂材料	载荷性质		
			静载荷	轻微冲击	冲击
$[p]$	静连接	钢 120	～150 100	～120 60	～90
		铸铁 70	～80 50	～60 30	～45
$[\sigma_p]$	动连接	钢	50 40		30

注：若与键有相对运动的被连接表面经过淬火处理，则动连接时的许用压力 $[p]$ 可提高 2～3 倍。

当键连接的强度不够时，可以采用双键结构（即两个平键在轴的中心线上对称布置），如图 11-34 所示。此时，考虑到传递载荷的不均匀性，在强度校核时按 1.5 个键计算。

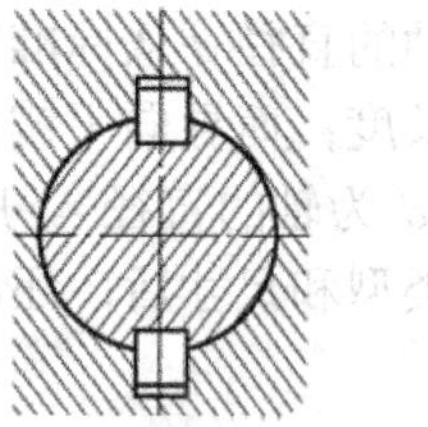

图 11-34 平键双键结构

11.6.4 花键连接简介

花键连接由外花键、内花键（如图 11-35 所示）组成。由图 11-35 可知，花键连接是平键连接在数目上的发展，可用于静连接或动连接。

花键连接的齿数、尺寸、配合等均应按标准选取。按其齿形不同，可分为矩形花键和渐开线花键两类，均已标准化。

1. 矩形花键

按齿高的不同，矩形花键的齿形尺寸在标准中规定了两个系列，即轻系列和中系列。轻系列的承载能力较小，多用于静连接或轻载连接；中系列用于中等载荷的连接。

矩形花键的定心方式为小径定心（如图 11-36 所示），即外花键和内花键的小径为配合面。其特点是定心精度高，定心的稳定性好，能用磨削的方法消除热处理引起的变形。矩形花键连接应用较为广泛。

2. 渐开线花键

渐开线花键的齿廓为渐开线，分度圆压力角有 30°和 45°两种（如图 11-37 所示）。渐开线

花键可以用制造齿轮的方法来加工，工艺性较好，制造精度也较高，花键齿的根部强度高，应力集中小，易于定心，当传递的转矩较大且轴径也大时，宜采用渐开线花键连接。压力角为 45°的渐开线花键，由于齿形钝而短，与压力角为 30°的渐开线花键相比，对连接件的削弱较小，但齿的工作面高度较小，故承载能力较低，多用于载荷较轻、直径较小的静连接，特别适用于薄壁零件的轴毂连接。

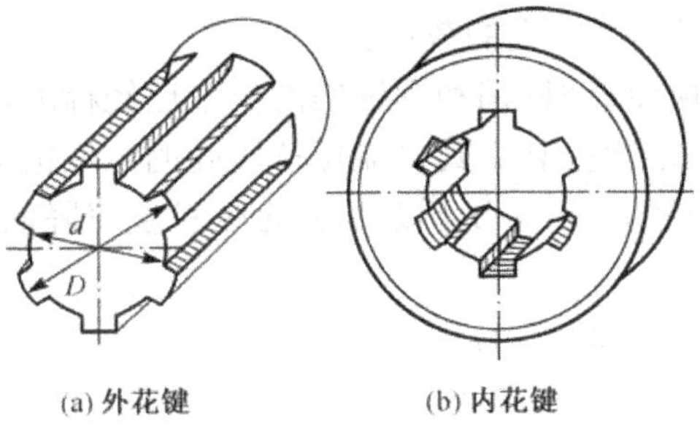

图 11-35　花键结构

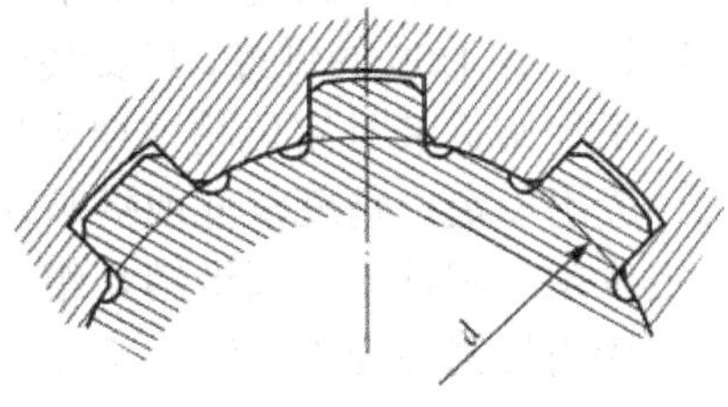

图 11-36　矩形花键定心方式

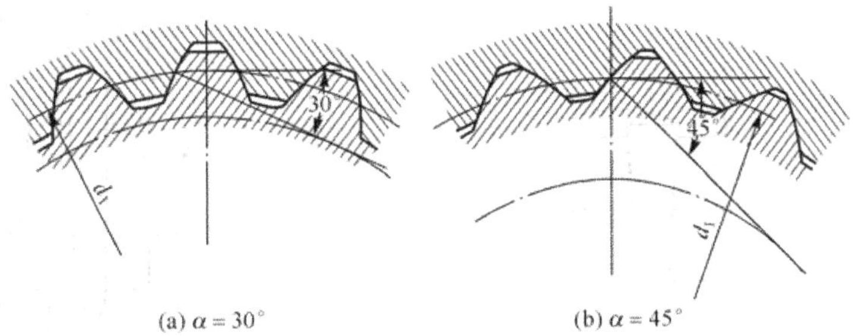

图 11-37　渐开线花键结构

渐开线花键的定心方式为齿形定心。当齿受载时，齿上的径向力能起到自动定心作用，有利于各齿均匀承载。

由于结构形式和制造工艺的不同，与平键连接比较，花键连接在强度、工艺和使用方面的优点是：

（1）在轴上与毂孔上直接而匀称地制造出较多的齿与槽，因此连接的受力较为均匀；

（2）由于槽较浅，齿根处应力集中较小，因此对轴与毂的强度削弱较小，或在一定意义上可以使用性能相对较低的材料而达到降低成本的目的；

（3）齿数较多，总接触面积较大，因此可承受较大的载荷；

（4）轴上零件与轴的对中性好，因此对于高速及精密机器来讲是非常适宜的；

（5）导向性好，因此对于动连接来讲是很重要的优势；

（6）可以用磨削加工的方法来提高加工精度及连接质量，因此尤其适合于高精度传动。

然而，花键连接的缺点是齿根仍有应力集中，通常需要使用专门设备来加工从而导致成本较高。

因此，花键连接主要适用于定心精度要求高、载荷大或经常滑移的连接。

花键连接的强度计算与键连接的强度计算相似，首先是根据连接的结构特点、使用要求和工作条件选择花键的类型及尺寸，然后进行必要的强度校核计算。

花键连接的失效形式通常情况下是工作面发生压溃（主要发生在静连接）和工作面过度磨损（主要发生在动连接），因此需对两种失效形式分别校核。静连接时按工作面上的挤压应力进行相应的强度计算，而动连接时按工作面上的压力状况进行强度计算。

相关的计算校核公式可以参阅机械设计手册或文献，此处不再赘述。

11.7 销连接

销有多种类型，如圆柱销、圆锥销、槽销、销轴和开口销等，销的结构、尺寸均已标准化。

销连接主要用来固定零件之间的相对位置，并可以传递不大的载荷。

销连接的基本形式是圆柱销和圆锥销，如图11-38所示。圆柱销和圆锥销的尺寸已经标准化，其中圆锥销有1:50的锥度，其安装比圆柱销方便，而且多次拆装后其仍能保持较高的定位精度，因此用于经常拆装且定位精度要求较高的连接中。圆柱销经过多次拆装后其定位精度将降低，因此一般用于定位精度较低或拆装次数少的连接场合。

定位用的圆柱销或圆锥销是组合加工和装配时的重要辅助零件。

连接用的销称为连接销，可以传递不大的载荷，如图11-39所示。

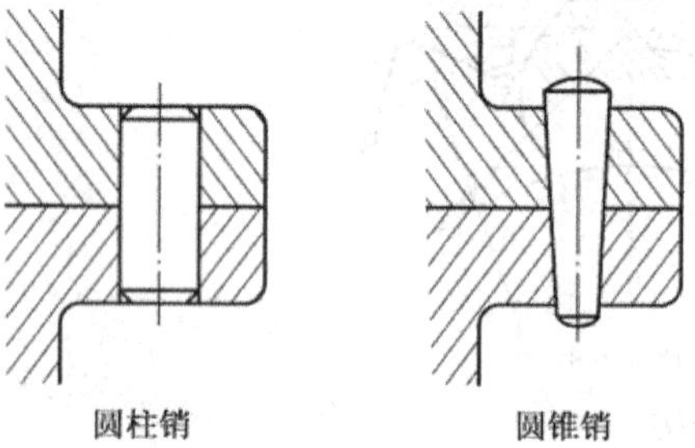

图 11-38 圆柱销和圆锥销

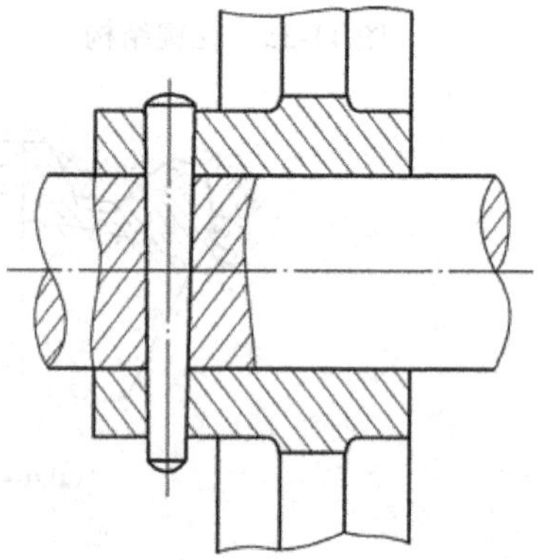

图 11-39 连接销

销也可以用来作为安全装置中的过载剪断保护元件，此时称为安全销，如图11-40所示。

端部带螺纹的圆锥销（如图11-41所示），可用于盲孔或拆卸困难的场合。开尾圆锥销（如图11-42所示）则适用于有冲击、振动的场合。

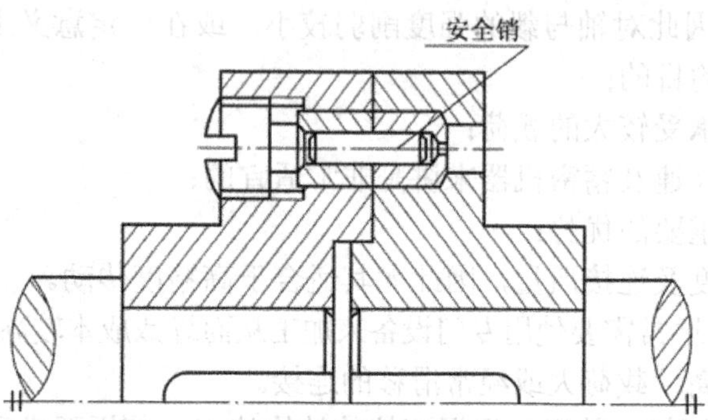

图 11-40 安全销

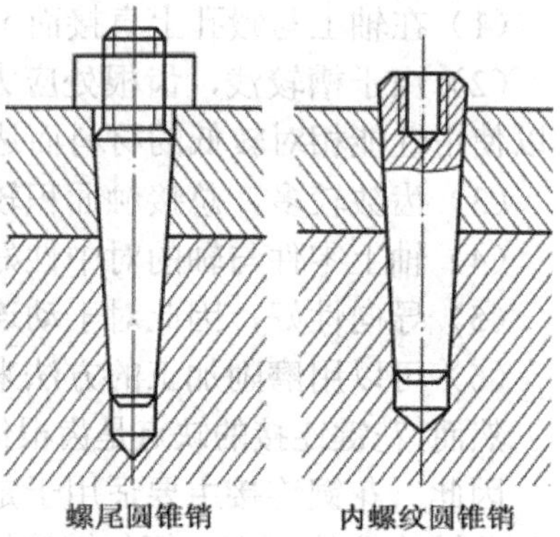

图 11-41 端部带螺纹圆锥销

此外，销轴铰接时的轴向定位通常用开口销定位，如图11-43所示。开口销的结构如图11-44所示，装配后需要将尾部分开，以防止松脱。

销的常用材料是35号钢和45号钢，其许用切应力$[\tau]=80M_{\text{p}}$，许用挤压应力$[\sigma_{\text{p}}]$可查阅相关的资料。

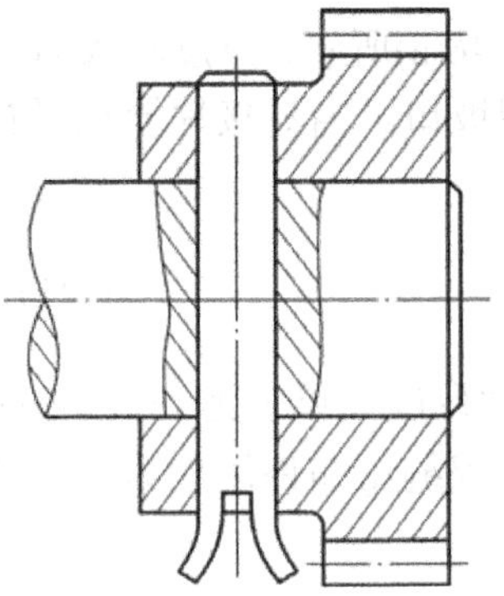

图 11-42　开尾圆锥销

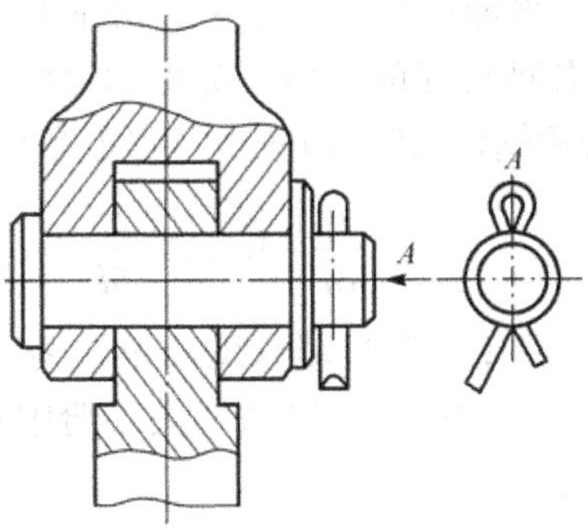

图 11-43　销轴用开口销定位

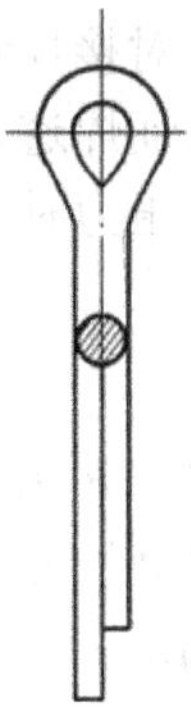

图 11-44　开口销

对于安全销，在机器过载时其应被剪断，因此销的直径应按过载时被剪断的条件确定，具体设计可参考机械设计手册或文献。

对于定位销，其通常不受载荷或受较小载荷，故一般不进行强度计算，其直径可按结构确定，数目一般不少于 2 个，而且定位销装入被连接件的长度应约为其直径的 1～2 倍。

对于连接销，其类型一般根据工作要求选定，尺寸可以根据连接的特点按经验或规范确定，在必要时可以再按剪切和挤压强度条件进行相应的校核计算。

11.8　焊接、铆接与过盈连接

11.8.1　焊接

焊接利用局部加热的方法使被连接件连接为一体。常用的焊接方法有电弧焊和气焊等。在焊接过程中，被连接件在接缝处达到熔融状态，熔化的焊条金属填充接缝处的空隙而形成焊缝。

焊接具有重量轻、强度高、工艺简便等优点，所以其应用日益广泛。在单件生产情况下，采用焊接一般制造周期短，成本低。图11-45所示的是焊接齿轮的应用实例。

本节仅介绍电弧焊焊缝的强度计算。

焊缝主要有对接焊缝和角焊缝两种。图11-46所示的是对接焊缝。对接焊缝强度计算如下所述，角焊缝的强度计算请参见相关资料。

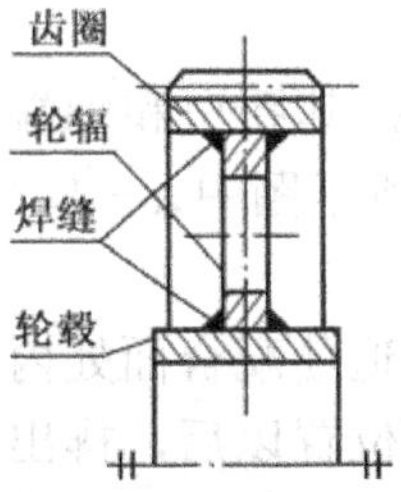

图 11-45　焊接齿轮

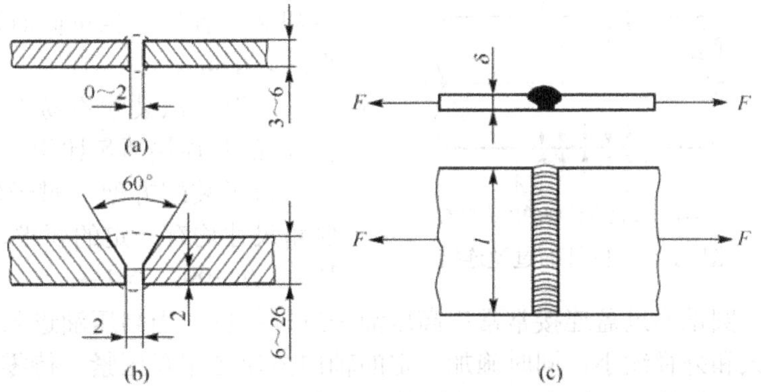

图 11-46　对接焊缝

对接焊缝受力较均匀，当被焊件厚度不大时可不开坡口，如图11-46(a)所示，厚度较大时为了保证焊透，要预先做出各种形式的坡口，如图11-46(b)所示的V型坡口。当对接焊缝承受拉力或压力时，如图11-46(c)所示，其平均应力及强度条件为

$$\frac{F}{\delta l} \leqslant [\sigma]' \text{ 或 } \frac{F}{\delta l} \leqslant [\sigma_c]' \quad (11\text{-}21)$$

式中，F 为作用力，单位为N；l 为焊缝长度，单位为mm；δ 为焊件厚度，单位为mm；$[\sigma]'$ 为焊缝拉伸许用应力，单位为MPa，可以从相关手册中查取。$[\sigma_c]'$ 为焊缝压缩许用应力，单位为MPa，可以从相关手册中查取。

11.8.2 铆接

铆接是将铆钉穿过被连接件的预制钉孔经铆合而组成的，如图11-47所示。优点是工艺设备简单，质量易于检查，耐冲击载荷等；但结构一般笨重，铆合时有剧烈噪声，工人劳动条件较差。目前，除桥梁、飞机制造等工业部门仍常采用外，其应用已逐渐减少。

铆接的相关计算主要是铆钉的剪切强度校核，具体计算过程和适用公式请查阅机械设计手册或相关资料、文献，此处不再讨论。

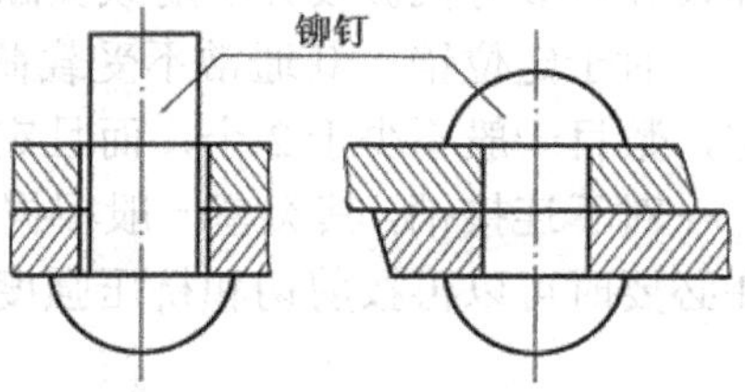

图 11-47 铆接

11.8.3 过盈连接

过盈连接主要用于轴与轮毂的连接，由于包容件（轮毂）与被包容件（轴）间存在着过盈量，所以装配后在两者的配合表面间产生压力，工作时靠与此压力所伴生的摩擦力传递转矩或轴向力。图11-48所示的是圆柱面过盈连接的原理。

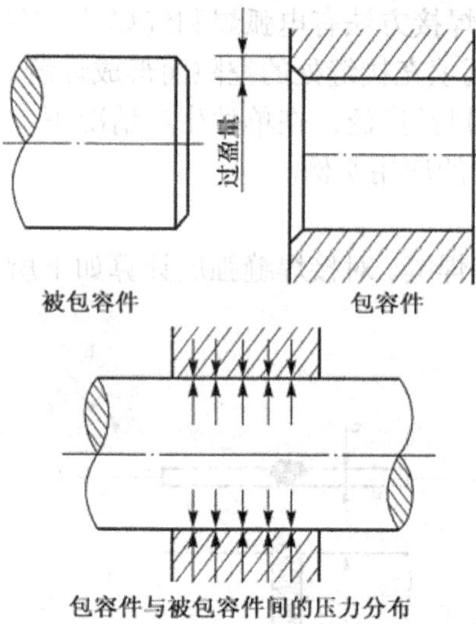

图 11-48 圆柱面过盈连接

过盈连接结构简单，同轴性好，对轴削弱小，耐冲击的性能好，但由于其承载能力主要取决于过盈量的大小，故对配合表面加工精度要求较高。

对于圆柱面过盈连接，当过盈量不大时一般用压入法装配。这种方法易擦伤配合表面，从而减小了过盈量，降低了连接的紧固性。

当过盈量较大时，可用温差法装配，即加热包容件或冷却被包容件（也可同时加热包容件和冷却被包容件）以形成装配间隙。

用温差法装配不易擦伤表面（即不用减小原来的过盈量），故其连接质量比用压入法好。

为了装配方便，对于轴孔类过盈连接其孔口和轴端的倒角尺寸均有一定的要求，如图11-49所示图中 $\alpha = 10^\circ \sim 15^\circ$，$\beta = 60^\circ \sim 90^\circ$。

圆锥面过盈连接常常用高压油来进行装拆。当高压油进入配合表面时，迫使配合面处内径胀大和外径缩小，同时施加一定的轴向力使之相互压紧，待零件装配至预定位置以后，排出高压油，便达到了过盈连接的要求，如图11-50所示。

圆锥面过盈连接的优点是装拆方便，不需很大轴向力，配合面不易擦伤，可以多次装拆而

不影响其连接强度等；但其对配合面的接触精度要求高，对接触均匀性要求高，同时还要有高压油泵等专用设备，故目前多用于一些大型零件的装配中。

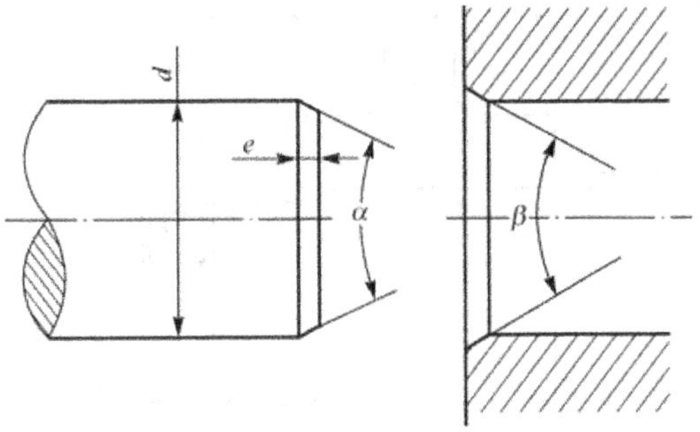

图 11-49　孔口与轴端倒角

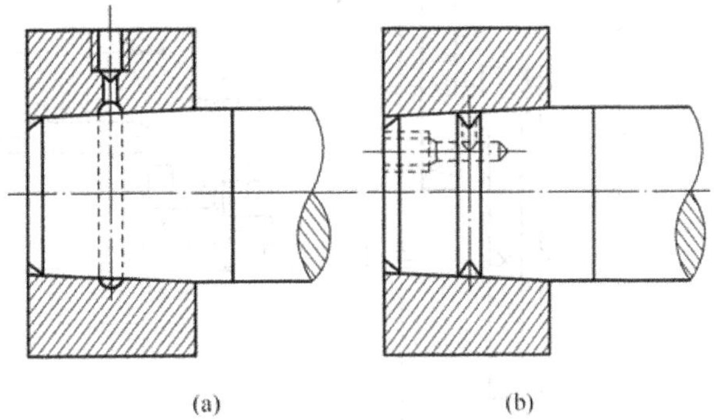

图 11-50　高压油装拆的圆锥面过盈连接

习题与思考题

11-1　已知一个传动轴传递的功率为 37 kW，转速 $n = 900$ r/min，轴的扭转切应力不允许超过 40 MPa。要求：

（1）分别按以下两种情况求该轴直径：

① 实心轴；② 空心轴，取内外径之比为 0.7。

（2）求两种情况下轴的质量之比。

11-2　题图11-2所示的是某轴的结构设计图。要求说明其结构设计上错误的理由，在图中标注出错误所在，并重新画出正确的结构与装配图（蜗轮用油润滑，轴承用脂润滑）。

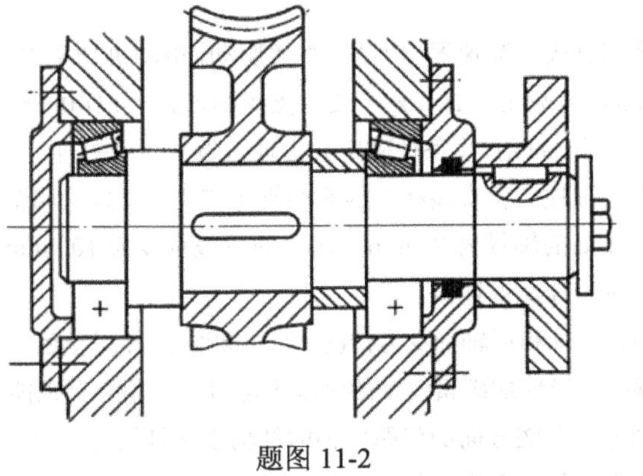

题图 11-2

11-3　题图 11-3(a)所示的是两级展开式斜齿圆柱齿轮减速器的传动简图，题图 13-3(b)所示的是该减速器中间轴。尺寸和结构如图所示，图中点 A、D 为圆锥滚子轴承的载荷作用中心。已知中间轴转速 $n_2 = 180$ r/min，传递功率 $P = 5.5$ kW，轴的材料为 45 号钢正火，轴上齿轮的参数列于下表。要求按弯扭合成强度条件验算轴上截面 Ⅰ 和 Ⅱ 处的强度，并精确校核该轴的危险截面是否安全。

	m/mm	α	z	β	旋向
齿轮 2	3	20°	112	10°44′	右
齿轮 3	4	20°	23	9°22′	右

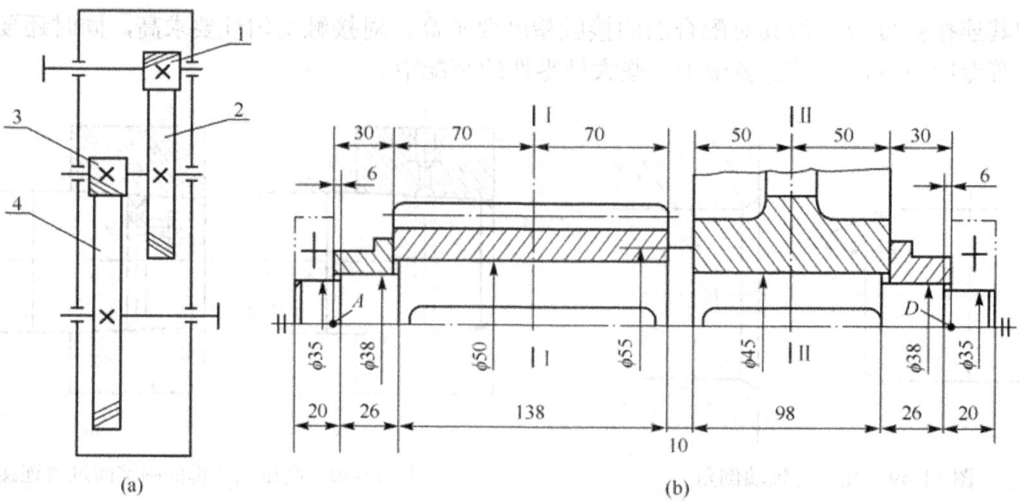

题图 11-3 两级齿轮减速器的中间轴

11-4 简述轴的结构设计应满足的基本要求。指出题图 11-4 中结构设计的错误，在错误处标出序号，并按序号一一说明理由。

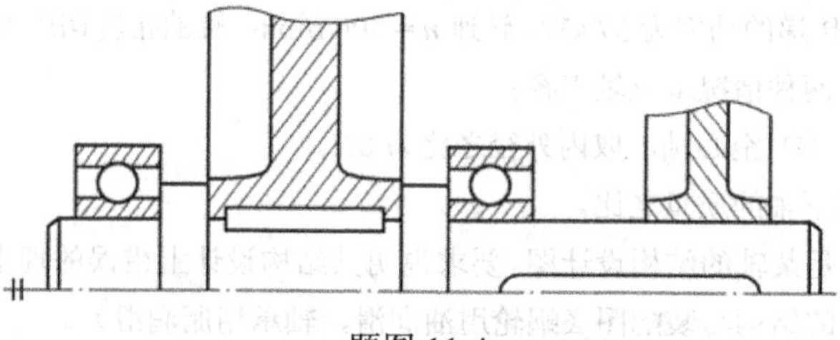

题图 11-4

11-5 已知一个单级直齿圆柱齿轮减速器，电动机直接驱动，电动机功率 $P = 22$ kW，转速 $n_1 = 1440$ r/min，齿轮模数 $m = 4$ mm，齿数 $z_1 = 18$，$z_2 = 82$，支承间跨距 $l = 180$ mm，齿轮对称布置，轴的材料为 45 号钢调质。试按弯扭合成强度条件确定输出轴危险截面处的直径 d。

11-6 已知减速器中某直齿圆柱齿轮安装在轴的两个支承点之间，齿轮和轴的材料均为锻钢，用普通平键构成静连接，装齿轮处的轴径为 70 mm，齿轮的轮毂宽度为 100 mm，传递的转矩为 1000 N·m，载荷有轻微冲击。试设计此键连接。

11-7 分析自行车的前轴、中轴和后轴的受力情况，并判断它们各属于哪一类轴。

11-8 轴的常用材料有哪些？当优质碳素钢轴的刚度不足时，改用合金钢能否满足要求？为什么？

11-9 轴的结构设计应当考虑哪些方面的问题？轴的结构工艺性设计上又该注意哪些问题？通常情况下，轴的设计分几个步骤？每一个步骤解决何种问题？

11-10 在多级齿轮减速器中，为什么高速级的轴径总比低速级的小？

11-11 平键连接和楔键连接各应用于何种场合？

第 12 章 轴　承

轴承是机器中广泛应用的重要零部件。对于滑动轴承，本章主要介绍其结构、材料、润滑和非液体摩擦滑动轴承的失效形式、设计准则、设计原理和方法；对于滚动轴承，主要介绍常用滚动轴承的类型、特点和代号，介绍如何根据工作条件正确选用合适的轴承类型和尺寸，并对滚动轴承进行组合设计。

12.1　轴承的类型与应用

轴承用于机器中支承轴和轴上旋转零件，以保持轴的旋转精度，并减小转轴与支承间的摩擦与磨损。根据轴承工作时摩擦性质不同可分为滑动轴承和滚动轴承两大类。

滑动轴承按其所能承受的载荷方向的不同，可分为径向滑动轴承（承受径向载荷）、推力滑动轴承（承受轴向载荷）和径向推力滑动轴承（同时承受径向载荷和轴向载荷）。

滑动轴承工作时，按其所承受的径向、轴向等载荷方向的不同，主要分为径向滑动轴承和推力滑动轴承。根据滑动轴承的轴颈和轴瓦接触表面间摩擦状态的不同，可分为液体（流体）摩擦滑动轴承和非液体（流体）摩擦滑动轴承。如图 12-1(a)所示，轴承工作时，在轴颈与轴瓦摩擦表面间有一层润滑油膜，将二者隔开而不直接接触，摩擦只发生在流体分子之间，这种轴承称为液体（流体）润滑滑动轴承。由于流体摩擦（流体润滑）的摩擦系数很小，f=0.001～0.008，所以轴承的摩擦、磨损小，机械效率高。但是实现流体摩擦必须具有一定的条件，结构复杂，制造、安装要求较高，所以完全流体润滑滑动轴承常用于高速、重载、高精度等场合，如大型汽轮机、精密机床、大型发动机、轧钢机等场合。根据润滑油膜形成原理的不同，完全流体摩擦滑动轴承可分为流体动压轴承和流体静压轴承。

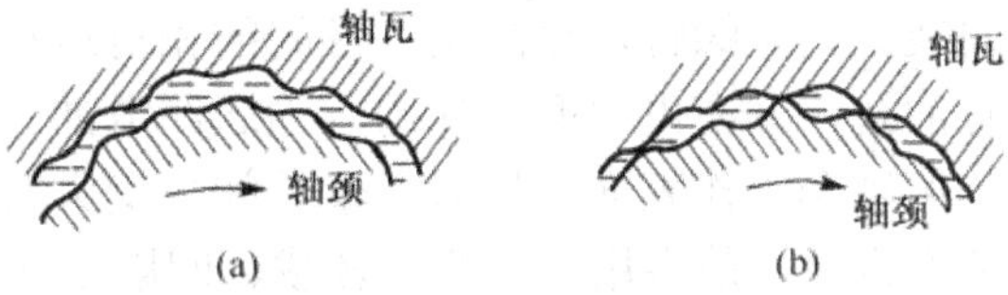

图 12-1　滑动轴承摩擦状态

如图 12-1(b)所示，不完全流体润滑滑动轴承工作时，在轴颈和轴瓦表面间虽然有一层润滑油膜存在，但无法将两个表面完全隔开，表面局部凸起的部分仍在直接接触，这种轴承摩擦系数较大，易磨损，效率较低，但其结构简单，对制造、安装等精度要求较低，维护方便，故在水泥搅拌机、破碎机等速度较低并有冲击的机器中仍有较广泛的应用。

根据两个摩擦表面的润滑情况，摩擦又分为干摩擦、边界摩擦（边界润滑）、混合摩擦（混合润滑）。干摩擦是指当两个摩擦表面间无任何润滑或保护膜时，出现固体表面直接接触时的摩擦。此时磨损严重，轴承失效，所以滑动轴承中不允许出现干摩擦。两个摩擦表面间存在润滑油，在金属表面形成很薄的边界油膜，但不足以将两个金属表面隔开，表面微凸体在相互运动中仍将相互接触，这种状态称为边界摩擦。边界摩擦可有效减小两个接触表面的磨损和发热。两个摩擦表面间同时存在干摩擦、边界摩擦和流体摩擦的状态称为混合摩擦。一般情况下，机器中的摩擦表面多处于边界摩擦和流体摩擦的混合状态中。

滑动轴承应用于某些特殊场合，具有独特的优点：① 工作转速特高或特重型场合；② 对轴的支承位置有特别精确的要求；③ 能承受大的冲击和振动；④ 装配要求为剖分式的结构或安装径向空间尺寸受限情况等。

滚动轴承是现代机器中广泛应用的通用部件。它依靠主要元件间的滚动接触来支承转动零件，具有摩擦阻力小、效率高、启动灵敏、润滑方便、互换性好等优点。滚动轴承类型众多，能适应不同的载荷、转速及运转精度，在一般机械设计中，只需根据工作条件正确选用合适的滚动轴承类型和尺寸，并进行轴承组合设计。

滚动轴承按其所承受的径向载荷、轴向载荷方向的不同，可分为向心轴承、推力轴承和向心推力轴承。

滚动轴承的缺点是抗冲击能力差，高速运转时有噪声，工作寿命不及流体摩擦滑动轴承长等。

12.2 滑动轴承

12.2.1 滑动轴承的结构

1．径向滑动轴承

径向滑动轴承又称为向心滑动轴承。按其结构可分为整体式、剖分式和调心式等。

1）整体式径向滑动轴承

整体式径向滑动轴承的典型结构如图 12-2 所示，主要由轴承座和轴套（轴瓦）组成。轴承座底部设有螺纹孔，用螺栓与机座相连接；轴套以过盈配合与轴承座孔连接，在轴套和轴承座之间装有紧定螺钉，以防止二者间的相对运动；轴承顶部设有安装润滑油杯的螺纹孔；轴套上开有油孔，并在内表面开油沟以输送润滑油。整体式径向滑动轴承结构简单，制造方便，成本低，但轴套工作表面磨损后，轴承间隙变大时无法调整，且装拆时轴和轴承需要做轴向移动，安装不方便，故多用于低速、轻载、间歇工作等机械设备中。

当安装滑动轴承座所需空间有限时，有时也将滑动轴承直接嵌入到箱体内，如图 12-3 所示，这种结构用于体积较小的设备仪器中。

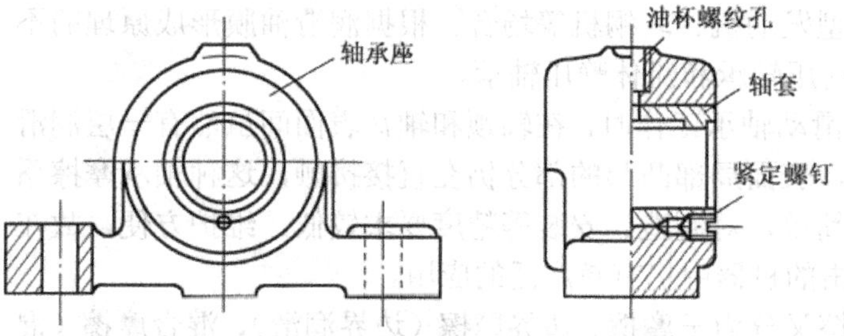

图 12-2 整体式径向滑动轴承

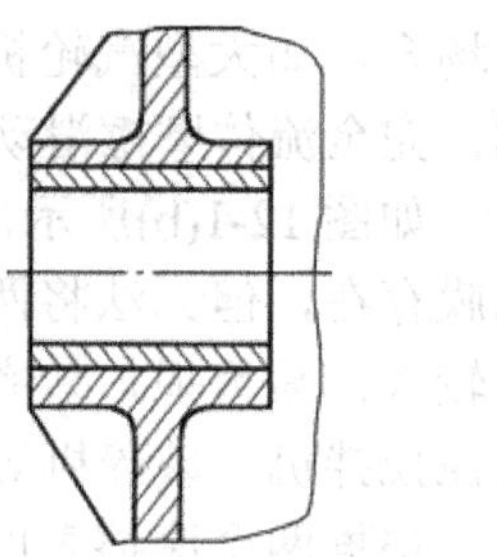

图 12-3 整体嵌入式滑动轴承

2）剖分式径向滑动轴承

这种结构又称为对开式径向滑动轴承，如图12-4所示。轴承由轴承座、轴承盖、剖分轴瓦和连接螺栓等组成。轴承座和轴瓦均采用剖分式结构，剖分面大多是水平的，也可以是倾斜的，以适应径向载荷作用方向超过轴承垂线左右 35°范围。轴承座和轴承盖的剖面常做成阶梯形，以便对中和防止工作时横向错动，二者间用双头螺栓连接。剖分式轴瓦通常由下轴瓦承受载荷，轴瓦内壁不受载的表面上开设有槽，供来自于润滑油杯（或油管）的润滑油流入轴承间隙润滑；当轴瓦磨损后，可减小调整垫片的厚度以调整间隙。剖分式滑动轴承克服了整体式轴承的不足，装拆、调整方便，故应用最为广泛。

整体式滑动轴承和剖分式滑动轴承均已标准化。

3）自动调心式滑动轴承

图12-5所示的是自动调心式滑动轴承。其轴瓦是可动的，轴瓦外表面做成球面，与轴承座的凹球面相配合。当轴有弯曲或两个轴承座的轴线不对中时，轴瓦能自动调位，以适应轴弯曲时轴径产生的偏斜，保持轴径和轴瓦的良好接触，避免轴承边缘的摩擦磨损。自动调心式轴承主要用于轴承的宽度和轴径之比（宽径比 B/d）大于1.5的轴承或刚性较小的结构。

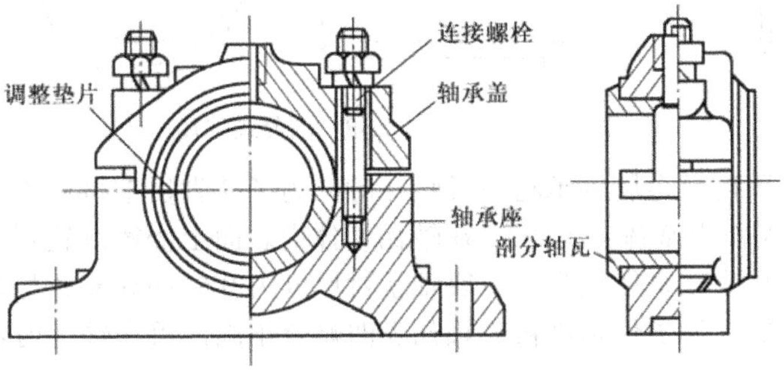

图12-4　剖分式径向滑动轴承

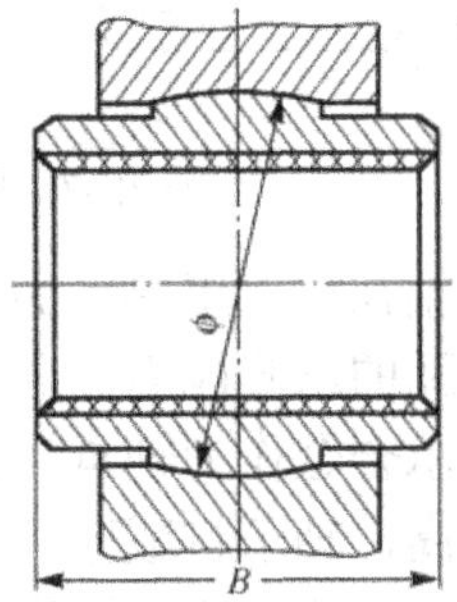

图12-5　自动调心式滑动轴承

2．推力滑动轴承

推力滑动轴承又称为推力滑动轴承，用于承受轴向载荷，基本结构如图12-6所示。止推轴承是依靠工作表面轴端面或轴肩（轴环）端面向推力支承面传递载荷的，其常用的结构形式有实心端面、空心端面、单环端面、多环端面。

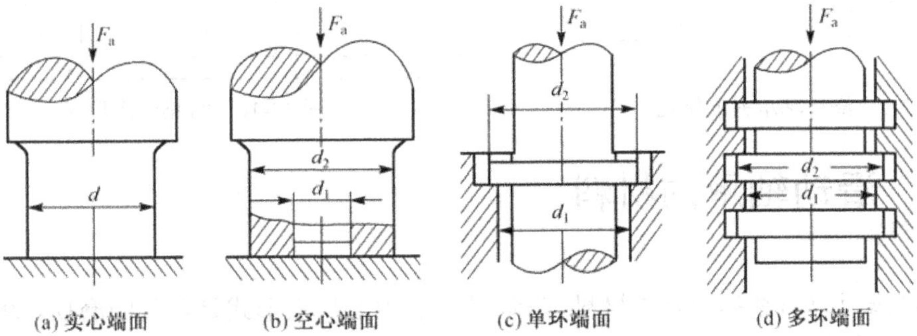

图12-6　推力滑动轴承基本结构

图12-6(a)所示的是实心端面推力轴承，结构最简单，但由于止推面上相对滑动速度不等，压力分布不均匀，远离轴中心处相对滑动速度大，磨损严重，因而该处压力较小，而靠近轴中心处磨损小，因而压力高。

为了改进这种缺陷，在实际结构中一般采用空心端面[如图 12-6(b)所示]或环形端面[如图 12-6(c)、(d)所示]结构，这些结构压力分布比较均匀。当轴向载荷较大时，可使用多环结构，它还能承受双向轴向载荷。

12.2.2 滑动轴承轴瓦的结构

轴瓦是滑动轴承的主要零件，轴瓦与轴径直接接触并相对运动构成滑动摩擦副。设计轴承时，轴瓦结构的合理与否对滑动轴承的工作性能影响很大。轴瓦的结构一般分为整体式和剖分式。

整体式轴瓦又称为轴套，如图 12-7(a)所示的无油沟轴瓦，以及如图 12-7(b)所示的有油沟轴瓦。

剖分式轴瓦如图 12-8 所示。轴瓦由上、下两半轴瓦组成，通常下轴瓦承受载荷，轴瓦两端的凸缘用以实现轴向定位，并能承受一定的轴向载荷，周向定位则用定位销等方法。

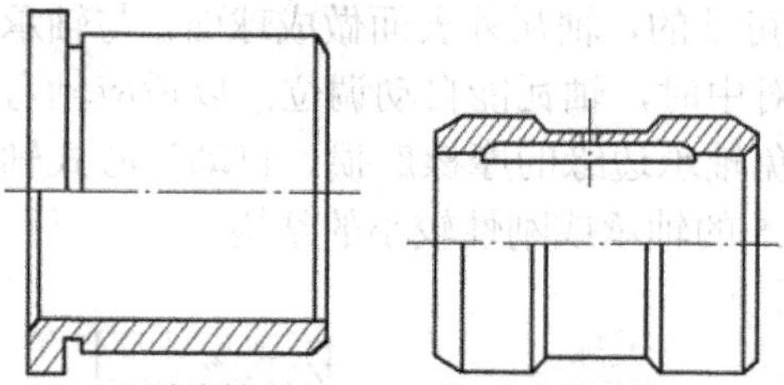

(a) 无油沟轴瓦　(b) 有油沟轴瓦

图 12-7　整体式轴瓦

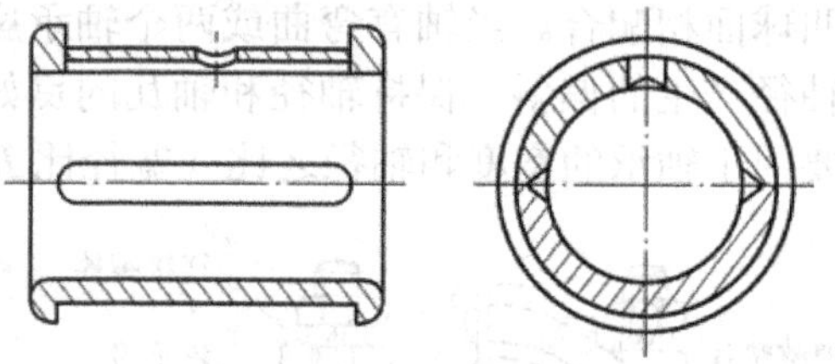

图 12-8　剖分式轴瓦

轴瓦可以用单一的材料制成，当采用贵重金属轴承材料做轴瓦时，为了节省贵重材料和提高轴瓦的承载能力，常用钢、铸铁或青铜作为基体（瓦背），在轴瓦基体内表面上浇铸或轧制一层轴承合金作为轴承衬，制成双金属轴瓦或三金属轴瓦，一般轴承衬厚度为 0.5～6 mm 。瓦背强度高，轴承衬减摩性能好，应用效果好。为了使轴承衬与轴瓦表面贴合牢固，可在轴瓦内表面制作一些沟槽、榫头或螺纹，如图12-9所示。

为了使润滑油能流向轴承的整个表面，轴瓦上要开设油孔和油沟，一般它们应开在非承载区，以保证承载区油膜的连续性，以免降低油膜的承载能力。常见的几种油沟形式如图 12-10 所示。

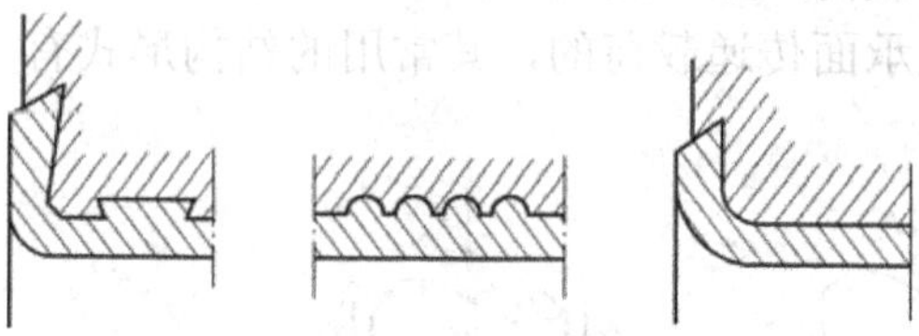

图 12-9　浇铸轴承衬的轴瓦

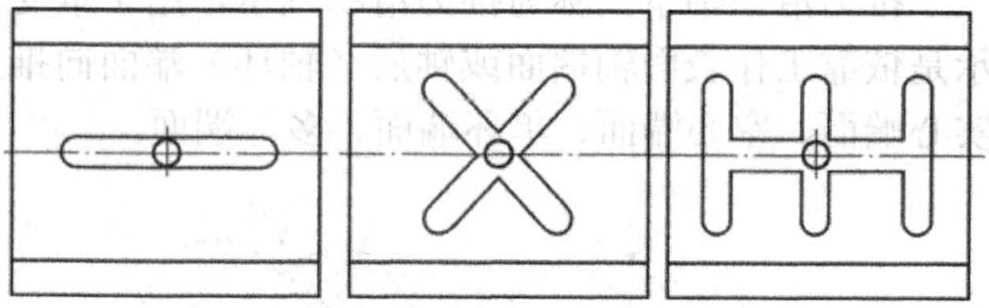

图 12-10　常见油沟形式

12.3 滑动轴承的材料

轴瓦和轴承衬材料统称为轴承材料。滑动轴承的主要失效形式是轴瓦的磨损、胶合（烧瓦）、疲劳破坏，有时也会出现制造工艺原因引起的轴承衬脱落。要使滑动轴承具有足够的承载能力，对轴承材料的主要性能要求有：① 强度足够，包括抗疲劳、冲击强度；② 良好的减摩性、耐磨性，摩擦系数小；③ 耐腐蚀性、抗胶合能力强；④ 较好的顺应性、嵌入性；⑤ 良好的导热性，易于跑合和制造。可根据轴承的工作情况，有侧重地选用满足主要性能要求的轴承材料。

常用的轴承材料有金属材料、粉末冶金材料和非金属材料。

1．金属材料

（1）轴承合金　又称为巴氏合金或白合金，可分为锡基轴承合金和铅基轴承合金两类，分别以锡或铅为软基体以提高材料的塑性，而合金内含的锑锡或铜锡硬颗粒起抗磨作用。轴承合金的摩擦系数小，抗胶合能力强，塑性和跑合性能较好，但价格较高，强度较低，不宜单独作为轴瓦材料，而常作为贴合于钢、青铜或铸铁轴瓦上的轴承衬。

（2）青铜　主要是铜与锡、铅、铝的合金，分别称为锡青铜、铅青铜、铝青铜。青铜具有较高的强度，承载能力大，耐磨性和导热性优于轴承合金，应用普遍。青铜可单独制成轴瓦，也可将青铜浇铸在钢或铸铁瓦背上。锡青铜、铅青铜、铝青铜分别用于中速重载、中速中载、低速重载的轴承上。

（3）铸铁　普通灰铸铁或加有镍、铬、钛等合金元素的耐磨铸铁或球墨铸铁，其中石墨起润滑作用，故耐磨性好，价格便宜，可用于轻载、低速、无冲击的场合。

2．粉末冶金材料

粉末冶金材料又称为金属陶瓷，是将粉末状的铁或铜加石墨后经压制、烧结而成的轴承材料。这种材料制成的轴承具有多孔性组织，孔隙内储存润滑油，又称为含油轴承。使用前将轴承浸入润滑油，工作时由于轴承发热，通过油的膨胀作用和轴颈转动的抽吸作用，使油自动进入摩擦表面而进行润滑。含油轴承浸一次油可以使用较长时间，可用于加油不便或平稳无冲击及中低速场合。

3．非金属材料

常用的非金属材料有：石墨、橡胶、尼龙、塑料、木材等，塑料应用较多。塑料有较好的减摩性、耐磨性、可塑性、跑合性和自润滑性，但导热性差，易变形，承载能力不高。

常用轴承材料的基本性能和应用见表 12-1。

表 12-1　常用轴承材料的基本性能和应用

轴承材料		许用值			最高工作温度 / (°C)	硬度/HBS		最小轴颈硬度/HBS	用途
名称	代号	[p] /MPa	[v] /(m/s)	[pv] /(MPa·m/s)		金属模	砂模		
锡基合金	ZSnSb11Cu6	平稳载荷			150	30		130～170	用于高速、重载下工作的重要轴承。变载下易疲劳。但价格较高
		25 80		20					
	ZSnSb8Cu4	冲击载荷				28			
		20 60		15					
铅基合金	ZPbSb16Sn16Cu2 15		12	10	150	30		130～170	用于中速、中载，无显著冲击载荷的轴承，可作为锡基轴承合金的代用品
	ZPbSb15Sn10 20		15	15		29			
青铜	ZCuSn10P1 15		10	15	280	90～120 80	～100	300～400	用于中速、重载及受变载的轴承
	ZCuSn5Pb5Zn5 8		3	15		65～75	60		用于中速、中载轴承
	ZCuPb30 25		12	30	—	25	—	300	用于高速、重载轴承，能承受变载和冲击载荷
	ZCuAl10Fe3 30		8	12	150	120～140	100 280		宜用于润滑充分的低速、重载轴承

（续表）

轴承材料		许用值			最高工作温度/（°C）	硬度/HBS		最小轴颈硬度/HBS	用途
名称	代号	[p]/MPa	[v]/(m/s)	[pv]/(MPa·m/s)		金属模	砂模		
黄铜	ZCuZn16Si4 12		2	10	200	100	90	200	用于低速、中载轴承，耐蚀、耐热
	ZCuZn38Mn2Pb2 10		1	10		——			
灰口铸铁	HT150 4		0.5	1～4	150	163～241		大于轴承材料硬度20～40	用于低速、轻载的不重要轴承，价廉
	HT200 2		1						
	HT250 1		2						
粉末冶金	多孔铁	68（静载） 20（动载）	2 1		80 —			—	用于中低速载荷不大的轴承
	多孔锡青铜	55（静载） 14（动载）	6 1.	8					
非金属材料	酚醛树脂	41 13		0.8	120	—	—	—	抗胶合性好，强度、抗振性好，耐酸碱，但导热性差
	尼龙	14 3		0.11（0.05 m/s） 0.09（0.5 m/s） <0.09（5 m/s）	90 —	—	—	—	摩擦系数低，耐磨，无噪声，较常用
	碳-石墨	4 13		0.5（干） 5.25（润滑）	400 —	—	—	—	自润滑性好，高温稳定性好，耐腐蚀
	橡胶	0.34 5		0.53	65	—	—	—	能隔振、降低噪声、减小动载

12.4 滑动轴承的润滑

12.4.1 润滑剂

滑动轴承润滑的目的在于降低摩擦耗功，减小磨损，提高轴承的效率，同时还起到冷却、吸振、防锈等作用。润滑剂有润滑油、润滑脂和固体润滑剂等，了解润滑剂性能，正确选择润滑剂对轴承的正常工作非常重要。

1. 润滑油

润滑油是滑动轴承中应用最广的一种润滑剂。润滑油中矿物油（主要是石油产品）以其资源充足，价格低廉，适用范围广且稳定性好而被广泛使用。润滑油最重要的物理性能是黏度，它是选择润滑油的主要依据。润滑油的主要理化性能指标有如下几个。

（1）黏度　黏度是润滑油抵抗变形的能力，它表达润滑油层间内摩擦阻力的大小。黏度高时易形成油膜，油膜承载能力大，但摩擦系数大，传动效率低。黏度的表示方法有：动力黏度、运动黏度和相对黏度。影响润滑油黏度的主要因素是温度和压力，黏度随温度升高而减小，随压力升高而增大。

（2）油性　油性表示润滑油在金属表面的吸附能力。油性好的润滑油吸附能力强。动植物油和脂肪酸的油性较好。

(3) 极压性　润滑油中的活性分子与摩擦表面形成抗磨、耐压的化学膜的能力称为极压性。极压性对在高载荷下工作的高副接触的齿轮、凸轮、滚动轴承等防止胶合等失效有重要意义。

其他指标还有：闪点、燃点、凝点、氧化稳定性、酸值等。滑动轴承常用润滑油的牌号和选择见表 12-2。

表 12-2　常用润滑油的牌号和选择

轴颈圆周速度 v /(m/s)	轴承压强 p < 3 MPa	轴颈圆周速度 v /(m/s)	轴承压强 p = (3～7.5)MPa
<0.1	L—AN68、100、150	<0.1	L—AN150
0.1～0.3 L	—AN68、100 0.	1～0.3 L	—AN100、150
0.3～2.5 L	—AN46、68 0.	3～0.6 L	—AN100
2.5～5.0 L	—AN32、46 0.	6～1.2 L	—AN68、100
5.0～9.0 L	—AN15、22、32 1.	2～2.0 L	—AN68
>9.0	L—AN7、10、15		

注：① 表中润滑油是以 40℃时运动黏度为基础的牌号；② 适用于不完全流体润滑，工作温度<60℃。

2. 润滑脂

润滑脂是由润滑油添加各种稠化剂（如钙、钠、铝等金属皂）混合稠化而成。润滑脂具有流动性，不需经常添加，密封简单，摩擦系数较大，机械效率较低，一般用于低速、有冲击、使用要求不高，加油不便等场合。润滑脂的主要性能指标有：锥入度、滴点、氧化安定性等。目前，钙基润滑脂应用最为普遍。

滑动轴承常用润滑脂的牌号与选择见表 12-3。

表 12-3　常用润滑脂的牌号与选择

轴承压强 p/MPa	轴颈圆周速度 v /(m/s)	最高工作温度/(℃)	选用润滑脂牌号
<1	≤1.0 75		钙、锂基脂 L—XAAMHA3，ZL—3
1～6.5 0.	5～5.0	55	钙、锂基脂 L—XAAMHA2，ZL—2
>6.5	≤0.5 75		钙、锂基脂 L—XAAMHA3，ZL—3
≤6.5	0.5～5.0	120	钠、锂基脂 L—XACMGA2，ZL—2
1～6.5	≤0.5 110		钙钠基脂 ZGN—2
>6.5	≤1.0	50～100	锂基脂 ZL—3

3. 固体润滑剂

常用的固体润滑剂有石墨、二硫化钼、二硫化钨和聚四氟乙烯等。它们主要将粉剂加入润滑油或润滑脂中，以改进润滑性能，延长轴承使用寿命，适用于一些高温、高压、低速重载、不允许污染及无法给油等特殊的场合。

12.4.2　润滑装置

润滑油和润滑脂供油方法不同，其实施供油润滑的装置也有差别。常用的润滑装置有下列几种。

1. 压配式压注油杯

图 12-11 所示的是压配式压注油杯。为了避免污物进入轴承，可在油孔内装注油杯，加油时，用油壶嘴将钢球压下，注入一定量的润滑油；平时则由弹簧顶住钢球以封闭油孔。

2. 针阀式注油油杯

针阀式注油油杯如图 12-12 所示，杯中导油管内装有一个针阀。当手柄竖立时，针阀被提起，下端油孔开启，杯内的润滑油流入轴承，处于供油状态；当手柄卧倒时，针阀因被弹簧推压下而封堵底部油孔，供油停止。可以通过调节螺母来调节油孔开口的大小，从而调节供油量的大小。

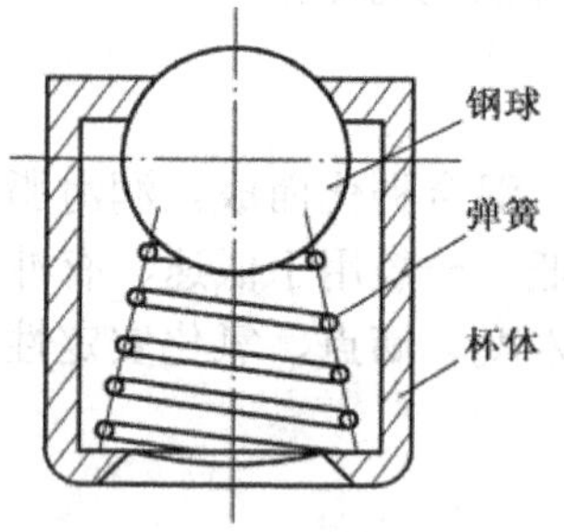

图 12-11　压配式压注油杯

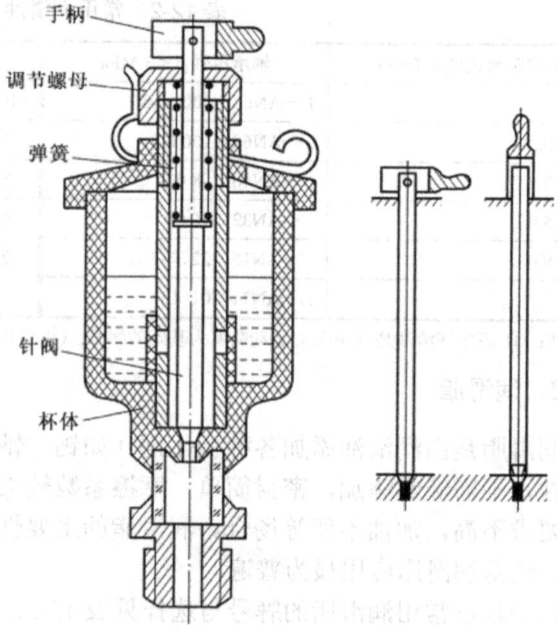

图 12-12　针阀式注油油杯

3．油芯式弹簧盖油杯

图 12-13 所示的是油芯式弹簧盖油杯，杯中管内油芯用毛线或棉线做成，油芯一端在管内但不与轴颈接触，另一端浸在油杯中，利用油芯的毛细管作用和虹吸作用，将润滑油吸到摩擦面上。这种装置能连续均匀供油，但调节油量不易，机器停车时仍供应润滑油，不适用于高速轴承，可用于供油量不需很大的轴承。

4．油环润滑

在轴颈上套一个自由悬挂的油环，油环的下部浸在油池里，当轴颈回转时，依靠摩擦力带动油环旋转，油环将润滑油引入轴承。这种装置（如图 12-14 所示）只能用于水平放置且连续运转的轴颈，轴的转速范围为 500～3000 r/min，常用于大型电机的滑动轴承中。

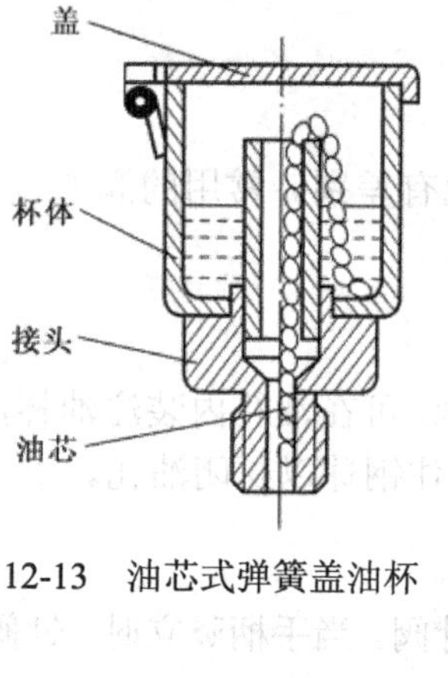

图 12-13　油芯式弹簧盖油杯

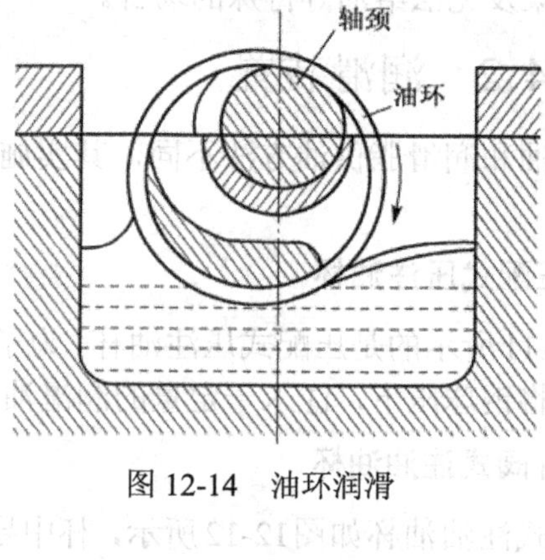

图 12-14　油环润滑

5. 飞溅润滑

直接利用密封壳体中齿轮等快速旋转的零件（零件浸入油池适当的深度），将油池中的油搅动使之飞溅到轴承或箱体壁上，经油槽导入轴承进行润滑。这种润滑适用于减速器、内燃机等机械轴承中。

6. 压力循环润滑

压力循环润滑是利用油泵将一定压力的润滑油经油路输入到轴承进行润滑，并再流回油池形成循环。这种供油方式供油量连续充分，润滑可靠，同时有冷却作用，但装置成本高，结构复杂，用于大型、重载、高速等重要场合。

7. 旋盖式油脂杯

图12-15所示的是旋盖式油脂杯，油杯中填满润滑脂，杯盖用螺纹与杯体连接，定期旋转杯盖，将杯中的润滑脂挤送到轴承孔内。这是一种最常用的油脂润滑装置。

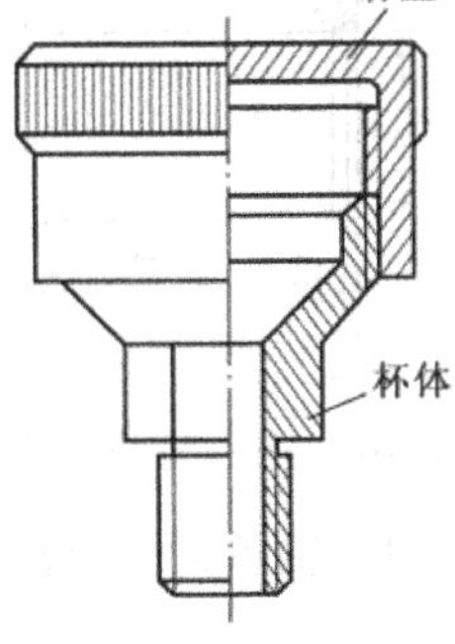

图 12-15　旋盖式油脂杯

12.4.3 润滑方式及其选择

润滑油的润滑方式分为间歇供油润滑和连续供油润滑两种。间歇供油润滑可采用油杯注油供油和手工油壶注油。如果用压配式压注油杯（如图12-11所示）等润滑装置进行润滑，这种润滑方式适用于低速、小型等不重要的轴承或间歇工作的轴承。

对于较重要的轴承，必须采用连续供油润滑，如滴油润滑方式可以采用针阀式注油油杯（如图12-12所示）、油芯式弹簧盖油杯（如图12-13所示）润滑装置；也可以采用油环润滑（如图 12-14 所示）、飞溅润滑、浸油润滑、压力循环润滑等润滑方式。

润滑脂只能间歇供油。使用润滑脂时，一般在使用前装配时就在轴承内填入润滑脂，或采用润滑杯等装置通过压力将润滑脂推入轴承中。

滑动轴承的润滑方式可根据系数 k 来选择，即

$$k = v\sqrt{pv} \quad (12\text{-}1)$$

式中，p 为轴颈平均压强，单位为 MPa；v 为轴颈圆周速度，单位为 m/s。

当 $k \leqslant 2$ 时，采用润滑脂油杯润滑；当 $k > 2 \sim 16$ 时，采用润滑油润滑，如针阀式注油油杯等；当 $k > 16 \sim 32$ 时，采用油环润滑或飞溅润滑；当 $k > 32$ 时，采用压力循环润滑。

12.5 非液体摩擦滑动轴承的设计

非液体摩擦滑动轴承一般处于混合摩擦状态下工作，其主要失效形式是磨损和胶合，目前对磨损和胶合尚无完善的设计计算方法。为了防止轴承失效，应使轴瓦与轴颈接触表面间保持一层润滑油膜，因此非液体摩擦滑动轴承的设计依据是：维持轴承的边界膜不遭破裂。虽然影响边界油膜强度和破裂温度的因素很多，但实践证明此设计依据是有效的，即以限制轴承平均压强 p、轴承滑动速度 v 及二者乘积 pv 不超过许用值来进行条件性计算，以保证轴承的正常工作能力。

12.5.1 向心滑动轴承的设计

1. 轴承的平均压强 p

限制轴承的平均压强 p，以防止当 p 过大时润滑油被压力挤出，油膜被破坏，轴承产生过度磨损而缩短寿命。向心滑动轴承的计算简图如图12-16所示，校核公式为

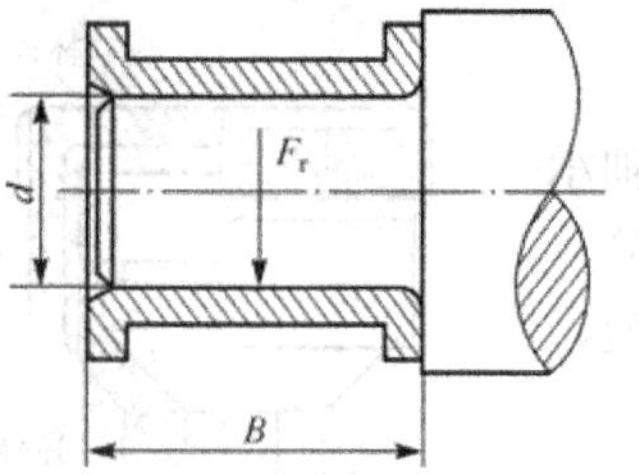

图 12-16 向心滑动轴承的计算简图

$$p=\frac{F_r}{Bd}\leqslant[p] \tag{12-2}$$

式中，F_r 为轴承径向载荷，单位为 N；B 为轴瓦宽度，单位为 mm；D 为轴颈直径，单位为 mm；$[p]$为许用压强，单位为 MPa，见表 12-1。

2. 轴承的 pv 值

限制轴承的 pv 值，是为了防止轴承因摩擦耗功和温升过高而破坏边界油膜和产生胶合。在轴承单位面积上的摩擦耗功 fpv 中，由于 f 为定值，故 pv 值越高，轴承温升越高，易引起边界油膜的破裂。校核公式为

$$pv=\frac{F_r}{Bd}\times\frac{\pi dn}{60\times1000}=\frac{F_r n}{19\,100B}\leqslant[pv] \tag{12-3}$$

式中，n 为轴转速，单位为 r/min；$[pv]$为轴瓦材料的许用值，单位为 MPa·m/s，见表 12-1。

3. 滑动速度 v

对于一些滑动速度过高的轴承，即使 p 和 pv 值都在许用范围内，也会因滑动速度过高而加速磨损，从而使轴承无法正常使用，因此需要限制滑动速度 v，使

$$v\leqslant[v] \tag{12-4}$$

式中，$[v]$为滑动速度的许用值，单位为 m/s，见表 12-1。

12.5.2 推力滑动轴承的设计

1. 轴承的平均压强 p

推力滑动轴承计算简图如 12-6 所示，轴承的平均压强为

$$p=\frac{F_a}{A}=\frac{F_a}{Z\cdot\frac{\pi}{4}(d_2^2-d_1^2)}\leqslant[p] \tag{12-5}$$

式中，F_a 为轴承轴向载荷，单位为 N；Z 为止推环数；d_1、d_2 如图 12-6 所示，单位为 mm；$[p]$为许用压强，单位为 MPa，见表 12-4。

表 12-4 推力轴承材料的$[p]$和$[pv]$值

轴材料	未淬火钢			淬火钢		
轴承材料	铸铁	青铜	轴承合金	青铜	轴承合金	淬火钢
$[p]$/MPa	2～2.5 4	～5 5	～6 7.	5～8 8	～9 12	～15
$[pv]$/(MPa·m/s)	1～2.5					

注：对于多环轴承，由于各环受载荷不均匀，其$[p]$和$[pv]$值应比单环式降低 50%。

2．轴承的 pv 值

$$pv_{\mathrm{m}} \leqslant [pv] \quad (12\text{-}6)$$

式中，v_{m} 为轴环的平均速度，$v_{\mathrm{m}} = \dfrac{\pi d_{\mathrm{m}} n}{60 \times 1000}$，单位为 m/s；$d_{\mathrm{m}}$ 为轴环的平均直径，$d_{\mathrm{m}} = \dfrac{d_1 + d_2}{2}$，单位为 mm；$n$ 为轴转速，单位为 r/min；$[pv]$ 为轴瓦材料的许用值，单位为 MPa·m/s，见表 12-4。

12.5.3　向心滑动轴承设计的实例分析

【例 12-1】　某机器主轴选用向心滑动轴承。选用标准轴承座 H2080，轴瓦材料为铸锡青铜 ZCuSn10P1，轴承所受径向载荷 F_{r}=80 000 N，轴颈转速 n = 220 r/min，试校核该轴承。

解：

1）确定轴承结构参数和材料参数

由轴承手册得，轴颈直径 d = 80 mm，轴瓦宽度 B = 95 mm。

由表 12-1 得，轴瓦材料 ZCuSn10P1 的许用值为：$[p]$ = 15 MPa，$[v]$ = 10 m/s，$[pv]$ = 15 MPa·m/s。

2）校核轴承工作能力

校核压强：

$$p = \frac{F_{\mathrm{r}}}{Bd} = \frac{80000}{95 \times 80} = 10.53\ \mathrm{MPa}$$

故 $p < [p]$。

校核 pv 值：

$$pv = \frac{F_{\mathrm{r}}}{Bd} \times \frac{\pi dn}{60 \times 1000} = \frac{80000}{95 \times 80} \times \frac{\pi \times 80 \times 220}{60 \times 1000} = 9.7\ \mathrm{MPa \cdot m/s}$$

故 $pv < [pv]$。

校核滑动速度：

$$v = \frac{\pi dn}{60 \times 1000} = \frac{\pi \times 80 \times 220}{60 \times 1000} = 0.92\ \mathrm{m/s}$$

故 $v < [v]$。

由上面的验算可知，p、pv、v 的计算值均小于材料的许用值，故该轴承能满足要求。

在设计计算中，若发生所选轴承不满足工作要求，则可通过改选轴承型号或改变轴承材料等措施来提高轴承的工作能力，满足使用要求。

12.6　滚动轴承的类型与代号

12.6.1　滚动轴承的典型结构

滚动轴承一般由内圈 1、外圈 2、滚动体 3、保持架 4 四部分组成，其典型结构如图 12-17 所示。内圈装在轴颈上，外圈装在轴承座孔内，内外圈可分别为旋转体或固定件，也可均为旋转体。通常为内圈随轴颈回转，外圈固定不动。滚动体是滚动轴承的核心元件，它使相对运动表面间的滑动摩擦变为滚动摩擦，滚动体的形状、大小、数量对滚动轴承的承载能力和极限转速有很大影响。常用的滚动体有球、圆柱滚子、滚针、圆锥滚子、球面滚子和非对称球面滚子等几种，如图 12-18 所示。

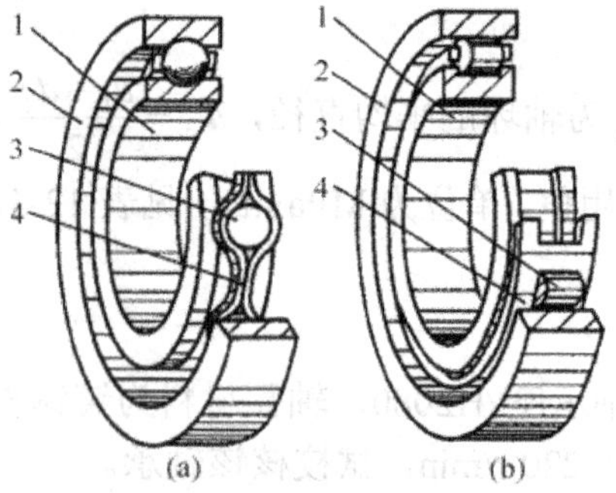

图 12.17 滚动轴承的基本结构

1—内圈；2—外圈；3—滚动体；4—保持架

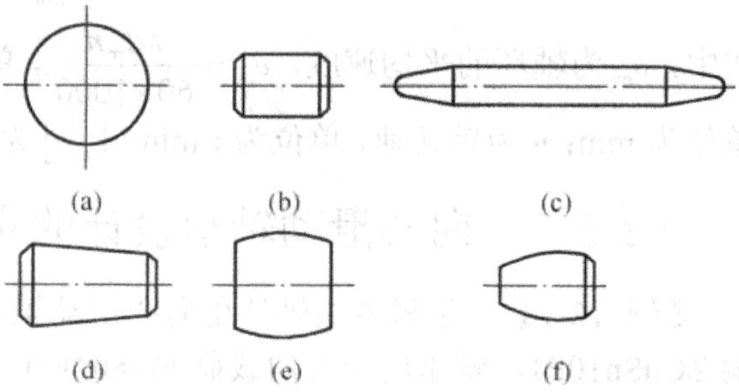

图 12-18 常用滚动体

滚动体均匀分布于内外圈滚道之间，内外圈上的滚道可限制滚动体的轴向移动，并减小滚动体和套圈间的接触应力。保持架可将滚动体均匀地隔开，避免其因直接接触而产生摩擦和磨损。

为了满足滚动轴承使用中的不同需要，在其基本结构基础上形成派生结构，会增加或减少一些零件，如无内外圈或不带防尘盖、密封盖等。

滚动轴承的内外圈和滚动体材料一般用高碳铬轴承钢，如 GCr15 、GCr15SiMn，其强度高，耐磨性好，经热处理后硬度应不低于 60～65HRC。保持架一般选用较软材料制造，常用低碳钢板冲压后铆接或焊接而成，如图12-17(a)所示，它与滚动体间有较大的间隙。实体保持架选用铜合金、铝合金或工程塑料等材料，有较好的定心作用。

12.6.2 滚动轴承的基本类型与特点

1. 基本类型与特点

按滚动体的种类不同，滚动轴承可分为球轴承和滚子轴承。按轴承所能承受的外载荷方向不同，滚动轴承可分为向心轴承、推力轴承和向心推力轴承。

向心轴承主要用于承受径向载荷，推力轴承主要用于承受轴向载荷，向心推力轴承主要承受径向和轴向联合载荷。

我国常见滚动轴承的基本类型、代号、性能特点等见表 12-5。

表 12-5 常用滚动轴承的类型、代号、性能特点

类型名称及代号	简图及承载方向	允许偏位角	轴向承载能力	基本额定动载荷比①	极限转速比②	性能特点
调心球轴承 1	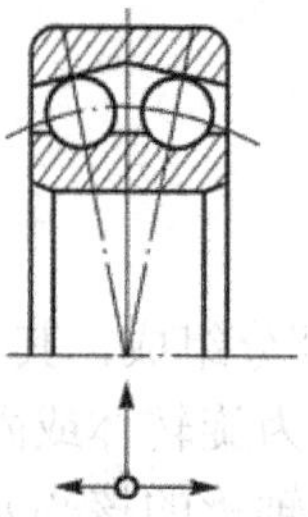	1.5°～3°	少量 0.	6～0.9	中	主要承受径向载荷，不能承受纯轴向负荷，能自动调心。适用于多支点传动轴，刚性小的轴及难以对中的轴

（续表）

类型名称及代号	简图及承载方向	允许偏位角	轴向承载能力	基本额定动载荷比①	极限转速比②	性能特点
调心滚子轴承 2	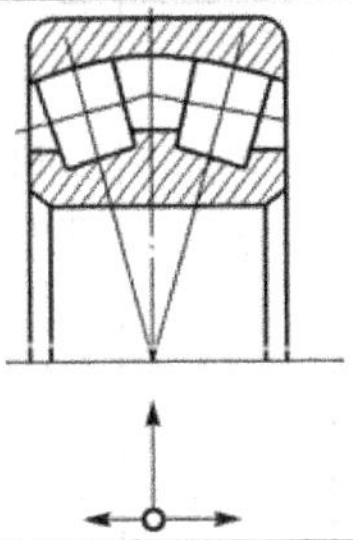	1.5°～3°	少量 2.	3～5.2	低	承载能力大，但不能承受纯轴向载荷，能自动调心。常用于重负荷、跨距大的情况
推力调心滚子轴承 29000	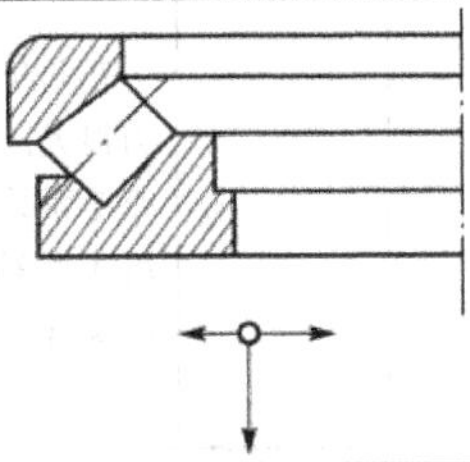	2°～3°	很大 1.	7～2.2	中	承受轴向载荷能力大，也能承受轴向载荷为主的轴、径向联合载荷，能自动调心。适用于重负荷和要求调心性能好的场合
圆锥滚子轴承 3 α=10°～18° 31300 α=28°48′39″	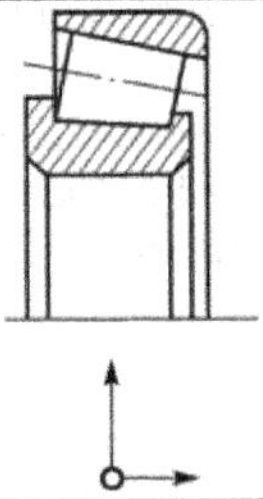	2′	较大 很大	1.5～2.5 1.1～2.1	中 中	内外圈可分离，游隙可调，能承受径向、轴向联合载荷，一般成对使用。适用于刚性较大的轴
推力球轴承 51000 双向推力球轴承 52000	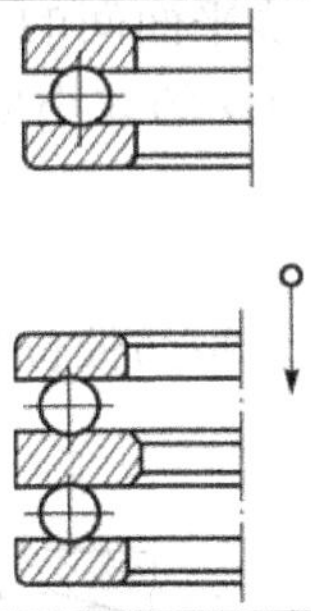	不允许	大 单向 双向	1	低	不能承受径向载荷，52000 型轴承能承受双向轴向载荷，不适用于高转速
深沟球轴承 6	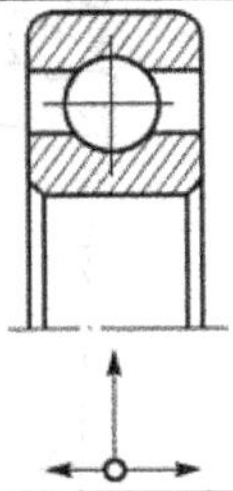	2′～10′	少量	1	高	主要承受径向载荷，当量摩擦系数最小，高转速时可用来承受不大的纯轴向载荷。应用极为广泛
角接触球轴承 7 70000C （α＝15°） 70000AC （α＝25°） 70000B （α＝40°）	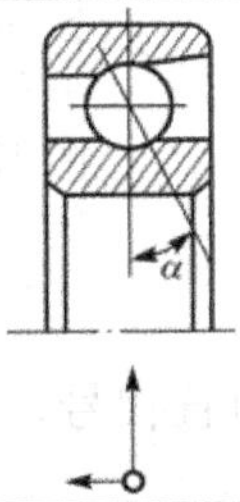	2′～10′	一般 较大 更大	1.0～1.4 1.0～1.3 1.0～1.2	高	可同时承受径向、轴向载荷，也可承受纯轴向载荷，承受轴向载荷能力与接触角 α 有关，一般成对使用。适用于刚性较大、跨距不大的轴，必须在工作中调整游隙

（续表）

类型名称及代号	简图及承载方向	允许偏位角	轴向承载能力	基本额定动载荷比①	极限转速比②	性能特点
外圈无挡边圆柱滚子轴承 N	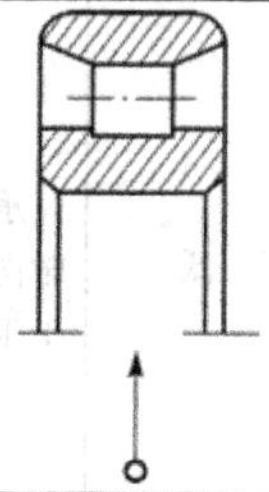	2′～4′	无 1.	5～3	高	不能承受轴向载荷，内外圈可分离，内外圈允许少量的轴向移动，可作为游动支承。用于刚性很大、对中良好的轴
滚针轴承 NA	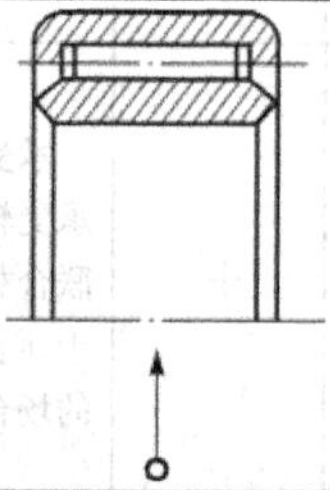	不允许	无	—	低	径向尺寸最小，径向负荷能力很大，不能承受轴向载荷，摩擦系数较大，旋转精度低。用于载荷很大而径向尺寸小的场合

注：① 额定动负荷比：指同一尺寸系列各种类型和结构形式的轴承的额定动负荷与深沟球轴承的额定动负荷之比（推力轴承则是其额定动负荷与推力球轴承的额定动负荷之比）；

② 极限转速比：指同一尺寸系列/P0 级精度的各种类型和结构形式的轴承脂润滑时的极限转速与深沟球轴承脂润滑时的极限转速的约略比较。各种类型轴承极限转速之间采取下列比例关系：“高”等于深沟球轴承极限转速的 90%～100%；“中”等于深沟球轴承极限转速的 60%～90%；“低”等于深沟球轴承极限转速的 60%以下。

2. 滚动轴承公称接触角、偏位角

1）公称接触角

滚动体与外圈滚道接触处的法线 $n\text{-}n$，与垂直于轴承轴心线平面间的夹角 α（如图 12-19 所示），称为滚动轴承的公称接触角（简称接触角）。公称接触角 α 的大小体现轴承承受轴向载荷能力的大小。

2）偏位角

如图12-20所示，滚动轴承内外圈中心线间允许的最大倾斜角称为偏位角，用 θ 表示。产生角偏移现象大都是由轴承的安装误差或轴的变形等原因所致。

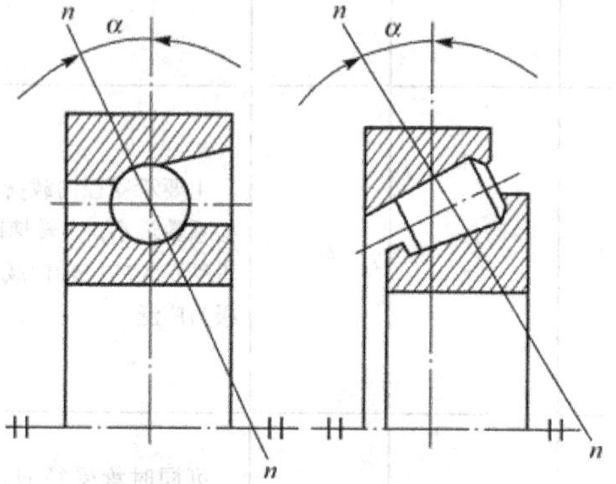

图 12-19 公称接触角

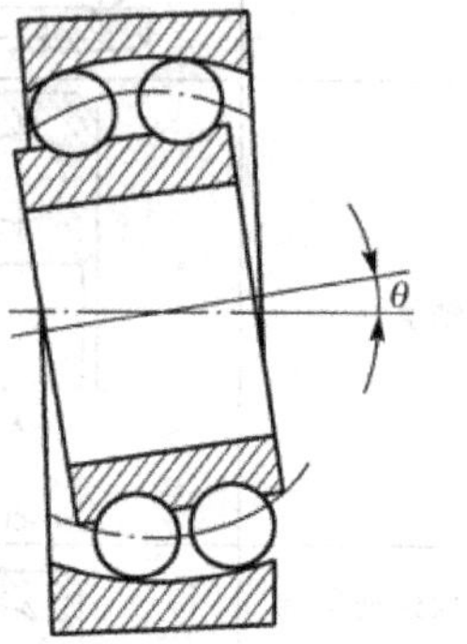

图 12-20 偏位角

12.6.3 滚动轴承的代号

滚动轴承代号是一组由字母和数字组成的产品符号，它由前置代号、基本代号和后置代号三部分构成，见表 12-6。

表 12-6　滚动轴承代号组成

前置代号	基本代号（滚针轴承除外）					后置代号							
	5	4	3 2		1	1	2	3	4	5 6		7	8
轴承分部件代号	类型代号	宽度系列代号	直径系列代号	内径代号		内部结构代号	密封、防尘和外部形状变化代号	保持架及其材料代号	轴承材料代号	公差等级代号	游隙代号	配置代号	其他代号

1. 基本代号

滚动轴承的基本代号（滚针轴承除外）由内径代号、尺寸系列代号、类型代号组成，从右向左依次排列。滚针轴承的基本代号由类型代号和配合安装特征代号组成，具体参数可查阅相关手册。

（1）内径代号　轴承内径大小由右起 1、2 位数字表示。常用内径代号及其对应内径值见表 12-7。

表 12-7　轴承内径代号

内径代号	00 01 02			03	04 ～96
轴承内径/mm	10 12 15			17	内径代号数×5

（2）尺寸系列代号　尺寸系列代号的组成见表 12-6，尺寸系列代号及其组合见表 12-8。直径系列指同一公称内径下不同的外径尺寸（外径、宽度）系列，表 12-8 中从 7 至 5 外径尺寸依次递增；宽度系列指同一直径系列下不同的宽度系列；推力轴承以高度系列对应向心轴承的宽度系列。在标注时，宽度系列代号为“0”时可省略，但调心滚子轴承和圆锥滚子轴承不可省略。

表 12-8　轴承尺寸系列代号

直径系列代号	尺寸系列代号										
	向心轴承宽度系列代号							推力轴承高度系列代号			
	8	0 1 2	3 4 5				6	7	9	1	2
7	——		17 —		37 —		——		—	—	—	—
8	— 08	18 28 38	48 58				68	—	—	—	—
9	— 09	19 29 39	49 59				69	—	—	—	—
0	— 00	10 20 30	40 50				60	70	90	10	—
1	— 01	11 21 31	41 51				61	71	91	11	—
2	82	02 12	22 32 42 52				62	72	92	12	22
3	83	03 13	23 33 —			——		73	93	13	23
4	— 04	—		24 —		—	——	74	94	14	24
5	—	——	—————				—	—	95	—	—

注：表中“—“表示不存在此种组合。

（3）类型代号　滚动轴承类型代号见表 12-5，用数字或字母表示。

2. 前置代号

滚动轴承的前置代号用于表示轴承的分部件，用字母表示。部分代号及其含义见表 12-9，其余可查阅相关设计手册。

表 12-9 前置代号

代号	含义	示例
L	可分离轴承的可分离内圈或外圈	LNU207 L N207
R	不带可分离内圈或外圈的轴承（滚针轴承仅适用于 NA 型）	RNU207 R NA6904
K	滚子和保持架组件	K81107
WS	推力圆柱滚子轴承轴圈	WS81107
KOW	无轴圈推力轴承 KOW	—51108

3．后置代号

滚动轴承的后置代号表示轴承的结构、公差、材料等特殊要求，用字母和数字表示。后置代号包含的内容很多，这里仅对常用的几个代号进行介绍。

（1）内部结构代号　表示同一类型轴承的不同内部结构，用字母表示。如角接触球轴承的接触角 α=15°、25°、40°，分别用 C、AC、B 表示以区别其内部结构的不同，如 7210AC。字母 B 用于圆锥滚子轴承时表示增大接触角，字母 C 用于调心滚子轴承时表示 C 型调心滚子轴承。

（2）公差等级代号　轴承的公差等级分为 0、6、6x、5、4、2 共 6 级，分别用/P0、/P6、/P6x、/P5、/P4、/P2 表示。其中 0 级为普通级，/P0 在轴承代号中可省略不标。从 0 级至 2 级，等级依次增高，2 级为最高级，6x 级仅适用于圆锥滚子轴承。

（3）游隙代号　常用的轴承径向游隙系列分为 1 组、2 组、0 组、3 组、4 组、5 组共 6 个组别，从 1 组至 5 组游隙依次增大。其中 0 组游隙是常用的游隙，在轴承代号中不标出，其余的游隙组别分别在轴承代号中用/C1、/C2、/C3、/C4、/C5 表示。当公差等级代号与游隙代号需同时表示时，取公差等级代号加上游隙组号（0 组不表示）组合表示，如/P52 表示轴承公差等级为 5 级，径向游隙为 2 组。

【例 12-2】　已知轴承代号为 6306、7215AC/P6，说明其含义。

解：

对于 6306，6 表示深沟球轴承；03 为尺寸系列代号，宽度系列代号为 0 省略，3 为直径系列代号；06 表示轴承内径为 30 mm；公差等级为 0 级，省略；游隙为 0 组游隙。

对于 7215AC/P6，7 表示角接触球轴承；02 为尺寸系列代号，宽度系列代号为 0 省略，2 为直径系列代号；15 表示轴承内径为 75 mm；AC 表示接触角为 25°；/P6 表示公差等级为 6 级；0 组游隙。

12.6.4　滚动轴承类型的选择

选用滚动轴承类型时与多种因素有关，通常考虑以下几个方面的因素。

1．轴承承受的载荷

轴承承受的载荷方向、大小和性质，是选择轴承类型的依据。

（1）按载荷方向选择轴承类型　当承受纯径向载荷时，一般选用深沟球轴承或径向接触轴承；当承受较大径向载荷和一定轴向载荷时，可选用向心角接触轴承（轴向载荷不大时也可选用深沟球轴承）；当承受一定的径向载荷和较大轴向载荷时，可选用推力角接触轴承，或者将向心轴承和推力轴承组合使用，分别承受径向载荷和轴向载荷；当承受纯轴向载荷时，一般选用轴向接触轴承。

（2）按载荷大小和性质选择轴承类型　同样尺寸条件下，滚子轴承承载能力高于球轴承，适用于载荷较大或有冲击的场合。球轴承适用于载荷较小或中等、振动和冲击较小的场合。

角接触球轴承和圆锥滚子轴承需要成对安装使用。

2．轴承的转速

在一定载荷和润滑条件下，滚动轴承所能允许的最高转速称为轴承的极限转速。

球轴承相比滚子轴承有较高的极限转速和旋转精度，高速时优先选用球轴承。外径较大的轴承宜用于低速、重载的场合。角接触球轴承和圆柱滚子轴承的极限转速较高，适用于高速运转场合。推力轴承的极限转速较低。

3．轴承的调心性能

轴承能够自动补偿轴与外壳孔中心线的相对偏斜，从而保证轴承正常工作状态的能力，称为轴承的调心性。当轴承与轴承座中心线不重合而有角度误差时，或轴因受载有弯曲或倾斜时，将使轴承的内外圈轴线发生偏斜，应选用有调心性能的调心轴承。

4．轴承的刚性

一般滚子轴承的刚度大，球轴承的刚度小。当轴的刚度或轴承座孔的支承刚度较小时，应尽可能避免选用圆柱滚子轴承和滚针轴承等滚子类轴承，以免减小轴承的承载能力和缩短其寿命。

5．轴承的使用性、经济性

便于装拆和使用方便，也是在选择轴承类型中应注意的一个因素。若轴承在长轴上装拆，可选用内圈带有 1∶12 锥度孔的轴承。一般情况下，球轴承价格比滚子轴承便宜，高精度轴承价格高，要慎用。在满足使用功能的条件下，应尽量选用精度低、价格便宜的轴承。

12.7　滚动轴承的工作情况分析

12.7.1　滚动轴承的受力分析

滚动轴承在受中心轴向力作用时，可认为各滚动体受载均匀，而在受径向载荷时，滚动体受载不等。

如图 12-21 所示，深沟球轴承工作时，受到径向载荷 F_r 作用，由轴颈传递到内圈，内圈下沉，载荷通过下半圈滚动体传到外圈，而位于上半圈的滚动体不受载。因此，下半周为承载区，上半周为非承载区。轴承工作时各元件所受的载荷是变化的，当滚动体进入承载区后，所受载荷从零逐渐增至最大值（如图 12-21 所示位置），然后再逐渐减至零，所以滚动体上某点的受载是按周期性不稳定脉动循环变化的。转动套圈上各点的受载的变化情况与滚动体类似。对于固定套圈（图 12-21 中为外圈），每当滚动体滚过滚道上某点时受一次载，大小不变，所以固定套圈上某点在承载区所受的是脉动循环载荷。

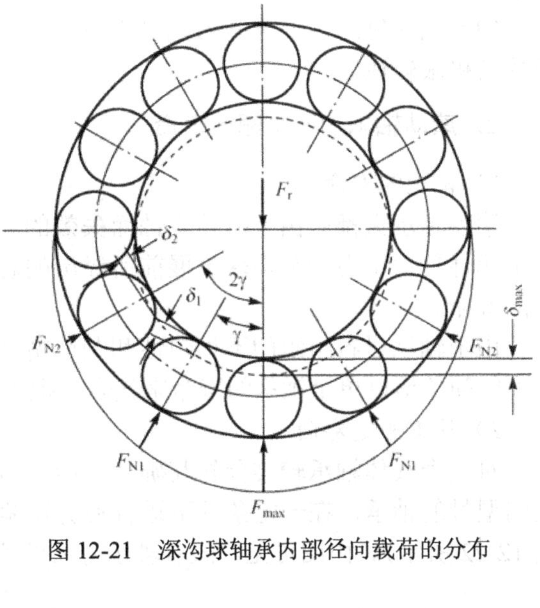

图 12-21　深沟球轴承内部径向载荷的分布

12.7.2 滚动轴承的失效形式

滚动轴承的主要失效形式有以下几种。

1. 疲劳点蚀

轴承在正常条件下工作时，作用于内外圈和滚动体上的接触应力周期性变化，工作循环达到一定次数后，接触表面的材料将会产生局部疲劳剥落，这就是疲劳点蚀，是滚动轴承的主要失效形式。轴承的疲劳点蚀会引起振动、噪声，轴承的旋转精度下降。

2. 塑性变形

当轴承转速很低或间歇往复摆动时，在过大的静载荷或冲击载荷作用下，套圈滚道和滚动体接触处的局部接触应力超过材料的屈服极限，使轴承元件工作表面产生过大的塑性变形，导致轴承不能正常工作。

3. 磨损

在密封不可靠、润滑不良、润滑油不洁的情况下，灰尘或杂物进入轴承内，轴承工作时接触表面容易发生严重的磨粒磨损；润滑不充分会引起黏着磨损。磨损将会使轴承的游隙增加，振动和噪声增大，从而使轴承失效。

此外，轴承还有保持架磨损、套圈断裂、锈蚀等失效形式。这些失效在良好的使用和维护状况下是可以避免的。

12.7.3 滚动轴承的寿命计算

1. 计算准则

针对滚动轴承的主要失效形式，其计算准则为：

（1）一般转速（$n>10$ r/min）的轴承，其主要失效形式是疲劳点蚀，应进行疲劳寿命计算。

（2）静止、极慢转速（$n\leqslant 10$ r/min）或缓慢摆动的轴承，承载能力取决于塑性变形，应按静强度计算。

（3）高速轴承主要失效形式是由发热而引起的磨损、烧伤，除进行疲劳寿命计算外，还要校核其极限转速。

2. 滚动轴承的基本额定寿命

1）轴承的寿命

滚动轴承大都是由于疲劳点蚀而失效的。在一定载荷作用下，滚动轴承运转到轴承中任意一个元件首次出现疲劳剥落扩展前所经历的总转数或在一定转速下的工作小时数，称为滚动轴承的寿命。

由于轴承材料组织的不均匀性和制造精度存在差异等，滚动轴承的寿命是相当离散的，因此不能简单地以单个轴承的寿命来代表一批轴承的寿命。

2）基本额定寿命

对某个具体轴承较难预知其确切寿命，但是一批轴承寿命服从一定的概率分布规律。对一批同型号的轴承，在一定条件下进行疲劳试验，可得出轴承的可靠度与寿命间的关系曲线（如图 12-22 所示）。由图可见，随着轴承寿命的增加，轴承的破坏概率也随之增加。

对于一批同型号的滚动轴承，在相同的条件下运转，当有10%的轴承发生疲劳点蚀前，轴承经历的转数或在一定转速下的工作小时数，称为滚动轴承的基本额定寿命，用 L_{10} 表示，单位为 10^6 转。

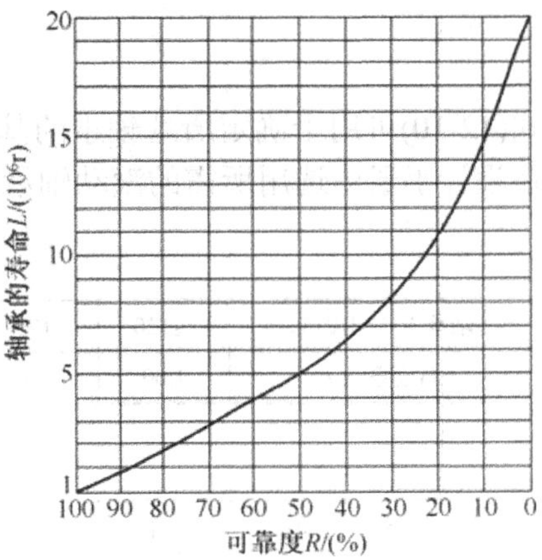

图 12-22 滚动轴承寿命分布曲线

3．基本额定动载荷

滚动轴承的基本额定动载荷是指使轴承的基本额定寿命为 10^6 转时，轴承所能承受的载荷值，用字母 C 表示。对于径向接触轴承，指纯径向载荷，称为径向基本额定动载荷，用 C_r 表示；对于轴向接触轴承，指纯轴向载荷，称为轴向基本额定动载荷，用 C_a 表示；对于角接触向心、推力轴承，指使套圈产生纯径向、纯轴向位移的载荷的径向、轴向分量。

对于不同型号的轴承，其基本额定动载荷的值是不同的，它反映了轴承承载能力的大小。各种型号轴承的基本额定动载荷可查阅相关轴承手册。

4．滚动轴承的疲劳寿命计算

滚动轴承的寿命与所受载荷大小有关，随载荷增大而减小。大量试验表明，反映轴承载荷 P 与基本额定寿命 L_{10} 关系的曲线近似于一条双曲线，以某深沟球轴承为例，其载荷-寿命曲线如图 12-23 所示。曲线方程为

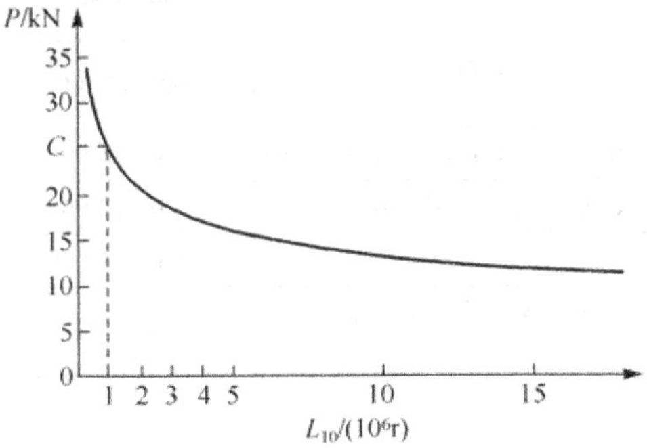

图 12-23 滚动轴承的载荷-寿命曲线图

$$P^{\varepsilon}L_{10} = C\text{（常数）}$$

当 $L_{10}=1$ 时，$P=C$，则

$$L_{10} = \left(\frac{C}{P}\right)^{\varepsilon} \qquad (12\text{-}7)$$

式中，P 为滚动轴承所受的当量动载荷[见式(12-11)、式(12-12)、式(12-13)]，单位为 N；ε 为寿命指数，球轴承 $\varepsilon=3$，滚子轴承 $\varepsilon=10/3$；L_{10} 为滚动轴承的基本额定寿命，单位为 10^6r。

若以工作小时数为单位表示轴承的寿命，轴承工作转速为 n r/min，则有

$$L_h = \frac{10^6}{60n}\left(\frac{C}{P}\right)^{\varepsilon} \qquad (12\text{-}8)$$

式中，L_h 的单位为 h（小时）。

当轴承工作温度高于 120℃时，基本额定动载荷值有所下降；当支承受到冲击、振动时，轴承寿命也会缩短，故引入系数进行修正，轴承寿命计算式为

$$L_h = \frac{10^6}{60n}\left(\frac{f_t C}{f_p P}\right)^{\varepsilon} = \frac{16\,670}{n}\left(\frac{f_t C}{f_p P}\right)^{\varepsilon} \qquad (12\text{-}9)$$

式中，f_t 为温度系数，查表 12-10；f_p 为载荷系数，查表 12-11。

设计时如果已选定轴承的预期使用寿命 L_h（可查表 12-12），当转速 n、当量动载荷 P 已确定时，式(12-9)变为

$$C' = \frac{f_p P}{f_t}\sqrt[\varepsilon]{\frac{60n[L_h]}{10^6}} \quad (12\text{-}10)$$

式(12-10)可用于确定所选轴承的基本额定动载荷，即按所求的计算动载荷 C' 值（单位为 N），在设计手册中选用所需的滚动轴承型号，使得 $C' \leqslant C$。

表 12-10 温度系数

轴承工作温度/℃	≤120	125	150 175		200 225	250		300	350
温度系数 f_t	1.00	0.95 0.	90	0.85	0.80 0.	75 0.	70	0.6	0.5

表 12-11 载荷系数

载荷性质	f_p	举例
无冲击或轻微冲击 1.	0～1.2	电动机、汽轮机、通风机、水泵等
中等冲击或中等惯性力 1.	2～1.8	车辆、动力机械、起重机、造纸机、冶金机械、选矿机、卷扬机、机床等
强大冲击 1.	8～3.0	破碎机、轧钢机、钻探机、振动筛等

表 12-12 推荐的轴承预期寿命 $[L_h]$

使用条件	使用寿命/h
不经常使用的仪器和设备	300～3000
短期或间断使用的机械，中断使用不致引起严重后果，如手动机械、农业机械、装配起重机；自动送料装置	3000～8000
间断使用的机械，中断使用将引起严重后果，如发电站辅助设备、流水作业的传动装置，带式运输机、车间起重机	8000～12 000
每天 8 h 工作的机械，但经常不是满载荷使用，如电动机、一般齿轮装置、压碎机、起重机和一般机械 10	000～25 000
每天 8 h 工作，满载荷使用，如机床、木材加工机械、工程机械、印刷机械、分离机、离心机 20	000～30 000
24 h 连续工作的机械，如压缩机、泵、轧机齿轮装置、纺织机械 40	000～50 000
24 h 连续工作的机械，中断使用将引起严重后果，如纤维机械、造纸机械、电站主要设备、给排水设备、矿用泵、矿用通风机	≈ 100 000

5．滚动轴承的当量动载荷

当滚动轴承同时承受径向载荷和轴向载荷，在进行轴承寿命计算时，必须将实际载荷转换为与基本额定动载荷的载荷条件相同的当量动载荷 P。对于承受以径向载荷为主的轴承，当量动载荷是径向载荷，常用 P_r 表示；对于承受以轴向载荷为主的轴承，当量动载荷是轴向载荷，常用 P_a 表示。当量动载荷 P（P_r 或 P_a）计算公式为

$$P = XF_r + YF_a \quad (12\text{-}11)$$

式中，X、Y 分别为滚动轴承的径向载荷系数和轴向载荷系数，可查表 12-13，未列入表中的轴承径向、轴向载荷系数 X、Y，可查阅相关设计手册；F_r、F_a 分别为滚动轴承所受的径向载荷和轴向载荷，单位为 N。

对于只能承受纯径向载荷的向心轴承，则

$$P = F_r \quad (12\text{-}12)$$

对于只能承受纯轴向载荷的推力轴承，则

$$P = F_a \quad (12\text{-}13)$$

表 12-13 中的 e 是轴向载荷影响的判断系数。当 $F_a/F_r \leqslant e$ 时，表示轴向载荷 F_a 对轴承寿命的影响较小；当 $F_a/F_r > e$ 时，表示轴向载荷 F_a 对轴承寿命影响较大。

表 12-13　径向载荷系数 X 和轴向载荷系数 Y

轴承类型		F_a/C_{or} ①	单列轴承				双列轴承				e
			$F_a/F_r \leqslant e$		$F_a/F_r > e$		$F_a/F_r \leqslant e$		$F_a/F_r > e$		
			X	Y	X	Y	X	Y	X	Y	
深沟球轴承		0.014				2.30				2.3	0.19
		0.028				1.99				1.99	0.22
		0.056				1.71				1.71	0.26
		0.084				1.55				1.55	0.28
		0.11	1 0		0.56	1.45	1 0		0.56	1.45	0.30
		0.17				1.31				1.31	0.34
		0.28				1.15				1.15	0.38
		0.42				1.04				1.04	0.42
		0.56				1.00				1.00	0.44
角接触球轴承	$\alpha=15°$	0.015				1.47		1.65		2.39	0.38
		0.029				1.40		1.57		2.28	0.4
		0.058				1.30		1.46		2.11	0.43
		0.087				1.23		1.38		2.00	0.46
		0.12	1 0		0.44	1.19	1	1.34	0.72	1.93	0.47
		0.17				1.12		1.26		1.82	0.50
		0.29				1.02		1.14		1.66	0.55
		0.44				1.00		1.12		1.63	0.56
		0.58				1.00		1.12		1.63	0.56
	$\alpha=25°$	—	1 0		0.41	0.87	1	0.92	0.67	1.41	0.68
	$\alpha=40°$	—	1 0		0.35	0.57	1	0.55	0.57	0.93	1.14
双列角接触球轴承（$\alpha=30°$）		—	—	—	—	—	1 0.	78	0.63	1.24	0.8
圆锥滚子轴承		—	1 0		0.4	$0.4\cot\alpha$ ②	1	$0.45\cot\alpha$	0.67	$0.67\cot\alpha$ 1.	$5\tan\alpha$
调心球轴承		—	—	—	—	—	1	$0.42\cot\alpha$	0.65	$0.65\cot\alpha$ 1.	$5\tan\alpha$
推力调心滚子轴承		—	—	—	1.2 1		—	—	—	—	$\frac{1}{0.55}$

注：① 相对于轴向载荷，F_a/C_{or} 中的 C_{or} 为轴承的径向基本额定静载荷，由手册查取。与 F_a/C_{or} 中间值相应的 e、Y 值可用线性内插法求得。

② 由接触角 α 确定的各项 e、Y 值，根据轴承型号从轴承手册中直接查得。

12.7.4　向心角接触轴承的轴向载荷计算

向心角接触球轴承受径向载荷 F_r 时，轴承内部会产生派生轴向力 F_s，如图 12-24 所示。派生轴向力 F_s 应由轴上的轴向力来平衡，其计算公式见表 12-14。

表 12-14　角接触轴承派生轴向力

轴承类型	角接触球轴承			圆锥滚子轴承
	7000C 7000A	C	7000B	
派生轴向力 F_s 0.	5 F_r 0.	68 F_r 1.	14 F_r	$F_r/(2Y)$

注：Y 应取表 12-13 中 $F_a/F_r > e$ 的数值。

向心角接触轴承的安装方式如图12-25所示。图12-25(a)所示的安装方式称为反装（背对背），这种安装方式使两个支反力作用点相互远离，支承跨距增大；图12-25(b)所示的安装方式称为正装（面对面），它使支反力作用点 O_1、O_2 相互靠近，减小支承跨距，支承刚性好。为了简化计算，常取轴承宽度中点作为支反力作用点。

成对安装的角接触轴承在计算轴向载荷时，要同时考虑作用于轴上的轴向工作载荷和由径向力引起的派生轴向力。

图12-25(a)、(b)中，F_{re}、F_{ae} 分别为作用于轴上的径向和轴向载荷，两个轴承的径向反力为 F_{r1}、F_{r2}，相应产生的派生轴向力为 F_{s1}、F_{s2}，方向如图12-25所示。

将轴和内圈视为一体并取为分离体，按轴系力的平衡关系进行计算。此处取 F_s 与 F_{ae} 方向一致的轴承为2，另一端的轴承为1，则在图12-25(a)、(b)中受力分析一并进行。

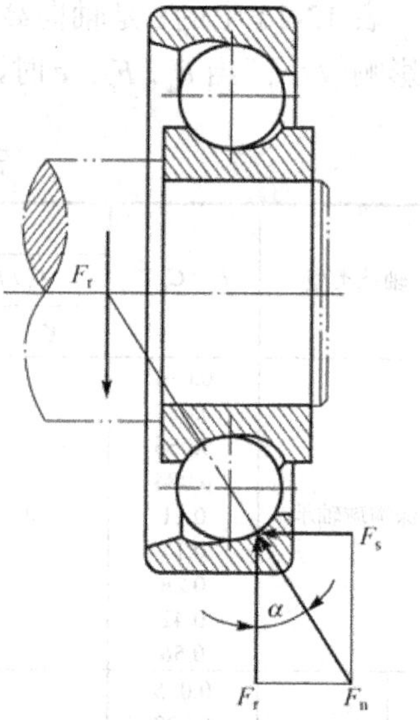

图12-24 角接触球轴承的派生轴向力

若 $F_{ae}+F_{s2}\geqslant F_{s1}$，则轴有向左移动的趋势，使轴承1被"压紧"、轴承2被"放松"。轴承1上轴承座或轴承端盖等必然产生一个平衡反力 F'_{s1}，以阻止分离体向左移动，即

$$F_{s1}+F'_{s1}=F_{ae}+F_{s2}$$

则作用在轴承1上的轴向力为

$$F_{a1}=F_{ae}+F_{s2} \quad (12\text{-}14a)$$

而作用在轴承2上的轴向力仅为其自身的派生轴向力，即

$$F_{a2}=F_{s2} \quad (12\text{-}14b)$$

若 $F_{ae}+F_{s2}<F_{s1}$，轴有向右移动的趋势，使轴承2被"压紧"，轴承1被"放松"。同理可得

$$F_{a2}=F_{s2}+F'_{s2}=F_{s1}-F_{ae} \quad (12\text{-}14c)$$

$$F_{a1}=F_{s1} \quad (12\text{-}14d)$$

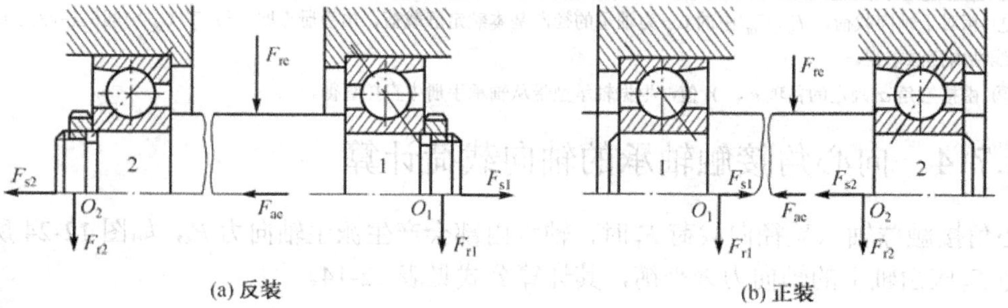

图12-25 角接触球轴承载荷分析

综上所述，计算角接触轴承轴向载荷的要点为：

（1）判断轴承内部派生轴向力 F_s 的方向；

（2）通过受力图及各轴向力计算判断轴承"压紧"、"放松"；

（3）"放松"端轴承的轴向力等于其自身内部派生轴向力；

（4）"压紧"端轴承轴向力等于放松端轴承轴向力与外部轴向力的代数和。

12.7.5 滚动轴承的静载荷计算

对于静止、极慢转速（$n \leqslant 10$ r/min）或缓慢摆动的轴承，为了防止由过大静载荷或冲击载荷引起的滚动体与套圈滚道接触表面产生过大的塑性变形，要计算轴承的静强度。

滚动轴承静强度计算的依据是基本额定静载荷，它体现滚动轴承抵抗塑性变形的最大承载能力。使受载最大的滚动体与滚道接触中心处的接触应力达到一定值的载荷，称为基本额定静载荷，用 C_0 表示，C_0 可查阅相关设计手册。C_{0r} 称为径向基本额定静载荷，C_{0a} 称为轴向基本额定静载荷。

按轴承静强度选择轴承的基本公式为

$$S_0 P_0 \leqslant C_0 \quad (12\text{-}15)$$

式中，S_0 为静强度安全系数，见表 12-15；P_0 为当量静载荷，单位为 N。

表 12-15 静强度安全系数 S_0

使用条件	载荷条件	S_0	使用条件	S_0
连续旋转	普通载荷	1～2	高精度旋转场合 1.	5～2.5
	冲击载荷	2～3	振动冲击场合 1.	2～2.5
不常旋转或	普通载荷	0.5	普通旋转精度场合 1.	0～1.2
摆动运动	冲击及不均匀载荷	1～1.5	允许有变形量场合 0.	3～1.0

与当量动载荷概念相似，当量静载荷是一个假想载荷，其计算公式为

$$P_0 = X_0 F_r + Y_0 F_a \quad (12\text{-}16)$$

式中，X_0、Y_0 分别为径向静载荷系数和轴向静载荷系数，见表 12-16；F_r、F_a 含义同前所述。

表 12-16 静径向系数 X_0 和静轴向系数 Y_0

轴承类型			单列轴承		双列轴承	
			X_0	Y_0	X_0	Y_0
向心球轴承	深沟球轴承		0.6 0.	5	0.6	0.5
	角接触球轴承	15°	0.5	0.46	1	0.92
		25°	0.5	0.38	1	0.76
		30°	0.5	0.33	1	0.66
		40°	0.5	0.26	1	0.52
	调心球轴承 $\alpha \neq 0°$		0.5	0.22cot α	1	0.44cot α
向心滚子轴承	向心滚子轴承 $\alpha \neq 0°$		0.5	0.22cot α	1	0.44cot α

注：由接触角 α 确定的 Y_0 值，也可从轴承手册中直接查得。

若按式(12-16)计算得到 $P_0 < F_r$，则取 $P_0 = F_r$。

12.7.6 滚动轴承的计算实例

【例 12-3】 某轴上安装有一对 6312 型深沟球轴承。轴承所受的载荷 $F_{r1} = 5500$ N、$F_{a2} = 2800$ N、$F_{r2} = 6400$ N、$F_{a2} = 0$，其转速 $n = 1200$ r/min，运转时有轻微冲击，预期寿命 $[L_h] \geqslant 8500$ h。试验算该对轴承是否适用。

解：

查设计手册，6312 型轴承的 $C_r = 81.8$ kN，$C_{0r} = 51.8$ kN。

1）计算当量动载荷 P_1、P_2

$$\frac{F_{a1}}{C_{0r}} = \frac{2800}{51\,800} = 0.054$$

查表 12-13，由线性插值 $e=0.257$，则

$$\frac{F_{a1}}{F_{r1}}=\frac{2800}{5500}=0.509>e$$

由表 12-13，得

$$X=0.56,\ Y=\ .73\ （由插值法得）$$

由式(12-11)，得

$$P_1=XF_{r1}+YF_{a1}=0.56\times5500+1.73\times2800=7924\ \text{N}$$

由式(12-12)，得

$$P_2=F_{r2}=6400\ \text{N}$$

2）计算轴承寿命

因 $P_1>P_2$，故按轴承 1 的当量动载荷为依据，计算该对轴承的寿命。

由表 12-10，得 $f_t=1$；由表 12-11，得 $f_p=1.2$；球轴承 $\varepsilon=3$，由式(12-9)，得

$$L_h=\frac{16\ 670}{n}\left(\frac{f_tC}{f_pP}\right)^{\varepsilon}=\frac{16\ 670}{1200}\left(\frac{1\times81800}{1.2\times7924}\right)^3=8843\ \text{h}$$

由于 $L_h>[L_h]=8500\text{h}$，故该对轴承满足寿命要求。

【例 12-4】 某低速轴上两端选用一对正装角接触球轴承[如图 12-25(b)所示，简图如图 12-26 所示]。已知两轴承所受径向载荷分别为 $F_{r1}=950\ \text{N}$，$F_{r2}=1800\ \text{N}$，轴向力 $F_{ae}=650\ \text{N}$，转速 $n=450\ \text{r/min}$，轴颈为 40 mm，运转中有中等冲击载荷，三班制工作，工作年限 7 年，每年工作 300 天，试选用两个轴承的型号。

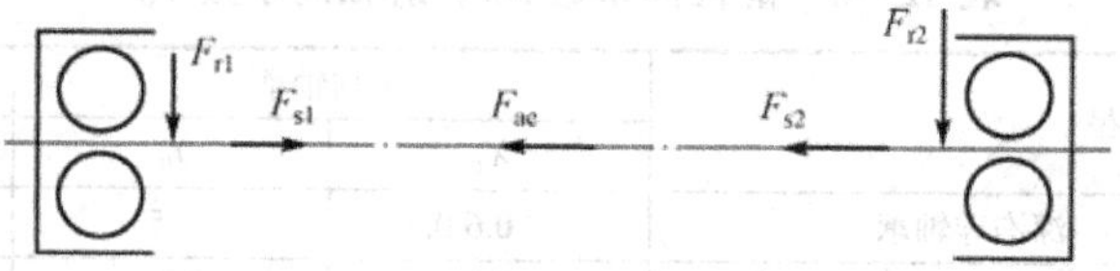

图 12-26 【例 12-4】图

解：

1）初选轴承型号：7208AC，由滚动轴承设计手册，得

$$C=35.2\ \text{kN},\quad C_{0r}=24.5\ \text{kN}$$

2）计算两个轴承受到的轴向载荷 F_{a1}、F_{a2}

（1）求派生轴向力 F_{s1}、F_{s2}。

由表 12-14，得 $F_s=0.68F_r$，即有

$$F_{s1}=0.68F_{r1}=0.68\times950=646\ \text{N}$$

及

$$F_{s2}=0.68F_{r2}=0.68\times1800=1224\ \text{N}$$

（2）计算轴向力 F_{a1}、F_{a2}。

$$F_{ae}+F_{s1}=650+646=1296\ \text{N}>F_{s2}$$

因此，轴承 1“放松”，轴承 2“压紧”，则

$$F_{a1}=F_{s1}$$

$$F_{a2}=F_{s1}+F_{ae}=646+650=1296\ \text{N}$$

3）计算轴承当量动载荷 P_1、P_2

由表 12-13，得 $e=0.68$，故

$$\frac{F_{a1}}{F_{r1}}=\frac{646}{950}=0.68=e\text{，}\quad X_1=1\text{，}\quad Y_1=0$$

$$\frac{F_{a2}}{F_{r2}}=\frac{1296}{1800}=0.72>e\text{，}\quad X_2=0.41\text{，}\quad Y_2=0.87$$

$$P_1=X_1F_{ri}+Y_1F_{a1}=1\times950+0\times646=950\ \text{N}$$

$$P_2=X_2F_{r2}+Y_2F_{a2}=0.41\times1800+0.87\times1296=1865.52\ \text{N}$$

4）确定轴承型号

查表 12-10，得 $f_t=1$；查表 12-11，得 $f_p=1.6$。

轴承预期寿命 $[L_h]=7\times300\times8\times3=50\ 400\ \text{h}$

对于球轴承，取 $\varepsilon=3$。

因为 $P_2>P_1$，所以按轴承 2 的受力大小计算。由式(12-10)，得

$$C'=\frac{f_pP_2}{f_t}\sqrt[\varepsilon]{\frac{60n[L_h]}{10^6}}=\frac{1.6\times1865.52}{1}\sqrt[3]{\frac{60\times450\times50\ 400}{10^6}}=33\ 076.38\ \text{N}$$

由于 $C'<C=35\ 200\ \text{N}$，故选轴承 7208AC 满足要求。

12.8 滚动轴承的组合设计

为了保证滚动轴承的正常工作，除了正确选择轴承类型和尺寸外，如何将轴、轴承、轴承座等合理组合，以满足工作要求，包含轴承的装拆、固定、配合、调整、润滑、密封等，就是轴承组合设计所需解决的问题。

12.8.1 滚动轴承的固定

滚动轴承轴向固定的方法很多，选用时应考虑轴承上轴向载荷的大小、转速的高低、轴承类型及其在轴上的安装位置等因素。转速越高，载荷越大，滚动轴承的轴向固定应越可靠。常用的固定方式见表 12-17。

表 12-17 轴承内外圈固定的常用方法

内圈的固定	简图	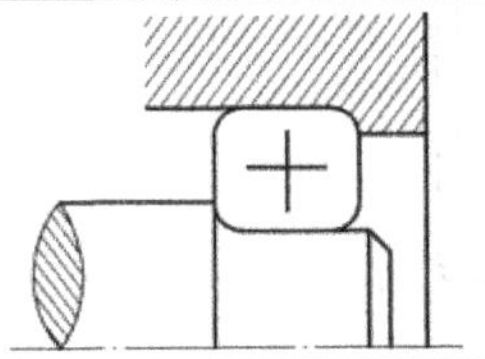	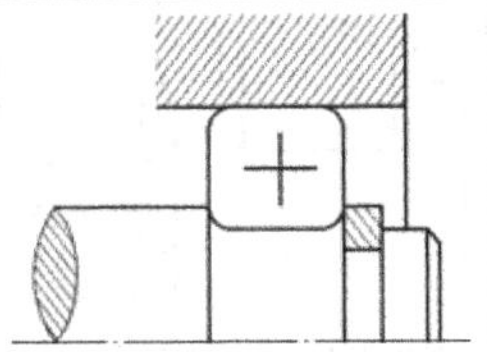	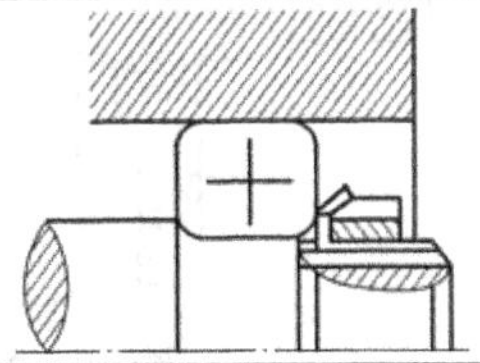	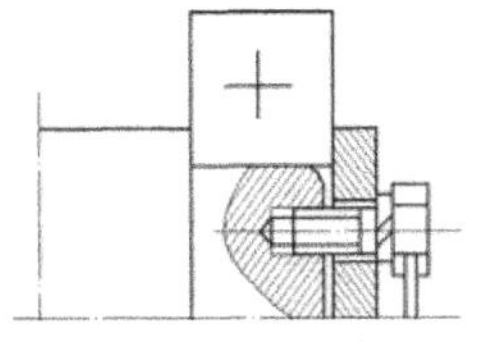
	固定方法	外壳有凸肩时，利用轴肩作为内圈的单面支承	用弹性挡圈	采用圆螺母和止动垫圈	用轴端挡圈、螺栓和铁丝
内圈的固定	特点	结构简单，轴向尺寸小，可承受单向的轴向载荷	结构简单，轴向尺寸紧凑，可承受不大的轴向载荷	可承受较大的轴向载荷	用于轴端切削螺纹有困难的场合，能承受较大的轴向载荷

（续表）

外圈的固定	简图	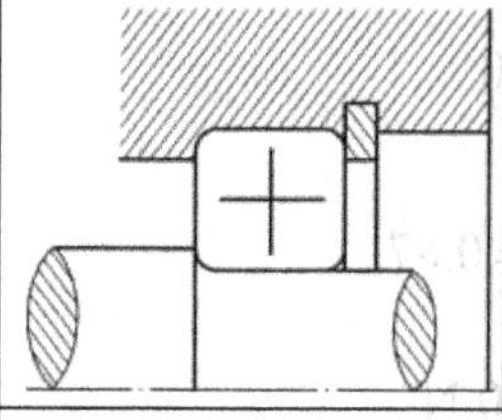	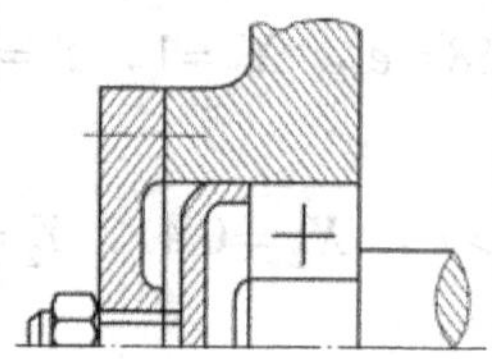	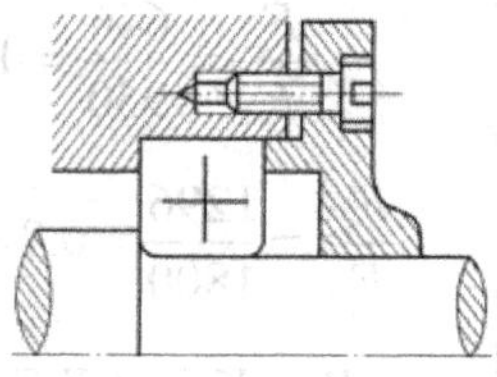	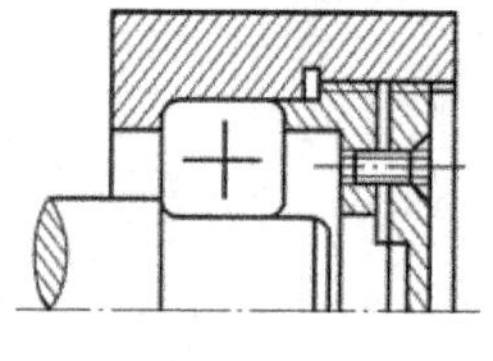
	固定方法	用弹性挡圈	用轴承盖、压盖和调节螺钉	用轴承盖	用外圆柱表面有螺纹和开口的轴承盖
	特点	结构简单，装拆简便，尺寸小，内孔为通孔，加工方便	常用于向心推力轴承，可调整轴向游隙，能承受较大的轴向载荷	能承受较大的轴向载荷	在径向尺寸小、不宜使用轴承盖的情况下采用，能承受较大的轴向载荷

12.8.2　滚动轴承组合件的轴向固定

滚动轴承的支承结构应考虑使轴、轴承、轴上零件在设备中有确定的位置，能承受载荷，传递轴向力且不发生窜动，以及轴的热胀冷缩以避免产生附加应力等因素，从而保证轴系的正常工作。

1．两端固定支承

两端固定支承简称全固式，指两个支承端各限制一个方向的轴向位移，从而对轴的双向位移进行限制的支承形式。这种结构常用于普通工作温度下的短轴（跨距 < 350 mm），或者安装时在轴承外圈与轴承端盖间留有 $a = 0.2 \sim 0.4$ mm 的间隙补偿，如图 12-27 所示。通过调整垫片的厚度可以确定轴承的轴向位置。

2．一端固定、一端游动支承

这种支承结构是一个支承端的内外圈双向固定（固定端）承受载荷，使轴在该方向上轴向定位；另一个支承端轴承与轴或外壳孔间可以相对移动（游动端），以补偿轴受热变形和制造安装误差引起的长度变化。它适用于工作温度较高（$t > 70$ ℃）的长轴（支承跨距 > 350 mm），如图 12-28 所示。图 12.28(a)中采用深沟球轴承作为支承，右端轴承为游动支承，但内圈要固定；图 12-28(b)中游动端采用可分离型的圆柱滚子轴承，内外圈都要固定。

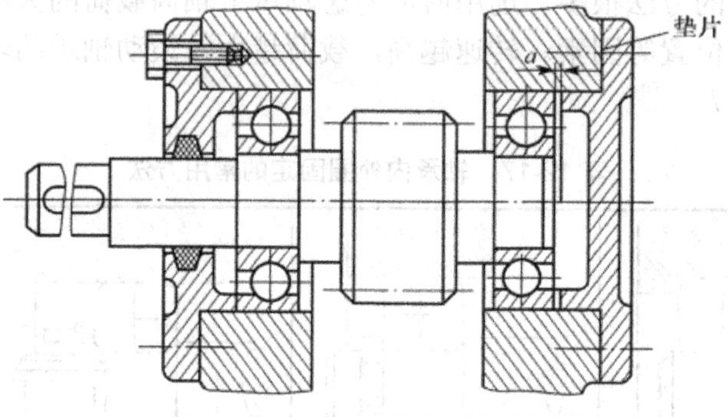

图 12-27　两端固定支承结构

3．两端游动支承

两端游动支承结构常用于机器中的一些相关零件已对该轴的轴向位置进行了限制的场合。如图 12-29 所示，一对人字齿传动，由于齿轮自身的啮合特点，在大齿轮轴采用两端固定支承结构后，小齿轮轴两端支承必须采用游动结构，以免齿轮卡死和使轮齿两侧受力均匀。

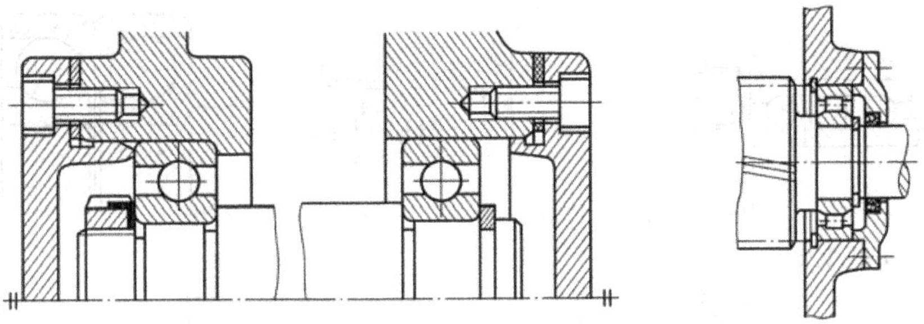

图 12-28 一端固定、一端游动支承结构

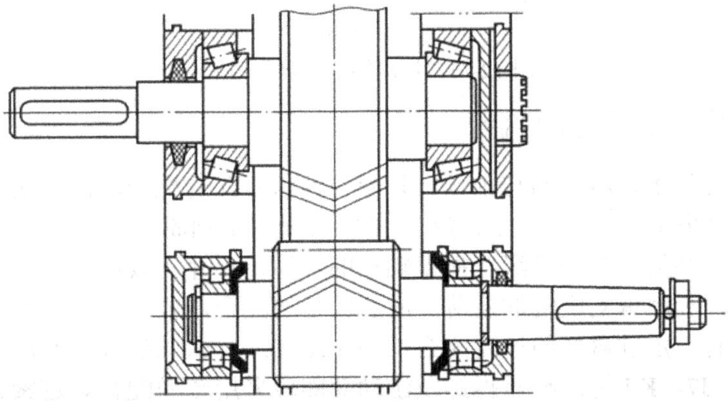

图 12-29 两端游动支承结构

12.8.3 滚动轴承组合件的调整

一些轴承组合为了保证轴上零件能得到准确的工作位置，需要对轴上零件的轴向位置进行适当调整，如锥齿轮传动要求锥顶重合于一点，蜗杆传动要求蜗轮的中间平面通过蜗杆轴线。

在图12-30结构中，为了便于调整，将整个轴承组合放在一个套杯中，套杯作为整体装在机座孔中。通过变化套杯与机座端面间垫片的厚度，达到调整整个轴系轴向位置的目的。

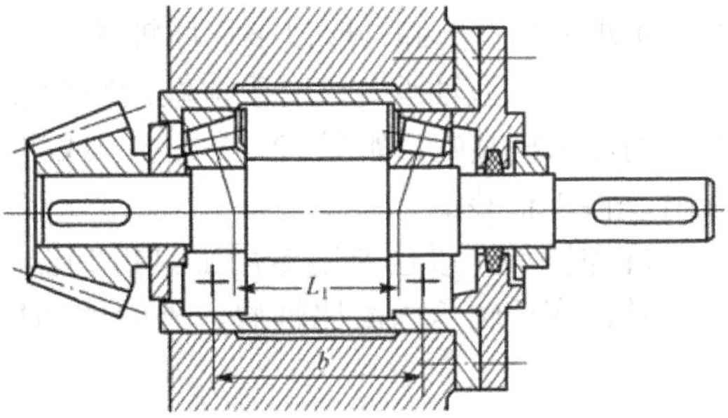

图 12-30 锥齿轮支承结构

12.8.4 滚动轴承的预紧

滚动轴承的预紧是指在安装轴承时，设法在轴承中产生并保持一定的轴向压紧力，以消除轴承的轴向游隙，并在滚动体与套圈滚道接触处产生弹性预变形，以提高轴承的旋转精度，改善支承的刚度。

常用的预紧方法如图 12-31 所示。图 12-31(a)中在一对轴承的套圈间放置长短不等的套筒实现预紧，套筒的长度差决定了预紧力的大小；图 12-31(b)中将一对轴承的内圈或外圈磨去一定的厚度，图12-31(c)中在内圈与外圈间放置垫片，都使轴承在一定的轴向载荷下产生预变形。预紧力的大小可以通过改变轴承套圈的磨削量或垫片的厚度来控制。

按不同的使用情况，可查阅相关设计手册获得滚动轴承较合适的预紧载荷值等参数。

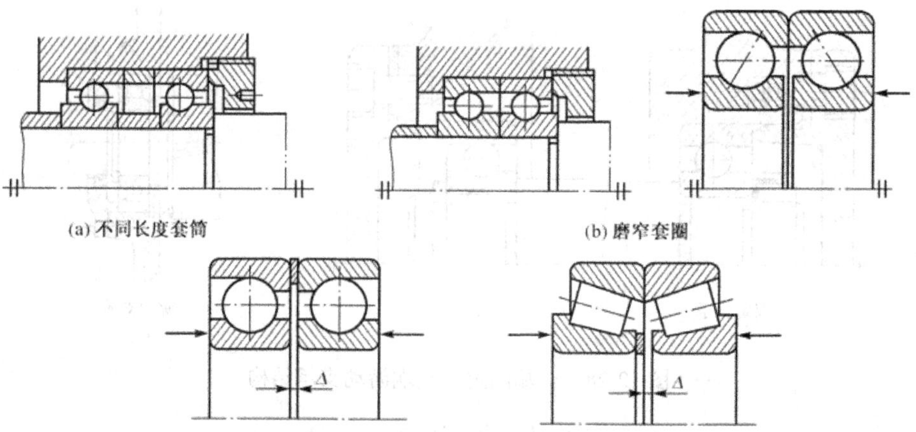

(a) 不同长度套筒　(b) 磨窄套圈

(c) 加金属垫片

图 12-31　滚动轴承的定位预紧

12.8.5　滚动轴承的配合

滚动轴承的配合是指轴承内圈与轴颈、外圈与轴承座孔的配合。由于滚动轴承是标准件，所以内圈与轴的配合采用基孔制，外圈与座孔的配合采用基轴制。

滚动轴承的配合种类和公差等级应根据轴承的类型、尺寸、载荷大小、方向和性质等来确定。一般来说，转动套圈承受旋转的载荷，应选较紧的配合，要求回转精度越高，应采用的配合越紧，通常选取有一定过盈量的过渡配合，如 r6、n6、m6、k6 等；不旋转的套圈选较松的配合，如 G7、H7、J7、K7 等；经常拆卸及游动套圈应采用较松配合。过紧、过松的配合均会对轴承的正常工作、旋转精度产生影响，具体选择时可查阅相关设计手册或参考同类设备。

12.8.6　滚动轴承的安装与拆卸

在设计轴承组合时，为了保证轴承的工作精度和寿命，应按正确的方法安装和拆卸滚动轴承。滚动轴承安装与拆卸一般以不损坏轴承及其配合体的精度为原则，不能通过滚动体传递压力。

对于中小型轴承，可用手锤敲击装配套筒来安装轴承；对于大型轴承或配合较紧的轴承，可用专用压力机装配，如图 12-32 所示；或将轴承或套圈放入矿物油中均匀加热至 80℃～100℃后取出，再进行装配。

拆卸轴承一般也要用专用工具拆卸器（如图 12-33 所示）或压力机拆卸。为了便于安装拆卸工具，应使轴承内圈比轴肩、外圈比凸肩露出足够的高度 h（如图12-33、图12-34所示）。

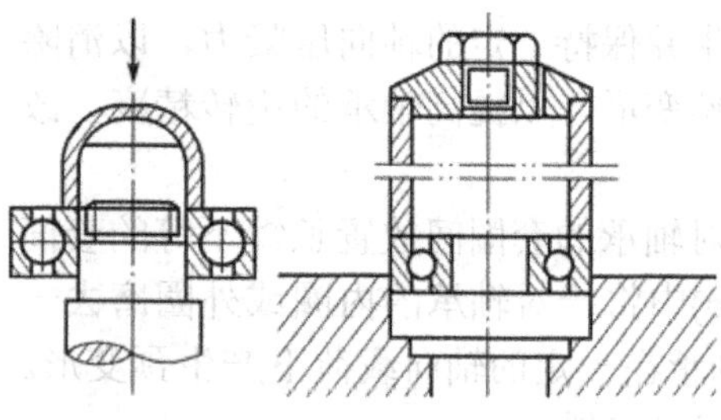

(a) 内圈安装　(b) 外圈安装

图 12-32　压力机安装轴承

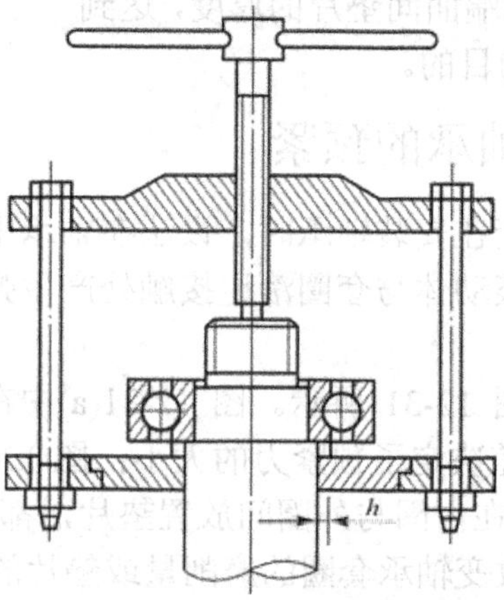

图 12-33　滚动轴承拆卸器

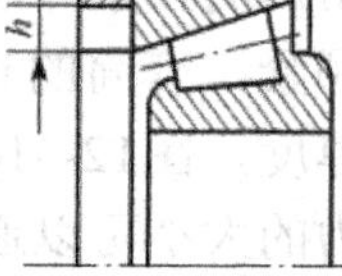

图 12-34　轴承外圈拆卸高度

12.8.7 滚动轴承的润滑

滚动轴承润滑的主要目的是减小摩擦阻力和磨损，同时也起吸振、冷却、防锈、散热等作用。

滚动轴承常用油润滑和脂润滑两种润滑方式。选用润滑方式时，应考虑轴承的工作温度、载荷和转速等因素的影响，一般对轴承的 dn 值（d 为滚动轴承内径，n 为轴承转速）加以控制。适用于不同润滑方式下所允许的 dn 值见表 12-18，可作为选择时的参考。

表 12-18 油润滑和脂润滑方式下轴承的 dn 值界限 单位：mm·r/min

轴承类型	脂润滑	油浴润滑	滴油润滑	循环油润滑	喷雾润滑
深沟球轴承	160 000	250 000	400 000	600 000	> 600 000
角接触球轴承	160 000	250 000	400 000	600 000	> 600 000
圆柱滚子轴承	120 000	250 000	400 000	600 000	> 600 000
圆锥滚子轴承	100 000	160 000	230 000	300 000	—
推力球轴承	40 000	60 000	120 000	150 000	—

润滑脂油膜强度高，承载能力较高，是一般滚动轴承多采用的润滑方式，但适用于较小 dn 值的轴承。轴承中润滑脂的填充量一般不超过其内部空间容积的 1/3～1/2。

在高速和高温条件下工作的轴承，一般采用油润滑方式。选择润滑油时，可根据工作温度和 dn 值由图12-35选择润滑油黏度。滚动轴承常用的油润滑方法有以下几种。

（1）油浴润滑　将轴承部分浸入润滑油中，随着轴承转动滚动体浸入油中，同时将油带到其他工作表面。油面不高于最低滚动体的中心，如图 12-36 所示。这种方法适用于中低速轴承的润滑。

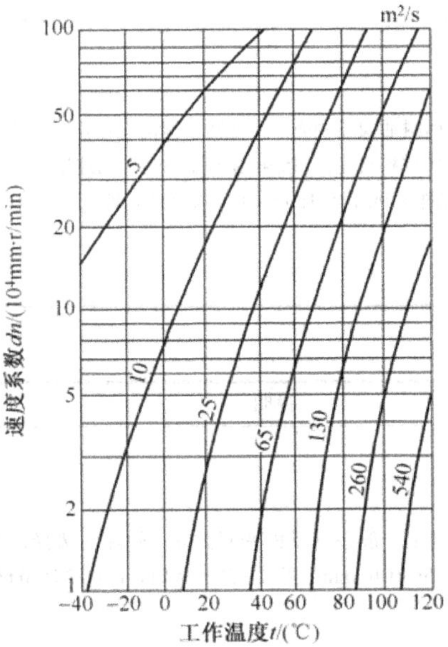

图 12-35 轴承润滑油黏度的选择

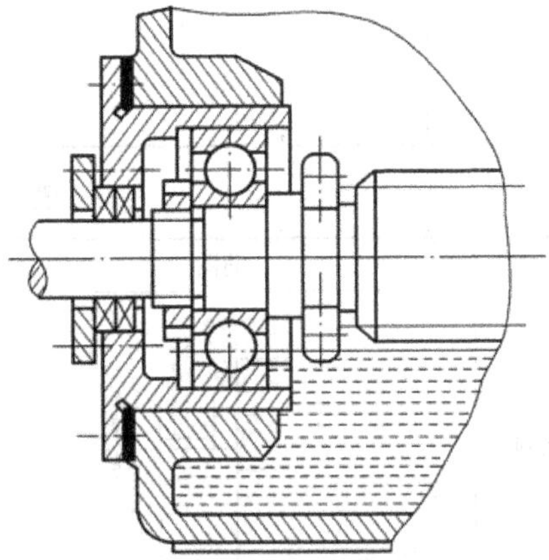

图 12-36 油浴润滑

（2）飞溅润滑　利用旋转部件将润滑油飞溅到轴承上或沿箱壁流入预先设计的油槽内润滑轴承，箱体内润滑油可循环使用。这是闭式齿轮传动中润滑轴承的常用方法。

（3）喷油润滑　它是用油泵增压后的润滑油，经轴承座进油口喷嘴将油喷射到轴承上，达到润滑及冷却轴承的目的。这种方法适用于高速或超高速、载荷大的轴承的润滑。

除上述方法外，还可采用滴油润滑，油雾润滑等润滑轴承的方法。

12.8.8 滚动轴承的密封

滚动轴承的密封是为了不使润滑剂从轴承中流失，同时也阻止了外界灰尘、切屑微粒、水分及其他杂物进入轴承，使轴承保持良好的润滑。密封方式的选择与润滑剂的种类、轴承的转速与温度、工作环境等因素有关。轴承的密封装置，一般分为接触式和非接触式两类。在实际使用中，也可将几种不同的密封形式组合运用，密封效果很好。常用的密封装置及其特点见表 12-19 和表 12-20。

表 12-19 接触式密封

密封形式	简图	说明
毡圈密封	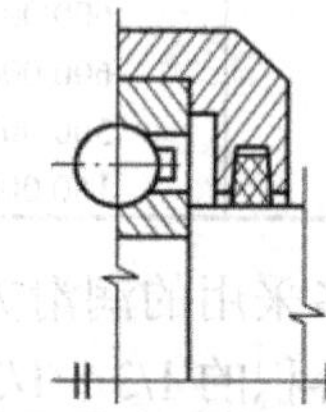	结构简单，适用于温度小于 100℃的工作环境。毡圈安装前用油浸渍，具有良好的密封效果；由于摩擦严重，只用于圆周速度小于 4 m/s 的场合
橡胶密封（密封唇向外）	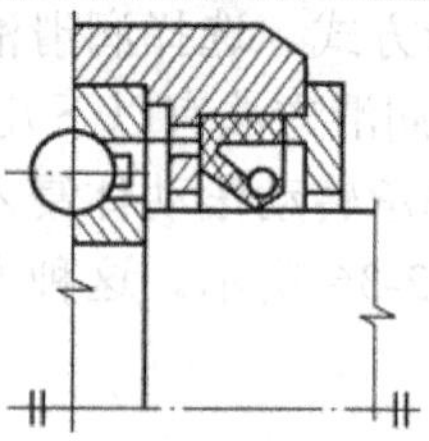	主要防止尘埃侵入，允许的圆周速度由密封材料决定，适用速度同上
橡胶密封（密封唇向内）	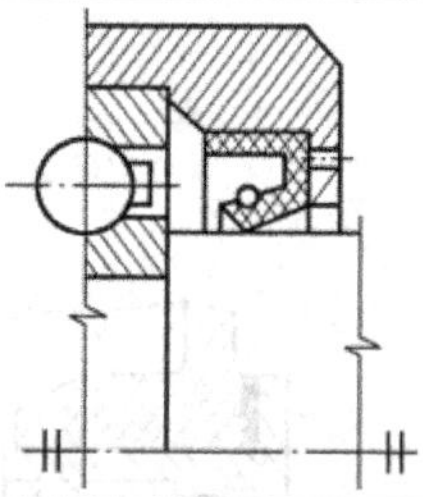	密封圈用耐油橡胶制成，主要防止润滑剂溢出，允许的圆周速度由密封材料决定，一般可用于接触面滑动速度小于 10 m/s（轴颈为精车）或小于 15 m/s（轴颈磨光）处

表 12-20 非接触式密封

密封形式	简图	说明
缝隙密封	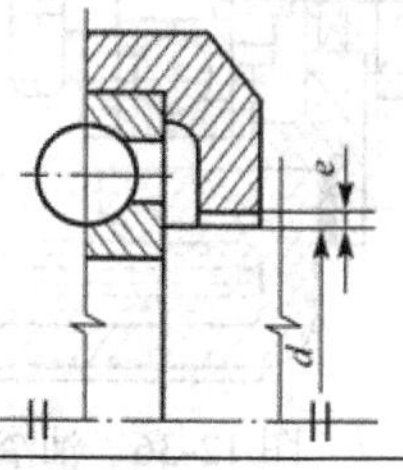	结构简单，能满足一般条件下的密封要求。间隙的选择：当 $d \leqslant 50$ mm 时，$e = 0.25 \sim 0.40$ mm；当 $d > 50$ mm 时，$e = 0.25 \sim 0.60$ mm
沟槽密封	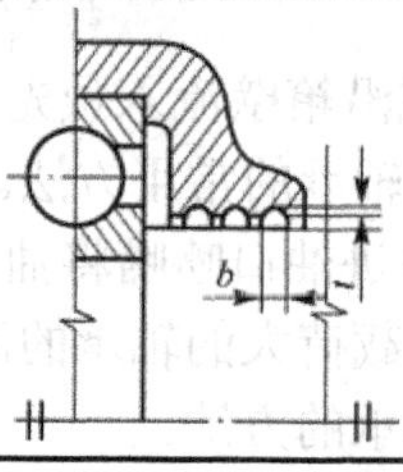	沟槽内填充润滑脂后使尘埃难以侵入，有环槽和螺旋槽两种形式。环槽一般为 3 条。槽宽 $b = 3 \sim 5$ mm；槽深 $t = 4 \sim 5$mm

（续表）

密封形式	简图	说明
迷宫密封	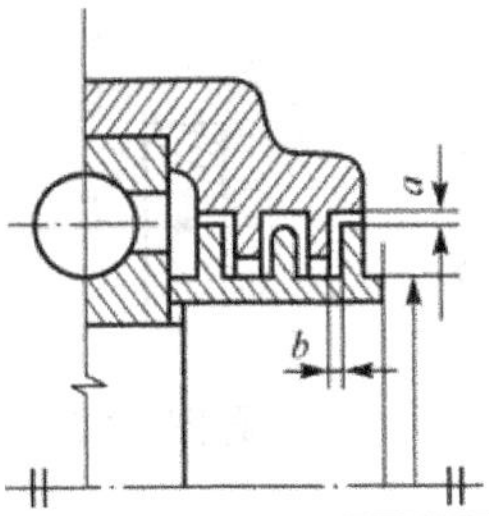	将旋转件与静止件之间的间隙做成迷宫（曲路）的形式，并在间隙中充填润滑油或润滑脂以加强密封效果，分为径向和轴向两种形式。当迷宫曲路填充润滑脂后，其密封效果比沟槽密封好(图为轴向迷宫密封)。径向和轴向间隙的选择：当 $d \leqslant 50$ mm 时，$a = 0.20 \sim 0.30$ mm，$b = 1.0 \sim 1.5$ mm；当 $d = 50 \sim 200$ mm 时，$a = 0.30 \sim 0.50$ mm，$b = 1.5 \sim 2.0$ mm

习题与思考题

12-1 滑动轴承和滚动轴承的应用各有什么特点？

12-2 滑动轴承的主要类型有哪些？其结构特点是什么？

12-3 轴承上为什么要开设油孔和油沟？常见的结构形式有哪些？

12-4 对滑动轴承材料的主要性能要求有哪些？常用材料有哪几类？

12-5 非液体摩擦滑动轴承的润滑方式有几种？常用的润滑装置有哪些？

12-6 滑动轴承的主要失效形式是什么？非液体摩擦滑动轴承的设计准则是什么？为什么？

12-7 滚动轴承由哪些元件组成？其主要特点是什么？

12-8 深沟球轴承、角接触球轴承、圆锥滚子轴承、圆柱滚子轴承和推力球轴承在结构上有何不同？它们分别能承受何种载荷？

12-9 滚动轴承的主要失效形式有哪几种？针对这些失效形式所采用的计算准则是什么？

12-10 常用滚动轴承轴向固定的方法有哪些？

12-11 如何定义滚动轴承的基本额定寿命、基本额定动载荷？

12-12 轴承润滑的主要目的是什么？

12-13 滚动轴承支承结构的三种基本形式是什么？

12-14 说明下列轴承的类型、内径、尺寸系列、公差等级和结构特点：6305/P5、7311C、N309/P6、30308、51315。

12-15 若其他条件不变，滚子轴承的基本额定动载荷增加一倍，则该轴承的基本额定寿命增至原来的多少倍？当转速 n 一定时，滚动轴承的当量动载荷从 P 增为 $2P$，轴承寿命是否降为 $L_h/2$？

12-16 一个非液体摩擦向心滑动轴承，已知轴颈直径 $d = 90$ mm，轴瓦宽度 $B = 105$ mm，轴承材料为铸锡青铜 ZCuSn5Pb5Zn5，轴的转速为 600 r/min，试问该轴承允许承受的最大径向载荷是多少？

12-17 用于某主轴的非液体摩擦径向滑动轴承，轴颈直径 $d = 70$ mm，转速 $n = 1500$ r/min，轴承承受的径向载荷为 3000 N，轴承材料为锡青铜 ZCuSn5Pb5Zn5，宽径比 $B/d = 1$。试校核该轴承是否可用？若不可用，应如何改进（按轴的强度计算，轴颈直径不得小于 60 mm）。

12-18 如题图 12-18 所示，一对 7208C 轴承承受的径向载荷 $F_{r1} = 6000$ N，$F_{r2} = 4500$ N，轴上作用的轴向力为 $F_{ae} = 2600$ N，试求轴承所受的轴向载荷 F_{a1} 和 F_{a2}。

12-19 一个小型机械上选用深沟球轴承，轴颈 $d = 35$ mm，转速 $n = 2000$ r/min，已知径向载荷 $F_r = 2100$ N，轴向载荷 $F_a = 850$ N，预期使用寿命 $[L_h] = 7000$ h，载荷有轻微冲击，试选择轴承型号。

12-20 齿轮轴由一对 32208 圆锥滚子轴承支承，$F_{r1}=5600\ \text{N}$，$F_{r2}=4000\ \text{N}$，$F_{ae}=1500\ \text{N}$，$f_p=1.4$，方向如题图 12-20 所示。试求两轴承的内部轴向力 F_s、轴向力 F_a 及考虑载荷系数时的当量动载荷。

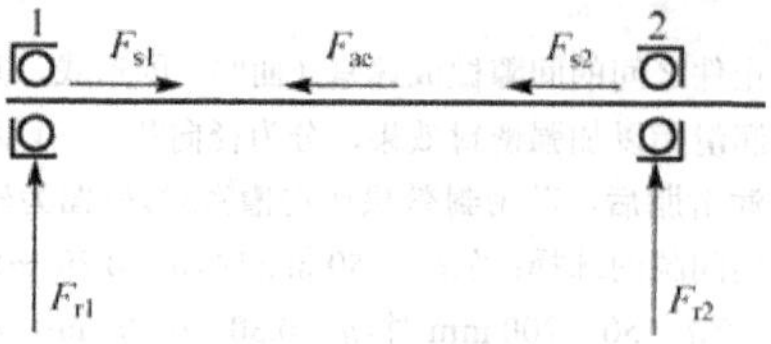

题图 12-18

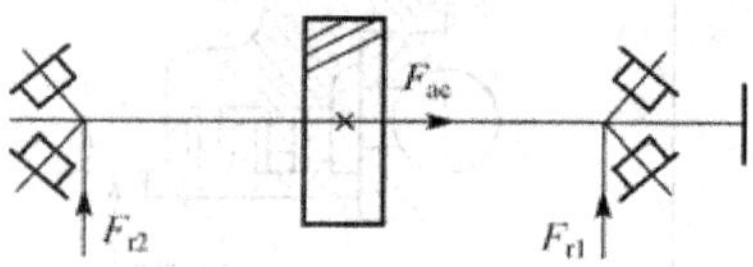

题图 12-20

12-21 如图 12-25(a)所示，轴两端选用接触角 $\alpha=25^\circ$ 的两个角接触球轴承。轴颈 $d=50\ \text{mm}$，工作中有中等冲击，转速 $n=1800\ \text{r/min}$，直径和宽度系列为 02。已知两轴承的径向载荷分别为 $F_{r1}=3500\ \text{N}, F_{r2}=1200\ \text{N}$，外加轴向载荷 $F_{ae}=900\ \text{N}$，试确定轴承的工作寿命。

第 13 章 联轴器、离合器及制动器

以目前的机械设计和制造水平，绝大多数机器的动力系统和执行系统都是分开设计和制造的，而要使机器能够按预定设计要求正常运转，必须将动力系统输出的动力传递到执行系统上，这就需要有传动系统。联轴器、离合器及制动器都是传动系统中最常见的部件。

在这三种部件中，联轴器只能在动力系统停止运转时，才能将主动轴和被动轴连接或脱离，而离合器则可以在动力系统运转的同时完成这一功能。除了传动功能之外，联轴器和离合器还具备过载保护的功能。

机器在运转过程中有时会出现突发状况，需要立即停止机器运转，这就需要制动器的存在。同时，制动器在短时间内也可用来降低或调整机器的运转速度。

13.1 联轴器

联轴器是用来连接不同机构中的两根轴（主动轴和从动轴）使之共同旋转以传递扭矩的机械零件。在高速重载的动力传动中，有些联轴器还有缓冲、减振和提高轴系动态性能的作用。联轴器由两半部分组成，分别与主动轴和从动轴连接。一般动力机大都借助于联轴器与工作机相连接。

联轴器是连接机械系统的驱动轴和从动轴，用于传递动力的机械要素，几乎所有的传动系统都会使用。它的基本作用是吸收两根轴的偏心、偏角和轴向位移误差，顺利地传递动力。过去，人们只是将联轴器作为一个机械部件来考虑，但是，随着驱动系统的进步，为了达到更高的传动性能，对联轴器的性能要求也越来越高，已经从一个单纯的机械部件转变为能左右整个机械系统性能的重要的机械要素。

目前，联轴器的设计有如下几个趋势。

1. 能够适应更高的转速

当在 20 000 r/min 以上的高速机床上使用时，联轴器必须具备高刚性和能耐受反复扭转负载的高弹性疲劳限度的能力。

2. 更加环保、节能

为了满足环保、节能的要求，联轴器必须拥有更高的功率密度，也就是说，要求传递相同功率时，联轴器的体积更小，

图 13-1 ROBA —DS 联轴器

而体积小也就表示生产该联轴器所需的原材料和能耗更少。例如，德国汉诺威装配技术研发公司所研制的 ROBA—DS 联轴器和传统联轴器相比，可节约的金属材料达 40%～70%。如果在所有的实际应用中都将联轴器更换为 ROBA—DS 联轴器，那么整个德国每年就可以节省约 600 吨钢材。

但对于大多数机械工程师来说，联轴器的设计仍采用选型设计为主，即在现成的联轴器产品中选择适用的型号，因此本章内容只介绍选型设计内容。

13.1.1 联轴器的类型及其特点

1. 联轴器的类型

对于联轴器所连接的两根轴，由于制造及安装误差、承载后的变形及温度变化的影响等，往往不能保证严格的同轴度，而是存在着某种程度的相对位移，如图 13-2 所示。这就要求设计联轴器时，要从结构上采取各种不同的措施，使其具有调节适应能力，以保证在发生一定范围内的相对位移条件下依然保持连接的功能。按对各种相对位移的调节适应能力的不同，联轴器可分为无补偿能力的刚性固定式联轴器（或称为刚性联轴器）和有补偿能力的挠性联轴器两大类。挠性联轴器又可按对位移补偿形式的不同分为刚性可移式联轴器和弹性联轴器两个类别。其中，刚性可移式联轴器是通过联轴器部件间的间隙和滑动来吸收轴心误差的；而弹性联轴器则是利用挠性材料的变形来吸收轴心误差的。

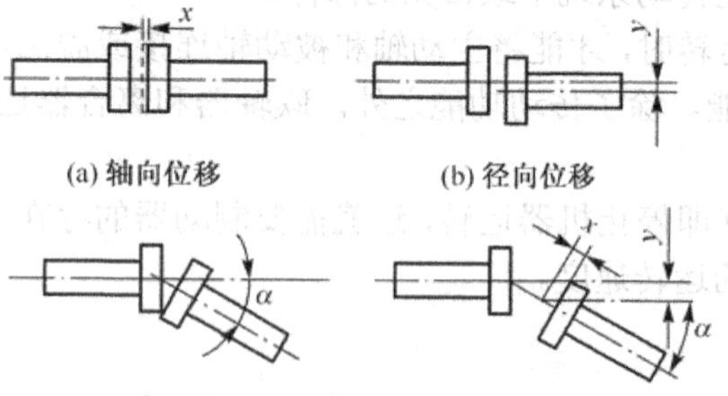

图 13-2 联轴器所连两根轴间相对偏移

另外，还有部分联轴器有一些特殊性能要求，称为特种联轴器，如安全联轴器和启动安全联轴器。

2. 各类联轴器的特点

联轴器属于机械通用零部件范畴，国家也制定了相应的标准。但各类联轴器由于结构形式和构成材料的差异，其性能特点和适用场合也有所不同，在实际选用过程中，设计者可根据实际使用条件和各类联轴器的性能特点进行选用。

1）刚性固定式联轴器

这种联轴器又称为刚性联轴器，它不具有补偿被连两根轴轴线相对偏移的能力，也不具有缓冲减振性能，但结构简单，价格便宜，只适用于载荷平稳，转速稳定，能保证被连两根轴轴线相对偏移极小的情况。

2）挠性联轴器

这种联轴器具有一定的补偿被连两根轴轴线相对偏移的能力，其最大补偿量由联轴器型号决定。根据其对位移的补偿形式的不同分为刚性可移式联轴器和弹性联轴器两个类别。

（1）刚性可移式联轴器　又称为无弹性元件的挠性联轴器，其性能特点为：承载能力大，但也不具备缓冲减振性能，在高转速、转速不稳定或经常正反转时，有冲击噪声，适用于低速、重载、转速平稳的场合。

（2）弹性联轴器　利用挠性材料的变形来吸收轴心误差，而根据挠性材料的不同又可分为非金属弹性元件的挠性联轴器和金属弹性元件的挠性联轴器。

非金属弹性元件的挠性联轴器在转速不平稳时有很好的缓冲减振性能；但由于非金属（橡胶、尼龙等）弹性元件强度低，寿命短，承载能力小，不耐高温和低温，故适用于高速、轻载和常温的场合。

金属弹性元件的挠性联轴器除了具有较好的缓冲减振性能外，承载能力较大，适用于速度和载荷变化较大及高温或低温场合。

3）特殊用途联轴器

在普通联轴器的性能要求上，通过特殊装置增加一些特殊性能。常用的有安全联轴器和启动安全联轴器等。

（1）安全联轴器　在结构上的特点是：存在一个保险环节（如销钉连接等），只能承受限定载荷。当实际载荷超过事前限定的载荷时，保险环节就发生破坏，截断运动和动力的传递，从而保护机器的其余部分不致损坏，即起安全保护作用。

（2）启动安全联轴器　除了具有过载保护作用外，还有将机器电动机的带载启动转变为近似空载启动的作用，从而减小电动机的启动功率，以起到节能和延长电动机寿命的作用。

13.1.2　刚性固定式联轴器

这类联轴器由于适用条件较为苛刻，所以适用场合不多。常见结构形式有套筒式、夹壳式和凸缘式等。本书只介绍凸缘联轴器。

凸缘联轴器是把两个带有凸缘的半联轴器用键分别与两根轴连接，然后用螺栓把两个半联轴器连成一体，以传递运动和转矩，具体结构如图 13-3 所示。

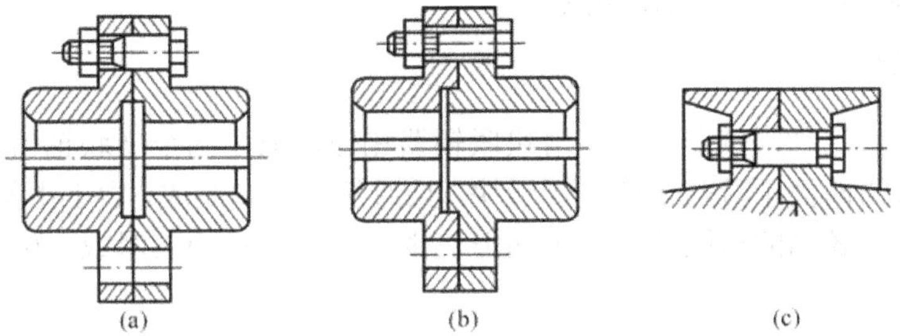

图 13-3　凸缘联轴器

这种联轴器有两种主要的结构形式：图 13-3(a)所示的是普通的凸缘联轴器，通常是靠铰制孔用螺栓来实现两根轴的对中；图 13.3(b)所示的是有对中榫的凸缘联轴器，靠一个半联轴器上的凸肩与另一个半联轴器上的凹槽相配合而对中。为了运行安全，凸缘联轴器也可作成带防护边的结构，如图 13-3(c)所示。

连接两个半联轴器的螺栓可以采用 A 级或 B 级的普通螺栓，此时螺栓杆与钉孔壁间存在间隙，靠半联轴器接合面的摩擦力矩来传递转矩，如图 13-3(b)所示；也可采用铰制孔用螺栓，此时螺栓杆与钉孔为过渡配合，靠螺栓杆承受挤压与剪切来传递转矩，如图 13-3(a)所示。

凸缘联轴器的材料可选用灰铸铁或碳钢，重载或圆周速度大于 30 m/s 时应选用铸钢或锻钢。

由于凸缘联轴器属于刚性联轴器，对所连两根轴间的相对位移缺乏补偿能力，故对两根轴对中性的要求很高。当两根轴有相对位移存在时，就会在机件内引起附加载荷，使工作情况恶化，这是它的主要缺点。但由于构造简单，成本低，可传递较大转矩，故当转速低、无冲击、轴的刚性大、对中性较好时也常采用。

13.1.3 刚性可移式联轴器

刚性可移式联轴器的补偿原理是利用自身部件间的间隙和滑动来补偿偏移。这类联轴器适用于运转时很难达到两根轴完全对中或者要达到精确对中所花代价过高的场合。常用的有十字滑块联轴器、滑块联轴器、万向联轴器和齿式联轴器。

1. 十字滑块联轴器

十字滑块联轴器的结构如图 13-4 所示，主要由两个在端面上开有凹槽的半联轴器 1、3 和一个两面带有凸牙的中间盘 2 组成。凹凸牙可在凹槽中滑动，故可补偿安装及运转时两根轴间的相对位移。

这种联轴器零件的材料可用 45 号钢，工作表面必须进行热处理，以提高其硬度；为了减小摩擦及磨损，使用时应从中间盘的油孔中注油进行润滑。因为半联轴器与中间盘组成移动副，不能发生相对转动，故主动轴与从动轴的角速度应相等。当在两根轴间有相对位移的情况下工作时，中间盘会产生很大的离心力，从而增大动载荷及磨损，因此选用时应注意其工作转速不得大于规定值。这种联轴器一般用于转速 $n<250$ r/min、轴的刚度较大且无剧烈冲击处。

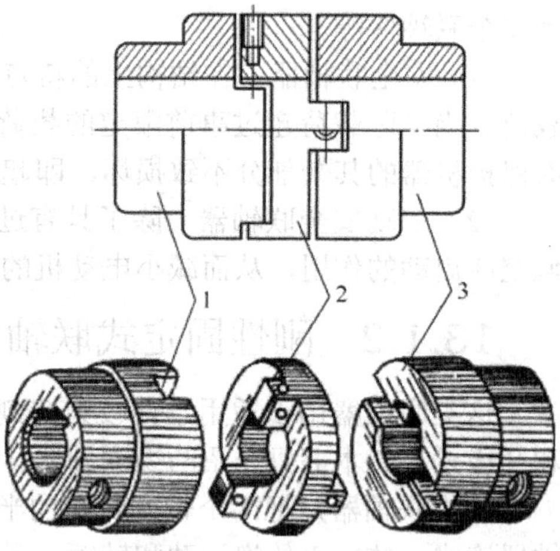

图 13-4 十字滑块联轴器

2. 滑块联轴器

如图13-5所示，这种联轴器与十字滑块联轴器相似，只是两个半联轴器上的沟槽很宽，并把原来的中间盘改为两面不带凸牙的方形滑块，且通常用尼龙制成。由于中间滑块的质量减小，又具有弹性，故允许较高的极限转速。中间滑块也可加入少量的石墨或二硫化钼，以便在使用时可以自行润滑。

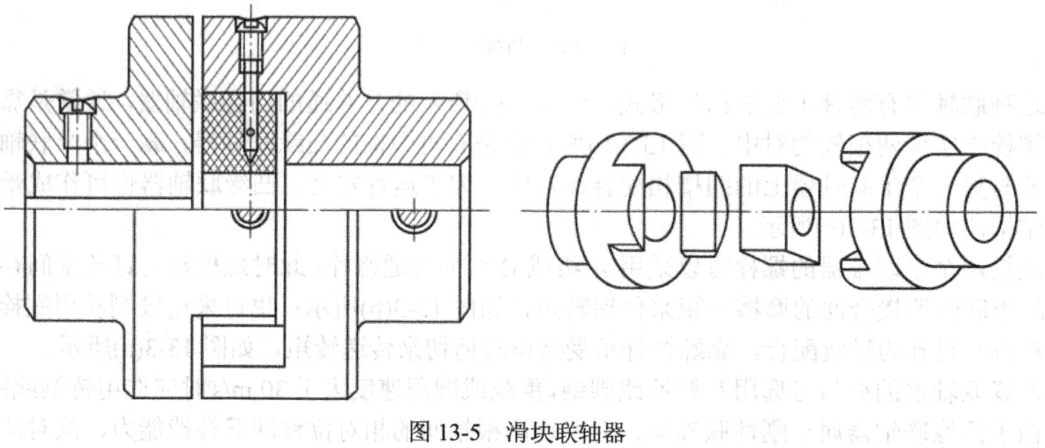

图 13-5 滑块联轴器

这种联轴器结构简单，尺寸紧凑，适用于小功率、高转速而无剧烈冲击处。

3. 万向联轴器

如图13-6(a)所示，万向联轴器由两个叉形半联轴器 1、2 和中间十字轴 3 组成，十字轴的四端用铰链分别与轴 1 和轴 2 上的叉形接头相连，这样就构成了一个可动的连接。这种联轴器可以允许两根轴间有较大的夹角（夹角 α 最大可达 35°～45°），而且在机器运转时，夹角发生改变仍可正常传动；但当夹角过大时，传动效率会显著降低。

这种联轴器的缺点是：当主动轴角以等角速度 ω_1 旋转时，从动轴的角速度 ω_2 并不是常数，若两条轴线夹角为 α，则从动轴的角速度 ω_2 将在[$\omega_1 \cos\alpha$ $\omega_1 \cos\alpha$]的范围内做周期性变化，从而将产生附加动载荷。为了改善这种情况，常将十字轴式万向联轴器成对使用，如图 13-6(b)所示，但安装时必须保证输入轴、输出轴与中间轴之间的夹角相等，并且中间轴的两端的叉形接头应在同一平面内，只有满足全部条件时，才有 $\omega_2 = \omega_1$。

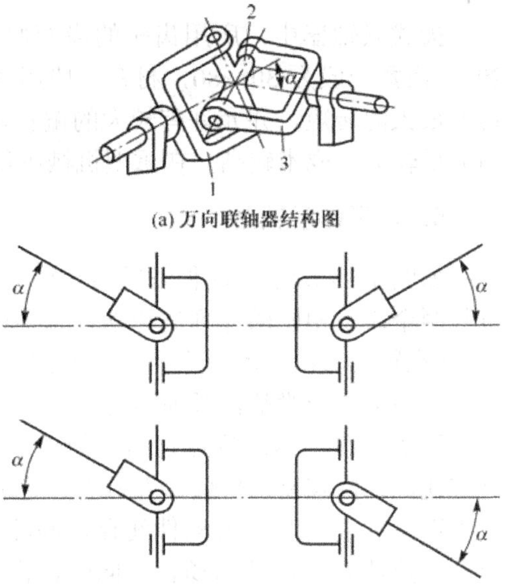

(a) 万向联轴器结构图

(b) 双万向联轴器安装位置示意图

图 13-6　万向联轴器

4．齿式联轴器

齿式联轴器由两个带有内齿及凸缘的外套筒 3 和两个带有外齿的内套筒 1 组成。两个内套筒 1 分别用键与两根轴连接，两个外套筒 3 用螺栓 5 连成一体，依靠内外齿相啮合以传递转矩。由于外齿的齿顶制成椭球面，如图 13-7(b)所示，且保证与内齿啮合后具有适当的顶隙和侧隙，故在传动时，内套筒 1 可有轴向和径向位移及角位移，如图 13-8 所示。为了减小磨损，可由油孔 4 注入润滑油，并在套筒 1 和套筒 3 之间装有密封圈 6，以防止润滑油泄漏。

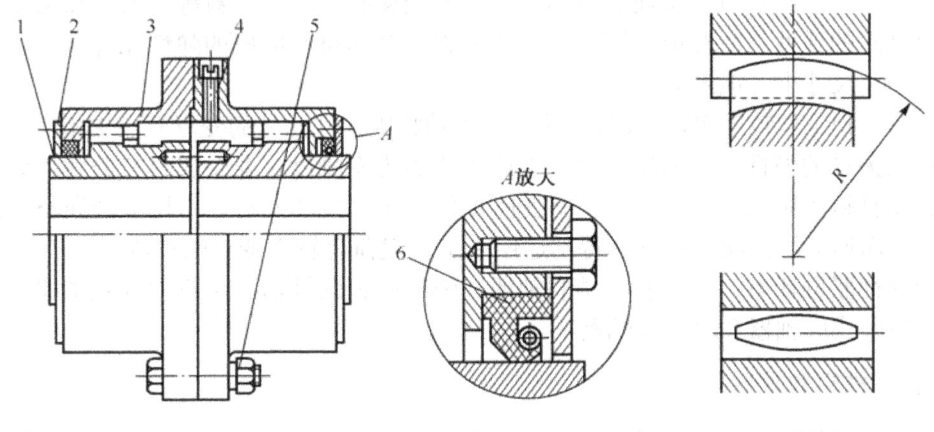

(a)　　(b)

图 13-7　齿式联轴器

1—内套筒；2—挡圈；3—外套筒；4—油孔；5—螺栓；6—密封圈

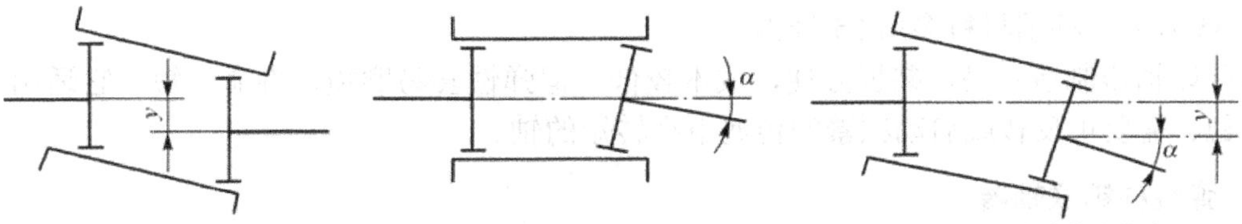

(a) 补偿径向位移　　(b) 补偿角位移　　(c) 补偿综合位移

图 13-8　齿式联轴器工作情况示意图

齿式联轴器中，所用齿轮的齿廓曲线为渐开线，啮合角为20°，齿数一般为30～80，材料一般用45号钢。这类联轴器能传递很大的转矩，并允许有较大的偏移量，安装精度要求不高；但质量较大，成本较高，在重型机械中得到广泛应用。

5. 滚子链联轴器

如图13-9所示，这种联轴器利用一条公用的双排链条2同时与两个齿数相同的并列链轮啮合来实现两个半联轴器 1 与 4（嵌入在罩壳3内，本图中未画出）的连接。为了改善润滑条件并防止污染，一般都将联轴器密封在罩壳3内。

滚子链联轴器的特点是结构简单，尺寸紧凑，质量小，装拆方便，维修容易，价廉，并具有一定的补偿性能和缓冲性能，但因链条的套筒与其相配件间存在间隙，不宜用于逆向传动和启动频繁或立轴传动的场合。同时，由于受离心力影响，也不宜用于高速传动中。

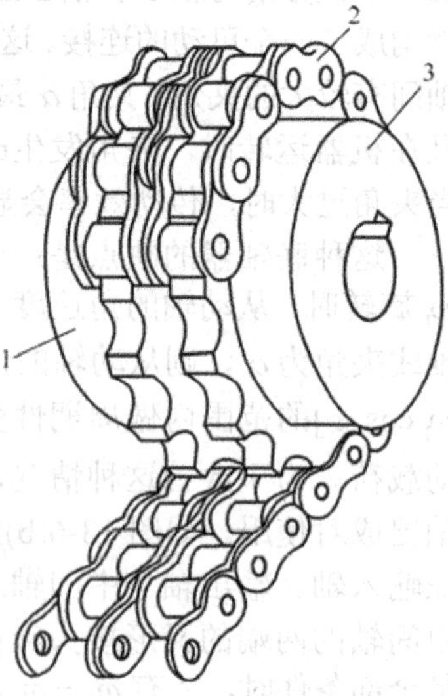

图 13-9 滚子联轴器

13.1.4 弹性联轴器

如前所述，这类联轴器因装有弹性元件，不仅可以补偿两根轴间的相对位移，而且具有缓冲减振的能力。弹性元件所能储蓄的能量越多，则联轴器的缓冲能力越强；弹性元件的弹性滞后性能与弹性变形时零件间的摩擦功越大，则联轴器的减振能力越好。这类联轴器目前应用很广，品种也越来越多。

制造弹性元件的材料有非金属和金属两种。非金属有橡胶、塑料等，其特点为质量小，价格便宜，有良好的弹性滞后性能，因而减振能力强。金属材料制成的弹性元件（主要为各种弹簧）则强度高，尺寸小，但寿命较长。

联轴器在受到工作转矩 T 以后，被连接的两根轴将因弹性元件的变形而产生相应的扭转角 φ。φ 与 T 成正比关系的弹性元件为定刚度，不成正比的为变刚度。非金属材料的弹性元件都是变刚度的，金属材料的则由其结构不同可有变刚度的与定刚度的两种。常用非金属材料的刚度多随载荷的增大而增大，故缓冲性好，特别适用于工作载荷有较大变化的机器。

常用的弹性联轴器有：弹性套柱销联轴器、弹性柱销联轴器、星形弹性联轴器、梅花形弹性联轴器、轮胎式联轴器和膜片联轴器。

1. 弹性套柱销联轴器

这种联轴器的构造与凸缘联轴器相似，只是用套有弹性套的柱销代替了连接螺栓。因为通过蛹状的弹性套传递转矩，故可缓冲减振。弹性套的材料常用耐油橡胶，并做成波纹状，以提高其弹性。半联轴器与轴的配合孔可做成圆柱形或圆锥形。半联轴器的材料常用HT200，有时也采用35号钢；柱销材料多用35号钢。

这种联轴器制造容易，装拆方便，成本较低，但弹性套易磨损，寿命较短。它适用于连接载荷平稳、需要正反转或启动频繁的传递中小转矩的轴。

2. 弹性柱销联轴器

这种联轴器与弹性套柱销联轴器很相似，只是用尼龙柱销代替弹性套柱销作为中间连接件，结构如图13-11所示，工作时转矩通过两个半联轴器及中间的尼龙柱销传给从动轴。为了防止柱销脱落，在半联轴器的外侧，用螺钉固定了挡板。

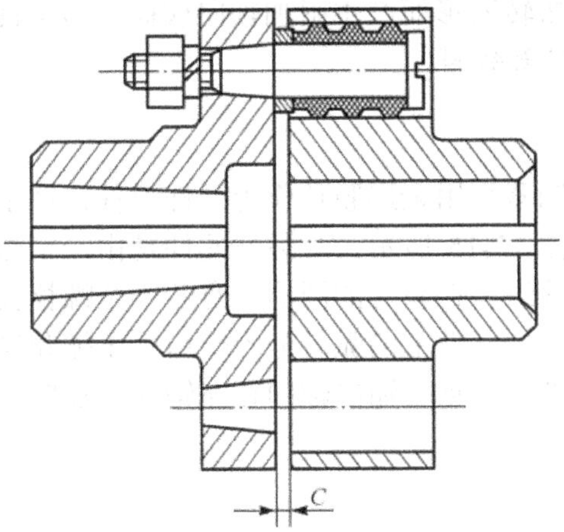

图 13-10 弹性套柱销联轴器

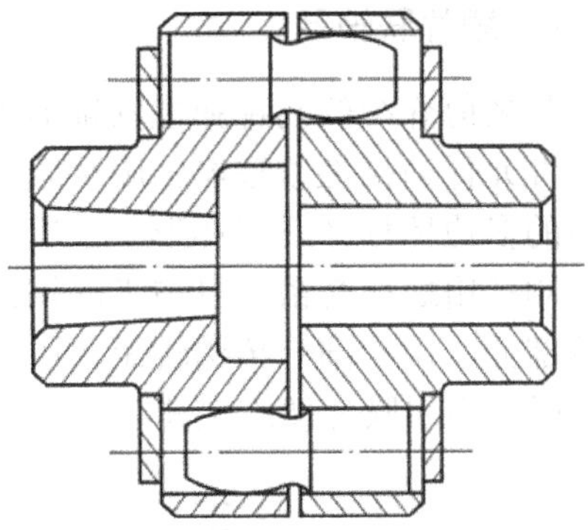

图 13-11 弹性柱销联轴器

弹性柱销联轴器传递转矩的能力很强，结构更为简单，安装、制造方便，耐久性好，也有一定的缓冲和吸振能力，允许被连接的两根轴有一定的轴向位移及少量的径向位移和角位移，适用于轴向窜动较大、正反转变化较多和启动频繁的场合，但由于尼龙柱销对温度较敏感，故使用温度限制在–20℃～70℃的范围内。

3. 星形弹性联轴器

两个半联轴器上均制有凸牙，用橡胶等类材料制成的星形弹性件放置在两个半联轴器的凸牙之间。工作时，星形弹性件受压缩并传递转矩。因为弹性件只受压不受拉，故寿命较长，如图 13-12 所示。

4. 梅花形弹性联轴器

其结构形式及工作原理与星形弹性联轴器相似，但以梅花形弹性件取代星形弹性件。弹性件可根据使用要求选用不同硬度的聚氨酯橡胶、铸型尼龙等材料来制造。工作温度范围一般为–35℃～80℃，短时工作温度可达 100℃，传递的公称转矩为 16～25 000 N·m，其结构如图13-13所示。

图 13-12 星形弹性联轴器

图 13-13 梅花形弹性联轴器

5. 轮胎式联轴器

轮胎式联轴器结构如图 13-14 所示，用橡胶或橡胶织物制成轮胎状的弹性元件，两端用压板分别压在两个半联轴器上。这种联轴器富有弹性，具有良好的消振能力，能有效地减小动载荷和补偿较大的轴向位移，而且绝缘性能好，运转时无噪声。

缺点是径向尺寸较大，当转矩较大时，会因过大扭转变形而产生附加轴向载荷。为了便于装配，有时将轮胎开出径向切口，但这时承载能力要显著减弱。

6．膜片联轴器

与之前介绍的几种弹性联轴器不同的是，膜片联轴器采用金属膜片作为弹性元件，属于金属弹性元件的挠性联轴器。膜片联轴器的典型结构如图 13-15 所示，其弹性元件是由一定数量很薄的多边环形（或圆环形）金属膜片叠合而成的膜片组。在膜片的圆周上有若干个螺栓孔，用铰制孔用螺栓交错间隔与半联轴器相连接。这样将弹性元件上的弧段分为交错受压缩和受拉伸两部分，拉伸部分传递转矩，压缩部分趋向皱折。当输入轴与输出轴间存在轴向、径向和角位移时，金属膜片便产生波状变形来进行补偿。

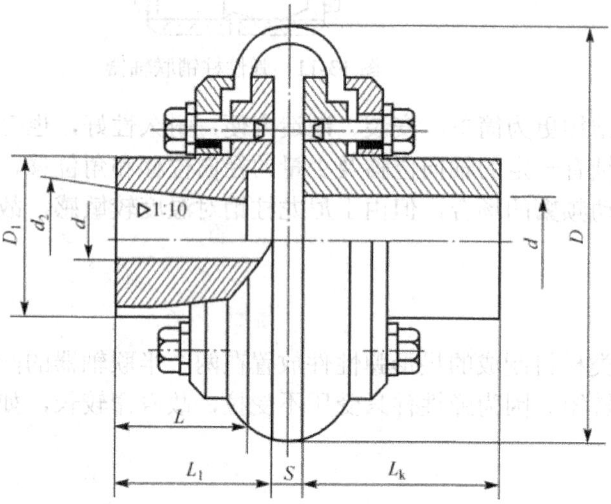

图 13-14　轮胎式联轴器

图 13-15　膜片联轴器

这种联轴器结构比较简单，弹性元件的连接没有间隙，不需要润滑，维护方便，平衡容易，质量小，对环境适应性强，但扭转弹性较低，缓冲减振性能差，主要用于载荷比较平稳的高速传动。

13.1.5　联轴器的选择及计算

1．联轴器的选用原则

在正确理解联轴器类型、规格和各自特点的基础上，一般情况下设计人员只需要根据传动系统的性能要求在现有标准联轴器中选择联轴器，只有当标准联轴器不能满足需要时才自行设计联轴器。正确选择适合自己需要的最佳联轴器，关系到机械产品轴系传动的工作性能、可靠性、使用寿命、振动、噪声、节能、传动效率、传动精度、经济性等一系列问题，也关系到机械产品的质量。设计人员在选用联轴器时应立足于从轴系传动的角度和需要来选择联轴器，应避免单纯的只考虑主从动端连接来选择联轴器。

在选用联轴器时一般考虑以下影响因素。

1）所需传递的转矩大小和性质，以及对缓冲减振功能的要求

当所需传递的转矩较大时，选承载能力强的刚性联轴器、刚性可移式联轴器或有金属弹性元件的挠性联轴器；当有冲击振动时，选有弹性元件的挠性联轴器。例如，对于大功率的重载传动，可选用齿式联轴器；对于严重冲击载荷或要求消除轴系扭转振动的传动，可选用轮胎式联轴器等具有高弹性的联轴器。

2）联轴器的工作转速高低和引起的离心力大小

联轴器的工作转速必须低于联轴器的许用转速。联轴器的许用转速范围是根据联轴器不同材料允许的线速度和最大外缘尺寸，经过计算而确定的。对于不同材料、品种和规格的联轴器，其许用转速的范围不相同，改变联轴器的材料可提高联轴器许用转速范围，材料为钢的许用转速大于材料为铸铁的许用转速。对于高速传动轴，应选用平衡精度高的联轴器，如膜片联轴器等，而不宜选用存在偏心的滑块联轴器等。

3）两根轴相对位移的大小和方向

当安装调整后，若两根轴的同轴度误差小且对中性好，则可选刚性联轴器；若难以保持两根轴严格精确对中，或工作过程中两根轴将产生较大的附加相对位移，则应选用挠性联轴器。挠性联轴器许用补偿量必须大于两根轴工作时的位移。例如，当径向位移较大时，可选滑块联轴器；当有轴向窜动并需要控制轴向位移的轴系传动时，应选用膜片联轴器；当角位移较大或相交两轴的连接时，可选用万向联轴器等。

4）联轴器的可靠性和工作环境

通常，对于由金属元件制成的不需润滑的联轴器，其可靠性高；对于需要润滑的联轴器，其性能易受润滑程度的影响，且可能污染环境。对于含有橡胶等非金属元件的联轴器，其对温度、腐蚀性介质及强光等比较敏感，而且容易老化，所以若在高温下工作，不可选用非金属元件的联轴器。

5）联轴器尺寸

联轴器外形尺寸，即最大径向和轴向尺寸，必须在机器设备允许的安装空间以内。

6）联轴器的制造、安装、维护和成本

在满足使用性能的前提下，应选用装拆方便、维护简单、成本低的联轴器。例如，刚性联轴器不但结构简单，而且装拆方便，可用于低速、刚性大的传动轴。一般的非金属弹性元件联轴器（如弹性套柱销联轴器、弹性柱销联轴器、梅花形弹性联轴器等），由于具有良好的综合能力，广泛适用于一般的中小功率传动的场合。

2．联轴器的设计计算

1）计算联轴器的计算转矩

联轴器在实际工作过程中，不但需要承受被连两根轴所传递的理论转矩，即联轴器名义转矩 T，还需要承受机器启动时的动载荷、运转中可能出现的过载、运转中由于振动所产生的附加载荷，同时还必须考虑工作温度对零件材料强度的影响。为了简化计算，通常用一个大于 1 的系数来表示这些额外的影响因素，并将这一系数定义为工作情况系数，用 K_A 来表示。以计算转矩 T_{ca} 来表示联轴器可能传递的最大转矩。

$$T_{ca} = K_A T \quad (13\text{-}1)$$

对于 K_A 值的选取，可见表 13-1。

表 13-1 联轴器、离合器工作情况系数 K_A

工作机特性		K_A			
		动力机			
分类	工作情况及举例	电动机、汽轮机	四缸和四缸以上内燃机	双缸内燃机	单缸内燃机
Ⅰ	转矩变化很小，如发电机、小型通风机、小型离心泵	1.3 1.	5 1.	8 2.	2
Ⅱ	转矩变化小，如透平压缩机、木工机床、运输机	1.5	1.7 2 2.		4
Ⅲ	转矩变化中等，如搅拌机、增压泵、有飞轮的压缩机、冲床	1.7 1.	9 2.	2 2.	6
Ⅳ	转矩变化和冲击载荷中等，如织布机、水泥搅拌机、拖拉机	1.9 2.	1 2.	4 2.	8
Ⅴ	转矩变化和冲击载荷大，如造纸机、挖掘机、起重机、碎石机	2.3 2.	5 2.	8 3.	2
Ⅵ	转矩变化大并有极强烈冲击载荷，如压延机、无飞轮的活塞泵、重型初轧机	3.1 3.	3 3.	6	4

2）确定联轴器的型号

根据计算转矩及所选的联轴器类型，按照

$$T_{ca} \leqslant [T] \quad (13\text{-}2)$$

的条件，从联轴器标准中选定联轴器型号。式(13-2)中的$[T]$为该型号联轴器的许用转矩。

3）校核最大转速

被连接轴的转速 n 不应超过所选联轴器允许的最高转速 n_{max}，即

$$n \leqslant n_{max} \quad (13\text{-}3)$$

4）校核联轴器几何尺寸

联轴器外形尺寸，即最大径向和轴向尺寸，必须在机器设备允许的安装空间以内。联轴器适用的轴的直径应符合设计强度要求。多数情况下，每一种型号的联轴器适用的轴的直径均有一个范围。标准中或者给出轴直径的最大值和最小值，或者给出适用直径的尺寸系列，被连接两根轴的直径应当在此范围之内。一般情况下，被连接两根轴的直径是不同的，两个轴端的形状也可能是不同的，如主动轴轴端为圆柱形，所连接的从动轴轴端为圆锥形。在调整孔径尺寸时，注意动力机和联轴器均为标准件，其尺寸无法调整，只能调整非标准件的尺寸。

5）规定部件相应的安装精度

根据所选联轴器允许轴的相对位移偏差，规定部件相应的安装精度。通常，标准中只给出单项位移偏差的允许值。如果有多项位移偏差存在，则必须根据联轴器的尺寸大小计算出相互影响的关系，以此作为规定部件安装精度的依据。

6）进行必要的校核

若有必要，应对联轴器的主要传动零件进行强度校核。使用有非金属弹性元件的联轴器时，还应注意联轴器所在部位的工作温度不要超过该弹性元件材料允许的最高温度。

【例13-1】 一个搅拌机的轴通过联轴器与减速器的输出轴相连接，原动机为电动机，减速器输出轴的转速 $n = 200$ r/min，传递的转矩 $T = 1000$ N·m，两根轴工作时有少量偏移，试选择此联轴器的类型和型号。

解：

1）类型选择

搅拌机转矩变化和冲击载荷中等，属于Ⅲ类载荷，综合考虑使用环境、价格及维护成本等因素，选用滚子链联轴器。

2）型号选择

联轴器计算扭矩为

$$T_{ca} = K_A T = 1.7 \times 1000 = 1700\ \text{N·m}$$

由 GB/T 6069—2002《滚子链联轴器标准》，选 GL10 型滚子链联轴器。由于$[T]= 2500$ N·m $> T_{ca}$，符合要求。

3）校核最大转速（具体参数及数据可查图 13-16）

$n = 200$ r/min $\leqslant$ $[n] = 315$ r/min，满足要求。

4）设计要求中未涉及几何尺寸要求，故不需要校核。

5）结论：因此，选用 GL10 型联轴器（GB/T 6069—2002）是合适的。

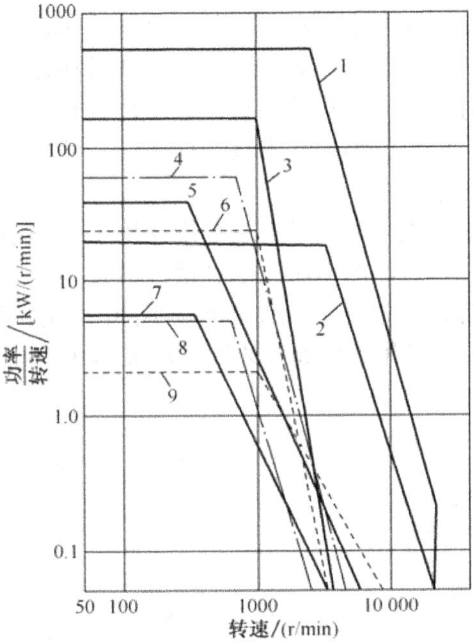

图 13-16　各型联轴器的适用转速

1—齿式联轴器；2—膜片联轴器；3—簧片联轴器；4—弹性柱销联轴器；5—蛇形弹簧联轴器；6—橡胶金属环联轴器；7—滚子链联轴器；8—轮胎联轴器；9—弹性套柱销联轴器

13.2　离合器

13.2.1　离合器的功用

离合器类似开关，可以在机器运转过程中根据需要随时将传动系统分离或接合。

13.2.2　离合器的类型

离合器的分类方式很多，按照其工作原理，可分为嵌入式离合器和摩擦式离合器；按照离合控制方法，可分为手动离合器和自动离合器，而自动离合器根据其控制原理又可分为超越离合器、离心离合器和安全离合器；按照工作状态，可分为常开式和常闭式；按照操纵方式，可分为机械离合器、电磁离合器、液压离合器和气压离合器。

13.2.3 离合器的性能要求

对离合器的性能要求有：接合平稳，分离迅速而彻底；调节和修理方便；外廓尺寸小；质量小；耐磨性好和有足够的散热能力；操纵方便省力。

13.2.4 各型离合器的特点

1. 牙嵌离合器

牙嵌离合器由两个端面上有牙的半离合器组成，如图 13-17 所示。主动半离合器 1 通过平键与主动轴相连，从动半离合器 2 用导向平键（或花键）与从动轴连接，并可由操纵机构操纵从动半离合器做轴向移动，以实现两个半离合器的接合与分离。牙嵌离合器是通过牙的相互啮合来传递运动和转矩的，为了保持牙工作面受载均匀，要求相连接的两根轴严格同心，为此在主动半离合器上安装了一个对中环 4，从动轴可在对中环内自由转动。在离合器处于分离状态时，牙齿间应完全脱离。为防止牙齿因受冲击载荷而断裂，两个半离合器的接合必须在相连的两根轴转速差很小或停车时进行。

牙嵌离合器常用的牙形如图 13-18 所示。三角形牙用于传递小转矩的低速离合器；矩形牙无轴向分力，但不便于接合与分离，磨损后无法补偿，故使用较少；梯形牙的强度高，能传递较大的转矩，能自动补偿牙的磨损与间隙，从而可减小冲击，故应用较广；锯齿形牙强度高，只能传递单向转矩，用于特定的工作条件处。牙数一般取为 3～60。

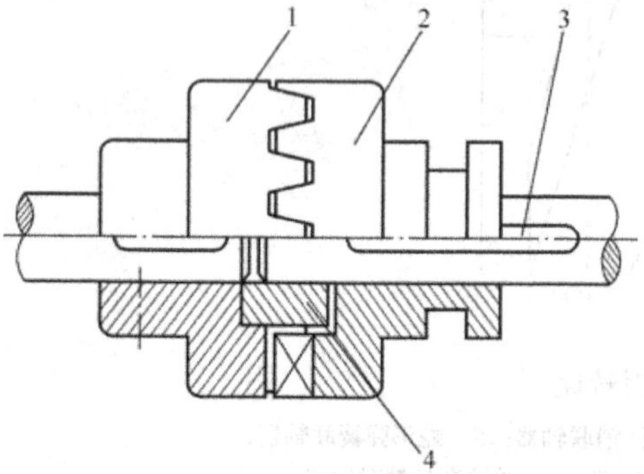

图 13-17 牙嵌离合器

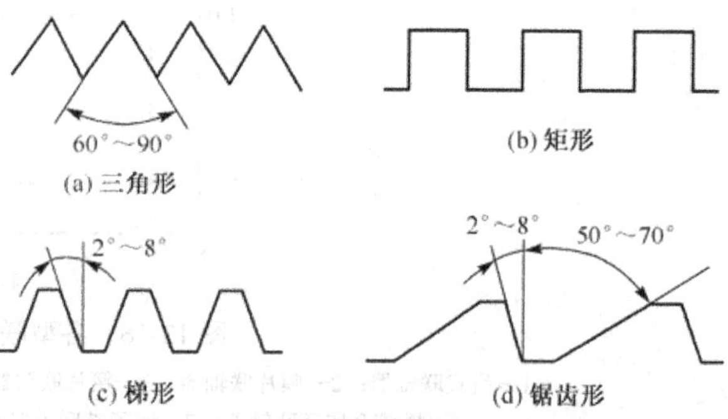

图 13-18 牙嵌离合器常用的牙形

牙嵌离合器的主要尺寸可从有关手册中选取。

牙嵌离合器结构简单，外形尺寸较小，两根轴间的连接无相对运动，一般适用于低速接合，转矩不大的场合。材料常用低碳钢表面渗碳，硬度为 56～62HRC；或采用中碳钢表面淬火，硬度为 48～541HRC；不重要的和静止状态接合的离合器，也允许用 HT200 制造。

2. 圆盘摩擦离合器

圆盘摩擦离合器是在主动摩擦盘转动时，由主、从动盘的接触面间产生的摩擦力矩来传递转矩的。摩擦离合器和牙嵌离合器相比，有下列优点：不论在何种速度时，两根轴都可以接合或分离；接合过程平稳，冲击、振动较小；从动轴的加速时间和所传递的最大转矩可以调节；过载时可发生打滑，以保护重要零件不致损坏。其缺点为外廓尺寸较大；在接合、分离过程中要产生滑动摩擦，故发热量较大，磨损也较大。为了散热和减小磨损，可以把摩擦离合器浸入油中工作。根据摩擦离合器是否浸入润滑油中工作，可以把摩擦离合器分为干式与油式两种。根据摩擦盘的数目，可把摩擦离合器分为单盘式和多盘式两种。

对于干式摩擦离合器，摩擦片工作时没有润滑油润滑，离合器反应敏捷，但摩擦片易磨损。对于油式摩擦离合器，摩擦片在油中工作，离合器结构复杂，但摩擦片磨损轻微，寿命长，并能在繁重的条件下运转。

图 13-19 所示的是单盘摩擦离合器的简图。在主动轴和从动轴上，分别安装主动盘 1 和从动盘 3，操纵环 4 可以使从动盘 3 沿从动轴轴向移动。接合时以力 F_A 将从动盘 3、摩擦片 2 压紧在主动盘 1 上，主动轴上的转矩即由两个盘和摩擦片接触面间产生的摩擦力矩传到从动轴上。设摩擦力的合力作用在平均半径 $R = (D_1 + D_2)/4$ 的圆周上，R 称为摩擦半径，则单盘摩擦离合器可传递的最大转矩 T_{max} 为

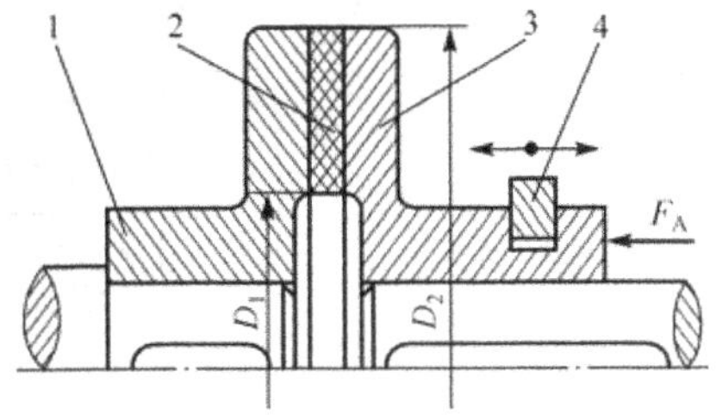

图 13-19　单盘摩擦离合器

1—主动盘；2—摩擦片；3—从动盘；4—操纵环

$$T_{max} = F_A\,\mu\,(D_1 + D_2)/4 \quad (13\text{-}4)$$

式中，F_A 为轴向压力，单位为 N；D_2、D_1 分别为摩擦盘接合面的内径和外径，单位为 mm；μ 为摩擦系数，其值取决于摩擦片的材料及工作条件，具体数值见表 13-2。

表 13-2　摩擦离合器摩擦盘常用材料及其性能

摩擦盘的材料及工作条件		摩擦系数 μ	圆盘摩擦片基本许用压强 $[p]_0$/MPa
油式摩擦离合器在油中工作	淬火钢-淬火钢	0.06	0.6～0.8
	淬火钢-青铜	0.08	0.4～0.5
	铸铁-铸铁或淬火钢	0.08	0.6～0.8
	钢-夹布胶木	0.12	0.4～0.6
	淬火钢-陶质金属	0.1 0.	8
干式摩擦离合器不在油中工作	压制石棉-钢或铸铁	0.3	0.2～0.3
	淬火钢-陶质金属	0.4 0.	3
	铸铁-铸铁或淬火钢	0.15	0.2～0.3

注：当摩擦片平均圆周速度>2.5 m/s 时或每小时接合次数超过 100 次时，$[p]_0$ 值应适当降低，一般可将表中 $[p]_0$ 降低 15%～30%。

图 13-20 所示的是多盘摩擦离合器，它有两组摩擦盘：一组外摩擦盘 3[如图 13-19(b)所示]以其外齿插入主动轴 1 上的外套筒 2 内缘的纵向槽中，盘的孔壁则不与任何零件接触，故外摩擦盘 3 可与轴 1 一起转动，并可在轴向力推动下沿轴向移动；另一组内摩擦盘 4[如图 13-19(b)所示]以其孔壁凹槽与从动轴 6 上的内套筒 5 的凸齿相配合，而盘的外缘不与任何零件接触，故内摩擦盘 4 可与轴 6 一起转动，也可在轴向力推动下做轴向移动。另外，在内套筒 5 上装有可绕销轴转动的曲臂压杆 8；当滑环 7 向左移动时，曲臂压杆 8 通过压板将所有内、外摩擦盘压紧，离合器即进入接合状态。内摩擦盘也可做成碟形，当承压时，可被压平而与外摩擦盘贴紧；当松脱时，可由其弹力作用迅速与外摩擦盘分离。

多盘摩擦离合器所能传递的最大转矩 T_{max} 和作用在单位摩擦盘接合面上的压强 p 为

$$T_{max} = F_A\mu z\,(D_1 + D_2)/4 \quad (13\text{-}5)$$

$$p = \frac{4F_A}{\pi(D_1^2 - D_2^2)} \quad (13\text{-}6)$$

式中，F_A 为轴向压力，单位为 N；D_2、D_1 分别为摩擦盘接合面的内径和外径，单位为 mm；z 为摩擦片接合面的数目；μ为摩擦系数，其值取决于摩擦片的材料及工作条件，具体数值见表 13-2。

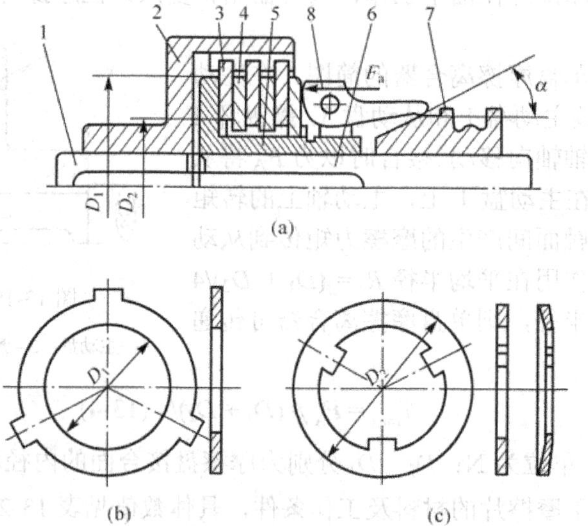

图 13-20 多盘摩擦离合器

1—主动轴；2—外套筒；3—外摩擦盘；4—内摩擦盘；5—内套筒；6—从动轴；7—滑环；8—曲臂压杆

3. 手动离合器

离合器的接合与分离由操作人员操纵，其结构简单，工作灵活可靠，但对操作人员有一定技术要求，在操纵力较大时需要加设增力装置。

4. 自动离合器

离合器在工作时能自动完成接合和分离，不需要人工操作，可有效降低劳动强度，实现自动化生产，提高工作效率，但成本较高。常用的自动离合器有如下几种。

1）安全离合器

当传递的扭矩达到某一限定值时，就能自动分离的离合器；与安全联轴器相比，安全离合器断开连接后能够自动恢复工作能力，适用于经常过载处。

2）离心离合器

当轴的转速达到或超过某一转速时，靠离心力能自行接合或自动分离的离合器。

3）超越离合器

根据主、从动轴间的相对速度差的大小实现接合或分离的离合器。

5. 机械式离合器

机械式操纵机构技术成熟，性能可靠，很容易与其他机构组合，但操纵控制精度较低。常见机械式操纵机构包括杠杆机构和螺旋机构。

6. 电磁操纵的多盘摩擦离合器

靠电磁力来实现离合器的接合和分离，因此电磁摩擦离合器可实现远距离操纵，动作迅速，没有不平衡的轴向力，因而在数控机床等对响应速度和控制精度要求较高的机械中获得了广泛的应用。

13.2.5　离合器的选择和计算

根据机器的工作特点和使用条件，按各种离合器的性能特点，首先确定离合器的类型，再按国家相关标准进行选用。

以摩擦式离合器的选用为例，在确定选用摩擦盘式离合器后，在选取摩擦盘式离合器具体型号时，必须保证

$$T_{max} \geqslant K_A T \tag{13-7}$$

式中，T 为离合器工作过程中所传递的最大扭矩，单位为 N·m；K_A 为工作情况系数，具体数值见表 13-1。

$$p \leqslant [p] \tag{13-8}$$

$$[p] = [p]_0 k_a k_b k_c \tag{13-9}$$

式中，$[p]_0$ 为摩擦片基本许用压强，具体数值见表 13-2；k_a、k_b、k_c 分别为根据离合器平均圆周速度、主动摩擦盘的数目、每小时的接合次数等不同而引入的修正系数，其值见表 13-3。

表 13-3　修正系数 k_a、k_b、k_c

平均圆周速度修正系数									
平均圆周速度	1	2 2.	5 3		4	6	8	10	15
k_a	1.35 1.	08	1	0.94 0.	86	0.75	0.68 0.	63 0.	55
主动摩擦盘数目修正系数									
主动摩擦盘数目	3	4 5 6			7	8	9	10	11
k_b	1	0.97 0.	94	0.91 0.	88	0.85	0.82 0.	79 0.	76
每小时接合次数修正系数									
每小时接合次数	90	120 180 240			300	≥360			
k_c	1	0.95	0.8	0.7	0.6	0.5			

设计时，可先选定摩擦面材料和根据结构要求初步定出摩擦盘接合面的直径 D_1 和 D_2。对于油式摩擦离合器，取 $D_1 = (1.5\sim2)d$，d 为轴径；$D_2 = (1.5\sim2)D_1$；对于干式摩擦离合器，取 $D_1 = (2\sim3)d$；$D_2 = (1.5\sim2.5)D_1$。然后计算出轴向压力 F_A 及所需的摩擦结合面数目 z。当 z 增加时，可以提高 T_{max}，但 z 增加过大时，传递转矩并不能随之成正比增加，而且 z 过大将使各层间压力不均匀，故对于油式离合器一般取 $z = 5\sim15$；对于干式离合器一般取 $z = 1\sim6$，并限制内外摩擦盘总数不大于 25～30。

摩擦离合器在接合与分离时，从动轴的转速总是小于主动轴的转速，因而内外摩擦盘间必有相对滑动产生，从而消耗摩擦功，并引起摩擦盘的磨损和发热。当温度过高时，就会引起摩擦系数改变，严重时还可能导致摩擦盘胶合与塑性变形。一般对于钢制摩擦盘，应限制其表面最高温度不超过 300℃～400℃，整个离合器的平均温度不大于 100℃～120℃。

13.3　制动器

13.3.1　制动器的功用

制动器是使机器在很短时间内停止运转并锁住不动的装置。制动器也可在短期内用来降低或调整机器的运转速度。

13.3.2 制动器的类型

按制动器的用途，可分为停止式，起停止和支持运动物体的作用；调速式，除上述作用外，还可调节运动速度。

按制动器的结构特征，可分为块式、带式和盘式。按制动器的操纵方式，可分为手动、自动和混合式。

13.3.3 常用制动器简介

1. 带式制动器

带式制动器是依靠挠性钢带包围制动器，并通过操纵制动杠杆使钢带压紧制动轮而产生摩擦力来实现制动的。其结构简单、紧凑，由于带与轮间的包角大，故制动力矩也大；缺点是制动带磨损不均匀，容易断裂，制动带对轴的横向作用力大，对轴和轴承的工作不利，因此多用于起重机械和人力机械的制动装置上。结构件如图 13-21 所示。

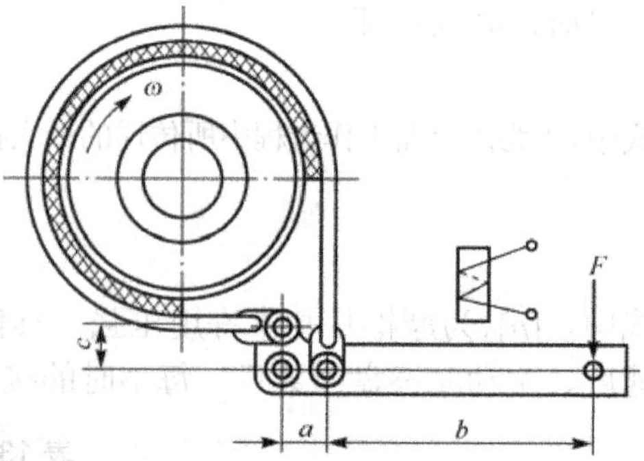

图 13-21 带式制动器

2. 外抱块式制动器

外抱块式制动器简称块式制动器，是靠制动块压紧在制动轮上实现制动的制动器。单个制动块对制动轮轴压力大而不匀，故通常多用一对制动块，使制动轮轴上所受制动块的压力抵消。在起重机械等设备中应用较为广泛。块式制动器多采用常闭式，常用弹簧或重锤合闸。当电动机启动时，通过与其串联的电磁铁自动松闸。块式制动器已经规范化，可根据所需的制动力矩选型。

外抱块式制动器的结构如图 13-22 所示，主要由位于制动轮两侧的两个制动臂和两个制动块组成。平时为抱闸制动状态，主弹簧通过制动臂及制动块使制动轮处于制动状态。当线圈通电后，产生吸力，吸引衔铁绕点 O 转动[如图13.22(b)所示]，带动推杆左移，使左右两个制动臂同时外摆分开，从而使两个制动块同时离开制动轮，制动器松闸。推杆上螺母可调节制动块与制动轮的间距，从而调节制动块与制动轮间的压紧力。

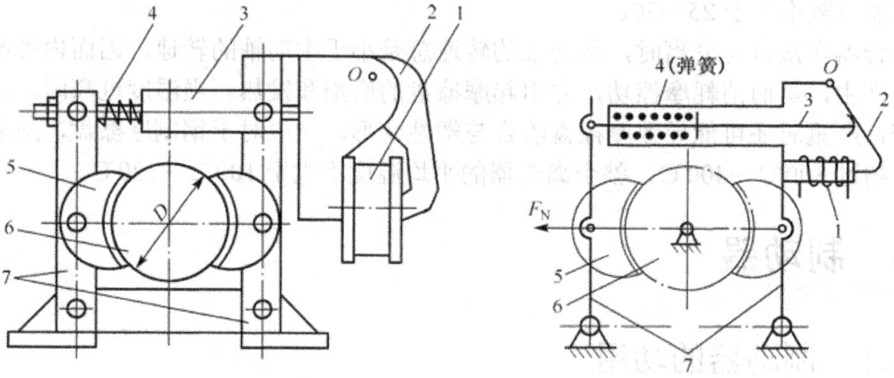

图 13-22 外抱块式制动器

1—线圈；2—衔铁；3—推杆；4—弹簧；5—制动块；6—制动轮；7—制动臂

3. 内涨蹄式制动器

图13-23所示的是内涨蹄式制动器的工作原理图。两个制动蹄 1 分别与机架通过铰链连接，制动轮 2 与被制动轴连接。制动轮内圆柱表面装有耐磨摩擦瓦。当压力油进入液压油缸 3 后，推动左右两个活塞，两个制动蹄在活塞推动力 F 的作用下，压紧制动轮内圆柱面，从而实现制动。松闸时，将油路卸压，弹簧 4 收缩，使制动蹄离开制动轮，实现松闸。

这种制动器结构紧凑，尺寸小，而且具有自动增力的效果，因而广泛用于结构尺寸受限制的机械设备和各种运输车辆上。

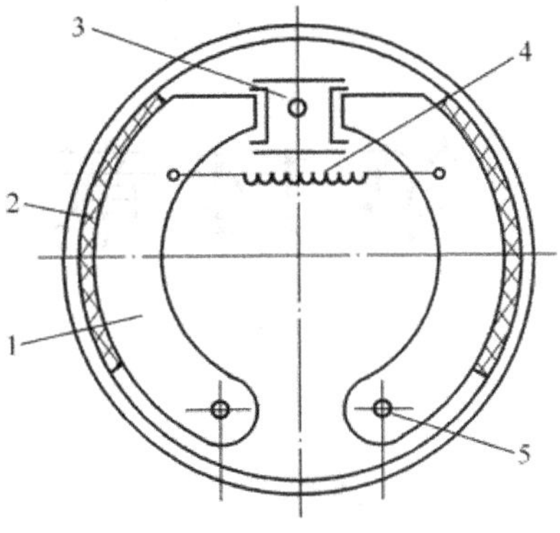

图 13-23 内涨蹄式制动器的工作原理

1—制动蹄；2—制动轮；3—油缸；4—弹簧；5—支撑销

13.3.4 制动器的选择

根据机器的工作特点和使用条件，按各种制动器的性能特点和工作所需制动力矩，确定制动器的类型。例如，当制动器安装空间足够时，可选用外抱块式制动器，而当安装空间受限时，则考虑带式、内涨蹄式或盘式制动器。

选用制动器时，遵循以下原则。

（1）制动时间（或制动距离）不可太短，即制动转矩不可过大，否则容易引起冲击振动，损坏机械零件。

（2）制动器应优先装于高速轴上，因该处转矩最小。

（3）制动器必须具备一定安全系数，当选用电动式制动器时，根据通电持续率 JC，选用制动安全系数，见表 13-4。必要时，可装设双重制动器。

（4）制动器工作温度不得超过允许值，设计时必须进行发热验算。因为当温度升高时，摩擦元件的摩擦系数会减小，从而导致制动器工作能力的减弱。

表 13-4 电动式制动器制动安全系数

通电持续率 JC	15%	25%	40%	60%
制动安全系数 K_z	1.5	1.75	2	2.5

注：JC 称为机构工作持续率或机械接电持续率，是指在机器的一个工作循环中，该机构接电时间所占的百分比。即 $JC = (t/T)\times100\%$，其中 T 是机器一个工作循环的总时间；t 是在机器一个工作循环中，该机构的接电持续时间。

习题与思考题

13-1 选择联轴器类型时，应当考虑哪几方面的因素？

13-2 在下列工况下，选择哪类联轴器较好？

（1）载荷平稳，冲击轻微，两根轴易于准确对中，同时希望联轴器寿命较长。

（2）载荷比较平稳，冲击不大，但两根轴轴线具有一定程度的相对偏移。

（3）载荷不平稳且具有较大的冲击和振动。

（4）机器在运转过程中载荷较平稳，但可能产生很大的瞬时过载，导致机器损坏。

13-3 常用的离合器有哪些主要类型？

13-4 牙嵌离合器和摩擦式离合器各有何优缺点？各适用于什么场合？

13-5 已知电动机功率 $P = 30$ kW，转速 $n = 1470$ r/min，轴径 $d = 48$ mm，用凸缘联轴器连接，试选择联轴器的尺寸。

第 14 章

弹 簧

弹簧是一种常用的机械零件，应用相当广泛。弹簧的种类和型号很多，本章主要介绍圆柱螺旋拉伸（压缩）弹簧设计的基本理论和设计方法，并对其他类型弹簧的应用进行简单介绍。

14.1 弹簧的功用、类型及其特点

14.1.1 概述

弹簧是一种常见的利用材料弹性来工作的机械零件，大到飞机、火车等大型机械，小到门锁、夹子等日用品，几乎所有的工业产品中都需要运用到。弹簧虽然看起来很简单，但在机械中却起着非常重要的作用。因为弹簧的失效，有时候还会带来影响巨大的后果。例如，在 2011 年 2 月，广汽本田汽车有限公司由于其 1.5L 发动机可变气门正时机构上的空载弹簧设计不合理，导致在使用过程中有可能发生疲劳断裂，造成发动机异响和熄火，无法再启动，而不得不召回 2008 年 1 月 7 日至 2010 年 1 月 29 日期间生产的 1.5L 新飞度轿车 40 847 辆，以及 2008 年 4 月 29 日至 2010 年 1 月 26 日期间生产的 1.5L 锋范轿车 115 455 辆，涉及数量共计 156 302 辆，因此造成的损失难以计量。

14.1.2 弹簧的定义

弹簧是利用材料的弹性和结构特点，使变形与载荷之间保持规定关系的一种弹性元件。

14.1.3 弹簧的功用

弹簧的工作原理，就是利用材料的弹性和自身结构的特点，通过自身的几何形变，来实现机械动能和弹性势能之间的转换。因此，弹簧可以应用于以下方面。

1. 控制运动或零件位置

利用弹簧的弹力保持零件间的接触，从而控制零件的运动或位置，如凸轮机构中的压紧弹簧、自行车刹车的回位弹簧等。

2. 缓冲和吸振，并以此改变物体的固有振动频率

以变形能的形式吸收振动和冲击能量，如汽车悬架系统中的缓冲弹簧和沙发坐垫下的吸振弹簧。

3. 储存和释放能量

利用弹性变形，储存能量做功，如钟表和玩具中的发条等。

4. 测量力和力矩

利用弹簧变形量与载荷之间的特定关系来标称力或力矩，如弹簧秤和扭力计中的弹簧。

14.1.4　弹簧的分类

弹簧的分类方法很多，常见的有以下几种。

按弹簧材料，可分为金属弹簧和非金属弹簧（如橡胶弹簧、空气弹簧和液体弹簧）；按弹簧形状，可分为螺旋弹簧、涡卷弹簧、碟形弹簧、板弹簧等；按弹簧所承受的载荷性质，可分为拉伸弹簧、压缩弹簧、扭转弹簧和弯曲弹簧四种；按弹簧加工工艺，可分为冷加工成形弹簧和热加工成形弹簧；按弹簧刚度，可分为定刚度弹簧和变刚度弹簧。

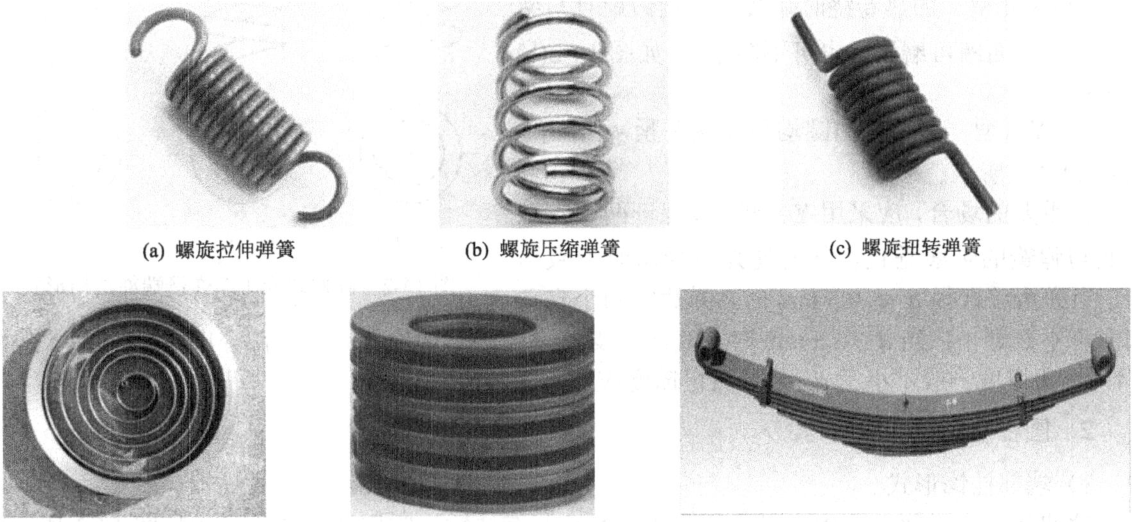

(a) 螺旋拉伸弹簧　(b) 螺旋压缩弹簧　(c) 螺旋扭转弹簧

(d) 涡卷弹簧　(e) 碟形弹簧　(f) 板弹簧

图 14-1　常见弹簧的基本形式

表 14-1　常见弹簧的工作方式

		拉伸	压缩	扭转	弯曲
按形状分	螺旋弹簧	可承受	可承受	可承受	—
	涡卷弹簧	—	—	可承受	—
	碟形弹簧	—	可承受	—	—
	板弹簧	—	—	—	可承受

14.2　圆柱螺旋弹簧

14.2.1　圆柱螺旋弹簧的结构形式

圆柱螺旋弹簧根据其受力性质，有以下三种类型。

1．圆柱螺旋压缩弹簧

1）弹簧各圈间距

设弹簧的节距为 p，弹簧丝的直径为 d，在自由状态下各圈之间应有适当的间距δ。为了使弹簧在压缩后仍能保持一定的弹性，还应保证在最大载荷作用下，各圈之间仍具有一定的间距δ_1。δ_1的大小一般推荐为$\delta_1 = 0.1d \geqslant 0.2$ mm。

2）死圈

弹簧的两个端面圈与邻圈并紧（无间隙），只起支承作用，不参与变形，故称为死圈。当弹簧的工作圈数 $n \leqslant 7$ 时，弹簧每端的死圈约为 0.75 圈；当 $n > 7$ 时，每端的死圈约为 1～1.75 圈。

3）端部结构形式

端部结构形式有如下几种。

（1）YⅠ型　两个端面圈均与邻圈并紧，并在专用的磨床上磨平，如图 14-2(a)所示；

（2）YⅡ型　加热卷绕时弹簧丝两端锻扁且与邻圈并紧（端面圈可磨平，也可不磨平），如图 14-2(b)所示；

（3）YⅢ型　两个端面圈均与邻圈并紧，不磨平，如图 14-2(c)所示。

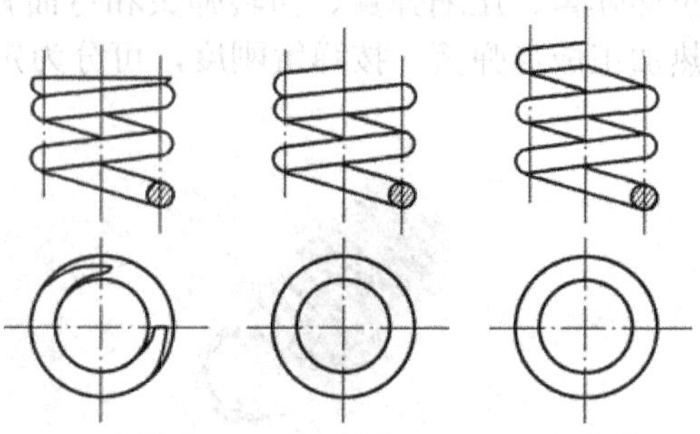

图 14-2　圆柱螺旋压缩弹簧端部结构形式

在重要的场合，应采用 YⅠ型，以保证两个支承端面与弹簧的轴线垂直，从而使弹簧受压时不致歪斜。当弹簧丝直径 $d \leqslant 0.5$ mm 时，弹簧的两个支承端面可不必磨平；当 $d > 0.5$ mm 时，其两个支承端面则需要磨平。磨平部分应不少于圆周长的 3/4，端头厚度一般不小于 $d/8$，端面粗糙度应低于 25 μm。

2．圆柱螺旋拉伸弹簧

1）端部挂钩形式

拉伸弹簧为了便于连接、固着及加载，两端制有挂钩。常用端部挂钩形式如图 14-3 所示：

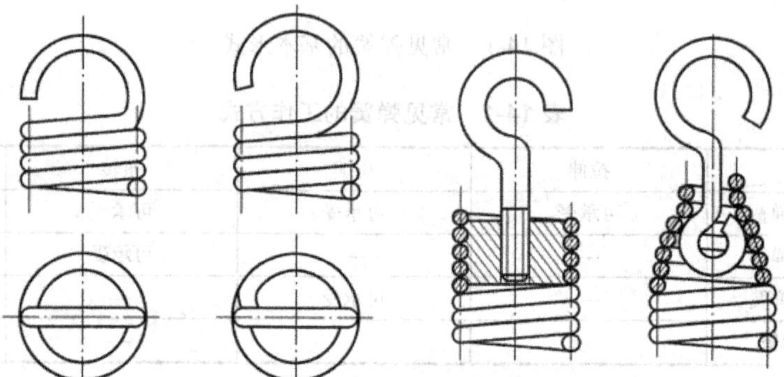

图 14-3　拉伸弹簧的端部结构

LⅠ型和 LⅡ型挂钩制造方便，应用很广，但因挂钩过渡处产生很大弯曲应力，故只宜用于弹簧丝直径 $d \leqslant 10$ mm 的弹簧中。

LⅦ、LⅧ型挂钩不与弹簧丝连成一体，故无前述过渡处的缺点，而且这种挂钩可以转到任意方向，便于安装。在受力较大的场合，最好采用 LⅦ型挂钩，但它的价格较高。

2）有预应力的拉伸弹簧

圆柱螺旋拉伸弹簧空载时，各圈应相互并拢。另外，为了节省轴向工作空间，并保证弹簧在空载时各圈相互压紧，常在卷绕的过程中，同时使弹簧丝绕其本身的轴线产生扭转。这样制成的弹簧，各圈相互间既具有一定的压紧力，弹簧丝中也产生了一定的预应力，故称为预应力弹簧。这种弹簧一定要在外加的拉力大于初拉力 F_0 后，各圈才开始分离，故比无预应力的拉伸弹簧节省轴向的工作空间。

3. 螺旋扭转弹簧

扭转弹簧为了便于连接、固着及加载，在其两端制有杆臂。螺旋扭转具体结构型号可查阅 GB/T 1239—1992。

14.2.2　圆柱螺旋弹簧的几何尺寸

如图 14-4 所示，圆柱弹簧的主要尺寸有弹簧丝直径 d、弹簧圈外径 D、弹簧圈内径 D_1、弹簧圈中径 D_2、节距 t、螺旋升角 α、自由长度 H_0 等。计算公式见表 14-2，具体设计计算时可以直接应用。

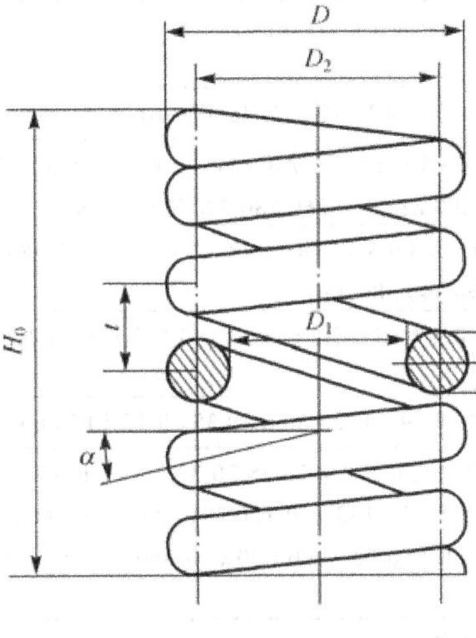

(a) 压缩弹簧

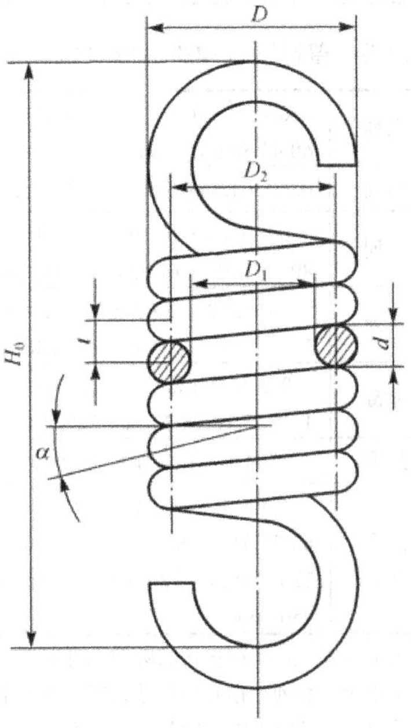

(b) 拉伸弹簧

图 14-4　圆柱螺旋弹簧的几何尺寸

表 14-2　普通圆柱螺旋压缩及拉伸弹簧的结构尺寸计算公式　　单位：mm

参数名称及代号	计算公式		备注
	压缩弹簧	拉伸弹簧	
旋绕比 C	$C = D_2/d$		d 按表 14-3 选取
中径 D_2	$D_2 = Cd$		
内径 D_1	$D_1 = D_2 - d$		
外径 D	$D = D_2 + d$		
压缩弹簧长细比 b	$b = H_0/D_2$		b 在 1～5.3 的范围内选取

（续表）

参数名称及代号	计算公式		备注
	压缩弹簧	拉伸弹簧	
自由高度或长度 H_0	$H_0 \approx pn + (1.5\sim2)d$（两端并紧、磨平） $H_0 \approx pn + (3\sim3.5)d$（两端并紧、不磨平）	$H_0 = nd +$ 钩环轴向长度	
工作高度或长度 $H_1, H_2, \cdots, H_n$	$H_n = H_0\lambda_n$	$H_n = H_0 + \lambda_n$	λ_n 为工作变形量
有效圈数 n	根据要求变形量计算[见式(14-9)]		$n \geqslant 2$
总圈数 n_1	$n_1 = n + (2\sim2.5)$（冷卷） $n_1 = n + (1.5\sim2)$（YⅡ型热卷）	$n_1 = n$	拉伸弹簧 n_1 尾数为 1/4 圈、1/2 圈、3/4 圈、整圈，推荐用 1/2 圈
节距 p	$p = (0.28\sim0.5)D_2$	$p = d$	
轴向间距 δ	$\delta = p - d$		
展开长度 L	$L = \pi D_2 n_1/\cos\alpha$	$L \approx \pi D_2 n +$ 钩环展开长度	
螺旋角 α	$\alpha = \arctan(p/\pi D_2)$		对于压缩螺旋弹簧，推荐 $\alpha = 5°\sim9°$
质量 m_s	$m_s = \pi d^2 L\gamma/4$		γ 为材料的密度，对各种钢，$\gamma = 7700\ kg/m^3$；对铍青铜，$\gamma = 8100\ kg/m^3$

表 14-3 普通圆柱螺旋压缩及拉伸弹簧的结构尺寸系列（摘自 GB 1358—1993）

弹簧丝直径 d/mm	第一系列	0.1 0.15 0.2 0.25 0.3 0.35 0.4 0.45 0.5 0.6 0.8 1 1.2 1.6 2 2.5 3 3.5 4 4.5 5 6 8 10 12 16 20 25 30 35 40 45 50 60 70 80
	第二系列	0.7 0.9 1.4 (1.5) 1.8 2.2 2.8 3.2 3.8 4.2 5.5 7 9 14 18 22 (27) 28 32 (36) 38 42 55 65
弹簧中径 D_2/mm	第一系列	0.4 0.5 0.6 0.7 0.8 0.9 1 1.2 1.6 2 2.5 3 3.5 4 4.5 5 6 7 8 9 10 12 16 20 25 30 35 40 45 50 55 60 70 80 90 100 110 120 130 140 150 160 180 200 220 240 260 280 300 320 360 400
	第二系列	1.4 1.8 2.2 2.8 3.2 3.8 4.2 4.8 5.5 6.5 7.5 8.5 9.5 14 18 22 28 32 38 42 48 52 58 65 75 85 95 105 115 125 135 145 170 190 210 230 250 270 290 340 380 450
有效圈数 n/圈	压缩弹簧	2 2.25 2.5 2.75 3 3.25 3.5 3.75 4 4.25 4.5 4.75 5 5.5 6 6.5 7 7.5 8 8.5 9 9.5 10 10.5 11.5 12.5 13.5 14.5 15 16 18 20 22 25 28 30
	拉伸弹簧	2 3 4 5 6 7 8 9 10 11 12 13 14 15 16 17 18 19 20 22 25 28 30 35 40 45 50 55 60 65 70 80 90 100
自由高度 H_0/mm	压缩弹簧（推荐选用）	4 5 6 7 8 9 10 11 12 13 14 15 16 17 18 19 20 22 24 26 28 30 32 35 38 40 42 45 48 50 52 55 58 60 65 70 75 80 85 90 95 100 105 110 115 120 130 140 150 160 170 180 190 200 220 240 260 280 300 320 340 360 380 400 420 450 480 500 520 550 580 600 620 650 680 700 720 750 780 800 850 900 950 1000

注：① 本表适用于压缩、拉伸和扭转的圆截面弹簧丝的圆柱螺旋弹簧；
② 应优先采用第一系列，括号内尺寸只限于老产品采用；
③ 拉伸弹簧有效圈数除表中规定外，由于两个勾环相对位置不同，其尾数还可以为 0.25、0.5、0.75。

14.3 弹簧的材料与制造

14.3.1 弹簧的材料

为了保障弹簧能够可靠地工作，弹簧材料除应满足具有较高的强度极限和屈服极限外，还必须具有较高的弹性极限、疲劳极限、冲击韧性、塑性和良好的热处理工艺性等。

目前，所采用的弹簧材料主要分为金属材料与非金属材料两大类。

金属材料中，钢是最常用的弹簧材料。当受力较小而又要求防腐蚀、防磁等特性时，可以采用有色金属。常用的金属材料有弹簧钢、弹簧用不锈钢、弹簧用铜合金、镍及镍合金、弹簧用弹性合金、弹簧用其他特殊合金，以及最近发展起来的超纯净弹簧钢。

常用的非金属材料有聚氨酯类、橡胶类、塑料类、碳纤维及气体等特种材料。

弹簧材料的选择，应根据弹簧的用途、重要程度、所承受载荷的性质、应力状态、应力大小、工作温度、环境介质、使用寿命、对导电和导磁的要求、加工工艺性能、热处理、材料来源和价格等因素确定，以便使选择结果与实际要求相吻合。

常用弹簧钢主要有下列几种。

1. 碳素弹簧钢

这种弹簧钢的优点是价格便宜，原材料来源方便；缺点是弹性极限低，多次重复变形后易失去弹性，且不能在高于120℃的温度下正常工作。

2. 低锰弹簧钢（如65Mn）

这种弹簧钢与碳素弹簧钢相比，优点是淬透性较好和强度较高；缺点是淬火后容易产生裂纹及热脆性。但由于价格便宜，所以一般机械上常用的尺寸不大的弹簧可以用此种材料制造，如离合器弹簧等。

3. 硅锰弹簧钢（如60Si2MnA）

这种钢中因加入了硅，故可显著地提高弹性极限，并提高了回火稳定性，因而可在更高的温度下回火，从而得到良好的力学性能。但含硅量高时，表面易于脱碳。由于锰的脱碳性小，在钢中加入硅和锰这两种元素，就是为了发挥各自的优点，并减少彼此的缺点，因此硅锰弹簧钢在工业中得到了广泛的应用。一般用于制造汽车、拖拉机的螺旋弹簧。

4. 50铬钒钢（如50CrVA）

钢中加入钒的目的是细化组织，提高钢的强度和韧性，故这种材料是耐疲劳和抗冲击性能良好的弹簧钢。它有良好的力学性能，并能在−40℃～350℃的温度下工作，但价格较贵。航空发动机调节系统中的弹簧多采用此种材料，如柱塞油泵的柱塞弹簧等。

此外，某些不锈钢和青铜等材料，具有耐腐蚀的特点，青铜还具有防磁性和导电性，故常用于制造化工设备中或工作于腐蚀性介质中的弹簧。其缺点是不容易热处理，力学性能较差，在一般机械中很少采用。

在确定材料截面形状和尺寸时，应当优先选用国家标准和部颁标准所规定的系列尺寸，尽量避免选用非标准系列规格的材料。

弹簧在高温下工作时，材料的σ_b值随温度上升而减小，此时许用应力应按该工作温度下材料的抗拉强度计算。

14.3.2 弹簧的制造

螺旋弹簧的制造工艺包括卷制、挂钩的制作或端面圈的精加工、热处理、工艺试验及强压处理。

卷制是把合乎技术条件规定的弹簧丝卷绕在芯棒上。大量生产时，是在万能自动卷簧机上卷制；单件及小批生产时，则是在普通车床或手动卷绕机上卷制。

卷制分冷卷和热卷两种。冷卷用于经预先热处理后拉成的直径$d < (8～10)$mm的弹簧丝；

直径较大的弹簧丝制作的强力弹簧则用热卷。热卷时的温度随弹簧丝的粗细在 800～1000℃范围内选择。无论采用冷卷或热卷，卷制后均应视具体情况对弹簧的节距进行必要的调整。

弹簧在完成上述工序后，均应进行热处理。热处理后的弹簧表面不应出现显著的脱碳层。冷卷后的弹簧只进行回火处理，以消除卷制时产生的内应力。

此外，弹簧还必须进行工艺试验和根据弹簧的技术条件的规定进行精度、冲击、疲劳等试验，以检验弹簧是否符合技术要求。要特别指出的是，弹簧的持久强度和抗冲击强度，在很大程度上取决于弹簧丝的表面状况，所以弹簧丝表面必须光洁，没有裂纹和伤痕等缺陷。表面脱碳会严重影响材料的持久强度和抗冲击性能，因此脱碳层深度和其他表面缺陷应在验收弹簧的技术条件中详细规定。重要的弹簧还必须进行表面保护处理（如镀锌）；普通的弹簧一般涂以油或漆。

对于重要的弹簧，还要进行强压处理。强压处理是使弹簧在极限载荷作用下受载持续 6～48 h，以便在弹簧丝截面的危险区产生塑性变形和残余应力。由于残余应力与工作应力符号相反，因而强压处理过的弹簧最大工作应力较小，一次强压处理可提高弹簧静载的承载能力 25%。若经喷丸处理，可提高 20%。但用于长期振动、高温和腐蚀性介质中的弹簧，以及一般用途的弹簧，不宜采用这种强化工艺。

表 14-4　弹簧常用材料及其许用应力

<table>
<tr><th rowspan="3">名称</th><th colspan="3">许用切应力[τ]
/MPa</th><th colspan="2">许用弯曲应力[σ_b]
/ MPa</th><th rowspan="3">切变模量 G
/MPa</th><th rowspan="3">弹性模量 E
/MPa</th><th rowspan="3">推荐
硬度
/HRC</th><th rowspan="3">推荐使
用温度
/(℃)</th><th rowspan="3">特性及用途</th></tr>
<tr><th colspan="5">弹簧类别①</th></tr>
<tr><th>Ⅰ类</th><th>Ⅱ类</th><th>Ⅲ类</th><th>Ⅰ类</th><th>Ⅱ类</th></tr>
<tr><td>碳素弹簧钢丝</td><td rowspan="2">$0.3\sigma_b$</td><td rowspan="2">$0.4\sigma_b$</td><td rowspan="2">$0.5\sigma_b$</td><td rowspan="2">$0.5\sigma_b$</td><td rowspan="2">$0.625\sigma_b$</td><td>$0.5 \leqslant d \leqslant 4$
81 400
～
78 500</td><td>$0.5 \leqslant d \leqslant 4$
203 000
～
201 000</td><td rowspan="2"></td><td rowspan="2">−40～120</td><td rowspan="2">强度高，韧性好，适用于制造小弹簧</td></tr>
<tr><td>特殊用途碳素弹簧钢丝</td><td>$d > 4$
78 500</td><td>$d > 4$
196 000</td></tr>
<tr><td>硅锰合金弹簧钢丝</td><td>471</td><td>628</td><td>785</td><td>785</td><td>981</td><td>78 500</td><td>196 000</td><td>45
～
50</td><td>−40～200</td><td>弹性好，回火稳定性好，易脱碳，用于制造大载荷弹簧</td></tr>
</table>

注：① 弹簧按载荷性质分为三类：Ⅰ类为受变载荷作用次数在 10^6 以上的弹簧；Ⅱ类—受变载荷作用次数在 10^3～10^5 及冲击载荷的弹簧；Ⅲ类—受变载荷作用次数在 10^3 下的弹簧。

14.4　圆柱螺旋弹簧的设计

14.4.1　几何参数计算

普通圆柱螺旋弹簧的主要几何尺寸有外径 D、中径 D_2、内径 D_1、节距 p、螺旋升角 α 及弹簧丝直径 d，其数值可由表 14-2 和表 14-3 或者查阅设计手册确定。弹簧的旋向可以是右旋或左旋，但无特殊要求时，一般都用右旋。

14.4.2 特性曲线

表 14-5 弹簧钢丝抗拉强度下限值σ_b 单位：MPa

钢丝直径 *d*/mm	碳素弹簧钢丝 GB/T 4357（级别）			重要用途弹簧钢丝 GB/T 4358（级别）		
	B	C	D	E	F	G
0.08	2400	2740	2840	2330	2710	—
0.10	2300	2650	2790	2310	2690	—
0.20	2150	2400	2690	2260	2640	—
0.25	2060	2300	2640	2220	2600	—
0.3	2010	2300	2640	2210	2600	—
0.35	1960	2250	2600	2210	2590	—
0.4	1910	2250	2600	2200	2580	—
0.45	1860	2200	2550	2190	2570	
0.5	1860	2200	2550	2180	2560	—
0.55	1810	2150	2500	2170	2550	—
0.60	1760	2110	2450	2160	2540	—
0.70	1710	2060	2450	2120	2500	—
0.80	1710	2010	2400	2110	2490	
0.90	1710	2010	2350	2060	2390	—
1.00	1660	1960	2300	2020	2350	1850
1.20	1620	1910	2250	1920	2270	1820
1.40	1620	1860	2150	1870	2200	1780
1.60	1570	1810	2110	1830	2160	1750
1.80	1520	1760	2010	1800	2060	1700
2.0	1470	1710	1910	1760	1970	1670
2.5	1420	1660	1760	1680	1770	1620
3.0	1370	1570	1710	1610	1690	1570
3.5	1320	1570	1660	1520	1620	1470
4.0	1320	1520	1620	1480	1570	1470
4.5	1320	1520	1620	1410	1500	1470
5.0	1320	1470	1570	1380	1480	1420
5.5	1270	1470	1570	1330	1440	1400
6.0	1220	1420	1520	1320	1420	1350
7.0	1170	1370	—	—	—	—
8.0	1170	1370				
9.0	1130	1320				

注：① 表中σ_b均为下限值；② 钢丝按材料力学性能进行分级。

弹簧应具有经久不变的弹性，且不允许产生永久变形，因此在设计弹簧时，务必使其工作应力在弹性极限范围内。在这个范围内工作的压缩弹簧，当承受轴向载荷 F 时，弹簧将产生相应的弹性变形，如图 14-5(a)所示。为了表示弹簧的载荷与变形的关系，取纵坐标表示弹簧承受的载荷，横坐标表示弹簧的变形，通常载荷和变形呈直线关系，如图 14-5(b)所示。这种表示载荷与变形的关系的曲线称为弹簧的特性曲线。对于拉伸弹簧，如图14-6所示。图 14-6(b)所示的是无预应力的拉伸弹簧的特性曲线；图 14.6(c)所示的是有预应力的拉伸弹簧的特性曲线。

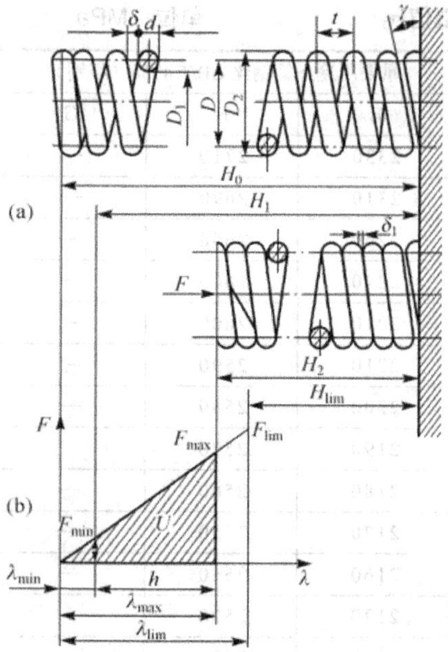

图 14-5　圆柱螺旋压缩弹簧的特性曲线

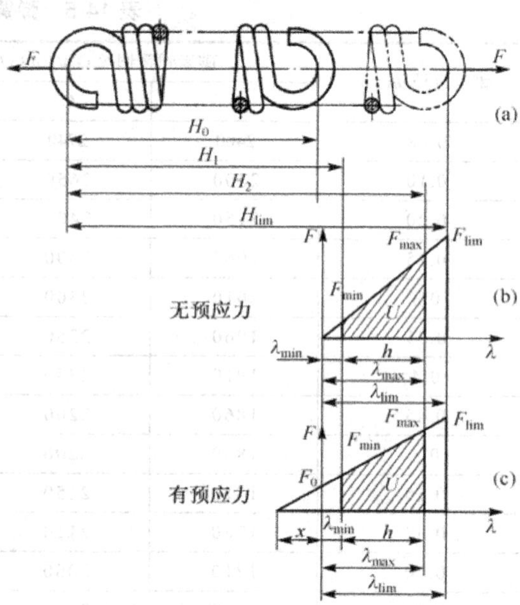

图 14-6　圆柱螺旋拉伸弹簧的特性曲线

图14-5中的H_0是压缩弹簧在没有承受外力时的自由长度。弹簧在安装时，通常预加一个压力F_{min}，使它可靠地稳定在安装位置上。F_{min}称为弹簧的最小载荷（安装载荷）。在它的作用下，弹簧的长度被压缩到H_1，其压缩变形量为λ_{min}。F_{max}为弹簧承受的最大工作载荷。在F_{max}作用下，弹簧长度减到H_2，其压缩变形量增到λ_{max}。λ_{max}与λ_{min}的差即为弹簧的工作行程h，$h=\lambda_{max}-\lambda_{min}$。$F_{lim}$为弹簧的极限载荷。在该力的作用下，弹簧丝内的应力达到了材料的弹性极限。与F_{lim}对应的弹簧长度为H_3，压缩变形量为λ_{lim}。等节距的圆柱螺旋压缩弹簧的特性曲线为一条直线，即

$$\frac{F_{min}}{\lambda_{min}}=\frac{F_{max}}{\lambda_{max}}=\text{常数} \tag{14-1}$$

压缩弹簧的最小工作载荷通常取$F_{min}=(0.1\sim0.5)F_{max}$；但对有预应力的拉伸弹簧，$F_{min}>F_0$，$F_0$为使有预应力的拉伸弹簧开始变形时所需的初拉力。弹簧的最大工作载荷F_{max}由弹簧在机构中的工作条件决定。但不应到达它的极限载荷，通常应保持$F_{max}\leqslant 0.8F_{lim}$。

弹簧的特性曲线应绘在弹簧工作图中，作为检验和试验时的依据之一。此外，在设计弹簧时，利用特性曲线分析受载与变形的关系也比较方便。

14.4.3　圆柱螺旋压缩（拉伸）弹簧受载时的应力及变形

圆柱螺旋弹簧受压或受拉时，弹簧丝的受力情况是完全一样的。现就图 14.7 所示的圆形截面弹簧丝的压缩弹簧在承受轴向载荷F时的情况进行分析，其余截面形状弹簧丝应力分析可查阅相关设计手册。

由图 14-7（图中弹簧下部断去，未示出）可知，由于弹簧丝具有升角α，故在通过弹

簧轴线的截面上，弹簧丝截面呈椭圆形，该截面上作用着力 F 及扭矩 T（$T = F \cdot D_2/2$）。而在弹簧丝的法向截面上，则作用有切向力 $Q = F\cos\alpha$、轴向力 $N = F\sin\alpha$、弯矩 $M = T\sin\alpha$ 及扭矩 $T' = T\cos\alpha$。

由于弹簧的螺旋升角一般取为 $\alpha = 5° \sim 9°$，故 $\sin\alpha \approx 0$，$\cos\alpha \approx 1$，则弯矩 M 和轴向力 N 可以忽略不计，取 $T' = T = FD_2/2$ 和 $Q = F$，弹簧丝法向截面上的应力可近似地取为

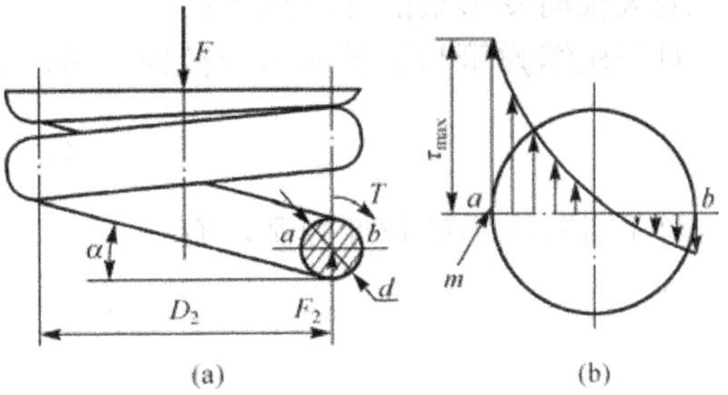

图 14-7 圆形截面弹簧丝的压缩弹簧受力及应力分析

$$\tau_{\Sigma} = \tau_F = \tau_T = \frac{F}{\pi d^2/4} + \frac{FD_2/2}{\pi d^3/16} = \frac{4F}{\pi d^2}\left(1 + \frac{2D_2}{d}\right) = \frac{4F}{\pi d^2}(1+2C) \tag{14-2}$$

式中，$C = D_2/d$，称为旋绕比或弹簧指数。C 越小，弹簧刚度越大，弹簧越硬，弹簧内外侧的应力相差越大，材料利用率越低；反之，弹簧越软。为了使弹簧本身较为稳定，不致颤动和过软，C 值不能太大；但为了避免卷绕时弹簧丝受到强烈弯曲，C 值又不应太小。C 值的范围见表 14-6，常用值为 5～8。

表 14-6 圆柱螺旋弹簧常用旋绕比 C 值

簧丝直径 d/mm	0.2～0.4	0.45～1	1.1～2.2	2.5～6	7～16	18～42
$C = D_2/d$	7～14	5～12	5～10	4～9	4～8	4～6

当拉伸弹簧受轴向拉力 F 时，弹簧丝横剖面上的受力情况和压缩弹簧相同，只是扭矩和切向力均为相反的方向。

为了简化计算，通常在式(14-2)中取 $1 + 2C \approx 2C$（因为当 $C = 4 \sim 16$ 时，$2C$□ 1，实质上即为略去了 τp）。由于弹簧丝升角和曲率的影响，弹簧丝截面中的应力分布如图 14-7(b)所示。由该图可知，最大应力产生在弹簧丝截面内侧的点 m。实践证明，弹簧的破坏大多也由这一点开始。为了考虑弹簧丝的升角和曲率对弹簧丝中应力的影响，现引进一个补偿系数 K（或称为曲度系数），则弹簧丝内侧的最大应力及强度条件可表示为

$$\tau = K\tau_{\mathrm{T}} = K\frac{8CF}{\pi d^2} \leqslant [\tau] \tag{14-3}$$

式中，补偿系数 K 对于圆截面弹簧丝而言可按下式计算：

$$K \approx \frac{4C-1}{4C-4} + \frac{0.615}{C} \tag{14-4}$$

一定条件下，簧丝直径为

$$d \geqslant 1.6\sqrt{\frac{KFC}{[\tau]}} \tag{14-5}$$

14.4.4 圆柱螺旋压缩（拉伸）弹簧的刚度

圆柱螺旋压缩（拉伸）弹簧受载后的轴向变形量 λ 可根据材料力学关于圆柱螺旋弹簧变形量的公式求得，即

$$\lambda = \frac{8FD_2^3 n}{Gd^4} = \frac{8FC^3 n}{Gd} \tag{14-6}$$

式中，n 为弹簧的有效圈数；G 为弹簧材料的切变模量。

最大轴向变形量的计算如下：

对于压缩弹簧和无预应力的拉伸弹簧，有

$$\lambda_{\max} = \frac{8F_{\max}C^3 n}{Gd} \tag{14-7}$$

对于有预应力的拉伸弹簧，有

$$\lambda_{\max} = \frac{8(F_{\max} - F_0)C^3 n}{Gd} \tag{14-8}$$

拉伸弹簧的预拉力（或预应力）取决于材料、弹簧丝直径、弹簧旋绕比和加工方法。

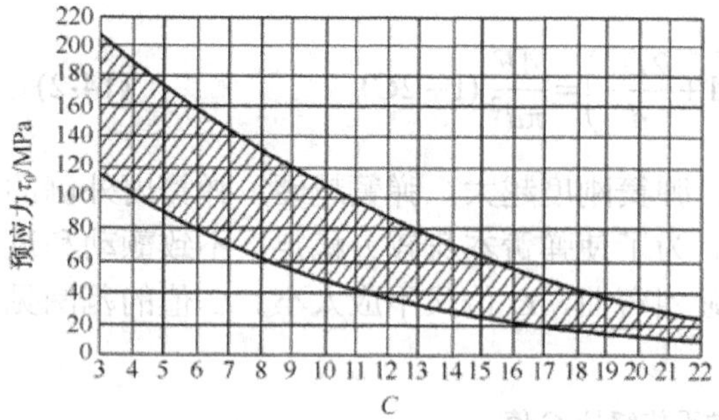

图 14-8　拉伸弹簧的预应力

用不需要淬火的弹簧钢丝制成的拉伸弹簧，均有一定的预拉力。当不需要预拉力时，各圈间应有间隙。经淬火的弹簧，没有预拉力。当选取预拉力时，推荐预应力 τ_0' 值在图 14-8 所示的阴影区内选取。

弹簧的圈数的计算如下：

对于有预应力的拉伸弹簧，有

$$n \approx \frac{Gd}{8(F_{\max} - F_0)C^3}\lambda_{\max} \tag{14-9a}$$

对于压缩弹簧或无预应力的拉伸弹簧，有

$$n = \frac{Gd}{8F_{\max}C^3}\lambda_{\max} \tag{14-9b}$$

弹簧的刚度为

$$k = \frac{F}{\lambda} = \frac{Gd^4}{8D_2^3 n} = \frac{Gd}{8C^3 n} \tag{14-10}$$

对于拉伸弹簧，当 $n > 20$ 时，一般圆整为整圈数，当 $n < 20$ 时，可圆整为 1/2 圈；对于压缩弹簧总圈数 n 的尾数宜取 1/4、1/2 或整圈数，常用 1/2 圈。为了保证弹簧具有稳定的性能，通常弹簧的有效圈数最少为 2 圈。C 值大小对弹簧刚度影响很大。若其他条件相同时，C 值越小的弹簧，刚度越大，弹簧也就越硬；反之则越软。不过，C 值越小的弹簧卷制越困难，且在工作时会引起较大的切应力。此外，k 值还和 G、d、n 有关，在调整弹簧刚度时，应综合考虑这些因素的影响。

14.4.5　圆柱螺旋压缩弹簧的稳定性

当压缩弹簧的长径比较大时，受载后容易发生如图14-9(a)所示的失稳现象，所以还应进行稳定性的验算。

为了避免失稳现象出现，通常建议弹簧的长径比 $b = H_0/D_2$ 按下列情况选取：当弹簧两端均为回转端时，$b \leqslant 2.6$；当弹簧两端均为固定端时，$b \leqslant 5.3$；当弹簧两端一端固定而另一端回转时，$b \leqslant 3.7$。

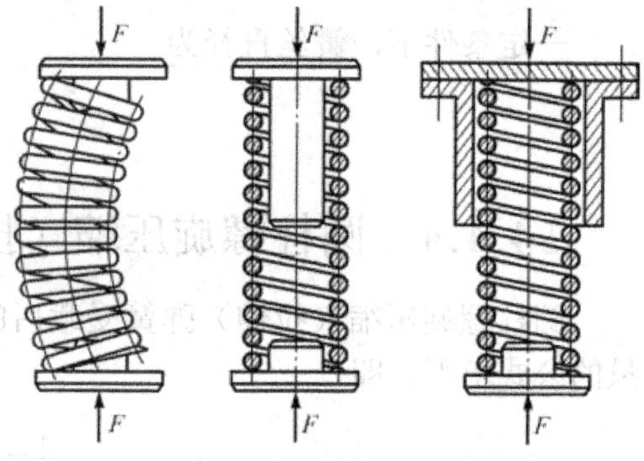

图 14-9　压缩弹簧的稳定性

如果 b 大于上述数值，则必须进行稳定性计算，并限制弹簧载荷 F 小于失稳时的临界载荷 F_{cr}。一般取 $F = F_{cr}/(2\sim2.5)$，其中临界载荷可按下式计算：

$$F_{cr} = C_B\, k\, H_0 \tag{14-11}$$

式中，C_B 为不稳定系数，可由图 14-11 查取。

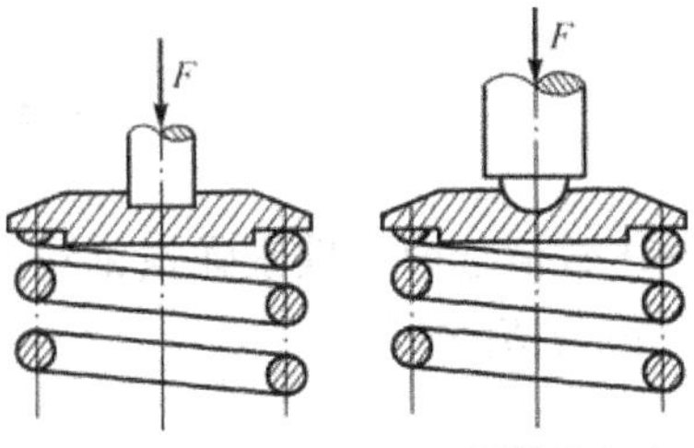

图 14-10　压缩弹簧的支承形式

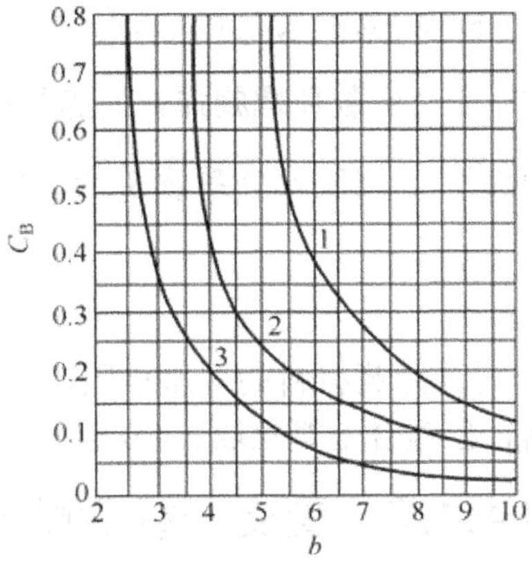

图 14-11　不稳定系数 C_B

1—两端固定支承；2—一端固定一端自由转动支承；3—两端自由转动支承

如果 $F > F_{cr}$，应重新选择有关参数，改变 b 值，提高 F_{cr} 的大小，使其大于 F_{max} 之值，以保证弹簧的稳定性。若受结构限制而不能改变参数，则应该加装图14-9的(b)、(c)所示的导杆或导套，以免弹簧受载时产生侧向弯曲。

14.4.6　受交变载荷螺旋弹簧的疲劳强度和静强度

对于循环次数较多、工作在交变应力下的重要弹簧，还应该进一步对疲劳强度进行验算。如果变应力的循环次数 $N \leqslant 10^3$，或应力变化幅度不大，则应进行静强度验算。如果上述两种情况不能明确区分，则应同时进行这两种强度的验算。

1. 受交变载荷螺旋弹簧的疲劳强度计算

一般受变应力作用的弹簧，其应力变化规律有 τ_{max}=常数和 τ_{min}=常数两种。因此，可根据力学疲劳强度理论与相应计算公式，进行应力幅安全系数、最大应力安全系数的计算。对于弹簧钢丝，也可按下述简化公式进行验算：

$$\tau_{max} = \frac{8KF_{max}C}{\pi d^2} \tag{14-11}$$

$$\tau_{min} = \frac{8KF_{min}C}{\pi d^2} \tag{14-12}$$

$$S = \frac{\tau_0 + 0.75\tau_{min}}{\tau_{max}} \geqslant [S] \tag{14-13}$$

式中，τ_0 为弹簧材料的脉动循环剪切疲劳极限，单位为 MPa，当弹簧材料为碳素钢丝、不锈钢丝、铍青铜丝等材料时，可根据循环次数 N 由表中查取。τ_{min}、τ_{max} 为最小、最大切应力，单位为 MPa；F_{min}、F_{max} 为最小、最大工作载荷，单位为 N；[S]为许用安全系数，当弹簧计算和材料的性能数据精确度高时，取 1.3～1.7；当精确度较低时，取 1.8～2.2。

表 14-7 弹簧材料的脉动疲劳极限τ_0

N	$\leqslant 10^4$	10^5	10^6	10^7
τ_0	$0.45\,\sigma_b$	$0.35\,\sigma_b$	$0.33\,\sigma_b$	$0.30\,\sigma_b$

注：① 此表适用于高优质钢丝、不锈钢丝、铍青铜和硅青铜丝；② 对喷丸处理的弹簧，表中数值可提高 20%；③ 对于硅青铜、不锈钢丝，$N=10^4$时的τ_0值可取$0.35\sigma_b$；④ 表中σ_b为弹簧材料的拉伸强度极限，单位为 MPa。

2. 受交变载荷螺旋弹簧的静强度计算

弹簧的静强度安全系数S_s的验算公式为

$$S_s=\frac{\tau_s}{\tau_{max}}\geqslant[S_s] \tag{14-14}$$

式中，τ_s为弹簧材料的屈服极限，单位为 MPa，其值可按下述数值选取：碳素弹簧钢丝取$\tau_s=0.42\sigma_b$，硅锰合金簧丝取$\tau_s=0.51\sigma_b$；$[S_s]$为许用安全系数，其值与$[S]$相同。

14.4.7 受交变载荷螺旋弹簧的振动频率

承受变载荷的圆柱螺旋弹簧如果是在加载频率很高的情况下工作（如内燃机汽缸阀门弹簧），则为了避免引起弹簧的谐振而导致弹簧被破坏，必须保证其临界工作频率(即工作频率的许用值)远低于其基本自振频率。

圆柱螺旋弹簧的基本自振频率为

$$f_b=\frac{1}{2}\sqrt{\frac{k_p}{m_s}} \tag{14-15}$$

式中，k_p为弹簧的刚度，单位为 N/mm；m_s为弹簧的质量，单位为 kg；f_b为圆柱螺旋弹簧基本自振频率，单位为 Hz。

将k_p、m_s的关系式代入式(14-15)中，并取$n\approx n_1$，则

$$f_b=\frac{1}{2}\sqrt{\frac{Gd^4/8D_2^3n}{\pi^2d^2D_2n_1\gamma/4\cos\alpha}}\approx\frac{d}{8.9D_2^2n_1}\sqrt{\frac{G\cos\alpha}{\gamma}} \tag{14-16}$$

弹簧的基本自振频率f_b应不低于其工作频率f_w的 15～20 倍，以避免引起严重的振动。弹簧的工作频率一般是预先给定的，故当弹簧的基本自振频率不能满足要求时，应增大k_p或减小m_s，重新进行设计。

14.4.8 圆柱螺旋压缩（拉伸）弹簧的设计

圆柱螺旋压缩（拉伸）弹簧在设计时，通常是根据弹簧的最大载荷、最大变形、结构要求（如安装空间对弹簧尺寸的限制）等来决定弹簧丝直径、弹簧中径、工作圈数、弹簧的螺旋升角和长度及弹簧结构等。

具体设计方法和步骤如下：

(1) 根据工作情况及具体条件选定材料，并查取其机械性能数据。

(2) 选择旋绕比C，通常取$C\approx5$～8（极限状态时不小于 4 或超过 16），算出补偿系数K值。

(3) 根据安装空间初设弹簧中径D_2，再根据C值估取弹簧丝直径d，查取弹簧丝许用应力。

(4) 试算弹簧丝直径d。

弹簧丝的许用应力取决于其σ_b，而σ_b是随着弹簧丝的直径变化的。又因$[\tau]$是按估取的d值

查得σ_b的H计算得来的，所以此时试算所得的d'值，必须与原来估取的d值相比较。如果两者相等或很接近，即可按标准圆整为邻近的标准弹簧丝直径d，并按$D_2 = Cd$求出D_2；如果两者相差较大，则应参考计算结果重估d值，再查表14-3并计算$[\tau]$，代入式(14-5)进行试算，直至对计算出的D_2进行圆整以符合标准弹簧丝直径。

（5）根据变形条件求出弹簧工作圈数，按式(14-9)进行。

（6）求出弹簧的尺寸D、D_1、H_0，并检查其是否符合安装要求等。若不符合，则应改选有关参数（如C值）重新设计。

（7）稳定性验算。（仅对长颈比较大的压缩弹簧进行。）

（8）强度验算。（仅对承受交变载荷的弹簧进行。）

如果变载荷的作用次数$N > 10^3$，则进行疲劳强度验算；如果果变载荷的作用次数$N \leqslant 10^3$，或载荷变化的幅度不大时，则进行静强度验算；如果上述这两种情况不能明确区别，则需要同时进行两种强度的验算。

（9）振动验算。（仅对承受载荷加载频率很高的弹簧进行。）

（10）进行弹簧的结构设计。

（11）绘制弹簧工作图。

按国家制图标准绘制，并标注技术要求。（技术要求包括弹簧端部结构、总圈数、有效圈数、旋向、表面处理要求、制造技术条件等。）

对于圆柱螺旋扭转弹簧的设计，本书不再介绍，详细内容可以查询相关设计手册。

【例14-1】 设计一个普通圆柱螺旋拉伸弹簧。已知该弹簧在一定载荷条件下工作，并要求内径D_1不小于15 mm，外径D不大于22 mm。当弹簧所受拉力$F_1 = 180$ N时，拉伸变形量$\lambda_1 = 7.5$ mm，拉力$F_2 = 400$ N时，拉伸变形量$\lambda_2 = 20$ mm。

解：

由设计要求可知，弹簧所受载荷为第Ⅲ类拉伸载荷，所以不需要进行稳定性校核、强度校核和振动校核。

1）根据工作条件选择材料并确定其许用应力

因弹簧所受载荷为第Ⅲ类载荷，可以按第Ⅲ类弹簧考虑。现选用Ⅲ组碳素弹簧钢丝。

弹簧钢丝直径$d = (D - D_1)/2$，故有$d \leqslant (22 - 15)/2 = 3.5$。

初步选取弹簧钢丝直径$d = 3.0$ mm。

查表14-5，暂选B级碳素钢丝，有

$$\sigma_b = 1370 \text{ MPa}$$

则根据表14-4，可知

$$[\tau] = 0.5\sigma_b = 0.5 \times 1370 = 685 \text{ MPa}$$

2）根据强度条件计算弹簧钢丝直径

初步选取旋绕比$C = 6$，根据式(14-4)，补偿系数为

$$K = \frac{4C-1}{4C-4} + \frac{0.615}{C} \approx 1.25$$

根据式(14-5)，有

$$d \geqslant 1.6\sqrt{\frac{KFC}{[\tau]}} = 1.6\sqrt{\frac{1.25 \times 400 \times 6}{658}} \approx 3.47 \text{ mm}$$

由于初步选取$d = 3.0$ mm，不符合强度条件，故改取$d = 3.5$ mm。

查得$\sigma_b = 1320$ MPa，$[\tau] = 0.5\sigma_b = 660$ MPa，则有

$$D_2 = D_1 + d = 15+3.5 = 18.5 \text{ mm}$$

根据表 14-3，将 D_2 圆整为 20 mm，此时

$$C = D_2/d = 20/3.5 = 5.71$$

计算得

$$K = 1.267$$

$$d \geqslant 1.6\sqrt{\frac{KFC}{[\tau]}} = 1.6\sqrt{\frac{1.267\times400\times5.71}{660}} \approx 3.35$$

符合强度条件。因此，取 $d = 3.5$ mm，$D_2 = 20$ mm，$D_1 = 16.5$ mm，$D = 22$ mm，符合要求。

3）根据刚度条件计算弹簧圈数 n

由表 14-4 取 $G = 81\,000$ MPa，代入式(14-9b)，得

弹簧圈数
$$n = \frac{81\,000\times3.5}{8\times400\times5.71^3}\times20 = 9.51$$

取 n=10，根据式(14-10)，此时弹簧实际刚度为

$$k = \frac{Gd}{8C^3n} = \frac{81\,000\times3.5}{8\times5.71^3\times10} \approx 19.04 \text{ N/mm}$$

4）验算

（1）弹簧预拉力为

$$F_0 = F_1 - k\lambda_1 = 180-19.04\times7.5 = 37.2 \text{ N}$$

预应力为

$$\tau_0' = K\frac{8C}{\pi d^2}F_0 = 1.267\times\frac{8\times5.71}{3.14\times3.5^2}\times37.2 = 55.97 \text{ MPa}$$

当 $C = 5.71$ 时，可查得预应力 τ_0' 的推荐值为 90～160 MPa，故此预应力值较小，但由于弹簧受力方式简单，对应力循环次数也无要求，因此不影响使用。

（2）极限工作应力为

$$\tau_{max} = K\frac{8C}{\pi d^2}F_{max} = 1.267\times\frac{8\times5.71}{3.14\times3.5^2}\times400 = 601.86 \text{ MPa} < [\tau]$$

5）进行结构设计

选定两端钩环，并计算出全部尺寸（略）。

6）绘制工作图（略）

14.5 其他弹簧简介

14.5.1 板簧

板簧是由不少于 1 片的弹簧钢叠加组合而成的板状弹簧。它是将钢板制成多片等宽但不同曲率的板条，然后将其重叠并夹紧而成。除了起弹性元件作用之外，多片弹簧片间的摩擦还起导向和阻尼作用。由于钢板弹簧结构简单，使用维修，保养方便，因此广泛应用于汽车、拖拉机和铁道车辆的悬架系统，也少量运用于一些锻造设备和建筑中。

14.5.2 平面涡卷弹簧

平面涡卷弹簧是螺旋线在一个平面内的弹簧。平面涡卷弹簧又称为发条弹簧，该弹簧是用钢带绕制而成，其一端固定而另一端作用有扭矩；在扭矩作用下弹簧材料产生弯曲弹性变形，使弹簧在平面内产生扭转，其变形角的大小与扭矩成正比。利用发条簧可以在垂直于其轴的平面内储存能量，形成扭转力矩，借以驱动机构。它分为非接触形、接触形和等应力三种应力形式。固定方式有铰式固定、销式固定、V 形固定和衬片固定。由于工作性能可靠，拆修方便，因此被广泛应用于钟表、玩具等行业。

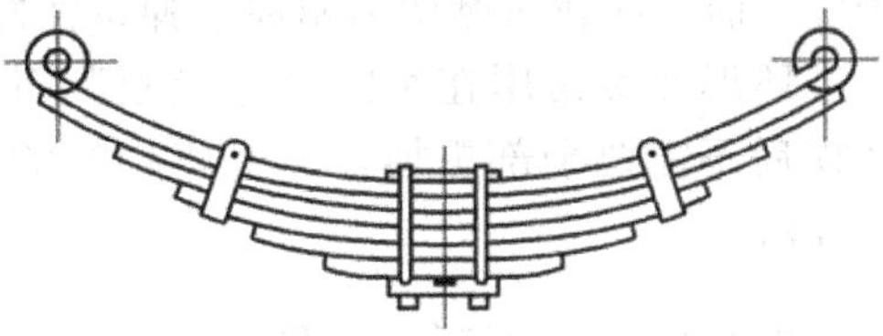

图 14-12 板簧

14.5.3 碟形弹簧

碟形弹簧是用金属板料或锻压坯料制成的截锥形截面的垫圈式弹簧。此弹簧呈无底碟状，一般用薄钢板冲压而成。实用中将很多碟形弹簧组合起来，并装在导杆上或套筒中工作。碟形弹簧只能承受轴向载荷，是一种刚度很大的压缩弹簧。碟形弹簧根据截面形状的不同可以分为三类：普通碟形弹簧（其截面形状为矩形）、带径向沟槽的碟形弹簧、梯形截面碟形弹簧。普通碟形弹簧分为有支撑面和无支撑面两类；带径向沟槽的碟形弹簧是在普通碟形弹簧的基础上，沿径向开出若干个均匀分布的槽，槽可以由内孔向外圆方向开出，也可由外圆向内控方向开出；梯形截面碟形弹簧可以分为内缘厚度大于外缘厚度型和内缘厚度小于外缘厚度型两类。

图 14-13 开槽形碟形弹簧

由于单片碟形弹簧的变形量和负荷值往往不能满足使用要求，这时可以成组使用，组成碟簧组合件（柱）。典型的组合方式为叠合组合碟簧，复合组合碟簧和其他组合碟簧。

与圆柱螺旋弹簧相比，碟形弹簧具有以下特点：

（1）负载变形特性曲线呈非线性关系；

（2）碟形弹簧成薄片形，易于形成组合件，可实行积木式装配与更换，因而给维修带来方便；

（3）带径向槽碟簧具有零刚度特性，这种特性可以运用在某变形范围内要求弹簧力基本保持稳定的场合；

（4）碟簧吸振性能不低于圆柱螺旋弹簧，当采用叠合组合时由于碟簧片之间的摩擦而具有较大的阻尼，消散冲击能量。

碟形弹簧的缺点是载荷偏差难以保证。

在很大范围内，碟形弹簧正取代圆柱螺旋弹簧。常在重型机械（如压力机）和大炮、飞机等武器中作为强力缓冲和减振弹簧，用做汽车和拖拉机离合器及安全阀的压紧弹簧，以及用做机动器械的储能元件。

14.5.4 环形弹簧

环形弹簧是利用多个具有内外锥面配合的弹性环组成的弹簧，如图 14-14 所示。环形弹簧由带内锥面的外圆环和带外锥面的内圆环配合而成。

环形弹簧由于外圆环和内圆环沿配合圆锥相对滑动时，接触表面具有很大的摩擦力，在加载时其轴向力由表面压力和摩擦力平衡。因此，相当于减小了轴向载荷的作用，即增大了弹簧刚度。而在卸载时摩擦力阻滞了弹簧弹性变形的恢复，因而相当于减小了弹簧作用力。

环形弹簧常用在空间尺寸受限制而又需要强力缓冲的场合。环形弹簧在使用中若损坏或磨损后不需要全部更换，只需将损坏的个别圆环更换即可，这样使得维修更换容易，而且比较经济。

14.5.5 空气弹簧

空气弹簧是在可伸缩的密闭容器中充以压缩空气，利用空气作弹性作用的一种弹簧。空气弹簧的常见密闭容器材质是橡胶曲囊，其曲囊数通常为 1～3，如图 14-15 所示。橡胶空气弹簧工作时，内腔充入压缩空气，形成一个压缩空气气柱。随着振动载荷量的增加，弹簧的高度降低，内腔容积减小，弹簧的刚度增加，内腔空气柱的有效承载面积加大，此时弹簧的承载能力增加。当振动载荷量减小时，弹簧的高度升高，内腔容积增大，弹簧的刚度减小，内腔空气柱的有效承载面积减小，此时弹簧的承载能力减小。

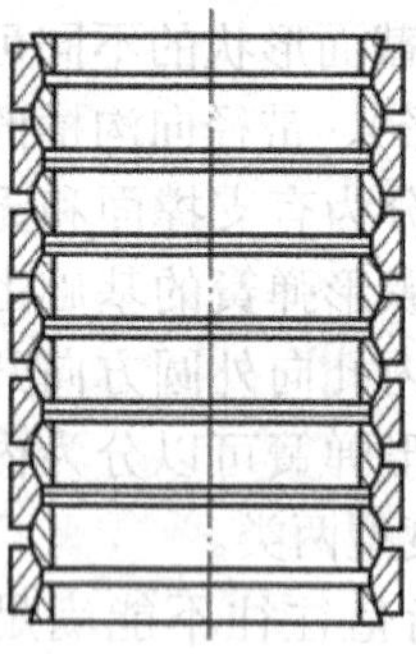

图 14-14 环形弹簧

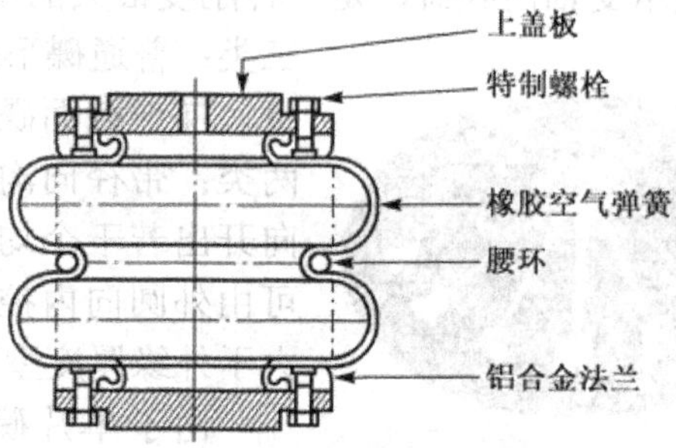

图 14-15 空气弹簧

这样，空气弹簧在有效的行程内，空气弹簧的高度、内腔容积、承载能力随着振动载荷的递增与减小发生了平稳的柔性传递、振幅与振动载荷的高效控制。

现有的曲囊式空气弹簧的端部结构，根据连接方式可以分为三大类：第一类为固定式法兰连接；第二类为活套式法兰连接；第三类为自密封连接。

空气弹簧广泛应用于商业汽车、高级巴士、轨道车辆、机器设备及建筑物基座的自调节式空气悬挂。

习题与思考题

14-1 弹簧主要有哪些功能？试分别举出几个应用实例。

14-2 弹簧制造时采用冷卷或热卷与弹簧丝直径有何关系？

14-3 已知圆柱螺旋压缩（拉伸）弹簧的外载荷为 F，试分析当只增大弹簧钢丝直径 d、有效圈数 n、中径 D 三者之一时，弹簧变形是增大还是减小。

14-4 当圆柱螺旋压缩弹簧有可能失稳时，可采用哪些措施防止失稳？

14-5　现有两个圆柱螺旋拉伸弹簧，若它们的材料、弹簧钢丝直径、弹簧中径、端部结构等完全相同，仅有效圈数不同，试分析它们的强度、刚度大小有何不同。

14-6　一个承受静载荷的圆柱螺旋拉伸弹簧，已知弹簧钢丝直径 $d = 4$ mm，弹簧中径 $D = 20$ mm，有效圈数 $n = 22$ 圈，弹簧材料为 C 级碳素弹簧钢丝，无预应力，求弹簧允许的最大工作载荷 F_{max} 和对应的变形量 λ_{max}。

14-7　设计一个普通安全阀中的圆柱螺旋压缩弹簧。已知预调压力 $F_1 = 480$ N，变形量 $\lambda = 14$ mm，工作行程 $h = 1.9$ mm，弹簧中径 $D_2 = 20$ mm，两端固定支承。

参考文献

[1] 濮良贵，纪名刚. 机械设计（第 7 版）. 北京：高等教育出版社，2001.

[2] 徐锦康. 机械设计. 北京：高等教育出版社，2004.

[3] 吴克坚，等. 机械设计. 北京：高等教育出版社，2003.

[4] 彭文生，等. 机械设计（第 2 版）. 北京：高等教育出版社，2008.

[5] 郝育忠，殷立君. 机械设计基础. 重庆：重庆大学出版社，2007.

[6] 杨可桢，等. 机械设计基础（第 5 版）. 北京：高等教育出版社，2006.

[7] 孙建东、李春书. 机械设计基础. 北京：清华大学出版社，2007.

[8] 机械设计手册编委会. 机械设计手册第 3 版：第 3 卷. 北京：机械工业出版社，2004.

[9] 吴宗泽. 机械零件设计手册. 北京：机械工业出版社，2004.

[10] 刘泽九. 滚动轴承应用手册（第 2 版）. 北京：机械工业出版社，2006.

[11] 张展. 机械设计通用手册. 北京：机械工业出版社，2008.

[12] 吴宗泽. 黄纯颖. 机械设计习题集（第 3 版）. 北京：高等教育出版社，2002.

[13] 陈立德. 机械设计基础. 北京：高等教育出版社，2005.

[14] 黄华梁，彭文生. 机械设计基础. 北京：高等教育出版社，2007.

[15] 徐灏. 机械设计手册（第 2 版）. 北京：机械工业出版社，1980.

反侵权盗版声明

举报电话：（010）88254396；（010）88258888
传　　真：（010）88254397
E-mail:　　dbqq@phei.com.cn
通信地址：北京市海淀区万寿路 173 信箱
　　　　　电子工业出版社总编办公室
邮　　编：100036